Numerische Physik mit Python

Harald Wiedemann · Gert-Ludwig Ingold

Numerische Physik mit Python

Mechanik, Elektrodynamik, Optik, Statistische Physik und Quantenmechanik in Jupyter-Notebooks

Harald Wiedemann
Fakultät Maschinenbau und
Verfahrenstechnik, Hochschule Offenburg
Offenburg, Deutschland

Gert-Ludwig Ingold
Institut für Physik, Universität Augsburg
Augsburg, Deutschland

ISBN 978-3-662-69566-1 ISBN 978-3-662-69567-8 (eBook)
https://doi.org/10.1007/978-3-662-69567-8

Die Deutsche Nationalbibliothek verzeichnet diese Publikation in der Deutschen Nationalbibliografie; detaillierte bibliografische Daten sind im Internet über https://portal.dnb.de abrufbar.

Planung/Lektorat: Gabriele Ruckelshausen
Springer Spektrum ist ein Imprint der eingetragenen Gesellschaft Springer-Verlag GmbH, DE und ist ein Teil von Springer Nature.
Die Anschrift der Gesellschaft ist: Heidelberger Platz 3, 14197 Berlin, Germany

Vorwort

Computer sind ein unverzichtbares Werkzeug der physikalischen Forschung. Zur Mitte des letzten Jahrhunderts waren Computer nur an einigen wenigen Forschungsinstituten verfügbar und dennoch fallen in diese Zeit wegweisende Arbeiten wie die Entwicklung des Monte-Carlo-Algorithmus oder erste Analysen nichtlinearer Systeme, Themen die wir auch in diesem Buch ansprechen werden. Aus der Möglichkeit der Simulation physikalischer Systeme und der numerischen Lösung von Problemen, die einer analytischen Lösung mit Papier und Bleistift nicht zugänglich sind, entwickelte sich die Computer-Physik als eigenständiges Feld neben der Experimentalphysik und der Theoretischen Physik.

Die heute im privaten Bereich verwendeten Computer sind um ein Vielfaches leistungsfähiger als die schrankgroßen Computer in der Anfangszeit der Computer-Physik. Damit ist es inzwischen möglich, auch anspruchsvollere Rechnungen auf dem eigenen Rechner durchzuführen. Gleichzeitig stoßen die an Großforschungseinrichtungen installierten Rechner in den Exascale-Bereich vor und können 10^{18} Gleitkommaoperationen pro Sekunde ausführen. Sie sind damit um etwa 7 Größenordnungen leistungsfähiger als ein Notebook und in der Lage zum Beispiel hochauflösende Klimamodelle zu simulieren.

Auch wenn künstliche Intelligenz auf der Basis von Natural Language Processing, also der Verarbeitung natürlicher Sprache, inzwischen in der Lage ist, Vorschläge zur Lösung kleinerer Programmieraufgaben zu machen, wird sich ihr Einsatz beim Programmieren wohl auf absehbare Zeit in erster Linie auf eine unterstützende Funktion konzentrieren. Die Lösung komplexer Aufgaben wird es weiterhin erfordern, dass sich Physikerinnen und Physiker mit der Umsetzung physikalischer Fragestellungen in ein Computerprogramm auskennen.

In den letzten Jahren hat sich Python zunehmend als Programmiersprache der Wahl in der Computerausbildung in Bachelorstudiengängen der Physik etabliert. Gründe hierfür sind unter anderem eine niedrige Einstiegsbarriere und ein umfangreiches Ökosystem an frei verfügbaren wissenschaftlichen Programmpaketen. Dadurch wird es möglich, schnell produktiv zu sein und sich auf die Lösung wissenschaftlicher Probleme zu konzentrieren. Die Beliebtheit von Python verdankt sich auch der Existenz von Jupyter-Notebooks, die es erlauben, Programmcode sowie erläuternden Text und die Ergebnisse, insbesondere auch graphische Darstellungen, in einer Datei unterzubringen. Damit stellen Jupyter-Notebooks ein ausgezeichnetes Instrument für die Analyse beispielsweise experimenteller Daten dar. Im Rahmen dieses Buches werden wir alle Programme im Form von Jupyter-Notebooks zur Verfügung stellen. Dabei wird es möglich sein, Parameter interaktiv zu verändern, um so zum Experimentieren einzuladen.

Dieses Buch möchte in erster Linie Lösungsmethoden vermitteln. Daher wird hier keine systematische Einführung in die Programmiersprache Python gegeben. Das letzte Kapitel wird jedoch einige Hinweise zu verschiedenen Aspekten von Python geben. Der Hauptteil des Buches umfasst eine Reihe von Problemstellungen aus der Mechanik, der Elektrodynamik, der statistischen Physik und der Quantenmechanik, die sich größtenteils am Stoff eines Bachelorstudiengangs Physik orientieren. Vereinzelt werden aber auch etwas fortgeschrittenere Themen angesprochen. Die Unterteilung der Kapitel ist nicht so sehr physikalisch begründet, sondern wurde so gewählt, weil sich die verschiedenen Themenbereiche eignen, unterschiedliche numerische Techniken zu diskutieren. Während in der Mechanik die Lösung gewöhnlicher Differentialgleichungen eine zentrale Rolle spielt, werden in der Elektrodynamik partielle Differentialgleichungen in den Vordergrund rücken. In der statistischen Physik wird das Arbeiten mit Zufallszahlen thematisiert und in der Quantenmechanik werden unter anderem Verfahren zur Linearen Algebra wie die Lösung von Eigenwertproblemen besprochen. Einen detaillierteren Eindruck von den behandelten numerischen Fragestellungen und den zugehörigen physikalischen Problemen gibt die Übersicht nach diesem Vorwort.

Die Jupyter-Notebooks zu diesem Buch können vom Github-Repository

https://github.com/sn-code-inside/numerische-physik-mit-python-1

heruntergeladen werden. Die Namen der Jupyter-Notebooks bestehen jeweils aus einer Ziffernfolge, die sich auf das Kapitel und den jeweiligen Abschnitt beziehen, in dem dieses Programm besprochen wird, sowie aus einem Klartextnamen, aus dem die jeweilige Problemstellung hervorgeht. Im Notebook `2-04-Mathematisches-Pendel` geht es also um das Mathematische Pendel, das in diesem Buch in Abschn. 2.4 besprochen wird. In Ausnahmefällen wie beim Doppelpendel erstreckt sich die Diskussion des Jupyter-Notebooks über mehrere Abschnitte, so dass es hier zu Abweichungen vom Nummerierungsschema kommt. In jedem Fall wird aber zu Beginn jedes Abschnitts auf das jeweils relevante Notebook in der Form

☞ `2-04-Mathematisches-Pendel.ipynb`

verwiesen.

Zu guter Letzt möchten wir nochmals ausdrücklich zum Experimentieren mit den Jupyter-Notebooks einladen, sowohl durch Variation der Parameter als auch mit dem Programmcode selbst. Vielleicht finden Sie an der einen oder anderen Stelle eine elegantere Lösung. Für Feedback sind wir unter harald.wiedemann@hs-offenburg.de jederzeit dankbar.

Harald Wiedemann
Gert-Ludwig Ingold

Mechanik der Punktmassen

gewöhnliche DGL 1. Ordnung	senkrechter Wurf
gewöhnliche DGL 2. Ordnung	senkrechter Wurf im Gravitationspotential
gekoppelte DGL 2. Ordnung	schiefer Wurf mathematisches Pendel sphärisches Pendel
Randwertproblem	quartisches Potential
steife DGL	gekoppelte Federn elastisches Fadenpendel Doppelpendel
nichtlineare Dynamik und Chaos	Doppelpendel Billards van-der-Pol-Oszillator periodisch getriebenes Pendel

Elektrodynamik und Optik

partielle DGL	Faradaykäfig geerdete Schachtel Kondensator Magnetfelder stationärer Ströme
Optimierung	Brechung von Licht

Statistische Physik

Zufallsprozesse	Random-Walk Brown'sche Bewegung Ising-Modell Perkolation

Quantenmechanik

Eigenwertprobleme	harmonischer Oszillator Atommodell Molekülmodell
Anfangswertprobleme bei partiellen DGL	freies Teilchen Reflexion eines fallenden Teilchens Tunneleffekt
selbstkonsistente Verfahren	Helium-Atom

Inhaltsverzeichnis

1 Erste Schritte mit Python und Jupyter-Notebooks

1.1 Warum Python?

Python hat sich seit einiger Zeit zu einer äußerst beliebten Programmiersprache im naturwissenschaftlichen Umfeld entwickelt. Sie bildet heute eine interessante Alternative zu etablierten Programmiersprachen wie Fortran oder C, in denen umfangreiche Programmpakete für naturwissenschaftliche Anwendungen geschrieben wurden. Tatsächlich basieren auch Teile von Python-Paketen, die wir in diesem Buch verwenden werden, auf Fortran- bzw. C-Code und der verbreitetste Python-Interpreter ist in C implementiert.

Die Beliebtheit von Python hat eine Reihe von Gründen. Zunächst einmal handelt es sich bei Python um eine vergleichsweise leicht erlernbare Programmiersprache, so dass man mit ihrer Hilfe relativ schnell produktiv tätig sein kann. Trotz dieser niedrigen Einstiegsbarriere handelt es sich bei Python um eine vollwertige Programmiersprache, die zudem kein Programmierparadigma bevorzugt. So kann man zum Beispiel mit Python ohne Weiteres objektorientiert programmieren, ist aber nicht dazu gezwungen. In diesem Buch verzichten wir bewusst auf objektorientierte Programme, auch wenn sie an einzelnen Stellen sinnvoll eingesetzt werden könnten.

Die Python-Syntax unterstützt auch das Schreiben von strukturiertem Programmcode. So sind logische Programmblöcke einzurücken, während andere Programmiersprachen typischerweise eine Klammerung verwenden und eine Programmstrukturierung durch Einrückungen optional ist. Das folgende Pythonbeispiel illustriert diesen Punkt.

```
nmax = 10
for n in range(nmax):
    print(f"{n+1}. Schleifendurchlauf")
    print(f"Es folgen noch {nmax-n-1} Durchläufe.")
print("Das war's.")
```


H. Wiedemann und G.-L. Ingold, *Numerische Physik mit Python*,
https://doi.org/10.1007/978-3-662-69567-8_1

Durch die Einrückung der Zeilen 3 und 4 weiß der Python-Interpreter, dass diese Zeilen im Rahmen der `for`-Schleife je nach Wert von `nmax` mehrfach ausgeführt werden. Zeile 5 ist dagegen nicht eingerückt und wird daher erst ausgeführt, nachdem die Schleife abgearbeitet wurde. Das Ende der `for`-Schleife muss also nicht anderweitig, zum Beispiel durch Klammerung, markiert werden.

Ein wesentlicher Unterschied zwischen Python und Fortran oder C besteht darin, dass es sich bei Python um eine interpretierte Sprache handelt. Der Programmcode wird also dem Python-Interpreter übergeben, der den Code nacheinander abarbeitet. In Sprachen wie Fortran oder C wird der Programmcode dagegen zunächst in einem als Kompilation bezeichneten Schritt in ausführbaren Code übersetzt. Dabei hat der Kompilierer die Möglichkeit, das Programm im Detail zu analysieren und den erzeugten Code zu optimieren. Will man in Python die Vorteile von kompiliertem Code nutzen, so kann man auf Cython zurückgreifen oder mit Hilfe von Numba *just in time* Kompilierung verwenden.

Eine interpretierte Sprache hat dagegen den Vorteil, dass man sehr schnell auch einzelne Code-Segmente ausprobieren kann, gerade wenn man sich nicht ganz sicher ist, ob der Code das Gewünschte tut. Auf diese Weise wird der Entwicklungsprozess beschleunigt. Insbesondere für unerfahrenere Programmierer ist es sehr empfehlenswert, von den Möglichkeiten eines Interpreters Gebrauch zu machen.

Abb. 1.1 gibt ein konkretes Beispiel. Die Details des Codes sind hier nicht von Bedeutung, aber die Komplexität der Code-Zeile innerhalb der `for`-Schleife weist darauf hin, dass es sich um eine typische Situation handeln könnte, in der es vor der Verwendung in einem größeren Programm sinnvoll sein kann, sich zu vergewissern, dass dieser Code korrekt funktioniert.

Die Benutzung des Python-Interpreters ist recht einfach. Nach dem Starten des Interpreters erhält man einen sogenannten Eingabeprompt, der durch >>> dargestellt ist. Gibt man an dieser Stelle eine Code-Zeile ein, die der Python-Interpreter als abgeschlossen betrachtet, wird der Code ausgeführt und ggf. das Ergebnis angezeigt. Im Beispiel der Abb. 1.1 kann die mit `for` beginnende Zeile nicht alleine stehen. Sie benötigt noch einen Code-Block. Dies wird durch einen Prompt für Folgezeilen angedeutet, der durch `...` dargestellt ist. Da die Zahl der Folgezeilen nicht vorhersehbar ist, muss man zum Abschluss ohne weitere Eingabe einfach die Eingabetaste betätigen.

Im Jahre 2001 hat Fernando Pérez eine verbesserte Python-Shell namens IPython vorgestellt. Damit begann eine Entwicklung, die letztlich zu den Jupyter-Notebooks führte, die wir in diesem Buch verwenden und im nächsten Abschnitt ausführlicher besprechen werden. Grundsätzlich ist es empfehlenswert, statt der Standard-Python-Shell IPython zu benutzen. Abb. 1.2 zeigt, dass dort zum Beispiel *syntax highlighting*

```
$ python
Python 3.11.5 (main, Sep 11 2023, 13:54:46) [GCC 11.2.0] on linux
Type "help", "copyright", "credits" or "license" for more information.
>>> for c in ('a', 'A', 'α', 'Α'):
...     print(''.join(chr(ord(c)+n) for n in range(10)))
...
abcdefghij
ABCDEFGHIJ
αβγδεζηθικ
ΑΒΓΔΕΖΗΘΙΚ
>>>
```

Abb. 1.1 Testen eines Code-Beispiels im Python-Interpreter

```
$ ipython
Python 3.11.5 (main, Sep 11 2023, 13:54:46) [GCC 11.2.0]
Type 'copyright', 'credits' or 'license' for more information
IPython 8.15.0 -- An enhanced Interactive Python. Type '?' for help.

In [1]: for c in ('a', 'A', 'α', 'Α'):
   ...:         print(''.join(chr(ord(c)+n) for n in range(10)))
   ...:
abcdefghij
ABCDEFGHIJ
αβγδεζηθικ
ΑΒΓΔΕΖΗΘΙΚ

In [2]:
```

Abb. 1.2 Testen eines Code-Beispiels im IPython-Interpreter

zu Verfügung steht, also die Einfärbung von Code je nach dessen syntaktischer Bedeutung. Dadurch lassen sich Fehler leichter entdecken. Besonders hilfreich ist es auch, dass man mit IPython leicht auf vorige Eingaben und Ergebnisse zurückgreifen kann.

Zur Erstellung längerer Programme sind weder die Python-Shell noch die IPython-Shell geeignet. Man kann hierzu entweder einen Editor nach eigener Wahl oder eine Entwicklungsumgebung verwenden. Aus den verschiedenen frei verfügbaren sowie kommerziellen Entwicklungsumgebungen zeigen wir in Abb. 1.3 beispielhaft die in der Anaconda-Distribution enthaltene Entwicklungsumgebung spyder. Im linken Fenster wurde hier ein etwas längerer Code geschrieben, dessen Ausgabe in der IPython-Shell rechts unten erfolgt. Dort können auch, wie zuvor beschrieben, kürzere Code-Segmente ausprobiert werden. Rechts oben ist ferner noch ein Fenster zu sehen, das es erlaubt, den Zustand von Variablen anzusehen.

Wie schon angedeutet, entwickelte sich aus der IPython-Shell im Laufe der Zeit das Konzept der IPython-Notebooks und schließlich das Projekt Jupyter, das Python in Form der Buchstaben py immer noch im Namen trägt, aber auch andere Programmiersprachen wie zum Beispiel Julia und R unterstützt. Auch wenn wir auf die Jupyter-Notebooks erst im nächsten Abschnitt genauer eingehen werden, sollen hier zumindest die wesentlichen Vorteile genannt werden, die sie für wissenschaftliche Anwendungen besonders geeignet machen. In Jupyter-Notebooks ist es nicht nur möglich, Code unterzubringen, sondern auch Text, zum Beispiel zu Dokumentati-

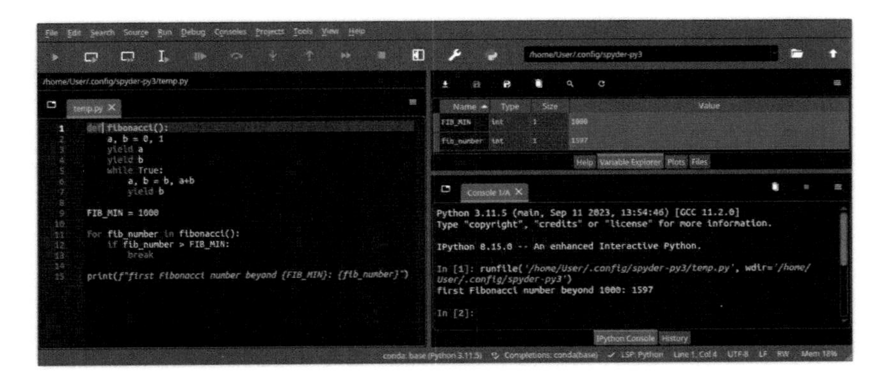

Abb. 1.3 Die spyder-Entwicklungsumgebung mit Editorfenster links, Variablen-Explorer rechts oben und IPython-Shell rechts unten

onszwecken, sowie die Ergebnisse des Codes, sei es in Form von Textausgabe oder zum Beispiel graphischer Ausgabe. Damit kann eine vollständige Dokumentation der Arbeit erzielt werden. Als Beispiel könnte man an die Analyse experimenteller Daten denken, die verschiedene Verarbeitungsschritte durchlaufen, wobei sich jeder Zwischenschritt dokumentieren lässt. Das gesamte Notebook kann abschließend in verschiedene Ausgabeformate wie PDF oder HTML umgewandelt werden, um eine statische Dokumentation zu erhalten. Das Notebook selbst eröffnet die Möglichkeit, die Datenanalyse auch zu einem späteren Zeitpunkt bei Bedarf nochmals zu reproduzieren. Unter anderem aufgrund der Möglichkeit, in Notebooks Code und Erläuterungen gleichzeitig unterzubringen, stellen wir die Programme zu diesem Buch in Form von Jupyter-Notebooks zur Verfügung.

Einen letzten Grund, den wir für Python in wissenschaftlichen Anwendungen ins Feld führen wollen, sind umfangreiche Programmpakete, die wir zum Teil auch in diesem Buch verwenden werden, und die häufig als *Python scientific ecosystem* bezeichnet werden. Diese Programmpakete sind frei verfügbar und zudem quelloffen. Man hat also die Möglichkeit, einen Blick in den Quellcode zu werfen und ggf. auch Verbesserungsvorschläge zu machen. Eine aktive Entwicklergemeinschaft kann so die Basis für hochwertige Software bilden. Pakete wie NumPy und SciPy, die uns später in diesem Buch begegnen werden, sind auch in prominenten Forschungsprojekten im Einsatz wie zum Beispiel der Detektion von Gravitationswellen [1] und dem Event Horizon Telescope [2].

Wenn die hier gegebenen Argumente überzeugend genug waren, stellt sich die Frage, wie man die Programmiersprache Python lernen kann, sofern man sie nicht ohnehin schon kennt. Dieses Buch hat nicht das Ziel, eine Einführung in Python zu geben. Vielmehr beschränken wir uns im Kap. 6 darauf, einige ausgewählte Themen anzusprechen, die im Zusammenhang dieses Buches relevant sind. Ansonsten bietet sich die Möglichkeit, auf zahlreiche Bücher sowie auf Internet-Ressourcen zurückzugreifen, aus denen je nach Vorkenntnissen im Programmieren allgemein und in Python im Speziellen ausgewählt werden kann.

Einen guten Überblick über die vielfältige Literatur kann man sich auf der Python-Webseite verschaffen, insbesondere im *Beginner's Guide to Python* [3]. Hinweise auf deutschsprachige Literatur und Tutorials sind dort ebenfalls verfügbar [4]. Gerade bei etwas älterer Literatur sollte man darauf achten, dass Python 3 besprochen wird, da Python 2 seit Anfang 2020 nicht mehr unterstützt wird. Das bedeutet zwar nicht, dass zum Beispiel Tipps im Internet, die sich auf Python 2 beziehen, grundsätzlich wertlos wären, aber manchmal ist die eine oder andere Anpassung auf Python 3 erforderlich. Wenn wir in diesem Buch von Python reden, meinen wir immer Python 3 in einer aktuell unterstützten Version [5].

Für den Gebrauch von Python in einem wissenschaftlichen Umfeld sollen hier noch zwei Literaturhinweise gegeben werden, die insbesondere dann nützlich sein können, wenn man Python über den in diesem Buch besprochenen Rahmen hinaus verwenden möchte. Die *Scientific Python Lectures* [6] sind eine frei verfügbare Ressource, die sowohl einführendes als auch fortgeschrittenes und weiterführendes Material enthält. Ursprünglich aus einem Tutorium bei der Konferenz Euro-

SciPy 2011 hervorgegangen, sind sie bis heute von zahlreichen Autorinnen und Autoren weiterentwickelt worden.

Das Buch *Effective Computation in Physics* [7] von Scopatz und Huff beschränkt sich nicht auf Python als Programmiersprache, sondern nimmt auch das Umfeld für wissenschaftliche Anwendungen in den Blick, indem es unter anderem auf das Testen von Programmen oder die Verwendung von Versionskontrollsystemen und einiges mehr eingeht.

Schließlich sei noch auf das umfangreiche, aber dennoch sehr kompakte Nachschlagewerk *Python GE-PACKT* [8] hingewiesen, das als Referenz bei der Arbeit am Computer gute Dienste leisten kann, wenn man ein gedrucktes Buch gegenüber Internetquellen bevorzugt. Dieses Werk kommt immer wieder in aktualisierten Auflagen heraus, die auch Änderungen in den neuesten Python-Unterversionen berücksichtigen.

1.2 JupyterLab

Bevor wir uns genauer mit der Benutzung von Jupyter-Notebooks beschäftigen, wollen wir einen Blick auf die Umgebung werfen, in der Jupyter-Notebooks aus Benutzersicht ausgeführt werden. Sowohl das klassische Notebook-Interface als auch die neuere JupyterLab-Umgebung sind webbasiert, benötigen also einen Webbrowser. Im Folgenden werden wir uns auf die Beschreibung von JupyterLab konzentrieren, da dieses auf längere Sicht die bevorzugte Umgebung zur Arbeit mit Jupyter-Notebooks darstellen wird.

Es kann durchaus sinnvoll sein, beim Lesen dieses und des nächsten Abschnitts, JupyterLab zu öffnen und gleich ein wenig damit zu experimentieren, um praktische Erfahrungen zu sammeln. Dazu muss allerdings die entsprechende Software auf dem Computer installiert sein. Hinweise zur Installation sind in Abschn. 6.1 zu finden.

Nachdem man JupyterLab mit `jupyter lab` gestartet hat, sollte normalerweise ein Webbrowser gestartet werden und darin ein Fenster ähnlich dem in Abb. 1.4 gezeigten geöffnet werden. Hat man bereits einen aktiven Browser, wird dort ein neues Fenster geöffnet. Sollte kein JupyterLab-Fenster in einem Browser geöffnet werden, so hilft einem die Ausgabe weiter, die JupyterLab nach dem Aufruf ausgibt. Dort steht unter anderem eine Information, die so ähnlich wie im folgenden Beispiel lautet.

```
To access the server, open this file in a browser:
    file:///home/User/.local/share/jupyter/runtime/jpserver...
Or copy and paste one of these URLs:
    http://localhost:8888/lab?token=1176922cc32eb29b04897c3...
 or http://127.0.0.1:8888/lab?token=1176922cc32eb29b04897c3...
```

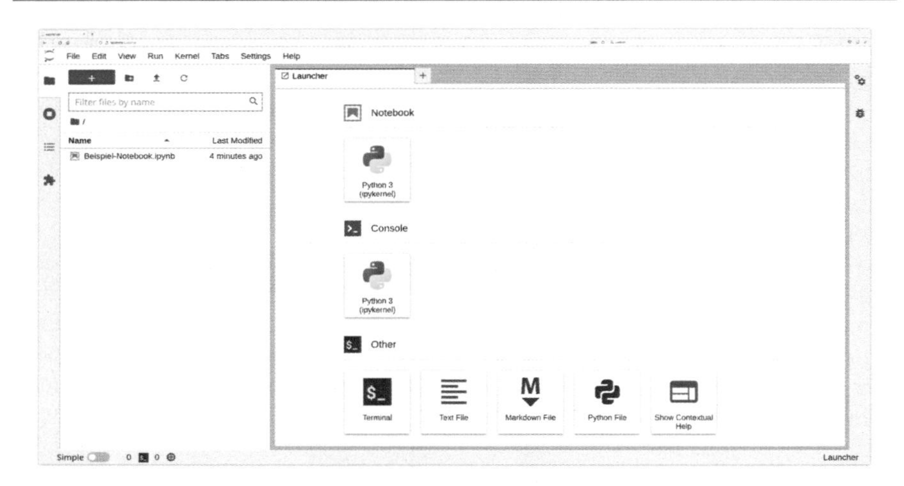

Abb. 1.4 Browserbasiertes Interface von JupyterLab ohne geöffnetes Notebook

Die Punkte deuten an, dass die betreffenden Zeilen in Wirklichkeit noch etwas länger sind. Die äquivalenten Webadressen in den letzten zwei Zeilen deuten an, dass nun auf dem Rechner ein lokaler Webserver läuft, über den auf JupyterLab zugegriffen wird. Bei Bedarf kann man eine dieser beiden Adressen einfach in einen Browser kopieren.

Das größte Unterfenster in Abb. 1.4 ist das Launcher-Fenster. Sollte so ein Fenster nicht sichtbar sein, kann man es mit Hilfe des Pluszeichens neben dem Reiter oder den Reitern über dem betreffenden Bereich starten. Unter der Rubrik Notebook befindet sich ein Symbol, mit dessen Hilfe man durch Daraufklicken ein neues Notebook starten kann. In der nächsten Zeile befindet sich ein Symbol zum Starten einer IPython-Shell, wie wir sie bereits im vorigen Abschnitt besprochen haben. Lediglich die Eingabe sieht in diesem Fall ein wenig anders aus, da statt des zuvor beschriebenen Prompts eine Eingabezelle zur Verfügung steht.

In der letzten Zeile befinden sich einige weitere Werkzeuge. Wir wollen hier die kontextbasierte Hilfe hervorheben. In Abb. 1.5 haben wir zwei Fenster, zum einen für ein Jupyter-Notebook und zum anderen für die kontextbasierte Hilfe. Nachdem wir in dem dargestellten Beispiel den Namensraum von NumPy importiert haben, kann uns die kontextbasierte Hilfe nach dem Eintippen einer Funktion einen ausführlichen Hilfetext darstellen. Auf diese Weise lässt sich zum Beispiel schnell noch einmal nachschlagen, welche Argumente die betreffende Funktion erwartet und welche Bedeutung diese haben.

Hat man die Notebooks zu diesem Buch in einem Benutzerverzeichnis abgespeichert, startet man JupyterLab am besten von dort. Falls man JupyterLab in einem höher liegenden Verzeichnis gestartet hat, muss man zunächst zum Zielverzeichnis navigieren. Um dies zu tun oder auch um das zu öffnende Notebook auszuwählen, stellt man zunächst sicher, dass man in der ganz linken Spalte das oberste Symbol, das ein Verzeichnis darstellen soll, ausgewählt hat. Man hat dann also eine Situation wie in Abb. 1.4 vorliegen und kann sich in der breiteren linken Seitenleiste ent-

Abb. 1.5 Kontextbasierte Hilfe in JupyterLab. Aus Platzgründen wurde hier im Vergleich zu Abb. 1.4 die linke Seitenleiste ausgeblendet

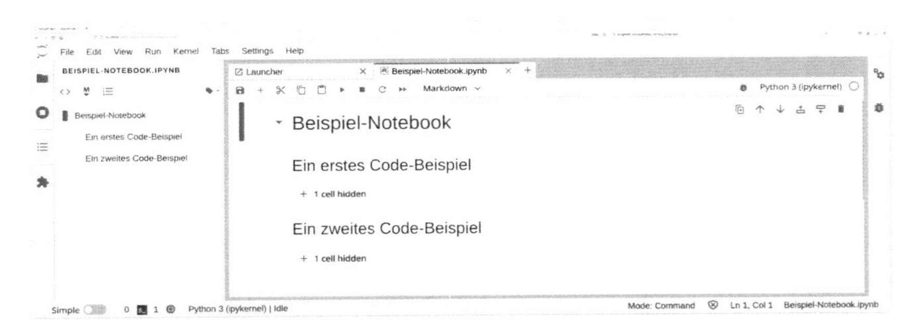

Abb. 1.6 In einem in Abschnitte unterteilten Notebook kann mit Hilfe des in der linken Seitenleiste dargestellten Inhaltsverzeichnisses navigiert werden

weder zunächst zum Zielverzeichnis durchklicken oder direkt das Notebook durch Doppelklicken starten.

Die für dieses Buch bereitgestellten Notebooks sind in Abschnitte untergliedert, ähnlich wie dies für das in Abb. 1.6 dargestellte Beispielnotebook der Fall ist. Wählt man wie in der Abbildung gezeigt in der ganz linken Leiste das Symbol aus, das ein Inhaltsverzeichnis darstellt, so kann man in der linken Seitenleiste bei Bedarf direkt zu einem bestimmten Abschnitt springen, und die dort befindlichen Code-Zellen öffnen.

Allerdings werden wir im nächsten Abschnitt sehen, dass es normalerweise erforderlich ist, Code-Zellen nacheinander auszuführen, so dass man nicht einfach zu einem der späteren Abschnitte springen und dann erwarten kann, dass es ausreicht, nur die dort befindlichen Code-Zellen auszuführen. Dennoch kann es zwischendurch sinnvoll sein, sich einen besseren Überblick zu beschaffen und bestimmte Abschnitte zuzuklappen. Hierzu dienen die kleinen Pfeilsymbole links neben den Überschriften, die spätestens dann sichtbar werden, wenn man mit dem Cursor in den Bereich links der betreffenden Überschrift fährt.

Wir haben in diesem Abschnitt nur einige Aspekte von JupyterLab besprochen, die für unsere Zwecke besonders von Bedeutung sind. Es lohnt sich auf jeden Fall, selbst auf Entdeckungstour zu gehen, zum Beispiel, indem man die verschiedenen Reiter durchsieht. Besonders nützlich ist natürlich der Hilfereiter, der unter anderem Links zu Dokumentationen enthält.

1.3 Jupyter-Notebook

Wir wenden uns nun dem Jupyter-Notebook, früher als IPython-Notebook bekannt, zu. Man kann so ein Notebook entweder in dem gerade besprochenen JupyterLab verwenden oder in einem klassischen Notebook-Interface. Letzteres kann man bei Bedarf über den Hilfereiter von JupyterLab über den Punkt „Launch Classic Notebook“ erhalten. Auch bei der Diskussion des Jupyter-Notebooks wollen wir uns wieder auf einige grundsätzliche Punkte konzentrieren, die den Einstieg erleichtern sollen.

In Abb. 1.7 ist beispielhaft ein kleines Notebook mit seinen wesentlichen Elementen dargestellt. Ganz oben befindet sich eine sogenannte Markdown-Zelle, die es erlaubt, formatierten Text einzugeben. Wie dies funktioniert, werden wir gleich noch etwas genauer sehen. Anschließend folgen zwei Code-Zellen. Führt man diese nacheinander aus, so wird eine graphische Ausgabe erzeugt, die den letzten Teil des Notebooks bildet. Neben graphischen Darstellungen kann man in Jupyter-Notebooks auch vielfältige andere Ausgabeformate integrieren. So ist es möglich, Audiodateien oder Videos einzubauen. Man könnte in einem Notebook also zum Beispiel die Beschreibung eines Experiments samt Videoclip und anschließender Auswertung der Daten unterbringen.

Die jeweils ausgewählte Zelle ist links durch einen blauen Balken markiert. Zudem sind rechts oben in der betreffenden Zelle einige Icons dargestellt, die es erlauben, die Zelle zu kopieren, nach oben oder unten zu verschieben, eine neue Zelle darüber oder darunter zu öffnen oder die aktuelle Zelle zu löschen.

Durch Klicken auf die Markdown-Zelle gelangt man in den Eingabemodus. Der Vergleich der Abb. 1.7 und 1.8 zeigt, dass der Rahmen um die Zelle im Eingabemodus blau hervorgehoben ist. Im klassischen Notebook-Interface wäre ein grüner Rahmen zu sehen. Sollte man unbeabsichtigt in diesen Modus gelangt sein, so kann man diesen entweder mit Hilfe der `Esc`-Taste oder durch Klicken außerhalb des Zellbereichs verlassen. Allerdings wird der Text dann wie eingegeben angezeigt, also unformatiert. Möchte man zur formatierten Darstellung zurückkehren, kann man dies zum Beispiel durch Klicken auf das nach rechts zeigende Dreieckssymbol (▶) in der Kopfleiste des Notebooks oder mit Hilfe der Tastenkombination `SHIFT+ENTER` erreichen. Dabei geht man automatisch zur nächsten Zelle, was bei der sukzessiven Ausführung eines Notebooks praktisch ist. Will man dagegen das Voranrücken vermeiden oder gleichzeitig eine leere Zelle erzeugen, so kann man im Run-Reiter die entsprechende Möglichkeit auswählen oder die dort angegebene Tastenkombination

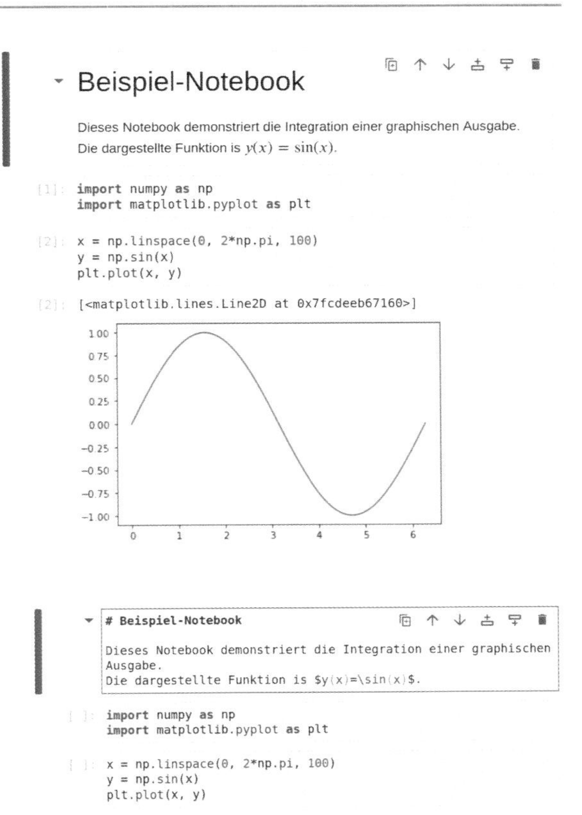

Abb. 1.7 Notebook mit einer Markdown-Zelle, zwei ausgeführten Code-Zellen und einer graphischen Ausgabe

Abb. 1.8 Notebook mit einer eingabebereiten Markdown-Zelle. Die Code-Zellen wurden hier noch nicht ausgeführt

verwenden. Wichtig ist an dieser Stelle, sich immer bewusst zu sein, dass sich die Zellen immer in einem von zwei Modi befinden, nämlich im Eingabemodus oder im Kommandomodus. Tastendrucke im Kommandomodus können ebenfalls Folgen haben. Eine Liste der aktuell aktiven Festlegungen kann man im Settings-Reiter mit dem „Advanced Settings Editor“ unter dem Punkt „Keyboard Shortcuts“ bei der Kategorie „notebook“ nachsehen.

Betrachten wir aber zunächst die Markdown-Zelle in Abb. 1.8 noch etwas genauer. Durch Vergleich mit der formatierten Darstellung in Abb. 1.7 erkennen wir, dass das Zeichen # dazu dient, eine Überschrift zu markieren. Unterüberschriften auf verschiedenen Ebenen können mit bis zu sechs Wiederholungen des #-Zeichens gekennzeichnet werden. Eine kurze Beschreibung von Markdown sowie ein interaktives Tutorial findet man in JupyterLab unter dem Hilfe-Reiter. Erwähnenswert ist aber noch, dass in einer Markdown-Zelle mit Hilfe der LaTeX-Syntax [9] auch mathematische Ausdrücke untergebracht werden können, die in Dollarzeichen eingeschlossen sind, wie es auch in unserem Beispiel illustriert ist.

Beim Vergleich der Code-Zellen in Abb. 1.7 und 1.8 fällt auf, dass die Code-Zellen in einem Fall nummeriert sind, im anderen Fall dagegen nicht. Dies hängt damit zusammen, dass in der ersten Abbildung die Code-Zellen bereits ausgeführt

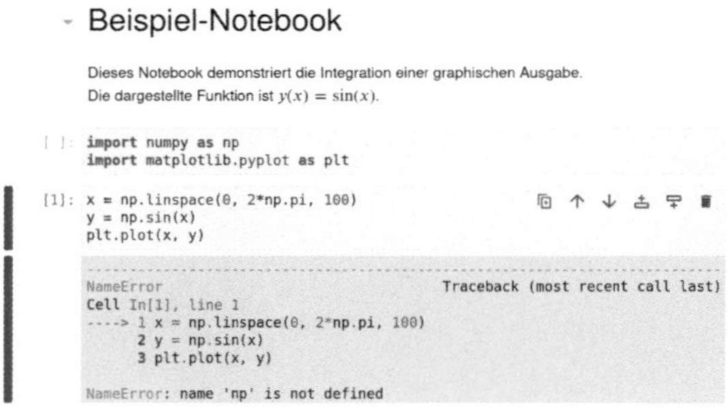

Abb. 1.9 Notebook in dem der Code der zweiten Code-Zelle von der ersten, noch nicht ausgeführten Code-Zelle abhängt

Beispiel-Notebook

Dieses Notebook demonstriert die Integration einer graphischen Ausgabe.
Die dargestellte Funktion ist $y(x) = \sin(x)$.

```
[ ]: import numpy as np
     import matplotlib.pyplot as plt

[1]: x = np.linspace(0, 2*np.pi, 100)
     y = np.sin(x)
     plt.plot(x, y)

NameError                                 Traceback (most recent call last)
Cell In[1], line 1
----> 1 x = np.linspace(0, 2*np.pi, 100)
      2 y = np.sin(x)
      3 plt.plot(x, y)

NameError: name 'np' is not defined
```

wurden, in der zweiten Abbildung jedoch nicht. Analog zu den Markdown-Zellen werden Code-Zellen durch Klicken auf das Dreieckssymbol ▶ ausgeführt, wobei man automatisch eine Zelle weiterspringt. Die oben genannten Alternativen über den Run-Reiter oder geeignete Tastenkombinationen sind auch hier wieder anwendbar. Ganz egal in welcher Weise man eine Code-Zelle ausführt, wird diese nach der Ausführung mit einer laufenden Nummer versehen. Diese gibt also nicht die Position der Zelle im Notebook an, sondern die Position in der Historie der Ausführung von Code-Zellen. Warum ist diese Information wichtig?

Prinzipiell kann man Code-Zellen in einer beliebigen Reihenfolge ausführen. Allerdings kann man vom Python-Interpreter nicht erwarten, dass er über nicht ausgeführte Code-Zellen Bescheid weiß. Es ist auch möglich, Code-Zellen nach einer Ausführung zu ändern und nochmals auszuführen. Dann werden Variablenwerte aus einer früheren Zuweisung gegebenenfalls überschrieben. Hier kann die Nummerierung helfen, den Überblick zu bewahren. Die Notebooks zu diesem Buch sind so organisiert, dass die Code-Zellen entsprechend ihrer Reihenfolge im Notebook ausgeführt werden sollten. Das schließt aber nicht grundsätzlich aus, dass es sinnvoll sein kann, bestimmte Zellen wiederholt auszuführen.

In Abb. 1.9 illustrieren wir das gerade Beschriebene mit einer Situation, die Anfänger gelegentlich etwas irritiert. Bei der Ausführung des Notebooks wurde die erste Code-Zelle übersehen und nicht ausgeführt, wie man an der fehlenden Nummer erkennen kann. Tatsächlich wurde die zweite Code-Zelle als erste Zelle ausgeführt. Der Python-Interpreter wundert sich dann über das Symbol `np`, das eigentlich im Rahmen der Import-Anweisungen der ersten Code-Zelle hätte erzeugt werden sollen. Diese Art von Fehlermeldung deutet also häufig darauf hin, dass eine Code-Zelle nicht ausgeführt wurde.

Gelegentlich kommt es vor, dass die Ausführung einer Code-Zelle etwas Zeit in Anspruch nimmt. Während dieser Zeit wird anstelle der Nummer in der Ausführungsreihenfolge ein Sternchen angezeigt. Will man die Ausführung vorzeitig abbrechen, zum Beispiel weil man bei genauerem Hinsehen einen Fehler entdeckt hat oder einfach die Geduld verliert, hat man zwei Optionen. Man kann entweder die Ausführung des Codes in der betreffenden Zelle abbrechen. Dies kann man mit dem quadratischen Symbol ■ in der Kopfzeile des Notebooks bewerkstelligen. Alternativ kann man über den Unterpunkt „Interrupt Kernel" des Kernel-Reiters oder die dort angegebene Tastenkombination gehen. Eine andere Möglichkeit besteht darin, den Kernel neu zu starten. Dabei geht aber der aktuelle Zustand, also insbesondere alle Werte von Variablen, alle Funktionsdefinitionen usw. verloren. Der Inhalt der Markdown- und Code-Zellen bleibt dagegen unberührt. Man kann dann wie mit einem frisch geöffneten Notebook neu starten, ohne irgendwelche Nebenwirkungen von zuvor ausgeführten Code-Zellen befürchten zu müssen. Der Neustart des Kernels erfolgt durch Klicken auf das Symbol C , wobei über den Kernel-Reiter zusätzliche Varianten zur Verfügung stehen. So ist es möglich, den Kernel neu zu starten und anschließend sofort das gesamte Notebook ausführen zu lassen. Dies sollte man jedoch nur tun, wenn man dem Notebook vertraut, zum Beispiel weil man es selbst verfasst hat oder es aus einer vertrauenswürdigen Quelle stammt.

Abschließend sei noch erwähnt, dass Sie gerne mit den im Zusammenhang mit diesem Buch verteilten Notebooks experimentieren können. Manche Probleme lassen sich auch auf eine andere Weise lösen, die Sie vielleicht ausprobieren möchten. Manchmal ist auch eine Erweiterung des Codes sinnvoll. Dabei ist es gute Praxis, ein Notebook, das man modifizieren möchte, vorher zu kopieren und einen neuen Namen zu vergeben. Sollte ein Notebook zu diesem Buch unbeabsichtigt verändert worden oder gar in einen unbenutzbaren Zustand geraten sein, so steht die Möglichkeit des erneuten Herunterladens immer offen.

Literatur

1. B.P. Abbott, et al., Phys. Rev. D **93**, 122003 (2016). https://doi.org/10.1103/PhysRevD.93.122003
2. The Event Horizon Telescope Collaboration, Astrophys. J. Lett. **875**, L3 (2019). https://doi.org/10.3847/2041-8213/ab0c57
3. wiki.python.org/moin/BeginnersGuide
4. wiki.python.org/moin/GermanLanguage
5. Jedes Jahr wird eine neue Python-Version freigegeben. Bei der Erstellung dieses Buches wurde zuletzt Python 3.11 verwendet, das noch bis Oktober 2027 unterstützt wird. Unter aktuelleren Versionen von Python sollten die Notebooks jedoch ebenfalls lauffähig sein
6. G. Varoquaux, et al. Scientific Python Lectures (2023). https://doi.org/10.5281/zenodo.594102
7. A. Scopatz, K.D. Huff, *Effective Computation in Physics* (O'Reilly, Sebastopol, 2015)
8. M. Weigend, *Python GE-PACKT* (mitp-Verlag, Heidelberg, 2020). Die 8. Auflage bezieht sich auf Python 3.8
9. H. Voß, *Einführung in LaTeX*, 4. Aufl. (Lehmanns Media, Berlin, 2022)

2 Mechanik von Punktmassen

Die Bewegung von Punktmassen wird durch die Newton'schen Axiome beschrieben. Da das zweite Newton'sche Gesetz die Beschleunigung und damit die zweite Ableitung des Ortes nach der Zeit enthält, führen die Probleme in diesem Kapitel im Prinzip immer auf eine gewöhnliche Differentialgleichung oder ein entsprechendes Gleichungssystem. Aus diesem Grund werden wir uns sehr ausführlich damit beschäftigen, wie wir solche Differentialgleichungen numerisch, also mit Hilfe eines Computers, lösen können und welche Vor- und Nachteile eine solche Lösung gegenüber einer analytischen, mit Papier und Bleistift gewonnenen Lösung hat.

Dabei werden wir von einfachen, teilweise auch analytisch lösbaren Beispielen zu immer komplexeren Problemen übergehen. Manchmal ist die Differentialgleichung in bestimmten Abschnitten auch analytisch lösbar. In solchen Fällen können wir für diese Zeitabschnitte auf eine numerische Lösung verzichten und die kontinuierliche Zeitentwicklung durch eine analytisch bekannte Abbildung zwischen diskreten Zeitpunkten erfassen. Während für die meisten behandelten Probleme Anfangsbedingungen spezifiziert sind, werden wir an einem der Beispiele auch zeigen, wie sich ein Randwertproblem lösen lässt, bei dem Anfangs- und Endort vorgegeben sind.

Häufig ist es nicht damit getan, die Bewegungsgleichung für vorgegebene Anfangsbedingungen über einen gewissen Zeitraum zu lösen. Manchmal interessiert man sich für spezielle Punkte der Trajektorie, an denen eine gewisse Bedingung erfüllt ist. Ein einfaches Beispiel wäre die Berechnung der Wurfweite bei einem schiefen Wurf, wobei das Auftreffen der Punktmasse auf dem Boden zu bestimmen ist. Möchte man durch geeignete Wahl des Abwurfwinkels die Wurfweite maximieren, so muss man zudem eine ganze Reihe von Anfangsbedingungen betrachten, um anschließend das Optimum zu identifizieren.

Das Aufsuchen bestimmter Punkte entlang eine Trajektorie spielt auch bei der Berechnung von sogenannten Poincaré-Plots eine Rolle, die für die Untersuchung nichtlinearer dynamischer Systeme von großer Bedeutung sind. Hier kann sich zum

H. Wiedemann und G.-L. Ingold, *Numerische Physik mit Python*,
https://doi.org/10.1007/978-3-662-69567-8_2

Beispiel deterministisches Chaos manifestieren, das man in analytisch lösbaren Problemen nicht finden wird. Daher stellt in diesem Bereich der Computer ein zentrales Werkzeug dar und das Beherrschen numerischer Techniken ist unabdingbar.

2.1 Senkrechter Wurf mit Luftwiderstand

2.1.1 Analytische Lösung

In unserem ersten Beispiel betrachten wir die Bewegung einer Punktmasse unter dem Einfluss einer Kraft, die nicht vom Ort, sondern lediglich von der Geschwindigkeit der Punktmasse abhängen soll. Damit können wir die Newton'sche Bewegungsgleichung als gewöhnliche Differentialgleichung erster Ordnung für die Geschwindigkeit als Funktion der Zeit formulieren. In späteren Beispielen werden wir dann den Übergang zu Differentialgleichungen zweiter Ordnung vollziehen.

Konkret betrachten wir den senkrechten Wurf unter Berücksichtigung des Luftwiderstands. Aufgrund der niedrigen Viskosität von Luft ist die zugehörige Reibungskraft schon bei recht kleinen Geschwindigkeiten nichtlinear. Wir wollen davon ausgehen, dass bei den uns interessierenden Geschwindigkeiten eine quadratische Abhängigkeit eine gute Beschreibung liefert, und setzen für die Reibungskraft

$$F_\mathrm{R} = -\alpha |v| v \,. \tag{2.1}$$

Dabei müssen wir in einem Faktor den Betrag der Geschwindigkeit v nehmen, um sicherzustellen, dass die Kraft der Bewegung entgegengesetzt ist. α ist eine positive Konstante, die die Stärke des Luftwiderstands angibt. Bei einer solchen quadratischen Abhängigkeit der Reibungskraft von der Geschwindigkeit spricht man von *Newton-Reibung*. Diese ist von der *Stokes-Reibung* mit einer linearen Geschwindigkeitsabhängigkeit zu unterscheiden, die bei hinreichend niedrigen Geschwindigkeiten und vor allem in Medien beobachtet wird, deren Viskosität deutlich größer ist als für den hier betrachteten Fall von Luft.

Zusätzlich zum Luftwiderstand wirkt auch noch die Gravitationskraft, die in der Nähe der Erdoberfläche durch ein homogenes Schwerefeld beschrieben sei. Den allgemeineren Fall werden wir in Abschn. 2.2 betrachten. Wenn das geworfene Objekt die Masse m besitzt, wirkt also noch die Gewichtskraft

$$F_\mathrm{G} = -mg \tag{2.2}$$

mit der Erdbeschleunigung g. Dabei haben wir bei diesem eindimensionalen Problem darauf verzichtet, den Vektorcharakter der Kraft zu berücksichtigen und implizit vorausgesetzt, dass Geschwindigkeiten positiv genommen werden, wenn sich der Abstand von der Erdoberfläche vergrößert.

Insgesamt erhalten wir also die Bewegungsgleichung

$$m\frac{\mathrm{d}v}{\mathrm{d}t} = -mg - \alpha |v| v \,. \tag{2.3}$$

Obwohl diese Differentialgleichung nichtlinear ist, lässt sie sich analytisch lösen, wie wir gleich noch sehen werden. Eine numerische Lösung ist also eigentlich nicht erforderlich. Dennoch ist diese Gleichung geeignet, das prinzipielle Vorgehen bei der numerischen Behandlung von Differentialgleichungen zu demonstrieren, zumal sie uns die Möglichkeit gibt, die numerische Lösung mit der analytischen Lösung zu vergleichen.

Die Differentialgleichung (2.3) enthält drei Parameter, die wir im Prinzip im Rahmen einer numerischen Lösung spezifizieren müssten, nämlich die Masse m, die Erdbeschleunigung g und die Reibungskonstante α. Tatsächlich hängt der Charakter der Lösung der Differentialgleichung überhaupt nicht von diesen Parametern ab, so dass wir die Lösung nur einmal berechnen müssen statt für viele Punkte in einem dreidimensionalen Parameterraum. Es ist daher wichtig, sich vor der numerischen Behandlung klarzumachen, wie viele echte Parameter das Problem enthält, und alle anderen Parameter zu eliminieren. Dies ist übrigens auch bei analytischen Rechnungen nützlich, weil man damit zum Beispiel Fehler beim Abschreiben im Rahmen von Umformungen vermeiden kann.

Wenn wir konkret die Gl. (2.3) betrachten, stellen wir fest, dass wir die drei Parameter durch Division durch die Masse sofort auf nur zwei Parameter reduzieren können, nämlich g und α/m. Im nächsten Schritt nutzen wir aus, dass in der Differentialgleichung noch zwei dimensionsbehaftete Größen vorkommen, die Geschwindigkeit v und die Zeit t. Für diese beiden Größen dürfen wir im Prinzip die Dimension frei wählen. Konkret wollen wir dimensionslose Variable einführen, da unser numerisches Programm ohnehin nur mit Zahlen umgehen kann.

Wir führen also eine dimensionslose Geschwindigkeit $v' = c_1 v$ und eine dimensionslose Zeit $t' = c_2 t$ ein und schreiben die Bewegungsgleichung (2.3) als

$$\frac{\mathrm{d}v'}{\mathrm{d}t'} = -\frac{c_1}{c_2} g - \frac{1}{c_1 c_2} \frac{\alpha}{m} |v'| v' \,. \tag{2.4}$$

Nun können wir fordern, dass

$$\frac{c_1}{c_2} g \overset{!}{=} 1 \quad \text{und} \quad \frac{1}{c_1 c_2} \frac{\alpha}{m} \overset{!}{=} 1 \,. \tag{2.5}$$

Wenn wir also eine neue Zeit

$$t' = \sqrt{\frac{g\alpha}{m}} t \tag{2.6}$$

und eine neue Geschwindigkeit

$$v' = \sqrt{\frac{\alpha}{mg}} v \tag{2.7}$$

einführen, wird die Differentialgleichung (2.3) vollkommen parameterunabhängig und lautet

$$\frac{\mathrm{d}v'}{\mathrm{d}t'} = -1 - |v'| v' \,. \tag{2.8}$$

Unter Berücksichtigung der Dimensionen der Parameter α, g und m kann man sich leicht davon überzeugen, dass die neuen Größen v' und t' tatsächlich dimensionslos sind.

Hier hat uns das systematische Vorgehen bei der Skalierung zum Ziel geführt. Manchmal ist es aber auch möglich, sich eine geeignete Skalierung aus physikalischen Gründen zu erschließen. Dies hat dann den Vorteil, dass die Skalierung auch eine physikalische Bedeutung bekommt. Im vorliegenden Fall hätten wir zum Beispiel aus der Forderung $\mathrm{d}v/\mathrm{d}t = 0$ die asymptotische Geschwindigkeit v_∞ für lange Zeiten bestimmen können. Aus (2.3) erhalten wir

$$v_\infty = -\sqrt{\frac{mg}{\alpha}}\,. \tag{2.9}$$

In (2.7) haben wir also die Geschwindigkeit auf den Betrag der asymptotischen Geschwindigkeit bezogen.

Die Entfernung irrelevanter Parameter vor der numerischen Lösung ist ein sehr nützlicher Schritt, den wir noch öfter durchführen werden. Dabei wird es jedoch nicht immer möglich sein, alle Parameter zu entfernen. Die verbleibenden Parameter werden dann die Form der Lösung beeinflussen, und man wird im Allgemeinen mehrere Werte für diese betrachten.

Um die Notation durch den Strich nicht unnötig zu belasten, werden wir diesen im Weiteren weglassen. Wir müssen also immer im Hinterkopf behalten, dass v und t ab jetzt die skalierten Variablen sind. Bei Bedarf können wir am Ende immer wieder zurück zu den ursprünglichen Variablen gehen. Wenn wir noch wie üblich die Zeitableitung durch einen Punkt notieren, lautet unsere Bewegungsgleichung nun also

$$\dot{v} = -1 - |v|v\,. \tag{2.10}$$

Diese Differentialgleichung ist zwar nichtlinear, aber erster Ordnung, so dass wir eine Trennung der Variablen versuchen können. Dabei müssen wir jedoch wegen des Betrags eine Fallunterscheidung in positive und negative Geschwindigkeiten vornehmen.

Gehen wir zunächst davon aus, dass das Objekt nach oben geworfen wird, und betrachten wir die Flugphase mit positiver Geschwindigkeit bis zum Umkehrpunkt. Dabei sei die Anfangsgeschwindigkeit zum Zeitpunkt $t = 0$ durch $v(0) = v_0$ gegeben. Dann ergibt die Trennung der Variablen

$$\int_{v_0}^{v(t)} \frac{\mathrm{d}v'}{1 + v'^2} = -\int_0^t \mathrm{d}t'\,, \tag{2.11}$$

wobei die Striche hier nichts mit unserer früheren Umskalierung zu tun haben, sondern nur der Unterscheidung zwischen den Integrationsvariablen und den in den Integrationsgrenzen auftretenden Größen dienen. Nach dem Ausführen der Integrationen und Auflösung nach der Geschwindigkeit findet man

$$v(t) = \tan(t_0 - t)\,, \tag{2.12}$$

wobei

$$t_0 = \arctan(v_0) \tag{2.13}$$

der Zeitpunkt ist, zu dem die Geschwindigkeit null wird, also der Umkehrpunkt der Bewegung erreicht wird.

Entsprechend lässt sich der Bereich negativer Geschwindigkeiten behandeln, wobei wir jetzt als Anfangsbedingung $v(t_0) = 0$ setzen. Dann liefert die Trennung der Variablen

$$\int_0^{v(t)} \frac{\mathrm{d}v'}{1 - v'^2} = -\int_{t_0}^{t} \mathrm{d}t' \tag{2.14}$$

oder nach Integration und Auflösen nach der Geschwindigkeit

$$v(t) = -\tanh(t - t_0)\,. \tag{2.15}$$

Für positive Anfangsgeschwindigkeiten lautet die Lösung also insgesamt

$$v(t) = \begin{cases} \tan(t_0 - t) & \text{für } t < t_0 \\ -\tanh(t - t_0) & \text{für } t \geq t_0\,. \end{cases} \tag{2.16}$$

Ist die Anfangsgeschwindigkeit dagegen negativ, aber größer als die asymptotische Grenzgeschwindigkeit, also $-1 \leq v_0 \leq 0$, so ergibt sich

$$v(t) = -\tanh\big(t + \operatorname{artanh}(-v_0)\big)\,. \tag{2.17}$$

Für $v_0 < -1$ erhält man schließlich

$$v(t) = -\coth\big(t + \operatorname{arcoth}(-v_0)\big)\,. \tag{2.18}$$

Die Zeitabhängigkeit der Geschwindigkeit (2.16) für eine Anfangsgeschwindigkeit $v_0 = 4$ ist in Abb. 2.1 gezeigt. Zum Zeitpunkt $t_0 = \arctan(4) \approx 1{,}33$ wechselt die Geschwindigkeit ihr Vorzeichen. Die Steigung der gestrichelt eingezeichneten

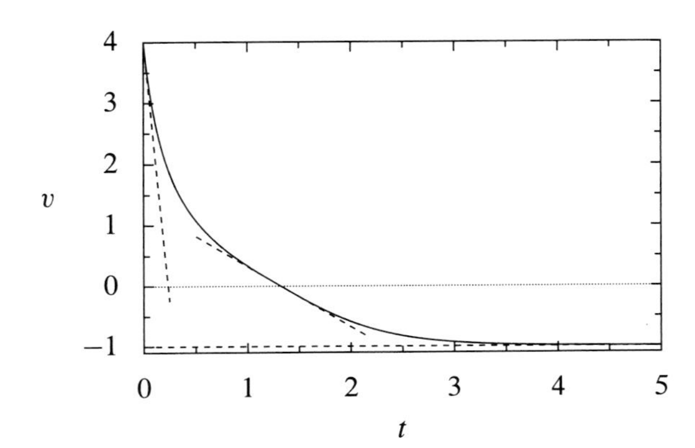

Abb. 2.1 Zeitlicher Verlauf der Geschwindigkeit beim senkrechten Wurf mit Luftwiderstand und einer dimensionslosen Anfangsgeschwindigkeit $v_0 = 4$. Die gestrichelten Linien stellen das Verhalten für sehr kurze und sehr lange Zeiten sowie in der Nähe verschwindender Geschwindigkeit dar

Geraden bei $t = 0$ ergibt sich aus der Differentialgleichung (2.8) zu $-1 - v_0^2 = -15$, also einem vergleichsweise großen Wert, der auch gleich bei der numerischen Lösung noch eine Rolle spielen wird.

Um den Vorzeichenwechsel der Geschwindigkeit herum ist ein ausgeprägtes lineares Verhalten zu beobachten. Auch hier ergibt sich die Steigung aus der Bewegungsgleichung. Setzen wir $v = 0$, so erhalten wir die Steigung der zweiten gestrichelten Kurve zu eins. Für große Zeiten wird, wie schon im Zusammenhang mit der Skalierung besprochen, die in (2.9) gegebene asymptotische Geschwindigkeit v_∞ erreicht, die durch die gestrichelte Linie bei der dimensionslosen Geschwindigkeit -1 angedeutet ist.

2.1.2 Lösung mit dem Euler-Verfahren

Wenn wir nicht in der Lage gewesen wären, den senkrechten Wurf mit Luftwiderstand analytisch vollständig zu lösen, hätten uns die am Ende des vorigen Abschnitts angestellten Überlegungen, die sich direkt aus der Bewegungsgleichung ergaben, ein ganzes Stück vorangebracht. Die in Abb. 2.1 gestrichelt dargestellten, zugehörigen Asymptoten geben bereits eine sehr gute Vorstellung des gesamten zeitlichen Verlaufs der Geschwindigkeit.

Neben der analytischen Vorgehensweise besteht die Möglichkeit der numerischen Untersuchung, die es angesichts der heute verfügbaren, sehr leistungsfähigen Computer erlaubt, auch komplizierte Probleme anzugehen. Man spricht daher neben der Experimentalphysik und der Theoretischen Physik häufig auch von der computergestützten Physik oder *computational physics* als eigenständigem Bereich der Physik.

Wir wollen in diesem Abschnitt mit der einfachsten numerischen Methode beginnen, die Differentialgleichung (2.10) zu lösen, dem sogenannten Euler-Verfahren. Auch wenn diese Methode in der Praxis kaum keine Rolle spielt, ist sie dennoch sehr gut geeignet, um das prinzipielle Vorgehen zu erläutern.

Betrachten wir als Beispiel die gestrichelte Linie in Abb. 2.1, die bei $t = 0$ tangential an der Lösung ist. Die Steigung dieser Geraden lässt sich direkt auf der rechten Seite der Differentialgleichung (2.8) ablesen, indem wir für die Geschwindigkeit den Wert $v(0)$ einsetzen. Die Geschwindigkeit zu einem späteren Zeitpunkt Δt können wir näherungsweise erhalten, indem wir um das entsprechende Zeitintervall entlang der Geraden fortschreiten. Damit finden wir

$$v(\Delta t) = v(0) + \dot{v}(0)\Delta t\,. \tag{2.19}$$

Diese Gleichung können wir als Resultat einer Taylorentwicklung um $t = 0$ verstehen, die wir nach dem linearen Term abbrechen. Alternativ lässt sie sich auch durch Umformung aus dem rechtsseitigen Differenzenquotienten

$$\left.\frac{\mathrm{d}v}{\mathrm{d}t}\right|_{t=0} = \lim_{\Delta t \to 0} \frac{v(\Delta t) - v(0)}{\Delta t} \tag{2.20}$$

für ein endliches Zeitintervall Δt herleiten.

Sowohl die abgeschnittene Taylorentwicklung als auch dieser Differenzenquotient ergeben nur im Grenzfall $\Delta t \to 0$ das korrekte Resultat, während wir numerisch immer mit endlichen Schrittweiten rechnen müssen. Damit wird die numerische Lösung im Allgemeinen fehlerbehaftet sein, wobei sich der Fehler durch die Wahl der Schrittweite kontrollieren lässt. Den Zusammenhang zwischen Schrittweite und Fehler werden wir in Abschn. 2.1.4 genauer besprechen. Ein weiteres Problem stellt der rechtsseitige Differenzenquotient (2.20) dar, der die Steigung zwischen den Zeitpunkten 0 und Δt unter Umständen nur unzureichend beschreibt, wie schon aus Abb. 2.1 zu erahnen ist. In Abschn. 2.1.5 werden wir einen ersten Ansatz präsentieren, wie man mit diesem Problem umgehen kann.

Ein Schritt um das Zeitintervall Δt lässt sich natürlich nicht nur ausgehend von $t = 0$ durchführen, sondern solche Schritte können auch nacheinander ausgeführt werden. Im nächsten Schritt hätten wir demnach

$$v(2\Delta t) = v(\Delta t) + \dot{v}(\Delta t)\Delta t\,, \tag{2.21}$$

wobei aus (2.10) speziell

$$\dot{v}(\Delta t) = -1 - |v(\Delta t)|v(\Delta t) \tag{2.22}$$

folgt. Solange der Zusammenhang zwischen der Beschleunigung und der Geschwindigkeit bekannt ist, können wir auf diese Weise vorgehen, selbst wenn die rechte Seite noch zusätzlich explizit von der Zeit abhängen sollte. Hierfür werden wir Beispiele in den Abschn. 2.15 und 2.16 kennenlernen.

Es ist nun möglich, die Zeitentwicklung iterativ durch wiederholte Anwendung der linearen Näherung mit Hilfe des zuvor berechneten Ergebnisses zu bestimmen. Zur Vereinfachung der Notation definieren wir $v_n = v(n\Delta t)$. Dann ergibt sich die Rekursionsformel

$$v_{n+1} = v_n - \big(1 + |v_n|v_n\big)\Delta t\,. \tag{2.23}$$

Die rechte Seite hängt aufgrund der Zeitentwicklung der Geschwindigkeit implizit von der unabhängigen Variablen t ab, die hier durch den Index n angedeutet ist. Eine explizite Zeitabhängigkeit müssten wir in der Form $t = n\Delta t$ berücksichtigen.

In Abb. 2.2 ist das Resultat der Berechnung mit Hilfe des Euler-Verfahrens anhand der schwarzen Punkte dargestellt, die zum leichteren Verfolgen mit gepunkteten Linien verbunden sind. Natürlich können wir zwischen den schwarzen Punkten nichts über die Trajektorie aussagen. Diese wird zwar in der Nähe der gepunkteten Linien verlaufen, jedoch nicht entlang von Geradenstücken.

Der Deutlichkeit halber sind die Zeitschritte in Abb. 2.2 mit $\Delta t = 0{,}15$ relativ groß gewählt. Zum Vergleich zeigt die durchgezogene Kurve das exakte Ergebnis. Wir werden in Abschn. 2.1.4 genauer untersuchen, wie sich der hier sehr deutliche Fehler mit zunehmender Verkleinerung der Zeitschritte verringert.

Einige Aspekte der zeitlichen Entwicklung des Fehlers sind schon in Abb. 2.2 deutlich zu erkennen. Insbesondere beim Übergang vom Startpunkt zum nächsten Punkt repräsentiert die Steigung am Startpunkt sehr schlecht die mittlere Steigung

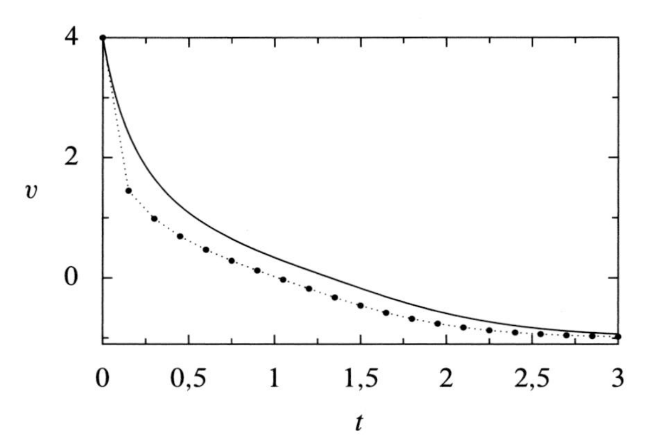

Abb. 2.2 Vergleich der exakten zeitlichen Dynamik (durchgezogene Linie) des senkrechten Wurfs mit Luftwiderstand mit den Ergebnissen des Euler-Verfahrens (schwarze, durch gepunktete Linien verbundene Punkte) für eine Schrittweite $\Delta t = 0{,}15$

zwischen den Zeitpunkten $t = 0$ und Δt, wodurch gleich zu Beginn ein erheblicher Fehler erzeugt wird. Im Bereich des Vorzeichenwechsels der Geschwindigkeit ist die Lösung dagegen nahezu linear, so dass der Fehler praktisch konstant bleibt, da die in (2.19) vorgenommene Linearisierung dann eine sehr gute Näherung darstellt. Eine Besonderheit unseres konkreten Problems ist die Existenz einer asymptotischen Geschwindigkeit, die dazu führt, dass der Fehler für lange Zeiten gegen null geht. Dies muss im Allgemeinen keineswegs der Fall sein.

2.1.3 Umsetzung in ein Python-Programm

☞ `2-01-Senkrechter-Wurf.ipynb`

Damit sind alle nötigen Vorarbeiten geleistet und wir können uns der numerischen Implementation zuwenden. Wie in der Einleitung bereits angemerkt, werden wir die Programme als Jupyter-Notebooks vorstellen. Die Notebooks bestehen aus mehreren Code-Zellen und sogenannten Markup-Zellen, die Hintergrundinformationen und Kommentare enthalten. Hier im Buchtext werden wir nur die Code-Zellen vorstellen und erklären. In manchen Fällen, in denen eine Code-Zelle gar keine oder nur geringfügige Änderungen zu bereits besprochenen Notebooks enthält, werden die Code-Zellen nicht ein zweites Mal abgedruckt und besprochen, sondern nur auf den bereits erklärten Block verwiesen. Dies trifft insbesondere auf die Code-Zellen zu, die für die Eingabe der Parameter und die zumeist graphische Ausgabe der Ergebnisse zuständig sind, und die für alle Notebooks im Prinzip die gleiche Struktur besitzen.

Das unter der Überschrift zu diesem Abschnitt angegebene Notebook enthält den Code für die Abschn. 2.1.3 bis 2.1.6. Da sich diese Abschnitte mit der gleichen physikalischen Problemstellung beschäftigen, können wir auf diese Weise Code in den einzelnen Abschnitten wiederverwenden. In diesem Abschnitt werden wir uns mit den ersten vier Code-Zellen beschäftigen.

Um die Rekursionsformel (2.23) implementieren zu können, benötigt man die Zeitableitung der Geschwindigkeit, die durch die rechte Seite der Differentialgleichung (2.10) gegeben ist. Hierzu definiert die erste Code-Zelle eine Funktion `dv_dt`, die problemspezifisch ist und im Weiteren immer wieder verwendet wird. Der Code setzt diese rechte Seite unmittelbar um.

```
def dv_dt(v):
    return -1-abs(v)*v
```

Im allgemeinen Fall kann es noch eine explizite Abhängigkeit von der Zeit gegeben, die hier nicht auftritt, so dass wir uns an dieser Stelle auf das Argument `v` beschränken können. Dennoch werden wir später in Abschn. 2.1.6 formal eine entsprechende Erweiterung um ein Zeitargument vornehmen müssen.

Bevor wir zur nächsten Code-Zelle kommen, wollen wir eine Bemerkung zu den verwendeten Bezeichnern, hier also den Funktions- und Variablennamen, machen. Obwohl dieses Buch auf Deutsch verfasst ist, verwenden wir englischsprachige Bezeichner. Die Gründe hierfür und einige weitere Informationen zu Bezeichnern finden sich in Abschn. 6.2.2.

In der zweiten Code-Zelle definieren wir eine weitere Funktion. Ihr Name `euler` deutet auf ihren Zweck hin, nämlich die Rekursionsvorschrift (2.23) des Euler-Verfahrens zu organisieren und die Ergebnisse in zwei Listen zur weiteren Verarbeitung zu sammeln. Im Gegensatz zur zuvor diskutierten Funktion `dv_dt` ist diese Funktion nicht spezifisch für unsere konkrete Problemstellung, sondern lässt sich allgemein zur Lösung einer einzelnen Differentialgleichung erster Ordnung mit dem Euler-Verfahren verwenden. Auf diese Weise findet eine Isolierung des problemspezifischen Teils statt. Wenn wir eine andere Differentialgleichung lösen wollen, passen wir nur die Funktion `dv_dt` an und laufen dabei nicht Gefahr, in der Funktion `euler` womöglich einen Fehler einzubauen. Grundsätzlich ist es eine gute Idee, Funktionen so zu organisieren, dass sie nur für eine Aufgabe zuständig sind. Im Jupyter-Notebook sind die beiden Funktionen in separaten Zellen untergebracht, auch wenn dies für die angesprochene Abgrenzung der Zuständigkeiten nicht unbedingt notwendig wäre.

```
def euler(t_end, n_steps, v_0):
    delta_t = t_end/n_steps
    t_values = [0]
    v_values = [v_0]
    for n in range(n_steps):
        t_values.append((n+1)*delta_t)
        v = v_values[-1]
        v_values.append(v + dv_dt(v)*delta_t)
    return t_values, v_values
```

Wenden wir uns nun dem konkreten Code zu. Die Funktion benötigt die Länge des zu betrachtenden Zeitintervalls `t_end`, die Zahl `n_steps` der durchzuführenden Iterationsschritte sowie die Anfangsgeschwindigkeit `v_0`. Entsprechend sind diese drei Parameter in der Argumentliste in der ersten Zeile genannt. Aus den Parametern `t_end` und `n_steps` lässt sich die Länge eines Euler-Zeitschritts `delta_t` bestimmen. Anschließend werden zwei Listen `t_values` und `v_values` vorbereitet, die am Ende alle Zeiten bzw. Geschwindigkeiten enthalten sollen. Die beiden Listen werden auch gleich mit den entsprechenden Anfangswerten gefüllt. Weitere Informationen zu Listen und dem Umgang mit ihnen sind in Abschn. 6.2.6 zu finden.

Die anschließende `for`-Schleife führt `n_steps` Euler-Schritte durch. Bei der Bestimmung der Zeit nach dem jeweiligen Iterationsschritt ist zu beachten, dass die Ausgabe von `range` mit `0` beginnt und bei `nsteps-1` endet. Weitere Informationen hierzu finden sich in Abschn. 6.2.5. Entsprechend muss der Schleifenzähler bei der Bestimmung der Zeit um eins erhöht werden.

Im Rahmen des Euler-Iterationsschritts (2.23) wird die Geschwindigkeit vor dem Iterationsschritt benötigt, die wir im letzten Schritt der Liste `v_values` angehängt hatten. Im Prinzip könnten wir einfach den aktuellen Wert des Schleifenindex `n` als Listenindex verwenden, um die betreffende Geschwindigkeit aus der Liste `v_values` zu erhalten. Allerdings ist der Code leichter zu lesen und auch weniger fehleranfällig, wenn man stattdessen den Index `-1` verwendet. Wie in Abschn. 6.2.6 genauer ausgeführt wird, greift man mit diesem Index auf den letzten Listeneintrag zu.

In der vorletzten Zeile wird der Euler-Iterationsschritt (2.23) unter Verwendung der zuvor definierten Funktion `dv_dt` ausgeführt und das Ergebnis gleich an die Liste der Geschwindigkeiten angehängt. Nachdem die Schleife abgearbeitet ist, also der eingerückte Code n_{steps}-mal ausgeführt wurde, werden abschließend die beiden erzeugten Listen an den Programmteil, der die Funktion `euler` aufgerufen hatte, zur weiteren Verwendung übergeben.

Die beiden bis jetzt besprochenen Funktionen könnte man in einem Python-Skript verwenden, um für vorgegebene Werte der Parameter der Funktion `euler` das Euler-Verfahren durchzuführen und dann die Daten beispielsweise auf dem Bildschirm anzuzeigen, in einer Datei abzuspeichern oder graphisch aufzubereiten. Im Jupyter-Notebook wollen wir jedoch von den dort existierenden Möglichkeiten eines graphischen Benutzerinterfaces und der Darstellung der Ergebnisse direkt im Notebook Gebrauch machen. In diesem Sinne sind die folgenden zwei Code-Zellen spezifisch auf die Gegebenheiten in Jupyter-Notebooks zugeschnitten. Die graphische Darstellung der Daten kann aber mit den gleichen matplotlib-Funktionen von einem normalen Python-Skript aus geschehen.

Um den Fokus der bisherigen Diskussion nicht von der Implementation des Euler-Verfahrens abzulenken, haben wir den `import`-Block, den man normalerweise an den Beginn des Programmcodes stellen würde, in die dritte Code-Zelle verschoben. In diesem `import`-Block werden die Namensräume von Modulen importiert, die wir im Folgenden benötigen. Einige Informationen zum Import von Modulen sind im Abschn. 6.2.3 zusammengestellt.

```
import ipywidgets as widgets
from ipywidgets import interact
import matplotlib.pyplot as plt

plt.style.use("numphyspy.style")
```

Zunächst importieren wir den Namensraum des Moduls `ipywidgets`, das die Erzeugung von Widgets im Notebook erlaubt. Unter einem Widget versteht man eine Komponente eines graphischen Benutzerinterfaces, die es dem Programm erlaubt, mit dem Benutzer interagieren. So lassen sich bei vielen Widgets mit Hilfe von Maus oder Tastatur Parameter einstellen, die dem Programm dann zur Verfügung stehen. Ferner verwenden wir die matplotlib-Bibliothek zur graphischen Darstellung der Ergebnisse. In der letzten Zeile wird eine Stildatei geladen, die einige wenige Eigenschaften der graphischen Darstellung festlegt. Der Name `numphyspy` wurde als Abkürzung für den Titel dieses Buches gewählt.

Wenden wir uns abschließend der vierten Code-Zelle zu.

```
widget_dict = {"t_end":
                widgets.FloatSlider(
                    value=5, min=1, max=20, step=1,
                    description=r"$t_\text{end}$"),
                "n_steps":
                widgets.IntSlider(
                    value=500, min=10, max=5000, step=10,
                    description=r"$n_\text{steps}$"),
                "v_0":
                widgets.FloatSlider(
                    value=4, min=-5, max=5, step=0.1,
                    description="$v(0)$")
                }

@interact(**widget_dict)
def plot_euler_result(t_end, n_steps, v_0):
    t_values, v_values = euler(t_end, n_steps, v_0)

    fig, ax = plt.subplots()
    ax.plot(t_values, v_values)
    ax.set_xlabel("$t$")
    ax.set_ylabel("$v$")
```

Im Dictionary `widget_dict` werden die Schieberegler für Gleitkommazahlen (`FloatSlider`) und für ganze Zahlen (`IntSlider`) mit ihren Parametern definiert. Die Argumente der hier verwendeten Schieberegler sind mehr oder weniger selbsterklärend. Sollte ein Parameterbereich durch die Werte `min` und `max` oder die Schrittweite

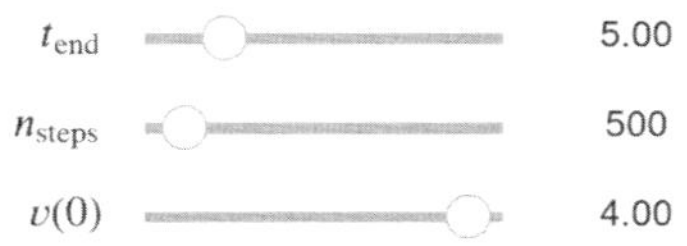

Abb. 2.3 Anordnung der Schieberegler im Jupyter-Notebook `2-01-Senkrechter-Wurf`

t_{end} 5.00
n_{steps} 500
$v(0)$ 4.00

`step` für Ihre Zwecke ungünstig gewählt sein, so können diese jederzeit im Notebook nach Bedarf abgeändert werden.

Zur Beschriftung der Schieberegler, wie sie in Abb. 2.3 zu sehen ist, kann die LaTeX-Syntax [1] verwendet werden, in der das Dollarzeichen in den Mathematikmodus umschaltet. Da LaTeX-Kommandos mit einem Backslash beginnen, Python andererseits aber zum Beispiel `\t` als Tabulatorzeichen interpretieren würde, ist in solchen Fällen das Voranstellen eines `r` erforderlich. Damit wird die Zeichenkette zu einem sogenannten *raw string,* womit der Backslash keine Sonderfunktion wahrnehmen kann.

Die Schieberegler entfalten ihre Wirkung über den `interact`-Dekorator, der dafür sorgt, dass eine Änderung der Parameter die Funktion `plot_euler_result` mit den dann aktuellen Parametern `t_end`, `n_steps` und `v_0` ausführt. Zunächst wird die Differentialgleichung durch die Funktion `euler` mit Hilfe des Euler-Verfahrens gelöst. In den letzten vier Zeilen erfolgt schließlich eine graphische Darstellung der Geschwindigkeit als Funktion der Zeit. Die entsprechende Grafik wird direkt in das Notebook eingebettet.

Da der gerade besprochene Code-Block in den folgenden Abschnitten typischerweise ganz ähnlich aussieht, werden wir darauf verzichten, ihn jedes Mal erneut zu diskutieren. Wir werden nur bei Bedarf auf eventuell vorhandene Besonderheiten eingehen.

2.1.4 Vergleich von numerischer und exakter Lösung

☞ `2-01-Senkrechter-Wurf.ipynb`

Der senkrechte Wurf mit Luftwiderstand lässt sich analytisch lösen, wie wir in Abschn. 2.1.1 gesehen hatten. Die Lösung ist in dimensionsloser Form je nach Geschwindigkeitsbereich durch die Gl. (2.16), (2.17) oder (2.18) gegeben. Damit ist es nun möglich, unsere numerische Lösung mit dem exakten Ergebnis zu vergleichen und insbesondere die Abhängigkeit des Fehlers von der Schrittweite Δt zu untersuchen.

Natürlich wird es im Allgemeinen nicht möglich sein, das numerische Ergebnis mit einem exakten Ergebnis zu vergleichen, da man numerische Verfahren gerade dann einsetzt, wenn das exakte Ergebnis unbekannt ist. In bestimmten Situationen gibt es dann immer noch Möglichkeiten, die numerische Implementation zu testen. So werden wir später bei der Betrachtung des mathematischen Pendels in Abschn. 2.4 untersuchen, wie gut die Energieerhaltung erfüllt ist. Diesen Test können wir jedoch wegen der Reibungskraft auf unser aktuelles Problem nicht anwenden.

Beim Vergleich von numerischem und exaktem Resultat können wir im Prinzip entweder den absoluten Fehler, also den Betrag der Differenz zwischen den beiden Resultaten, betrachten oder den relativen Fehler, bei dem zusätzlich noch durch das exakte Resultat dividiert wird. Wenn der senkrechte Wurf anfänglich eine nach oben gerichtete Geschwindigkeit besitzt, wird es beim Erreichen der größten Höhe einen Nulldurchgang der Geschwindigkeit geben, wie in Abb. 2.1 zu sehen ist. Damit ist der relative Fehler keine geeignete Größe, denn dieser würde beim Nulldurchgang der Geschwindigkeit divergieren. Wir betrachten also den absoluten Fehler

$$\delta v = |v_{\text{Euler}} - v_{\text{exakt}}| \tag{2.24}$$

und sehen uns zunächst die wesentlichen zwei Code-Zellen an.

Wie schon im vorigen Abschnitt teilen wir die Zuständigkeiten in einen problemspezifischen und einen allgemeineren Teil auf. Die Funktion `v_exact` erzeugt zu einer in `t_values` übergebenen Liste von Zeitpunkten und einer Anfangsgeschwindigkeit `v_0` eine Liste der zugehörigen Geschwindigkeiten. Abhängig von der Anfangsgeschwindigkeit ist die Lösung durch (2.16), (2.17) oder (2.18) gegeben, so dass wir entsprechend drei Funktionen `v_exact_pos` für $v_0 > 0$, `v_exact_neg1` für $-1 < v_0 \leq 0$ und `v_exact_neg2` für $v_0 \leq -1$ definieren. Da die Erzeugung der Resultatliste unabhängig von der Anfangsgeschwindigkeit ist, überlassen wir diese Aufgabe der Funktion `v_exact`.

```
def v_exact_pos(t, v_0):
    t_0 = atan(v_0)
    if t < t_0:
        return tan(t_0-t)
    else:
        return -tanh(t-t_0)

def v_exact_neg1(t, v_0):
    return -tanh(t+atanh(-v_0))

def v_exact_neg2(t, v_0):
    return -1/tanh(t+atanh(-1/v_0))

def v_exact(t_values, v_0):
    v_values = []
    if v_0 > 0:
        v = v_exact_pos
    elif v_0 > -1:
        v = v_exact_neg1
    else:
        v = v_exact_neg2
    for t in t_values:
        v_values.append(v(t, v_0))
    return v_values
```

In den ersten drei Funktionen verwenden wir vier Funktionen aus dem `math`-Modul der Python-Standardbibliothek, die wir in einer hier nicht dargestellten Code-Zelle importieren. Für Anfangsgeschwindigkeiten $v_0 < -1$ benötigen wir den hyperbolischen Kotangens sowie die dazu inverse Funktion, die nicht vom `math`-Modul bereitgestellt werden. An dieser Stelle müssen wir daher den Ausdruck für die Geschwindigkeit mit Hilfe des hyperbolischen Tangens und seines Inversen darstellen.

Besonders zu erwähnen ist im Hinblick auf die Funktion `v_exact`, dass Funktionen in Python einer Variablen zugewiesen werden können. In den Zeilen 3–8 wird abhängig von der Anfangsgeschwindigkeit der Variable `v` die passende Funktion zugewiesen. Dabei findet noch keine Auswertung der Funktion statt. Erst in der vorletzten Zeile wird die ausgewählte Funktion unter Verwendung der Variable `v` aufgerufen.

Die Funktion `abs_errors` ist dafür zuständig, eine Liste mit den Zeiten und zugehörigen absoluten Fehlern zu erstellen, und ist nicht von unserer spezifischen Problemstellung abhängig.

```
def abs_errors(t_end, n_steps, v_0, method):
    t_values, v_numerical_values = method(
        t_end, n_steps, v_0)
    v_exact_values = v_exact(t_values, v_0)
    error_values = []
    for v1, v2 in zip(v_numerical_values, v_exact_values):
        error_values.append(abs(v1-v2))
    return t_values, error_values
```

Im Hinblick auf den Abschn. 2.1.5 ist die Funktion allgemeiner formuliert als es an dieser Stelle erforderlich wäre. Wir nutzen hier aus, dass Funktionen in Python nicht nur einer Variable zugewiesen werden können, sondern auch als Argument einer Funktion übergeben werden können. Das Argument `method` soll die Funktion übergeben, die in der zweiten Zeile zur Erzeugung der numerischen Resultate verwendet werden soll. Dies wird für uns zunächst die Funktion `euler` sein.

Erwähnenswert ist noch die drittletzte Zeile, in der von `zip` die zwei Listen `v_numerical_values` und `v_exact_values` wie bei einem Reißverschluss zusammengeführt werden. `v1` und `v2` sind also Geschwindigkeitspaare, die für die Berechnung des Fehlers benötigen.

Sehen wir uns nun an, wie sich der Fehler beim Euler-Verfahren als Funktion der Länge der Zeitschritte verhält. In Abb. 2.4 ist der absolute Fehler für $\Delta t = 0{,}02$ (graue Punkte) und $\Delta t = 0{,}01$ (schwarze Punkte) dargestellt. Die Schrittweite ist damit etwa einen Faktor 10 kleiner als in Abb. 2.2.

Diese Daten suggerieren schon, dass der Fehler linear mit der Schrittweite Δt abnehmen könnte. Allerdings reichen zwei Werte für die Schrittweite nicht aus, um hierüber eine überzeugende Aussage zu treffen. Wir betrachten daher die Entwicklung des absoluten Fehlers bei der dimensionslosen Zeit $t = 0{,}2$, in deren Nähe das Maximum des Fehlers liegt. Das Ergebnis ist in Abb. 2.5 dargestellt.

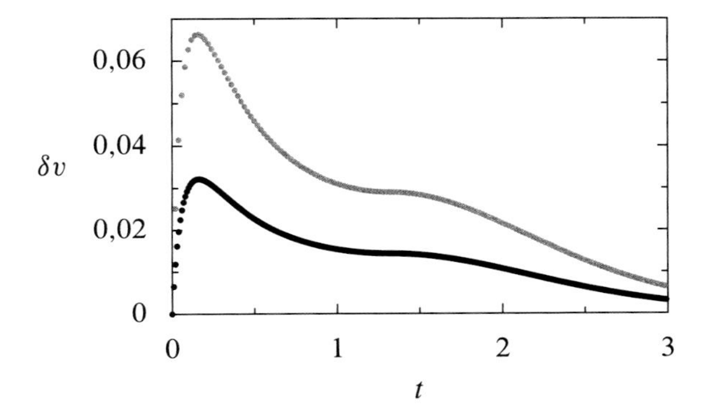

Abb. 2.4 Absoluter Fehler δv der numerischen Lösung nach dem Euler-Verfahren im Vergleich zur exakten Lösung des senkrechten Wurfs mit Luftwiderstand für die Anfangsgeschwindigkeit $v_0 = 4$ und die Schrittweiten $\Delta t = 0{,}02$ (graue Punkte) und 0,01 (schwarze Punkte)

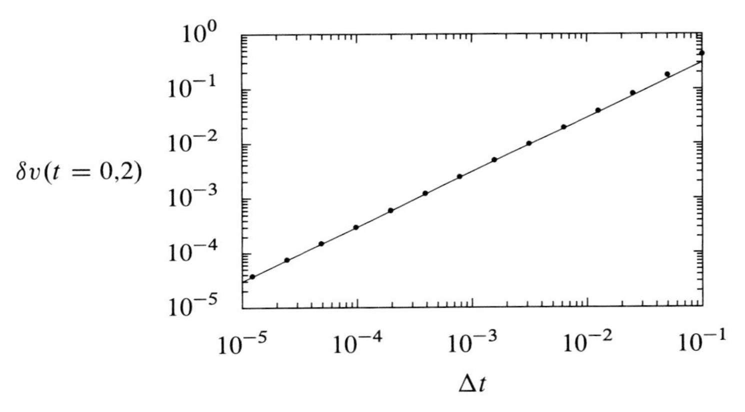

Abb. 2.5 Doppelt-logarithmische Darstellung der Abhängigkeit des absoluten Fehlers bei der dimensionslosen Zeit $t = 0{,}2$ als Funktion der Schrittweite Δt für die Anfangsgeschwindigkeit $v_0 = 4$. Die Gerade stellt die Funktion $\delta v = 3\Delta t$ dar

Da wir ein Potenzgesetz erwarten und außerdem einen größeren Bereich an Schrittweiten darstellen wollen, verwenden wir eine doppelt-logarithmische Darstellung, in der wir eine Gerade mit Steigung eins erwarten. Die Punkte geben die erhaltenen absoluten Fehler an und die durchgezogene Linie stellt zum Vergleich eine Gerade mit Steigung eins dar. Während für hinreichend kleine Schrittweiten die lineare Abhängigkeit des absoluten Fehlers sehr gut erfüllt ist, gibt es Abweichungen bei größeren Schrittweiten. Allerdings wird man die Schrittweite für praktische Zwecke ohnehin nicht so groß wählen.

Die beobachtete lineare Abhängigkeit von der Schrittweite lässt sich folgendermaßen verstehen. Im Rahmen des Euler-Verfahrens hatten wir die Zeitentwicklung in (2.19) linearisiert. Im Sinne einer Taylor-Reihe wurden dabei die zweite und höhere Ordnungen in der Schrittweite vernachlässigt, so dass der Fehler wie $(\Delta t)^2$ gehen sollte. Dabei handelt es sich aber nur um den Fehler in einem einzigen Iterationsschritt. Wenn wir den Fehler zu einer festen Zeit betrachten, wie wir dies in Abb. 2.5 getan haben, müssen wir noch bedenken, dass die Zahl der auszuführenden

Iterationsschritte umgekehrt proportional mit der Schrittweite geht. Somit ergibt sich insgesamt die beobachtete lineare Abhängigkeit von Δt.

Nachdem unsere Analyse ergeben hat, dass der absolute Fehler mit abnehmender Schrittweite abnimmt, können wir die numerische Rechnung, wenn man von Rundungsfehlern absieht, durch eine hinreichend kleine Wahl der Schrittweite im Prinzip beliebig genau machen. Allerdings müssen wir dann die Iterationsschleife für ein fest vorgegebenes Intervall unter Umständen sehr oft durchlaufen, womit die Rechenzeit entsprechend ansteigt. Es wäre also wünschenswert, einen Algorithmus zur Verfügung zu haben, bei dem der Fehler schneller als linear mit der Schrittweite abfällt. Einen möglichen Weg werden wir uns im nächsten Abschnitt ansehen.

2.1.5 Modifiziertes Euler-Verfahren

☞ `2-01-Senkrechter-Wurf.ipynb`

Im vorigen Abschnitt haben wir gesehen, dass das Euler-Verfahren nicht sehr genau ist, sofern man die Schrittweite nicht sehr klein wählt. Ein wesentlicher Grund hierfür, der in Abb. 2.2 illustriert ist, hat damit zu tun, dass wir bei der Entwicklung über ein Zeitintervall Δt die Steigung am linken Rand des Intervalls heranziehen und damit typischerweise deutlich an der exakten Lösung vorbeizielen. Günstiger wäre es zum Beispiel, auch die Steigung am rechten Rand zu berücksichtigen. Es stellt sich also die Frage, ob wir das Euler-Verfahren verbessern können.

Wir wollen hier nicht in eine detaillierte Diskussion der Numerik gewöhnlicher Differentialgleichungen einsteigen, sondern uns damit begnügen, die wesentliche Idee des modifizierten Euler-Verfahrens zu illustrieren. Eine tiefergehende, aber immer noch kompakte Darstellung der Numerik gewöhnlicher Differentialgleichungen finden Sie in Ref. [2]. Das hier vorgestellte modifizierte Euler-Verfahren ist ein spezieller Fall einer allgemeineren Klasse von Lösungsmethoden, die als Runge-Kutta-Verfahren bekannt sind.

Die grundlegende Idee des modifizierten Euler-Verfahrens ist in Abb. 2.6 illustriert. In schwarz ist die exakte Lösung der Differentialgleichung dargestellt. Das uns bereits bekannte Vorgehen beim Euler-Verfahren ist in blau angedeutet. Ausgehend von dem blauen Punkt am linken Rand des Intervalls erhält man den Punkt am Ende des Zeitintervalls Δt durch Extrapolation mit Hilfe der Steigung am Startpunkt. Diese Konstruktion entspricht genau dem Zusammenhang (2.23). Da die exakte Lösung in der Abbildung nach oben gekrümmt ist, weicht die extrapolierte Lösung am Ende des Zeitintervalls deutlich nach unten ab.

Das Ziel besteht nun darin, eine Steigung zu finden, die den Verlauf der exakten Lösung besser repräsentiert. Eine mögliche Wahl ist die Steigung in der Mitte des Zeitintervalls. Da wir den exakten Wert der Lösung und damit die zugehörige Steigung dort nicht kennen, bestimmen wir mit Hilfe des Euler-Verfahrens eine Näherung für die Lösung in der Mitte des Zeitintervalls. Dieser Wert ist durch den roten Punkt auf der blauen Gerade gekennzeichnet. Nun können wir die so ermittelte Steigung verwenden, um ausgehend vom Startwert einen genäherten extrapolierten

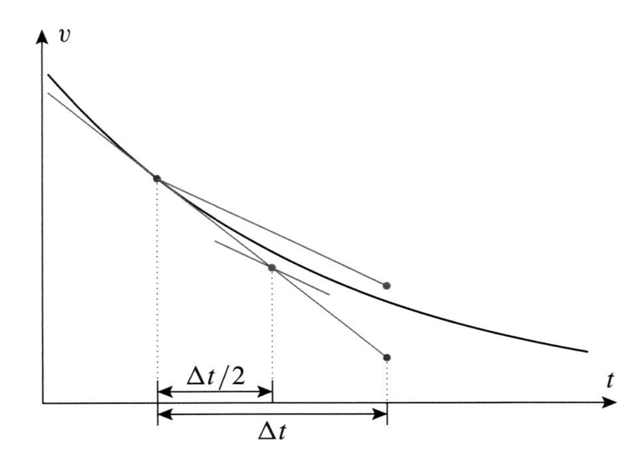

Abb. 2.6 Schematische Darstellung des Euler-Verfahrens (blau) und des modifizierten Euler-Verfahrens (rot)

Lösungswert zu finden, der durch den roten Punkt am Ende des Zeitintervalls angedeutet ist. Zumindest in der Abb. 2.6 sehen wir, dass der Fehler beim modifizierten Euler-Verfahren deutlich kleiner ausfällt, obwohl die gesamte Schrittweite Δt nicht geändert wurde. Allerdings haben wir die Ableitung zweimal auswerten müssen, einmal am linken Rand und einmal in der Mitte des Zeitintervalls.

Im Hinblick auf die Umsetzung in einem Programm fassen wir das modifizierte Euler-Verfahren in Formeln. Dabei wollen wir uns auf unser konkretes Problem des senkrechten Wurfs mit Luftwiderstand beschränken, bei dem nach (2.10) die Zeitableitung der Geschwindigkeit nur von der Geschwindigkeit abhängt, nicht aber explizit von der Zeit. Die Änderung der Geschwindigkeit entlang der blauen Gerade aus Abb. 2.6 ist durch

$$k_1 = \dot{v}(v_n)\Delta t \tag{2.25}$$

gegeben. Dieser Ausdruck entspricht der Differenz $v_{n+1} - v_n$ aus dem Euler-Verfahren und ist äquivalent zur Iterationsvorschrift (2.23).

Im Rahmen des modifizierten Euler-Verfahrens müssen wir jedoch eine andere Geschwindigkeitsdifferenz wählen, nämlich

$$k_2 = \dot{v}\left(v_n + \frac{1}{2}k_1\right)\Delta t\,, \tag{2.26}$$

die genau der roten Konstruktion in Abb. 2.6 entspricht. Als Rekursionsformel ergibt sich dann

$$v_{n+1} = v_n + k_2\,. \tag{2.27}$$

Die Gl. (2.25), (2.26) und (2.27) definieren also das modifizierte Euler-Verfahren, das sich leicht durch eine Modifikation des Codes für das Euler-Verfahren implementieren lässt.

```
def mod_euler(t_end, n_steps, v_0):
    delta_t = t_end/n_steps
    t_values = [0]
    v_values = [v_0]
    for n in range(n_steps):
        t_values.append((n+1)*delta_t)
        v = v_values[-1]
        k_1 = dv_dt(v)*delta_t
        k_2 = dv_dt(v+k_1/2)*delta_t
        v_values.append(v + k_2)
    return t_values, v_values
```

Die drei letzten Zeilen im eingerückten Code-Block der `for`-Schleife setzen dabei direkt die gerade besprochenen Gleichungen um.

Da uns in erster Linie interessiert, um wie viel schneller das modifizierte Euler-Verfahren im Vergleich zum Euler-Verfahren konvergiert, untersuchen wir wieder den absoluten Fehler bezogen auf das exakte analytische Resultat. Dabei wollen wir Abb. 2.5 um die entsprechenden Daten für das modifizierte Euler-Verfahren ergänzen.

```
def error_comparison(t_end, n_steps_min, n_steps_max,
                     n_out, v_0):
    error_values = [[], []]
    dt_values = []
    factor = n_steps_max/n_steps_min
    for m in range(n_out):
        n_steps = int(n_steps_min * factor**(m/(n_out-1)))
        dt_values.append(t_end / n_steps)
        for idx, method in enumerate((euler, mod_euler)):
            _, errors = abs_errors(t_end, n_steps,
                                   v_0, method)
            error_values[idx].append(errors[-1])
    return dt_values, error_values
```

Hierzu legen wir das Ende des Zeitintervalls `t_end` fest und berechnen den absoluten Fehler für `n_out` verschiedene Werte für die Zahl der Iterationsschritte, die zwischen `n_steps_min` und `n_steps_max` liegen soll. Schließlich benötigen wir noch die Anfangsgeschwindigkeit `v_0`.

Wie in Abb. 2.5 ist eine logarithmische Auftragung für die Zahl der Iterationsschritte bzw. der Schrittweite sinnvoll. Für eine äquidistante Verteilung der Werte darf dann nicht die Differenz aufeinanderfolgender Werte für die Zahl der Iterationsschritte konstant sein, sondern deren Verhältnis. Die entsprechenden Werte berechnen sich somit gemäß

$$n_{\text{steps},m} = n_{\text{steps,min}} \left(\frac{n_{\text{steps,max}}}{n_{\text{steps,min}}} \right)^{m/(n_{\text{out}}-1)} \qquad m = 0, \dots, n_{\text{out}} - 1. \tag{2.28}$$

Es lohnt sich, kurz zu überprüfen, dass sich für die angegebenen Werte von m tatsächlich Werte für n_{steps} zwischen $n_{\text{steps,min}}$ und $n_{\text{steps,max}}$ ergeben und dass das Verhältnis aufeinanderfolgender Werte konstant ist. Dabei sollte man sich auch klar machen, warum im Exponenten durch $n_{\text{out}} - 1$ zu dividieren ist, wenn man n_{out} Werte erzeugen möchte, anstatt durch n_{out} zu dividieren. Der Zusammenhang (2.28) ist in der äußeren `for`-Schleife implementiert, wobei das zu exponenzierende Verhältnis nur einmal berechnet werden muss und in der Variable `factor` gespeichert wird.

Gegenüber unseren bisherigen Codestücken ist hier neu, dass wir in der Liste `error_values` zwei Unterlisten vorsehen, die die Ergebnisse für die Fehler des Euler-Verfahrens bzw. des modifizierten Euler-Verfahrens aufnehmen. Die innere `for`-Schleife läuft über die beiden zu verwendenden Integrationsroutinen `euler` und `mod_euler`. Dieses Vorgehen ist aus zwei Gründen sinnvoll. Zum einen könnten wir leicht die Zahl der Integrationsverfahren erhöhen. Zum anderen vermeiden wir die unnötige Wiederholung von Codesegmenten und reduzieren damit die Wahrscheinlichkeit, dass sich Fehler einschleichen.

In der inneren `for`-Schleife haben wir die `enumerate`-Funktion verwendet, die in diesem Fall nicht nur einen Eintrag aus dem Tupel `(euler, mod_euler)` zurückgibt, sondern zugleich noch einen Laufindex, den wir hier der Variable `idx` zuweisen und dann verwenden, um eine der Unterlisten in `error_values` auszuwählen.

Die Funktion `abs_errors`, die wir weiter oben eingeführt hatten, gibt zwei Listen zurück. Allerdings benötigen wir nur einen Teil dieser Information, nämlich die Liste der absoluten Fehler. Die zugehörigen Zeitwerte sind für uns hier irrelevant, und wir weisen sie daher einer Variable zu, deren Name einfach aus einem Unterstrich besteht. Gemäß Abschn. 6.2.2 handelt es sich dabei um einen gültigen Bezeichner, den man allerdings nur mit Bedacht einsetzen sollte. Hier verwenden wir ihn um anzudeuten, dass diese Variable für uns im Folgenden irrelevant ist.

Schließlich ist noch zu erwähnen, dass wir nur das letzte Element der Liste `errors` verwenden, da wir uns lediglich für den Fehler zur Zeit `t_end` interessieren. Entsprechend wird in der vorletzten Zeile nur das Element mit Index `-1` verwendet.

In der dritten, hier nicht dargestellten Code-Zelle erzeugen wir diesmal keine Widgets zur Einstellung von Parametern, sondern legen die Parameter zu Beginn der Code-Zelle explizit fest. Bei Bedarf können diese Werte auch geändert werden. Anschließend erfolgt die Berechnung der absoluten Fehler mit Hilfe der gerade besprochenen Funktion `error_comparison` sowie eine doppelt-logarithmische Auftragung.

Der Vergleich der absoluten Fehler für das Euler- und das modifizierte Euler-Verfahren ist in Abb. 2.7 mit nicht gefüllten Kreisen bzw. schwarz gefüllten Kreisen dargestellt. Deutlich ist zu sehen, dass das modifizierte Euler-Verfahren erheblich schneller konvergiert als das Euler-Verfahren. Die eingezeichnete Gerade mit der Steigung 2 zeigt, dass der Fehler quadratisch mit der Schrittweite abnimmt, wobei

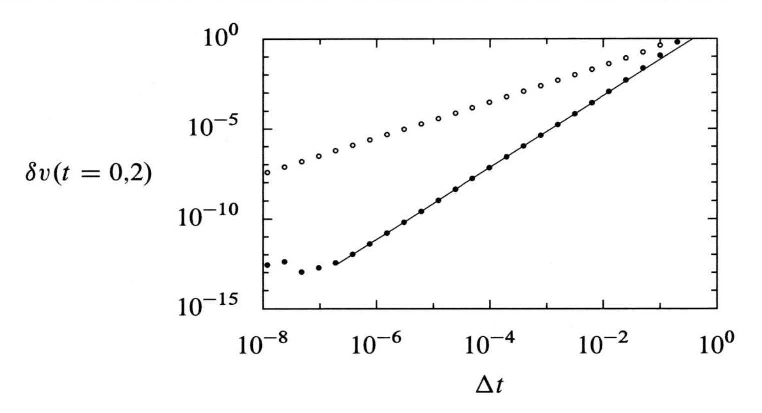

Abb. 2.7 Doppelt-logarithmische Darstellung der Abhängigkeit des absoluten Fehlers bei der dimensionslosen Zeit $t = 0,2$ von der Schrittweite Δt für die Anfangsgeschwindigkeit $v_0 = 4$. Der Fehler des modifizierten Euler-Verfahrens ist durch die schwarzen Punkte dargestellt, wobei bei sehr kleinen Schrittweiten Rundungsfehler sichtbar werden. Die Gerade stellt die Funktion $\delta v = 7\Delta t^2$ dar. Die nicht gefüllten Punkte erlauben den Vergleich mit dem Euler-Verfahren

wir nochmals betonen, dass es sich hier nicht um den Fehler eines einzelnen Iterationsschritts handelt, sondern um den Fehler bei der Integration bis zu einer Zeit $t_{\text{end}} = 0,2$.

Die Daten für den Fehler des modifizierten Euler-Verfahrens zeigen allerdings auch, dass sich der Fehler selbst für sehr kurze Zeitschritte nicht beliebig klein machen lässt. Grund hierfür sind Rundungsfehler, wie wir sie in Abschn. 6.2.4 diskutieren. Wenn wir jedoch einigermaßen realistische Genauigkeitsanforderungen stellen und beispielsweise einen absoluten Fehler von 10^{-7} tolerieren, benötigen wir in unserem Beispiel bei Verwendung des ursprünglichen Euler-Verfahrens etwa $6 \cdot 10^6$ Iterationsschritte. Beim modifizierten Euler-Verfahren hingegen reduziert sich diese Zahl auf etwa 1700 Iterationsschritte. Diese drastische Reduktion der Zahl benötigter Schritte macht die Tatsache, dass jeder Einzelschritt eine etwas längere Rechenzeit benötigt, unerheblich.

2.1.6 Lösung mit Hilfe des SciPy-Pakets

☞ `2-01-Senkrechter-Wurf.ipynb`

Nachdem schon eine relativ kleine Modifikation des Euler-Verfahrens zu einer erheblichen Beschleunigung führt, kann man sich vorstellen, dass es noch effizientere Algorithmen gibt. Weitere Verbesserungsmöglichkeiten ergeben sich beispielsweise durch die Verwendung höherer Ordnungen, Einbeziehung von Algorithmen, bei denen nicht nach dem Funktionswert am Ende des nächsten Zeitschritts aufgelöst werden kann oder adaptiver Verfahren, die die Länge der Zeitschritte nach Bedarf anpassen.

Wir wollen hier die Diskussion von Algorithmen zur Lösung von Differentialgleichungen nicht weiter vertiefen, zumal man in der Praxis selten solche Algorithmen selbst implementieren wird. Den damit verbundenen Zeitaufwand wird man eher versuchen zu vermeiden, insbesondere dann, wenn man eigentlich an der Untersuchung einer physikalischen Fragestellung interessiert ist. Stattdessen wird man auf eine numerische Programmbibliothek zurückgreifen. Neben kostenpflichtigen Bibliotheken gibt es gerade für Python leistungsfähige freie numerische Programmbibliotheken wie NumPy und SciPy, die einen Teil der Attraktivität von Python für das wissenschaftliche Programmieren ausmachen und die wir in diesem Buch regelmäßig verwenden werden.

In Hinblick auf die Zeitersparnis schlägt nicht nur die eigene Entwicklungszeit zu Buche, sondern auch die Zeit, die die jeweiligen Programmroutinen benötigen. Man kann davon ausgehen, dass selbst geschriebene Routinen meistens langsamer sind. Zudem sind die Programmbibliotheken NumPy und SciPy sehr gut getestet. Dies geschieht mit Hilfe von Testcode, aber auch dadurch, dass die quelloffenen Codes eingesehen werden können. Es wird Benutzern leicht gemacht, Fehler zu melden oder gar Lösungen zur Verfügung zu stellen. Dennoch kann es aber immer sein, dass es noch unentdeckte Fehler gibt, so dass eine gewisse Wachsamkeit in dieser Hinsicht nicht schaden kann.

Speziell im Zusammenhang mit der Lösung von Differentialgleichungen kommt noch hinzu, dass SciPy verschiedene Lösungsverfahren zur Verfügung stellt, so dass man leicht den Algorithmus wechseln kann, um das Optimum für die Lösung des gegebenen Problems herauszuholen.

Wir werden das grundsätzliche Vorgehen zur Lösung von Differentialgleichungen mit Hilfe von SciPy am Beispiel des senkrechten Wurfs mit Luftwiderstand relativ ausführlich erläutern. Diese Kenntnisse werden dann in den folgenden Abschnitten immer wieder benötigt, wobei gelegentlich weitere speziellere Aspekte hinzukommen werden.

Bisher hatten wir zur Lösung der Differentialgleichung vier wesentliche Punkte benötigt. Zunächst war dies natürlich die Differentialgleichung selbst, genauer die Ableitung der abhängigen Variablen nach der unabhängigen Variablen, bei uns also die Ableitung der Geschwindigkeit nach der Zeit, die wir in der Funktion `dv_dt` bereitgestellt hatten. Unsere Problemstellung war allerdings in zweierlei Hinsicht speziell. Zum einen hing die Ableitung der Geschwindigkeit lediglich von der Geschwindigkeit selbst ab, nicht aber von der Zeit. Zum anderen hatten wir nur eine einzige Differentialgleichung vorliegen. Eine Bibliotheksroutine wird die Verallgemeinerungen zu einem explizit zeitabhängigen Problem und zu einem System von Differentialgleichungen vorsehen, so dass wir entsprechende Anpassungen machen müssen.

Neben der Form der Differentialgleichung wird für die Lösung eines Anfangswertproblems natürlich auch die Anfangsbedingung benötigt. In unserem speziellen Fall war dies der Parameter `v_0`. Die Erweiterung auf ein System von Differentialgleichungen wird im Allgemeinen mehr als einen Anfangswert erfordern.

Ein dritter Parameter war die Länge des zu betrachtenden Zeitintervalls, für die wir den Parameter `t_end` verwendet hatten. Implizit hatten wir die Startzeit damit auf null gesetzt. Im allgemeineren Fall, in dem das Problem explizit von der Zeit abhängt, müssen sowohl die Anfangs- als auch die Endzeit spezifiziert werden. Wenn wir hier von Zeit reden, beziehen wir uns auf unsere spezielle Problemstellung. Im

Allgemeinen ist damit natürlich die unabhängige Variable gemeint, bei der es sich durchaus auch um einen Ort handeln könnte.

Schließlich hatten wir als vierten Parameter noch die Zahl der Iterationsschritte verwendet, die eine Doppelfunktion besitzt. Zum einen wird hierdurch festgelegt, zu welchen Zeitpunkten wir die Lösung berechnen wollen. Zum anderen wurde zusammen mit der Länge des gesamten Zeitintervalls die Länge der einzelnen Zeitschritte und damit die Genauigkeit des Resultats festgelegt. Eigentlich sind diesen beiden Aspekte jedoch unabhängig voneinander. Eine Bibliotheksroutine wird also zunächst die Möglichkeit geben festzulegen, wo die Lösung benötigt wird. Zum anderen wird es möglich sein, Fehlerschranken zu definieren. Wie sich die Fehlervorgabe in der Zahl der Iterationsschritte oder der Schrittweite auswirkt, obliegt der jeweiligen Programmroutine.

Insgesamt ist also zu erwarten, dass bei der Verwendung von SciPy gewisse Anpassungen nötig werden, die nach diesen Vorbemerkungen jedoch keine allzu großen Schwierigkeiten bereiten sollten. Bevor wir beginnen, ist noch erwähnenswert, dass SciPy zwar verschiedene Algorithmen zur Lösung von Differentialgleichungen zur Verfügung stellt, die aber alle über eine einzige Funktion `solve_ivp` verwendet werden können. Dabei steht `ivp` als Abkürzung für *initial value problem,* also Anfangswertproblem.

Wir kommen nun also konkret zum senkrechten Wurf mit Luftwiderstand zurück und betrachten die konkrete Implementation der numerischen Lösung mit Hilfe von SciPy. Tatsächlich werden wir auch die Programmbibliothek NumPy benötigen, die die Basis unter anderem für SciPy bildet, indem sie den Datentyp `ndarray` zur Verfügung stellt. Dabei handelt es sich um, potentiell mehrdimensionale, Arrays, die beispielsweise die Listen in den vorigen Abschnitten ersetzen werden. Mehr Information zu NumPy-Arrays wird im Abschn. 6.2.7 gegeben. Entsprechend beginnen wir unseren Code damit, die entsprechenden Namensräume zu importieren.

```
import numpy as np
from scipy import integrate
```

Im Hinblick auf die zweite Zeile ist erwähnen, dass das SciPy-Paket in zahlreiche Unterpakete aufgeteilt ist, von denen das Paket `integrate` der numerischen Auswertung von Integralen sowie der Lösung von Differentialgleichungen gewidmet ist. Für die Unterpakete, die wir im Rahmen dieses Buches verwenden werden, ist es üblich, ein oder mehrere Unterpakete in der hier verwendeten Form zu importieren. Im weiteren Code ist dann immer der Name des Unterpakets voranzustellen, in unserem Fall also `integrate.solve_ivp`.

Eine der bereits erwähnten Anpassungen besteht darin, dass wir in der Funktion für die Zeitableitung, wie von `solve_ivp` vorgeschrieben, als erstes Argument die unabhängige Variable, hier also die Zeit, vorsehen. Hierfür verpacken wir die bereits definierte Funktion `dv_dt` einfach in einer kleinen Hilfsfunktion, die dann von der SciPy-Routine aufgerufen werden kann.

```
def dv_dt_scipy(t, v):
    return dv_dt(v)
```

Zur Lösung der Differentialgleichung definieren wir eine kurze Funktion `scipy_integration`, die im Wesentlichen `solve_ivp` aufruft, zusätzlich aber noch die übergebenen Parameter für die SciPy-Routine aufbereitet und am Ende noch den absoluten Fehler durch Vergleich mit der exakten Lösung bestimmt.

```
def scipy_integration(t_end, n_steps, v_0, atol, rtol):
    t_values = np.linspace(0, t_end, n_steps+1)
    solution = integrate.solve_ivp(
        dv_dt_scipy, (0, t_end), (v_0,),
        t_eval=t_values, atol=atol, rtol=rtol)
    error = abs(solution.y[0, -1]
                - v_exact((t_end,), v_0)[0])
    return solution, error
```

Konzentrieren wir uns zunächst auf den Aufruf von `integrate.solve_ivp`. Diese Funktion besitzt die stolze Anzahl von 19 Argumenten. Lange Argumentlisten sind bei Bibliotheksroutine keine Seltenheit, da diese ja möglichst flexibel sein sollen. In unserem konkreten Fall sind aber abgesehen von drei zwingend anzugebenden Argumenten, nämlich der Funktion zur Bestimmung der Ableitung, dem Zeitintervall und der Anfangsbedingung, alle anderen Parameter optional, müssen also nicht notwendigerweise angegeben werden. Einige dieser Parameter werden nur in sehr speziellen Situationen benötigt. Andere Parameter, wie beispielsweise die Fehlerschranken `atol` und `rtol`, sind schon mit sinnvollen Werten vorbelegt, die nur bei Bedarf angepasst werden müssen.

In Python kann die Angabe von Funktionsargumenten entweder über ihre Position oder über ihren Namen erfolgen. Zwar lassen sich beide Varianten in einem Aufruf gleichzeitig verwenden, aber nachdem man zur Angabe über den Namen übergegangen ist, kann man nicht mehr über die Position übergeben. In unserem konkreten Fall übergeben wir die ersten drei Argumente, also die drei Pflichtargumente, per Position. Diese werden somit den ersten drei Einträgen der Argumentliste von `solve_ivp` zugeordnet, nämlich `fun`, `t_span` und `v_0`. Von den weiteren 16 Parametern verwenden wir hier nur drei, nämlich `t_eval`, dem das Array `t_values` mit den Zeiten, an denen wir die Lösung bestimmt haben wollen, übergeben wird, sowie den absoluten Fehler `atol` und den relativen Fehler `rtol`. In den letzten beiden Fällen muss man zwischen dem Parameter auf der linken Seite des Gleichheitszeichens und der zugewiesenen Variable auf der rechten Seite unterscheiden, die den gleichen Namen tragen. Diese Benennung der Variablen ist hier sinnvoll, aber keineswegs zwingend, wie das Beispiel des Parameters `t_eval` zeigt.

Die Übergabe von Argumenten mit Hilfe ihres Bezeichners ist hier aus zwei Gründen sinnvoll. Erstens wird es so unter anderem erst möglich, bestimmte optionale Parameter wegzulassen. So steht an der vierten Stelle der Argumentliste `method`, also die zu verwendende Lösungsmethode. Da wir hier mit der vorgegebenen Einstellung, einem bestimmten Runge-Kutta-Verfahren, zufrieden sind, wollen wir dieses Argument nicht angeben und müssen weitere Argumente damit mit ihrem Bezeichner übergeben. Zweitens unterstützt die Angabe der Argumentbezeichner die Lesbarkeit, denn wer will sich schon die genaue Reihenfolge von 19 Argumenten merken? Grundsätzlich spräche nichts dagegen, auch die ersten drei Argumente mit ihrem Bezeichner zu übergeben, aber deren Reihenfolge kann man vielleicht doch im Gedächtnis behalten.

Zum dritten Argument von `solve_ivp` ist noch eine Erklärung erforderlich. Wie im bisherigen Code auch, ist `v_0` ein skalarer Wert, während `solve_ivp` ein Array-artiges Objekt erwartet. Da `solve_ivp` auch mit Systemen von Differentialgleichungen umgehen kann, erwartet es hier potentiell entsprechend mehrere Anfangswerte. Daher verpacken wir `v_0` in ein Tupel. Da die Klammern nur ein einziges Objekt enthalten, ist das Komma vor der schließenden Klammer wichtig, damit der Python-Interpreter hier nicht von einer normalen Klammerung ausgeht, sondern den Code korrekt als Tupel interpretiert.

Die meisten Argumente von `solve_ivp` ergeben sich aus der Argumentliste von `scipy_integration`. Eine Ausnahme ist `t_values`, das Array der Zeiten, zu denen uns die Lösung der Differentialgleichung interessiert. Bisher hatten wir zu diesem Zwecke immer sukzessive eine Liste aufgebaut. Mit Hilfe der NumPy-Funktion `linspace` ist dies einfacher möglich. Hier gibt man einfach Anfangs- und Endwert des Intervalls und die Zahl der gewünschten Punkte einschließlich der beiden Randpunkte an. Um mit unseren bisherigen Codeteilen konsistent zu sein, verwenden wir wieder die Variable `n_steps`, die die Zahl der Iterationsschritte angab. Berücksichtigt man noch zusätzlich den Anfangszeitpunkt `0`, ist `n_steps` entsprechend um eins zu erhöhen.

Das Ergebnis von `solve_ivp`, das hier der Variable `solution` zugewiesen wird, ist ein `OdeResult`-Objekt, wobei sich der Name vom englischen *ordinary differential equation* für gewöhnliche Differentialgleichung herleitet. Dieses Objekt enthält zahlreiche Bestandteile, auf die mit Hilfe entsprechender Attribute zugegriffen werden kann. Einige dieser Attribute werden in unserem Code verwendet.

Am wichtigsten für uns ist zunächst die Lösung der Differentialgleichung, die sich in dem zweidimensionalen Array `solution.y` befindet. `solution` ist dabei der von uns gewählte Bezeichner, der auch anders lauten könnte. Nach dem Punkt steht der Name des Attributs, hier `y`, der von SciPy vorgegeben ist. Der erste Index dieses zweidimensionalen Arrays gibt in einem Differentialgleichungssystem die abhängige Variable an, zu der die Lösung gehört. In unserem konkreten Fall haben wir nur eine einzige abhängige Variable v, so dass wir diesen Index auf null setzen müssen. Mit dem zweiten Index wählen wir dann aus, welche Werte des Lösungsvektors wir haben wollen. Das Attribut `t` enthält die zur Lösung gehörigen Werte der unabhängigen Variablen, hier also der Zeit. Schließlich verwenden wir noch das Attribut `nfev`, das angibt, wie oft die Funktion zur Berechnung der Ableitung ausgeführt wurde.

Nachdem wir die numerische Lösung der Differentialgleichung zur Verfügung haben, bestimmen wir noch den absoluten Fehler am Ende des vorgegebenen Zeitintervalls. Dazu verwenden wir den letzten Wert aus dem Lösungsvektor und den exakten Wert der Lösung zu diesem Zeitpunkt. Das erste Argument von `v_exact` benötigt noch eine Erklärung. In unserer Implementation haben wir angenommen, dass eine Liste von Zeiten übergeben wird, wie wir es ja auch bisher benötigt haben. Hier genügt uns jedoch ein einziger Zeitpunkt, den wir, wie gerade schon `v_0`, in ein Tupel verpacken, um in `v_exact` darüber iterieren zu können.

In `solve_ivp` kann man sowohl einen Wert `atol` für den absoluten Fehler als auch einen Wert `rtol` für den relativen Fehler angeben. Der verwendete Algorithmus versucht dann, die lokale Abschätzung des absoluten Fehlers kleiner als die Summe aus dem erlaubten absoluten Fehler und dem Produkt aus aktuellem Lösungswert und erlaubtem relativem Fehler zu halten. Soll also nur einer der beiden Fehler relevant sein, so muss der andere Wert explizit auf einen möglichst kleinen Wert gesetzt werden. Setzt man einen der beiden Werte nicht, so muss man bedenken, dass die Defaultwerte herangezogen werden, nämlich 10^{-3} für `rtol` und 10^{-6} für `atol`.

Standardmäßig verwendet `solve_ivp` den `RK45`-Löser, der ein Runge-Kutta-Verfahren der Ordnung 5(4) implementiert. Es ist interessant, die Zahl der Funktionsauswertungen von `dv_dt` und die Fehlerabschätzung mit den bisher diskutierten Verfahren zu vergleichen. Bei einer Anfangsgeschwindigkeit `v_0` von 4 und einer Gesamtzeit von `t_end` gleich 0,2 hatten wir für einen absoluten Fehler von 10^{-7} am Ende von Abschn. 2.1.5 abgeschätzt, dass beim Euler-Verfahren $6 \cdot 10^6$ Iterationsschritte benötigt werden, beim modifizierten Euler-Verfahren jedoch nur 1700 Iterationsschritte, also 3400 Funktionsauswertungen. Setzen wir nun `atol` auf den genannten Zielwert und `rtol` auf 10^{-14}, so benötigen wir nur 62 Auswertungen der Funktion `dv_dt`, wobei sich ein absoluter Fehler von $2{,}4 \cdot 10^{-8}$ ergibt. Dies macht die Vorteile gegenüber den eingangs besprochenen Algorithmen deutlich, und wir werden im Folgenden immer auf die von SciPy bereitgestellten Methoden zur Lösung von Differentialgleichungen zurückgreifen. Ein Vorschlag zur vergleichenden Betrachtung der verschiedenen Verfahren für eine weitere Problemstellung wird in Übungsaufgabe 2.1 gemacht.

2.2 Senkrechter Wurf im Newton'schen Gravitationspotential

☞ `2-02-Senkrechter-Wurf-mit-Gravitationsgesetz.ipynb`

In diesem Abschnitt ändern wir die Problemstellung aus dem Abschn. 2.1 dahingehend ab, dass wir die Erdbeschleunigung nicht mehr als konstant annehmen wollen, sondern die Ortsabhängigkeit in Form des Newton'schen Gravitationsgesetzes berücksichtigen. Dabei nehmen wir an, dass die Bewegung nur außerhalb der Erde erfolgt, die im Übrigen als kugelförmig angenommen wird. Damit lautet das Gravitationspotential

$$V(r) = -\frac{\gamma}{r} \tag{2.29}$$

mit $\gamma = Gm_{\mathrm{E}}m$. Hierbei ist G die Gravitationskonstante, m_{E} die Masse der Erde und m die Masse des geworfenen Körpers. Im Fall einer Rakete müsste man noch berücksichtigen, dass die Masse m zeitabhängig ist.

Den Luftwiderstand berücksichtigen wir wieder als Newton'sche Reibung in der Form (2.1), wobei α als konstant angenommen ist. Tatsächlich ändert sich α mit der Höhe, da die Atmosphäre zunehmend dünner wird, sowie mit der Geschwindigkeit des fliegenden Objekts. Für eine realistischere Beschreibung lassen sich diese Abhängigkeiten im Prinzip ohne größere Schwierigkeiten im Programm implementieren, nachdem man sich ein geeignetes Modell überlegt hat.

Wenn wir eine ausschließlich radiale Bewegung annehmen, lautet die zu lösende Bewegungsgleichung

$$m\ddot{r} = -\alpha\,|\dot{r}|\,\dot{r} - \frac{\gamma}{r^2}\,. \tag{2.30}$$

Schon in dieser einfachen Form gibt uns dieses Problem die Möglichkeit, einige neue Aspekte bei der Lösung von Differentialgleichungen zu diskutieren. Zunächst stellen wir fest, dass wir es nun mit einer Differentialgleichung zweiter Ordnung zu tun haben. Da die Funktion `solve_ivp` aus dem SciPy-Paket nur Systeme von Differentialgleichungen erster Ordnung behandeln kann, müssen wir uns also etwas einfallen lassen. Da die Bewegung außerhalb der Erdkugel erfolgen soll, müssen wir zudem dafür sorgen, dass die Integration der Differentialgleichung beim Erreichen des Erdradius r_{E} beendet wird. Schließlich werden wir hier noch einmal die Gelegenheit haben, über die Einführung von dimensionslosen Variablen nachzudenken.

Beginnen wir gleich mit der Skalierung, um die Differentialgleichung einfacher formulieren zu können. Eine Möglichkeit besteht darin, wie in Abschn. 2.1 vorzugehen. Dies führt auf dimensionslose Größen

$$r' = \frac{\alpha}{m}r \tag{2.31}$$

und

$$t' = \frac{\sqrt{\gamma\alpha^3}}{m^2}t \tag{2.32}$$

und die vollkommen parameterfreie Differentialgleichung

$$\ddot{r}' = -\left|\dot{r}'\right|\dot{r}' - \frac{1}{r'^2}\,. \tag{2.33}$$

Allerdings hat diese Skalierung auch Nachteile. So ist nicht unmittelbar klar, wie man den Übergang $\alpha \to 0$ zum dämpfungsfreien Fall untersuchen kann. Ferner gibt es physikalisch natürlichere Skalen für Ort und Geschwindigkeit. Wir wählen daher in diesem Fall eine andere Skalierung, zahlen jedoch den Preis, dass am Ende ein Parameter übrig bleibt. Dieser Parameter wird es uns aber erlauben, den dämpfungsfreien Fall problemlos in die Analyse einzuschließen.

Eine physikalisch natürliche Skalierung erhält man, wenn man den Abstand vom Erdmittelpunkt auf den Erdradius bezieht und Geschwindigkeiten relativ zur Fluchtgeschwindigkeit im dämpfungsfreien Fall nimmt. Setzt man $\alpha = 0$, kann man aus (2.30) den Energieerhaltungssatz

$$\frac{m}{2}\dot{r}^2 - \frac{\gamma}{r} = E \tag{2.34}$$

herleiten. Mit der Forderung, im Unendlichen mit verschwindender Geschwindigkeit anzukommen, findet man $E = 0$, so dass sich mit der Anfangsbedingung $r(0) = r_E$ die Fluchtgeschwindigkeit

$$v_F = \sqrt{\frac{2\gamma}{mr_E}} \tag{2.35}$$

ergibt. Die dimensionslosen Variablen definieren wir somit als

$$r' = \frac{1}{r_E}r\,, \qquad v' = \frac{1}{v_F}v\,, \qquad t' = \frac{v_F}{r_E}t\,. \tag{2.36}$$

Verwenden wir diese Skalierung und lassen wir die Striche der Einfachheit halber gleich wieder weg, ergibt sich aus (2.30) die Differentialgleichung

$$\ddot{r} = -\alpha|\dot{r}|\dot{r} - \frac{1}{2r^2}\,. \tag{2.37}$$

Entsprechend dem Weglassen der Striche haben wir hier die dimensionslose Dämpfungskonstante $\alpha r_E/m$ direkt in α umbenannt.

Im Weiteren verwenden wir die Differentialgleichung (2.37), die jedoch, wie schon weiter oben angemerkt, von zweiter Ordnung ist. Dies stellt aber kein größeres Problem dar, weil sich diese Differentialgleichung zweiter Ordnung durch zwei gekoppelte Differentialgleichungen erster Ordnung ersetzen lässt. Dazu drücken wir die zweite Zeitableitung von r als erste Zeitableitung der Geschwindigkeit v aus, die wiederum die erste Zeitableitung des Ortes r ist, und erhalten

$$\dot{r} = v \tag{2.38}$$

$$\dot{v} = -\alpha|v|v - \frac{1}{2r^2}\,. \tag{2.39}$$

Entsprechend ist das zugehörige Anfangswertproblem durch zwei Anfangsbedingungen, nämlich den Anfangsort und die Anfangsgeschwindigkeit, festgelegt. Mit diesem kleinen Kniff lässt sich das Problem mit Hilfe von `solve_ivp` aus dem SciPy-Paket lösen und wir können uns der Umsetzung im Programm zuwenden.

Die erste Code-Zelle mit den `import`-Anweisungen enthält bis auf die letzte Zeile, auf die wir später kurz zurückkommen werden, nichts Neues, so dass wir direkt mit dem zweiten Code-Block anfangen, der die Differentialgleichung definiert.

```
def dx_dt(t, xvec, alpha):
    r, v = xvec
    return v, -alpha*abs(v)*v - 1/(2*r**2)
```

Im Zusammenhang mit dieser Funktion treten zwei neue Aspekte auf, da wir es zum einen nun mit zwei Differentialgleichungen statt nur einer zu tun haben und zum anderen eine der beiden Differentialgleichungen einen Parameter enthält, nämlich die dimensionslose Dämpfung α.

Die Funktion `solve_ivp` erwartet, dass mit Hilfe der ersten beiden Argumente der Funktion, die die Ableitungen zur Verfügung stellt, hier also `dx_dt`, der Wert der unabhängigen Variable, hier `t`, und ein Array, hier `xvec`, mit den abhängigen Variablen übergeben werden können. Wir könnten also auf die Werte der Variablen r und v durch eine entsprechende Indizierung, also `xvec[0]` bzw. `xvec[1]` , zugreifen. Allerdings muss man sich dann immer wieder klar machen, auf welche Variable sich welcher Index bezieht. Deutlich verständlicher wird der Funktionscode, wenn wir das Array wie in der zweiten Zeile gezeigt, entpacken. Dann können wir auf die jeweiligen Werte mit Hilfe der natürlichen Namen `r` und `v` zugreifen. Auf diese Weise ist dann auch offensichtlich, dass die beiden, durch ein Komma getrennten Rückgabewerte in der letzten Zeile den rechten Seiten der Differentialgleichungen (2.38) und (2.39) entsprechen. Die gleichzeitige Rückgabe von mehreren Objekten erfolgt in Python in Form eines Tupels, ohne dass es notwendig ist, explizit Klammern anzugeben.

Neben der unabhängigen Variable `t` und den abhängigen Variablen in `xvec` muss die Funktion `dx_dt` aber auch den Wert des Parameters α kennen. Da es sich in diesem Fall nur um einen einzigen Parameter handelt, können wir ihn einfach als drittes Argument `alpha` übergeben. Wie dieses weitere Argument im Aufruf von `solve_ivp` zu berücksichtigen ist, werden wir gleich noch besprechen. Wir werden dann auch sehen, dass `solve_ivp` davon ausgeht, dass es mehr als einen Parameter geben kann. Wie dann die Übergabe der Parameter an die Funktion erfolgt, die die Ableitungen berechnet, werden wir zum ersten Mal anhand eines konkreten Beispiels in Abschn. 2.7 sehen.

Da wir die Lösung der Differentialgleichung nur bis zum Wiedererreichen der Erdoberfläche benötigen, muss `solve_ivp` die Möglichkeit haben, dieses Ereignis zu detektieren. Die Funktion `solve_ivp` bewerkstelligt dies dadurch, dass es die Nullstelle einer vom Benutzer zur Verfügung gestellten Funktion bestimmt. Da die Abbruchbedingung $r = 1$ lautet, gibt unsere Funktion `height_zero` den Wert von `r-1` zurück, wobei wir uns den Wert von `r` in diesem Fall einfach über den Eintrag `xvec[0]` beschaffen.

```
def height_zero(t, xvec, alpha):
    return xvec[0]-1

height_zero.terminal = True
height_zero.direction = -1
```

In den letzten beiden Zeilen definieren wir noch zwei Attribute zur Funktion `height_zero`. Standardmäßig detektiert `solve_ivp` alle Nulldurchgänge in dem Zeitintervall, in dem die Lösung bestimmt werden soll. Bei einer oszillatorischen Bewegung kann man so durchaus mehrere Zeitpunkte erhalten, zu denen Nulldurchgänge erfolgen. Wir wollen die Lösung jedoch nur bis zum ersten Nulldurchgang wissen und können dort die Berechnung abbrechen. Dazu muss das Attribut `terminal` auf `True` gesetzt werden. Außerdem werden standardmäßig Nulldurchgänge in beide Richtungen berücksichtigt. Für uns ist dagegen nur ein Nulldurchgang relevant, der in Richtung negativer Werte, also von $r > 1$ nach $r < 1$ geht, und setzen entsprechend das Attribut `direction` auf den Wert `-1`.

Damit kommen wir zum nächsten Code-Block, der die eigentliche Lösung der Bewegungsgleichung mit Hilfe der Funktion `solve_ivp` vornimmt:

```
def trajectory(t_end, n_out, alpha, r_0, v_0):
    solution = integrate.solve_ivp(
        dx_dt, (0, t_end), [r_0, v_0],
        dense_output=True, args=(alpha,),
        events=height_zero)
    if solution.t_events[0].size > 0:
        t_end = solution.t_events[0][0]
    t_values = np.linspace(0, t_end, n_out)
    r, v = solution.sol(t_values)
    return t_values, r, v
```

Die Bedeutung der ersten drei Argumente – Ableitungsfunktion, Zeitintervall und Anfangsbedingungen – ist uns bereits aus dem Abschn. 2.1.6 bekannt, wobei wir jetzt zwei Anfangsbedingungen $r(0)$ und $v(0)$ benötigen, die wir in einer Liste bereitstellen. Neu sind die Argumente `dense_output`, `args` und `events`, die wir ähnlich wie die Argumente `t_eval`, `atol` und `rtol` in Abschn. 2.1.6 per Schlüsselwort übergeben.

Das optionale Argument `args` definiert die Parameter, die `solve_ivp` beim Aufruf von `dx_dt` neben der unabhängigen und den abhängigen Variablen übergeben soll. Obwohl es sich dabei in unserem konkreten Beispiel nur um einen einzigen Parameter handelt, erwartet `solve_ivp` ein Tupel, mit dem auch mehrere Parameter übergeben werden könnten. Da das Komma hinter der Variable `alpha` leicht übersehen werden kann, sei noch einmal betont, dass das Komma, wie schon nach `v_0` im Abschn. 2.1.6, entscheidend ist, um im Zusammenspiel mit den runden Klammern ein Tupel mit einem einzigen Eintrag zu generieren.

Das Argument `events` verweist auf die bereits zuvor besprochene Funktion `height_zero`. Möchte man mehrere Ereignisse definieren, kann hier auch ein Tupel von Funktionen angegeben werden.

Wichtig ist schließlich noch das Argument `dense_output`, das wir auf den Wahrheitswert `True` setzen. Damit erreichen wir, dass die Lösung in einer Weise bestimmt wird, die es uns erlaubt, erst später festzulegen, zu welchen Zeitpunkten wir die Werte für Ort und Geschwindigkeit bestimmt haben wollen. Wir gehen hier anders vor als in Abschn. 2.1.6, wo wir das Zeitintervall bereits zu Beginn festgelegt hatten und damit auch die Zeitpunkte kannten, zu denen wir die Lösung bestimmen wollten. Im aktuellen Problem ergibt sich erst während der Berechnung der Lösung, wie lange das Zeitintervall ist, das spätestens beim Auftreffen auf die Erdoberfläche enden soll.

Die Bestimmung der Lösungspunkte erfolgt in den letzten Zeilen des obigen Codesegments. Obwohl wir bei der Lösung der Differentialgleichung nur eine Art von Ereignis detektieren lassen, nämlich mit Hilfe der Funktion `height_zero`, besteht `solution.t_events` für den Fall, dass es mehr als eine Ereignisart geben sollte, aus einer Liste von NumPy-Arrays. Diese Arrays enthalten die Zeitpunkte, zu denen das betreffende Ereignis eingetreten ist.

Um auf das uns interessierende Array zugreifen zu können, müssen wir explizit den Listenindex `0` verwenden. Enthält das Array ein Element, so ersetzen wir den bisherigen Endzeitpunkt `t_end` durch den so erhaltenen Zeitpunkt des Auftreffens auf der Erdoberfläche. Anschließend erstellen wir ein Array mit Zeitpunkten zwischen `0` und `t_end` und bestimmen die Lösung zu diesen Zeitpunkten. In der letzten Zeile werden die Zeitpunkte sowie die zugehörigen Orte und Geschwindigkeiten zurückgegeben.

Die letzte Code-Zelle, die die Widgets definiert und die graphische Darstellung erzeugt, bietet im Vergleich zum Notebook `2-01-Senkrechter-Wurf` einen neuen Aspekt, den wir nur kurz ansprechen wollen. Wir erzeugen hier zwei Unterabbildungen, die mit Hilfe von `plt.subplots` erzeugt werden. Auf die Unterabbildungen kann über die Variablen `ax1` und `ax2` zugegriffen werden. Nach diesen abschließenden Bemerkungen zum Code können wir uns der Diskussion der numerischen Ergebnisse zuwenden.

Für eine Bewegung, die auf der Erdoberfläche mit der Fluchtgeschwindigkeit (2.35) startet, also für die dimensionslosen Anfangsbedingungen $r(0) = 1$ und $v(0) = 1$, und einen Reibungskoeffizienten $\alpha = 50$ erhalten wir die in Abb. 2.8 dargestellten Zeitabhängigkeiten für die Höhe (unten) und die Geschwindigkeit (oben). Der Geschwindigkeitsverlauf ähnelt dem aus Abb. 2.1, wo eine Linearisierung des Gravitationspotentials vorgenommen worden war. Tatsächlich erreicht die Masse trotz der hohen Anfangsgeschwindigkeit nur eine Höhe von etwa 300 km über der Erdoberfläche. Dementsprechend stellt die Linearisierung des Gravitationspotentials eine sehr gute Näherung dar. Andererseits gibt es in einem homogenen Schwerefeld keine Fluchtgeschwindigkeit, die wir erst im Newton'schen Gravitationspotential sinnvoll definieren können.

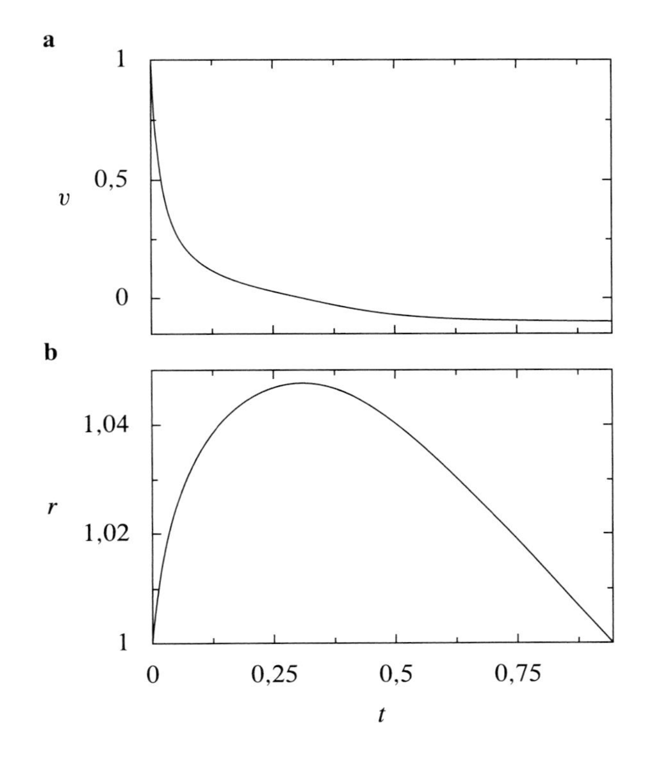

Abb. 2.8 Geschwindigkeit (oben) und Abstand vom Erdmittelpunkt (unten) als Funktion der Zeit beim senkrechten Wurf im Newton'schen Gravitationspotential. Der skalierte Reibungskoeffizient des Luftwiderstands ist $\alpha = 50$ und die Anfangsbedingungen sind $r(0) = r_E$ und $v(0) = v_F$

Die Ergebnisse aus Abb. 2.8 zeigen, dass die anfänglich hohe Geschwindigkeit von gut 11 km/s sehr schnell gedämpft wird. Dies ist eine Folge des Umstands, dass die Reibungskraft quadratisch mit der Geschwindigkeit zunimmt. Der gewählte Wert für den Reibungskoeffizienten $\alpha = 50$ ist dagegen nicht besonders groß. Dies können wir der Geschwindigkeit v_∞ entnehmen, die sich vor dem Auftreffen auf der Erdoberfläche einstellt. Dort halten sich für unsere Parameterwahl die Gravitationskraft und die Reibungskraft nahezu die Waage. Setzt man $r \approx 1$, so ergibt sich aus der Bewegungsgleichung (2.37)

$$v_\infty = -\frac{1}{\sqrt{2\alpha}} \,. \tag{2.40}$$

Für $\alpha = 50$ erhalten wir $v_\infty = 0{,}1$, was gut 1,1 km/s entspricht. Zum Vergleich kann man einen Fallschirmspringer betrachten, der kopfüber und mit angelegten Armen bei noch geschlossenem Fallschirm nur eine Grenzgeschwindigkeit von etwa 100 m/s erreicht. In diesem Fall ist die auftretende Reibung offenbar erheblich stärker als für den in Abb. 2.8 angenommenen Wert von α.

Der Übergang von der Bewegung mit Luftwiderstand zur reibungsfreien Bewegung ist in Abb. 2.9 für die Zeitabhängigkeit des Abstands vom Erdmittelpunkt r gezeigt. Wie schon in Abb. 2.8 sind die Anfangsbedingungen für alle Kurven durch

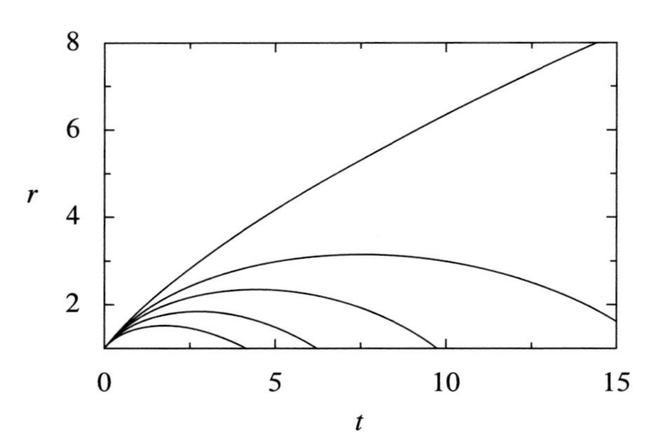

Abb. 2.9 Abstand vom Erdmittelpunkt als Funktion der Zeit beim senkrechten Wurf im Newton'schen Gravitationspotential mit den Anfangsbedingungen $r(0) = r_E$ und $v(0) = v_F$. Der skalierte Reibungskoeffizient des Luftwiderstands ist $\alpha = 0, 0{,}25, 0{,}5, 1$ und 2 von oben nach unten

$r(0) = 1$ und $v(0) = 1$ gegeben. Der Reibungskoeffizient α nimmt von der obersten zur untersten Kurve die Werte $\alpha = 0, 0{,}25, 0{,}5, 1$ und 2 an. Deutlich ist zu sehen, wie die Wurfhöhe mit abnehmendem Reibungskoeffizienten zunimmt. Für $\alpha = 0$ erwartet man, dass für lange Zeiten die Entfernung zum Erdmittelpunkt wie $t^{2/3}$ divergiert.

Nachdem wir bereits argumentiert hatten, dass der in Abb. 2.8 verwendete Reibungskoeffizient relativ klein ist, gilt dies umso mehr für die in Abb. 2.9 verwendeten Werte. Man muss allerdings bedenken, dass unsere Abschätzung mit Hilfe eines Fallschirmspringers nur nahe der Erdoberfläche gilt. Mit zunehmender Höhe wird die Atmosphäre weniger dicht und der Luftwiderstand entsprechend kleiner. Hier wird ein Defizit der hier diskutierten Bewegungsgleichung deutlich. Andererseits sollte es nach der Diskussion des Programms zur Lösung der Bewegungsgleichung nicht mehr allzu schwer sein, nach der Wahl einer geeigneten Höhenabhängigkeit des Reibungskoeffizienten die sich ergebende Bewegungsgleichung numerisch zu lösen.

2.3 Schiefer Wurf mit Luftwiderstand

☞ `2-03-Schiefer-Wurf-mit-Luftwiderstand.ipynb`

In diesem letzten Beispiel zum Wurf wollen wir noch einmal die in den vorhergehenden Abschnitten besprochenen Techniken anwenden, also die Einführung dimensionsloser Variablen, die Lösung eines gekoppelten Differentialgleichungssystems mit Hilfe von `solve_ivp` und die Verwendung einer Abbruchbedingung mit Hilfe des Arguments `events`. Im Gegensatz zu den bisherigen eindimensionalen Problemstellungen wollen wir nun aber eine zweidimensionale Bewegung untersuchen und den schiefen Wurf mit Newton-Reibung betrachten. Dabei bezeichnen wir die horizontale Koordinate mit x und die vertikale Koordinate mit z. Das geworfene Objekt wird weiterhin als Punktmasse modelliert. Eine Erweiterung auf eine Diskusscheibe ist Gegenstand der Übungsaufgabe 2.2.

Während die Bewegungsgleichungen in Abwesenheit von Reibung oder mit der in der Geschwindigkeit linearen Stokes-Reibung entkoppeln würden, ist dies bei einem in der Geschwindigkeit quadratischen Reibungsterm nicht mehr der Fall. Die gekoppelten Bewegungsgleichung lauten

$$\begin{aligned} m\dot{v}_x &= -\alpha\sqrt{v_x^2+v_z^2}\,v_x \\ m\dot{v}_z &= -g-\alpha\sqrt{v_x^2+v_z^2}\,v_z\,. \end{aligned} \tag{2.41}$$

Um die Differentialgleichungen dimensionslos zu machen, gehen wir wie in Abschn. 2.1.1 erklärt vor und fordern, dass der Reibungsterm den Vorfaktor eins haben soll und die Erdbeschleunigung ebenfalls den Wert eins annehmen soll. Damit ergeben sich die skalierten Längen

$$x' = \frac{\alpha}{m}x \quad \text{und} \quad z' = \frac{\alpha}{m}z \tag{2.42}$$

sowie die skalierte Zeit

$$t' = \frac{\sqrt{\alpha g}}{m}t\,. \tag{2.43}$$

Wieder verzichten wir im Weiteren auf die Striche, da wir nur noch mit den skalierten Variablen rechnen werden. Da wir nicht nur an den Geschwindigkeiten v_x und v_z sondern auch an der Trajektorie interessiert sind, betrachten wir x und z statt v_x und v_z und müssen die beiden gekoppelten Differentialgleichungen

$$\begin{aligned} \ddot{x} &= -\sqrt{\dot{x}^2+\dot{z}^2}\,\dot{x} \\ \ddot{z} &= -1-\sqrt{\dot{x}^2+\dot{z}^2}\,\dot{z} \end{aligned} \tag{2.44}$$

zweiter Ordnung lösen. Für die numerische Umsetzung lassen sich diese beiden Differentialgleichungen zweiter Ordnung analog zum Vorgehen im Abschn. 2.2 in vier gekoppelte Differentialgleichungen erster Ordnung umschreiben.

Nun müssen wir diese Bewegungsgleichungen noch in einem Python-Programm implementieren. Es bietet sich an, eines der bereits besprochenen Programme als Startpunkt zu verwenden und nur die notwendigen Änderungen vorzunehmen. Diese betreffen zunächst einmal die Funktion `dx_dt`, die die zeitlichen Ableitungen von x, v_x, z und v_z bereitstellen muss.

```
def dx_dt(t, x):
    x_x, v_x, x_z, v_z = x
    v = hypot(v_x, v_z)
    return v_x, -v*v_x, v_z, -1-v*v_z
```

Hier verwenden wir die Funktion hypot aus dem math-Modul. Anstatt die Funktionsweise der Funktion zu erklären, zeigen wir, wie man sich die benötigte Information mit Hilfe der help-Funktion leicht selbst in der Python-Shell besorgen kann.

```
>>> from math import hypot
>>> help(hypot)
Help on built-in function hypot in module math:

hypot(...)
    hypot(*coordinates) -> value

    Multidimensional Euclidean distance from the origin to
    ↪a point.

    Roughly equivalent to:
        sqrt(sum(x**2 for x in coordinates))

    For a two dimensional point (x, y), gives the hypotenuse
    using the Pythagorean theorem:  sqrt(x*x + y*y).

    For example, the hypotenuse of a 3/4/5 right triangle is:

        >>> hypot(3.0, 4.0)
        5.0
```

Auf die help-Funktion werden wir am Ende dieses Abschnitts noch einmal zurückkommen.

Der Code zur Lösung des Differentialgleichungssystems bietet im Vergleich zum Abschn. 2.2 nichts wesentlich Neues. Lediglich die Funktion zur Festlegung des Endzeitpunkts wurde leicht angepasst, da wir uns nur für die Lösung bei positiven Höhen $z > 0$ interessieren.

```
def height_zero(t, y):
    return y[2]

height_zero.terminal = True
height_zero.direction = -1
```

Man sollte sich nicht vom Variablennamen y irritieren lassen, der nicht auf eine Koordinate des behandelten Problems verweist, sondern auf ein Array, das die Komponenten x, v_x, z und v_z enthält. Somit entspricht y[2] unserer Koordinate z.

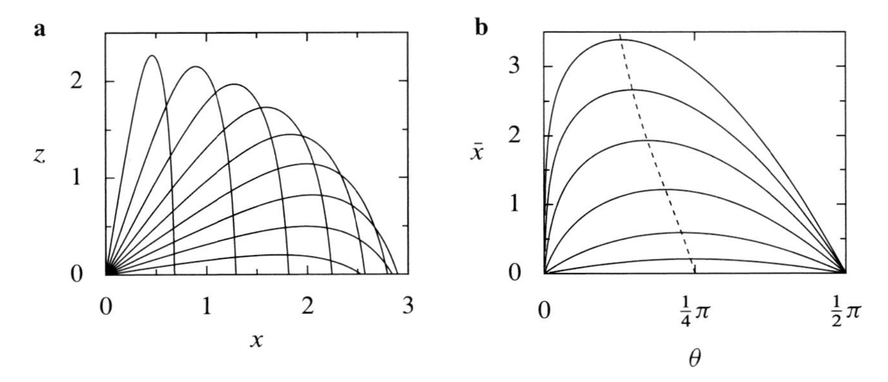

Abb. 2.10 Das linke Diagramm zeigt Wurftrajektorien $z(x)$ für unterschiedliche Abwurfwinkel θ. Rechts sind die Wurfweiten $\bar{x}$ als Funktion des Abwurfwinkels für die dimensionslosen Wurfgeschwindigkeiten 0,5, 1, 2, 4, 8 und 16 dargestellt. Die gestrichelte Linie zeigt den Zusammenhang zwischen maximaler Wurfweite und zugehörigem Abwurfwinkel mit variierender Wurfgeschwindigkeit bzw. variierender Dämpfung

In der letzten Code-Zelle, die die Widgets definiert und die graphische Darstellung der Ergebnisse erzeugt, finden wir noch eine Funktion, der wir bisher noch nicht begegnet sind. `radians` aus dem `math`-Modul rechnet den Abwurfwinkel θ gegenüber der Horizontalen, den der betreffende Schieberegler in Grad zurückgibt, in das Bogenmaß um. Dies ist erforderlich, da die trigonometrischen Funktionen ihr Argument im Bogenmaß erwarten. Das Gegenstück zu `radians` ist `degrees`. NumPy stellt für diese Umwandlungen die Funktionen `deg2rad` und `rad2deg` zur Verfügung.

Damit kommen wir zur Diskussion der Ergebnisse. Im linken Teil von Abb. 2.10 sehen wir die Flugbahnen für elf verschiedene Abwurfwinkel θ im Bereich zwischen 0 und $\pi/2$, wobei die beiden Trajektorien für $\theta = 0$ und für $\theta = \pi/2$ nicht sichtbar sind, weil sie auf der x- bzw. z-Achse liegen. Der Betrag der skalierten Abwurfgeschwindigkeit ist für alle Trajektorien $v = 10$.

Dem linken Diagramm ist zu entnehmen, dass die Wurfhöhe mit zunehmendem Abwurfwinkel θ monoton zunimmt. Dies gilt jedoch nicht für die Wurfweite, die mit zunehmendem Abwurfwinkel zunächst zunimmt und dann etwa bei der dritten Trajektorie ($\theta = 0{,}15\,\pi$) ein Maximum erreicht, um anschließend wieder abzunehmen.

Im rechten Teil der Abb. 2.10 ist dieser Zusammenhang zwischen der Wurfweite $\bar{x}$ und dem Abwurfwinkel θ für verschiedene Werte der skalierten Anfangsgeschwindigkeit v dargestellt, wobei die unterste Kurve zum kleinsten Wert von v und die oberste zum größten Wert von v gehört. Die gestrichelte Kurve in diesem Diagramm zeigt die maximale Wurfweite für die verschiedenen Werte von v. Für kleine Werte von v wird die maximale Wurfweite für $\theta = \pi/2$ erreicht, während sich das Maximum für zunehmende Geschwindigkeit v in Richtung kleinerer Abwurfwinkel θ verschiebt.

An dieser Stelle ist es noch einmal sinnvoll, sich in Erinnerung zu rufen, dass durch die Skalierungen (2.42) und (2.43) die skalierte Geschwindigkeit sowohl von der unskalierten Geschwindigkeit als auch von der Dämpfungskonstanten α abhängt. Die gezeigten Abhängigkeiten $\bar{x}(\theta)$ zu großen Werten von v können also durch eine hohe Anfangsgeschwindigkeit oder durch eine große Dämpfungskonstante erreicht werden. Das bedeutet allerdings nicht, dass die tatsächliche Wurfhöhe mit der Dämpfungskonstante zunimmt, da letztere auch in die Skalierung (2.42) der Koordinate x eingeht.

Die gerade diskutierten Ergebnisse decken nicht den gesamten Parameterraum ab. Beispielsweise haben wir vorausgesetzt, dass die Abwurfhöhe und die Auftreffhöhe gleich sein sollen. Übungsaufgabe 2.3 gibt einige Anregungen zur Erweiterung der Untersuchung des schiefen Wurfs.

In den bisherigen Abschnitten haben wir den Python-Code immer in einem Jupyter-Notebook organisiert. Dies ist insofern praktisch, als man hier interaktiv Parameter einstellen kann und das Ergebnis als Abbildung in das Notebook eingebettet werden kann. Zudem kann man zum Beispiel Erläuterungen zum Programm-Code mit Hilfe von Markdown-Zellen in das Notebook integrieren. Daher werden wir auch im Weiteren Notebooks verwenden. Allerdings soll nicht der Eindruck erweckt werden, dass das Programmieren in Python grundsätzlich die Verwendung eines Jupyter-Notebooks erfordert. Manchmal ist das interaktive Einstellen von Parametern nicht erwünscht und häufig ist der Code auch so umfangreich, dass es nicht praktisch ist, ihn in einem Notebook zu organisieren. Zudem kommt die Flexibilität des Notebooks mit der Gefahr unerwünschter Effekte, wenn man Code-Zellen in einer nicht so vorgesehenen Reihenfolge ausführt.

Der folgende Code, der als `Schiefer_Wurf.py` im Download-Bereich zu finden ist, stellt ein vollständiges Programm zur Berechnung einer Grafik ähnlich der, wie sie links in Abb. 2.10 gezeigt ist, dar.

```
from math import cos, hypot, radians, sin

import numpy as np
from scipy import integrate
import matplotlib.pyplot as plt
plt.style.use("matplotlibrc")


def dx_dt(t, x):
    """first derivatives for oblique throw with drag

    For a discussion of the equations of motion see the
    text in section 1.4 of the book.

    Parameters
    ----------
    t : float
        time
    x : array-like, shape (4,)
```

```
            x-components of position and velocity followed by
            the corresponding z-components

        Returns
        -------
        tuple
            first derivatives of the x-components of position
            and velocity followed by the corresponding
            z-components
        """
        x_x, v_x, x_z, v_z = x
        v = hypot(v_x, v_z)
        return v_x, -v * v_x, v_z, -1 - v * v_z


    def height_zero(t, y):
        return y[2]


    height_zero.terminal = True
    height_zero.direction = -1


    def trajectory(t_end, n_out, x0):
        solution = integrate.solve_ivp(
            dx_dt, (0, t_end), x0, dense_output=True,
            events=height_zero)
        if solution.t_events[0].size > 0:
            t_end = solution.t_events[0][0]
        t_values = np.linspace(0, t_end, n_out)
        x_values, _, z_values, _ = solution.sol(t_values)
        return t_values, x_values, z_values


    if __name__ == "__main__":
        t_end = 5
        z_0 = 0
        v = 10
        n_out = 100

        for theta in (0, 15, 30, 45, 60, 75):
            theta_rad = radians(theta)
            x0 = [0, v * cos(theta_rad),
                  z_0, v * sin(theta_rad)]
            t_values, x_values, z_values = trajectory(
                t_end, n_out, x0)
            plt.plot(x_values, z_values)

        plt.xlabel("$x$")
        plt.ylabel("$z$")
        plt.show()
```

Letztlich handelt es sich dabei im Wesentlichen um den gleichen Code wie im zugehörigen Jupyter-Notebook, nur dass man jetzt keine Widgets organisieren muss. Nach dem `import`-Block folgen die Funktionsdefinitionen. In den letzten drei Blöcken werden dann zunächst die zu verwendenden Parameter fest definiert. Anschließend folgt die Berechnung der Wurfbahnen und abschließend wird die Grafik fertiggestellt, die in einem separaten Fenster angezeigt wird. Da die feste Angabe der Parameter durchaus unerwünscht sein kann, sei darauf hingewiesen, dass man die Parameter auch mit einer Hilfe einer Eingabeaufforderung übergeben oder aus einer Datei einlesen kann. Das Schreiben in Dateien oder Lesen aus Dateien wird im Abschn. 6.3 im Hinblick auf numerisch erzeugte Daten für das Ising-Modell diskutiert.

Als Ersatz für die Markdown-Zellen gibt es die Möglichkeit, Kommentare in das Programm einzufügen. Grundsätzlich ignoriert der Python-Interpreter jeglichen Text, der auf das Kommentarzeichen `#` folgt. Allerdings ist es in Python üblich, Kommentare sparsam einzusetzen und eher darauf zu achten, den Code verständlich zu schreiben. Eine gute Wahl von Variablennamen ist hier ein wichtiger Aspekt. Standardmäßig sollten aber Funktionen mit Hilfe sogenannter *docstrings* dokumentiert werden, wie wir hier am Beispiel der Funktion `dx_dt` zeigen. Da sich ein *docstring* über mehrere Zeilen erstrecken kann, muss er von dreifachen Anführungszeichen eingeschlossen werden. Zu Beginn sollte eine knappe einzeilige Beschreibung dessen stehen, was die Funktion macht. Danach kann ein längerer Text folgen, der weitere Erläuterungen, zum Beispiel zur Verwendung bestimmter numerischer Verfahren, enthalten kann. Danach sollten die Funktionsargumente und die Rückgabewerte erklärt werden. In der genauen Formatierung ist man im Prinzip frei, auch wenn sich große Softwareprojekte wie NumPy oder SciPy hierfür klare Regeln gegeben haben.

Docstrings sind nicht nur im eigentlichen Programmtext zur Dokumentation nützlich, sondern können auch im Python-Interpreter mit Hilfe der `help`-Funktion angezeigt werden.

```
>>> import Schiefer_Wurf
>>> help(Schiefer_Wurf.dx_dt)

Help on function dx_dt in module Schiefer_Wurf:

dx_dt(t, x)
    first derivatives for oblique throw with drag

    For a discussion of the equations of motion see the
    text in section 2.3 of the book.

    Parameters
    ----------
    t : float
        time
    x : array-like, shape (4,)
        x-components of position and velocity followed by
        the corresponding z-components
```

```
    Returns
    -------
    tuple
        first derivatives of the x-components of position
        and velocity followed by the corresponding
        z-components
```

Um den Programmcode importieren zu können, ohne dabei das Programm selbst auszuführen, wurde der letzte Teil des Programms in einem `if`-Block mit der Bedingung `__name__ == "__main__"` platziert.

2.4 Mathematisches Pendel

☞ `2-04-Mathematisches-Pendel.ipynb`

In diesem und einigen der nächsten Abschnitte wollen wir uns mit schwingenden Systemen beschäftigen, wobei wir mit einem der einfachsten beginnen, dem in Abb. 2.11 dargestellten mathematischen Pendel. Dieses besteht aus einer Punktmasse m, die mittels einer masselosen, starren Stange der Länge l an einem Aufhängepunkt drehbar befestigt ist. Die Auslenkung aus der Ruhelage sei mit θ bezeichnet. In der Literatur findet sich für dieses System auch die Bezeichnung *Fadenpendel*. Da ein Faden im Gegensatz zu einer Stange jedoch auch Abstände vom Aufhängepunkt erlaubt, die kleiner als die Fadenlänge sind, werden wir diesen Begriff nicht benutzen.

Wir setzen voraus, dass die Bewegung ausschließlich in der Zeichenebene erfolgen kann und da durch die Stange außerdem der Abstand zum Aufhängepunkt fixiert ist, ist die Position der Punktmasse eindeutig durch den Winkel θ festgelegt. Aufgrund dieses eindimensionalen Charakters der Bewegung können wir den Vektorcharakter der Beschleunigung a und der Kraft F außer Acht lassen und stattdessen mit skalaren Größen rechnen.

Unabhängig von der Position wirkt auf die Punktmasse die Schwerkraft $-mg$, wobei allerdings nur die Komponente senkrecht zur Stange die Punktmasse

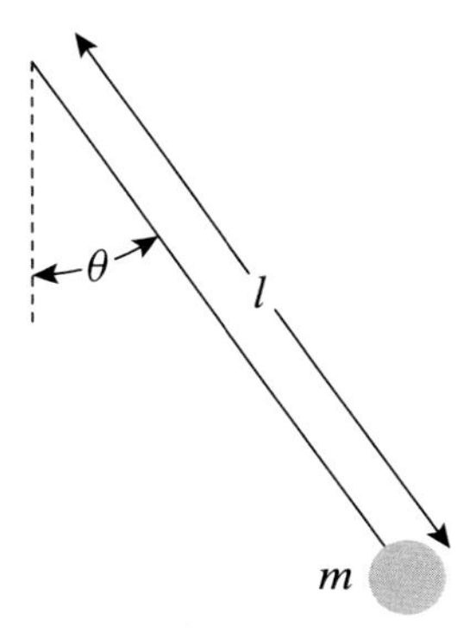

Abb. 2.11 Die Position der Punktmasse m eines mathematischen Pendels der Länge l wird durch den Winkel θ beschrieben

beschleunigen bzw. verzögern kann, der Rest wird von einer entsprechenden Gegenkraft in Richtung der Stange kompensiert. Die tangentiale Kraftkomponente auf der Kreisbahn des Pendels ist somit gleich $-mg\sin(\theta)$. Die Beschleunigung der Punktmasse ist durch $a = l\ddot{\theta}$ gegeben, so dass für die Bewegungsgleichung

$$ml\ddot{\theta} = -mg\sin(\theta) \tag{2.45}$$

folgt. Nach dem Kürzen der Masse m erhalten wir eine Differentialgleichung, die als einzigen Parameter das Verhältnis g/l enthält. Diesen Parameter können wir leicht eliminieren, indem wir die Zeit gemäß

$$t' = \sqrt{\frac{g}{l}}t \tag{2.46}$$

skalieren. Dadurch erhalten wir die dimensionslose Differentialgleichung

$$\ddot{\theta} = -\sin(\theta)\,, \tag{2.47}$$

wobei wir bereits den Strich bei t wieder weggelassen haben.

Führt man eine dimensionslose Energie E ein, deren Nullpunkt bei $\theta = 0$ liegt, erhält man aus der Bewegungsgleichung (2.47) den Energieerhaltungssatz

$$\frac{1}{2}v_\theta^2 - \cos(\theta) = E - 1\,, \tag{2.48}$$

mit $v_\theta = \dot{\theta}$, aus dem man durch Trennung der Variablen unter Verwendung der Anfangsbedingung $\theta(0) = 0$

$$\int_0^{\sin(\theta/2)} \frac{\mathrm{d}u}{\sqrt{(1-u^2)(1-\frac{2}{E}u^2)}} = \sqrt{\frac{E}{2}}t \tag{2.49}$$

erhält. Bei der linken Seite handelt es sich um ein sogenanntes elliptisches Integral 1. Art, das man unter Verwendung der Jacobi-Amplitude nach θ auflösen kann. Man erhält dann die exakte Lösung des mathematischen Pendels unter der genannten Anfangsbedingung zu

$$\theta(t) = 2\,\mathrm{am}\left(\sqrt{\frac{E}{2}}t, \sqrt{\frac{2}{E}}\right)\,. \tag{2.50}$$

Jacobische elliptische Funktionen sind in verschiedenen physikalischen Problemstellungen von Bedeutung und besitzen interessante mathematische Eigenschaften [3]. Obwohl sie mit Hilfe der Funktion `ellipj` aus dem `special`-Modul von SciPy berechnet werden können, wollen wir hier einen anderen Weg einschlagen und die Bewegungsgleichung (2.47) direkt numerisch lösen.

Für die Umsetzung in einem Jupyter-Notebook müssen wir gegenüber den vorangegangenen Abschnitten in erster Linie den Block anpassen, der die Differentialgleichung definiert. Ähnlich wie schon in Abschn. 2.2 ersetzen wir die Bewegungsgleichung (2.47) durch zwei Differentialgleichungen erster Ordnung, hier in den Variablen θ und v_θ.

```
def dtheta_dt(t, theta_vec):
    theta, v_theta = theta_vec
    return v_theta, -sin(theta)
```

Zusätzlich zur Zeitabhängigkeit der beiden abhängigen Variablen ist es auch interessant, den Verlauf der Trajektorie in dem durch θ und v_θ aufgespannten Phasenraum zu betrachten. Neben den Schiebereglern zur Einstellung der diversen Parameter finden wir daher hier ein neues Bedienelement, einen sogenannten *Radiobutton,* bei dem genau eine von mehreren Möglichkeiten ausgewählt werden kann. Entsprechend wird dann die graphische Darstellung angepasst.

Bevor wir die Ergebnisse des Programms besprechen, wollen wir an diesem Beispiel verschiedene Möglichkeiten aufzeigen, unser Programm auf Richtigkeit zu überprüfen. Ziel ist es zum einen, Programmierfehler zu entdecken. Zum anderen ist es aber auch wichtig, numerische Fehler zu beurteilen. Diese können durch den Algorithmus bedingt sein, wie wir in den Abschn. 2.1.4 und 2.1.5 diskutiert haben oder ihre Ursache zum Beispiel in Rundungsfehlern haben, die wir in Abschn. 6.2.4 thematisieren.

Für das mathematische Pendel ist die analytische Lösung (2.50) bekannt. Da numerische Methoden aber gerade dort zum Einsatz kommen, wo die Lösung nicht bekannt ist, wollen wir in diesem Abschnitt davon ausgehen, dass wir die analytische Lösung nicht kennen.

Eine Möglichkeit besteht darin zu überprüfen, inwieweit die numerische Lösung eventuell geltende Erhaltungssätze, zum Beispiel für die Energie, den Impuls oder den Drehimpuls, erfüllt. Für das mathematische Pendel als konservatives System gilt im Gegensatz zu den gedämpften Problemen der Abschn. 2.1 bis 2.3 Energieerhaltung. Für die numerisch erhaltene, zeitabhängige Lösung können wir also den Energieerhaltungssatz (2.48) verwenden, um zu beurteilen, wie stark sich die Energie als Funktion der Zeit verändert. Die letzte Code-Zelle im Notebook implementiert den dazu benötigten Programmcode.

In Abb. 2.12 ist die Abweichung ΔE der numerisch bestimmten Energie vom korrekten Wert als Funktion der Zeit t für die Anfangsbedingungen $\theta(0) = 0{,}6\pi$ und $v_\theta(0) = 0$ dargestellt. Offenbar wird die Energieerhaltung durch die numerische Lösung verletzt. Die rote Kurve, die stärkere Abweichungen zeigt, wurde für die Defaultwerte der absoluten Toleranz `atol` und der relativen Toleranz `rtol` von `integrate.solve_ivp` erhalten. Entscheidend ist in diesem Fall die relative Toleranz, die, wenn der Parameter `rtol` nicht anders festgelegt wird, den Wert 10^{-3} besitzt.

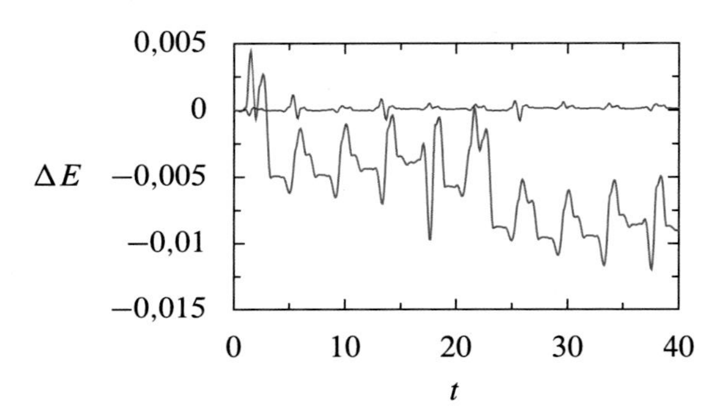

Abb. 2.12 Abweichung der Energie der numerischen Lösung vom exakten Wert für die Anfangsbedingungen $\theta(0) = 0{,}6\pi$, $v_\theta(0) = 0$. Die absolute Toleranz `atol` in `integrate.solve_ivp` wurde auf dem Defaultwert von 10^{-6} belassen, während die relative Toleranz `rtol` die Werte 10^{-3} (rot) und 10^{-4} (blau) annimmt

Bereits eine Reduktion der relativen Toleranz auf 10^{-4} liefert ein erheblich besseres Resultat für die Energieerhaltung, wie die blaue Kurve zeigt. Dieses Beispiel verdeutlicht, dass es wichtig sein kann, vorgegebene Parameter in Bibliotheksroutinen je nach Bedarf anzupassen.

Die Überprüfung der Energieerhaltung erlaubt es uns, numerische Fehler zu beurteilen und, falls notwendig, Schritte zu deren Reduktion zu unternehmen. Allerdings gibt es unendlich viele konservative Systeme. Hätte man also einen Fehler in der Implementation der Ableitungsfunktion eingebaut und gleichzeitig einen damit konsistenten Ausdruck für die Energie verwendet, würde man einen solchen Fehler nicht mit Hilfe der Energieerhaltung entdecken. Es ist also sinnvoll, nach Möglichkeit noch weitere Überprüfungen vorzunehmen.

In Abschn. 2.1 hatten wir für den senkrechten Wurf mit Luftwiderstand das Verhalten für sehr kurze und sehr lange Zeiten sowie in der Nähe des höchsten Punktes herangezogen, das in Abb. 2.1 durch gestrichelte Geraden dargestellt ist. Beim mathematischen Pendel bietet es sich dagegen eher an zu untersuchen, ob bekannte Näherungslösungen reproduziert werden.

Der einfachste Test besteht darin, sehr kleine Schwingungsamplituden zu betrachten, für die sich das mathematische Pendel auf einen harmonischen Oszillator reduziert. Eine gewisse Schwierigkeit besteht hier darin, dass man erstens die Amplitude nicht zu klein wählen darf, damit die Abweichung von der erwarteten Lösung nicht durch numerische Fehler dominiert ist. Zweitens ist nicht unbedingt klar, wie schnell bei zunehmender Amplitude Abweichungen von der harmonischen Lösung relevant werden. Bei vielen Problemstellungen ist es jedoch möglich, zumindest die führende Korrektur noch analytisch zu bestimmen.

Ohne Kenntnis der analytischen Lösung (2.50) gelingt dies beim mathematischen Pendels mit Hilfe der Methode von Poincaré-Lindstedt [4]. Wir wollen hier nicht auf die mathematischen Details eingehen, sondern lediglich das benötigte Ergebnis angeben. Wählt man als Anfangsbedingungen $\theta(0) = A$ und $v_\theta(0) = 0$ so ergibt sich unter Berücksichtigung der führenden Korrektur

$$\theta(t) = A\cos(\omega t) - \frac{A^3}{192}\left(\cos(3\omega t) - \cos(\omega t)\right) + O(A^5)\,, \tag{2.51}$$

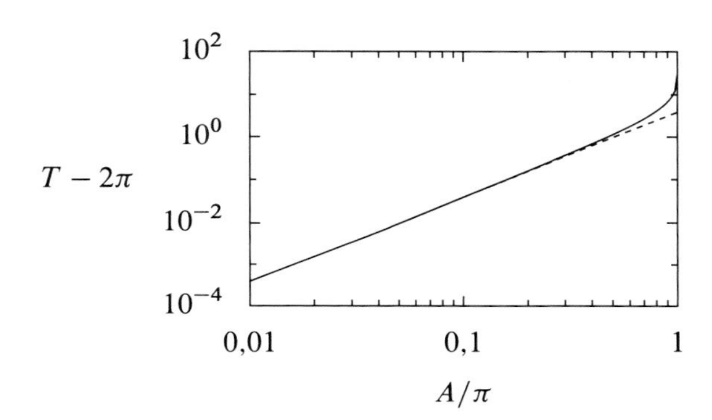

Abb. 2.13 Abweichung der Periode T des mathematischen Pendels von der Periode 2π der harmonischen Näherung als Funktion der Amplitude A der Schwingung. Die gestrichelte Linie stellt die führende Korrektur (2.53) dar

wobei die Groß-O-Notation andeutet, dass weitere Korrekturen mindestens von der Ordnung A^5 sind. Die hier auftretende Frequenz berücksichtigt, dass das mathematische Pendel mit zunehmender Amplitude immer langsamer schwingt, und ist durch

$$\omega = 1 - \frac{A^2}{16} + O(A^4) \tag{2.52}$$

gegeben. Entsprechend nimmt die Periodendauer mit zunehmender Amplitude gemäß

$$T = \frac{2\pi}{\omega} = 2\pi + \frac{\pi}{8}A^2 + O(A^4) \tag{2.53}$$

zu.

Die Korrektur in (2.51) erlaubt es nun abzuschätzen, wann die Amplitude hinreichend klein gewählt ist, dass die numerische Lösung durch den führenden Term in (2.51), also eine harmonische Schwingung, beschrieben werden kann. Zudem können wir die Korrektur in der Periodendauer heranziehen, um zu überprüfen, ob unser Programm zumindest den θ^3-Term richtig erfasst, den man bei der Entwicklung des Sinus in der Bewegungsgleichung (2.47) erhält. In Abb. 2.13 ist die Abweichung der Periodendauer von 2π als Funktion der Amplitude A dargestellt. Da es sich hierbei zumindest in einem gewissen Amplitudenbereich um eine quadratische Abhängigkeit handeln muss, haben wir eine doppelt-logarithmische Auftragung gewählt. Die gestrichelte Kurve stellt die quadratische Korrektur aus (2.53) zum Vergleich dar. Unsere Erwartung wird durch die numerische Lösung also erfüllt. Erst bei Amplituden von etwa $\pi/4$ oder mehr werden weitere Korrekturen relevant. Möchte man den Test auch für kleinere Amplituden durchführen, so muss man darauf achten, dass die Fehlertoleranz niedrig genug gewählt wurde, wie wir weiter oben schon diskutiert hatten.

Für eine konkrete Problemstellung hängen die Möglichkeiten, eine numerische Implementation zu überprüfen, natürlich von den physikalischen Informationen ab, die über das Problem zur Verfügung stehen, hier also die Energieerhaltung und die Kenntnis der führenden Korrektur zur harmonischen Lösung. In jedem Fall ist es auch sinnvoll, die numerischen Ergebnisse auf einem qualitativen Niveau hinsichtlich ihrer physikalische Plausibilität zu überprüfen. Letztlich empfiehlt sich, genauso wie bei analytischen Rechnungen, immer ein kritischer Blick auf die Ergebnisse.

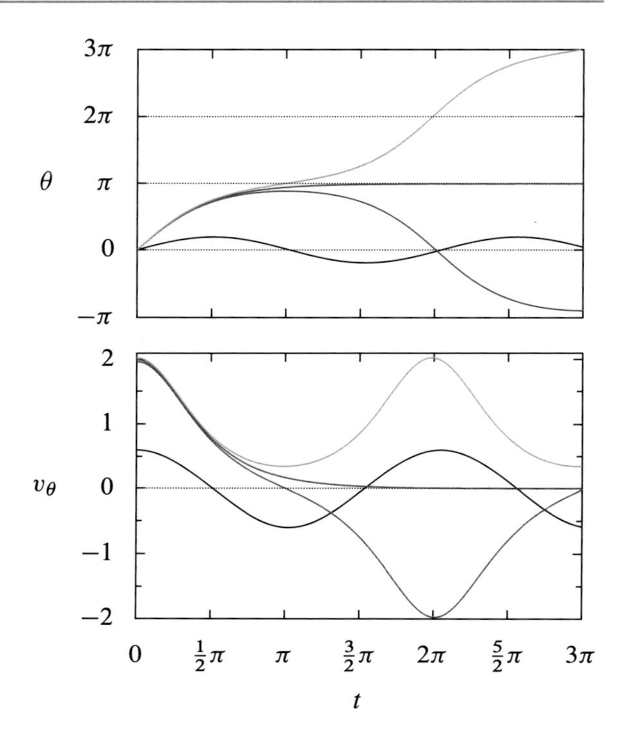

Abb. 2.14 Auslenkung θ (oben) und Winkelgeschwindigkeit v_θ (unten) eines mathematischen Pendels als Funktion der dimensionslosen Zeit t. Die anfängliche Winkelgeschwindigkeit beträgt $v_\theta = 0{,}6$ (schwarz), 1,97 (blau), 2 (rot) und 2,03 (gelb)

Nachdem wir uns sowohl von der prinzipiellen Richtigkeit des Programms überzeugt haben als auch eine grobe Vorstellung von den numerischen Fehlern haben, kommen wir nun zu den Ergebnissen. Wir betrachten als erstes die Auslenkung θ als Funktion der dimensionslosen Zeit t in Abb. 2.14 oben. Bei allen vier gezeigten Kurven ist die Anfangsauslenkung null, sie unterscheiden sich lediglich in der anfänglichen Winkelgeschwindigkeit. Für kleine Anfangsgeschwindigkeit und dementsprechend kleine Auslenkungen (schwarz) sehen wir den typischen sinusförmigen Verlauf mit einer Periode von 2π entsprechend dem führenden Term in (2.51) mit $\omega = 1$. Für größere Anfangsgeschwindigkeiten (blau) ist der Verlauf zwar nach wie vor periodisch, aber die Periode nimmt mit wachsender Auslenkung zu. Außerdem entspricht der Zeitverlauf bei genauerem Hinsehen auch nicht mehr einer Sinus-Funktion. Für die rote Kurve ist die kinetische Energie so groß, dass das Pendel gerade den oberen Umkehrpunkt erreicht – dafür aber unendlich lange braucht. Bei noch höheren Anfangsgeschwindigkeiten (gelb) überschlägt das Pendel und der Winkel nimmt auch größere Werte als π an.

Die selben Situationen sehen wir auch bei der Winkelgeschwindigkeit v_θ als Funktion der Zeit in Abb. 2.14 unten. Bei kleiner Anfangsgeschwindigkeit (schwarz) haben wir einen periodischen Verlauf mit der Periode 2π. Bei größeren Anfangsgeschwindigkeiten (blau) ist der Verlauf zwar nach wie vor periodisch, aber der Verlauf hat nicht mehr die Form einer Sinusfunktion und die Periode ist größer als 2π. Wenn die kinetische Energie gerade ausreicht, den oberen Umkehrpunkt zu erreichen (rot), nimmt die Geschwindigkeit als Funktion der Zeit immer mehr ab und erreicht im

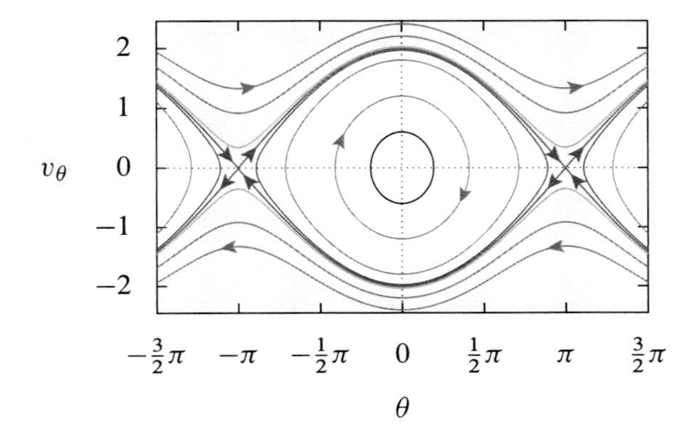

Abb. 2.15 Phasendiagramm des mathematischen Pendels. Die dimensionslosen Geschwindigkeiten bei $\theta = 0$ steigen von innen nach außen mit $v_\theta = 0{,}6$ (schwarz), 1,2, 1,8, 1.97 (blau), 2 (rot), 2,03 (gelb), 2,2 und 2,4

Grenzfall $t \to \infty$ den Wert null. Bei noch größeren Anfangsgeschwindigkeiten (gelb) überschlägt das Pendel. Dann variiert die Winkelgeschwindigkeit zwar wieder periodisch, behält aber ihr Vorzeichen bei.

Im Phasendiagramm der Abb. 2.15 sehen wir diese Bewegungen noch aus einer anderen Perspektive. Bei kleinen Anfangsgeschwindigkeiten (schwarz) entspricht die Trajektorie einer Ellipse. Mit zunehmender Anfangsgeschwindigkeit (blau) verformt sich die Trajektorie, bleibt aber zunächst geschlossen. Die rote Trajektorie stellt die Grenze zwischen geschlossenen und offenen Trajektorien dar und wird daher als Separatrix bezeichnet. Bei noch größeren Anfangsgeschwindigkeiten verläuft die Trajektorie nur in einer Hälfte des Phasendiagramms (gelb), besitzt aber einen zeitgespiegelten Partner in der anderen Hälfte.

2.5 Sphärisches Pendel

☞ `2-05-Sphärisches-Pendel.ipynb`

Im vorigen Abschnitt war die Bewegung des mathematischen Pendels auf eine Ebene eingeschränkt. Im Allgemeinen wird sich ein solches Pendel jedoch auf einer Kugelschale um den Aufhängepunkt mit einem durch die Pendellänge gegebenen Radius bewegen können. Statt durch nur einen Winkel wird die Position des Pendels nun durch zwei Winkel beschrieben, die wir wie in Abb. 2.16 dargestellt wählen. Der Winkel θ beschreibt die Auslenkung aus der stabilen Gleichgewichtslage, also den Winkel zwischen der negativen z-Achse und dem Pendel. Der Winkel ϕ charakterisiert die Lage der Projektion der Pendelmasse auf die x-y-Ebene. Damit sind die kartesischen Koordinaten der Pendelmasse durch

$$x = l \sin(\theta) \cos(\phi) \tag{2.54}$$

$$y = l \sin(\theta) \sin(\phi) \tag{2.55}$$

$$z = -l \cos(\theta) \tag{2.56}$$

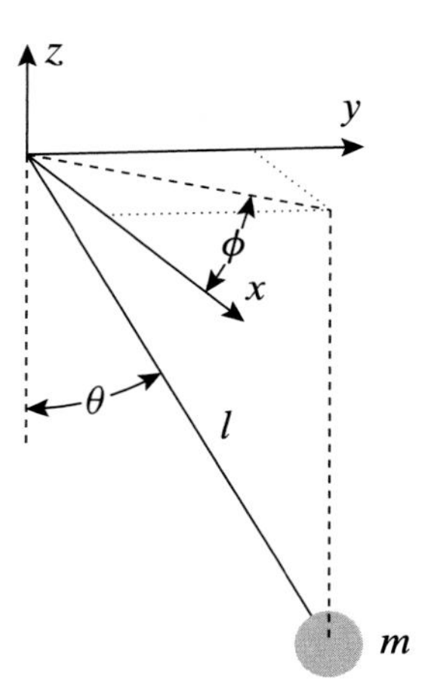

Abb. 2.16 Die Position eines sphärischen Pendels mit Masse m und Länge l wird durch die beiden Winkel θ relativ zur negativen z-Achse und ϕ in der x-y-Ebene beschrieben

gegeben. Diese Beziehungen entsprechen bis auf das Minuszeichen in (2.56) dem gewohnten Zusammenhang zwischen kartesischen Koordinaten und Kugelkoordinaten. Das Minuszeichen ergibt sich daraus, dass wir den Winkel nicht bezüglich der positiven, sondern bezüglich der negativen z-Achse nehmen.

Angesichts der Zwangsbedingung durch die feste Pendellänge wählen wir zur Herleitung der Bewegungsgleichungen den Lagrange-Formalismus. Details zu den theoretischen Hintergründen finden sich bei Bedarf in Lehrbüchern zur Theoretischen Physik, wie zum Beispiel in Ref. [5]. Ein weiteres Beispiel mit Zwangsbedingungen wird in Übungsaufgabe 2.4 diskutiert.

Durch Ableitung von (2.54)–(2.56) nach der Zeit ergibt sich zunächst für die kinetische Energie des sphärischen Pendels mit Pendelmasse m und Pendellänge l

$$T = \frac{m}{2} l^2 \left(\dot{\theta}^2 + \dot{\phi}^2 \sin^2(\theta)\right) . \tag{2.57}$$

Die potentielle Energie im homogenen Schwerefeld ist durch

$$U = -mgl \cos(\theta) \tag{2.58}$$

gegeben, so dass wir insgesamt die Lagrangefunktion

$$L = T - U = \frac{m}{2} l^2 \left(\dot{\theta}^2 + \dot{\phi}^2 \sin^2(\theta)\right) + mgl \cos(\theta) \tag{2.59}$$

erhalten.

Zunächst stellen wir fest, dass die Lagrangefunktion nicht vom Winkel ϕ, sondern nur von dessen Zeitableitung abhängt. ϕ ist somit eine sogenannte zyklische Koordinate. Mit ihr ist die Erhaltung der z-Komponente des Drehimpulses verknüpft, denn aus der Euler-Lagrange-Gleichung

$$\frac{\mathrm{d}}{\mathrm{d}t} \frac{\partial L}{\partial \dot{\phi}} - \frac{\partial L}{\partial \phi} = 0 \tag{2.60}$$

folgt

$$\frac{\mathrm{d}}{\mathrm{d}t}\left(\dot{\phi}\sin^2(\theta)\right) = 0\,. \tag{2.61}$$

Wir könnten hier die Zeitableitung explizit ausführen und die sich ergebende Differentialgleichung zweiter Ordnung wie gewohnt durch zwei Differentialgleichungen zweiter Ordnung ausdrücken. Dies ist jedoch unnötig, da wir (2.61) direkt integrieren können. Nach Einführung dimensionsloser Größen, die wir gleich noch vornehmen werden, entspricht die sich ergebende Integrationskonstante, wie schon angedeutet, gerade der z-Komponente des Drehimpulses. Diese bezeichnen wir mit L_z, wobei der Buchstabe L hier nichts mit der Lagrangefunktion zu tun hat, sondern lediglich die übliche Bezeichnung für den Drehimpuls aufgreift. Letztlich erhalten wir nun eine einzige Differentialgleichung erster Ordnung für ϕ in der Form

$$\dot{\phi} = \frac{L_z}{\sin^2(\theta)}\,. \tag{2.62}$$

Die Bewegungsgleichung für den Winkel θ ergibt sich aus (2.60) mit der Ersetzung von ϕ durch θ zu

$$\ddot{\theta} - \dot{\phi}^2\sin(\theta)\cos(\theta) + \sin(\theta) = 0\,. \tag{2.63}$$

oder

$$\dot{\theta} = v_\theta \tag{2.64}$$

$$\dot{v}_\theta = \dot{\phi}^2\sin(\theta)\cos(\theta) - \sin(\theta)\,. \tag{2.65}$$

Hierbei haben wir eine dimensionslose Zeit durch Skalierung mit der Zeitskala $(l/g)^{1/2}$ eingeführt. Insgesamt haben wir also mit (2.62), (2.64) und (2.65) drei Differentialgleichungen erster Ordnung vorliegen.

Es gibt allerdings ein Problem in (2.65), denn auf der rechten Seite dürfen keine Zeitableitungen vorkommen. Dieses Problem lässt sich allerdings leicht beheben, wenn man $\dot{\phi}$ mit Hilfe von (2.62) eliminiert. Damit ergibt sich aus (2.65) die Differentialgleichung

$$\dot{v}_\theta = L_z^2\frac{\cos(\theta)}{\sin^3(\theta)} - \sin(\theta)\,. \tag{2.66}$$

Man könnte hier auf die Idee kommen, die drei Differentialgleichungen erster Ordnung auf nur zwei Differentialgleichungen erster Ordnung zu reduzieren. In der Tat gilt auch die Energieerhaltung, die sich in dimensionsloser Form als

$$\frac{1}{2}\dot{\theta}^2 + V_{\mathrm{eff}}(\theta) = E \tag{2.67}$$

schreiben lässt, wobei wir das effektive Potential

$$V_{\mathrm{eff}}(\theta) = \frac{L_z^2}{2\sin^2(\theta)} - \cos(\theta) \tag{2.68}$$

eingeführt haben. Damit ergibt sich eine Differentialgleichung erster Ordnung

$$\dot{\theta} = \pm\sqrt{2\,(E - V_{\text{eff}}(\theta))}\,. \tag{2.69}$$

Praktisch besteht allerdings darin ein Problem, dass sich das Vorzeichen der Wurzel an jedem Umkehrpunkt ändert. Einfacher ist es, die zwei Differentialgleichungen (2.64) und (2.66) zu verwenden, wo sich der Vorzeichenwechsel ganz automatisch ergibt.

Bevor wir uns der Diskussion der numerischen Ergebnisse zuwenden, kommen wir noch einmal auf die Drehimpulserhaltung (2.61) zurück. Offenbar hängt die durch $\dot{\phi}$ beschriebene Bewegung der Projektion der Pendelmasse in die x-y-Ebene von der Auslenkung θ ab. Die Situation ist analog zu der in einer Ebene verlaufenden Keplerbewegung von Planeten, für die der Flächensatz, also das zweite Kepler'sche Gesetz gilt. Man kann sich nun fragen, ob wir im Allgemeinen geschlossene Bahnen erwarten können, wie wir das vom Keplerproblem sowie dem zweidimensionalen harmonischen Oszillator kennen. Für Zentralpotentiale, deren radiale Abhängigkeit einem Potenzgesetz gehorcht, sagt das Theorem von Joseph Bertrand, dass die zwei genannten Fälle die einzigen sind, in denen geschlossene Bahnen vorkommen [6]. Beim Keplerproblem kennt man das Phänomen der Periheldrehung, das daher kommt, dass Effekte der allgemeinen Relativitätstheorie das Newton'sche Gravitationspotential modifizieren. Beim sphärischen Pendel haben wir zwar für kleine Auslenkungen θ ein harmonisches Potential, so dass wir nahezu geschlossene Bahnen erwarten können. Bei größeren Auslenkungen ist dies jedoch nicht mehr notwendigerweise der Fall. Allerdings ist das Bertrand'sche Theorem auf unsere Situation nicht direkt anwendbar, da bei dem von uns betrachteten Potential kein Potenzgesetz vorliegt. Es ist also interessant, die Bahnformen für das sphärische Pendel numerisch genauer zu untersuchen.

Die Änderungen, die wir am bereits diskutierten Programm zum mathematischen Pendel vornehmen müssen, um das Programm für das sphärische Pendel zu erhalten, sind gering. Die entscheidende, aber auch offensichtliche Änderung betrifft die Implementation der Bewegungsgleichung in der Funktion, die wir hier `dy_dt` genannt haben:

```
def dy_dt(t, y, l_z):
    phi, theta, v_theta = y
    return (l_z/sin(theta)**2, v_theta,
            l_z**2*cos(theta)/sin(theta)**3 - sin(theta))
```

Die weiteren Änderungen betreffen hauptsächlich die Tatsache, dass wir nun drei gekoppelte Differentialgleichungen statt bisher zwei haben, was die Zahl der Anfangsbedingungen entsprechend um eins erhöht. Die numerischen Ergebnisse für die Bewegung des sphärischen Pendels sind in Abb. 2.17 für unterschiedliche maximale Auslenkungen dargestellt. Gezeigt ist die Projektion der Position der

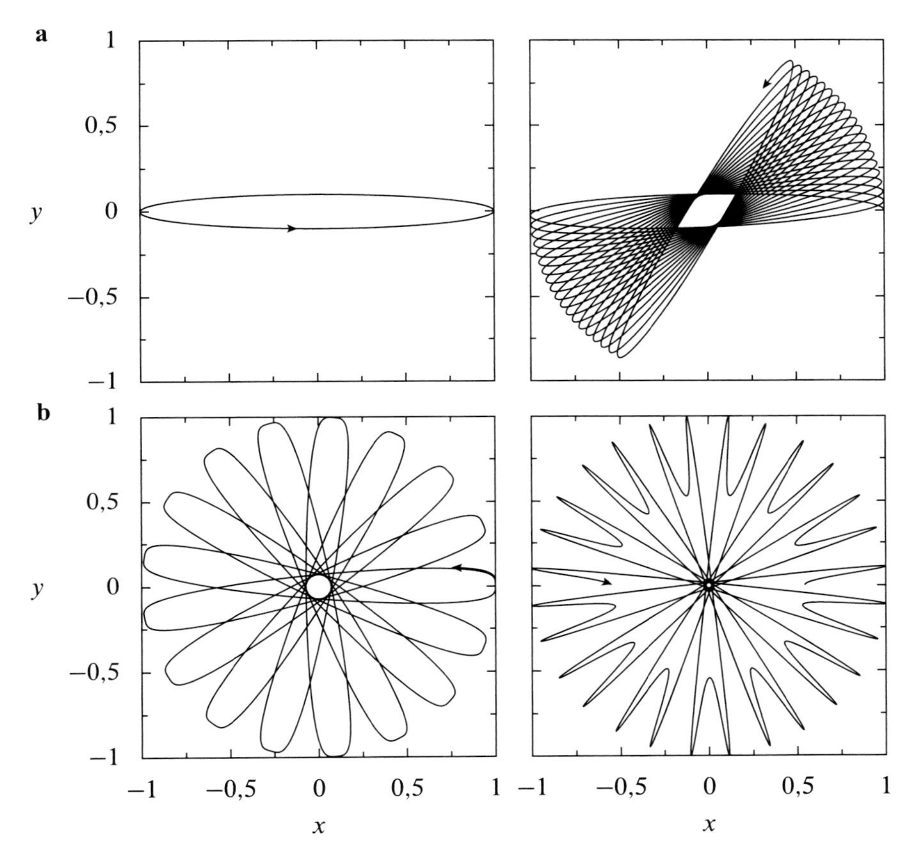

Abb. 2.17 Projektion der Bewegung eines sphärischen Pendels in die x-y-Ebene für die Anfangsbedingungen $\theta(0) = 0{,}01, 0{,}5, \pi/2$ und $\pi/2 + 1$ (von links oben nach rechts unten) sowie $\phi(0) = 0$, $\dot{\phi}(0) = 0{,}1$ und $\dot{\theta}(0) = 0$. Die x- und y-Koordinaten sind auf das jeweilige Maximum von $l \sin(\theta)$ skaliert

Pendelmasse in die x-y-Ebene, wobei die Achsen der besseren Vergleichbarkeit halber auf die maximale Auslenkung $l \sin(\theta_{\max})$ skaliert sind.

Links oben in Abb. 2.17 sehen wir eine in sehr guter Näherung geschlossene Bahn. Der maximale Auslenkungswinkel $\theta_{\max} = 0{,}01$ im Bogenmaß bedeutet, dass hier die harmonische Näherung sehr gut ist. Vergrößert man $\theta_{\max}$ auf 0,5 (rechts oben), so ist deutlich eine Präzessionsbewegung erkennbar. Da die Verdrehung der Bahn je Umlauf vom maximalen Auslenkungswinkel abhängt, wird man für gewisse Werte von $\theta_{\max}$ eine geschlossene Bahn erwarten. Dies ist beispielsweise links unten für $\theta_{\max} = \pi/2$, wenn also das Pendel die Höhe des Aufhängepunkts erreicht, in sehr guter Näherung der Fall. Der überlappende Teil zweier Trajektorien ausgehend vom rechten Bildrand hin zum durch einen Pfeil markierten Ende der dargestellten Trajektorie ist optisch nur anhand einer leichten Verbreiterung der Strichdicke sichtbar, die darauf hindeutet, dass die Bahn nahezu aber eben nicht perfekt geschlossen ist. Durch eine leichte Änderung von θ_{max} ließe sich das jedoch erreichen. Wenn das Pendel über den Aufhängepunkt hinaus schwingen kann, wie zum Beispiel für $\theta_{max} = \pi/2 + 1$ rechts unten, läuft die Bahn in der Projektion wieder auf den Ursprung zu, wenn sich das Pendel oberhalb des Aufhängepunkts befindet. Im gezeigten Fall ist die Bahn offenbar nicht geschlossen, zumindest nicht nach einem vollen Umlauf.

Die in Abb. 2.17 dargestellten Bahnkurven mögen an das Foucault'sche Pendel erinnern, das wir in Abschn. 2.9 betrachten werden. Daher sei betont, dass wir es hier nicht mit einem rotierenden Bezugssystem zu tun haben, wie wir es beim Foucault'schen Pendel aufgrund der Erddrehung vorfinden.

2.6 Quartisches Potential

☞ `2-06-Quartisches-Potential.ipynb`

Üblicherweise sind Problemstellungen zur Dynamik mechanischer Systeme als *Anfangswertprobleme* formuliert, wie es auch in den bisherigen Abschnitten der Fall war. Neben der Bewegungsgleichung sind dabei eine oder mehrere Anfangsbedingungen gegeben. Drückt man die Bewegungsgleichung oder die Bewegungsgleichungen durch einen Satz von Differentialgleichungen erster Ordnung aus, wie wir es bei der numerischen Behandlung immer getan haben, so benötigt man für jede dadurch definierte abhängige Variable eine Anfangsbedingung, um die Lösung eindeutig festzulegen. Streng genommen ist es nicht erforderlich, diese Bedingungen am Anfang des betrachteten Zeitintervalls vorzugeben. Entscheidend ist vielmehr, dass sich alle Bedingungen auf den selben Zeitpunkt beziehen. Gegebenenfalls kann man die Differentialgleichungen von diesem Zeitpunkt ausgehend auch rückwärts in der Zeit lösen.

Bei einem Randwertproblem hingegen betreffen die an die Lösung gestellten Bedingungen verschiedene Zeitpunkte, typischerweise an den beiden Enden des betrachteten Zeitintervalls. Eine Situation, in der der Ort an den Rändern des Zeitintervalls festgelegt wird, tritt in der Mechanik im Rahmen des Hamilton'schen Prinzips auf. Die Extremalisierung der Wirkung führt dann auf die Euler-Lagrange-Gleichung, der wir im vorigen Abschnitt bereits begegnet sind. Man könnte das Hamilton'sche Prinzip numerisch als Optimierungsproblem formulieren, was wir an dieser Stelle jedoch nicht tun wollen, sondern hierfür auf Abschn. 3.8 verweisen. Vielmehr wollen wir weiterhin die Lösung von Differentialgleichungen betrachten, aber eben Randwerte vorgeben.

Konkret betrachten wir die eindimensionale Bewegung einer Punktmasse m im Potential

$$V(x) = \frac{1}{2}Dx^2 - \frac{d}{4}x^4\,, \tag{2.70}$$

wobei wir voraussetzen wollen, dass sowohl D als auch d positiv sind. Dann besitzt das Potential zwei Maxima, wie in Abb. 2.18 dargestellt, und weist zwischen diesen Maxima eine Form auf, die dem Potential des mathematischen Pendels zwischen zwei Potentialmaxima stark ähnelt. Entsprechend lassen sich die später diskutierten

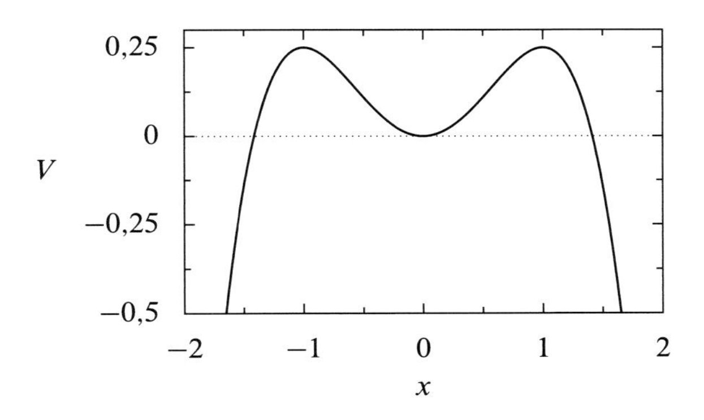

Abb. 2.18 Quartisches Potential (2.75)

Ergebnisse auf das mathematische Pendel übertragen, wie im Rahmen der Übungsaufgabe 2.5 gezeigt werden soll.

Mit dem Potential (2.70) ergibt sich die Bewegungsgleichung der Punktmasse

$$m\ddot{x} = -Dx + dx^3 , \tag{2.71}$$

die sich durch Einführung von skalierten Größen parameterfrei schreiben lässt. Wir verwenden die Schwingungsfrequenz am Potentialminimum, um die dimensionslose Zeit

$$t' = \sqrt{\frac{D}{m}} t \tag{2.72}$$

einzuführen. Definieren wir ferner einen dimensionslosen Ort

$$x' = \sqrt{\frac{d}{D}} x , \tag{2.73}$$

so erhalten wir die Bewegungsgleichung

$$\ddot{x} = -x + x^3 . \tag{2.74}$$

Dabei haben wir wie in den bisherigen Abschnitten den Strich zur Kennzeichnung der skalierten Variablen wieder weggelassen. Das dazugehörige Potential lautet in den skalierten Variablen

$$V(x) = \frac{1}{2}x^2 - \frac{1}{4}x^4 , \tag{2.75}$$

und ist in Abb. 2.18 dargestellt.

Wenn wir wie bisher Anfangsort und Anfangsgeschwindigkeit vorgeben würden, läge ein Anfangswertproblem vor. Wir interessieren uns jedoch für die Bewegung, die im Ursprung beginnt und nach einer vorgegebenen Zeitspanne t_{end} auch dort wieder endet. Diese Zeitspanne ist also für die noch nicht festgelegte Anfangsgeschwindigkeit ein Vielfaches der halben Periode.

Bevor wir an die Lösung des Problems gehen, wollen wir uns einen qualitativen Überblick über die möglichen Trajektorien verschaffen. Dazu betrachten wir zunächst das Potential (2.70) in Abb. 2.18. Für Orte x in der Nähe des Ursprungs ähnelt das Potential dem des harmonischen Oszillators, weil der Term proportional zu x^4 keine Rolle spielt. Dieser quartische Term jedoch führt dazu, dass das Potential Maxima bei ± 1 besitzt und für große x gegen $-\infty$ geht.

Für kleine Anfangsgeschwindigkeiten und damit kleine Energien verhält sich die Punktmasse dementsprechend wie in einem harmonischen Potential. Insbesondere ist die Periode weitestgehend unabhängig von der Amplitude gleich 2π. Mit zunehmender Amplitude nimmt die Periode zu, ähnlich wie wir dies in Abschn. 2.4 für das mathematische Pendel diskutiert hatten. Die Verlängerung der Periode hängt damit zusammen, dass die Rückstellkraft bei der Annäherung an die Potentialmaxima immer schwächer wird. Wenn sich die Energie dem kritischen Wert von $1/4$ nähert, divergiert die Periode. Übersteigt die Energie diesen kritischen Wert, überwindet die Punktmasse das Maximum, so dass es gar nicht zu einer periodischen Bewegung kommt. Dieser Fall ist für unsere Problemstellung nicht von Bedeutung.

Um eine Vorstellung von den möglichen Szenarien der Bewegung im quartischen Potential zu bekommen, betrachten wir ein Zeitintervall t_{end}, das etwas größer als 2π ist. Dann kann die Punktmasse eine volle Oszillation durchführen, wenn die Amplitude hinreichend klein gewählt ist. Alternativ gibt es aber auch die Möglichkeit einer Bewegung mit einer Amplitude, die so groß ist, dass die Punktmasse in der vorgegebenen Zeit lediglich eine halbe Periode der Oszillation ausführen kann.

Da eine Halbperiode mindestens die dimensionslose Zeit π erfordert, ist die maximale Zahl von Halbperioden, die in der Zeit t_{end} durchlaufen werden können, durch

$$n_{1/2,\,\mathrm{max}} = \left\lfloor \frac{t_{\mathrm{end}}}{\pi} \right\rfloor \tag{2.76}$$

gegeben, wobei die Gauß-Klammer $\lfloor \ldots \rfloor$ die größte ganze Zahl bezeichnet, die kleiner oder gleich dem Argument ist. Für ein gegebenes Zeitintervall sollten wir also $n_{1/2,\,\mathrm{max}}$ verschiedene Trajektorien finden können, sofern wir die triviale Lösung $x = 0$ ausschließen. An der Tatsache, dass die Lösung trotz der Randbedingungen nicht eindeutig sein muss, zeigt sich schon, dass Randwertprobleme prinzipiell komplizierter als Anfangswertprobleme sind, bei denen die Lösung immer eindeutig ist.

Nachdem wir nun eine Idee von der zu erwartenden Lösung haben, kommen wir zur numerischen Lösung unseres Randwertproblems. Dafür stellt SciPy die Funktion `integrate.solve_bvp` zur Verfügung, wobei `bvp` für *boundary value problem* steht. Genauso wie `integrate.solve_ivp` verlangt auch `integrate.solve_bvp` eine Funktion, die das Differentialgleichungssystem definiert, indem sie die Ableitungen nach der unabhängigen Variable zur Verfügung stellt.

Im Gegensatz zu `integrate.solve_ivp`, wo die Anfangswerte einfach durch entsprechende Zahlen gegeben sind, können Randwertprobleme zum Beispiel durchaus auch Linearkombinationen der verschiedenen abhängigen Variablen als Randwert vorsehen. Daher müssen die Randbedingungen mit Hilfe einer Funktion definiert werden, die für jede Randbedingung den Wert null zurückgibt, wenn die Randbedingung erfüllt ist.

In unserem Fall, der nur die Orte an den Rändern festlegt, und zudem fordert, dass diese durch $x = 0$ gegeben sind, ist diese Funktion allerdings sehr einfach zu implementieren. Wir nennen die Funktion `bc` für *boundary condition.*

```
def bc(x_vec_a, x_vec_b):
    x_a, v_a = x_vec_a
    x_b, v_b = x_vec_b
    return x_a, x_b
```

Die Tupel mit den Werten der abhängigen Variablen an den beiden Rändern werden hier entpackt, und die benötigten Orte werden zurückgegeben.

Die Lösung des Randwertproblems mit `integrate.solve_bvp` erfordert allerdings nicht nur Informationen über die Differentialgleichungen und Randbedingungen, sondern benötigt darüber hinaus auch für jede abhängige Variable eine Startfunktion, um eine der im Allgemeinen mehreren möglichen Lösungen zu bestimmen. Typischerweise wird die gefundene Lösung der Startfunktion ähnlich sein, wobei qualitative Merkmale wie die Zahl der Nullstellen wichtiger sind als quantitative Eigenschaften wie beispielsweise der Wert des Maximalausschlags. Wenn mehrere Lösungen des Randwertproblems bestimmt werden sollen, müssen also entsprechend verschiedene Startfunktionen vorgegeben werden. Deswegen ist es wichtig, sich vorher zu überlegen, welche Art von Lösungen man erwartet und auch welche davon man berechnen möchte.

Sehen wir uns konkret unsere Funktion `trajectory` an, die eine Lösung berechnen soll.

```
def trajectory(t_end, n_out, n_half_periods):
    omega = n_half_periods*np.pi/t_end
    t = np.linspace(0, t_end, n_out)
    x_init = np.sin(omega*t)
    v_init = np.cos(omega*t)
    solution = integrate.solve_bvp(dx_dt, bc, t,
                                   [x_init, v_init])
    x, v = solution.sol(t)
    return t, x, v, x_init, v_init, solution.success
```

In unserem Fall benötigen wir zwei Funktionen $x_{\text{init}}(t)$ und $v_{\text{init}}(t)$, die natürlich nur zu diskreten Zeitpunkten numerisch festgelegt werden können. Entsprechend erzeugen wir ein Array `t` für die Zeitpunkte, sowie die beiden Arrays `x_init` und `v_init`, die zusammen in einer Liste die benötigten Startfunktionen definieren. Um die Zahl der Halbperioden der Lösung beeinflussen zu können, wählen wir die Startfunktionen so, dass sie bereits die entsprechende Zahl von Halbperioden enthalten und zudem die Randbedingungen erfüllen. Für $x_{\text{init}}(t)$ ist hierfür eine Sinusfunktion mit passender Frequenz ω geeignet. Die Amplituden von x_{init} und $v_{\text{init}}(t)$ sind willkürlich gewählt, da wir diese zu Beginn nicht kennen können. Insbesondere entspricht unsere Wahl für $v_{\text{init}}(t)$ im Allgemeinen nicht der Zeitableitung von $x_{\text{init}}(t)$.

Wie der obige Code zeigt, gibt `solve_bvp` ein Objekt, das wir hier der Variable `solution` zuweisen, zurück, das mehrere Bestandteile enthält, wie wir es schon von `solve_ivp` her kennen. Für ein vorgegebenes Array an Zeitpunkten lassen sich mit `solution.sol` die zugehörigen Werte der abhängigen Variablen `x` und `v` bestimmen. Da der Algorithmus nicht immer eine Lösung findet, ist es wichtig, auch `solution.success` zu berücksichtigen, das den Wahrheitswert `True` enthält, falls eine Lösung mit der verlangten Genauigkeit erhalten wurde. Ist dies nicht der Fall, so ist `solution.success` gleich `False`. Um die gefundene Lösung mit der vorgegebenen Startfunktion vergleichen zu können, lassen wir auch die Arrays `x_init` und `v_init` von der Funktion `trajectory` zurückgeben.

Im letzten Code-Block des Notebooks erfolgt die graphische Darstellung der Ergebnisse. Da es wichtig zu wissen ist, ob es sich bei den dargestellten Funktionen überhaupt um konvergierte Lösungen handelt, wird zudem über die Graphik die entsprechende Information entweder als grüner Balken mit dem Text „konvergierte Lösung“ oder als roter Balken mit dem Text „Lösung hat nicht konvergiert“ dargestellt. Dabei wird die Möglichkeit verwendet, in Jupyter-Notebooks direkt HTML-Code anzeigen zu lassen. Hierzu haben wir in der ersten Code-Zelle `IPython.display.HTML` importiert. In der Funktion `plot_result` werden die Eigenschaften des Informationsbanners wie zum Beispiel seine Farbe oder auch die Schriftfarbe als CSS-Code definiert. Da die Details für unsere Zwecke nicht besonders wichtig sind, verweisen wir zum Beispiel auf Ref. [7].

In der Graphik unter dem Informationsbanner stellen wir zum einen die gefundene Lösung $x(t)$ und $v(t)$ dar, zum Vergleich aber auch den Ausgangspunkt $x_{\text{init}}(t)$ und $v_{\text{init}}(t)$. Damit lässt sich einschätzen, wie stark sich die Startfunktion und die finale Lösung je nach Parameterwahl voneinander unterscheiden. Die gefundenen Trajektorien $x(t)$ für $t_{\text{end}} = 13$ zeigt Abb. 2.19. Für diesen Wert von t_{end} ergibt sich die maximal mögliche Zahl an Halbperioden nach (2.76) zu $n_{1/2,\,\text{max}} = 4$. Die schwarz dargestellte Trajektorie stellt den fast harmonischen Fall mit kleinen Auslenkungen dar. Bei der blau dargestellten Kurve ist die Maximalauslenkung schon etwas größer und die Zahl an Halbperioden ist nur noch drei, bei der grünen Trajektorie sind es entsprechend zwei Halbperioden und bei der roten nur noch eine. Bei dieser letzten Bahnkurve erkennen wir, dass sich die Punktmasse einen großen Teil der Zeit in der Nähe des Maximums bei $x = 1$ befindet und der Funktionsverlauf $x(t)$ stark von einer Sinus-Funktion abweicht.

Wie wir bereits erkannt haben, unterscheiden sich die vier Trajektorien in Abb. 2.19 bezüglich der Amplitude x_{max} der Auslenkung. In Abb. 2.20 betrachten wir nun diese Maximalauslenkungen als Funktion von t_{end}. Für Werte von $t_{\text{end}} < \pi$ gibt es überhaupt keine nichttriviale Lösung des Randwertproblems. Bei $t_{\text{end}} = \pi$ erhalten wir eine Lösung, die mit infinitesimal kleiner Amplitude gerade eine Halbperiode durchlaufen kann. Wächst t_{end} nun weiter an, wird die Auslenkung x_{max}, die zu einer Halbperiode gehört, größer und konvergiert für $t_{\text{end}} \to \infty$ gegen eins. Allerdings erhalten wir oberhalb von $t_{\text{end}} = 2\pi$ eine weitere Lösung des Randwert-

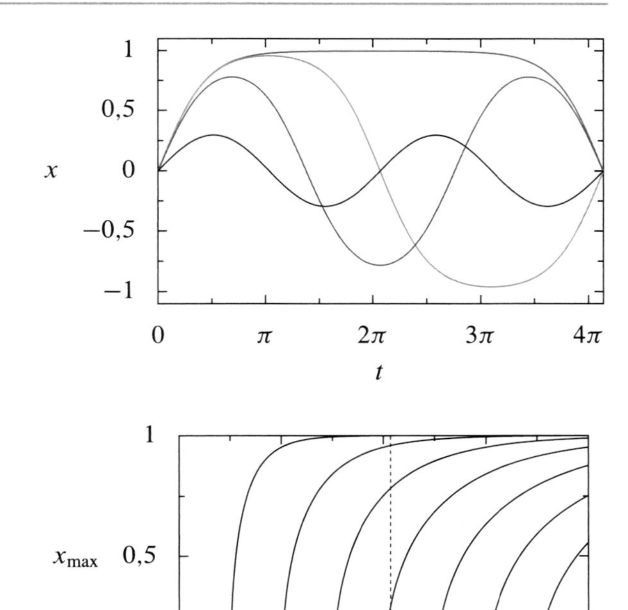

Abb. 2.19 Im quartischen Potential (2.75) existieren für die Randbedingungen $x(0) = x(t_{end}) = 0$ mit $t_{end} = 13$ die vier hier dargestellten Lösungen der Newton'schen Bewegungsgleichung. In Abb. 2.20 ist dieser Fall durch die gestrichelte Linie gekennzeichnet

Abb. 2.20 Amplitude x_{max} für mögliche Bewegungen im quartischen Potential (2.75), die bei $t = 0$ bei $x = 0$ beginnen und dort zur Zeit t_{end} wieder enden. Die gestrichelte Linie entspricht $t_{end} = 13$. Abb. 2.19 zeigt die zugehörigen vier Lösungen

problems, bei der in der betrachteten Zeitspanne zwei Halbperioden durchlaufen werden. Auch bei dieser Lösung wächst x_{max} mit steigendem t_{end} an und konvergiert für $t_{end} \to \infty$ gegen eins. Ganz analog kommt bei jedem Vielfachen von π eine weitere Lösung hinzu, bei der die Zahl der Halbperioden gegenüber der vorherigen Lösung um eins erhöht ist. Die gestrichelt eingezeichnete senkrechte Linie markiert den Wert $t_{max} = 13$, den wir in Abb. 2.19 verwendet haben. Tatsächlich schneidet diese Linie vier Äste der Relation $x_{max}(t_{end})$ in Übereinstimmung mit den vier in Abb. 2.19 dargestellten Trajektorien.

Wenn die Startfunktionen $x_{init}(t)$ und $v_{init}(t)$ mehr Nulldurchgänge aufweisen als nach (2.76) oder Abb. 2.20 für einen gegebenen Wert von t_{end} möglich sind, liefert `integrate.solve_bvp` entweder die triviale Lösung $x(t) = v(t) = 0$ oder konvergiert nicht.

Den Fall einer nicht konvergierten Lösung wollen wir zum Schluss noch an einem Beispiel illustrieren. Für unsere Problemstellung im quartischen Potential ist die Suche nach einer Lösung beispielsweise dann nicht von Erfolg gekrönt, wenn wir $t_{end} = 25$ setzen und eine Startfunktion mit einer Halbperiode wählen. Dann werden wir durch den oben besprochenen roten Balken darauf hingewiesen, dass mit den Standardeinstellungen von `integrate.solve_bvp` keine Lösung gefunden wurde. In diesem konkreten Fall können wir dadurch Abhilfe schaffen, dass wir den Parameter `max_nodes`, der angibt, wie viele Stützstellen maximal verwendet werden sollen,

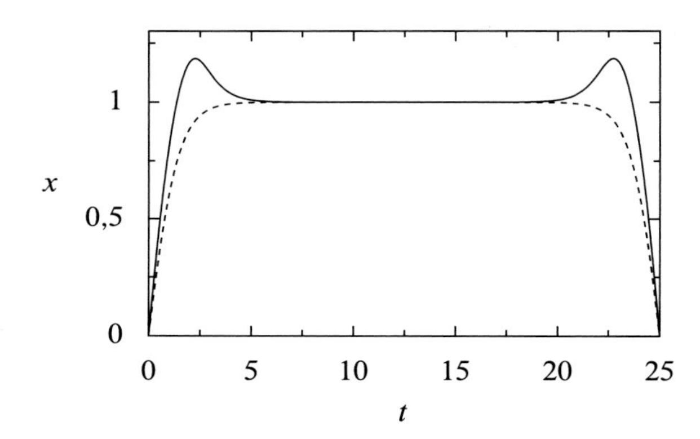

Abb. 2.21 Nicht konvergiertes Ergebnis von `integrate.solve_bvp` für $t_{\mathrm{end}} = 25$, $n_{1/2} = 1$, `n_out`= 200 und den Defaultwert `max_nodes`= 1000. Als gestrichelte Linie ist zum Vergleich die korrekte Lösung dargestellt

erhöhen. Sein Standardwert beträgt 1000. Eine andere Möglichkeit besteht in einer realistischeren Wahl von $x_{\mathrm{init}}(t)$ und $v_{\mathrm{init}}(t)$, was aber hier gar nicht so einfach ist. In diesem konkreten Fall hätten wir übrigens bereits am Ergebnis $x(t)$, das in Abb. 2.21 dargestellt ist, erkennen können, dass keine Konvergenz erreicht wurde, da $x(t)$ Werte größer als eins annimmt, d. h. das Potentialmaximum überwindet, und dennoch danach wieder in die Potentialmulde zurückkommt.

2.7 Drei gekoppelte Federn

☞ `2-07-Gekoppelte-Federn.ipynb`

In diesem Abschnitt wollen wir uns mit einem mechanischen Beispiel beschäftigen, dessen Bewegungsgleichungen je nach Wahl der Parameter für die Funktion `integrate.solve_ivp` verhältnismäßig schwierig ist und uns zur Unterscheidung zwischen steifen und nicht steifen Differentialgleichungen führen wird. Dabei handelt es sich um die in Abb. 2.22 gezeigte Anordnung von drei Federn, die zwei Massen miteinander und mit zwei Fixierungen verbinden. Die Federn sollen dem Hooke'schen Gesetz genügen und zugleich eine innere Reibung aufweisen.

Um das Problem etwas übersichtlicher zu gestalten und um die Zahl der Parameter zu begrenzen, nehmen wir wie in Abb. 2.22 angegeben an, dass die beiden Massen m gleich sind und die linke und rechte Federn identisch sind, also durch die gleiche Federkonstante D_1, gleiche Ruhelänge l_1 und gleiche Dämpfungskonstante k_1, charakterisiert sind. Die mittlere Feder kann abweichende Parameter D_2, l_2 und k_2 besitzen, und dieser Umstand wird für die folgende Diskussion von Bedeutung sein.

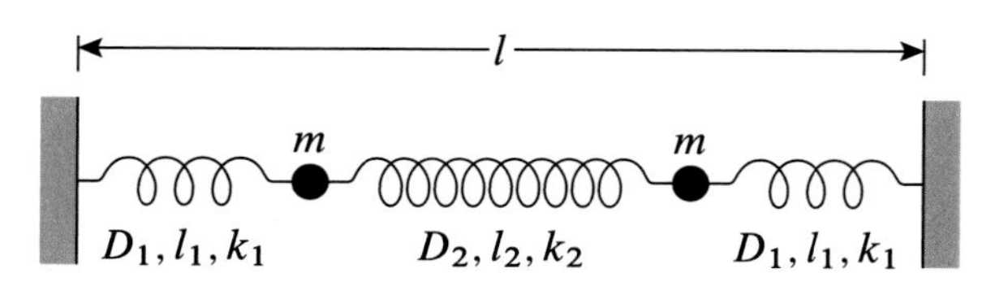

Abb. 2.22 Schwingendes System mit zwei Massen m und drei Federn mit Federkonstante D_1, Ruhelänge l_1 und Dämpfungskonstante k_1 bzw. D_2, l_2 und k_2

Die Bewegung der Federn sei auf die horizontale Richtung beschränkt, so dass das System durch die horizontale Position x_1 der ersten Masse und entsprechend x_2 für die zweite Masse beschrieben wird. Unter Berücksichtigung der Kräfte F_1 und F_2 auf die beiden Massen, die sich aus den Federkräften und Reibungskräften der jeweils angekoppelten Federn zusammensetzen, erhält man die beiden Bewegungsgleichungen

$$\begin{aligned}\ddot{x}_1 &= -\frac{D_1}{m}(x_1 - l_1) + \frac{D_2}{m}(x_2 - x_1 - l_2) - \frac{k_1}{m}\dot{x}_1 - \frac{k_2}{m}(\dot{x}_1 - \dot{x}_2) \\ \ddot{x}_2 &= -\frac{D_2}{m}(x_2 - x_1 - l_2) + \frac{D_1}{m}(l - x_2 - l_1) - \frac{k_2}{m}(\dot{x}_2 - \dot{x}_1) - \frac{k_1}{m}\dot{x}_2 \,.\end{aligned} \tag{2.77}$$

Wir haben hier Reibungskräfte angenommen, die proportional zur Längenänderung der jeweiligen Feder sind. Alternativ kann man auch Reibungskräfte betrachten, die die Massen selbst bremsen und proportional zur Geschwindigkeit der Massen sind, was wir hier jedoch nicht machen werden.

Die Differentialgleichungen (2.77) lassen sich numerisch auf zwei verschiedene Weisen lösen. Zum einen können wir wie in den vorigen Abschnitten vorgehen und das System von Differentialgleichungen mit Hilfe von `integrate.solve_ivp` lösen. Zum anderen können wir ausnutzen, dass das Differentialgleichungssystem linear ist, und es mittels Matrizenrechnung lösen. Beide Wege werden wir uns im Weiteren anschauen.

In beiden Fällen ist es zunächst sinnvoll, die Bewegungsgleichungen in eine dimensionslose Form zu bringen. Wegen der Linearität der Bewegungsgleichungen sind die Skalierung der Zeit und der Länge unabhängig voneinander. Eine natürliche Wahl für die Zeitskala besteht darin, die sich aus der Federkonstante D_1 der äußeren Federn ergebende Frequenz $(D_1/m)^{1/2}$ heranzuziehen und die dimensionslose Zeit

$$t' = \sqrt{\frac{D_1}{m}}\,t \tag{2.78}$$

einzuführen. Zudem ist es sinnvoll, alle Längen auf die Gesamtlänge l des Systems zu beziehen, also

$$x_i' = \frac{x_i}{l} \quad \text{und} \quad l_i' = \frac{l_i}{l} \quad \text{mit } i = 1, 2 \tag{2.79}$$

zu setzen. Dann bleiben in den dimensionslosen Bewegungsgleichungen

$$\begin{aligned}\ddot{x}_1 &= -(x_1 - l_1) + d(x_2 - x_1 - l_2) - \kappa_1\dot{x}_1 - \kappa_2(\dot{x}_1 - \dot{x}_2) \\ \ddot{x}_2 &= -d(x_2 - x_1 - l_2) + (1 - x_2 - l_1) - \kappa_2(\dot{x}_2 - \dot{x}_1) - \kappa_1\dot{x}_2 \,,\end{aligned} \tag{2.80}$$

in denen wir die Striche gleich wieder weggelassen haben, noch drei freie Parameter übrig. Dies sind das Verhältnis der Federkonstanten

$$d = \frac{D_2}{D_1} \tag{2.81}$$

und die dimensionslosen Dämpfungskonstanten

$$\kappa_i = \frac{k_i}{\sqrt{m D_1}} \qquad i = 1, 2\,. \tag{2.82}$$

Je nach Wahl dieser Parameter werden wir es mit steifen oder nicht steifen Differentialgleichungen zu tun haben.

Aus den Bewegungsgleichungen (2.80) findet man die Ruhelagen der beiden Massen zu

$$\begin{aligned} x_1^{(0)} &= \frac{1}{1+2d}\left[l_1 + d(1-l_2)\right] \\ x_2^{(0)} &= 1 - x_1^{(0)}\,, \end{aligned} \tag{2.83}$$

so dass man statt der absoluten Position der Massen auch deren Auslenkung aus der Ruhelage

$$\begin{aligned} \Delta x_1(t) &= x_1(t) - x_1^{(0)} \\ \Delta x_2(t) &= x_2(t) - x_2^{(0)} \end{aligned} \tag{2.84}$$

einführen könnte. Wir wollen dies zunächst nicht tun, werden aber später im Zusammenhang mit der Lösung mit Hilfe von Matrizen hierauf zurückkommen. Allerdings ist die Kenntnis der Ruhelagen auch nützlich, um in der numerisch erhaltenen Lösung des Differentialgleichungssystems für x_1 und x_2 beurteilen zu können, ob die gedämpfte Bewegung gegen die korrekten Ruhelagen konvergiert.

Wir beginnen die Diskussion der numerischen Lösung der Bewegungsgleichungen (2.80) mit dem Weg über die Funktion `integrate.solve_ivp`. In diesem Fall können wir die Struktur unserer bisherigen Programme beibehalten und müssen zunächst lediglich in `dx_dt` die Differentialgleichung implementieren.

```
def dx_dt(t, x, d, kappa_1, kappa_2, l1, l2):
    x1, x2, v1, v2 = x
    dx1_dt = v1
    dx2_dt = v2
    dv1_dt = (-(x1-l1)+d*(x2-x1-l2)
              - kappa_1*v1-kappa_2*(v1-v2))
    dv2_dt = (-d*(x2-x1-l2)+(1-x2-l1)
              - kappa_2*(v2-v1)-kappa_1*v2)
    return dx1_dt, dx2_dt, dv1_dt, dv2_dt
```

Die Funktion zur Berechnung der Lösung hat im Wesentlichen die gleiche Struktur wie in den vorigen Abschnitten.

```
def trajectory(t_end, n_out, d, kappa_1, kappa_2,
               l1, l2, x0):
    t_values = np.linspace(0, t_end, n_out)
    solution = integrate.solve_ivp(
        dx_dt, (0, t_end), x0, t_eval=t_values,
        args=(d, kappa_1, kappa_2, l1, l2))
    x1, x2 = solution.y[:2, :]
    return solution.t, x1, x2, solution.nfev
```

Allerdings haben wir diesmal fünf Systemparameter, und es wird deutlich, warum der Parameter `args` ein Tupel erwartet. Wie schon in früheren Beispielen lassen wir uns hier auch wieder explizit in `solution.nfev` die Anzahl der Aufrufe der Funktion `dx_dt` zurückgeben. Diese Information wird später wichtig werden, wenn wir verschiedene Lösungsalgorithmen miteinander vergleichen.

In diesem ersten Abschnitt des Notebooks, den wir gerade besprechen, wird der Lösungsalgorithmus allerdings noch nicht spezifiziert. Somit wird der Defaultalgorithmus, ein Runge-Kutta-Algorithmus der Ordnung 5(4), verwendet. Stattdessen lassen wir zunächst zu, dass die Parameter d, κ_1 und κ_2 variiert werden, um die Form der Lösungen analysieren zu können. Später werden wir zwei spezifische Sätze für diese drei Parameter auswählen. Zudem müssen die Anfangsbedingungen und die Werte für die Ruhelängen l_1 und l_2 festgelegt werden. Um sicherzustellen, dass in allen drei Abschnitten des Notebooks konsistente Werte verwendet werden, definieren wir zwei kleine Hilfsfunktionen `get_initial_conditions` und `get_parameters`, so dass die betreffenden Werte nur an einer einzigen Stelle festgelegt werden.

```
def get_initial_conditions():
    return [1/3, 2/3, 0.5, 0]

def get_parameters(is_stiff):
    l1, l2 = 0.25, 0.25
    if is_stiff:
        d, kappa_1, kappa_2 = 1000, 0.05, 10
    else:
        d, kappa_1, kappa_2 = 1, 0.05, 0.05
    return d, kappa_1, kappa_2, l1, l2
```

Für die Anfangsbedingungen hätten wir auch einfach eine globale Variable verwenden können, was allerdings die Gefahr birgt, dass diese Variable versehentlich zwischendurch modifiziert werden könnte. Im ersten Abschnitt des Notebooks werden wir die von `get_parameters` zurückgegebenen Werte `d`, `kappa_1` und `kappa_2` ignorieren, so dass der Wahrheitswert der Variable `is_stiff` zunächst irrelevant ist. Später wird uns diese Variable erlauben, aus zwei verschiedenen Parametersätzen auszuwählen.

Bevor wir die numerischen Ergebnisse diskutieren, sei noch darauf hingewiesen, dass wir in der graphischen Ausgabe von $x_2 - x_1$ den Zeitbereich mit Hilfe von `set_xlim((0, 1))` unabhängig vom gewählten Wert für `t_end` auf das Intervall von null bis eins festlegen. Diese Einschränkung ist sinnvoll, weil sich die Koordinatendifferenz nur für relativ kurze Zeit merklich ändert und danach praktisch konstant ist. Eine Einschränkung des Wertebereichs der y-Achse kann bei Bedarf mit `set_ylim` erfolgen, wobei als Argument wieder ein Tupel mit den beiden Randwerten erwartet wird.

Betrachten wir nun zunächst die numerische Lösung für die Parameterwahl $d = 1$, $\kappa_1 = \kappa_2 = 0{,}05$ und $l_1 = l_2 = 1/4$, für die das Differentialgleichungssystem nicht steif ist. Für lange Zeiten erwartet man, dass $x_1(t)$ und $x_2(t)$ gegen die durch (2.83) gegebenen Ruhelagen $x_1^{(0)} = 1/3$ und $x_2^{(0)} = 2/3$ gehen. Die Anfangsbedingungen wählen wir für unser Beispiel so, dass sich die beiden Massen zunächst in ihrer Ruhelage befinden. Das System wird dadurch in Schwingungen versetzt, dass der Masse 1 eine nicht verschwindende Anfangsgeschwindigkeit gegeben wird.

Oben in Abb. 2.23 sehen wir die Bewegung der beiden Massen, wobei die untere Kurve $x_1(t)$ und die obere Kurve $x_2(t)$ darstellt. Im unteren Bild ist die Länge der mittleren Feder als Funktion der Zeit gezeigt. In allen drei Fällen sehen wir im Wesentlichen eine gedämpfte Schwingung, wobei die charakteristische Zeit der Dämpfung in der Größenordnung von zehn liegt. Um dieses Ergebnis mit der Default-Genauigkeit zu berechnen, musste die Funktion `dx_dt` 932-mal ausgewertet werden.

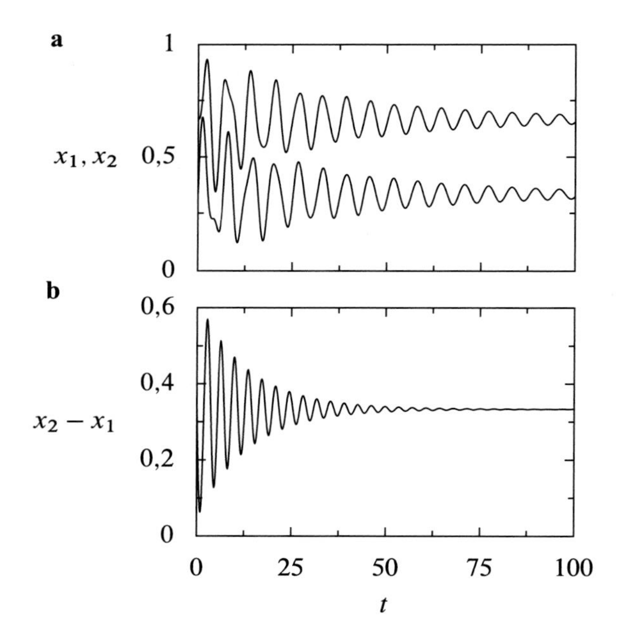

Abb. 2.23 Zeitverlauf von x_1 und x_2 (oben) sowie der Differenz $x_2 - x_1$ (unten) bei zwei Massen die durch drei Federn miteinander verbunden sind. Die Federkonstanten und die Dämpfungskoeffizienten sind so gewählt, dass die Bewegungsgleichungen nicht steif sind (siehe Text)

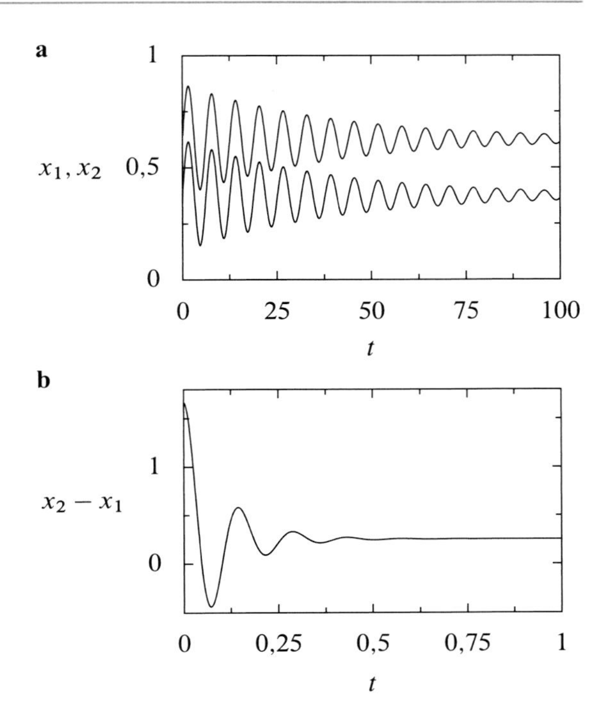

Abb. 2.24 Zeitverlauf von x_1 und x_2 (oben) sowie der Differenz $x_2 - x_1$ (unten) bei zwei Massen die durch drei Federn miteinander verbunden sind. Die Federkonstanten und die Dämpfungskoeffizienten sind so gewählt, dass die Bewegungsgleichungen steif sind (siehe Text)

Dieser Wert ändert sich drastisch, wenn wir zwei Änderungen an den Parametern vornehmen und $d = 1000$ sowie $\kappa_2 = 10$ setzen. Die mittlere Feder ist nun also wesentlich steifer und gleichzeitig wesentlich stärker gedämpft. Dann muss die Funktion `dx_dt` 11.360-mal aufgerufen werden! Um diesen mehr als zehnfachen Anstieg zu verstehen, werfen wir einen Blick auf die Lösungen in Abb. 2.24.

Der Zeitverlauf $x_1(t)$ und $x_2(t)$ hat sich gegenüber den Ergebnissen mit den vorherigen Parametern nicht sehr verändert, wenn man davon absieht, dass die Ruhelagen nun bei $x_1 \approx 3/8$ und $x_2 \approx 5/8$ liegen. Der entscheidende Unterschied betrifft die Differenz $x_2(t) - x_1(t)$, also die Länge der mittleren Feder. Die wesentliche Dynamik dieser Größe spielt sich jetzt auf einer sehr kurzen Zeitskala ab, so dass wir die Zeitachse nur bis $t = 1$ zeigen. Das liegt zum einen daran, dass die größere Federkonstante zu einer höheren Schwingungsfrequenz führt, aber auch daran, dass diese Schwingung wegen des höheren Dämpfungskoeffizienten schneller abklingt. Nach kurzer Zeit verhält sich die mittlere Feder also wie eine starre Stange. Trotzdem rechnet der von `integrate.solve_ivp` standardmäßig benutzte Algorithmus mit Zeitschritten, die wegen der großen Federkonstante der mittleren Feder sehr kurz sind, da der Algorithmus nicht darauf ausgelegt ist, zu überprüfen, ob solche kurzen Zeitschritte überhaupt erforderlich sind. Daher wollen wir untersuchen, wie der Rechenaufwand von der Wahl des Algorithmus abhängt.

`integrate.solve_ivp` erlaubt es, durch Setzen der Option `method` aus sechs verschiedenen Lösungsverfahren auszuwählen, die je nach Problemstellung mehr oder weniger gut geeignet sind. Eine Charakterisierung der Verfahren ist in der Online-

Dokumentation [8] gegeben. Zum besseren Verständnis der Beschreibungen sollen im Folgenden einige zentrale Begriffe kurz erläutert werden.

Ordnung Die Ordnung bestimmt, mit welcher Potenz der Schrittweite der lokale Fehler geht. Beispielsweise ist das in Abschn. 2.1.2 eingeführte Euler-Verfahren von Ordnung 1, während das in Abschn. 2.1.5 besprochene modifizierte Euler-Verfahren von Ordnung 2 ist.

Explizite und implizite Verfahren Bei den in Abschn. 2.1 diskutierten Lösungsverfahren konnte der Funktionswert am nächsten diskreten Zeitpunkt $\boldsymbol{y}(t_{n+1})$ als Funktion des oder der vorangegangenen Stützpunkte berechnet werden:

$$\boldsymbol{y}_{n+1} = f(\boldsymbol{y}_n, t_n, t_{n+1}) \tag{2.85}$$

Ein solches Lösungsverfahren nennt man *explizit.* Es gibt aber auch Verfahren, bei denen auf der rechten Seite dieser Gleichung auch $\boldsymbol{y}_{n+1}$ vorkommt und man nicht nach $\boldsymbol{y}_{n+1}$ auflösen kann. Bei diesen *impliziten* Verfahren muss also zusätzlich noch eine nichtlineare Gleichung numerisch gelöst werden, was einen zusätzlichen Aufwand darstellt. In manchen Fällen sind die impliziten Verfahren jedoch stabiler.

Verwendung der Jacobi-Matrix Manche Lösungsverfahren profitieren davon, dass die Jacobi-Matrix

$$J_{ij} = \frac{\partial \dot{y}_i}{\partial y_j} \tag{2.86}$$

analytisch bestimmt werden kann und über eine Funktion verfügbar gemacht wird. In (2.86) bezeichnet y_i eine Komponente des gesuchten Lösungsvektors $\boldsymbol{y}(t)$. Sollte die Jacobi-Matrix unbekannt oder ihre Berechnung aufwändig sein, muss man bei der Auswahl des Lösungsverfahrens also solche Verfahren ausschließen, die die Jacobi-Matrix verlangen.

Einschritt- und Mehrschrittverfahren Manche Verfahren schließen außer dem Funktionswert am letzten Stützpunkt $\boldsymbol{y}_n$ auch weiter zurückliegende Funktionswerte wie $\boldsymbol{y}_{n-1}$ und $\boldsymbol{y}_{n-2}$ zur Berechnung von $\boldsymbol{y}_{n+1}$ ein. Solche *Mehrschrittverfahren* weisen oft ein besseres Konvergenzverhalten auf und kommen bei vorgegebener Genauigkeit mit weniger Stützpunkten aus.

Vorwärts- und Rückwärtsdifferenzenquotient Bei der Herleitung des Eulerverfahrens hatten wir in (2.20) den rechtsseitigen oder Vorwärtsdifferenzenquotienten verwendet. Manche Lösungsverfahren verwenden dagegen den Rückwärtsdifferenzenquotienten

$$\dot{\boldsymbol{y}}(t) \approx \frac{\boldsymbol{y}(t) - \boldsymbol{y}(t - \Delta t)}{\Delta t}\,. \tag{2.87}$$

In diesem Ausdruck kommen sowohl die Funktion als auch ihre Ableitung zum späteren Zeitpunkt vor.

Steife und nicht steife Differentialgleichungen Bei *steifen* Differentialgleichungen sind Zeitskalen von sehr unterschiedlicher Größenordnung involviert. Damit kommen viele Lösungsalgorithmen schlecht zurecht und benötigen dann eine große Zahl von Zeitschritten. Für die Lösung steifer Differentialgleichungen sind also Lösungsverfahren zu bevorzugen, bei denen der numerische Aufwand moderater ist.

Wir wollen uns nun anschauen, wie die Wahl des Lösungsverfahrens den numerischen Aufwand beeinflusst. `integrate.solve_ivp` stellt uns insgesamt sechs verschiedene Verfahren zur Verfügung:

- `RK23`, `RK45` und `DOP853` sind explizite Runge-Kutta-Verfahren dritter, fünfter bzw. achter Ordnung
- `Radau` ist ein implizites Runge-Kutta-Verfahren fünfter Ordnung
- `BDF` steht für *backward differentiation formula,* verwendet also den Rückwärtsdifferenzenquotienten im Rahmen eines impliziten Lösungsverfahrens
- `LSODA` erkennt selbst, ob die Differentialgleichung steif ist oder nicht, und wählt ein geeignetes Lösungsverfahren.

Sofern die Lösungsmethode nicht über das Argument `method` vorgeben wird, kommt `RK45` zum Einsatz, mit dessen Hilfe somit auch die Ergebnisse in den Abb. 2.23 und 2.24 erhalten wurden.

Zur Illustration greifen wir zwei spezifische Parametersätze heraus, die auf ein nicht steifes bzw. ein steifes Differentialgleichungssystem führen. Die Auswahl treffen wir durch Setzen des Arguments `is_stiff` in der bereits besprochenen Funktion `get_parameters`. Den zugehörigen Rechenaufwand wollen wir anhand der Anzahl der Funktionsaufrufe von `dx_dt` und, sofern überhaupt eine Jacobi-Matrix verwendet wird, von `jacobian` messen. Die benötigten Werte erhält man über die Attribute `nfev` bzw. `njev` des Ergebnisses von `integrate.solve_ivp`.

Lediglich die letzten drei Lösungsverfahren auf der obigen Liste, also `Radau`, `BDF` und `LSODA` verwenden überhaupt die Jacobi-Matrix. In unserem Fall eines linearen Differentialgleichungssystems lässt sich die Jacobi-Matrix leicht aus (2.80) mit Hilfe der Definition (2.86) bestimmen. Wenn die Komponenten des gesuchten Lösungsvektors durch $\boldsymbol{y} = (x_1, x_2, v_1, v_2)$ gegeben sind, findet man die Jacobi-Matrix

$$\hat{J} = \begin{pmatrix} 0 & 0 & 1 & 0 \\ 0 & 0 & 0 & 1 \\ -1-d & d & -\kappa_1-\kappa_2 & \kappa_2 \\ d & -1-d & \kappa_2 & -\kappa_1-\kappa_2 \end{pmatrix}, \tag{2.88}$$

die unmittelbar in die Funktion `jacobian` umgesetzt werden kann.

Entsprechend der geänderten Anpassungen müssen wir die Funktion zur Berechnung der Trajektorien etwas anpassen.

```
def trajectory_with_method(t_end, n_out, atol, rtol,
                           algorithm, x0, parameters):
    t_values = np.linspace(0, t_end, n_out)
    kwargs = {"t_eval": t_values, "args": parameters,
              "atol": atol, "rtol": rtol,
              "method": algorithm}
    if algorithm in ("BDF", "Radau", "LSODA"):
        kwargs["jac"] = jacobian
    solution = integrate.solve_ivp(dx_dt, (0, t_end),
                                   x0, **kwargs)
    x1, x2 = solution.y[:2, :]
    return solution.t, x1, x2, solution.nfev, solution.njev
```

Da die Argumente, die an `integrate.solve_ivp` übergeben werden müssen, davon abhängen, ob das gewählte Lösungsverfahren die Jacobi-Matrix braucht oder nicht, geben wir sie diesmal nicht direkt im Funktionsaufruf an, sondern konstruieren zunächst ein Dictionary `kwargs`. Dieses enthält neben dem Eintrag für `method`, der das Lösungsverfahren festlegt, weitere Parameter wie beispielsweise `atol` und `rtol` für den maximalen absoluten bzw. relativen Fehler. Für die Lösungsverfahren `Radau`, `BDF` und `LSODA` fügen wir dem Dictionary auch noch den Parameter `jac` für die Jacobi-Matrix hinzu. Obwohl diese in unserem Fall konstant ist, übergeben wir eine Funktion, da nicht alle Implementationen der drei Lösungsverfahren ein Array als Argument akzeptieren. Bei der Verwendung des `kwargs`-Dictionaries als Sammlung benannter Parameter darf man die zwei vorangestellten Sternchen nicht vergessen.

In der Tab. 2.1 ist die Anzahl der Aufrufe der Ableitungsfunktion und der Jacobi-Matrix für die sechs verschiedenen Lösungsverfahren für zwei verschiedene Parametersätze und einen absoluten und relativen Fehler von maximal 10^{-5} aufgelistet. Betrachtet man zunächst die Ergebnisse für den Parametersatz, der einem nicht steifen Differentialgleichungssystem entspricht, so entdeckt man zwar Unterschiede, die allerdings nicht zu groß ausfallen.

Tab. 2.1 Anzahl der Funktionsaufrufe von `dx_dt` und `jacobian` für verschiedene Lösungsverfahren und die zwei im Jupyter-Notebook verwendeten Parametersätze, die auf ein nicht steifes bzw. steifes Differentialgleichungssystem führen. Die Rechnung wird bis $t = 100$ durchgeführt und der maximale relative und absolute Fehler beträgt jeweils 10^{-5}

	Nicht steif		Steif	
Lösungsverfahren	`dx_dt`	`jacobian`	`dx_dt`	`jacobian`
`RK23`	1754	–	8516	–
`RK45`	1088	–	11.384	–
`DOP853`	1148	–	13.811	–
`Radau`	2121	2	2559	2
`BDF`	936	1	1092	4
`LSODA`	959	0	1124	38

Ganz anders verhält sich die Situation für den zweiten Parametersatz, der einem steifen Differentialgleichungssystem entspricht. Dort zerfallen die Lösungsverfahren grob in zwei Gruppen. In der einen Gruppe (`RK23`, `RK45` und `DOP853`) liegt die Zahl der benötigten Aufrufe von `dx_dt` in der Größenordnung 10^4, bei der anderen Gruppe (`Radau`, `BDF` und `LSODA`) dagegen nur in der Größenordnung 10^3. Die Vertreter der zweiten Gruppe sind also Lösungsverfahren, die für steife Differentialgleichungen geeignet sind bzw. im Fall von `LSODA` ein hierfür geeignetes Lösungsverfahren wählen.

Kommen wir nun zu einem völlig anderen Lösungsweg, der ausnutzt, dass das Differentialgleichungssystem (2.80) linear ist. Es wird zudem noch homogen, wenn die Auslenkungen der beiden Massen relativ zu den Ruhelagen (2.83) genommen werden. Wir betrachten also einen Vektor $\Delta\boldsymbol{x}$, der in den ersten beiden Komponenten die Auslenkungen (2.84) und in den restlichen Komponenten die zugehörigen Geschwindigkeiten enthält. Dann lassen sich die Bewegungsgleichungen (2.80) in der kompakten Form

$$\frac{\mathrm{d}}{\mathrm{d}t}\Delta\boldsymbol{x}(t) = \hat{M}\Delta\boldsymbol{x}(t) \tag{2.89}$$

schreiben. Aufgrund der Linearität des Problems ist die Matrix $\hat{M}$ identisch zu der durch (2.88) gegebenen Jacobi-Matrix $\hat{J}$.

Die Bewegungsgleichung (2.89) lässt sich formal durch

$$\Delta\boldsymbol{x}(t) = \exp\left(\hat{M}t\right)\Delta\boldsymbol{x}(0), \tag{2.90}$$

lösen, wobei die Exponentialfunktion einer Matrix $\hat{A}$ über die Taylorreihe

$$\exp\left(\hat{A}\right) = \sum_{n=0}^{\infty}\frac{1}{n!}\hat{A}^n\,. \tag{2.91}$$

definiert ist. Die Aufgabe besteht nun darin, den Ausdruck $\exp\left(\hat{M}t\right)$ zu berechnen. Dies gelingt mit Hilfe der Taylorentwicklung, wenn man ausnutzt, dass jede diagonalisierbare Matrix in der Form

$$\hat{A} = \hat{T}\hat{D}\hat{T}^{-1} \tag{2.92}$$

geschrieben werden kann. Dabei ist $\hat{D}$ eine Diagonalmatrix, in deren Diagonale die, eventuell komplexen, Eigenwerte von $\hat{A}$ stehen, und $\hat{T}$ ist die Matrix, deren Spalten aus den Eigenvektoren von $\hat{A}$ bestehen.

Für eine Matrixpotenz gilt dann

$$\hat{A}^n = \left(\hat{T}\hat{D}\hat{T}^{-1}\right)\left(\hat{T}\hat{D}\hat{T}^{-1}\right)\ldots\left(\hat{T}\hat{D}\hat{T}^{-1}\right) = \hat{T}\hat{D}^n\hat{T}^{-1}\,. \tag{2.93}$$

Dabei haben wir ausgenutzt, dass sich im Innern des Produkts die Terme $\hat{T}^{-1}\hat{T}$ zu Einheitsmatrizen wegheben. Die verbliebene n-te Potenz der Diagonalmatrix $\hat{D}$ ist ebenfalls eine Diagonalmatrix, in deren Diagonale die n-te Potenz der Eigenwerte von $\hat{A}$ steht. Mit Hilfe der Taylorreihe (2.91) folgt schließlich

$$\exp\left(\hat{M}t\right) = \hat{T}\exp\left(\hat{D}t\right)\hat{T}^{-1}\,. \tag{2.94}$$

Obwohl die Diagonalelemente von $\hat{D}$ komplexwertig sind, ist die Matrix $\exp(\hat{M}t)$ reell, denn sie ergibt sich durch Potenzieren und Aufsummieren aus der reellen Matrix $\hat{M}$.

Bei der numerischen Umsetzung könnte man zunächst daran denken, die Exponentialfunktion von NumPy auf eine Matrix anzuwenden. Im Gegensatz zur Exponentialfunktion aus dem `math`-Modul ist dies tatsächlich möglich. Allerdings wartet hier eine potentielle Gefahr, der man leicht zum Opfer fällt. Daher illustrieren wir den Punkt an einem kleinen Beispiel, indem wir die Matrix

$$\hat{A} = \begin{pmatrix} 0 & 1 \\ 1 & 0 \end{pmatrix} \tag{2.95}$$

betrachten. Mit Hilfe der Exponentialfunktion aus NumPy erhält man

```
>>> import numpy as np
>>> a = np.array([[0, 1], [1, 0]])
>>> np.exp(a)
array([[1.        , 2.71828183],
       [2.71828183, 1.        ]])
```

Hier wird nicht die Matrix in dem besprochenen Sinne exponenziert, sondern jedes Matrixelement für sich. Zum Vergleich erhält man die Matrixexponentialfunktion von $\hat{A}$ leicht, wenn man für unser Beispiel berücksichtigt, dass $\hat{A}^2$ gleich der Einheitsmatrix ist und damit $\hat{A}^3 = \hat{A}$ usw. Dann zerfällt die Taylorreihe (2.91) in zwei Teile, die sich als Taylorreihen des hyperbolischen Kosinus und des hyperbolischen Sinus interpretieren lassen. Man findet schließlich für die exponenzierte Matrix (2.95)

$$\exp\left(\hat{A}\right) = \begin{pmatrix} \cosh(1) & \sinh(1) \\ \sinh(1) & \cosh(1) \end{pmatrix} \approx \begin{pmatrix} 1{,}543 & 1{,}175 \\ 1{,}175 & 1{,}543 \end{pmatrix}\,. \tag{2.96}$$

Der Unterschied zwischen den beiden Ergebnissen ist deutlich, aber es kann durchaus passieren, dass so ein Fehler in einem komplexeren Programm nicht ohne Weiteres auffällt.

Im Rahmen der numerischen Umsetzung müssen wir also zunächst die Matrix $\hat{M}$ im Sinne von (2.92) durch eine Diagonalmatrix darstellen. Hierzu können wir eine Routine aus dem NumPy-Paket verwenden, die Eigenwerte und Eigenvektoren berechnet. Damit können wir dann (2.94) anwenden, um die gesuchte exponenzierte Matrix zu erhalten. Neben der Lösung eines Eigenwertproblems werden wir also auch eine Matrix invertieren, sowie Matrizen miteinander multiplizieren müssen. Die Werkzeuge hierfür stellt NumPy in seinem `linalg`-Modul zur Verfügung.

Die Funktion `propagator` setzt das gerade Besprochene numerisch um, wobei das Argument `t` die Zeit angibt und `m` eine im Prinzip beliebige diagonalisierbare Matrix sein kann.

```
def propagator(t, m):
    evals, evecs = LA.eig(m)
    diag = np.diag(np.exp(evals*t))
    exp_m = evecs @ diag @ LA.inv(evecs)
    return exp_m.real
```

In der ersten Zeile des Funktionsblocks wird das Eigenwertproblem gelöst. Die Eigenwerte befinden sich in dem eindimensionalen Array `evals` und das zweidimensionale Array `evecs` beinhaltet in den Spalten die zugehörigen normierten Eigenvektoren. Damit entspricht das Array `evecs` der Matrix $\hat{T}$ in den obigen Überlegungen.

In der nächsten Zeile wenden wir die Exponentialfunktion von NumPy auf ein eindimensionales Array an, das die mit der Zeit multiplizierten Eigenwerte enthält. Das Ergebnis ist entsprechend unserer obigen Diskussion ein eindimensionales Array, in dem jedes Element des Ausgangsarrays exponenziert wurde. Die `diag`-Funktion erzeugt schließlich ein zweidimensionales Array, das der Diagonalmatrix $\hat{D}$ entspricht. In der dritten Zeile wird `LA.inv` benutzt, um das der Matrix $\hat{T}$ entsprechende Array zu invertieren. Die übliche Abkürzung `LA` für `numpy.linalg` wurde beim Importieren des Moduls eingeführt.

Die Multiplikation der drei Matrizen entsprechend (2.94) erfolgt mit dem `@`-Operator. Wichtig ist es, hier nicht den Multiplikationsstern zu verwenden, der eine komponentenweise Multiplikation durchführen würde. Abschließend wird noch der Realteil der berechneten Matrix `exp_m` genommen. Dies ist erforderlich, weil in Zwischenschritten komplexe Zahlen in Form der Eigenwerte involviert waren. Daher ist `exp_m` ein komplexes Array, selbst wenn die Imaginärteile gleich Null oder aufgrund von Rundungsfehlern vernachlässigbar klein sind.

Die Funktion `trajectory_matrices` liefert im Prinzip das gleiche Ergebnis wie die bereits besprochene Funktion `trajectory`, geht jedoch völlig anders vor.

```
def trajectory_matrices(t_end, n_out, d,
                        kappa_1, kappa_2, l1, l2, x0):
    x1_eq = (l1+d*(1-l2)) / (2*d+1)
    x2_eq = 1 - x1_eq
    delta_x_0 = (np.array(x0)
                 - np.array((x1_eq, x2_eq, 0, 0)))

    m = np.array([[0, 0, 1, 0],
                  [0, 0, 0, 1],
                  [-1-d, d, -kappa_1-kappa_2, kappa_2],
                  [d, -1-d, kappa_2, -kappa_1-kappa_2]]
                 )

    t_values = np.linspace(0, t_end, n_out)
    x1_values = np.empty_like(t_values)
    x2_values = np.empty_like(t_values)
    for idx, t in enumerate(t_values):
        delta_x = propagator(t, m) @ delta_x_0
        x1_values[idx] = delta_x[0]+x1_eq
        x2_values[idx] = delta_x[1]+x2_eq
    return t_values, x1_values, x2_values, LA.eigvals(m)
```

Von den Anfangsbedingungen für x_1 und x_2 müssen zunächst die Gleichgewichtslagen abgezogen werden, um den Anfangszustand $\Delta\boldsymbol{x}(0)$ zu erhalten. Nach der Definition der Matrix $\hat{M}$ und der Zeitpunkte, an denen die Lösung berechnet werden soll, erfolgt die Berechnung der Propagatoren (2.94) durch Aufrufen der oben besprochenen Funktion `propagator`. Durch Multiplikation mit dem Anfangszustand $\Delta\boldsymbol{x}_0$ erhält man dann die Zustände zu den gewünschten Zeitpunkten. Durch Addition der Gleichgewichtslagen kehrt man abschließend zu den Orten $x_1(t)$ und $x_2(t)$ der beiden Massen zurück.

Zusätzlich zu den Arrays `t_values`, `x1_values` und `x2_values`, die wir für die graphische Darstellung von $x_1(t)$ bzw. $x_2(t)$ benötigen, übergibt das Programm noch die Eigenwerte von $\hat{M}$. Letztere werden später ausgegeben, um an ihnen den Unterschied zwischen steifen und nicht steifen Differentialgleichungen zu verdeutlichen.

Für den Parametersatz, den wir weiter oben als nicht steif charakterisiert hatten, erhalten wir zwei Paare zueinander komplex konjugierter Eigenwerte. Das erste Paar besitzt einen Betrag von etwa 1,732 und das zweite Paar einen Betrag von 1. Eigenwerte, deren Beträge von der gleichen Größenordnung sind, sind ein Kennzeichen nicht steifer Differentialgleichungssysteme.

Wenn wir nun zu den Parametern übergehen, bei denen das Differentialgleichungssystem steif ist, erhalten wir zwar wieder zwei Paare komplex konjugierter Eigenwerte, da die Matrix $\hat{M}$ reell ist. Eines der Paare hat wieder den Betrag eins, das andere hat jedoch einen Betrag von etwa 44,73. Diesmal sind die Beträge der Eigenwerte also sehr unterschiedlich – ein Charakteristikum steifer Differentialgleichungssysteme. Durch den Kehrwert der Eigenwerte werden Zeitskalen der Dynamik festgelegt, so dass sehr unterschiedliche Zeitskalen für den steifen Fall typisch sind.

Die Unterscheidung steifer und nicht steifer Differentialgleichungen, die wir hier für den Fall linearer Differentialgleichungen illustriert haben. lässt sich auf nichtlineare Differentialgleichungen übertragen. In diesem Fall muss man die Differentialgleichungen um den jeweiligen Zustand $\boldsymbol{x}(t)$ linearisieren, wodurch man wieder eine Differentialgleichung der Form

$$\frac{\mathrm{d}}{\mathrm{d}t}\Delta\boldsymbol{x}(t) = \hat{M}\left(\boldsymbol{x}(t)\right)\Delta\boldsymbol{x}(t) \tag{2.97}$$

erhält. Allerdings ist die Matrix $\hat{M}$ nicht mehr konstant, sondern hängt von $\boldsymbol{x}(t)$ ab. Nichtsdestotrotz entscheiden die Eigenwerte dieser Matrix über die Frage, ob die Differentialgleichung steif ist oder nicht. Da die Eigenwerte wie die Matrix selbst von $\boldsymbol{x}(t)$ abhängen, kann eine nichtlineare Differentialgleichung in einem Teil des Zustandsraumes steif und im Rest nicht steif sein.

2.8 Elastisches Fadenpendel

☞ `2-08-Elastisches-Fadenpendel.ipynb`

Im vorigen Abschnitt haben wir es mit einem gekoppelten System von Differentialgleichungen zu tun gehabt, das jedoch linear war und daher auch analytisch gelöst werden könnte. Im folgenden Beispiel werden wir es ebenfalls mit gekoppelten Schwingungen zu tun haben, die aber eine numerische Behandlung erfordern. Dabei wollen wir das Modell des mathematischen Pendels insofern erweitern, als wir eine elastische Dehnung des Fadens, an dem die Masse befestigt ist, zulassen. Wie in Abb. 2.25 dargestellt, wird der Faden durch eine masselose Hooke'sche Feder mit Federkonstante D und Ruhelänge l_0 modelliert.

Bevor wir die gekoppelten Bewegungsgleichungen herleiten, machen wir uns physikalisch klar, warum die Federschwingung und die Pendelschwingung aneinander koppeln. Eine Schwingungsbewegung der Feder impliziert, dass sich die Länge des Pendels und damit dessen Periodendauer zeitlich ändert. Auf diese Weise beeinflusst die Federschwingung die Pendelbewegung der Masse. Umgekehrt wirkt sich

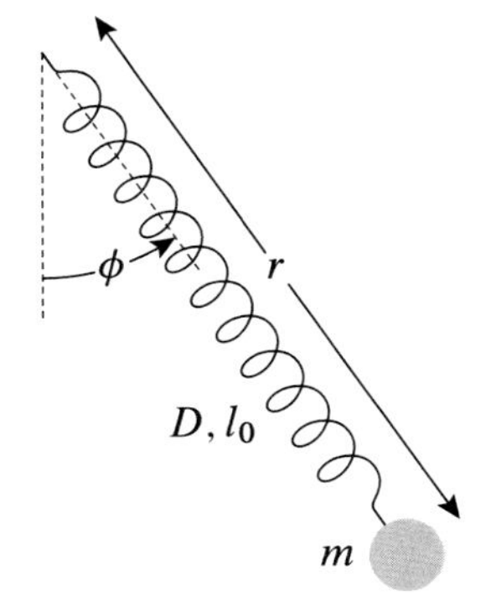

Abb. 2.25 Elastisches Fadenpendel, in dem eine Punktmasse m an einer Feder mit Federkonstante D und Ruhelänge l_0 aufgehängt ist. Die Lage der Masse wird durch die tatsächliche Federlänge r und den Auslenkungswinkel ϕ charakterisiert

die zeitliche Änderung des Winkels ϕ in zweifacher Weise auf die Feder aus. Einerseits hängt die Radialkomponente der Gravitationskraft von diesem Winkel ab und andererseits führt die zeitliche Änderung von ϕ zu einer Zentrifugalkraft, die beide die Gleichgewichtslänge der Feder beeinflussen.

Zur Beschreibung der Bewegung des elastischen Fadenpendels ist es günstig, Polarkoordinaten zu verwenden, die in unserem Fall durch die Pendellänge r und den Winkel ϕ zur negativen y-Achse gegeben sind. Der Zusammenhang zwischen den kartesischen Basisvektoren und den Basisvektoren in Polarkoordinaten ist durch

$$\boldsymbol{e}_r = \sin(\phi)\boldsymbol{e}_x - \cos(\phi)\boldsymbol{e}_y \tag{2.98}$$

$$\boldsymbol{e}_\phi = \cos(\phi)\boldsymbol{e}_x + \sin(\phi)\boldsymbol{e}_y \tag{2.99}$$

gegeben. Die Abhängigkeit der Basisvektoren $\boldsymbol{e}_r$ und $\boldsymbol{e}_\phi$ vom Winkel ϕ hat zur Folge, dass diese Basisvektoren im Allgemeinen zeitabhängig sind. Der Ortsvektor und seine ersten beiden Zeitableitungen ergeben sich zu

$$\boldsymbol{r} = r\boldsymbol{e}_r \tag{2.100}$$

$$\dot{\boldsymbol{r}} = \dot{r}\boldsymbol{e}_r + r\dot{\phi}\boldsymbol{e}_\phi \tag{2.101}$$

$$\ddot{\boldsymbol{r}} = (\ddot{r} - r\dot{\phi}^2)\boldsymbol{e}_r + (r\ddot{\phi} + 2\dot{r}\dot{\phi})\boldsymbol{e}_\phi\,. \tag{2.102}$$

Nun wenden wir uns den Kräften zu. Die Gewichtskraft

$$\boldsymbol{F}_g = -mg\boldsymbol{e}_y = mg\cos(\phi)\boldsymbol{e}_r - mg\sin(\phi)\boldsymbol{e}_\phi \tag{2.103}$$

besitzt eine radiale Komponente, die für $|\phi| < \pi/2$ die Feder dehnt, und eine tangentiale Komponente, die für die Rückstellkraft der Pendelbewegung sorgt. Ferner wirkt die Federkraft

$$\boldsymbol{F}_D = -D(r - l_0)\boldsymbol{e}_r\,. \tag{2.104}$$

Außerdem wollen wir annehmen, dass die Federschwingung durch eine Reibungskraft

$$\boldsymbol{F}_\mathrm{R} = -\kappa\dot{r}\boldsymbol{e}_r \tag{2.105}$$

gedämpft wird, die linear mit der Zeitableitung der Federauslenkung geht.

Eine Zerlegung der Newton'schen Bewegungsgleichung

$$m\ddot{\boldsymbol{r}} = \boldsymbol{F}_g + \boldsymbol{F}_D + \boldsymbol{F}_\mathrm{R} \tag{2.106}$$

in Radial- und Tangentialanteil liefert dann das System gekoppelter Differentialgleichungen

$$\ddot{r} = r\dot{\phi}^2 + g\cos(\phi) - \frac{D}{m}(r - l_0) - \frac{\kappa}{m}\dot{r} \tag{2.107}$$

$$\ddot{\phi} = \frac{1}{r}\left[-2\dot{r}\dot{\phi} - g\sin(\phi)\right]. \tag{2.108}$$

Für die numerische Rechnung ist es nun wieder zweckmäßig, dimensionslose Größen einzuführen. Im Hinblick auf die Modellierung eines elastischen Fadenpendels sollte die Ruhelänge l_0 immer größer Null sein, so dass wir sie benutzen können, um eine dimensionslose Länge $r' = r/l_0$ einzuführen. Als mögliche Zeitskalen kommen die Periodendauer des mathematischen Pendels mit Pendellänge l_0 oder die Periodendauer der Federschwingung in Frage. Wir verwenden erstere und führen die dimensionslose Zeit $t' = (g/l_0)^{1/2} t$ ein. Somit ergeben sich eine dimensionslose Federkonstante sowie eine dimensionslose Dämpfungskonstante

$$D' = \frac{D l_0}{mg} \qquad \kappa' = \sqrt{\frac{l_0}{g}} \frac{\kappa}{m} \,. \tag{2.109}$$

Führen wir diese dimensionslosen Größen ein und verzichten wir wie schon in den vorigen Abschnitten der Übersichtlichkeit halber auf den Strich, so erhalten wir das zu lösende System zweier nichtlinearer Differentialgleichungen

$$\begin{aligned} \ddot{r} &= r\dot{\phi}^2 + \cos(\phi) - D(r-1) - \kappa\dot{r} \\ \ddot{\phi} &= -\frac{1}{r}\left[2\dot{r}\dot{\phi} + \sin(\phi)\right] \,. \end{aligned} \tag{2.110}$$

Die programmtechnische Umsetzung der Bewegungsgleichungen (2.110) hält keine neuen Herausforderungen bereit, so dass wir auf die Besprechung von Code verzichten und uns direkt den Ergebnissen zuwenden. Abb. 2.26 zeigt beispielhafte Resultate für die radiale und die Winkelbewegung. Für dieses Beispiel haben wir $D = 100$ gewählt, um eine im Vergleich zur Pendelfrequenz hohe Schwingungsfrequenz des Fadens zu erreichen. Außerdem ist die Schwingung mit einer Dämpfungskonstante $\kappa = 1$ relativ stark gedämpft. Zum Zeitpunkt $t = 0$ sei das Fadenpendel um 45° ausgelenkt, also $\phi(0) = \pi/4$, und die Feder sei mit $r(0) = 0{,}2$ stark gestaucht. Außerdem setzen wir $\dot{r} = 0$ und $\dot{\phi} = 1$, so dass sich das Pendel zu Beginn nach rechts bewegt und die Schwingung der Feder gerade die maximale Auslenkung annimmt.

Die Pendelbewegung $\phi(t)$ ist im obersten Diagramm der Abb. 2.26 dargestellt. Auffällig sind die leichten Stufen in der ersten Halbperiode. Im mittleren Diagramm ist die radiale Federbewegung $r(t)$ zu sehen, die auf den ersten Blick die Form einer stark gedämpften Schwingung mit einer hohen Schwingungsfrequenz aufgrund des hohen Wertes der Federkonstante D hat.

Die genannten Stufen in $\phi(t)$ fallen mit den Zeitpunkten zusammen, zu denen die Feder stark gestaucht ist. Zu diesen Zeitpunkten haben sowohl die potentielle Energie der Punktmasse im Schwerefeld als auch die potentielle Energie der Feder hohe Werte. Entsprechend geringer ist die kinetische Energie in der Pendelbewegung, und diese erfolgt entsprechend langsam. Dieser Effekt nimmt mit der Zeit jedoch aufgrund der starken Dämpfung der Federschwingung schnell ab, da die Feder zunehmend weniger gestaucht wird. Daher sind die Stufen nur bis etwa $t = 3$ wahrnehmbar.

Interessant ist es noch, sich die Federbewegung für lange Zeiten anzuschauen. Diese ist im mittleren Bild ab etwa $t = 15$ so stark abgeklungen, dass man in dieser Abbildung kaum mehr eine Bewegung erkennen kann. Wenn man jedoch, wie in

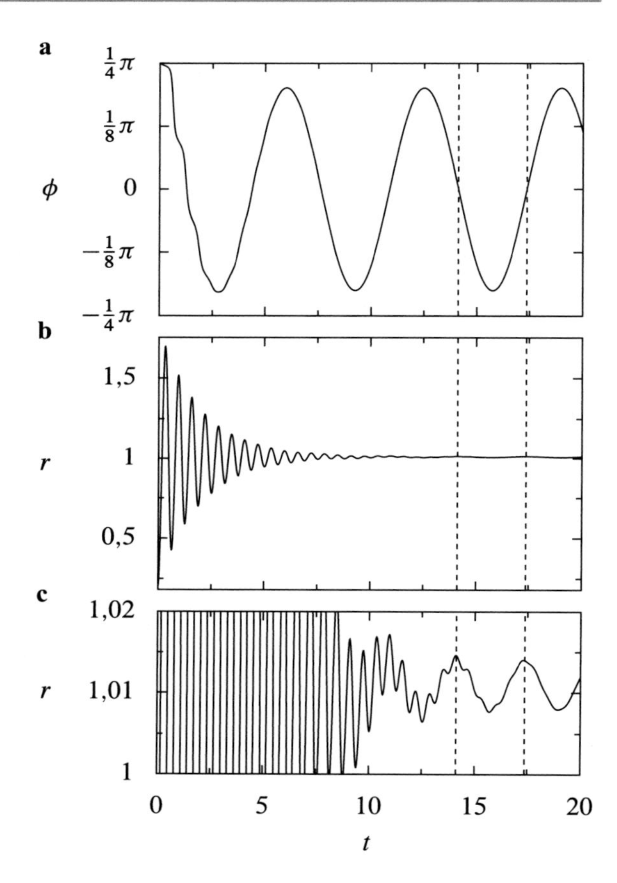

Abb. 2.26 Zeitverlauf der Radialkomponente r und des Winkels ϕ beim elastischen Fadenpendel für $D = 100$ und $\kappa = 1$. Im unteren Bild ist die Skala der vertikalen Achse so gewählt worden, dass die radialen Auslenkungen für große Zeiten sichtbar werden. Die gestrichelten senkrechten Linien markieren die letzten beiden Nulldurchgänge von $\phi(t)$

Abb. 2.26 unten, den radialen Bereich um die Ruhelänge der Feder herum vergrößert, erkennt man, dass die Feder aufgrund der Kopplung an die Pendelbewegung immer noch eine oszillatorische Bewegung ausführt. Diese radiale Bewegung vollzieht sich mit dem Doppelten der Frequenz der Pendelbewegung, wie man an den gestrichelten senkrechten Linien in Abb. 2.26 erkennt, die zwei Nulldurchgänge der Pendelbewegung markieren. Zu diesen Zeitpunkten sorgt die Zentrifugalkraft für eine maximale Auslenkung der Feder. Zwischen zwei solchen Zeitpunkten erfolgt also eine Halbperiode der Pendelbewegung, aber eine volle Periode der Federbewegung.

2.9 Foucault'sches Pendel

☞ `2-09-Foucault-Pendel.ipynb`

Der französische Physiker Léon Foucault führte im Jahr 1851 ein Experiment vor, das eindrucksvoll die Rotation der Erde demonstrierte. Der Versuch besteht lediglich aus einem Pendel, das man über längere Zeit beobachtet und dabei feststellt, dass sich die Schwingungsebene langsam dreht. Da dieser Effekt sehr gering ist, musste

Foucault Reibungseinflüsse möglichst gering halten, was er unter anderem dadurch bewerkstelligte, dass sowohl die Fadenlänge des Pendels als auch die daran befestigte Masse sehr groß gewählt wurden. Genau genommen führte er das Experiment 1851 zweimal vor: am 3. Februar in der Pariser Sternwarte mit einem 12 m langen Pendel und vor größerem Publikum noch einmal am 26. März im Panthéon von Paris. Bei dieser zweiten Vorführung war das Pendel 67 m lang und die daran befestigte Masse wog 28 kg. Am unteren Ende des Pendelkörpers war eine Spitze angebracht, die durch eine Spur in einem unter dem Pendel aufgeschütteten Sandbett die Drehung der Schwingungsebene sichtbar machte. Seit dieser Zeit nennt man diesen Demonstrationsversuch für die Erdrotation Foucault'sches Pendel, obwohl Vicenzo Viviani 1661, also fast zweihundert Jahre früher, vergleichbare Versuche durchgeführt hat, aber keine Erklärung für die Drehung der Schwingungsebene geben konnte.

Meistens wird die Auslenkung des Foucault'schen Pendels lediglich in linearer Näherung betrachtet, was für hinreichend große Pendellängen auch gerechtfertigt ist, sofern man die Auslenkung nicht zu groß wählt. Dann ergibt sich eine lineare Bewegungsgleichung, die sich analytisch exakt lösen lässt. Andererseits wissen wir aus dem Abschn. 2.5 über das sphärische Pendel, dass es bereits ohne den Einfluss der Erdrotation aufgrund des nichtlinearen Kraftgesetzes zu einer Drehung der Schwingungsebene kommen kann. Beispiele hierfür sind in Abb. 2.17 dargestellt. Daher werden wir im Folgenden die potentielle Energie des Pendels vollständig berücksichtigen. Um das Problem dennoch einigermaßen einfach zu halten, werden wir in führender Ordnung in der Rotationsgeschwindigkeit ω_E der Erde arbeiten. Eine weitergehende Diskussion ist in Ref. [9] gegeben. Dort wird unter anderem auch berücksichtigt, dass aufgrund der Erdrotation eine Zentrifugalkraft auf das Pendel wirkt, und somit das gravitative Zentrum nicht mehr im Mittelpunkt der als kugelförmig angenommenen Erde liegt.

Bei der Herleitung machen wir Gebrauch von zwei verschiedenen Bezugssystemen. Die Lage des Pendels können wir zunächst relativ zum Fixsternhimmel betrachten und haben damit ein Inertialsystem zur Verfügung, sofern wir die Bewegung der Erde um die Sonne vernachlässigen. Zum anderen wollen wir die Bewegung des Pendels im mitrotierenden Bezugssystem beschreiben, in dem letztlich die Beobachtung erfolgt. Das lokale, sich mit der Erde mitdrehende Koordinatensystem sei so ausgerichtet, dass die x-Achse nach Osten zeigt, die y-Achse nach Norden und die z-Achse in radialer Richtung. Die vektorielle Winkelgeschwindigkeit ist dann durch

$$\boldsymbol{\omega}_E = \omega_E \begin{pmatrix} 0 \\ \cos(\varphi) \\ \sin(\varphi) \end{pmatrix} \tag{2.111}$$

gegeben, wobei φ die vom Äquator aus gerechnete geographische Breite ist. Der Aufhängepunkt des Pendels liege bei

$$\boldsymbol{r}_0 = r_E \boldsymbol{e}_z \,. \tag{2.112}$$

Hierbei ist r_E der Erdradius, und es ist für unsere Zwecke irrelevant, dass der Aufhängepunkt tatsächlich einen geringfügig größeren Abstand vom Erdmittelpunkt haben wird.

Die Lage des Pendels $\boldsymbol{r}$ der Länge l relativ zu seinem Aufhängepunkt werde wie schon beim sphärischen Pendel durch zwei Winkel charakterisiert, so dass

$$\boldsymbol{r} = l \begin{pmatrix} \sin(\theta)\cos(\phi) \\ \sin(\theta)\sin(\phi) \\ -\cos(\theta) \end{pmatrix}, \tag{2.113}$$

wobei man auf die Verwechslungsgefahr zwischen dem Winkel ϕ und der geographischen Breite φ achten muss. Die Geschwindigkeit der Pendelmasse im Inertialsystem ist dann durch

$$\boldsymbol{v}_0 = \dot{\boldsymbol{r}} + \boldsymbol{\omega}_E \times (\boldsymbol{r}_0 + \boldsymbol{r}) \tag{2.114}$$

gegeben, wobei $\dot{\boldsymbol{r}}$ die Geschwindigkeit im mitrotierenden Bezugssystem ist. Der Winkel θ ist relativ zur negativen z-Achse gerechnet, wie wir es auch beim sphärischen Pendel gemacht hatten. Die Ruhelage des Pendels befindet sich also bei $\theta = 0$. Mit (2.111) und (2.113) ergeben sich die Komponenten der Geschwindigkeit der Pendelmasse im Inertialsystem zu

$$\begin{aligned} v_{0,x} &= l\dot{\theta}\cos(\theta)\cos(\phi) - l\dot{\phi}\sin(\theta)\sin(\phi) + \omega_E\big((r_E - l\cos(\theta)\big)\cos(\varphi) \\ &\quad - l\omega_E\sin(\theta)\sin(\phi)\sin(\varphi) \\ v_{0,y} &= l\dot{\theta}\cos(\theta)\sin(\phi) + l\dot{\phi}\sin(\theta)\cos(\phi) + l\omega_E\sin(\theta)\cos(\phi)\sin(\varphi) \\ v_{0,z} &= l\dot{\theta}\sin(\theta) - l\omega_E\sin(\theta)\cos(\phi)\cos(\varphi) \end{aligned} \tag{2.115}$$

Der Einfachheit halber werden wir wir Terme der Ordnung ω_E^2 sowie Terme der Ordnung $(r_E/l)\omega_E^2$ vernachlässigen. Dabei muss man allerdings im Auge behalten, dass das Verhältnis r_E/l für realistische Pendellängen typischerweise recht groß ist. Für die Lagrangefunktion ergibt sich dann

$$\begin{aligned} L &= \frac{ml^2}{2}\left[\dot{\theta}^2 + \dot{\phi}^2\sin^2(\theta)\right] \\ &\quad + m\omega_E l^2\left[\dot{\phi}\sin(\theta)\cos(\theta)\sin(\phi)\cos(\varphi) + \dot{\phi}\sin^2(\theta)\sin(\varphi) - \dot{\theta}\cos(\phi)\cos(\varphi)\right] \\ &\quad + mgl\cos(\theta)\,. \end{aligned} \tag{2.116}$$

wobei wir einen Term, der sich als totale Zeitableitung schreiben lässt, weggelassen haben, da er für die Euler-Lagrange-Gleichungen keine Bedeutung hat. Die erste und die letzte Zeile entsprechen genau der Lagrange-Funktion des sphärischen Pendels, während die zweite Zeile neu hinzugekommen ist und die in ω_E linearen Terme der kinetischen Energie enthält.

Um die Euler-Lagrange-Gleichungen gleich in dimensionsloser Form hinschreiben zu können, machen wir uns zunächst Gedanken über die relevanten Frequenzen, die dazu dienen können, eine dimensionslose Zeit einzuführen. Aus der Lagrangefunktion (2.116) ersieht man zwei Frequenzen, nämlich die Schwingungsfrequenz des Pendels $(g/l)^{1/2}$ und die Rotationsfrequenz ω_{E} der Erde, wobei wir zur Skalierung erstere verwenden wollen. Damit ergibt sich die dimensionslose Zeit zu

$$t' = \sqrt{\frac{g}{l}}t\,. \tag{2.117}$$

Die dimensionslose Rotationsfrequenz der Erde lautet dann

$$\omega_{\mathrm{E}}' = \sqrt{\frac{l}{g}}\omega_{\mathrm{E}}\,. \tag{2.118}$$

Für den Versuch im Panthéon nimmt diese Größe den recht kleinen Wert von $1{,}9 \cdot 10^{-4}$ an. Im Folgenden lassen wir wie immer die Striche weg und verstehen alle Größen als dimensionslos.

Die allgemeine Form der Euler-Lagrange-Gleichung hatten wir im Zusammenhang mit dem sphärischen Pendel in (2.60) kennengelernt. Durch Anwenden dieser Gleichung für die beiden generalisierten Koordinaten θ und ϕ ergeben sich aus der Lagrangefunktion (2.116) die Bewegungsgleichungen

$$\ddot{\theta} - \frac{1}{2}\dot{\phi}^2 \sin(2\theta) + \sin(\theta) + \omega_{\mathrm{E}}\dot{\phi}\left[2\sin^2(\theta)\sin(\phi)\cos(\varphi) - \sin(2\theta)\sin(\varphi)\right] = 0 \tag{2.119}$$

$$\ddot{\phi}\sin(\theta) + 2\cos(\theta)\big(\dot{\phi} + \omega_{\mathrm{E}}\sin(\varphi)\big)\dot{\theta} - 2\omega_{\mathrm{E}}\dot{\theta}\sin(\theta)\sin(\phi)\cos(\varphi) = 0\,. \tag{2.120}$$

Da sich die Schwingungsebene des sphärischen Foucault-Pendels sowohl aufgrund der Erdrotation als auch aufgrund einer Auslenkung, die nicht mehr als klein angesehen werden kann, dreht, wollen wir zunächst den zweiten Effekt vernachlässigen. Dazu linearisieren wir die beiden Bewegungsgleichungen (2.119) und (2.120) im Winkel θ und ersetzen diesen in der Kleinwinkelnäherung durch r/l. Damit ergeben sich die Bewegungsgleichungen

$$\begin{aligned} \ddot{r} - r\dot{\phi}^2 &= -r + 2\omega_{\mathrm{E}}\sin(\varphi)r\dot{\phi} \\ r\ddot{\phi} + 2\dot{r}\dot{\phi} &= -2\omega_{\mathrm{E}}\sin(\varphi)\dot{r} \end{aligned} \tag{2.121}$$

in Polarkoordinaten.

Um hieraus die erwarteten linearen Bewegungsgleichungen zu erhalten, muss man noch mit Hilfe von

$$\begin{aligned} x &= r\cos(\phi) \\ y &= r\sin(\phi) \end{aligned} \tag{2.122}$$

die Umwandlung in kartesische Koordinaten vornehmen. Dazu beschafft man sich zunächst die ersten Zeitableitungen

$$\begin{aligned} \dot{x} &= \dot{r}\cos(\phi) - r\dot{\phi}\sin(\phi) \\ \dot{y} &= \dot{r}\sin(\phi) + r\dot{\phi}\cos(\phi) \end{aligned} \tag{2.123}$$

sowie die zweiten Zeitableitungen

$$\begin{aligned} \ddot{x} &= (\ddot{r} - r\dot{\phi}^2)\cos(\phi) - (2\dot{r}\dot{\phi} + r\ddot{\phi})\sin(\phi) \\ \ddot{y} &= (\ddot{r} - r\dot{\phi}^2)\sin(\phi) + (2\dot{r}\dot{\phi} + r\ddot{\phi})\cos(\phi)\,. \end{aligned} \tag{2.124}$$

Damit erhält man schließlich aus (2.121) das System zweier gekoppelter linearer Differentialgleichungen

$$\begin{aligned} \ddot{x} &= -x + 2\omega_{\mathrm{E}}\sin(\varphi)\dot{y} \\ \ddot{y} &= -y - 2\omega_{\mathrm{E}}\sin(\varphi)\dot{x}\,, \end{aligned} \tag{2.125}$$

das sich analytisch lösen lässt. Führt man formal eine komplexe Koordinate $z = x + \mathrm{i}y$ ein, so findet man mit dem Ansatz $z = A\exp(\mathrm{i}\lambda t)$ sofort die Eigenfrequenzen

$$\lambda = -\omega_{\mathrm{E}}\sin(\varphi) \pm \sqrt{1 + \omega_{\mathrm{E}}^2\sin^2(\varphi)}\,. \tag{2.126}$$

Mit den Anfangsbedingungen $x(0) = x_0$, $y(0) = 0$ und $\dot{x}(0) = \dot{y}(0) = 0$ findet man in kartesischen Koordinaten

$$\begin{aligned} x(t) &= x_0\cos\left(\sqrt{1 + \omega_{\mathrm{E}}^2\sin^2(\varphi)}\,t\right)\cos\left(\omega_{\mathrm{E}}\sin(\varphi)t\right) \\ y(t) &= -x_0\cos\left(\sqrt{1 + \omega_{\mathrm{E}}^2\sin^2(\varphi)}\,t\right)\sin\left(\omega_{\mathrm{E}}\sin(\varphi)t\right) \end{aligned} \tag{2.127}$$

Diese Lösung beschreibt eine Schwebung wie sie in Abb. 2.27 dargestellt ist. Damit beide auftretenden Zeitskalen einigermaßen gut sichtbar sind, wurde $\omega_{\mathrm{E}}\sin(\varphi) = 0{,}01$ gewählt. Dieser Wert liegt etwa um einen Faktor 100 über dem, was für ein Foucault'sches Pendel auf der Erde realistisch wäre.

Eine Schwebung wie in Abb. 2.27 wird normalerweise mit gekoppelten Schwingungen in Verbindung gebracht und tatsächlich sind die Bewegungsgleichungen (2.121) von der entsprechenden Form. Allerdings haben wir diese Bewegungsform nur erhalten, weil wir die Bewegung in kartesischen Koordinaten betrachtet haben statt in den angebrachteren Polarkoordinaten. Dort übersetzt sich die Schwebung in eine Drehung der Schwingungsebene, wie wir im Zusammenhang mit Abb. 2.28 noch genauer diskutieren werden.

Um die entsprechenden Bahnkurven numerisch berechnen zu können, besprechen wir zunächst die Implementierung der Bewegungsgleichungen (2.125) in einem Programm, was nach unseren Erfahrungen aus den vorangegangenen Beispielen kein Problem darstellen sollte. Da die Bewegungsgleichungen für realistische Werte von

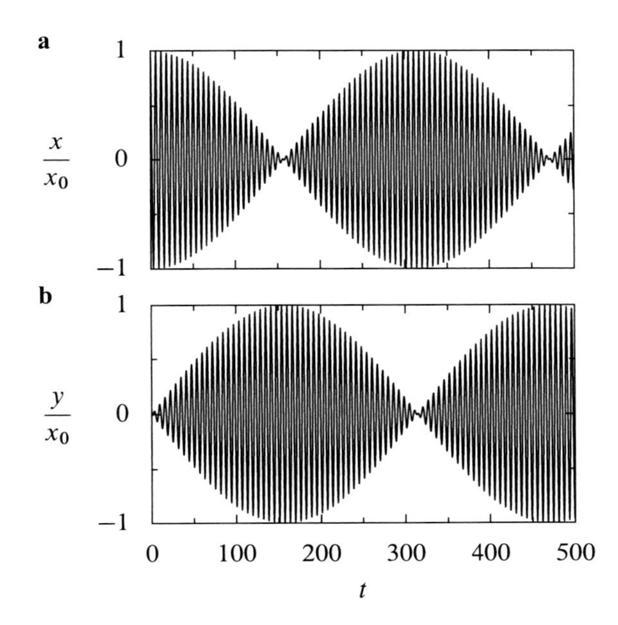

Abb. 2.27 Auslenkung beim Foucault'schen Pendel in x- und y-Richtung als Funktion der Zeit t für $\omega_E \sin(\varphi) = 0{,}01$

ω_E steif sind, ist es sinnvoll, auch hierfür geeignete Lösungsverfahren in Betracht zu ziehen, die die Jacobi-Matrix erfordern. Aus diesem Grund benötigen wir zusätzlich zur Funktion `dx_dt`

```
def dx_dt(t, x, omega_E):
    x1, v1, x2, v2 = x
    return v1, -x1 + 2*omega_E*v2, v2, -x2 - 2*omega_E*v1
```

eine Funktion `jac`, die die Jacobi-Matrix zur Verfügung stellt:

```
def jac(t, x, omega_E):
    return ([0, 1, 0, 0], [-1, 0, 0, 2*omega_E],
            [0, 0, 0, 1], [0, -2*omega_E, -1, 0])
```

Für die Lösung des linearisierten Problems verwenden wir die Parameter des Foucault'schen Experiments im Panthéon, für das $\omega_E \sin(\varphi) = 1{,}43 \cdot 10^{-4}$ ist. Da die Drehung der Schwingungsebene pro Schwingung in diesem Fall sehr klein ist, sehen wir auch noch die Möglichkeit vor, die Rotationsgeschwindigkeit der Erde um einen Faktor 100 zu erhöhen.

Sehen wir uns zunächst die Bahnkurve des Pendels für verschiedene Anfangsbedingungen an, also die Spur, die das Pendel in das Sandbett zeichnen würde.

Um die Drehung der Schwingungsebene deutlich sichtbar zu machen, erhöhen wir ω_E, wie gerade angesprochen, um den Faktor 100 und erhalten dann Bilder, wie sie in Abb. 2.28 gezeigt sind. Die abgebildeten Bahnkurven beginnen bei $x(0) = 1$, $y(0) = 0$ und einer maximalen Auslenkung, also $\dot{x}(0) = 0$. Die Tangentialgeschwindigkeit beträgt links oben $\dot{y}(0) = -0{,}1$, rechts oben $-0{,}05$, links unten 0 und rechts unten $0{,}05$.

Wir beginnen die Diskussion der Abb. 2.28 links unten, wo die Tangentialgeschwindigkeit beim Maximalausschlag verschwindet. Entsprechend bilden sich an diesen Stellen die gut zu erkennenden Spitzen. Ohne die Corioliskraft wäre die Bahnlinie ein gerader Strich durch den Ursprung. Auf der Nordhalbkugel wirkt die Corioliskraft in Bewegungsrichtung nach rechts. Daher schwingt das Pendel jeweils rechts am Ursprung vorbei, und die Schwingungsrichtung dreht sich im Uhrzeigersinn, so dass sich die gezeigte sternförmige Figur ergibt.

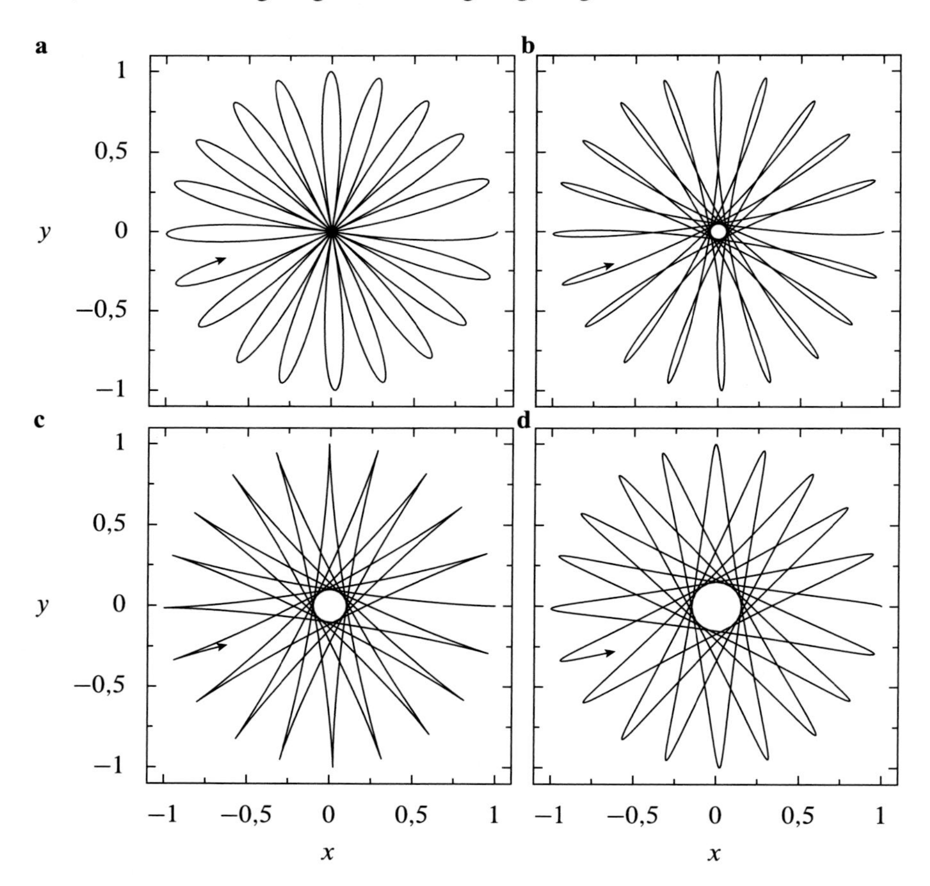

Abb. 2.28 Schwingung des Foucault'schen Pendels in der x-y-Ebene. Von links oben nach rechts unten nimmt die anfängliche tangentiale Geschwindigkeit die Werte $-0{,}1$, $-0{,}05$, 0 und $0{,}05$ an. Um die Drehung der Schwingungsrichtung besser sichtbar zu machen, wurde die Erdrotationsfrequenz gegenüber dem Versuch von Foucault um den Faktor 100 erhöht

Kommen wir als nächstes zu der Abbildung rechts unten, die zu $\dot{y}(0) = 0{,}05$ gehört. Ohne die Corioliskraft wäre die Bahnkurve eine langgezogene, gegen den Uhrzeigersinn durchlaufene Ellipse, die nun durch die Corioliskraft aufgeweitet wird. Entsprechend bleibt ein größerer Bereich um den Ursprung von der Trajektorie unberührt.

In den oberen beiden Teilen der Abb. 2.28 ist die anfängliche Tangentialgeschwindigkeit negativ, so dass ohne Erdrotation eine im Uhrzeigersinn durchlaufene Ellipse zu beobachten wäre. Bei geeigneter Wahl der Anfangsbedingungen kann die Corioliskraft dann dazu führen, dass die Trajektorie effektiv wieder durch den Ursprung läuft, wie dies in der Abbildung links oben in guter Näherung der Fall ist.

Beim Foucault'schen Pendel ist man nicht unbedingt an den Details der Bahnkurve interessiert, sondern in erster Linie an der Drehung der Schwingungsebene. In einem ersten Schritt sehen wir uns daher den zeitlichen Verlauf des Winkels ϕ in Polarkoordinaten an. Wenn wir diesen Winkel mit Hilfe der Beziehung

$$\phi = \arctan\left(\frac{y}{x}\right) \tag{2.128}$$

aus den kartesischen Koordinaten x und y berechnen wollen, stoßen wir auf zwei potentielle Probleme. Zum einen ist das Verhältnis der beiden Koordinaten bei $x = 0$ divergent und zum anderen führen beispielsweise der erste und der dritte Quadrant zu einem positiven Verhältnis y/x. Tatsächlich nimmt der Hauptzweig des Arkustangens nur Werte zwischen $-\pi/2$ und $\pi/2$ an und ist somit nicht ohne Weiteres in der Lage, eine Bewegung im gesamten Winkelbereich zu beschreiben.

Aus diesem Grund stellt Python im `math`-Modul der Standardbibliothek eine weitere Arkustangensfunktion bereit, in der die beiden Koordinaten x und y separat angegeben werden müssen. Den gesuchten Winkel erhält man dann mit Hilfe von `atan2(y, x)`, wobei auf die Reihenfolge der beiden Argumente zu achten ist. Eine entsprechende Funktion stellt auch NumPy zur Verfügung, nämlich `np.arctan2`, die wir hier verwenden.

Der zeitliche Verlauf des Winkels $\phi(t)$ ist in der Abb. 2.29 links dargestellt. Auch wenn sich hier deutliche Plateaus ausbilden, die die Schwingungsebene charakterisieren, existiert genau genommen keine Schwingungsebene, die durch einen konstanten Wert von ϕ gegeben wäre. Daher werden wir uns ansehen, wie sich die Winkel an den Maximalausschlägen der Bewegung zeitlich verändern. Diese Punkte sind in der Abb. 2.29 als offene und gefüllte Kreise markiert, die jeweils zu gegenüberliegenden Umkehrpunkten gehören. Deutlich ist zu sehen, wie sich der entsprechende Winkel im Lauf der Zeit verschiebt.

Die Maximalausschläge sind durch Nullstellen der Zeitableitung der radialen Koordinate r gegeben. Äquivalent dazu, aber wegen der fehlenden Quadratwurzel günstiger, ist es, den Ausdruck $r^2/2$ zu betrachten, dessen Zeitableitung durch

$$\frac{\mathrm{d}}{\mathrm{d}t}\frac{1}{2}r^2 = x\dot{x} + y\dot{y} \tag{2.129}$$

gegeben ist. Nullsetzen dieses Ausdrucks würde nicht nur Maxima, sondern auch Minima von $r(t)$ liefern. Da wir nur an den Maximalausschlägen interessiert sind,

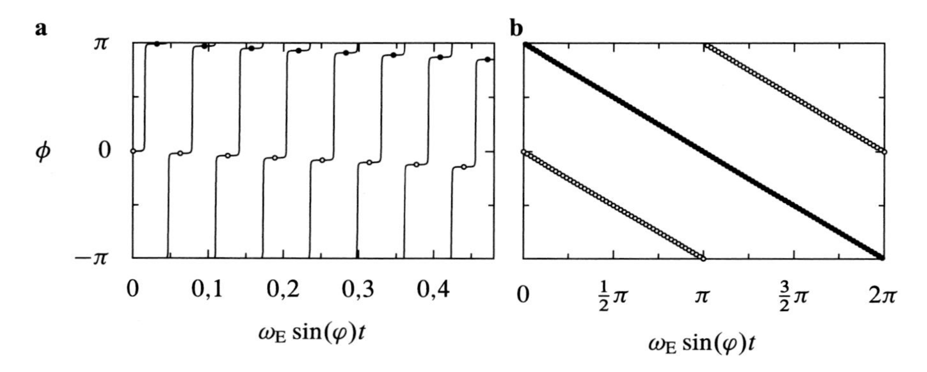

Abb. 2.29 Links dargestellt ist die Winkelkoordinate ϕ als Funktion der Zeit für $\omega_E \sin(\varphi) = 0{,}01$. Die Zeiten, bei denen der Ausschlag maximal ist, sind abwechselnd durch dunkle und helle Kreise markiert. Das rechte Bild konzentriert sich auf die Richtungen ϕ zu diesen Zeitpunkten und stellt diese über einen längeren Zeitraum dar

fordern wir außerdem, dass die relevanten Nullstellen von positiven zu negativen Werten durchlaufen werden. Wir können es `integrate.solve_ivp` überlassen, die Maximalausschläge zu identifizieren, und verwenden dazu die im folgenden Code-Block definierte Funktion.

```
def r_maximal(t, x, *args):
    x1, v1, x2, v2 = x
    return x1*v1 + x2*v2

r_maximal.direction = -1
```

Die Funktion `orientation`, die den Winkel bei den Maximalauslenkungen bestimmt, entspricht im ersten Teil der Funktion `trajectory`, die wir hier nicht explizit besprochen haben, da sie weitestgehend Code aus dem vorigen Abschnitt übernimmt.

```
def orientation(t_end, n_out, x0, atol, rtol, algorithm,
                omega_E):
    t_values = np.linspace(0, t_end, n_out)
    kwargs = {"t_eval": t_values, "args": (omega_E,),
              "events": r_maximal,
              "atol": atol, "rtol": rtol,
              "method": algorithm, "dense_output": True}
    if algorithm in ("BDF", "LSODA", "Radau"):
        kwargs["jac"] = jac
    solution = integrate.solve_ivp(dx_dt, (0, t_end),
                                   x0, **kwargs)
```

```
    t_values = solution.t_events[0]
    phi_values = np.arctan2(solution.y_events[0][:, 2],
                            solution.y_events[0][:, 0])
    return (t_values[::2], phi_values[::2],
            t_values[1::2], phi_values[1::2],
            solution.nfev, solution.njev)
```

Um die Zeitpunkte, an denen Maximalausschläge erreicht werden, und die zugehörigen Winkel zu erhalten, greifen wir auf `t_events` und `y_events` zurück. Entsprechend unserer Definition der Differentialgleichung in der Funktion `dx_dt`, die wir weiter oben besprochen hatten, entsprechen die Komponenten 0 und 2 von `y_events` den x- und y-Koordinaten an den Maximalausschlägen. Bei der Rückgabe der Ergebnisse werden jeweils zwei separate Arrays für die Zeiten und Winkel erzeugt. Durch die Wahl einer Schrittweite von 2 und Anfangsindizes von 0 bzw. 1 unterscheiden diese Listen zwischen gegenüberliegenden Umkehrpunkten. Zusätzlich wird noch die Information übergeben, wie oft die Funktionen `dx_dt` und `jac` bei der Berechnung der Lösung ausgewertet wurden.

Im Jupyter-Notebook wird dafür gesorgt, dass die Drehung der Schwingungsebene so lange berechnet wird, bis eine volle Umdrehung durchlaufen wurde. Das entsprechende Zeitintervall ist durch

$$\Delta T = \frac{2\pi}{\omega_\mathrm{E}|\sin(\varphi)|} \tag{2.130}$$

gegeben und beträgt für die hier immer wieder verwendeten Parameter des historischen Pendels gut 1,3 Tage. Beim Nachrechnen ist zu beachten, dass wir die Rotationsfrequenz gemäß (2.118) dimensionslos gemacht hatten. Insbesondere wenn man die Erdrotationsfrequenz nicht hochskaliert, muss eine recht große Zahl von Pendelschwingungen ausgewertet werden, so dass die benötigte Rechenzeit durchaus bemerkbar wird.

Dies hat eine praktische Konsequenz für die Benutzung der Widgets zur Einstellung der Parameter. Normalerweise führt jede Veränderung eines Wertes, zum Beispiel auch während der Verschiebung eines Schiebereglers dazu, dass die betreffende Funktion ausgeführt wird. Es kann dann leicht dazu kommen, dass eine neue Rechnung angestoßen wird, bevor die vorige Rechnung überhaupt abgeschlossen wurde. In einem solchen Fall ist es besser, die Rechnung explizit anzustoßen, wenn alle Parameter nach Wunsch eingestellt wurden. Hierzu verwenden wir an dieser Stelle anstatt des `interact`-Dekorators den `interact_manual`-Dekorator, der entsprechend auch im Import-Block auftaucht. Die Verwendung von `interact_manual` erzeugt einen Startknopf, dessen Beschriftung wir auf „Start Berechnung" festgelegt haben. Erst wenn man diesen Knopf drückt, wird die Rechnung gestartet. Während der Rechnung bleibt die Beschriftung des Knopfes grau und wechselt erst am Ende der Rechnung wieder nach schwarz.

Bei Programmen mit längerer Rechenzeit sollte man bei der Entwicklung und den ersten Anwendungsschritten die Parameter zunächst so einstellen, dass das Programm eher kurz rechnet. Andernfalls läuft man Gefahr, bei Fehlern gegen Ende des Programms viel Zeit zu verlieren. In unserem Fall wäre es also sinnvoll, zunächst die um einen Faktor 100 hochskalierte Rotationsfrequenz auszuwählen. Da wir erwarten, dass die Rechenzeit mit der Zahl der Pendelschwingungen zunimmt, können wir hoffen, auf diese Weise einen Faktor 100 an Rechenzeit einzusparen. Grundsätzlich ist es eine gute Idee, Abschätzungen darüber anzustellen, wie die Rechenzeit als Funktion der Parameterwahl gehen wird, und dies durch ein paar Zeitmessungen zu überprüfen. Im Abschn. 4.4 zum Ising-Modell werden wir zum Beispiel Spins auf einem Gitter betrachten. Bei einem eindimensionalen Gitter können wir vermuten, dass die Rechenzeit linear mit der Zahl der Gitterplätze skaliert. Bei einem zweidimensionalen Gitter wird dies ebenso der Fall sein, aber jetzt nimmt diese Zahl quadratisch mit der Kantenlänge des Gitters zu. Entsprechend muss man beim Hochfahren der Systemgröße vorsichtiger sein.

Nach diesem Einschub praktischer Erwägungen kommen wir zum Foucault'schen Pendel und der Drehung seiner Schwingungsebene zurück. Für eine etwas beschleunigte Erdrotation, für die $\omega_\mathrm{E}\sin(\varphi) = 0{,}01$ gesetzt ist, finden wir das rechte Bild in Abb. 2.29. Die Rotation der Schwingungsebene im Uhrzeigersinn ist deutlich zu erkennen und bei der gewählten Rotationsfrequenz sind auch die Punkte, die zu einzelnen Schwingungen gehören, noch zu erkennen. Für die tatsächliche Rotationsfrequenz der Erde liegen die Punkte wesentlich dichter.

Wir haben nun zwei Schwingungsprobleme kennengelernt, bei denen es zu einer Drehung der Schwingungsebene kommen kann: das sphärische Pendel in Abschn. 2.5 und das eben besprochene Foucault-Pendel, bei dem wir die Auslenkung als klein angenommen haben. Es ist daher naheliegend, sich zu fragen, welche Bewegung wir erhalten, wenn wir beide Probleme verbinden, also ein sphärisches Pendel in einem rotierenden Bezugssystem betrachten. Damit kommen wir auf die Bewegungsgleichungen (2.120) zurück. Diese Gleichungen sind zwar nicht mehr analytisch lösbar, ihre Umsetzung in einem Programm stellt jedoch kein Problem dar. Dazu implementieren wir in der Funktion `dx_dt` diese Bewegungsgleichungen.

```
def dx_dt_spherical(t, y, omega_E, latitude):
    phi, theta, v_phi, v_theta = y
    a_theta = (0.5*v_phi**2*sin(2*theta)
               - sin(theta)
               - omega_E*v_phi * (
                   2*sin(theta)**2*sin(phi)*cos(latitude)
                   - sin(2*theta)*sin(latitude)))
    a_phi = (2*omega_E*v_theta*sin(phi)*cos(latitude)
             - 2*(v_phi+omega_E*sin(latitude))
             * v_theta/tan(theta))
    return v_phi, v_theta, a_phi, a_theta
```

Die Ergebnisse hängen sowohl von den Anfangsbedingungen, insbesondere der Größe der Maximalauslenkung, als auch der skalierten Rotationsfrequenz ab. In Abb. 2.30 ist analog zu Abb. 2.17 die Projektion der Bewegung in die x-y-Ebene darstellt. Während die Anfangsbedingungen $\theta(0) = \pi/4$, $\phi(0) = 0$, $\dot{\theta}(0) = 0$ und $\dot{\phi}(0) = 0,1$ sowie die geographische Breite $\varphi = \pi/4$ fixiert sind, wird die skalierte Rotationsfrequenz ω_E variiert. Im Gegensatz zur linearisierten Version des Foucault'schen Pendels lässt sich die Abhängigkeit von der geographischen Breite nicht in der Rotationsfrequenz absorbieren.

Links oben ist die Bewegung für die Rotationsfrequenz $\omega_\mathrm{E} = 0$ dargestellt, so dass wir diese Abbildung bei Verwendung der selben Anfangsbedingungen auch mit dem Programm zum sphärischen Pendel erhalten würden. Wir sehen eine langsame Rotation der Schwingungsebene im mathematisch positiven Sinn aufgrund der Anfangsgeschwindigkeit $\dot{\phi}(0) = 0,1$. Die weiteren Abbildungen gehören zu skalier-

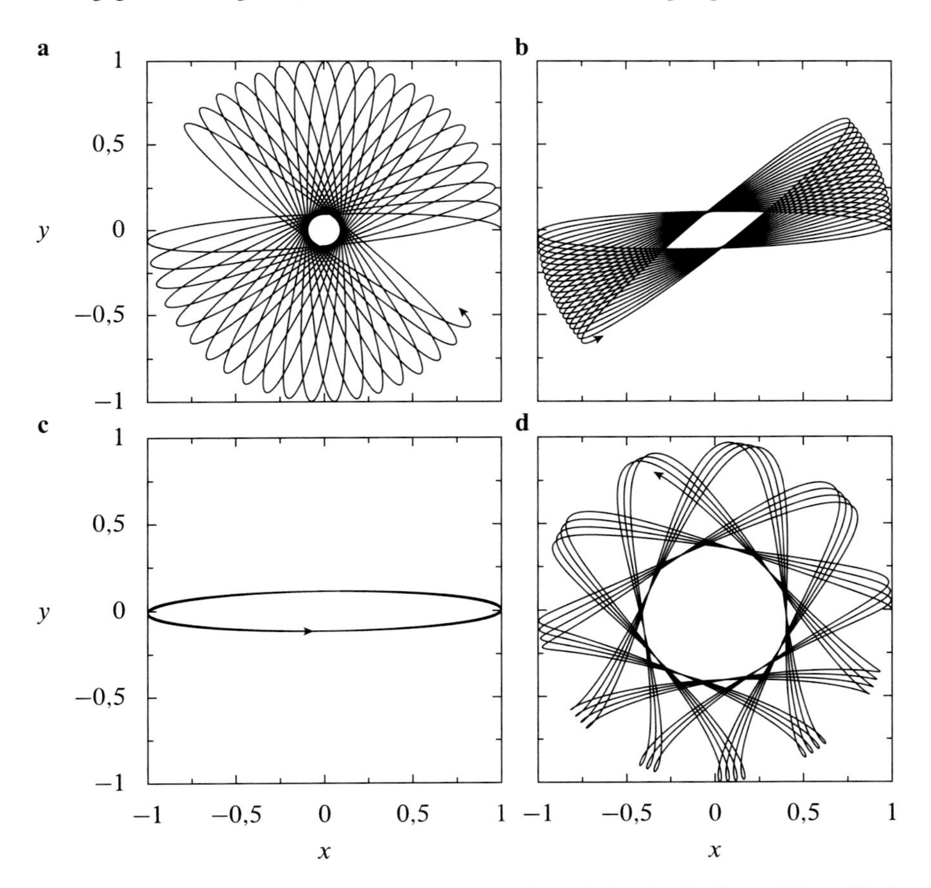

Abb. 2.30 Projektion der Bewegung des sphärischen Foucault-Pendels in die x-y-Ebene für die Anfangsbedingungen $\theta(0) = \pi/4$, $\phi(0) = 0$, $\dot{\theta}(0) = 0$ und $\dot{\phi}(0) = 0,1$. Die skalierte Rotationsfrequenz ω_E hat die Werte 0 (links oben), 0,025 (rechts oben), 0,035 (links unten) und 0,5 (rechts unten). Die geographische Breite ist jeweils $\pi/4$

ten Rotationsfrequenzen, die für die Erddrehung nicht zu erreichen sind. Selbst für den kleinsten Wert $\omega_E = 0{,}025$ müsste das Pendel gut 1000 km lang sein! Wir könnten diese Situation aber über ein sich wesentlich schneller drehendes Bezugssystem im Labor realisieren. An dieser Stelle erinnern wir noch einmal an die vorgenommene Linearisierung in ω_E, deren Gültigkeit man bei einer Realisierung überprüfen müsste.

Für $\omega_E = 0{,}025$ im rechten oberen Bild bewirkt die Coriolis-Kraft, dass sich die Schwingungsebene langsamer, aber immer noch gegen den Uhrzeigersinn dreht. Im Diagramm links unten hat ω_E den Wert 0,035 und die Drehung der Schwingungsebene wird durch die Rotation des Bezugssystems ungefähr ausgeglichen, so dass es zu einer nahezu geschlossenen Bahnkurve kommt. Im letzten Bild rechts unten ist die Rotationsfrequenz noch einmal deutlich erhöht und besitzt jetzt den Wert $\omega_E = 0{,}5$, so dass sich die Schwingungsebene im Uhrzeigersinn dreht.

2.10 Doppelpendel

☞ `2-10-Doppelpendel.ipynb`

Hängt man an die Punktmasse am Ende des mathematischen Pendels ein weiteres Pendel, erhält man das in Abb. 2.31 dargestellte sogenannte Doppelpendel, dem wir uns in diesem Abschnitt widmen wollen. Das System wird durch die beiden Punktmassen m_1 und m_2 sowie die Längen l_1 und l_2 der beiden als masselos angenommenen, starren Verbindungsstangen charakterisiert. Die Lage des Doppelpendels ist durch die Winkel ϕ_1 und ϕ_2 bestimmt, die die Stangen relativ zur negativen senkrechten Richtung einschließen. Die gesamte Anordnung befindet sich in einem homogenen Gravitationsfeld, das senkrecht nach unten wirkt.

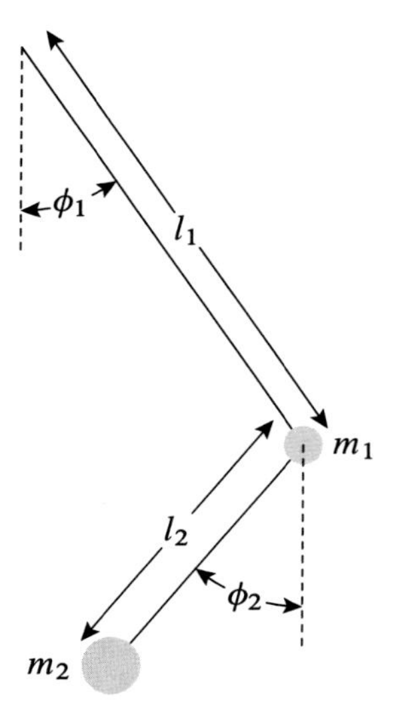

Abb. 2.31 Das Doppelpendel besteht aus zwei aneinanderhängenden Pendeln mit Punktmassen und Pendellängen m_1 und l_1 bzw. m_2 und l_2. Die Lage des Doppelpendels wird durch die beiden Auslenkungswinkel ϕ_1 und ϕ_2 beschrieben

Angesichts der Zwangsbedingungen aufgrund der starren Stangen erfolgt die Herleitung der Bewegungsgleichungen für die beiden generalisierten Koordinaten ϕ_1 und ϕ_2 am einfachsten mit Hilfe des Lagrange-Formalismus, den wir bereits in den Abschn. 2.5 und 2.9 eingesetzt hatten. Wie schon zuvor, ist auch hier die Lagrangefunktion durch die Differenz von kinetischer und potentieller Energie gegeben, so dass wir uns zunächst diese beiden Bestandteile beschaffen müssen.

Um die kinetische Energie als Funktion von ϕ_1, ϕ_2, $\dot{\phi}_1$ und $\dot{\phi}_2$ zu erhalten, ist es günstig, zunächst einen Zusammenhang zwischen den kartesischen Koordinaten und den beiden Winkeln herzuleiten und anschließend die kinetische Energie in kartesischen Koordinaten durch die generalisierten Koordinaten und ihre Zeitableitungen auszudrücken. Für die Beziehungen zwischen kartesischen und generalisierten Koordinaten findet man

$$x_1 = l_1 \sin(\phi_1) \qquad\qquad y_1 = -l_1 \cos(\phi_1) \tag{2.131}$$

und

$$x_2 = l_1 \sin(\phi_1) + l_2 \sin(\phi_2) \qquad y_2 = -l_1 \cos(\phi_1) - l_2 \cos(\phi_2)\,. \tag{2.132}$$

Damit ergibt sich für die kinetische Energie

$$\begin{aligned} T &= \frac{1}{2} m_1 \left(\dot{x}_1^2 + \dot{y}_1^2\right) + \frac{1}{2} m_2 \left(\dot{x}_2^2 + \dot{y}_2^2\right) \\ &= \frac{1}{2}(m_1 + m_2) l_1^2 \dot{\phi}_1^2 + m_2 l_1 l_2 \dot{\phi}_1 \dot{\phi}_2 \cos(\phi_1 - \phi_2) + \frac{1}{2} m_2 l_2^2 \dot{\phi}_2^2\,. \end{aligned} \tag{2.133}$$

Die potentielle Energie der beiden Punktmassen im Schwerefeld lässt sich als

$$\begin{aligned} U &= m_1 g y_1 + m_2 g y_2 \\ &= -\,(m_1 + m_2)\, g l_1 \cos(\phi_1) - m_2 g l_2 \cos(\phi_2) \end{aligned} \tag{2.134}$$

schreiben. Die zugehörige Lagrangefunktion lautet dann

$$\begin{aligned} L = {} & \frac{1}{2}(m_1 + m_2) l_1^2 \dot{\phi}_1^2 + m_2 l_1 l_2 \dot{\phi}_1 \dot{\phi}_2 \cos(\phi_1 - \phi_2) + \frac{1}{2} m_2 l_2^2 \dot{\phi}_2^2 \\ & + (m_1 + m_2)\, g l_1 \cos(\phi_1) + m_2 g l_2 \cos(\phi_2)\,, \end{aligned} \tag{2.135}$$

aus der wir analog zu (2.60) die Bewegungsgleichungen erhalten können. Um das richtige Ergebnis zu erhalten, ist es dabei wichtig, dass bei der totalen Zeitableitung alle zeitabhängigen Funktionen berücksichtigt werden. Führt man die Ableitungen aus und berücksichtigt, dass sich jeweils zwei Terme gegenseitig wegheben, erhält man schließlich die beiden Bewegungsgleichungen

$$\begin{aligned} (m_1 + m_2) l_1^2 \ddot{\phi}_1 + m_2 l_1 l_2 \ddot{\phi}_2 \cos(\phi_1 - \phi_2) + m_2 l_1 l_2 \dot{\phi}_2^2 \sin(\phi_1 - \phi_2) & \\ + (m_1 + m_2) g l_1 \sin(\phi_1) = 0 & \end{aligned} \tag{2.136}$$

und

$$m_2 l_1 l_2 \ddot{\phi}_1 \cos(\phi_1 - \phi_2) - m_2 l_1 l_2 \dot{\phi}_1^2 \sin(\phi_1 - \phi_2) + m_2 l_2^2 \ddot{\phi}_2 + m_2 g l_2 \sin(\phi_2) = 0\,. \quad (2.137)$$

Es bietet sich hier wieder an, diese Bewegungsgleichungen dimensionslos zu machen. Zunächst stellen wir fest, dass wir die beiden Gleichungen durch eine der beiden Massen und eine der beiden Pendellängen zum Quadrat dividieren können. Wir wählen hierfür m_1 und l_1. Dies bietet sich insofern an, als wir später zur Kontrolle den Spezialfall des einfachen Pendels durch die Grenzfälle $m_2 \to 0$ oder $l_2 \to 0$ erhalten können. Übrig bleibt dann noch eine Zeitskala, die wir durch Kombination der Erdbeschleunigung g mit einer Länge erhalten. Auch hier wählen wir wieder l_1. Schließlich enthalten die Bewegungsgleichungen dann nur noch die beiden Parameter

$$\alpha = \frac{m_2}{m_1} \quad \text{und} \quad \beta = \frac{l_2}{l_1} \quad (2.138)$$

sowie die dimensionslose Zeit

$$t' = \sqrt{\frac{g}{l_1}}\, t\,, \quad (2.139)$$

wobei wir im Folgenden den Strich bei t' der Einfachheit halber nicht explizit notieren werden. Damit erhalten wir schließlich die Bewegungsgleichungen

$$(1+\alpha)\ddot{\phi}_1 + \alpha\beta\ddot{\phi}_2 \cos(\phi_1 - \phi_2) + \alpha\beta\dot{\phi}_2^2 \sin(\phi_1 - \phi_2) + (1+\alpha)\sin(\phi_1) = 0 \quad (2.140)$$

und

$$\ddot{\phi}_1 \cos(\phi_1 - \phi_2) - \dot{\phi}_1^2 \sin(\phi_1 - \phi_2) + \beta\ddot{\phi}_2 + \sin(\phi_2) = 0\,. \quad (2.141)$$

Aus der ersten der beiden Gleichungen erhalten wir für verschwindende Masse m_2, also $\alpha = 0$, oder verschwindende Pendellänge l_2, also $\beta = 0$, erwartungsgemäß die Bewegungsgleichung (2.47) des einfachen mathematischen Pendels.

Da die Energie im nächsten Abschnitt eine Rolle spielen wird, führen wir auch für diese eine Skalierung durch. In Anbetracht der bereits eingeführten Massen- und Längenverhältnisse sowie der Zeitskalierung ist es sinnvoll, die Energie in Einheiten von $m_1 g l_1$ zu nehmen. Dann ergibt sich die Gesamtenergie aus der Summe der kinetischen Energie (2.133) und der potentiellen Energie (2.134) nach der Skalierung zu

$$\begin{aligned} E = {} & \frac{1}{2}(1+\alpha)\dot{\phi}_1^2 + \alpha\beta\dot{\phi}_1\dot{\phi}_2 \cos(\phi_1 - \phi_2) + \frac{1}{2}\alpha\beta^2\dot{\phi}_2^2 \\ & - (1+\alpha)\cos(\phi_1) - \alpha\beta\cos(\phi_2)\,. \end{aligned} \quad (2.142)$$

Doch kehren wir zunächst zu den Bewegungsgleichungen und ihrer numerischen Lösung zurück. Bei den Gl. (2.140) und (2.141) handelt es sich noch um ein gekoppeltes System von zwei Differentialgleichungen in denen jeweils beide zweiten Ableitungen vorkommen. Für die numerische Behandlung müssen die beiden Gleichungen zumindest so weit entkoppelt werden, dass eine der beiden Gleichungen nur eine zweite Ableitung enthält. Außerdem müssen wir die Gleichungen zweiter Ordnung in jeweils zwei Gleichungen erster Ordnung umschreiben. Dazu führen wir die Winkelgeschwindigkeiten $\omega_i = \dot{\phi}_i$ ein. In (2.140) lässt sich mit Hilfe von (2.141) recht einfach die zweite Ableitung von ϕ_2 eliminieren. Damit erhalten wir vier gekoppelte Differentialgleichungen erster Ordnung

$$\begin{aligned}
\dot{\omega}_1 &= \frac{1}{1+\alpha\sin^2(\phi_1-\phi_2)}\Big[\alpha\cos(\phi_1-\phi_2)\big(-\omega_1^2\sin(\phi_1-\phi_2)+\sin(\phi_2)\big) \\
&\quad -\alpha\beta\omega_2^2\sin(\phi_1-\phi_2)-(1+\alpha)\sin(\phi_1)\Big] \\
\dot{\phi}_1 &= \omega_1 \\
\dot{\omega}_2 &= \frac{1}{\beta}\big(-\dot{\omega}_1\cos(\phi_1-\phi_2)+\omega_1^2\sin(\phi_1-\phi_2)-\sin(\phi_2)\big) \\
\dot{\phi}_2 &= \omega_2\,,
\end{aligned} \tag{2.143}$$

die wir in dieser Form zur numerischen Lösung der Doppelpendeldynamik verwenden können.

Die Differentialgleichungen (2.143) werden wie in den vorangegangenen Beispielen in der Funktion `dx_dt` definiert, wobei wir nur für die Winkelbeschleunigungen $\dot{\omega}_1$ und $\dot{\omega}_2$ explizite Rechnungen durchführen müssen.

```
def dx_dt(t, x, alpha, beta):
    phi1, omega1, phi2, omega2 = x
    dphi = phi1-phi2
    a_phi1_numer = (-alpha*beta*omega2**2*sin(dphi)
                    - (1+alpha)*sin(phi1)
                    - alpha*omega1**2*sin(dphi)*cos(dphi)
                    + alpha*sin(phi2)*cos(dphi))
    a_phi1_denom = 1+alpha*sin(dphi)**2
    a_phi1 = a_phi1_numer / a_phi1_denom
    a_phi2 = (omega1**2*sin(dphi)
              - sin(phi2)
              - a_phi1*cos(dphi)) / beta
    return omega1, a_phi1, omega2, a_phi2
```

Da der Ausdruck für die Zeitableitung von ω_1 relativ komplex ist, ist es sinnvoll, im Programm zunächst den Zähler `a_phi1_numer` und den Nenner `a_phi1_denom` auszuwerten. Außerdem haben wir eine Variable dphi eingeführt, da die Differenz $\phi_1 - \phi_2$ in (2.143) relativ häufig vorkommt.

Die Funktion trajectory erzeugt zunächst eine Liste t_values mit den Zeitpunkten, an denen die Lösung der Bewegungsgleichungen gesucht ist, und beschafft diese Lösung dann durch den Aufruf von integrate.solve_ivp.

```
def trajectory(t_end, n_out, alpha, beta, phi1_0, omega1_0,
               phi2_0, omega2_0):
    t_values = np.linspace(0, t_end, n_out)
    x_0 = (phi1_0, omega1_0, phi2_0, omega2_0)
    solution = integrate.solve_ivp(dx_dt, (0, t_end), x_0,
                                   args=(alpha, beta),
                                   t_eval=t_values,
                                   atol=1e-12, rtol=1e-12)
    return t_values, solution.y
```

Die Extraktion der Listen für ϕ_1, ω_1, ϕ_2 und ω_2 aus dem Lösungsarray solution.y überlassen wir dem aufrufenden Programm, um überlange Parameterlisten zu vermeiden. Gleichzeitig werden noch die Zeitwerte mit übergeben, um die Zeitentwicklung der vier Variablen darstellen zu können.

Die Zeitabhängigkeiten der Winkel ϕ_1 und ϕ_2 sowie der Winkelgeschwindigkeiten ω_1 und ω_2 sind in Abb. 2.32 jeweils rot bzw. blau dargestellt. Wenn wir die Ergebnisse für die hier gewählten Parameter $\alpha = 1$ und $\beta = 0{,}8$ betrachten, so erkennen wir keine periodische Bewegung, wie wir dies vom mathematischen Pendel her gewohnt sind. Auch auf langen Zeitskalen wird keine Periode sichtbar.

Dies wird auch deutlich, wenn wir die selbe Bewegung in Form der Trajektorien der beiden Massen in der x-y-Ebene darstellen. Wie in Abb. 2.33 zu sehen ist, bewegt sich die Masse m_1 aufgrund der Zwangsbedingung durch die erste Pendelstange entlang der rot dargestellten Kreisbahn um den Aufhängepunkt. Die blau dargestellte Bahnkurve der zweiten Masse m_2 ist dagegen schon wesentlich komplexer. Zwei verschiedene Schnappschüsse des Doppelpendels sind durch die grau markierten Positionen der beiden Massen und die schwarz eingezeichneten Verbindungsstangen hervorgehoben und mit A bzw. B beschriftet. Die entsprechenden Zeitpunkte sind in Abb. 2.32 durch gepunktete Linien markiert. Bei A kommt es zu einem Überschlagen der Masse m_2, was wegen der Energieerhaltung nur möglich ist, wenn sich die Masse m_1 in der Nähe ihres Tiefpunkts befindet. Bei B erreicht die Masse m_2 gerade einen relativen Hochpunkt, um dann wieder zurückzufallen.

Die oben angesprochene Abwesenheit von Regularität wollen wir nun genauer untersuchen, wozu wir jedoch zuerst einige theoretische Grundlagen benötigen, die wir in den beiden folgenden Abschnitten legen wollen. Dabei werden wir auf den Code zum Doppelpendel zurückgreifen und entsprechend kein neues Notebook beginnen. Vielmehr befindet sich der Code zu den folgenden beiden Abschnitten im Notebook zu diesem Abschnitt.

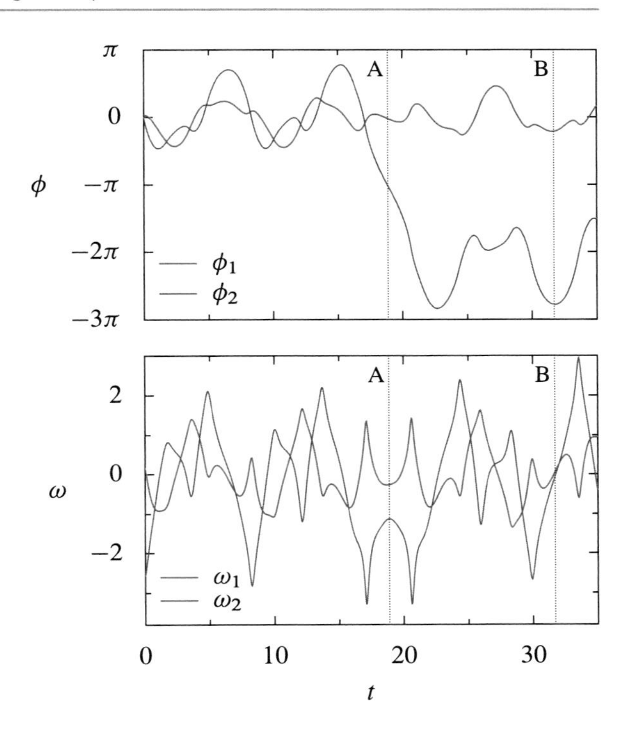

Abb. 2.32 Zeitliche Dynamik eines Doppelpendels mit $\alpha = 1$ und $\beta = 0{,}8$. Oben sind die Auslenkungen ϕ_1 und ϕ_2 als rote bzw. blaue Linie gezeigt. Unten sind die Winkelgeschwindigkeiten ω_1 und ω_2 in den entsprechenden Farben dargestellt. Als Anfangsbedingungen wurden $\phi_1(0) = 0{,}09$, $\omega_1(0) = 0{,}16$, $\phi_2(0) = 0$ und $\omega_2(0) = -2{,}58$ gewählt. Die durch A und B markierten Zeiten entsprechen den in Abb. 2.33 gezeigten Konfigurationen des Doppelpendels

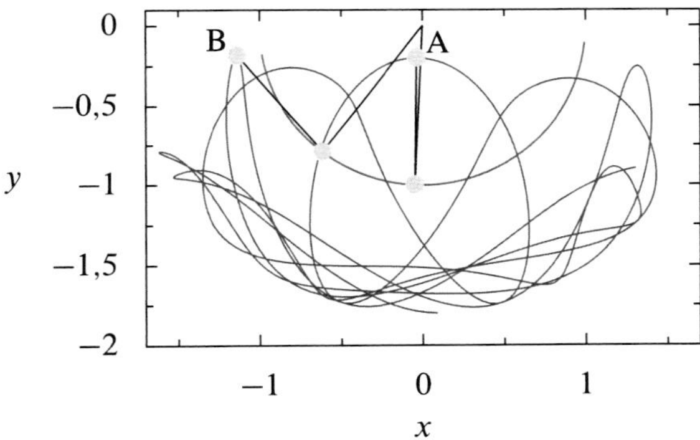

Abb. 2.33 Trajektorie des Doppelpendels zu den Zeitverläufen in Abb. 2.32. Die beiden gezeigten Konfigurationen des Doppelpendels gehören zu einem Überschlag (A) und einer Umkehrung am höchsten Punkt (B). Die zugehörigen Zeitpunkte sind in der Abb. 2.32 durch vertikale Linien markiert

2.11 Integrable und nicht integrable Dynamiken

☞ `2-10-Doppelpendel.ipynb`

In der folgenden Diskussion wird der Phasenraum, der von den Koordinaten und den zugehörigen Geschwindigkeiten aufgespannt wird, eine zentrale Rolle spielen. Am Beispiel des mathematischen Pendels hatten wir den Phasenraum bereits kennengelernt und in Abb. 2.15 Trajektorien in diesem durch θ und v_θ aufgespannten Raum dargestellt. Da für das mathematische Pendel die Energie gemäß (2.48) erhalten ist, kann sich die Trajektorie nicht beliebig im Phasenraum bewegen, sondern sie ist für eine gegebene Energie auf einen eindimensionalen Unterraum des Phasenraums beschränkt. Kennt man die Energie des mathematischen Pendels, ein sogenanntes Integral der Bewegung, so ist die Trajektorie im Phasenraum festgelegt. In der Tat kann man die Trajektorie direkt aus (2.48) erhalten.

Interessanter wird die Situation, wenn wir die Dimension des Phasenraums verdoppeln. Beim sphärischen Pendel aus Abschn. 2.5 haben wir es mit zwei dynamischen Variablen θ und ϕ zu tun, so dass der Phasenraum vierdimensional ist. Gleichzeitig gibt es zwei Erhaltungsgrößen, nämlich die Gesamtenergie und den Drehimpuls um die z-Achse. Sind diese beiden Integrale der Bewegung vorgegeben, so verläuft die Bewegung auf einer zweidimensionalen Unterfläche des Phasenraums.

Anders ist die Situation beim Doppelpendel, das wir im vorigen Abschnitt untersucht haben. Die Bewegung wird dort ebenfalls durch zwei dynamische Variablen ϕ_1 und ϕ_2 beschrieben, aber es existiert nur eine erhaltene Größe, nämlich die Gesamtenergie. Die Bewegung im vierdimensionalen Raum ist damit nur auf einen dreidimensionalen Unterraum eingeschränkt.

Eine Dynamik, bei der ebenso viele voneinander unabhängige Erhaltungsgrößen wie dynamische Variablen existieren, heißt *integrabel*. Demnach ist die Dynamik des sphärischen Pendels integrabel, die Dynamik des Doppelpendels dagegen nicht. Allerdings können wir zunächst einmal nicht ausschließen, dass es beim Doppelpendel eine weitere Erhaltungsgröße gibt, die wir nur nicht kennen. Wie können wir also überprüfen, ob die Dynamik des Doppelpendels tatsächlich nicht integrabel ist? Für zwei dynamische Variable gibt es hierfür eine Methode, den sogenannten *Poincaré-Plot*.

Die Idee des Poincaré-Plots ist in Abb. 2.34 für das Doppelpendel veranschaulicht. Von den vier Phasenraumvariablen stellen wir nur drei dar, nämlich ϕ_1, ϕ_2 und ω_1. Zu jedem Punkt in dieser Darstellung können wir uns den zugehörigen Wert von ω_2, zumindest bis auf das Vorzeichen, aus dem gewählten Wert für die Energie beschaffen. Für unsere Zwecke können wir die Informationen in der dreidimensionalen Trajektorie weiter reduzieren, indem wir nur die Durchstoßpunkte der Trajektorie durch eine Fläche betrachten, wobei die Durchstoßrichtung vorgegeben sei. Wir wählen hier konkret die durch $\omega_1 = 0$ gegebene Ebene, aber eine andere Wahl wäre durchaus auch möglich.

Verfolgen wir die Trajektorie, die hinter der Ebene $\omega_1 = 0$ grau und davor schwarz dargestellt ist, so erhalten wir die durch kleine Kreise markierten Durchstoßpunkte, wenn die Trajektorie die Schnittebene von hinten nach vorne durchläuft. Der Unterschied zwischen integrabler und nicht integrabler Dynamik zeigt sich nun an der Verteilung der Punkte im Poincaré-Plot. Im Falle einer integrablen Dynamik wie zum Beispiel beim sphärischen Pendel, verläuft die Bewegung bei gegebenen Werten der beiden Erhaltungsgrößen auf einer zweidimensionalen Fläche des Phasenraums. Schneiden wir diese nun mit einer weiteren Fläche, so erwarten wir im Allgemeinen eindimensionale Schnitte. Dabei gehen wir davon aus, dass sich die beiden Flächen tatsächlich schneiden und nicht identisch sind.

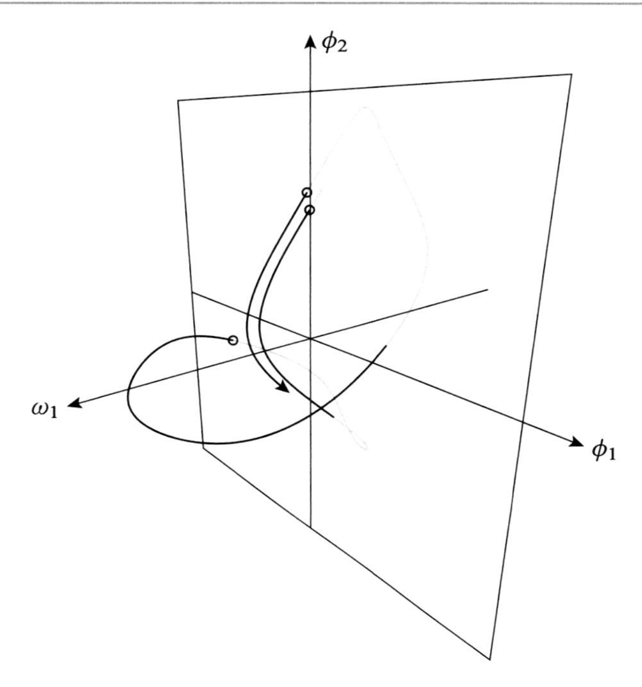

Abb. 2.34 Konstruktion eines Poincaré-Plots. Gezeigt ist eine Trajektorie, die die ϕ_1-ϕ_2-Ebene mehrfach schneidet. Dabei ist die Trajektorie hinter dieser Ebene grau und vor dieser Ebene schwarz dargestellt. Jeder Schnittpunkt, bei dem die Trajektorie vom hinteren zum vorderen Teilraum wechselt, trägt zum Poincaré-Plot bei und ist hier durch einen kleinen Kreis markiert

Beim Doppelpendel dagegen erfolgt die Bewegung in einem dreidimensionalen Unterraum des Phasenraums. Ein Schnitt mit einer Ebene reduziert die Dimension um eins, so dass die Durchstoßpunkte der Trajektorie über eine Fläche verteilt sein werden. Eine integrable und eine nicht integrable Dynamik können somit anhand eines Poincaré-Plots unterschieden werden.

Sehen wir uns zunächst den links in Abb. 2.35 dargestellten Poincaré-Plot an. Die Berandung ergibt sich aus der vorgegebenen Energie (2.142), die die maximalen Winkelausschläge begrenzt, und die hier zu $E = -1{,}5$ festgelegt wurde. Die dargestellten Punkte stellen den Verlauf einer einzigen Trajektorie mit der Anfangsbedingung $\phi_1(0) = \phi_2(0) = \omega_1(0) = 0$ dar. Wie erwartet ergibt sich eine zweidimensionale, wenn auch nicht gleichmäßige, Verteilung. Das Doppelpendel besitzt also offenbar keine weitere Erhaltungsgröße.

Gleichzeitig stellen wir das Auftreten von Löchern fest. Wählt man die Anfangsbedingung in diesem Bereich, indem man $\phi_2(0) = 0{,}9$ setzt, so ergibt sich das Bild auf der rechten Seite in Abb. 2.35. Man spricht hier von einer regulären Insel, die dem Bild entspricht, das wir uns für eine integrable Dynamik gemacht haben. Tatsächlich kann man in diesem Bereich die Dynamik durch ein integrables System approximieren. Interessanterweise ergeben sich vier getrennte geschlossene Linien, in deren

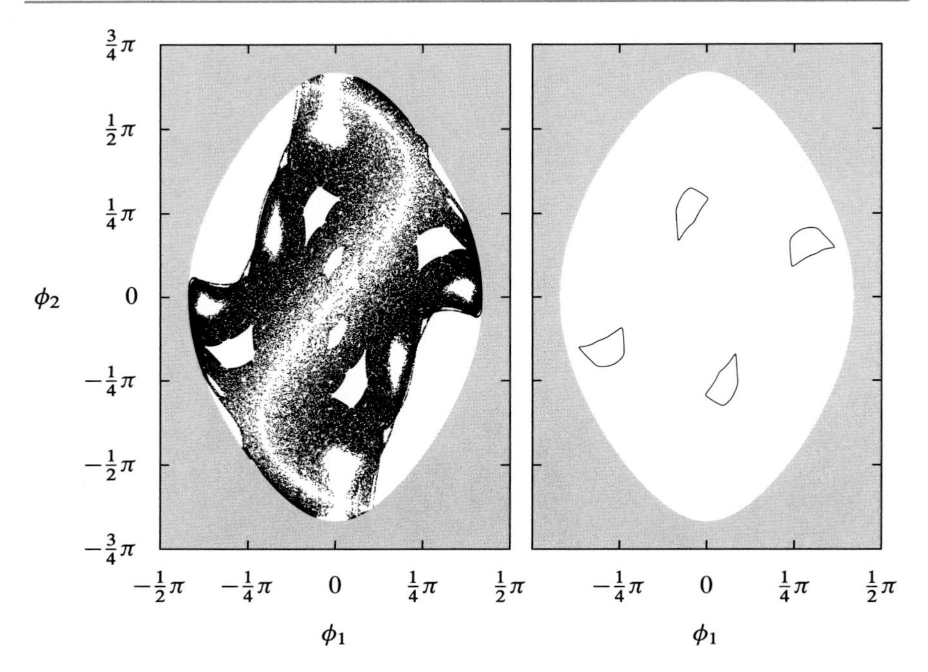

Abb. 2.35 Poincaré-Plot für das Doppelpendel mit $\alpha = \beta = 1$ und einer Gesamtenergie $E = -1{,}5$. Im linken Bild wurden die Anfangsbedingungen $\phi_1(0) = \phi_2(0) = \omega_1(0) = 0$ gewählt. Rechts liegt die Anfangsbedingung mit $\phi_2(0) = 0{,}9$ auf einer regulären Insel

Zentrum eine periodische Trajektorie vorliegt. Für speziell gewählte Anfangsbedingungen kann also auch das Doppelpendel eine periodische Bewegung ausführen.

Wir könnten nun für eine Vielzahl von Anfangsbedingungen entsprechende Poincaré-Plots erstellen, um den Charakter der Bewegung zu bestimmen. Einfacher ist es, wenn wir mehrere dieser Poincaré-Plots in einer Darstellung vereinigen. Wir müssen dabei jedoch sicherstellen, dass durch die Projektion auf eine zweidimensionale Fläche keine sich überlappenden Strukturen erzeugt werden, denn in diesem Fall könnte man dem entstehenden Diagramm keine Informationen mehr entlocken. Am einfachsten erfüllen wir diese Forderung, indem wir Startwerte mit gleicher Gesamtenergie wählen, da dann alle Trajektorien auf einer gemeinsamen dreidimensionalen Hyperfläche liegen.

Die Umsetzung dieser Überlegungen führt uns zum zweiten Abschnitt des Jupyter-Notebooks zum Doppelpendel. Die Funktion `dx_dt`, die die Bewegungsgleichungen definiert, können wir unverändert übernehmen. Um die Durchstoßpunkte durch die Ebene $\omega_1 = 0$ zu bestimmen, wollen wir die Lösung der Differentialgleichung abbrechen, sobald diese Ebene erreicht ist. Hierzu definieren wir zwei Abbruchbedingungen, die zwischen den beiden möglichen Durchstoßrichtungen unterscheiden.

```
def omega1_null_pos(t, x, alpha, beta):
    return x[1]

omega1_null_pos.terminal = True
omega1_null_pos.direction = 1
```

```
def omega1_null_neg(t, x, alpha, beta):
    return x[1]

omega1_null_neg.terminal = True
omega1_null_neg.direction = -1
```

Damit können wir jetzt eine Funktion implementieren, die die Durchstoßpunkte für eine Anfangsbedingung berechnet und in Form von zwei Listen `phi1_values` und `phi2_values` zurückgibt.

```
def poincare_points(dt, n_out, alpha, beta,
                    phi1_0, omega1_0, phi2_0, omega2_0):
    x_0 = (phi1_0, omega1_0, phi2_0, omega2_0)
    phi1_values = []
    phi2_values = []
    n = 0
    t_start = 0
    t_end = dt
    while n < n_out:
        for event, store in ((omega1_null_pos, True),
                             (omega1_null_neg, False)):
            solution = integrate.solve_ivp(
                dx_dt, (t_start, t_end), x_0,
                args=(alpha, beta),
                events=event, atol=1e-12, rtol=1e-12)
            if solution.t_events[0].size > 0:
                t_end = solution.t_events[0][0]
                if store:
                    phi1_values.append(solution.y[0][-1])
                    phi2_values.append(solution.y[2][-1])
                    n = n+1
            t_start = t_end
            t_end = t_start+dt
            x_0 = solution.y[:, -1]
    return phi1_values, phi2_values
```

Als Erstes betrachten wir die Parameter dieser Funktion. `dt` ist die Zeitspanne, über die `integrate.solve_ivp` die Lösung berechnet und innerhalb derer der nächste Durchstoßpunkt gesucht wird. Dieser Wert muss hinreichend groß gewählt werden, um sicherzustellen, dass in dieser Zeitspanne ein Durchstoßpunkt existiert. `n_out` ist die Zahl der Punkte, die für den Poincaré-Plot erzeugt werden sollen. α und β entsprechen dem Massenverhältnis m_2/m_1 bzw. dem Längenverhältnis l_2/l_1 und die letzten vier Parameter geben die Anfangsbedingung an.

Der erste Durchstoßpunkt wird im Zeitintervall zwischen null und `dt` gesucht. Dementsprechend werden die Werte für `t_start` und `t_end` auf diese Werte gesetzt. Außerdem werden leere Listen für die ϕ_1- und ϕ_2-Werte der Durchstoßpunkte initialisiert. Anschließend werden die Bewegungsgleichungen abschnittsweise zwischen aufeinanderfolgenden Durchstoßpunkten gelöst, wobei die Ebene $\omega_1 = 0$ abwechselnd in positiver und negativer Richtung durchlaufen wird. Um eine unnötige Wiederholung von Code, die immer auch eine zusätzliche Gefahr von Programmierfehlern mit sich bringt, zu vermeiden, verwenden wir hierzu eine `for`-Schleife, die zwischen den beiden Abbruchbedingungen wechselt. Außerdem wollen wir nur in einem Fall den Durchstoßpunkt abspeichern und geben dies durch den Wahrheitswert der Variable `store` an. Am Ende werden die Start- und Endzeit sowie die Anfangsbedingungen für den nächsten Schleifendurchlauf aktualisiert. Die `while`-Schleife sorgt dafür, dass insgesamt `n_out` Punkte erzeugt werden. Mit dieser Funktion lassen sich je nach Wahl der Anfangsbedingungen zum Beispiel die beiden Teile der Abb. 2.35 erzeugen.

Damit haben wir den ersten Schritt hin zu einem Poincaré-Plot gemacht, der verschiedene Anfangsbedingungen umfasst. Dazu wählen wir hier die Anfangswerte für die Winkel ϕ_1 und ϕ_2 auf einem regelmäßigen Gitter. Wenn wir auf der Ebene $\omega_1 = 0$ starten, ergibt sich die Winkelgeschwindigkeit ω_2 aus der vorgegebenen Gesamtenergie E bis auf ein eventuelles Vorzeichen zu

$$\omega_2 = \frac{1}{\beta}\sqrt{\frac{2(E-U)}{\alpha}} \tag{2.144}$$

mit der skalierten potentiellen Energie

$$U = -(1+\alpha)\cos(\phi_1) - \alpha\beta\cos(\phi_2)\,. \tag{2.145}$$

Anfangswerte, für die die kinetische Energie $E - U$ negativ wird, liegen im grauen Bereich der Abb. 2.35 und werden von der folgenden Funktion nicht behandelt. Für die anfänglichen Winkel haben hier mit `n_max=4` fest ein 9×9-Gitter vorgegeben. Je nach der zur Verfügung stehenden Rechenzeit und den Ansprüchen an die Abbildung kann dieser Wert im Code natürlich angepasst werden. Häufig ist es aber auch sinnvoll, einen Satz spezieller Anfangsbedingungen vorzugeben, um bestimmte Aspekte des Poincaré-Plots herauszuarbeiten. Dann würde man die beiden Schleifen über `phi1_start` und `phi2_start` durch eine Schleife über die gewünschten Anfangsbedingungen ersetzen.

```
def poincare_points_mult(dt, n_out, alpha, beta,
                         phi1_max, phi2_max, e_ges):
    all_phi1_values = []
    all_phi2_values = []
    n_max = 4
    for phi1_start in np.linspace(-phi1_max, phi1_max,
                                  2*n_max+1):
        for phi2_start in np.linspace(-phi2_max, phi2_max,
                                      2*n_max+1):
            e_pot = (-(1+alpha)*cos(phi1_start)
                     - alpha*beta*cos(phi2_start))
            e_kin = e_ges - e_pot
            omega1_start = 0
            if e_kin >= 0:
                omega2_start = sqrt(2*e_kin/alpha) / beta
                phi1_values, phi2_values = poincare_points(
                    dt, n_out, alpha, beta,
                    phi1_start, omega1_start,
                    phi2_start, omega2_start)
                all_phi1_values.append(phi1_values)
                all_phi2_values.append(phi2_values)
                print(phi1_start, phi2_start)
    return all_phi1_values, all_phi2_values
```

Im Wesentlichen ist diese Funktion nur dafür zuständig, den Anfangswert für ω_2 zu bestimmen und die Schleife über die Anfangsbedingungen zu organisieren. Der Rest der Arbeit wird an die bereits besprochene Funktion `poincare_points` delegiert.

Ein Beispiel für einen Poincaré-Plot, der Daten für eine ganze Reihe geeignet gewählter Anfangsbedingungen enthält, ist in Abb. 2.36 für ein Doppelpendel mit $\alpha = \beta = 1$ und $E = -1{,}5$ gezeigt. Der gemischte Phasenraum enthält sowohl reguläre Inseln als auch einen ausgedehnten chaotischen Bereich. Man kann hier schon erkennen, dass die regulären Bereiche wiederum eine innere Struktur besitzen, so dass es interessant sein kann, einzelne Bereiche des Phasenraums herauszuvergrößern. Hierzu muss der obige Code um die Möglichkeit erweitern werden, den Mittelpunkt des ϕ_1-ϕ_2-Ausschnitts auszuwählen. Eine Implementation dieser Funktionalität ist ein guter Startpunkt für eigene numerische Experimente. Eine weitere Anregung zur Untersuchung von Poincaré-Schnitten gibt die Übungsaufgabe 2.6.

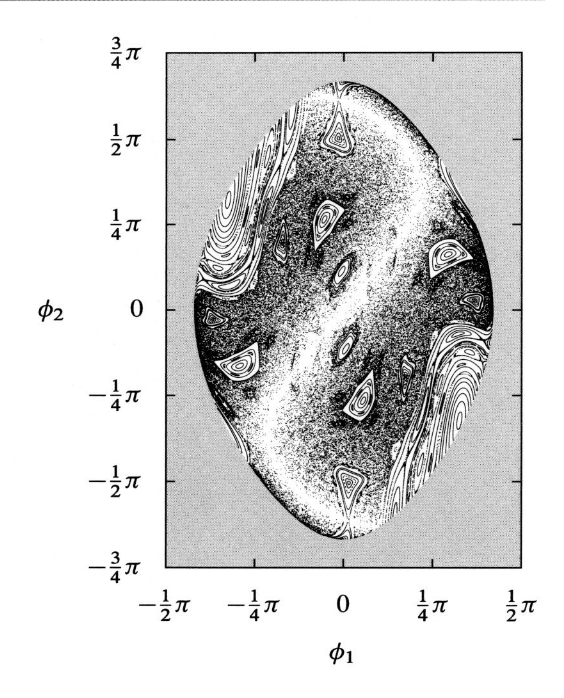

Abb. 2.36 Poincaré-Plot für ein Doppelpendel mit $\alpha = \beta = 1$ sowie $E = -1{,}5$, der einen gemischten Phasenraum mit regulären Inseln und einem chaotischen Bereich zeigt

2.12 Reguläre und chaotische Dynamiken

☞ `2-10-Doppelpendel.ipynb`

Im Zusammenhang mit der Abb. 2.36 hatten wir von regulären und chaotischen Bereichen gesprochen. Diese Bezeichnung bezieht sich auf die Sensitivität der Trajektorie auf geringfügige Änderungen der Startwerte. Wächst der Abstand zweier anfänglich infinitesimal voneinander entfernter Punkte im Phasenraum mit der Zeit exponentiell an, so spricht man von chaotischem Verhalten. Erfolgt dieses Anwachsen langsamer als exponentiell, folgt es also beispielsweise einem Potenzgesetz, nennt man die Dynamik regulär. Die inverse Zeitskala für das exponentielle Auseinanderlaufen im chaotischen Fall wird als Ljapunov-Exponent bezeichnet. Diesen werden wir zunächst präziser definieren und dann seine numerische Berechnung diskutieren.

Zunächst führen wir einen Abstand Δ zwischen zwei Phasenraumpunkten ein. Diese Funktion ist nicht eindeutig definiert, aber die genaue Wahl hat, von pathologischen Ausnahmen abgesehen, keinen Einfluss auf den Ljapunov-Exponenten. Daher werden wir die euklidsche Norm des Abstandsvektors $\delta \boldsymbol{x}$ im Phasenraum verwenden. Die beiden Vergleichstrajektorien sollen anfänglich infinitesimal nahe beieinander liegen, so dass wir formal den Grenzübergang $\Delta(0) \to 0$ machen. In welche Richtung die Startpunkte der beiden Trajektorien voneinander getrennt sind, spielt von singulären Fällen abgesehen keine Rolle.

Da sich die beiden Phasenraumpunkte aufgrund der Dynamik entlang zweier unterschiedlicher Trajektorien bewegen, erhalten wir eine zeitabhängige Abstandsfunktion $\Delta(t)$. So lange der Abstand zwischen den Phasenraumpunkten klein bleibt, können wir die Dynamik für den Abstandsvektor linearisieren, ähnlich wie wir es bereits am Ende des Abschn. 2.7 angesprochen hatten. Die Bewegungsgleichung für den Abstandsvektor lautet dann

$$\frac{\mathrm{d}}{\mathrm{d}t}\delta\boldsymbol{x} = \hat{M}(\boldsymbol{x})\delta\boldsymbol{x}\,. \tag{2.146}$$

Diese Differentialgleichung lässt sich formal durch

$$\delta\boldsymbol{x}(t) = \exp\left(\int_0^t \mathrm{d}t'\, \hat{M}(\boldsymbol{x}(t'))\right)\delta\boldsymbol{x}(0) \tag{2.147}$$

lösen. Später werden wir ausnutzen, dass diese Beziehung bezüglich des Abstandsvektors $\delta\boldsymbol{x}$ linear ist. So lange die Linearisierung (2.146) zulässig ist, dürfen wir also den Abstandsvektor auf beiden Seiten mit einem Faktor multiplizieren.

Im Hinblick auf ein exponentielles Anwachsen des Abstands gemäß $\Delta(t) \sim \exp(\lambda t)\Delta(0)$ definiert man den *Ljapunov-Exponenten* nun durch

$$\lambda = \lim_{t\to\infty}\lim_{\Delta(0)\to 0}\frac{1}{t}\ln\left(\frac{\Delta(t)}{\Delta(0)}\right), \tag{2.148}$$

wobei die Reihenfolge der beiden Grenzübergänge wichtig ist.

Der Ljapunov-Exponent (2.148) ist so definiert, dass er ein Maß für die Empfindlichkeit gegen kleine Änderung der Anfangsbedingungen darstellt. Ist der Ljapunov-Exponent kleiner oder gleich null, wachsen Abstände zwischen Trajektorien im Allgemeinen nur polynomial an oder werden sogar kleiner. Ein Ljapunov-Exponent größer als null bedeutet dagegen, dass diese Abstände exponentiell anwachsen. Da in der Realität ein Zustand nie genau bekannt ist, sondern immer eine Unsicherheit z. B. aufgrund von Messungenauigkeiten vorliegt, ist der Ljapunov-Exponent auch ein Maß dafür, wie schnell diese Unsicherheit wächst und unsere Kenntnis über das System verlorengeht.

Wenden wir uns nun der numerischen Berechnung des Ljapunov-Exponenten zu. Die Definition (2.148) mit den beiden Grenzübergängen $\Delta(0) \to 0$ und $t \to \infty$ stellt numerisch ein Problem dar, da die endliche Genauigkeit, die uns der Computer zur Verfügung stellt, den ersten Grenzübergang unmöglich macht. Bei den bisherigen Anwendungen stellte dies kein Problem dar, da relative Abstände von 10^{-10} und kleiner durchaus aufgelöst werden können. Erst durch den zweiten Grenzübergang $t \to \infty$ werden diese kleinen Abstände zu einem begrenzenden Faktor, da sie eine Einschränkung für die Zeiten geben, zu denen der Abstand noch klein ist. Nehmen wir beispielsweise einen Anfangsabstand von 10^{-10} und einen Ljapunov-Exponenten von 1 an und fragen wir uns, wie lange der Abstand kleiner als 10^{-4} bleibt, so ergibt sich für die maximale Zeit, bis zu der wir die Zeitentwicklung verfolgen dürfen

$$t_{\max} = \ln\left(\frac{10^{-4}}{10^{-10}}\right) \approx 14\,. \tag{2.149}$$

Selbst unter günstigeren Annahmen wie einem kleineren Anfangsabstand oder einem kleineren Ljapunov-Exponenten sind wir weit davon entfernt, den Grenzübergang $t \to \infty$ vernünftig durchführen zu können.

Die Linearität der Beziehung (2.147) bezüglich der Abstandsvektoren ermöglicht jedoch einen Trick, mit dem wir diesem Problem begegnen können. Wir beginnen mit einem moderaten Anfangsabstand $\Delta(0) = \Delta_0$, der uns nur eine Zeitentwicklung über einen kurzen Zeitraum Δt erlaubt, ohne den Linearitätsbereich zu verlassen. Nach der Zeit Δt sei der Abstand auf Δ_1 angewachsen. Nun skalieren wir diesen Abstand Δ_1 auf den Anfangswert Δ_0 zurück. Wegen der Linearität von (2.147) gehört der skalierte Abstand zu einem effektiv kleineren Anfangsabstand

$$\Delta_{0,\text{eff}} = \Delta_0 \frac{\Delta_0}{\Delta_1} . \tag{2.150}$$

Wenn wir dieses Vorgehen N-mal wiederholen, erhalten wir einen effektiv sehr kleinen Anfangsabstand

$$\Delta_{0,\text{eff}} = \Delta_0 \frac{\Delta_0}{\Delta_1} \frac{\Delta_0}{\Delta_2} \cdots \frac{\Delta_0}{\Delta_{N-1}} , \tag{2.151}$$

wobei im N-ten Schritt keine Rückskalierung mehr vorzunehmen ist. Trotz des sehr kleinen effektiven Anfangsabstands mussten wir numerisch nie mit Differenzen von der Größenordnung von $\Delta_{0,\text{eff}}$ umgehen.

Diese Vorgehensweise liefert uns eine Folge von Abständen Δ_1, Δ_2, ..., die die beiden Phasenraumpunkte am Ende der jeweiligen Zeitintervalle haben. Den gesuchten Ljapunov-Exponenten erhalten wir dann als

$$\begin{aligned} \lambda &= \frac{1}{N \Delta t} \ln \left(\frac{\Delta_N}{\Delta_{0,\text{eff}}} \right) \\ &= \frac{1}{N \Delta t} \ln \left(\frac{\Delta_N}{\Delta_0} \frac{\Delta_{N-1}}{\Delta_0} \cdots \frac{\Delta_1}{\Delta_0} \right) . \end{aligned} \tag{2.152}$$

Da der Anfangsabstand für jedes Zeitintervall durch Δ_0 gegeben ist, können wir für das n-te Zeitintervall einen Kurzzeit-Ljapunov-Exponenten

$$\lambda_n = \frac{1}{\Delta t} \ln \left(\frac{\Delta_n}{\Delta_0} \right) \tag{2.153}$$

definieren. Damit ergibt sich der Ljapunov-Exponent aus (2.152) als Mittelwert dieser Kurzzeit-Exponenten

$$\lambda = \frac{1}{N} \sum_{n=1}^{N} \lambda_n . \tag{2.154}$$

Nach diesen Vorüberlegungen können wir uns der numerischen Implementation zuwenden, die in der Funktion `ljapunov_exponent` im letzten Teil des Jupyter-Notebooks zum Doppelpendel zu finden ist.

```
def ljapunov_exponent(t_end, n_out, alpha, beta,
                      phi1_0, omega1_0,
                      phi2_0, omega2_0, delta_0):
    x_0 = (phi1_0, omega1_0, phi2_0, omega2_0)
    x_1 = (phi1_0 + delta_0, omega1_0, phi2_0, omega2_0)
    ljapunov_values = []
    ljapunov_exp = 0
    t_start, delta_t = np.linspace(0, t_end, n_out+1,
                                   retstep=True)
    for n, (t0, t1) in enumerate(zip(t_start[:-1],
                                     t_start[1:])):
        solution = integrate.solve_ivp(
            dx_dt, (t0, t1), x_0, args=(alpha, beta),
            t_eval=(t1,), atol=1e-12, rtol=1e-12)
        x_0 = solution.y[:, 0]
        solution = integrate.solve_ivp(
            dx_dt, (t0, t1), x_1, args=(alpha, beta),
            t_eval=(t1,), atol=1e-12, rtol=1e-12)
        x_1 = solution.y[:, 0]
        delta_1 = LA.norm(x_1-x_0)
        x_1 = x_0 + (x_1-x_0) * delta_0/delta_1
        incr_ljapunov_exp = log(delta_1 / delta_0)
        incr_ljapunov_exp = incr_ljapunov_exp / delta_t
        ljapunov_exp = n*ljapunov_exp + incr_ljapunov_exp
        ljapunov_exp = ljapunov_exp / (n+1)
        ljapunov_values.append(ljapunov_exp)
    return t_start[:-1], ljapunov_values
```

`x_0` und `x_1` enthalten die Anfangsbedingungen für die Referenztrajektorie bzw. die Vergleichstrajektorie, wobei die Verschiebung hier in Richtung des Winkels ϕ_1 vorgenommen wird. Aus der Liste der Zeitwerte `t_start` entnehmen wir für jeden Iterationsschritt in der Schleife einen Start- und einen Endwert. Mit Hilfe von `enumerate` lassen wir gleichzeitig einen Zähler mitlaufen, um später den Mittelwert (2.154) aktualisieren zu können.

Innerhalb der `for`-Schleife werden beide Trajektorien durch einen Aufruf von `integrate.solve_ivp` zwischen den Zeiten `t0` und `t1` integriert. Die Lösungen werden nur zum Endzeitpunkt ausgewertet, so dass die Endzustände unter dem Index `0` in `solution.y` zur Verfügung stehen. Nachdem in `delta_1` der Abstand am Ende des Zeitintervalls bestimmt wurde, kann die neue Anfangsbedingung der Vergleichstrajektorie wie besprochen in Richtung der Referenztrajektorie zurückskaliert werden. Nun wird noch der Kurzzeit-Ljapunov-Exponent oder inkrementelle Ljapunov-Exponent `incr_ljapunov_exp` und der Mittelwert `ljapunov_exp` aller bisherigen Werte der Kurzzeit-Ljapunov-Exponenten berechnet. Der Mittelwert wird an die Liste des

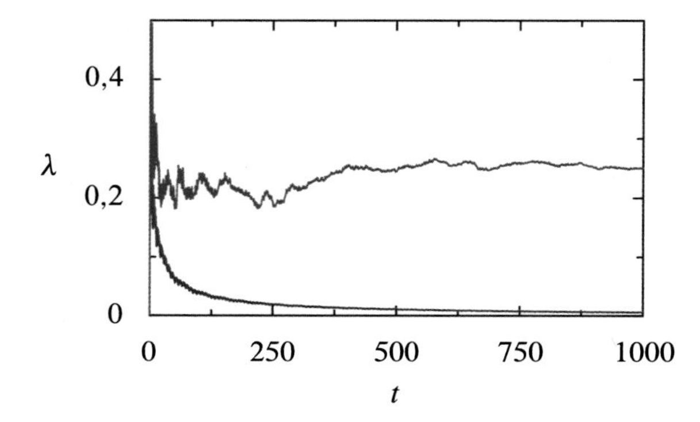

Abb. 2.37 Der Ljapunov-Exponent für ein Doppelpendel mit $\alpha = \beta = 1$ als Funktion der Zeit, über die die Zeitentwicklung verfolgt wird, für reguläre (blaue Kurve) und chaotische Dynamik (rote Kurve)

Zeitverlaufs der Ljapunov-Exponenten angehängt und zusammen mit den Startzeitwerten an das aufrufende Programm übergeben.

In Abb. 2.37 ist für ein Doppelpendel mit $\alpha = \beta = 1$ die zeitliche Entwicklung des Ljapunov-Exponenten für zwei verschiedene Anfangsbedingungen der Referenztrajektorie dargestellt. Die Anfangsbedingungen der blauen Kurve sind durch $\phi_1(0) = 0$, $\phi_2(0) = 0{,}8$, $\omega_1(0) = 0{,}4$ und $\omega_2(0) = 0$ gegeben, während für die rote Kurve davon abweichend $\omega_1(0) = 1{,}6$ gesetzt wurde. Der Anfangsabstand betrug $\Delta_0 = 10^{-6}$. Für die blaue Kurve geht der Ljapunov-Exponent für lange Zeiten gegen null, so dass die entsprechende Anfangsbedingung im regulären Bereich liegt. Für die rote Kurve dagegen stabilisiert sich der Ljapunov-Exponent bei einem Wert von etwa $0{,}25$. In diesem Fall liegt somit eine chaotischen Dynamik vor.

2.13 Billards

☞ `2-13-Billards.ipynb`

In diesem Abschnitt wollen wir uns mit einer Punktmasse beschäftigen, die sich ähnlich wie eine Billardkugel auf einer Fläche frei bewegen kann und lediglich an der Berandung der Fläche elastisch reflektiert wird. Bei dieser Problemstellung wird es nicht erforderlich sein, eine Bewegungsgleichung zu lösen, sondern es wird genügen, die Punkte zu bestimmen, an denen der Rand getroffen wird, und die neue Geschwindigkeit zu berechnen. Trotz dieser scheinbaren Einfachheit hält die Dynamik in einem solchen Billard interessante Phänomene parat und wird es uns erlauben, Aspekte der chaotischen Dynamik nochmals zu illustrieren. Als weiterführende Literatur in Bezug auf Billards ist Ref. [10] empfehlenswert.

Konkret werden wir zwei Billards betrachten, nämlich das Quadratbillard und das sogenannte Sinaibillard, das in Abb. 2.38 dargestellt ist. Während das Quadratbillard lediglich einen quadratischen äußeren Rand besitzt, kommt beim Sinaibillard noch ein kreisrundes Hindernis in der Mitte des Billards hinzu. Im hellgrauen Bereich kann sich die Punktmasse frei bewegen, während die schwarzen Linien die Berandungen markieren, an denen die Reflexion stattfindet.

Wir beginnen mit der Diskussion des Quadratbillards, das es uns aufgrund seiner Einfachheit erlaubt, zunächst einige konzeptionelle Aspekte anzusprechen. Das

Abb. 2.38 Sinaibillard

Quadratbillard weist, genauso wie das Sinaibillard, einige Symmetrien auf, die es uns ermöglichen, die Billardfläche auf einen fundamentalen Bereich zu reduzieren. Neben einer vierzähligen Rotationssymmetrie besitzt das Quadrat noch vier Spiegelsymmetrien, die links in Abb. 2.39 durch die grau eingezeichneten Spiegelachsen angedeutet sind. Aufgrund dieser Symmetrien ist es möglich, die Quadratfläche auf das rechts abgebildete Achtel einer Quadratfläche zu reduzieren.

Betrachten wir beispielhaft die schwarz eingezeichnete periodische Bahn im linken Bild, Wenn wir die Punktmasse auf der horizontalen grauen Linie nach rechts oben starten lassen, wird sie zunächst die rechte Wand treffen. Um den Auftreffpunkt zu bestimmen, muss man demnach den Schnittpunkt zweier Geraden bestimmen. Anschließend erfolgt eine Reflexion, bei der Einfallswinkel gleich Ausfallswinkel gilt. Nach zwei weiteren Reflexionen ist die Punktmasse zwar am Ausgangspunkt zurück, besitzt aber eine andere Geschwindigkeit. Erst nach drei weiteren Reflexionen schließt sich die Bahn.

Diese Bahn kann man auch rechts in Abb. 2.39 nachvollziehen, auch wenn die Bahn deutlich komplizierter aussieht. Das Anfangsstück der Bahn sowie den ersten Teil nach der ersten Reflexion finden wir auch hier wieder. Mit dem Überschreiten der grauen Linie im linken Bild müssen wir uns aber das Achtel umgeklappt vorstellen. Dann entspricht die Fortsetzung der Bahn im linken Bild bis zur vertikalen grauen Linie genau der reflektierten Bahn im rechten Bild bis wieder die untere Berandung

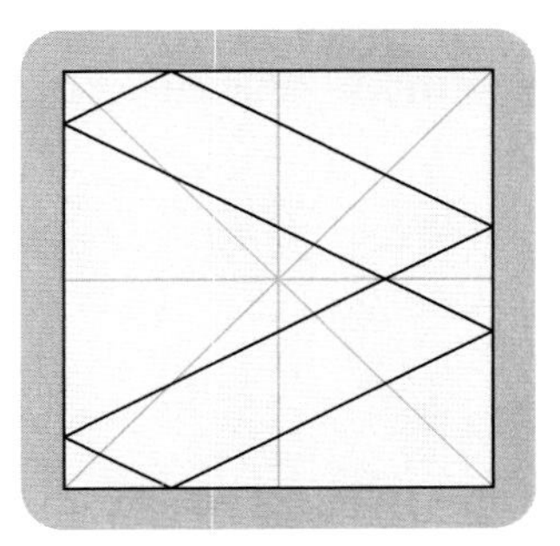

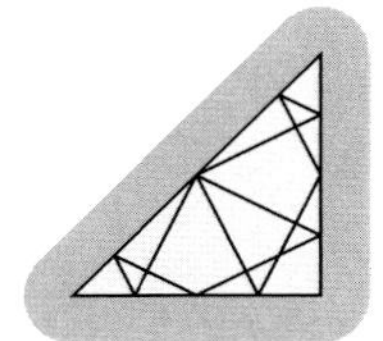

Abb. 2.39 Quadratbillard mit einer typischen periodischen Bahn, links im ursprünglichen Quadrat und rechts reduziert auf ein Achtel dieses Quadrats

erreicht ist. Entsprechend lassen sich alle Bahnteile links und rechts in Abb. 2.39 einander zuordnen.

Da eine Bahn im reduzierten Billard immer irgendwann auf die horizontale Berandung treffen wird, wählen wir diesen Zeitpunkt als Startpunkt $t = 0$ und definieren einen Teil der Anfangsbedingung durch den betreffenden Ort an der Wand, der Werte zwischen null und eins annehmen kann. Damit haben wir implizit dimensionslose Längen eingeführt, die auf die Hälfte der Seitenlänge des vollen Quadrats bezogen sind.

Auch wenn der Betrag der Geschwindigkeit für dieses Problem völlig irrelevant ist, könnte man ihn immer durch geeignete Wahl einer Zeitskala auf eins skalieren. Wichtig ist lediglich der Winkel α, unter dem sich die Punktmasse zum Zeitpunkt $t = 0$ vom Startpunkt wegbewegt. Damit haben wir die erforderlichen Anfangsbedingungen, um den weiteren Verlauf der Bahn bestimmen zu können.

Wie bereits angedeutet, wird im Weiteren nicht die zeitliche Dynamik im Vordergrund stehen, sondern der Verlauf der Bahn, der durch die Wandkontakte charakterisiert wird. Wir werden also ausgehend von einem Wandkontakt und einer Geschwindigkeit nach der Reflexion iterativ die nächsten Wandkontakte und die entsprechenden Geschwindigkeiten bestimmen. Man spricht hier auch von einer stroboskopischen Abbildung. Dieses Bezeichnung spielt auf ein Stroboskop an, also eine Lampe, die kurze Lichtblitze aussendet, und den Raum nur zu diesen Zeitpunkten ausleuchtet, während er ansonsten im Dunkeln bleibt.

Ein Problem bei der Bestimmung des nächsten Wandkontakts besteht darin, dass zunächst nicht klar ist, welche Wand als nächstes getroffen wird. Im Fall einer konkaven Berandung, wie sie in der Übungsaufgabe 2.7 auftreten wird, kann es sich sogar um den gleichen Wandteil handeln, von dem die Punktmasse gerade kommt. Die Idee besteht nun darin, jede Wand für sich zu betrachten und als unendlich lang anzunehmen. Dann kann für jede Wand ein Zeitpunkt und Ort des Auftreffens bestimmt werden. Die kürzeste Zeit größer als null legt die gesuchte Wand fest. Um Rundungsfehlern vorzubeugen, werden wir später eine von null verschiedene, aber sehr kleine Mindestzeit fordern.

Im Prinzip könnten wir nun für jede der drei Wände des Achtelbillards in Abb. 2.39 die Berechnung des Schnittpunkts separat implementieren. Flexibler ist allerdings ein Code, der eine allgemeine gerade Wand vorsieht, die durch einen Einheitsvektor $\boldsymbol{d}$ in Wandrichtung und einen Punkt $\boldsymbol{x}_0$ auf der Wand charakterisiert ist. Wenn sich die Punktmasse beim letzten Wandkontakt am Ort $\boldsymbol{x}$ befand und dort mit der Geschwindigkeit $\boldsymbol{v}$ reflektiert wurde, erhalten wir als Schnittbedingung

$$\boldsymbol{x} + t\boldsymbol{v} = \boldsymbol{x}_0 + s\boldsymbol{d}\,, \tag{2.155}$$

wobei s und t die Position auf der Wand bzw. die Position der Punktmasse parametrisieren. Dieses inhomogene Gleichungssystem lässt sich leicht nach dem Parameter t auflösen, und man erhält

$$t = \frac{(x_0 - x)d_y - (y_0 - y)d_x}{v_x d_y - v_y d_x}\,. \tag{2.156}$$

Hierbei handelt es sich um die gesuchte Zeit. Falls der Nenner verschwindet, läuft die Punktmasse parallel zur betreffenden Wand und trifft diese somit nie.

Um die Geschwindigkeit v' nach der Reflexion zu erhalten, muss man lediglich berücksichtigen, dass die Geschwindigkeitskomponente parallel zur Wand

$$\boldsymbol{v}_{\parallel} = (\boldsymbol{v} \cdot \boldsymbol{d})\,\boldsymbol{d} \tag{2.157}$$

erhalten bleibt, während die Komponente senkrecht zur Wand

$$\boldsymbol{v}_{\perp} = \boldsymbol{v} - \boldsymbol{v}_{\parallel} \tag{2.158}$$

ihr Vorzeichen ändert. Damit ergibt sich für die Geschwindigkeit nach der Reflexion

$$\boldsymbol{v}' = 2\,(\boldsymbol{v} \cdot \boldsymbol{d})\,\boldsymbol{d} - \boldsymbol{v}\,. \tag{2.159}$$

Die beiden Gl. (2.156) und (2.159) sind in den Funktionen `time_to_straight_line` und `v_refl_straight_line` implementiert. Im ersten Funktionsnamen wird auf die Zeit Bezug genommen, die bis zum Auftreffen auf der Wand verstreicht. Da die Geschwindigkeit der Punktmasse gleich eins ist, entspricht der Betrag dieser Zeit gleichzeitig der zu durchlaufenden Wegstrecke.

```
def time_to_straight_line(x_0, y_0, dir_x, dir_y, x, y,
                          v_x, v_y):
    denominator = v_x*dir_y - v_y*dir_x
    if denominator != 0:
        numerator = (x_0-x)*dir_y - (y_0-y)*dir_x
        return numerator / denominator
    else:
        return float("inf")

def v_refl_straight_line(dir_x, dir_y, x, y, v_x, v_y):
    projection = v_x*dir_x + v_y*dir_y
    return (-v_x + 2*dir_x*projection,
            -v_y + 2*dir_y*projection)
```

Die erste Funktion untersucht zunächst, ob der Nenner in (2.156) verschwindet. Sollte dies der Fall sein, so wird der Wert unendlich zurückgegeben, den man mit Hilfe von `float("inf")` erhalten kann. Andernfalls wird hier der Ausdruck (2.156) ausgewertet. Beim genaueren Hinsehen wird man feststellen, dass in der Argumentliste der Funktion `v_refl_straight_line` die Variablen `x` und `y` vorkommen, die anschließend überhaupt nicht benötigt werden. Wir haben diese beiden Argumente mit aufgenommen, da sie später bei der Reflexion an einer kreisförmigen Wand benötigt werden, und wir werden sehen, dass es dann Vorteile bietet, wenn wir die Fälle gerader und kreisförmiger Wände in gleicher Weise behandeln können.

Der folgende Code definiert das Dreiecksbillard, das durch die Symmetriereduktion des ursprünglichen Quadratbillards entstand. Das hier definierte Dictionary hat drei Einträge. `time` enthält eine Liste der Funktionen, die die Zeit bis zum Wandkontakt an den drei Wänden berechnen, und `v_refl` enthält die entsprechende Liste der Funktionen zur Berechnung der Geschwindigkeit nach der Reflexion. Der letzte Eintrag `boundary_path` wird später im Zusammenhang mit der graphischen Darstellung benötigt und definiert den Pfad, der die Berandung repräsentiert. Der durchgehend groß geschriebene Variablenname des Dictionaries soll darauf hindeuten, dass dieses Objekt als konstant zu betrachten ist, im Weiteren also nicht verändert werden soll.

```
TRIANGLE = {"time":
            [partial(time_to_straight_line, 0, 0, 1, 0),
             partial(time_to_straight_line, 1, 0, 0, 1),
             partial(time_to_straight_line,
                     0, 0, sqrt(0.5), sqrt(0.5))
            ],
            "v_refl":
            [partial(v_refl_straight_line, 1, 0),
             partial(v_refl_straight_line, 0, 1),
             partial(v_refl_straight_line,
                     sqrt(0.5), sqrt(0.5))
            ],
            "boundary_path":
            Path([(0, 0), (1, 0), (1, 1), (0, 0)],
                 [Path.MOVETO, Path.LINETO,
                 Path.LINETO, Path.CLOSEPOLY]
                 )
            }
```

Die Verwendung von `partial` aus dem `functools`-Modul der Python-Standardbibliothek bedarf noch einer Erläuterung. Nehmen wir als Beispiel den Eintrag in der zweiten Linie. Hier erzeugt `partial` eine Funktion, die der Funktion `time_to_straight_line` entspricht, wobei aber die ersten vier Argumente bereits wie angegeben festgelegt sind. In diesem Beispiel wird durch `x_0=0` und `y_0=0` eine Gerade durch den Ursprung definiert, deren Richtungsvektor aufgrund von `dir_x=1` und `dir_y=0` in horizontaler Richtung zeigt. Beim späteren Aufruf der so erzeugten Funktion müssen wir also nur noch die verbleibenden Argumente `x`, `y`, `v_x` und `v_y` angeben.

Alternativ zu der hier beschriebenen Art, das Billard zu definieren, könnte man auch Methoden der objektorientierten Programmierung verwenden, die Python ebenfalls zur Verfügung stellt. Da sich eine solche Vorgehensweise in diesem Buch jedoch nur in relativ wenigen Fällen anbietet, verzichten wir hierauf, zumal dies die Bereitstellung einiger Grundlagen erfordern würde.

Das Herzstück des Programms ist die Generatorfunktion `stroboscopic_map`, die aus einem Anfangsort mit den Koordinaten `x` und `y` sowie einer Anfangsgeschwindigkeit mit den Komponenten `v_x` und `v_y` bei jedem Aufruf die Werte für den jeweils nächsten Wandkontakt zurückgibt. Mehr zur Funktionsweise von Generatorfunktionen findet sich in Abschn. 6.2.9. Neben den Anfangsbedingungen benötigt diese Generatorfunktion noch die Angabe des Billards, die auf das entsprechende Dictionary verweist. Dies kann zum Beispiel das gerade besprochene Dictionary `TRIANGLE` sein, aber auch das Dictionary `SINAI`, auf das wir später noch eingehen werden. Außerdem muss ein Wert `eps` für die untere Schranke des Abstands zwischen zwei Wandkontakten angegeben werden.

```
def stroboscopic_map(billard_type, x, y, v_x, v_y, eps):
    time_funcs = billard_type["time"]
    while True:
        dt_min = float("inf")
        n_min = None
        for n_boundary, time_func in enumerate(time_funcs):
            dt = time_func(x, y, v_x, v_y)
            if eps < dt < dt_min:
                dt_min = dt
                n_min = n_boundary
        if n_min is None:
            raise ValueError("kein Wandkontakt gefunden")
        x = x + v_x * dt_min
        y = y + v_y * dt_min
        v_ref_func = billard_type["v_refl"][n_min]
        v_x, v_y = v_ref_func(x, y, v_x, v_y)
        yield (n_min, x, y, v_x, v_y)
```

Die Generatorfunktion ist als Endlosschleife konzipiert, so dass es leicht möglich ist, so viele Wandkontakte wie benötigt zu bestimmen. In `dt_min` wird der bisher gefundene minimale Abstand bis zum nächsten Wandkontakt gespeichert, der zunächst den Wert unendlich besitzt. `n_min` ist die Nummer der betreffenden Wand entsprechend der Reihenfolge der Einträge in den Listen von `billard_type`. Anschließend werden die Abstände zu allen potentiellen Wandkontakten bestimmt. Ist der Abstand kürzer als alle bisher berechneten Abstände, aber größer als die vorgegebene untere Grenze `eps`, so werden `dt_min` und `n_min` aktualisiert. Hat man am Ende keine Wand gefunden, so wird der Programmlauf mit einer Fehlermeldung abgebrochen. Im Normalfall werden aber Position des Wandkontakts und die Geschwindigkeit nach dem Stoß bestimmt und zurückgegeben. Anschließend wartet die Generatorfunktion mit diesen Informationen auf den nächsten Aufruf.

Damit lässt sich nun die Bahn für eine vorgegebene Zahl `n_out` von Wandkontakten bestimmen. Wie bereits diskutiert, legen wir die Anfangsbedingungen durch den

Ort x auf der horizontalen Wand und den Winkel alpha der Geschwindigkeit relativ zur Horizontalen fest. Der Winkel muss dabei im Bogenmaß angegeben werden.

```
def trajectory(billard_type, x, alpha, n_out):
    y = 0
    v_x, v_y = (cos(alpha), sin(alpha))
    eps = 1e-8
    x_values = [x]
    y_values = [y]
    contacts = stroboscopic_map(
        billard_type, x, y, v_x, v_y, eps)
    n = 0
    while n < n_out:
        n_boundary, x, y, v_x, v_y = next(contacts)
        x_values.append(x)
        y_values.append(y)
        n = n+1
    return x_values, y_values
```

Vor der Schleife wird hier die Generatorfunktion stroboscopic_map initialisiert und der Variablen contacts zugewiesen. Mit Hilfe von next(contacts) lassen sich dann in der Schleife die Daten des jeweils nächsten Wandkontakts anfordern.

Ein Beispiel für eine auf diese Weise erhaltene Trajektorie hatten wir bereits in Abb. 2.39 gesehen. Im vollen Quadratbillard können nur vier verschiedene Geschwindigkeitsrichtungen vorkommen, da bei jeder Reflexion eine Geschwindigkeitskomponente ihr Vorzeichen ändert. Selbst nach der Reduktion auf ein Achtelbillard ist die Zahl der möglichen Geschwindigkeitsrichtungen auf acht beschränkt. Hier erlaubt es die schräge Wand zusätzlich, die beiden Geschwindigkeitskomponenten zu vertauschen.

Die Situation ändert sich drastisch, wenn man in die Mitte des Quadrats ein kreisförmiges Hindernis stellt, wie es in Abb. 2.40 dargestellt ist. Man spricht bei dieser Anordnung von einem *Sinai-Billard,* das nach einem russischen Physiker gleichen Namens benannt wurde. Die Größe des Kreises im Sinai-Billard ist nicht entscheidend für das qualitative Verhalten der Dynamik im Billard. Hier setzen wir den Radius auf ein Viertel der Seitenlänge des Quadrats.

Auch hier können wir wieder eine Symmetriereduktion vornehmen und ein Achtelbillard betrachten, dem eine Spitze durch einen Kreisabschnitt entfernt wurde. Die Trajektorie in der Abbildung rechts geht aus der Trajektorie im linken Bild durch geeignetes Umklappen beim Erreichen der grauen Symmetrieachsen hervor, wie wir bereits beim Quadratbillard besprochen hatten.

Da wir bereits in der Lage sind, gerade Berandungen zu behandeln, müssen wir uns jetzt nur noch um die kreisförmige Berandung kümmern. Die Funktionen time_to_circle und v_refl_circle sind allgemeiner formuliert als wir es hier benötigen, da sie einen beliebigen Mittelpunkt des Kreises und einen beliebigen Radius zulassen.

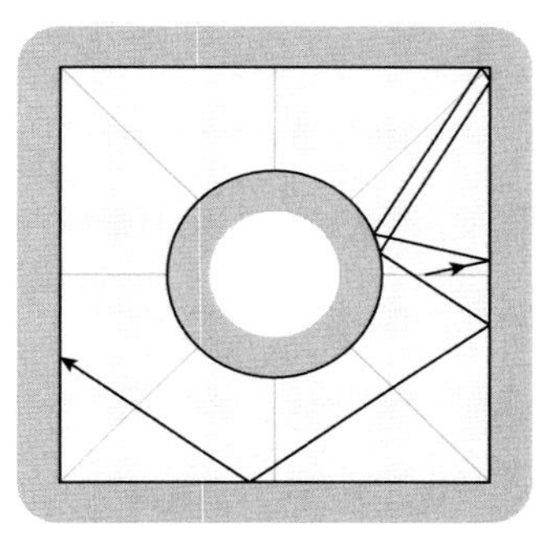
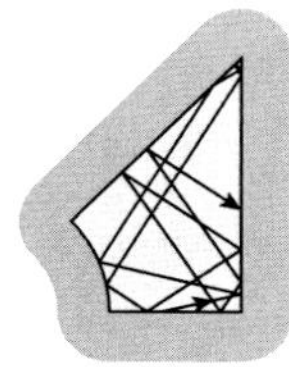

Abb. 2.40 Bewegung einer Punktmasse in einem Sinaibillard (links) und dem symmetriereduzierten Billard (rechts)

```
def time_to_circle(x_0, y_0, r, x, y, v_x, v_y):
    a = v_x**2 + v_y**2
    b = (x-x_0)*v_x + (y-y_0)*v_y
    c = (x-x_0)**2 + (y-y_0)**2 - r**2
    diskriminante = b**2 - a*c
    if diskriminante > 0:
        return (-b-sqrt(diskriminante))/a
    else:
        return float("inf")

def v_refl_circle(x_0, y_0, r, x, y, v_x, v_y):
    dir_x = -(y-y_0)/r
    dir_y = (x-x_0)/r
    return v_refl_straight_line(dir_x, dir_y, x, y,
                                v_x, v_y)
```

Die Funktion `time_to_circle` löst die Schnittbedingung in Form der quadratischen Gleichung

$$(x(t) - x_0)^2 + (y(t) - y_0)^2 = r^2\,, \tag{2.160}$$

wobei $x(t)$ und $y(t)$ den durch t parametrisierten Ort auf der Bahn und x_0, y_0 und r den Mittelpunkt und Radius des Kreises angeben. Sollte die Diskriminante der quadratischen Gleichung negativ sein, existiert kein Schnittpunkt und die Funktion gibt als Resultat unendlich zurück. Gibt es dagegen zwei Lösungen, so liegen diese entweder beide in der Vergangenheit oder beide in der Zukunft, da die Bahn beim Sinai-Billard nicht innerhalb des Kreises starten kann. Aus diesem Grund müssen wir die kleinere der beiden Lösungen wählen, die wir mit dem negativen Vorzeichen vor der Wurzel erhalten.

Im Gegensatz zu geraden Wänden ist es bei einer kreisförmigen Berandung erforderlich, die Tangente am Punkt des Wandkontakts zu kennen. Wir benötigen hier also die Argumente `x` und `y`, um die Richtung der Tangente in den ersten beiden Zeilen im Innern der Funktion `v_refl_circle` bestimmen zu können. Dies erklärt, warum wir diese Argumente bereits in `v_refl_straight_line` angegeben hatten, denn auf diese

Weise lässt sich eine Fallunterscheidung in der Funktion `stroboscopic_map` vermeiden. Nachdem die Richtung der Tangente an den Kreis am Kontaktpunkt bekannt ist, können wir die Funktion `v_refl_straight_line` für die Reflexion an einer geraden Wand verwenden, um die Geschwindigkeit nach dem Stoß zu bestimmen.

Die Berandung des Sinai-Billards legen wir wieder mit Hilfe eines Dictionaries fest. Dabei wurden die Listen um Einträge der kreisförmigen Berandung ergänzt.

```
SINAI = {"time":
          [partial(time_to_straight_line, 0, 0, 1, 0),
           partial(time_to_straight_line, 1, 0, 0, 1),
           partial(time_to_straight_line, 0, 0,
                   sqrt(0.5), sqrt(0.5)),
           partial(time_to_circle, 0, 0, 0.5)
           ],
          "v_refl":
          [partial(v_refl_straight_line, 1, 0),
           partial(v_refl_straight_line, 0, 1),
           partial(v_refl_straight_line,
                   sqrt(0.5), sqrt(0.5)),
           partial(v_refl_circle, 0, 0, 0.5)
           ],
          "boundary_path":
          Path([*(0.5*Path.arc(0, 45).vertices),
               (1, 1), (1, 0), (0, 0)],
              [*Path.arc(0, 45).codes, Path.LINETO,
               Path.LINETO, Path.CLOSEPOLY]
              )
          }
```

Am Code zur Berechnung der Trajektorien gibt es nichts mehr zu tun, da wir diesen bereits hinreichend allgemein formuliert hatten.

Die typischen Trajektorien im Sinai-Billard sehen völlig anders aus als im Quadratbillard. Dies wird besonders deutlich, wenn man die Bahn weiter verfolgt als wir es in Abb. 2.40 getan hatten. Qualitativ gesprochen macht die Bahn beim Quadratbillard einen sehr geordneten Eindruck, während sie beim Sinai-Billard kreuz und quer läuft. Dieser visuelle Eindruck legt nahe, dass die Dynamik im Sinai-Billard chaotisch sein könnte. Um dies zu verifizieren, stehen uns nun zwei Möglichkeiten zur Verfügung: die Berechnung des Ljapunov-Exponenten oder die Anfertigung eines Poincaré-Plots.

Für die erste Variante verweisen wir auf die Übungsaufgabe 2.8, stellen aber in Abb. 2.41 eine qualitative Betrachtung der Zeitentwicklung zweier nah beieinanderliegender Trajektorien für das Quadratbillard (links) und das Sinai-Billard (rechts) an. In beiden Fällen beginnen die Bahnkurven im jeweils rechten Teil des Billards auf halber Höhe. Die anfängliche Richtung der beiden, rot und blau dargestellten

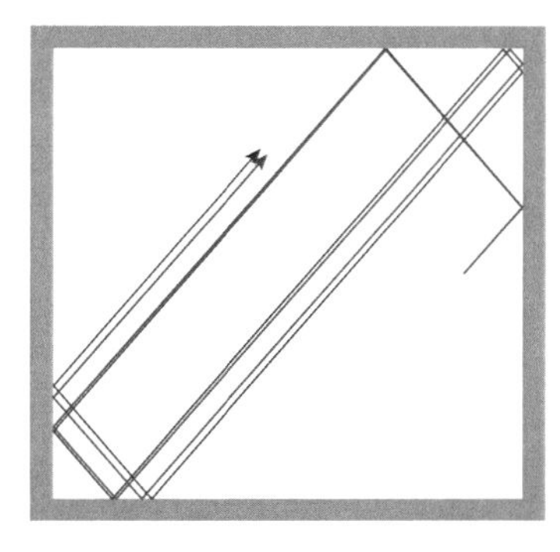

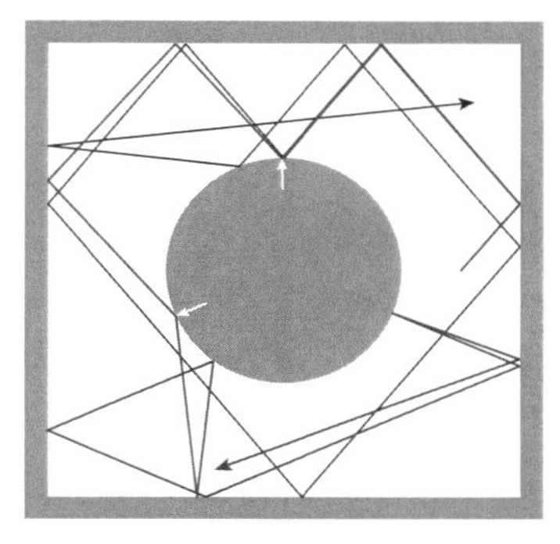

Abb. 2.41 Vergleich der Zeitentwicklung zweier anfänglich nah beieinander liegender Trajektorien für das Quadratbillard und das Sinaibillard. Der anfängliche Winkel der Trajektorien unterscheidet sich nur um 0,2°. Die weißen Pfeile im Sinaibillard weisen auf Reflexionen an der Scheibe hin, die für das Auseinanderlaufen der Trajektorien wichtig sind

Trajektorien unterscheidet sich anfänglich nur um 0,2°, so dass sie am Anfang fast nicht zu unterscheiden sind.

Im quadratischen Billard bleiben die beiden Trajektorien nahe zusammen, auch wenn sich ihr Abstand aufgrund der unterschiedlichen Anfangsbedingungen langsam vergrößert. Ganz anders stellt sich die Situation im Sinai-Billard dar, wo die beiden Trajektorien schon bald nichts mehr miteinander zu tun haben. Am deutlichsten wird das, wenn wir auf das Ende des betrachteten Zeitraums schauen. Die rote Bahn endet im unteren Bereich des Billards, während die blaue Kurve in der Nähe der rechten, oberen Ecke endet.

Dieses Auseinanderlaufen kommt durch Stöße mit dem kreisförmigen Hindernis in der Mitte zustande. Zwei Pfeile markieren die ersten hierfür entscheidenden Wandkontakte. Beim ersten Kontakt, der ungefähr in der 12-Uhr-Position stattfindet, kann man die Bahnkurven vor dem Stoß rechts nicht voneinander unterscheiden, während sie nach dem Stoß sichtbar in zwei leicht unterschiedliche Richtungen weiterlaufen. Beim zweiten Pfeil, der sich etwa in 8-Uhr-Position befindet, kommt es dadurch nur bei der roten Bahnkurve überhaupt zu einer Kollision mit der Kreisscheibe, während die blaue Bahnkurve diese verfehlt. Das hat zur Folge, dass die beiden Bahnen, die vorher noch recht nah beieinander lagen, danach völlig getrennte Wege gehen.

Die zweite Möglichkeit, den chaotischen Charakter des Sinai-Billards zu überprüfen, besteht in der Anfertigung eines Poincaré-Plots. Dazu stellen wir zunächst eine Dimensionsbetrachtung an, wie wir sie bereits in Abschn. 2.11 vorgenommen hatten. Aufgrund der Zweidimensionalität des Billards ist der Phasenraum vierdimensional. Da jedoch der Betrag der Geschwindigkeit und damit auch die Energie eine erhaltene Größe ist, findet die Dynamik in einem dreidimensionalen Unterraum statt. Zur Erzeugung des Poincaré-Plots betrachten wir lediglich die Durchstoßpunkte durch eine zweidimensionale Fläche in diesem Unterraum.

Am einfachsten realisieren wir das, indem wir die Punkte nehmen, an denen die Punktmasse auf eine bestimmte der vier Berandungen trifft. Für diese Punkte kennen wir bereits die Lage im Phasenraum anhand der Werte von x, y, v_x und v_y nach dem

Stoß. Wir könnten ebenso gut die Geschwindigkeit vor dem Stoß wählen, dürfen aber auf keinen Wahl die beiden Varianten mischen. Als Berandung wählen wir die schräge Wand, die in den Listen des Dictionaries `SINAI` den Index `2` besitzt.

```
def poincare_points(x, alpha, n_out):
    y = 0
    v_x, v_y = (cos(alpha), sin(alpha))
    eps = 1e-8
    s_values = []
    alpha_values = []
    contacts = stroboscopic_map(SINAI, x, y, v_x, v_y, eps)
    n = 0
    while n < n_out:
        n_boundary, x, y, v_x, v_y = next(contacts)
        if n_boundary == 2:
            n = n+1
            s_values.append((2*hypot(x, y)-1)/(2*sqrt(2)-1))
            alpha_values.append(atan2(v_y, v_x)+pi/4)
    return s_values, alpha_values
```

Aus den vier Phasenraumkoordinaten können wir zwei zur Darstellung des Poincaré-Plots auswählen oder auch geeignete Funktionen hiervon verwenden. Wir wählen auf die schräge Wand bezogene Größen, indem wir ausgehend vom Schnittpunkt mit dem Kreis die Position s an der Wand von 0 bis 1 parametrisieren und zudem den Winkel α heranziehen, den die Geschwindigkeit nach der Reflexion mit der Wandnormale einschließt.

Der Poincaré-Plot in Abb. 2.42, den man ausgehend von dem etwas größeren schwarzen Punkt auf der α-Achse erhält, mag zwar etwas langweilig aussehen, zeigt aber, dass die Dynamik im Sinai-Billard nicht integrabel ist. Das heißt jedoch nicht, dass es keine periodischen Bahnen gibt. In Abb. 2.43 sind zwei Typen von periodischen Bahnen des Sinai-Billards dargestellt, wobei die Trajektorien links im ursprünglichen Billard und rechts in der symmetriereduzierten Variante gezeigt sind.

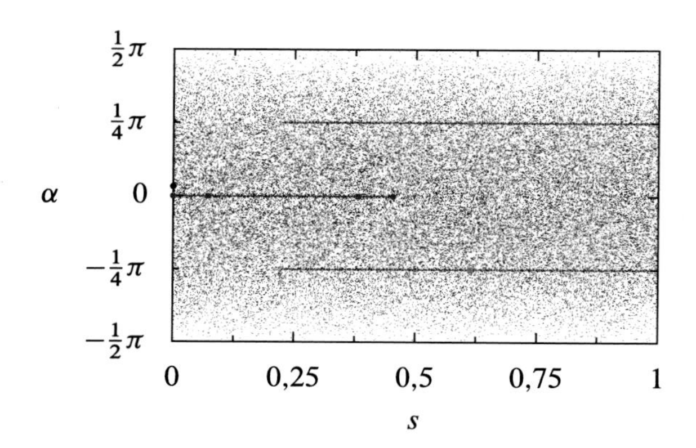

Abb. 2.42 Poincaré-Plot für das Sinai-Billard ausgehend von einem Startpunkt, der durch den etwas größeren schwarzen Punkt auf der α-Achse markiert ist. Die farbig dargestellten Linien beziehen sich auf periodische Bahnen

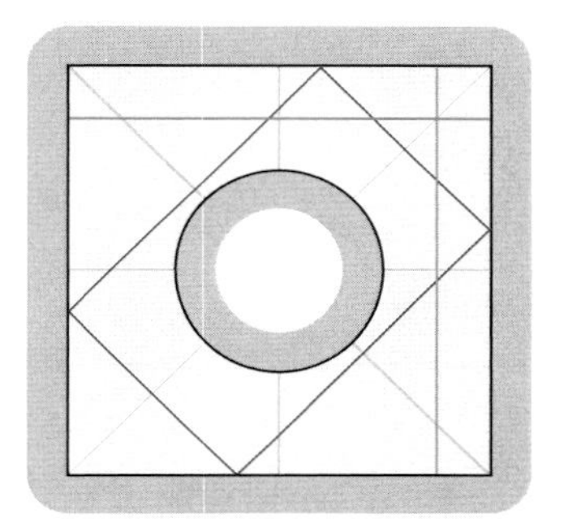
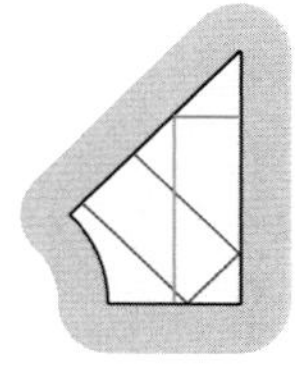

Abb. 2.43 Beispiele für periodische Orbits beim Sinai-Billard. Bei der blauen Bahn links wird das kreisförmige Hindernis umlaufen, bei den beiden grünen Bahnen verläuft die Bahn parallel zu einer Umrandung. Im rechten Diagramm sind die selben Bahnen im Achtelmodell dargestellt

Die grünen Bahnen verlaufen einfach senkrecht zur x- bzw. y-Achse, ohne das kreisförmige Hindernis zu treffen. Im symmetriereduzierten Billard fallen diese beiden Typen von periodischen Bahnen zusammen. Bahnen, die parallel zur Berandung verlaufen, sind im Poincaré-Plot der Abb. 2.42 entlang der beiden grün eingezeichneten Linien zu finden, wobei die beiden grünen Quadrate zu den in Abb. 2.43 exemplarisch gezeichneten grünen Trajektorien gehören.

Die blaue Bahn umläuft das kreisförmige Hindernis und kommt auf diesem Weg wieder zum Ausgangspunkt zurück. Solche periodischen Bahnen finden sich im Poincaré-Plot entlang der blauen Linie wieder, wobei die blauen Quadrate wiederum zu der in Abb. 2.43 dargestellten Bahn gehören. An der Tatsache, dass der Startpunkt für den Poincaré-Plot sehr nahe an der blauen Linie gewählt wurde und trotzdem zu einer chaotischen Trajektorie führt, lässt sich erkennen, dass die periodischen Bahnen hier selbst unter kleinen Störungen instabil sind.

Die Nichtintegrabilität wird anhand der Zeitentwicklung besonders anschaulich, die in Abb. 2.44 oben für das Quadratbillard und unten für das Sinaibillard gezeigt ist. Im Gegensatz zur Abb. 2.41 werden hier nicht die ganzen Trajektorien gezeigt, sondern zeitliche Schnappschüsse. Dafür ist die Zahl der gezeigten Punktmassen mit 200 deutlich höher. Alle Punktmassen starten vom gleichen Ausgangspunkt, aber mit leicht unterschiedlichen Richtungen, die einen Winkel von insgesamt 40° aufspannen. Die Positionen der Punktmassen sind farblich so codiert, dass anfänglich nahezu in die gleiche Richtung startende Punktmassen in einer sehr ähnlichen Farbe dargestellt sind. Damit wird mit fortschreitender Zeit erkennbar, wie stark sich die Punktmassen voneinander entfernen.

Für die reguläre Bewegung im Quadratbillard ist zu erkennen, dass sich die Punktmassen zwar aufgrund ihrer unterschiedlichen anfänglichen Bewegungsrichtungen voneinander entfernen, allerdings lediglich linear in der Zeit. Im Sinai-Billard dagegen bildet sich durch die Reflexion an der Kreisscheibe recht bald eine komplexere Linienstruktur aus, die dann zunehmend zerfällt. In den letzten Bildern der unteren Reihe von Abb. 2.44 wird deutlich, wie weit sich in der Anfangsphase benachbarte Punktmassen voneinander entfernt haben. Hier haben wir es mit dem für chaotische Bewegung charakteristischen exponentiellen Auseinanderlaufen zu tun, das durch den in Abschn. 2.12 eingeführten Ljapunov-Exponenten charakterisiert werden kann.

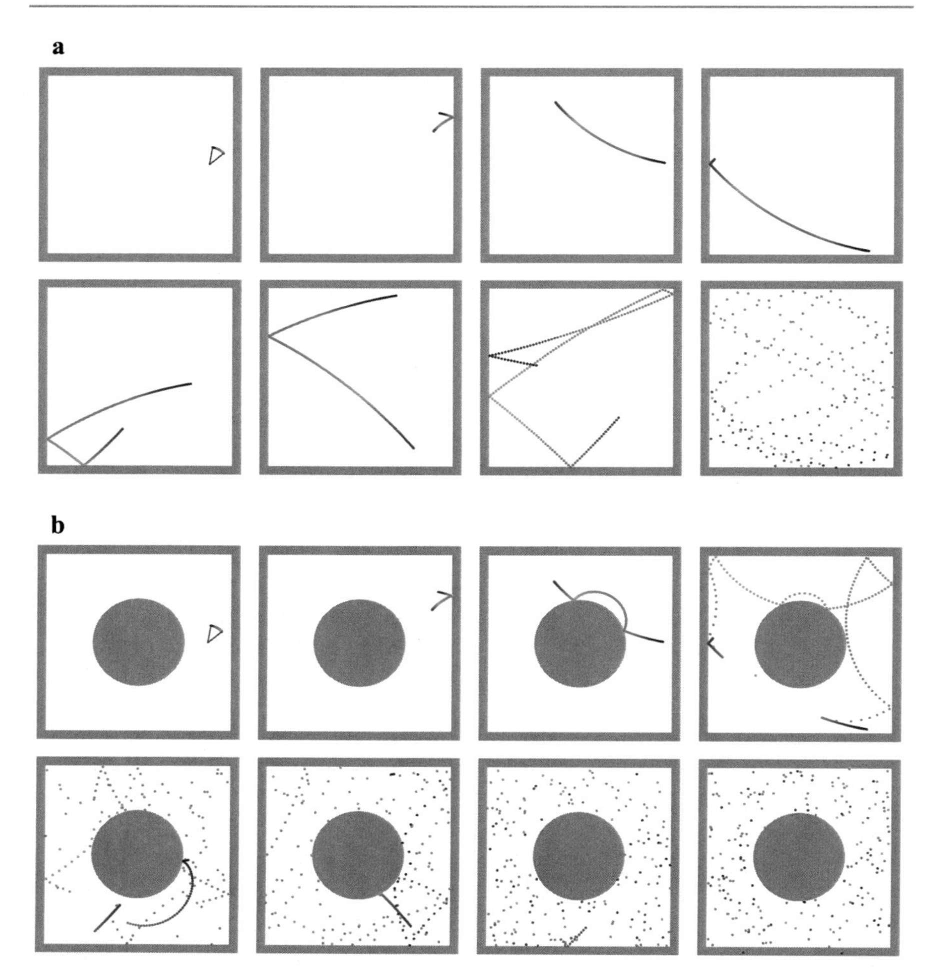

Abb. 2.44 Vergleich der Zeitentwicklung für 200 leicht verschiedene Anfangsbedingungen im Quadratbillard (oben) und im Sinaibillard (unten). Im jeweils ersten Bild sind die äußeren beiden Trajektorien ab dem Anfangspunkt eingezeichnet. Die zurückgelegten Wege der Punktmassen in Einheiten der Kantenlänge der Billards betragen $0{,}1$, $0{,}3$, 1, $1{,}5$, 2, $2{,}5$, 5 und 20

2.14 Attraktoren in dissipativen Systemen

In der Mehrzahl der bisher behandelten Problemstellungen hatten wir es mit konservativen Systemen zu tun. Solche Systeme besitzen ein Potential und genügen der Energieerhaltung. Da man eine von den Phasenraumvariablen abhängige Hamiltonfunktion H definieren kann, aus der sich die Bewegungsgleichungen ableiten lassen, spricht man von *Hamilton'schen Systemen*. Andererseits hatten wir in den Abschn. 2.1–2.3 und 2.7 auch gedämpfte Systeme betrachtet, für die die Gesamtenergie des Systems nicht konstant ist. Vielmehr wird Energie aus dem System abgeführt und an nicht im Modell enthaltene Freiheitsgrade transferiert. Häufig findet dabei eine Umwandlung in Wärme statt, die wir als Energieform in unserer rein mechanischen Betrachtung nicht berücksichtigen.

Uns interessieren nun die Konsequenzen, die der beschriebene Unterschied zwischen konservativen Systemen und gedämpften oder auch dissipativen Systemen für die Bewegung im Phasenraum hat. Dazu betrachten wir die zeitliche Entwicklung eines kleinen Phasenraumelements, wie es in Abb. 2.45 dargestellt ist. Das ursprünglich entlang der Koordinatenachsen ausgerichtete Phasenraumelement wird sich im Allgemeinen drehen und kann auch eine Scherung oder Streckung erfahren. Man kann aber zeigen, dass das Phasenraumvolumen im Falle eines Hamilton'schen Systems erhalten bleibt. Dies ist der Gegenstand des *Liouville'schen Satzes.* Von Volumen reden wir an dieser Stelle, weil die Aussage auch in höherdimensionalen Phasenräumen gilt, nicht nur in dem in Abb. 2.45 dargestellten zweidimensionalen Fall.

Nimmt die Zeitableitung von Phasenraumvolumina dagegen einen Wert verschieden von null an, so ist die Dynamik mit Sicherheit nicht hamiltonsch, was nur möglich ist, wenn dem System Energie zugeführt bzw. abgeführt wird. Ein System, bei dem die Zeitableitung des Phasenraumvolumens negativ ist, wird *dissipativ* genannt.

Wir sehen also, dass ein Phasenraumvolumen in einem dissipativen System immer weiter schrumpft, bis es im Grenzfall $t \to \infty$ verschwindet. Im einfachsten Fall heißt das, dass alle Trajektorien auf einen einzigen stabilen Punkt laufen, in dem das System dann zur Ruhe kommt. Selbstverständlich gibt es auch die Möglichkeit, dass mehrere solcher Fixpunkte existieren. In diesem Fall hängt es von den Anfangsbedingungen ab, in welchen der Fixpunkte die Trajektorie hineinläuft. In einem quasi-eindimensionalen Phasenraum ist dies die einzige Möglichkeit. Ein Beispiel hierfür hatten wir in Abschn. 2.1 kennengelernt, wo die Bewegung ausschließlich durch die Geschwindigkeit bestimmt war und für lange Zeiten unabhängig von den Anfangsbedingungen immer die gleiche Grenzgeschwindigkeit erreicht wurde.

Eine weitere Möglichkeit kommt hinzu, wenn ein zweidimensionaler Phasenraum vorliegt. Dann wird ein Grenzzyklus möglich, also eine Trajektorie, der sich alle benachbarten Trajektorien immer mehr annähern. Das heißt, dass sich das System

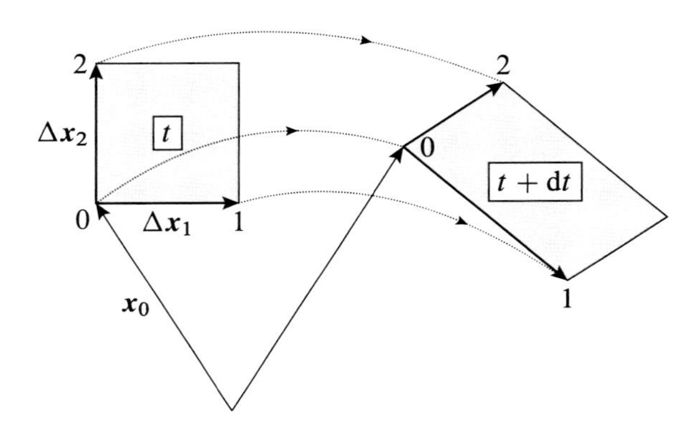

Abb. 2.45 Zeitliche Dynamik eines Phasenraumelements

nach einem transienten Einschwingvorgang, in dem die Trajektorie in den Grenzzyklus läuft, periodisch verhält. Beispiele hierfür werden wir in Abschn. 2.15 abgebildet sehen.

Fixpunkt und Grenzzyklus sind zwei spezielle Formen von Attraktoren, von denen es in höherdimensionalen Phasenräumen noch weitere Ausbildungen gibt. Insbesondere kann die Dimension eines solchen Attraktors auch nicht ganzzahlige Werte annehmen. Man spricht dann von einem *seltsamen* Attraktor. Ein bekanntes Beispiel hierfür ist der Lorenz-Attraktor.

Nach diesen konzeptionellen Vorbemerkungen werden wir in den beiden folgenden Abschnitten zwei Systeme betrachten, die einen Attraktor aufweisen, den Van-der-Pol-Oszillator sowie das periodisch angetriebene Pendel.

2.15 Van-der-Pol-Oszillator

☞ `2-15-Van-der-Pol-Oszillator.ipynb`

Die Bewegungsgleichung des Van-der-Pol-Oszillators

$$m\ddot{x} - \kappa\left(1 - \left(\frac{x}{x_0}\right)^2\right)\dot{x} + Dx = 0 \tag{2.161}$$

mit $\kappa > 0$ beschreibt einen harmonischen Oszillator, dem für kleine Auslenkungen $x < x_0$ durch einen negativen Dämpfungsterm Energie zugeführt wird, während die Bewegung für große Auslenkungen $x > x_0$ gedämpft wird. In beiden Fällen wird asymptotisch für $t \to \infty$ eine Schwingungslösung erreicht, bei der sich Anregung und Dämpfung die Waage halten.

Wie gewohnt versuchen wir zunächst, die Zahl der Parameter in der Bewegungsgleichung zu reduzieren, indem wir die Auslenkung x und die Zeit t geeignet skalieren. Eine natürliche Zeitskala ist durch die inverse Schwingungsfrequenz des Oszillators für $\kappa = 0$ gegeben, und x_0 ist die einzige Längenskala in diesem Problem. Wir führen daher

$$t' = \sqrt{\frac{D}{m}}t \tag{2.162}$$

und

$$x' = \frac{x}{x_0} \tag{2.163}$$

ein und erhalten somit aus (2.161) die dimensionslose Bewegungsgleichung

$$\ddot{x} - \varepsilon(1 - x^2)\dot{x} + x = 0\,, \tag{2.164}$$

wobei wir die Striche an den skalierten Variable gleich wieder weggelassen haben. Es bleibt ein Parameter

$$\varepsilon = \frac{\kappa}{\sqrt{Dm}} \tag{2.165}$$

übrig, der sich nicht wegskalieren lässt und von dem die Bewegung in nichttrivialer Weise abhängen kann.

Die Implementation dieser Differentialgleichung in einem Programm stellt kein größeres Problem dar. Die Festlegung der zu lösenden Differentialgleichung erfolgt in der Funktion dx_dt, die neben Zeit, Ort und Geschwindigkeit noch den Parameter ε übergeben bekommt.

```
def dx_dt(t, x, eps):
    v = x[1]
    a = eps*(1-(x[0]**2))*x[1] - x[0]
    return v, a
```

Die Lösungen der Bewegungsgleichung hängen nur von den Anfangsbedingungen und vom Wert des Parameters ε ab. Da das Vorzeichen des Dämpfungsterms ortsabhängig ist, wählen wir eine Anfangsbedingung mit $x(0) < 1$, so dass die Dämpfung anfänglich negativ ist, und eine, bei der die Dämpfung anfänglich positiv ist, also mit $x(0) > 1$. Die Anfangsgeschwindigkeit setzen wir der Einfachheit halber immer auf null.

Die Diskussion der Ergebnisse beginnen wir mit einem kleinen Dämpfungsparameter $\varepsilon = 0{,}1$, für den in Abb. 2.46 von oben nach unten die Bewegung im Phasenraum sowie die Zeitabhängigkeiten von Ort, Geschwindigkeit und Energie

$$E = \frac{1}{2}\left(\dot{x}^2 + x^2\right) \tag{2.166}$$

dargestellt sind. In der linken Spalte wurde eine kleine, aber nicht verschwindende Anfangsauslenkung $x(0) = 0{,}1$ gewählt. Im Phasendiagramm ganz oben sehen wir eine Kurve, die nahe am Ursprung beginnt und dann nach außen strebt, da dem System für $x < 1$ Energie zugeführt wird. Dieses Verhalten hält allerdings nicht beliebig lange an. Vielmehr nähert sich die Trajektorie einem Grenzzyklus, der in der Abbildung dadurch zu erkennen ist, dass er dicker gezeichnet zu sein scheint, was jedoch lediglich darauf zurückzuführen ist, dass hier die Trajektorie immer wieder in der Nähe vorbeiläuft. In den Zeitabhängigkeiten von Ort und Geschwindigkeit ist zu erkennen, dass sich eine Schwingung aufbaut, deren Amplitude für lange Zeiten ein konstantes Niveau erreicht. Die Tatsache, dass diese Schwingung nicht harmonisch ist, sehen wir an der Energie im untersten Diagramm, die auch für große Zeiten keinen konstanten Wert annimmt. Vielmehr wechseln sich Phasen der Energieabgabe und -aufnahme ab.

Wenn wir die Anfangsbedingung so ändern, dass am Anfang innerhalb einer Periode mehr Energie ab- als zugeführt wird, erhalten wir die Diagramme in der rechten Spalte von Abb. 2.46. Nun nähert sich die Trajektorie im Phasendiagramm dem Grenzzyklus von außen. Der Grenzzyklus selbst ist identisch zu dem in der linken Abbildung, was sich in den drei Abbildungen darunter darin widerspiegelt,

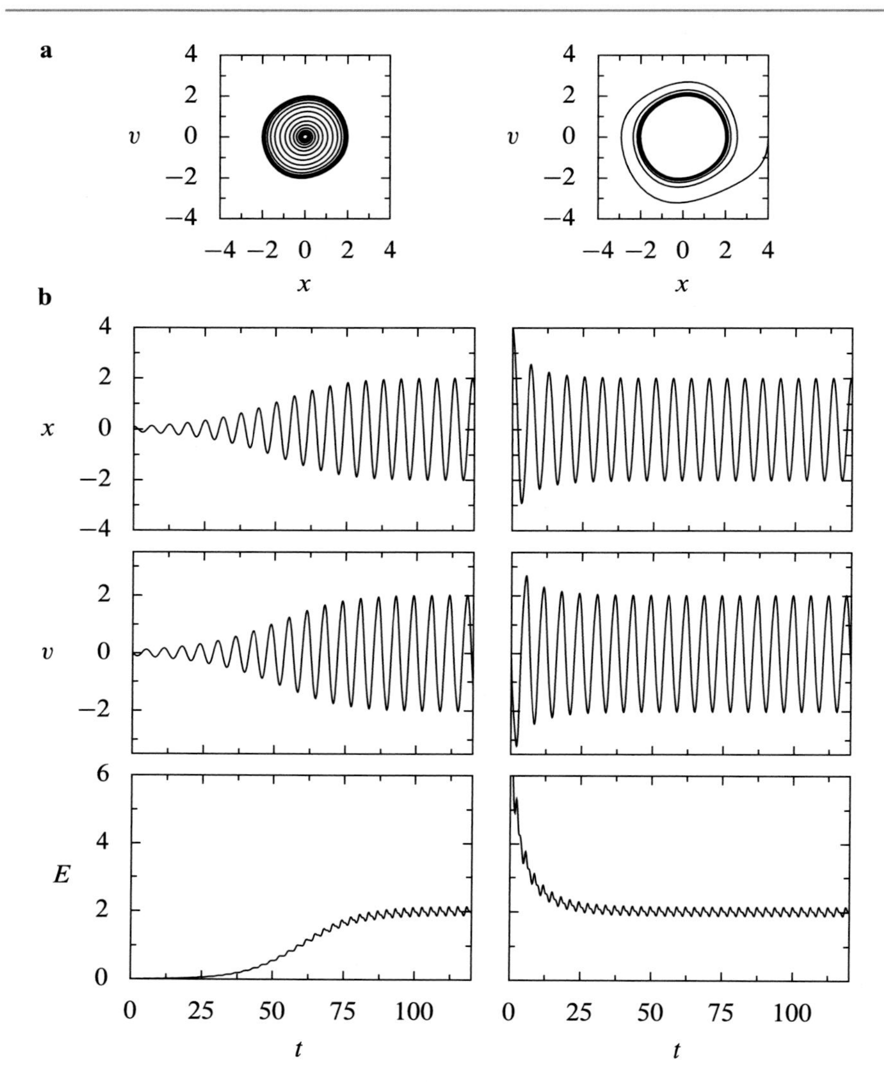

Abb. 2.46 Dynamik eines Van-der-Pol-Oszillators mit $\varepsilon = 0{,}1$ mit Anfangsbedingungen $x(0) = 0{,}1$ und $v(0) = 0$ (linke Spalte) sowie $x(0) = 4$ und $v(0) = 0$ (rechte Spalte). Ganz oben ist im Phasenraumbild zu sehen, wie die Annäherung an den Grenzzyklus von innen bzw. von außen erfolgt. Die folgenden drei Abbildungen stellen jeweils Ort x, Geschwindigkeit v und Energie E als Funktion der Zeit t dar

dass das Verhalten für große Zeiten identisch zu dem ist, das wir in der linken Spalte gefunden hatten.

Nun erhöhen wir ε auf den Wert 4 und berechnen wieder die Lösung zu einer Anfangsbedingung mit kleiner Anfangsauslenkung und zu einer mit großer Anfangsauslenkung. Die zugehörigen Ergebnisse sind in Abb. 2.47 dargestellt. Wir sehen auch hier, dass das Verhalten für große Zeiten t nicht vom Anfangszustand abhängt und folglich in der linken und rechten Spalte identisch ist. Im Gegensatz zum Verhalten bei kleinen Werten von ε in Abb. 2.46 weicht die Bewegung nun aber markant

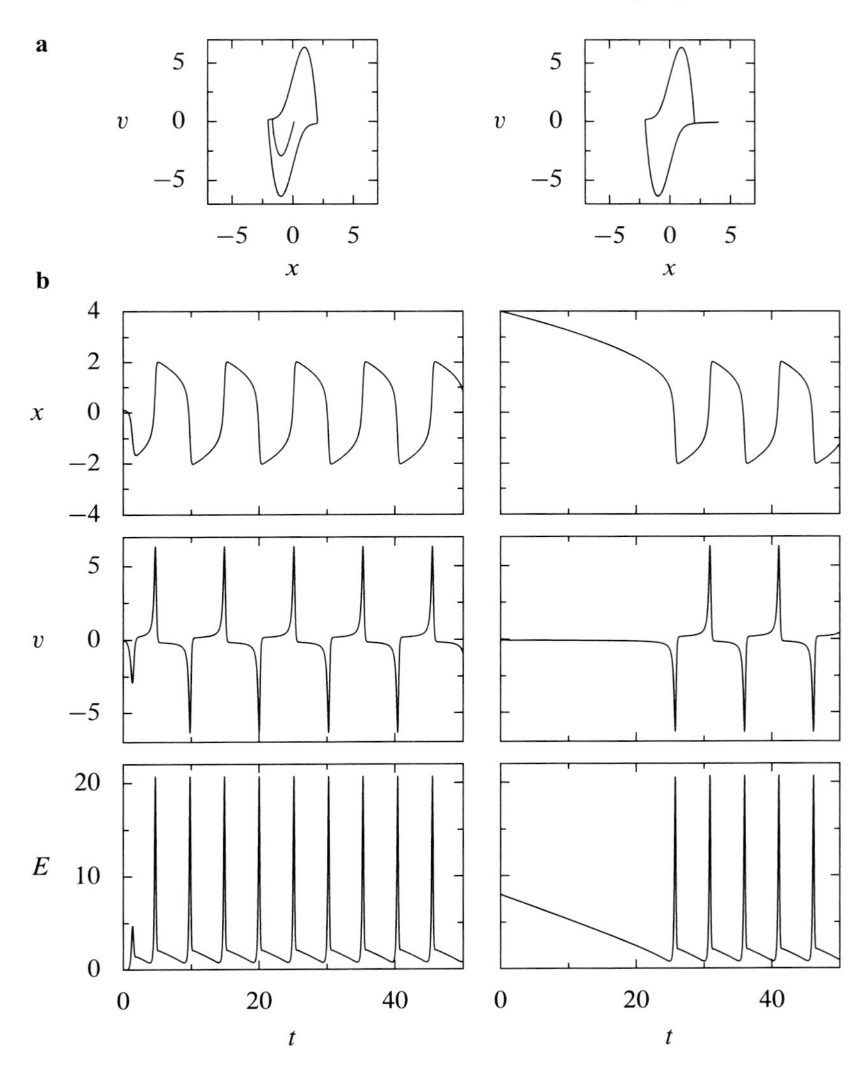

Abb. 2.47 Dynamik eines Van-der-Pol-Oszillators mit $\varepsilon = 4$. Die Anfangsbedingungen und Anordnungen der einzelnen Graphiken entsprechen denen von Abb. 2.46

von der eines harmonischen Oszillators ab, was bereits in der Phasenraumdarstellung zu erkennen ist, die in keiner Weise mehr an eine Ellipse erinnert. Die Orts- und Geschwindigkeitsverläufe weisen auf eine Kippschwingung hin, in der ein sehr schnelles Umklappen zwischen zwei Zuständen erfolgt. Entsprechend erfolgt die Energiezufuhr nur in sehr kurzen Zeitintervallen.

Die Annäherung an den Grenzzyklus kann auch visualisiert werden, indem man eine Vielzahl von Anfangsbedingungen wählt, die man als ein Ensemble nicht wechselwirkender Van-der-Pol-Oszillatoren auffassen kann, das man zu verschiedenen Zeitpunkten im Phasendiagramm betrachtet. Die Umsetzung erfolgt im zweiten Teil des Jupyter-Notebooks zu diesem Abschnitt.

Als Anfangsensemble für die beiden Abb. 2.48 und 2.49 wurde eine gitterförmige Anordnung von 6400 Zuständen mit Orten und Impulsen zwischen -6 und 6 gewählt, die in den Abbildungen links oben dargestellt ist. Der Parameter ε hat in Abb. 2.48 den Wert 0,1 und in Abb. 2.49 den Wert 4. In beiden Fällen beobachten wir zunächst, dass sich das Ensemble im Phasenraum zusammenzieht, d. h. die Zustände außerhalb des Grenzzyklus bewegen sich auf diesen zu. Wesentlich langsamer erfolgt die Bewegung der Zustände innerhalb des Grenzzyklus nach außen, so dass erst im letzten Diagramm für $t = 100$ alle Zustände den Grenzzyklus so gut wie erreicht haben.

Im Folgenden werfen wir noch einen Blick auf den Van-der-Pol-Oszillator mit einer äußeren, harmonischen Anregung. Dadurch modifiziert sich die Bewegungsgleichung (2.164) zu

$$\ddot{x} - \varepsilon(1 - x^2)\dot{x} + x = F \sin(\omega_{\text{ext}} t) \,. \tag{2.167}$$

Wenn wir uns auf die Lösung der Bewegungsgleichung beschränken, erfordert der zusätzliche Term in der Bewegungsgleichung (2.167) nur eine simple Anpassung der Funktion `dx_dt`. Da wir uns später aber auch für die Lösung im Frequenzraum interessieren werden, werden umfangreichere Ergänzungen notwendig, die den zweiten Hauptteil des Jupyter-Notebooks zum Van-der-Pol-Oszillator bilden.

Zum besseren Verständnis des Verhaltens des getriebenen Van-der-Pol-Oszillators ist es nützlich, sich erst noch einmal ein einfacheres getriebenes System in Erinnerung zu rufen, nämlich den gedämpften harmonischen Oszillator mit harmonischer Anregung, der durch die Bewegungsgleichung

$$\ddot{x} + k\dot{x} + x = F \sin(\omega_{\text{ext}} t) \tag{2.168}$$

beschrieben wird. Die Ähnlichkeit mit der Bewegungsgleichung (2.167) ist offensichtlich. Lediglich der zweite Term auf der linken Seite ist beim Van-der-Pol-Oszillator so modifiziert, dass die Dämpfung vom Wert der Auslenkung x abhängt.

Da beim gedämpften harmonischen Oszillator ohne Antrieb keine Energie zugeführt wird, klingt seine Schwingung mit der Zeit ab und die Trajektorie nähert sich dem Fixpunkt im Ursprung des Phasenraums an. Im Gegensatz dazu läuft die Trajektorie beim Van-der-Pol-Oszillator, wie wir gesehen haben, in einen stabilen Grenzzyklus. Wenn wir nun eine harmonische Anregung hinzunehmen, bekommen wir beim

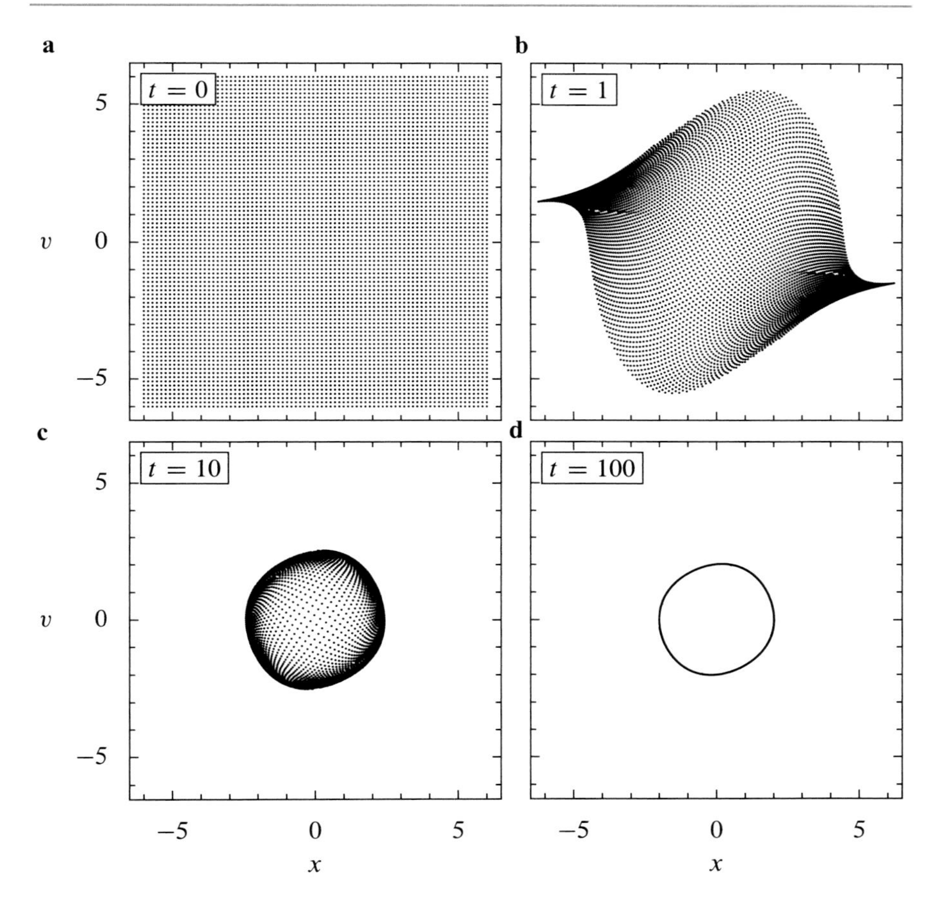

Abb. 2.48 Phasendiagramme eines Ensembles von Van-der-Pol-Oszillatoren mit $\varepsilon = 0{,}1$. Die Anfangsbedingungen sind auf einem Gitter im Phasenraum gewählt, das links oben dargestellt ist. Danach folgen die entsprechenden Zustände zu den Zeitpunkten $t = 1$, 10 und 100

harmonischen Oszillator eine Bewegung, die ausschließlich durch die Anregung hervorgerufen wird und deswegen im Frequenzbereich nur die Anregungsfrequenz enthält. Diese Argumentation ist nicht auf den Van-der-Pol-Oszillator übertragbar, bei dem wir deshalb davon ausgehen müssen, dass neben der Anregungsfrequenz auch die Eigenfrequenz für die Bewegung entlang des Grenzzyklus des Oszillators eine Rolle spielt. Um dies zu untersuchen, berechnen wir wie oben bereits erwähnt auch die Fouriertransformierte $\tilde{x}(\omega)$ der Auslenkung $x(t)$.

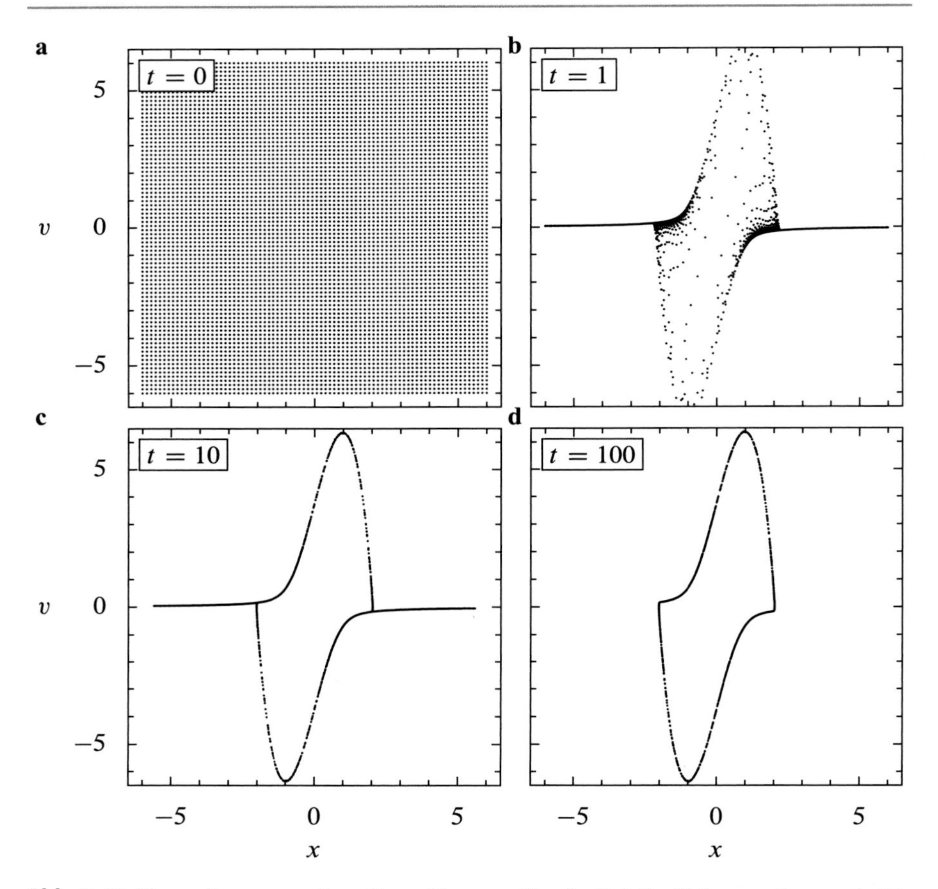

Abb. 2.49 Phasendiagramme eines Ensembles von Van-der-Pol-Oszillatoren mit $\varepsilon = 4$. Die Anfangsbedingungen sind auf einem Gitter im Phasenraum gewählt, das links oben dargestellt ist. Danach folgen die entsprechenden Zustände zu den Zeitpunkten $t = 1$, 10 und 100

Ein weiterer wichtiger Unterschied ergibt sich aus der Tatsache, dass die Bewegungsgleichung des harmonischen Oszillators linear ist, während die des Van-der-Pol-Oszillators nichtlinear ist. Dies hat zur Folge, dass für ersteren das *Superpositionsprinzip* gilt, was bei letzterem nicht der Fall ist. Angewandt auf den getriebenen Fall besagt dieses, dass, wenn $x_1(t)$ eine Lösung zu einer Anregung $F_1(t)$ und $x_2(t)$ eine Lösung zu einer weiteren Anregung $F_2(t)$ ist, jede Linearkombination

$$x_{\text{ges}}(t) = \alpha_1 x_1(t) + \alpha_2 x_2(t) \tag{2.169}$$

eine Lösung zur entsprechenden Linearkombination der Anregungen

$$F_{\text{ges}}(t) = \alpha_1 F_1(t) + \alpha_2 F_2(t) \tag{2.170}$$

ist.

Aus diesem Grund reicht es aus, den harmonischen Oszillator für einen Satz von Anregungen zu untersuchen, die ein vollständiges Funktionensystem bilden, aus denen sich also jede beliebige Anregung durch Linearkombination zusammensetzen lässt. Eine Möglichkeit wären Sinus- und Kosinusfunktionen, wobei deren Frequenz ω_{ext} beliebige Werte annehmen kann. Diese Vorgehensweise ist bei nichtlinearen Systemen wie dem Van-der-Pol-Oszillator nicht möglich. Wenn wir diesen für harmonische Anregungen untersucht haben, kann sich ein System mit einer anderen Anregung trotzdem grundsätzlich anders verhalten. In diesem Sinne stellen die von uns betrachteten Anregungsformen nur ein Beispiel dar und können keinen Anspruch auf Vollständigkeit erheben.

Mit all dem im Hinterkopf wenden wir uns zunächst noch einmal dem Van-der-Pol-Oszillator ohne Anregung zu, und setzen die Lösung der Bewegungsgleichung in einem Programm um. Diesmal betrachten wir jedoch das Frequenzspektrum $\tilde{x}(\omega)$ der Auslenkung $x(t)$. Bei der numerischen Umsetzung müssen wir bedenken, dass wir die Daten für die Auslenkung nur über einen begrenzten Zeitbereich, zum Beispiel von $t = 0$ bis $t = T$ zur Verfügung haben. Zusätzlich liegen in diesem Bereich die Daten nur an N diskreten Zeitpunkten vor, die wir als äquidistant voraussetzen wollen. Einer entsprechenden Situation würden wir auch bei der Analyse experimenteller Daten begegnen.

Nehmen wir zunächst an, dass wir kontinuierliche Daten aus einem Zeitintervall der Länge T zur Verfügung hätten. Dann können wir uns vorstellen, dass wir die Daten außerhalb dieses Intervalls periodisch fortsetzen und somit die Auslenkung $x(t)$ als Fourierreihe mit den Koeffizienten

$$\tilde{x}_k = \frac{1}{T}\int_0^T \mathrm{d}t\, x(t)\mathrm{e}^{-\mathrm{i}\omega_k t} \tag{2.171}$$

und den diskreten Frequenzen

$$\omega_k = \frac{2\pi k}{T} \tag{2.172}$$

ausdrücken. Hieraus wird deutlich, dass wir die Frequenzen umso besser auflösen können, je länger das Zeitintervall ist, für das uns Daten zur Verfügung stehen.

Um zu berücksichtigen, dass wir die Auslenkung nur zu den N Zeitpunkten $t = (m/N)T$ mit $m = 0, \dots, N-1$ kennen, interpretieren wir das Integral in (2.171) als Riemannintegral, wobei das Differential $\mathrm{d}t$ durch den Abstand T/N zwischen benachbarten Zeitpunkten zu ersetzen ist. Damit erhalten wir den Ausdruck für eine diskrete Fouriertransformation

$$\tilde{x}_k = \frac{1}{N}\sum_{m=0}^{N-1} x_m \exp\left(-2\pi\mathrm{i}\frac{mk}{N}\right) \tag{2.173}$$

von N äquidistanten Datenpunkten. Durch die Diskretisierung ist der Frequenzbereich eingeschränkt, wobei man die maximale Frequenz für $k = N/2$ erhält. Mit (2.172) folgt somit $\omega_{\text{max}} = \pi N/T$.

Im folgenden Programmcode wird die diskrete Fouriertransformation mittels eines als *fast Fourier transform* bekannten Algorithmus durchgeführt, der auch abgekürzt als FFT-Algorithmus bezeichnet wird. Dessen Rechenzeit skaliert besonders günstig mit der Größe des Datenvektors und findet daher in der Signalverarbeitung vielfältigen Einsatz. Besonders effizient kann der Algorithmus arbeiten, wenn für N eine Zweierpotenz gewählt wird.

```
def with_excitation(t_end, n_out, eps, f, omega, x_0, v_0):
    t_values = np.linspace(0, t_end, n_out)
    solution = integrate.solve_ivp(dx_dt_with_excitation,
                                   (0, t_end), (x_0, v_0),
                                   t_eval=t_values,
                                   args=(eps, f, omega))
    x_values, v_values = solution.y[:]
    x_fft = fft.rfft(x_values, norm="forward")
    x_fft_absvalues = np.absolute(x_fft)
    frequency_values = 2*pi/t_end * np.arange(len(x_fft))
    return frequency_values, x_fft_absvalues
```

Zunächst wird wie in den bisherigen Programmen die Lösung $x(t)$ berechnet und in `x_values` gespeichert. Der Code für die Funktion `dx_dt_with_excitation` ergibt sich einfach durch Erweiterung um die treibende Kraft aus dem bereits gezeigten Code für `dx_dt` und muss daher hier nicht weiter besprochen werden.

Neu ist die Berechnung der Fouriertransformierten durch den Aufruf der Funktion `fft.rfft` aus der SciPy-Bibliothek. Die Funktion `rfft` führt eine diskrete Fouriertransformation reeller Daten mit Hilfe des oben genannten Algorithmus durch. Trotz der reellen Eingabe ist das Ergebnis komplexwertig, so dass wir für eine graphische Darstellung den Betrag heranziehen, den wir in `x_fft_absvalues` abspeichern. Die Frequenzen sind gemäß (2.172) Vielfache von $2\pi/T$ und werden in `frequency_values` gespeichert. Abschließend werden die Listen mit den Frequenzen und den Absolutwerten der Fourierkoeffizienten für die graphische Darstellung übergeben.

Damit kommen wir zu den Ergebnissen unserer Fourieranalyse. Abb. 2.50 zeigt das Frequenzspektrum des Van-der-Pol-Oszillators ohne äußere Anregung für $\varepsilon = 0{,}1$. Für $|\tilde{x}(\omega)|$ haben wir eine logarithmische Skala gewählt, damit auch betragsmäßig kleine Beiträge im Frequenzspektrum zu erkennen sind. Ohne Anregung ist die Bewegung periodisch, wobei die Frequenz ω für diesen kleinen Wert von ε sehr nahe eins ist, also der Frequenz des harmonischen Oszillators, der sich für $\varepsilon \to 0$ aus dem Van-der-Pol-Oszillator ergibt. Bei der Diskussion der Abb. 2.46 hatten wir festgestellt, dass die Bewegung nur näherungsweise harmonisch ist. Aus diesem Grund zeigt das Frequenzspektrum ein ausgeprägtes Maximum bei $\omega_0 \approx 1$ und deutlich niedrigere Maxima bei ungeraden Vielfachen dieser Frequenz. Für größere Werte von ε werden auch Maxima bei geraden Vielfachen sichtbar.

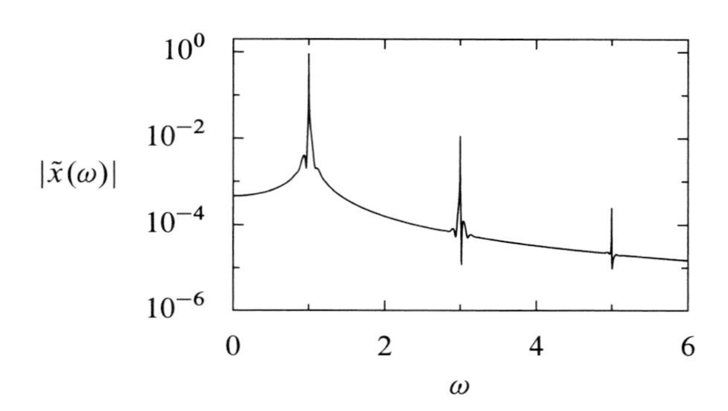

Abb. 2.50 Frequenzspektrum des Van-der-Pol-Oszillators mit $\varepsilon = 0{,}1$ ohne Anregung

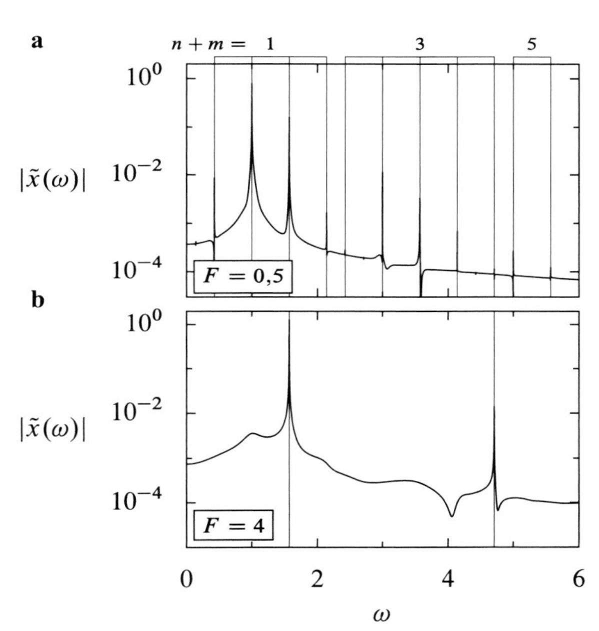

Abb. 2.51 Frequenzspektrum des Van-der-Pol-Oszillators mit $\varepsilon = 0{,}1$ und einer harmonischen Anregung mit der Frequenz $\omega_{\text{ext}} = 1{,}57$ und den Amplituden $F = 0{,}5$ (oben) und 4 (unten)

Wenn wir nun bei dem gleichen Wert von $\varepsilon = 0{,}1$ eine harmonische Anregung der Amplitude $F = 0{,}5$ und der Frequenz $\omega_{\text{ext}} = 1{,}57$ hinzunehmen, erhalten wir das in Abb. 2.51 oben dargestellte Frequenzspektrum. Wir erkennen jetzt eine Vielzahl von Maxima, deren Lage den Frequenzen

$$\omega = n\omega_0 + m\omega_{\text{ext}} \tag{2.174}$$

zugeordnet werden kann, wobei n und m ganze Zahlen sind. Die beiden höchsten Maxima entsprechen der ungestörten Eigenfrequenz ω_0 des Grenzzyklus des Van-der-Pol-Oszillators mit $n = 1$ und $m = 0$ sowie der Anregungsfrequenz ω_{ext} mit $n = 0$ und $m = 1$. Ausgehend von ungeraden Vielfachen von ω_0 lassen sich in Abb. 2.51 oben Gruppen von Resonanzen erkennen, deren Frequenzen sich um $\omega_{\text{ext}} - \omega_0$ unterscheiden.

Wenn wir eine deutlich größere Anregungsamplitude von $F = 4$ wählen, erhalten wir das in Abb. 2.51 unten dargestellte Bild. Das Frequenzspektrum wird nun wieder von einer Frequenz und deren ungeradzahligen Vielfachen dominiert. Dabei handelt es sich aber im Gegensatz zum Fall ohne Anregung in Abb. 2.50 um die Anregungsfrequenz ω_{ext}. Die Frequenz ω_0 oder allgemeiner Frequenzen der Form (2.174) mit $n \neq 0$ sind hingegen nicht mehr vertreten.

Zusammenfassend sehen wir beim Van-der-Pol-Oszillator mit wachsender äußerer Anregung einen Übergang vom nahezu ungestörten Van-der-Pol-Oszillator (Abb. 2.50) über einen Van-der-Pol-Oszillator, bei dem sowohl die Eigenfrequenz des ungestörten Systems als auch die Anregungsfrequenz relevant sind (Abb. 2.51 oben), zu einem System, das von der Anregungsfrequenz dominiert wird (Abb. 2.51 unten).

2.16 Periodisch angetriebenes Pendel

☞ `2-16-Getriebenes-Pendel.ipynb`

In diesem Abschnitt wollen wir ein weiteres Beispiel besprechen, das in manchen Bereichen des Phasenraums dissipativ ist, während in anderen das Phasenraumvolumen expandiert. Als Ausgangspunkt wählen wir das gedämpfte mathematische Pendel, dessen Bewegungsgleichung wir aus (2.47) durch Hinzufügen eines linearen Dämpfungsterms zu

$$\ddot{\theta} + k\dot{\theta} + \sin(\theta) = 0 \tag{2.175}$$

erhalten.

Der Dämpfungsterm $k\dot{\theta}$ hat zur Folge, dass Phasenraumvolumina nicht mehr erhalten bleiben, sondern immer kleiner werden. Diesen rein dissipativen Charakter der Bewegungsgleichung ändern wir durch das Hinzufügen einer periodischen, treibenden Kraft, die durch eine Amplitude F und eine Frequenz Ω charakterisiert ist. Damit lautet die Bewegungsgleichung

$$\ddot{\theta} + k\dot{\theta} + \sin(\theta) = F\cos(\Omega t)\,. \tag{2.176}$$

Durch Hinzufügen dieses explizit zeitabhängigen Terms haben wir es wie beim zuletzt besprochenen Problem des Van-der-Pol-Oszillators mit äußerer Anregung mit einer zeitabhängigen Dynamik zu tun.

Wir können die explizite Zeitabhängigkeit jedoch beseitigen, indem wir den zweidimensionalen Phasenraum des ursprünglichen Problems formal um eine Dimension erweitern. Die zusätzliche Variable nennen wir ϕ und ihre Bewegungsgleichung soll durch

$$\dot{\phi} = \Omega \tag{2.177}$$

gegeben sein. Die Lösung dieser Differentialgleichung zur Anfangsbedingung $\phi(0) = 0$ ergibt sich trivialerweise zu

$$\phi = \Omega t \tag{2.178}$$

und erlaubt es, die obige Differentialgleichung (2.176) in das zeitunabhängige Differentialgleichungssystem

$$\begin{aligned} \dot{\theta} &= v_\theta \\ \dot{v}_\theta &= -\beta v_\theta - \sin(\theta) + F\cos(\phi) \\ \dot{\phi} &= \Omega \end{aligned} \tag{2.179}$$

umzuwandeln. Wir werden diese Version der Bewegungsgleichungen zwar nicht für unsere Numerik verwenden, sie hilft uns aber, Einsichten in das Verhalten des getriebenen Pendels zu gewinnen.

Wenn wir die Bewegungsgleichungen (2.179) betrachten, erkennen wir, dass der Phasenraum sowohl Bereiche enthält, in denen Phasenraumvolumina kontrahieren, als auch Bereiche, in denen sie expandieren. Nach unseren Überlegungen im vorigen Abschnitt, könnte ein Attraktor existieren, wobei dieser vom Typ eines Fixpunkts, eines Grenzzyklus oder eines seltsamen Attraktors sein könnte. Die erste Möglichkeit können wir jedoch verhältnismäßig einfach ausschließen, denn am Fixpunkt müsste die Zeitableitung aller drei Koordinaten des Phasenraums verschwinden, was jedoch (2.179) widerspricht. Es bleiben die Möglichkeiten eines Grenzzyklus und eines seltsamen Attraktors. Um zwischen diesen beiden Alternativen zu entscheiden, werden wir nach periodischen Bewegungen suchen.

Liegt im Phasenraum eine periodische Bewegung vor, so müssen sich nach einer Periode wieder die gleichen Werte für die Phasenraumvariablen θ, v_θ und ϕ ergeben. Für ϕ, das als Winkel modulo 2π zu nehmen ist, kann dies nur zu Vielfachen der Anregungsperiode passieren. Mögliche Perioden sind also von der Form

$$T = n\frac{2\pi}{\Omega}\,, \tag{2.180}$$

ein Umstand, den wir in unserem Programm ausnutzen werden.

Das Jupyter-Notebook zum getriebenen Pendel besteht insgesamt aus drei Teilen. Im ersten Teil wird die Bewegungsgleichung (2.176) gelöst und das Ergebnis $\theta(t)$ graphisch dargestellt. Programmtechnisch bietet dieser Teil gegenüber den vorhergehenden Abschnitten nichts grundsätzlich Neues, so dass wir ihn nicht weiter besprechen müssen. Wichtiger ist, dass sich in diesem Teil die Möglichkeit bietet, das Verhalten der Periode T als Funktion der Antriebsstärke F zu untersuchen. Lassen sich also im eingeschwungenen Zustand Situationen mit Perioden (2.180) und $n > 1$ finden? Um im relativ großen Parameterraum nicht verloren zu gehen, sind im Notebook die Frequenz $\Omega = 2/3$ und die Dämpfungsstärke $k = 0{,}5$ fest eingestellt und der dazu passende Bereich für F sinnvoll vorgegeben. Natürlich ist es aber möglich, die Parameter bei Bedarf direkt im Code zu verändern.

Der zweite Teil untersucht, ob die Lösung für lange Zeiten periodisch ist und berechnet in diesem Fall die Periodendauer T. Dabei sind die Frequenz Ω und die Dämpfungsstärke k fest vorgegeben, während die Antriebsstärke F in einem vorgegebenen Bereich variiert wird. Als Endergebnis erhalten wir also die Abhängigkeit $T(F)$. Auf die numerische Umsetzung werden wir im Folgenden näher eingehen.

Der Grundgedanke der weiter unten abgedruckten Funktion `period` besteht darin, eine eventuelle Periode T dadurch festzustellen, dass der Zustand zu einem Zeitpunkt t gleich dem Zustand zum Zeitpunkt $t + T$ ist. Wegen numerischer Fehler bei der Integration oder durch Rundung können wir jedoch nicht davon ausgehen, dass exakt der Ausgangszustand erreicht wird, sondern wir müssen kleine Abweichungen zulassen. Immerhin können wir aber den Umstand ausnutzen, dass die Periode gemäß (2.180) nur ein ganzzahliges Vielfaches der Anregungsperiode sein kann.

Ein Problem stellt die Tatsache dar, dass eine periodische Bewegung wenn überhaupt erst stattfindet, wenn der Attraktor, den wir ja nicht kennen, praktisch erreicht wurde. Um dies zu gewährleisten, beginnen wir mit einem im Prinzip beliebigen Anfangszustand und entwickeln diesen über eine hinreichend lange Zeit t_{init}. Den so erreichten Zustand $(\theta_0, v_{\theta,0}, \phi_0)$ betrachten wir als Ausgangszustand für die nachfolgende Suche nach einer eventuellen Periode. Anschließend verfolgen wir die weitere zeitliche Entwicklung jeweils über eine Periode der Anregungsfrequenz und kontrollieren, ob der jeweilige Endzustand $(\theta_1, v_{\theta,1}, \phi_1)$ ausreichend nahe am Ausgangszustand ist, also ob

$$(\theta_1 - \theta_0)^2 + \left(v_{\theta,1} - v_{\theta,0}\right)^2 + (\phi_1 - \phi_0)^2 < \varepsilon \tag{2.181}$$

ist. Dabei ist die Wahl des Parameters ε nicht ganz einfach, da ein zu kleiner Wert das Erkennen einer Periode aufgrund der bereits genannten, unvermeidbaren numerischen Fehler verhindern könnte. Ein zu großer Wert von ε könnte dagegen eine zu kleine Periode liefern. Dies kann insbesondere in dem Bereich von Antriebsstärken relevant sein, in dem sich die Periode ändert.

Da wir nur Zeitpunkte berücksichtigen, bei denen die Zeitspanne zwischen Anfangs- und Endzustand ein Vielfaches der Anregungsperiode beträgt, ist $\phi_1 = \phi_0$ und der dritte Term in (2.181) entfällt. Damit müssen wir die Bewegung von ϕ nicht numerisch behandeln und können die Zeitentwicklung über eine Periode direkt mit Hilfe der Bewegungsgleichung (2.176) lösen.

Im Prinzip könnten wir das beschriebene Vorgehen nun für verschiedene Werte der Antriebsstärke F wiederholen. Wenn die Schrittweite hinreichend klein gewählt wird, können wir ausnutzen, dass sich der Attraktor nicht wesentlich ändern wird. Der Endzustand für einen Wert von F wird also bereits in der Nähe des Attraktors für den nächsten Wert von F liegen. Damit wird nicht mehr das anfängliche Zeitintervall t_{init} benötigt, um den Attraktor zu erreichen, sondern es kann ein kürzeres Zeitintervall gewählt werden.

Die gerade skizzierten Ideen sind in der folgenden Funktion umgesetzt.

```
MAX_PERIOD = 8

def period(n_initial, n_between, f_min, f_max, n_f,
           k, omega, eps):
    t_period = 2*pi / omega
    x_0, v_0 = 0.5, 0
```

```
    f_values = []
    np_values = []

    t_end = n_initial * t_period
    solution = integrate.solve_ivp(
        dx_dt, (0, t_end), [x_0, v_0],
        args=(f_min, k, omega), method="DOP853",
        atol=1.e-10, rtol=1e-10)
    x_0, v_0 = solution.y[:, -1]

    for f in np.linspace(f_min, f_max, n_f):
        kwargs = {"args": (k, f, omega),
                  "method": "DOP853",
                  "atol": 1e-10, "rtol": 1e-10}

        t_end = n_between * t_period
        solution = integrate.solve_ivp(
            dx_dt, (0, t_end), [x_0, v_0], **kwargs)
        x_0, v_0 = solution.y[:, -1]

        first_run = True
        n_period = 0
        x_1, v_1 = x_0, v_0
        while first_run or (x_1-x_0)**2+(v_1-v_0)**2 > eps:
            first_run = False
            solution = integrate.solve_ivp(
                dx_dt, (0, t_period), [x_1, v_1], **kwargs)
            x_1, v_1 = solution.y[:, -1]
            n_period = n_period + 1
            if n_period > MAX_PERIOD:
                break
        else:
            f_values.append(f)
            np_values.append(n_period)
            print(f"{f:.4f} {n_period:5}", end="\r")
    return f_values, np_values
```

Vor der `for`-Schleife findet zunächst die Propagation vom Anfangszustand zum Attraktor statt, wobei der dafür zu verwendende Zeitraum in Einheiten der Anregungsperiode definiert wird. Da wir innerhalb der Schleife zunächst eine Propagation zum Erreichen des neuen Attraktors und anschließend um jeweils eine Antriebsperiode durchführen müssen, definieren wir ein Dictionary `kwargs`, das die Parameter enthält, die wir der Funktion `integrate.solve_ivp` per Schlüsselwort übergeben wollen. Damit vermeiden wir es, die Parameter mehrfach angeben zu müssen und dabei eventuell Fehler einzubauen. Zu beachten ist, dass bei der Verwendung in der Funktion zwei Sternchen vor den Namen des Dictionaries gesetzt werden müssen. Der verwendete Name ist als Abkürzung von *keyword arguments* allgemein üblich, könnte aber auch anders lauten.

Die eigentliche Bestimmung der Periode findet in der `while`-Schleife statt. Diese endet, wenn der Ausgangspunkt hinreichend genau wieder erreicht wurde. In diesem Fall wird der `else`-Zweig ausgeführt, in dem die Werte der Antriebsstärke und der Periode entsprechenden Arrays hinzugefügt werden. Da die Ausführung des Programms etwas Zeit kostet, geben wir diese Werte zur Information über den Fortgang der Rechnung auch aus. Wird der Ausgangspunkt innerhalb von acht Perioden nicht wieder erreicht, wird die `while`-Schleife abgebrochen und der nächste Wert von F betrachtet. Der `else`-Block wird in diesem Fall nicht ausgeführt. In der Diskussion der Ergebnisse werden wir sehen, dass der Bereich, in dem die Periode das Achtfache der Antriebsperiode beträgt, recht klein ist, so dass diese Wahl sinnvoll erscheint. Bei Bedarf kann aber der Parameter `MAX_PERIOD` angepasst werden.

Ein Aspekt im Zusammenhang mit der `while`-Schleife verdient noch Erwähnung. Beim ersten Durchlauf kann die Abbruchbedingung (2.181) noch nicht sinnvoll ausgewertet werden. Eine Möglichkeit bestünde nun darin, vor der Schleife bereits eine Propagation um eine Periode durchzuführen. Dies kann vermieden werden, indem man mit der Variable `first_run`, die anfänglich auf den Wahrheitswert `True` gesetzt ist, signalisiert, dass die Abbruchbedingung nicht auszuwerten ist. Da die Variable im ersten Durchlauf gleich auf `False` gesetzt wird, wird die Abbruchbedingung in den weiteren Durchläufen wie gewünscht ausgewertet. Dabei nutzen wir aus, dass Python einen logischen Ausdruck nur so weit auswertet, wie es für die Bestimmung des Ergebnisses erforderlich ist.

Das Ergebnis für die Abhängigkeit der Periodendauer $T(F)$ von der Antriebsstärke ist für $\Omega = 2/3$ und $k = 0{,}5$ in Abb. 2.52 unten dargestellt. Für Werte von F bis etwa 1,066 ist die Periode T identisch mit der Periode $2\pi/\Omega$ der antreibenden Kraft. Dann findet eine Verdopplung der Periode statt, die von weiteren Periodenverdopplungen bei Werten der Antriebsamplitude von etwa 1,079 und 1,082 gefolgt wird. Die Spanne zwischen den Periodenverdopplungen wird also immer kürzer, so dass weitere Periodenverdopplungen zunehmend schwer aufzulösen sind. Dies lässt sich auch daran erkennen, dass das Verhältnis aufeinanderfolgender Spannen gegen das Inverse der *Feigenbaumkonstante* $\delta \approx 4{,}66920$ geht. Entsprechend divergiert die Periode bei $F \approx 1{,}803$ und die Bewegung ist nicht länger periodisch. Die Trajektorie nähert sich dann für lange Zeiten nicht mehr einem Grenzzyklus an, sondern einem seltsamen Attraktor und die Bewegung ist chaotisch. Interessanterweise gibt es auch im chaotischen Bereiche kleine Fenster für die Antriebsstärke, in denen wieder eine periodische Bewegung beobachtet werden kann.

Experimentiert man ein wenig mit den Parametern `eps`, `n_initial`, `n_between` und `n_f`, so stellt man fest, dass es gar nicht so einfach ist, die Periodendauer zuverlässig zu bestimmen. Es stellt sich dann die Frage nach alternativen Wegen, um die selbe Information über das physikalische Verhalten zu erhalten. Eine Möglichkeit bietet uns das sogenannte *Attraktordiagramm*.

Um ein Attraktordiagramm zu erstellen, sammeln wir für jeden Wert des Kontrollparameters F die Werte einer beliebigen dynamischen Variablen, zum Beispiel θ, zu ganzzahligen Vielfachen der Anregungsperiode. Dabei lassen wir zu Beginn wieder hinreichend viel Zeit verstreichen, damit die Trajektorie den Attraktor praktisch

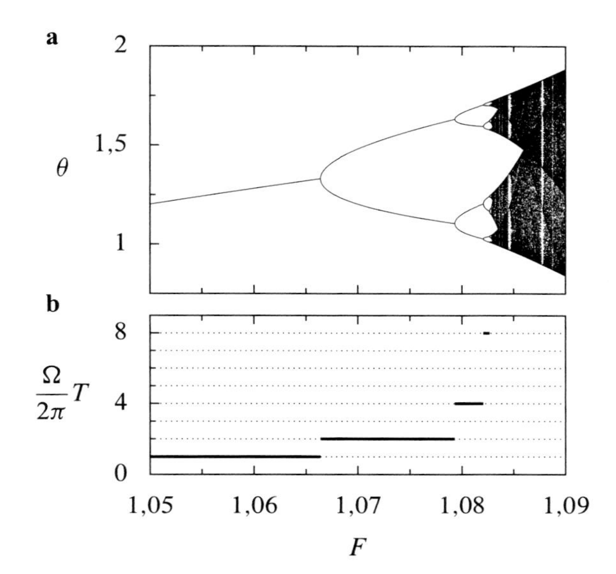

Abb. 2.52 Attraktordiagramm des getriebenen gedämpften Pendels (oben) und Periode T als Funktion der Amplitude F der treibenden Kraft (unten). Im Attraktordiagramm sieht man eine Kaskade von Gabelungen bei den Werten von F, bei denen sich die Periode verdoppelt. Die Antriebsfrequenz und die Dämpfungskonstante haben die Werte $\Omega = 2/3$ bzw. $k = 0{,}5$

erreicht hat. Wenn wir nun all diese Werte der dynamischen Variable in Abhängigkeit des Kontrollparameters, der hier F entspricht, auftragen, erhalten wir das Attraktordiagramm in Abb. 2.52 oben. Der zugehörige Programmcode im letzten Teil des Notebooks sollte keine größeren Probleme bereiten, so dass wir ihn nicht im Detail besprechen wollen. Erwähnenswert ist aber, dass die Abbildung der Resultate hier sukzessive aufgebaut wird, um die Ergebnisse schon während der Rechnung beurteilen zu können.

Vergleicht man die beiden Diagramme in Abb. 2.52, so wird deutlich, dass sich jede Periodenverdopplung im Attraktordiagramm durch eine Gabelung, eine *Bifurkation* manifestiert. Aus diesem Grund wird das Attraktordiagramm auch als Bifurkationsdiagramm bezeichnet. Diese aufeinanderfolgenden Gabelungen setzen sich fort bis im chaotischen Fall keine einzelnen Linien mehr ausgemacht werden können, sondern ein Band entsteht. In diesem Bereich sind in Abb. 2.52 oben auch die bereits angesprochenen schmalen periodischen Fenster zu erkennen.

Mit dem Wissen aus Abb. 2.52 können wir nun einige interessante Werte von F auswählen und die zugehörigen Phasenraumtrajektorien des Grenzzyklus berechnen. Die Ergebnisse sind für $\Omega = 2/3$ und $k = 0{,}5$ in Abb. 2.53 für $F = 1{,}06$, 1,075, 1,082 und 1,085 dargestellt. Die Periodenverdopplung von links oben nach rechts oben manifestiert sich in dieser Darstellung in einer Aufspaltung der Trajektorie von einer Einfachschleife in eine Doppelschleife. Entsprechend erhalten wir nach einer weiteren Periodenverdopplung links unten eine Vierfachschleife. Im chaotischen Fall füllt die Trajektorie schließlich eine ganze Teilfläche aus.

Das Jupyter-Notebook zum getriebenen gedämpften Pendel enthält zwar keinen Code zur unmittelbaren Erzeugung dieser Abbildung. Allerdings sollte es keine allzu

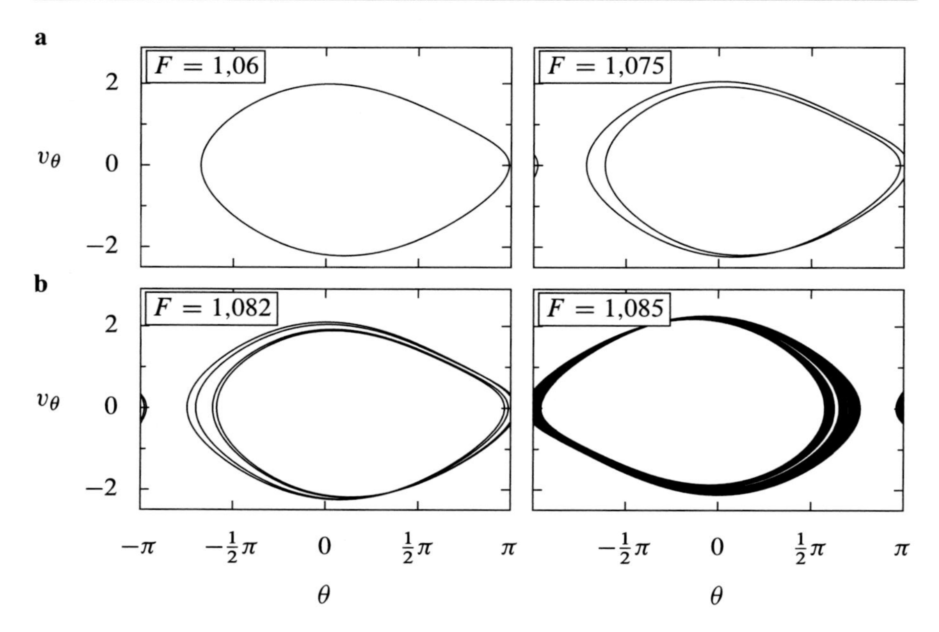

Abb. 2.53 Trajektorien des getriebenen gedämpften Pendels mit $\Omega = 2/3$ und $k = 0{,}5$ für Werte der Antriebsstärke $F = 1{,}06$, $1{,}075$, $1{,}082$ und $1{,}085$

großen Schwierigkeiten bereiten, unter Verwendung des bereitgestellten Codes eine entsprechend angepasste Version zu implementieren.

Übungen

2.1 Dreieckspotential

Lösen Sie die Bewegungsgleichung eines Teilchens in einem periodischen Potential mit Periode L, das im Bereich $-L/2 \leq x \leq L/2$ durch

$$V(x) = \frac{2V_0}{L}|x| \tag{2.182}$$

definiert ist. Die Form dieses Potentials ist in Abb. 2.54 dargestellt.

Bei der numerischen Lösung der Bewegungsgleichung ist es interessant, Verfahren mit niedriger und höherer Ordnung zu vergleichen. Alternativ kann man die Bewegungsgleichung für Zeiträume, in denen die Punktmasse einen linearen Abschnitt des Potentials nicht verlässt, analytisch lösen. Dann lässt sich ähnlich wie für die Billards in Abschn. 2.13 numerisch eine stroboskopische Abbildung realisieren.

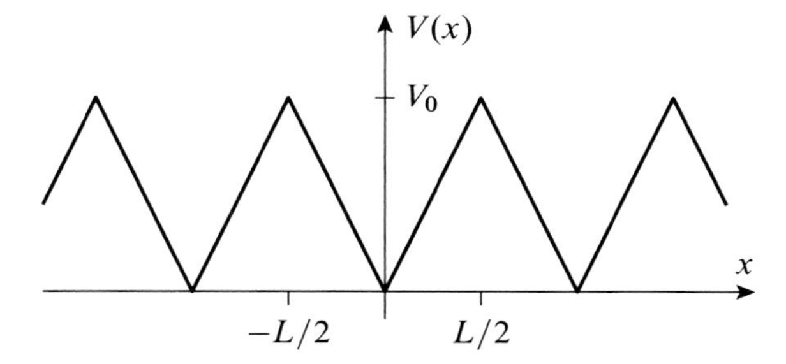

Abb. 2.54 Periodisch fortgesetztes Dreieckspotential (2.182)

2.2 Flug einer Diskusscheibe

Die Bewegungsgleichungen (2.41) für den schiefen Wurf mit Luftwiderstand in Abschn. 2.3 bezogen sich auf die Bewegung einer punktförmigen Masse. Die Gleichungen lassen sich verhältnismäßig einfach so modifizieren, dass sie die Bewegung einer Diskusscheibe im Rahmen eines einfachen Modells beschreiben können. Dazu berücksichtigt man, dass die Diskusscheibe im Vergleich zu einer Punktmasse eine Auftriebskraft

$$\boldsymbol{F}_\mathrm{A} = \gamma \Delta v_x \boldsymbol{e}_z\,. \tag{2.183}$$

erfährt, die proportional zur horizontalen Komponente Δv_x der Relativgeschwindigkeit zwischen Diskus und umgebender Luft ist. Mit diesem Modell lässt sich der Einfluss der Windgeschwindigkeit untersuchen. Allerdings wird dabei vernachlässigt, dass der Auftrieb auch vom Winkel zwischen der Relativgeschwindigkeit und der Orientierung des Diskus abhängt. Dadurch ist die Auftriebskraft zu Beginn sogar negativ und nimmt erst im Laufe des Fluges positive Werte an. Für die in Abschn. 2.3 bereits berücksichtigte Reibungskraft ist nun ebenfalls die Relativgeschwindigkeit Δv_x relevant.

Im Rahmen dieses einfachen Modells genügt es, die auftretenden Parameter α und γ grob abzuschätzen. Für den Dämpfungsparameter α lässt sich die Argumentation aus Abschn. 2.2 heranziehen. Für den Auftriebsparameter γ kann man zur Vereinfachung die Luftreibung vernachlässigen und untersuchen, welcher Wert sich für einen Diskus mit einer Masse von 2 kg bei einer Abwurfgeschwindigkeit von 25 m/s und einer Wurfweite von 70 m bei Windstille ergibt. Untersuchen Sie nun, wie sich die Windgeschwindigkeit auf die Wurfweite auswirkt.

2.3 Schiefer Wurf: Variation der Anfangshöhe

In Abschn. 2.3 hatten wir uns mit dem schiefen Wurf unter dem Einfluss des Luftwiderstands beschäftigt. Bei der Untersuchung des optimalen Abwurfwinkels, also dem Winkel unter dem die maximale Wurfweite erreicht wird, hatten wir angenommen, dass die Abwurfhöhe gleich der Auftreffhöhe ist. Verwenden Sie den Code des betreffenden Jupyter-Notebooks, um den Einfluss der skalierten Abwurfhöhe auf den optimalen Abwurfwinkel zu untersuchen, und stellen Sie die Ergebnisse geeignet graphisch dar. Entspricht das Ergebnis für große Abwurfhöhen Ihrer Erwartung?

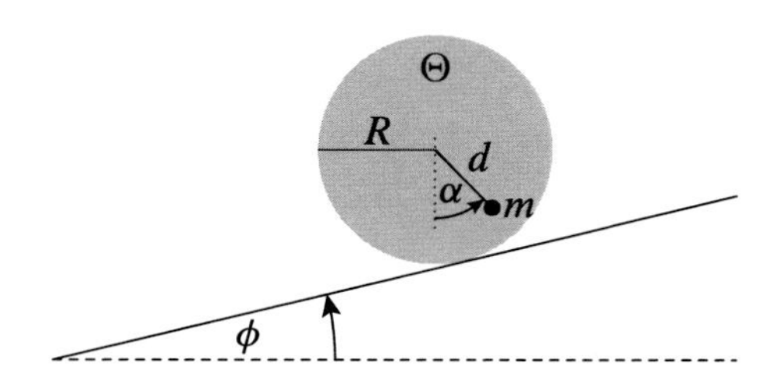

Abb. 2.55 Zylinder auf einer schiefen Ebene

Untersuchen Sie auch den Einfluss der Anfangsgeschwindigkeit für von null verschiedene Anfangshöhen. Was resultiert daraus für den optimalen Abwurfwinkel beim Kugelstoßen oder beim Werfen eines viel leichteren Schlagballs?

2.4 Walze auf einer schiefen Ebene
Wir betrachten eine Walze, die wie in Abb. 2.55 illustriert reibungsfrei und ohne Schlupf auf einer schiefen Ebene rollt, die gegenüber der Horizontalen um den Winkel ϕ geneigt ist. Die grau dargestellte Walze habe den Radius R und ein Trägheitsmoment Θ bezüglich ihrer Symmetrieachse. Zusätzlich sei im Abstand d von der Symmetrieachse eine linienförmige Masse m angebracht. Die Bewegung werde durch den Winkel α dieser linienförmigen Masse relativ zur Vertikalen beschrieben.

Überzeugen Sie sich davon, dass die Bewegungsgleichung durch

$$\left[m\left(R^2 + 2Rd\cos(\alpha - \phi) + d^2\right) + \Theta\right]\ddot{\alpha} + mRd\sin(\alpha - \phi)\dot{\alpha}^2 + mg\left(d\sin(\alpha) - R\sin(\phi)\right) = 0 \quad (2.184)$$

gegeben ist, und lösen Sie diese numerisch. Untersuchen Sie insbesondere die Variation der Geschwindigkeit beim Herunterrollen sowie die Existenz oszillatorischer Lösungen, bei denen die Walze abwechselnd nach oben und unten rollt. Wie groß muss d mindest sein, damit dieser zweite Bewegungstyp auftreten kann?

2.5 Mathematisches Pendel als Randwertproblem
In Abschn. 2.6 haben wir die numerische Lösung von Randwertproblemen am Beispiel der Bewegung einer Punktmasse im quartischen Potential besprochen. Diese Vorgehensweise lässt sich auch auf andere Problemstellungen der Mechanik wie das mathematische Pendel aus Abschn. 2.4 anwenden. Suchen Sie für dieses Pendel Trajektorien, die in der stabilen Ruhelage $\theta = 0$ beginnen und dort nach einer vorgegebenen Zeitspanne Δt auch wieder enden.

Neben periodischen Lösungen, die ähnlich wie beim quartischen Potential verlaufen, gibt es beim mathematischen Pendel auch Überschlagslösungen. Um diese zu erhalten, muss man berücksichtigen, dass die Auslenkung θ modulo 2π zu verstehen ist. Wegen der Möglichkeit von Überschlagslösungen existiert beim mathematischen Pendel im Gegensatz zum quartischen Potential für beliebige Zeitintervalle $\Delta t > 0$ mindestens eine nichttriviale Lösung.

Abb. 2.56 Stadionbillard

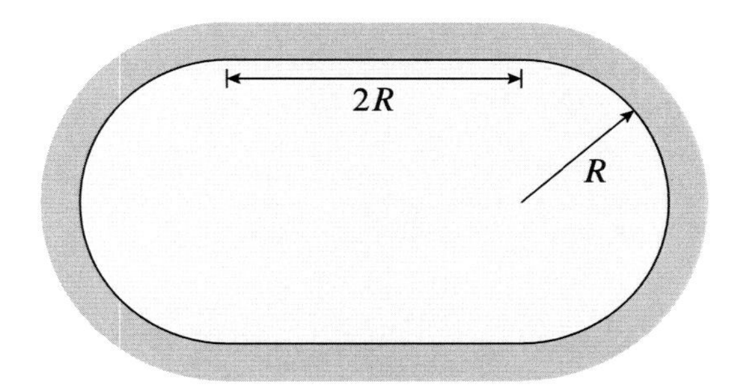

2.6 Hénon-Heiles-Modell

Im Rahmen der Untersuchung der Bewegung eines Sterns im Gravitationspotential einer Galaxie entwickelten Hénon und Heiles ein Modell [11], das durch die Bewegung einer Punktmasse in einem zweidimensionalen Potential

$$U(x, y) = \frac{1}{2}\left(x^2 + y^2 + 2x^2y - \frac{2}{3}y^3\right) \tag{2.185}$$

definiert wird. Dieses Modell und auch seine quantenmechanische Version wurden seither in zahlreichen Arbeiten untersucht.

Ähnlich wie beim Doppelpendel in Abschn. 2.10 haben wir es hier mit einem Problem mit vier Freiheitsgraden zu tun, bei dem die Energie erhalten ist. Die Bewegung im Potential (2.185) kann daher gut mit Hilfe von Poincaré-Schnitten analysiert werden. Betrachten Sie Poincaré-Schnitte bei $x = 0$ mit $\dot{y} > 0$, und untersuchen Sie, wie sich diese als Funktion der Gesamtenergie mit $E < 1/6$ verändern. Versuchen Sie zudem, periodische Trajektorien zu identifizieren und graphisch darzustellen.

2.7 Stadionbillard

Es soll die Bewegung eines Teilchens in einem Billard mit der in Abb. 2.56 dargestellten stadionförmigen Berandung untersucht werden. Als Ausgangspunkt kann der Code zum Sinai-Billard aus Abschn. 2.13 herangezogen werden. Zur Kontrolle des Programms empfiehlt es sich, zunächst einige Trajektorien für unterschiedliche Anfangsbedingungen zu berechnen und diese visuell auf Plausibilität zu überprüfen. Anschließend kann ein Poincaré-Schnitt sowie für ausgewählte Bahnen der Ljapunov-Exponent bestimmt werden.

2.8 Ljapunov-Exponent beim Sinai-Billard

Berechnen Sie den Ljapunov-Exponenten des in Abschn. 2.13 vorgestellten Sinai-Billards. Betrachten Sie dazu zwei Bahnen, die an der selben Wand in einem kleinen Abstand parallel zueinander oder am selben Punkt mit etwas unterschiedlicher Richtung beginnen. Versuchen Sie zunächst eine Bestimmung des Ljapunov-Exponenten ohne die im Text beschriebene sukzessive Rückskalierung. Über welches Zeitintervall ist eine solche Vorgehensweise noch sinnvoll möglich? Wie ändert sich dieses

Zeitintervall, wenn der Phasenraumabstand der beiden Trajektorien jeweils nach einer bestimmten Anzahl von Wandkontakten wie in Abschn. 2.12 diskutiert auf einen festen Wert rückskaliert wird?

Literatur

1. H. Voß, *Einführung in LaTeX*, 4. Aufl. (Lehmanns Media, Berlin, 2022)
2. M. Knorrenschild, *Numerische Mathematik*, 5. Aufl. (Fachbuchverlag, Leipzig, 2013). https://doi.org/10.3139/9783446433892.001
3. D.F. Lawden, *Elliptic Functions and Applications* (Springer, New York, 1989). https://doi.org/10.1007/978-1-4757-3980-0
4. P.G. Drazin, *Nonlinear Systems* (Cambridge University Press, Cambridge, 1992). https://doi.org/10.1017/CBO9781139172455
5. M. Bartelmann, B. Feuerbacher, T. Krüger, D. Lüst, A. Rebhan, A. Wipf, *Theoretische Physik 1: Mechanik* (Springer, Berlin, 2018). https://doi.org/10.1007/978-3-662-56115-7
6. H. Goldstein, J.L. Safko, C.P. Poole, *Classical Mechanics*, 3rd edn. (Pearson, London, 2014)
7. SELFHTML (2022). https://wiki.selfhtml.org/wiki/SELFHTML
8. docs.scipy.org/doc/scipy/reference/generated/scipy.integrate.solve_ivp.html
9. M. de Icaza-Herrera, V.M. Castaño, Can. J. Phys. **94**, 15 (2016). https://doi.org/10.1139/cjp-2015-0223
10. K.H. Hoffmann, M. Schreiber (eds.), *Computational Statistical Physics* (Springer, Berlin, 2002). https://doi.org/10.1007/978-3-662-04804-7
11. M. Hénon, C. Heiles, Astron. J. **69**, 73 (1964). https://doi.org/10.1086/109234

Elektrodynamik und Optik

3

Die Felder in der Elektrodynamik hängen im Allgemeinen von allen drei Raumkoordinaten sowie der Zeit ab, ganz gleich ob es sich um Vektorfelder wie das elektrische und das Magnetfeld handelt oder Skalarfelder wie das elektrische Potential. Ihr Verhalten wird somit durch partielle Differentialgleichungen, die Maxwell'schen Gleichungen, beschrieben. Damit unterscheidet sich die numerische Problemstellung wesentlich von den gewöhnlichen Differentialgleichungen, die charakteristisch für die im vorigen Kapitel betrachteten Probleme der Mechanik von Punktmassen waren.

Wir werden verschiedene Methoden zur Lösung partieller Differentialgleichungen demonstrieren und auf Probleme der Elektrostatik anwenden. Bei der Zerlegung in ein geeignetes Eigenfunktionensystem beispielsweise nutzen wir die Linearität der Poisson-Gleichung aus, während die Finite-Differenzen-Methode auch auf nichtlineare Probleme angewandt werden kann. Aufgrund ihrer räumlichen Natur werden die Problemstellungen mit Randbedingungen versehen sein, während in der Mechanik Anfangswertprobleme im Vordergrund standen. Da es uns die elektrostatischen Fragestellungen erlauben, die wesentlichen numerischen Aspekte zu beleuchten, bilden sie den Hauptteil dieses Kapitels.

Ein Abschnitt ist der Magnetostatik gewidmet, wobei wir das Magnetfeld von Anordnungen beliebig dünner stromdurchflossener Leiter berechnen werden. Das Biot-Savart-Gesetz führt uns dabei zunächst zum Thema der numerischen Integration. Eine vielleicht überraschende Verbindung zur Mechanik wird die Berechnung einzelner Magnetfeldlinien für zwei verschränkte Ringströme bieten. In diesem Zusammenhang werden wir auf bereits bekannte Techniken zur Lösung von gewöhnlichen Differentialgleichungen mit Anfangsbedingungen zurückgreifen können.

Die Ausbreitung elektromagnetischer Wellen wird im letzten Abschnitt, wenn auch nur im Grenzfall der geometrischen Optik, thematisiert. Dort wird uns das Fermat'sche Prinzip die Gelegenheit bieten, die numerische Lösung einer Optimierungsaufgabe zu besprechen.

H. Wiedemann und G.-L. Ingold, *Numerische Physik mit Python*,
https://doi.org/10.1007/978-3-662-69567-8_3

3.1 Die Maxwell'schen Gleichungen

Die Grundgleichungen der Elektrodynamik sind die Maxwell'schen Gleichungen

$$\begin{aligned} \operatorname{div} \boldsymbol{D} &= \varrho & \operatorname{div} \boldsymbol{B} &= 0 \\ \operatorname{rot} \boldsymbol{E} + \frac{\partial \boldsymbol{B}}{\partial t} &= 0 & \operatorname{rot} \boldsymbol{H} - \frac{\partial \boldsymbol{D}}{\partial t} &= \boldsymbol{j}\,, \end{aligned} \tag{3.1}$$

wobei ϱ und $\boldsymbol{j}$ die freie Ladungsdichte bzw. die freie Stromdichte sind. Hinzu kommen Materialgleichungen, die die elektrische Feldstärke $\boldsymbol{E}$, die elektrische Flussdichte $\boldsymbol{D}$, die magnetische Feldstärke $\boldsymbol{H}$ und die magnetische Flussdichte $\boldsymbol{B}$ in Beziehung zueinander setzen.

Wir werden in diesem Kapitel vorwiegend Felder im Vakuum betrachten, für die in SI-Einheiten

$$\begin{aligned} \boldsymbol{D} &= \varepsilon_0 \boldsymbol{E} \\ \boldsymbol{B} &= \mu_0 \boldsymbol{H}\,, \end{aligned} \tag{3.2}$$

mit der Vakuumdielektrizitätskonstante ε_0 und der Vakuumpermeabilitätskonstante μ_0 gilt. Lediglich bei der Diskussion der Lichtbrechung in Abschn. 3.8 werden wir ein lineares dielektrisches Medium betrachten, für das wir den Zusammenhang

$$\boldsymbol{D} = \varepsilon_\mathrm{r} \varepsilon_0 \boldsymbol{E} \tag{3.3}$$

mit der Permittivitätszahl ε_r annehmen werden. Der Brechungsindex ist dann durch $n = \sqrt{\varepsilon_\mathrm{r}}$ gegeben.

Neben den genannten Gleichungen müssen zur vollständigen Spezifikation des Problems auch Randbedingungen festgelegt werden. Diese können sich auf das Verhalten der Felder im Unendlichen beziehen, aber auch das Verhalten der Felder an Grenz- oder Randflächen vorgeben.

Einige der Problemstellungen, die wir in diesem Kapitel betrachten werden, entstammen der Elektrostatik, in der sich die Maxwell'schen Gleichungen (3.1) auf die beiden Gleichungen in der linken Spalte reduzieren und zudem die Zeitableitung der magnetischen Flussdichte verschwindet. Da demnach die elektrische Feldstärke rotationsfrei sein muss, lässt sie sich gemäß

$$\boldsymbol{E} = -\operatorname{grad} \Phi \tag{3.4}$$

durch das elektrische Potential Φ darstellen. Im Vakuum muss das elektrische Potential dann die Poisson-Gleichung

$$\Delta \Phi = -\frac{\varrho}{\varepsilon_0} \tag{3.5}$$

zusammen mit den vorgegebenen Randbedingungen erfüllen, wobei Δ der Laplace-Operator ist.

Die numerische Lösung von partiellen Differentialgleichungen kann im Allgemeinen eine erhebliche Herausforderung darstellen. In der Elektrodynamik ist die Situation insofern einfacher, als wir es mit einem Satz linearer Differentialgleichungen zu tun haben, so dass das Superpositionsprinzip gilt, das wir an verschiedenen Stellen ausnutzen werden. Zudem sind die Green'schen Funktionen bekannt. Beispielsweise kennen wir in der Elektrostatik die Lösung der Poisson-Gleichung (3.5) für eine Einheitspunktladung, die durch das Coulombpotential

$$\Phi(\boldsymbol{r}) = \frac{1}{4\pi\varepsilon_0|\boldsymbol{r}|} \tag{3.6}$$

gegeben ist. Damit ist eine formale Lösung des Problems für eine beliebige Ladungsverteilung $\varrho(\boldsymbol{r})$ möglich, deren quantitative Auswertung dennoch häufig numerisch erfolgen muss. Ein Beispiel hierfür wird in der Übungsaufgabe 3.1 betrachtet.

Diese Überlegungen deuten bereits darauf hin, dass sich Problemstellungen der Elektrodynamik auf verschiedene Weisen numerisch behandeln lassen. Einige der Methoden werden wir in den folgenden Abschnitten vorstellen. Dabei werden wir zur Illustration auch auf relativ einfache Geometrien zurückgreifen, bei denen eine Interpretation der Ergebnisse leicht möglich ist.

3.2 Multipole

☞ `3-02-Multipol.ipynb`

Wenn man in der Elektrostatik eine Ladungsdichte $\varrho(\boldsymbol{r})$ vorliegen hat, kann es sinnvoll sein, diese nach Multipolmomenten zu entwickeln. Für große Abstände von der Ladungsverteilung bestimmt dann das erste nicht verschwindende Multipolmoment, wie schnell das elektrische Potential und die elektrische Feldstärke abfallen.

In diesem Abschnitt werden wir mit Hilfe geeignet gewählter Punktladungen eine Ladungsverteilung konstruieren, deren erstes nicht verschwindendes Multipolelement von der Ordnung ℓ ist und numerisch überprüfen, inwieweit die erwartete Abhängigkeit des Betrags der elektrischen Feldstärke vom Abstand vom Zentrum der Ladungsanordnung realisiert ist. Im folgenden Abschnitt wenden wir uns dann der Darstellung der zugehörigen elektrischen Feldlinien zu.

Wir betrachten also eine aus Punktladungen q_n an den Orten $\boldsymbol{r}_n$ bestehende Ladungsverteilung

$$\varrho(\boldsymbol{r}) = \sum_n q_n \delta(\boldsymbol{r} - \boldsymbol{r}_n) \tag{3.7}$$

im Vakuum, wobei die Ladungen und Orte später noch genauer zu spezifizieren sind. Wenn wir als Randbedingung verlangen, dass die elektrische Feldstärke im Unendlichen verschwindet, erhalten wir das zugehörige elektrische Potential unter Verwendung des Coulombpotentials (3.6) und des Superpositionsprinzips sofort in der Form

$$\Phi(\boldsymbol{r}) = \frac{1}{4\pi\varepsilon_0} \sum_n \frac{q_n}{|\boldsymbol{r} - \boldsymbol{r}_n|} . \tag{3.8}$$

Mit Hilfe von (3.4) lautet die elektrische Feldstärke somit

$$E(r) = \frac{1}{4\pi\varepsilon_0} \sum_n q_n \frac{r - r_n}{|r - r_n|^3} . \tag{3.9}$$

Wir beginnen die Konstruktion von Multipolen mit Hilfe von Punktladungen mit einer einzigen Punktladung q, die am Ursprung platziert sei. Hierbei handelt es sich um einen Monopol, also einen Multipol der Ordnung $\ell = 0$. Das zugehörige elektrische Feld nimmt gemäß (3.9) quadratisch mit dem inversen Abstand von der Ladung ab.

Das Monopolmoment lässt sich zum Verschwinden bringen, wenn man dafür sorgt, dass die Gesamtladung verschwindet. Wir fügen also eine entsprechende negative Ladung $-q$ in einem kleinen Abstand Δ hinzu und erhalten einen Dipol mit dem Dipolmoment $q\Delta$. Der Dipol ist ein Multipol der Ordnung $\ell = 1$. Mit Hilfe einer Taylorentwicklung lässt sich im Grenzfall verschwindenden Abstands Δ zeigen, dass die elektrische Feldstärke nun kubisch mit dem Abstand zum Dipol abfällt.

Einen Dipol ohne Beiträge höherer Multipolmomente erhalten wir formal nur im Grenzübergang $\Delta \to 0$, den wir numerisch jedoch nicht durchführen können. Stattdessen setzen wir $\Delta = 1$ was gleichbedeutend damit ist, dass alle Längen in Einheiten von Δ genommen werden. Wir behalten also im Hinterkopf, dass wir das elektrische Feld eines reinen Dipols nur im Fernfeld mit $|r|/\Delta \gg 1$ erhalten.

Im nächsten Schritt erweitert man die Ladungsverteilung um einen zweiten Dipol, dessen Dipolmoment entgegengesetzt zum ersten Dipol ist. Auf diese Weise erhält man einen Quadrupol, also einen Multipol der Ordnung $\ell = 2$, dessen elektrische Feldstärke mit der vierten Potenz des Abstand abnimmt. An dieser Stelle kann man nun schon vermuten, dass die Feldstärke eines Multipols der Ordnung ℓ mit der $\ell+2$-ten Potenz des Abstands abfällt. Voraussetzung zur Beobachtung dieses Verhaltens ist wiederum die Bedingung $|r|/\Delta \gg 1$.

Bevor wir jedoch mit der Konstruktion höherer Multipole fortfahren, sind zwei Anmerkungen angebracht. Zunächst erinnert das elektrische Potential (3.8) an das Newton'sche Gravitationspotential. Allerdings existieren keine negativen Massen, so dass sich in diesem Fall kein Massendipol konstruieren lässt. Dagegen kann eine Massenverteilung ein Quadrupolmoment besitzen. Ein gutes Beispiel hierfür ist die abgeplattete Erde. Nehmen wir eine homogene Massenverteilung an, so fehlt der Erde an den Polen im Vergleich zu einer perfekten Kugel Masse, während im Bereich des Äquators ein Massenüberschuss vorliegt.

Die zweite Anmerkung betrifft die Anzahl unterschiedlicher Möglichkeiten, einen Multipol aufzubauen. Bei der Konstruktion des Dipols haben wir drei voneinander unabhängige Möglichkeiten, die negative Ladung zu platzieren, die den drei Komponenten des Dipolvektors entsprechen. Für einen Quadrupol gibt es drei wesentlich verschiedene Ladungsanordnungen, die in Abb. 3.1 dargestellt sind.

Für $m = 0$ ist die Ladungsverteilung invariant unter Rotation um die z-Achse. Dies ist der Fall, wenn wir alle Punktladungen entlang der z-Achse platzieren, wie wir das im Weiteren tun werden. Bei $m = 1$ geht die Ladungsverteilung nur bei einer Drehung um Vielfache von 2π um die z-Achse wieder in sich über. Neben

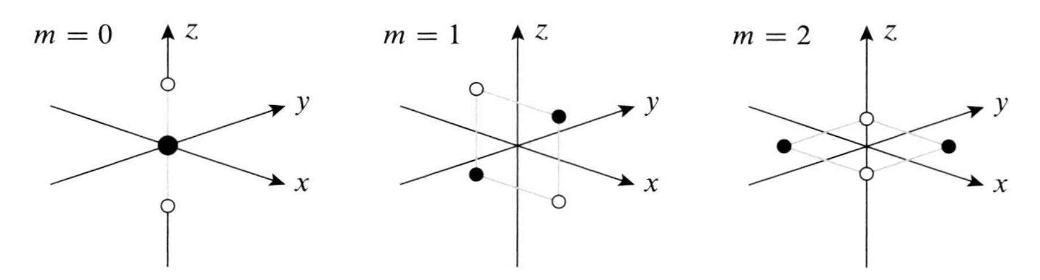

Abb. 3.1 Ladungsanordnungen mit nicht verschwindendem Quadrupolmoment zu verschiedenen Werten von m. Schwarz und weiß kennzeichnen unterschiedliche Ladungsvorzeichen

Abb. 3.2 Multipole aufsteigender Ordnung, deren Ladungen wie in einem Pascal'schen Dreieck angeordnet sind

$$
\begin{array}{lccccccccccc}
\ell = 0 & & & & & & +1 & & & & & \\
1 & & & & & +1 & & -1 & & & & \\
2 & & & & +1 & & -2 & & +1 & & & \\
3 & & & +1 & & -3 & & +3 & & -1 & & \\
4 & & +1 & & -4 & & +6 & & -4 & & +1 & \\
5 & +1 & & -5 & & +10 & & -10 & & +5 & & -1 \\
\vdots & \iddots & & & & & \vdots & & & & & \ddots
\end{array}
$$

der dargestellten Ladungskonfiguration in der x-z-Ebene gibt es noch eine entsprechende Konfiguration in der y-z-Ebene. Bei $m = 2$ liegt die Ladungsverteilung in der x-y-Ebene, und es genügt eine Drehung um π um die z-Achse, um die Ladungsverteilung wieder in sich zu überführen. Neben der gezeigten Ladungskonfiguration existiert noch eine um $45°$ gedrehte Konfiguration, so dass wir insgesamt auf fünf verschiedene Quadrupolkonfigurationen kommen.

Es ist kein Zufall, dass diese Ladungskonfigurationen an die fünf d-Orbitale des Wasserstoffatoms, also d_{z^2}, d_{xz}, d_{yz}, d_{xy} und $\mathrm{d}_{x^2-y^2}$ erinnern, wird doch die Winkelabhängigkeit der zugehörigen Wellenfunktionen genauso wie die der Multipolmomente in Kugelkoordinaten durch die Kugelflächenfunktion $Y_m^\ell(\vartheta, \varphi)$ beschrieben.

Kehren wir nun zur Konstruktion höherer Multipole zurück, die wir beim Quadrupol unterbrochen hatten. Wir werden alle Punktladungen entlang der z-Achse positionieren. Damit ist die Ladungsverteilung invariant unter Rotationen um die z-Achse und gehört immer zu $m = 0$. Dieser Umstand wird im Zusammenhang mit den Feldlinienbildern in Abb. 3.4 und den Äquipotentiallinien in Abb. 3.5 von Bedeutung werden.

Das allgemeine Konstruktionsprinzip ist in Abb. 3.2 dargestellt. Die vorzeichenbehafteten Zahlen geben die jeweiligen Ladungen an und deuten auch deren Position entlang der z-Achse an. Der Abstand zwischen benachbarten Ladungen beträgt jeweils $\Delta = 1$. Beim Übergang von der ersten zur zweiten Zeile wird die Punktladung um eine negative Gegenladung ergänzt, um einen Dipol zu konstruieren. Durch eine Verschiebung um $\Delta/2$ kann man dafür sorgen, dass der Dipol am Ursprung zentriert bleibt. Fügen wir zum Dipol einen um Δ verschobenen Dipol mit umgekehrtem Dipolmoment hinzu, erhalten wir einen Quadrupol, der dem linken Bild in Abb. 3.1 entspricht. Höhere Multipole lassen sich analog aufbauen.

Durch dieses Konstruktionsverfahren erhalten wir ein Pascal'sches Dreieck mit alternierenden Vorzeichen, wie es in Abb. 3.2 zu sehen ist. Die einzelnen Einträge für einen Multipol ℓ-ter Ordnung lassen sich direkt mit Hilfe von Binomialkoeffizienten berechnen. Die n-te Ladung ist dann durch

$$q_n^{(\ell)} = (-1)^n \frac{\ell!}{n!(\ell - n)!} \qquad n = 0, 1, \ldots, \ell \tag{3.10}$$

gegeben, wobei mit dem Ausrufezeichen die Fakultät angedeutet wird.

Damit können wir im Jupyter-Notebook nun eine Funktion implementieren, die für eine gegebene Ordnung `order` die Positionen `r_multipole` der Punktladungen sowie deren Stärken `q_multipole` berechnet.

```
def multipole(order):
    dists = np.arange(-order/2, order/2+1)[:, np.newaxis]
    r_multipole = np.array([[0, 1]]) * dists
    q_multipole = special.comb(order, np.arange(order+1))
    q_multipole[1::2] = -q_multipole[1::2]
    return r_multipole, q_multipole
```

Da die Anordnung der Punktladungen rotationssymmetrisch um die z-Achse ist, genügt eine zweidimensionale Beschreibung in der x-z-Ebene. In den Zeilen 2 und 3 wird ein Array der entsprechenden zweidimensionalen Vektoren aufgebaut, wobei die einzelnen Punktladungen entlang der Achse 0 von `r_multipole` liegen, während die Achse 1 die beiden Koordinaten umfasst.

Damit die Multiplikation in Zeile 3 wie gewünscht funktioniert, müssen wir dem zunächst eindimensionalen Array `dists` noch eine Achse am Ende hinzufügen. Dies geschieht mit `[:, np.newaxis]`, wobei der Doppelpunkt auf die bereits vorhandene Achse 0 hinweist. Die Position des Befehls `np.newaxis` gibt an, dass am Ende eine weitere Achse angefügt werden soll, also die Achse 1.

Gerade am Anfang ist es nicht immer leicht, beim Broadcasting den Überblick zu behalten. Neben einem Blick in den Abschn. 6.2.7 oder die NumPy-Dokumentation zu Broadcasting [1] empfiehlt es sich, mit Hilfe des Attributes `shape` einen Überblick über die Form der beteiligten Arrays zu gewinnen. In unserem Fall erhält man mit `dists.shape` ein Tupel mit zwei Einträgen, die die Ausdehnungen der Achsen 0 und 1 angeben.

Abschließend werden in der Funktion `multipole` die Ladungen gemäß (3.10) bestimmt. Zunächst werden die Binomialkoeffizienten mit Hilfe der Funktion `comb` aus dem Paket `special` für spezielle Funktionen der SciPy-Bibliothek berechnet. Diese Funktion hat im Vergleich zur gleichnamigen Funktion aus dem `math`-Modul der Python-Standardbibliothek den Vorteil, dass sie ganze Arrays als Argumente akzeptiert. Zur Berücksichtigung des ersten Faktors in (3.10) wird dann noch das Vorzeichen jeder zweiten Ladung invertiert.

Wir verfügen nun über die notwendigen Parameter $\boldsymbol{r}_n$ und q_n, um mit Hilfe von (3.9) die elektrische Feldstärke der Ladungsanordnung zu berechnen. Da es uns nicht auf absolute Größen ankommt, können wir den Vorfaktor vor der Summe außer Acht lassen. Auch wenn uns in diesem Abschnitt nur der Betrag des elektrischen Feldes interessiert, berechnen wir in der folgenden Funktion im Hinblick auf den nächsten Abschnitt den gesamten Feldstärkevektor.

```
def e_field(r, r_multipole, q_multipole):
    q_multipole = q_multipole[:, np.newaxis]
    distance = LA.norm(r-r_multipole, axis=1)[:, np.newaxis]
    e = np.sum(q_multipole
               * (r-r_multipole)/distance**3, axis=0)
    return e
```

Um die im Zusammenhang mit der Funktion `multipole` beschriebene Achsenzuordnung zu gewährleisten, müssen wir zu `q_multipole` zunächst noch wie eben schon beschrieben eine Achse 1 hinzufügen. Die Berechnung des Betrags von $\boldsymbol{r}-\boldsymbol{r}_n$ erfolgt dann entlang der Achse 1, während die anschließende Summation über die Punktladungen entlang der Achse 0 erfolgen muss.

Nachdem diese Vorarbeiten geleistet sind, können wir die Abhängigkeit des Betrags $|\boldsymbol{E}|$ der elektrischen Feldstärke vom Abstand r von Multipolen für verschiedene Ordnungen mit Hilfe der Funktion `e_of_r` berechnen. Da die elektrische Feldstärke nicht nur vom Abstand r, sondern auch von der Richtung θ relativ zur z-Achse abhängt, müssen wir auch diesen Wert festlegen. Die Variablen `r_min` und `r_max` legen die Minimal- und Maximalwerte des Abstandes r in Einheiten von Δ fest. Da wir als Ergebnis für jeden Multipol eine Liste mit den Abständen und eine weitere Liste mit den Beträgen des elektrischen Feldes erhalten wollen, besteht das Endergebnis aus zwei Listen von Listen.

Nachdem wir für die Abstandsabhängigkeit der elektrischen Feldstärke ein Potenzgesetz erwarten, ist eine doppelt-logarithmische Auftragung angebracht. Um auf der logarithmischen Abstandsskala äquidistante Werte zu erzielen, wählen wir N_r Abstände gemäß

$$r_n = r_{\text{min}} \left(\frac{r_{\text{max}}}{r_{\text{min}}}\right)^{n/(N_r-1)} \qquad n = 0, 1, \ldots, N_r - 1\,. \tag{3.11}$$

Man kann sich leicht davon überzeugen, dass aufeinanderfolgende Abstände immer das gleiche Verhältnis r_{n+1}/r_n haben. Damit lassen sich nun für vorgegebene Multipolordnungen zunächst die Ladungskonfigurationen und anschließend die abstandsabhängigen elektrischen Feldstärken berechnen.

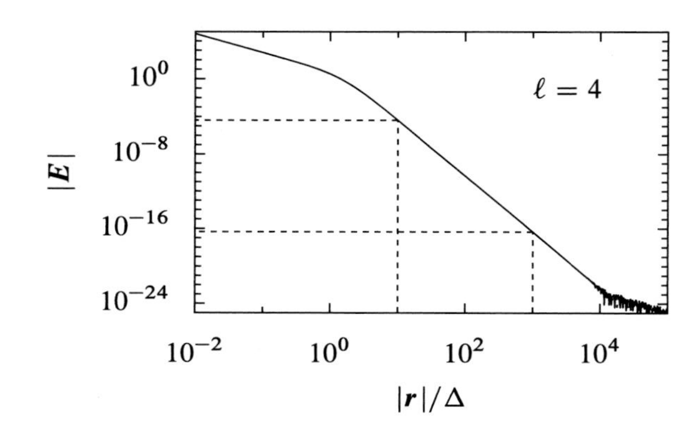

Abb. 3.3 Abhängigkeit der elektrischen Feldstärke vom senkrechten Abstand zur z-Achse für einen Multipol 4. Ordnung, der durch fünf diskrete Punktladungen genähert ist

Das Ergebnis dieses Codes zeigt Abb. 3.3 exemplarisch für einen Multipol 4. Ordnung, für den wir einen Abfall der elektrischen Feldstärke mit $|\boldsymbol{r}|^{-6}$ erwarten. Der entsprechende lineare Verlauf ist im mittleren Bereich zwischen etwa 3 und 10^4 zu sehen. Anhand der gestrichelten Hilfslinien lässt sich die Potenz überprüfen. Über einen Bereich von zwei Größenordnungen im Abstand fällt die elektrische Feldstärke in Übereinstimmung mit unserer Erwartung um zwölf Größenordnungen ab.

Bei kleinen Abständen von der Größenordnung Δ oder kleiner stellen wir erwartungsgemäß Abweichungen von diesem Potenzgesetz fest. Hier befinden wir uns im Nahfeld, wo die fünf Ladungen räumlich aufgelöst werden. Bei sehr großen Abständen hingegen, in Abb. 3.3 ab etwa $|\boldsymbol{r}|/\Delta = 10^4$, dominieren Rundungsfehler, da sich bei der Auswertung der Summe betragsmäßig relativ große Einzelterme gegenseitig nahezu wegheben.

3.3 Berechnung von Feldlinien

☞ `3-02-Multipol.ipynb`

Im letzten Abschnitt haben wir untersucht, wie die elektrische Feldstärke mit dem Abstand von einem Multipol abfällt, der durch eine Anordnung von diskreten Ladungen dargestellt wird. Interessant ist es aber auch, die räumliche Struktur des durch die elektrische Feldstärke gegebenen Vektorfeldes zu untersuchen.

Eine Möglichkeit, ein Vektorfeld darzustellen, besteht darin, an ausgewählten Punkten das Feld durch Pfeile darzustellen, die die Feldausrichtung angeben. Bei Bedarf kann man den Betrag des Feldes beispielsweise durch die Pfeillänge oder eine Einfärbung andeuten. Eine alternative und häufig benutzte Darstellungsweise besteht in einem Feldlinienbild. Dabei zeigt das Feld an jedem Punkt der Feldlinie in tangentialer Richtung. In diesem Abschnitt wollen wir uns ansehen, wie Feldlinien numerisch berechnet werden können. Als konkretes Beispiel ziehen wir die Multipolladungsverteilung aus dem vorigen Abschnitt heran.

Wenn wir die Feldlinie durch die Bogenlänge s parametrisieren, ist die Änderung des Ortsvektors entlang eines kleinen Bogenelements ds durch den Tangenteneinheitsvektor gegeben. Daraus folgt die Differentialgleichung

$$\frac{\mathrm{d}\boldsymbol{r}}{\mathrm{d}s} = \frac{\boldsymbol{E}(\boldsymbol{r})}{|\boldsymbol{E}(\boldsymbol{r})|} . \tag{3.12}$$

Verzichtet man auf die Normierung auf der rechten Seite, so entspricht s zwar nicht mehr der Bogenlänge, aber man erhält dennoch die Feldlinie. Diese ist dann nur anders parametrisiert.

Gleichung (3.12) stellt bei gegebenem elektrischen Feld $\boldsymbol{E}(\boldsymbol{r})$ eine Differentialgleichung für die Parameterdarstellung der elektrischen Feldlinien dar. Damit steht der Berechnung der Feldlinien eines Multipols nichts mehr im Wege. Dazu greifen wir auf die Funktionen `multipole` zur Konstruktion des Multipols und `e_field` zur Berechnung der elektrischen Feldstärke aus dem letzten Abschnitt zurück. Der Integrationsroutine zur Bestimmung der Feldlinien müssen wir lediglich noch eine Funktion zur Auswertung der rechten Seite von (3.12) bereitstellen.

```
def dr_dt(t, r, r_multipole, q_multipole, direction, eps):
    e = e_field(r, r_multipole, q_multipole)
    return direction * e / LA.norm(e)
```

Der Parameter `direction`, der nur die Werte +1 und -1 annehmen wird, gibt an, ob die Feldlinie in Richtung des elektrischen Feldes oder in entgegengesetzter Richtung ausgewertet wird. Indem beide Richtungen berücksichtigt werden, ist es möglich, irgendwo auf der Feldlinie zu starten. Außerdem müssen wir dafür sorgen, dass die Berechnung beendet wird, wenn die Feldlinie hinreichend in die Nähe des Multipols kommt. Hierzu definieren wir eine Abbruchbedingung, wie wir es bereits von einigen Problemstellungen aus Kap. 2 her kennen.

```
def line_closed(t, r, r_multipole, q_multipole, direction,
                eps):
    return LA.norm(r) - eps

line_closed.terminal = True
line_closed.direction = -1
```

Die Funktion `one_field_line` berechnet ausgehend von einem Startpunkt `r_0` die Feldlinie sowohl in Richtung des elektrischen Feldes als auch in entgegengesetzter Richtung.

```
def one_field_line(t_end, n_max, r_0, eps,
                   r_multipole, q_multipole):
    field_lines = []
    for dir in (1, -1):
        solution = integrate.solve_ivp(
            dr_dt, (0, t_end), r_0,
            args=(r_multipole, q_multipole, dir, eps),
            events=line_closed, dense_output=True,
            atol=1e-10, rtol=1e-10)
        if solution.t_events[0].size > 0:
            t_end = solution.t_events[0][0]
        t_values = np.linspace(0, t_end, n_max)
        field_lines.append(solution.sol(t_values))
    return field_lines
```

Erreicht die Feldlinie einen Abstand vom Ursprung, der den Wert `eps` unterschreitet, so wird die Feldlinie lediglich bis zu diesem Punkt zurückgegeben. Andernfalls wird die Feldlinie bis zum vorgegebenen Endwert `t_end` der Bogenlänge berechnet.

Das Ergebnis dieses Programms für Multipole erster bis vierter Ordnung zeigt Abb. 3.4. Wie in Abschn. 3.2 diskutiert, erlaubt es die hier verwendete diskretisierte Ladungsverteilung nur, Felder mit $m = 0$ zu beschreiben, also Felder, die rotationssymmetrisch um die z-Achse sind. Insofern sind die in Abb. 3.4 dargestellten zweidimensionalen Schnitte repräsentativ für das gesamte dreidimensionale Feld. Das Dipolfeld ($\ell = 1$) besitzt neben der Rotationssymmetrie um die z-Achse noch eine Symmetrie unter Spiegelung an der x-y-Ebene, wobei sich dabei das Vorzeichen der z-Komponente des elektrischen Feldes ändert.

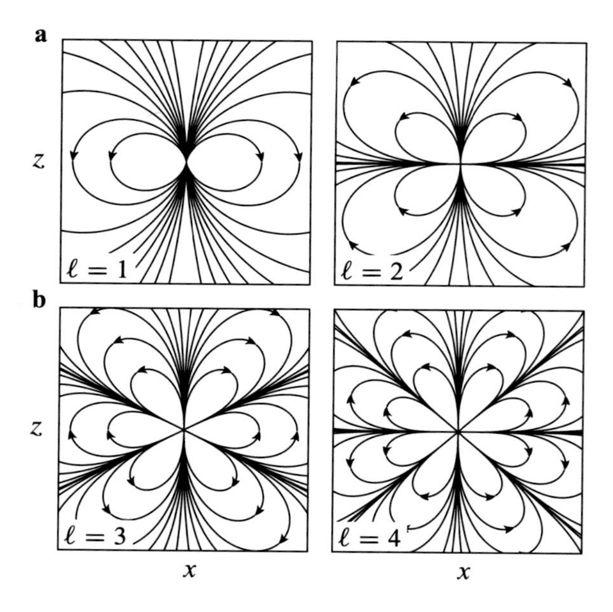

Abb. 3.4 Feldlinien für Multipole zu $\ell = 1, 2, 3$ und 4 für $m = 0$ mit dem Dipolfeld links oben, dem Quadrupolfeld rechts oben und dem Oktupolfeld links unten

Sieht man beim Quadrupolfeld ($\ell = 2$) genauer hin, so stellt man fest, dass es keine vierzählige Symmetrie in der Bildebene gibt, wohl aber Spiegelsymmetrien bezüglich der horizontalen und vertikalen Achse. Die Abwesenheit der vierzähligen Symmetrie hängt damit zusammen, dass wir den Fall $m = 0$ betrachten. Tatsächlich hat die in Abb. 3.1 links dargestellte Ladungsverteilung keine vierzählige Symmetrie. Anders wäre dies für die Fälle $m = 1$ und $m = 2$, die in der Übungsaufgabe 3.2 untersucht werden sollen.

Alternativ zur elektrischen Feldstärke kann man auch das elektrische Potential (3.8) der Multipole visualisieren. Wählt man hierfür wie in Abb. 3.5 Äquipotentiallinien, so stehen diese senkrecht zu den Feldlinien aus Abb. 3.4. Das elektrische Potential lässt sich aber als skalare Größe auch mit Hilfe einer Farbcodierung darstellen, die Werte aus einem vorgegebenen Zahlenbereich mit Hilfe einer Farbpalette in entsprechenden Farben übersetzt. Diese Vorgehensweise wird im Jupyter-Notebook demonstriert, wo auch die Auswirkung der diskreten Ladungsverteilung sichtbar wird, wenn man den dargestellten räumlichen Ausschnitt hinreichend klein wählt. Damit wird ein Vergleich mit Abb. 3.5 interessant, in der die Äquipotentiallinien für einen punktförmigen Multipol gezeigt sind.

Wir müssen nun also das elektrische Potential Φ auf einem Gitter berechnen, das von `-x_max` bis `x_max` gehen soll und je Richtung `2*n_max` Punkte umfasst. Das Argument `order` gibt die Multipolordnung an und das Argument `alpha` wird bei der Umsetzung in eine Farbe benötigt, wie wir gleich noch diskutieren werden.

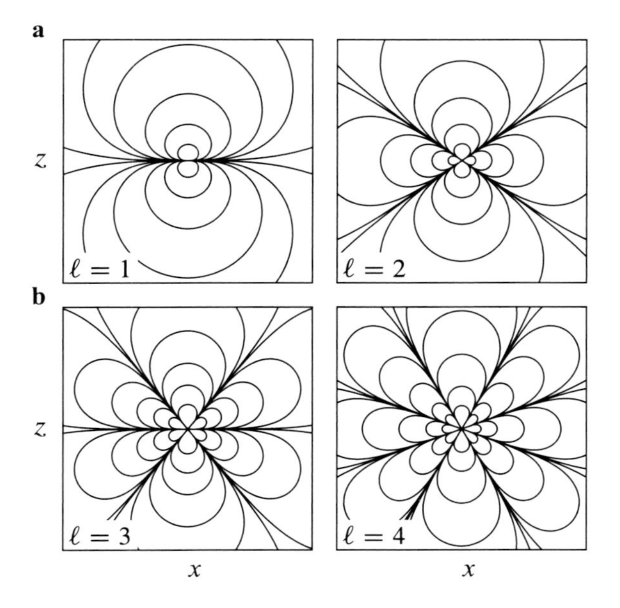

Abb. 3.5 Äquipotentiallinien für Multipole zu $\ell = 1, 2, 3$ und 4 für $m = 0$ mit dem Dipol links oben, dem Quadrupol rechts oben und dem Oktupol links unten

```
def potential(order, x_max, n_max, alpha):
    r_multipole, q_multipole = multipole(order)
    r_grid = np.mgrid[-x_max:x_max:2j*n_max,
                      -x_max:x_max:2j*n_max]
    x_grid, z_grid = r_grid
    r_grid = np.moveaxis(r_grid, 0, -1)[:, :, np.newaxis, :]
    distance = LA.norm(r_grid-r_multipole, axis=-1)
    v = np.sum(q_multipole/distance, axis=-1)
    v = np.arctan(alpha*v)
    return x_grid, z_grid, v
```

Im Prinzip könnten wir die Berechnung der Potentialwerte Punkt für Punkt im Rahmen einer Doppelschleife berechnen. Mit Hilfe von NumPy-Arrays lässt sich die Rechnung jedoch ohne Schleifen und effizienter durchführen. Wir müssen uns dazu aber etwas genauer die Form der beteiligten Arrays ansehen. Das Array `r_multipole` hat die Form $(\ell + 1, 2)$. Wie im vorigen Abschnitt erklärt, entspricht die Achse 0 dem Index n in der Summe (3.8), und die Achse 0 entspricht den beiden Koordinaten x und z.

Das zweite zu betrachtende Array ist `r_grid`, das die Koordinaten der Gitterpunkte enthält. Die Erzeugung dieses Arrays mit Hilfe von `mgrid` erfolgt in etwas ungewohnter Weise, da die benötigten Argumente nicht wie bei einer Funktion übergeben werden, sondern über eine Slice-Notation. Diese enthält jeweils den Start- und Endwert sowie normalerweise die Schrittweite. Ist der angegebene Wert jedoch rein imaginär, so wird damit die Zahl der Gitterpunkte in der betreffenden Richtung angegeben. Das erzeugte Array umfasst drei Achsen. Der Index der Achse 0 bezeichnet in diesem Fall die Koordinaten x und z, während sich die Achsen 1 und 2 auf die Gitterpunkte beziehen.

Im Rahmen des Broadcasting, das in Abschn. 6.2.7 genauer besprochen wird, werden bei der Kombination zweier Arrays die Achsen von hinten her zugeordnet. Daher müssen wir zunächst die Achse 0 nach hinten schieben, da die letzte Achse von `r_multipole` ebenfalls den beiden Koordinaten x und z entspricht. Außerdem müssen wir mit Hilfe von `np.newaxis` noch eine zusätzliche Achse einfügen, damit die Achsen 0 und 1 von `r_grid`, die sich auf das Gitter beziehen, nicht mit der Achse 0 von `r_multipole` in Konflikt geraten, die zum Summationsindex in (3.8) gehört. Das Berechnen der Distanz zwischen einem Gitterpunkt und einer Multipolladung erfolgt nun bezüglich der letzten Achse, die wir durch den Index -1 ansprechen können. Danach erfolgt die Summation über die Punktladungen über die neue letzte Achse. Das Ergebnis ist dann ein zweidimensionales Array, das die zu den Gitterpunkten `x_grid` und `z_grid` gehörigen Potentialwerte enthält.

Ein Problem in der farbigen Darstellung des elektrischen Potentials besteht darin, dass die Werte des Potentials einen sehr weiten Bereich umfassen können. Es ist dann nicht unbedingt sinnvoll, eine lineare Übersetzung in einen Farbwert vorzunehmen, da dann Details bei kleinen Potentialwerten praktisch nicht sichtbar werden. Mit

Hilfe der Arkustangens-Funktion und des darin enthaltenen Parameters `alpha` lassen sich auch kleine Potentialwerte je nach Bedarf hervorheben.

Zur Darstellung wird die Funktion `pcolormesh` aus der matplotlib-Bibliothek verwendet, der die Koordinaten der Gitterpunkte sowie natürlich das Array mit den Potentialwerten übergeben werden. Wie schon angedeutet, bietet es sich nun an, insbesondere den Unterschied zwischen dem elektrischen Potential der Anordnung von Punktladungen und dem eines punktförmigen Multipols zu untersuchen. Hierzu muss man die Farbdarstellung im Sinne von Äquipotentiallinien interpretieren, also in Gedanken Punkte gleicher Farbe verbinden. Dabei sollten Unterschiede im Nahfeld auffallen, während das Fernfeld übereinstimmen sollte.

Letzteres ist in Abb. 3.5 für den Dipol (links oben), den Quadrupol (rechts oben), den Oktupol (links unten) und den Multipol 4. Ordnung (rechts unten) dargestellt. Für $m = 0$ ist die Winkelabhängigkeit durch Legendre-Polynome $P_\ell\big(\cos(\vartheta)\big)$ gegeben, wobei ϑ der Winkel bezüglich der vertikalen Achse ist. Auch hier stellen wir, wie schon bei den Feldlinienbildern in Abb. 3.4, fest, dass die Äquipotentiallinien in diesem Fall keine 2ℓ-zählige Symmetrie bei Drehung um eine zur Bildebene senkrechte Achse besitzen.

3.4 Elektrisches Feld im Faradaykäfig

☞ `3-04-Faradaykäfig.ipynb`

In Abschn. 3.1 hatten wir darauf hingewiesen, dass zur vollständigen Festlegung eines Problems neben den Maxwell-Gleichungen und den zugehörigen Quellen, also Ladungs- und Stromdichte, auch Randbedingungen spezifiziert werden müssen. In den vorigen beiden Abschnitten haben wir gefordert, dass die elektrische Feldstärke im Unendlichen verschwinden soll. Dann kann für eine Anordnung von Punktladungen der Ausdruck (3.9) verwendet werden.

In den nächsten drei Abschnitten werden wir Problemstellungen betrachten, bei denen eine Komponente der elektrische Feldstärke oder das Potential auf bestimmten Flächen vorgegeben ist. An diesen Beispielen werden wir zunehmend allgemeinere Lösungsmethoden illustrieren.

In diesem Abschnitt wollen wir eine Punktladung im Innern eines Faradaykäfigs betrachten und das zugehörige elektrische Feld sowie das elektrische Potential berechnen. Der Faradaykäfig soll aus einem quaderförmigen Metallgehäuse bestehen. Da das Potential auf den Käfigwänden konstant ist, darf die elektrische Feldstärke dort nur eine Normalkomponente besitzen.

Platziert man eine Punktladung in einem Halbraum, der durch eine metallische Oberfläche begrenzt ist, so wird das Coulombfeld, wie es sich aus (3.9) für eine Punktladung ergibt, auf der Oberfläche im Allgemeinen auch eine nicht verschwindende Tangentialkomponente aufweisen und damit die geforderte Randbedingung verletzen. Die Randbedingung lässt sich jedoch erfüllen, wenn man jenseits der metallischen Oberfläche, also außerhalb des physikalisch relevanten Bereichs, eine geeignete Bildladung anbringt. In der Übungsaufgabe 3.3 wird der Fall einer geerdeten Kugel betrachtet, bei der man ebenfalls mit einer einzigen Bildladung auskommt.

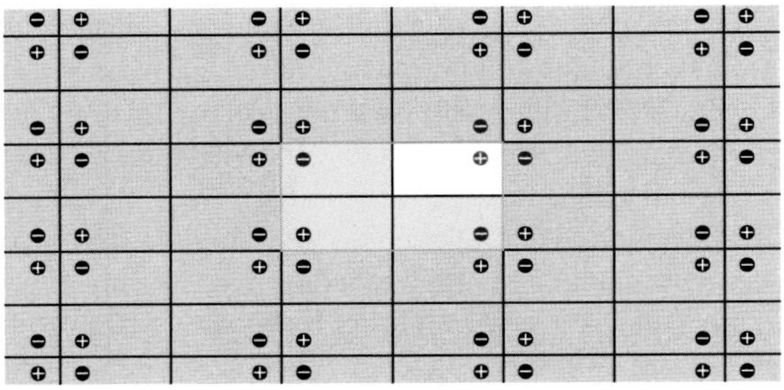

Abb. 3.6 Punktladung (rot) in einem Faradaykäfig (weiß) mit Bildladungen (blau und schwarz). Der orange markierte Bereich dient als Elementarzelle zur Erzeugung des Gitters von Bildladungen

Die Bildladungsmethode lässt sich auch auf den dreidimensionalen Quader anwenden, den wir in diesem Abschnitt betrachten. Abb. 3.6 zeigt einen zweidimensionalen Schnitt, der die Lage der Punktladungen andeutet. Die physikalische Ladung, die als positiv angenommen wird, ist rot dargestellt, und der Quader ist durch das weiße Rechteck angedeutet. In einem ersten Schritt werden Bildladungen bezüglich der sechs Quaderwände angebracht. In der zweidimensionalen Darstellung der Abb. 3.6 ergeben sich so die vier blau dargestellten negativen Bildladungen. Für diese Bildladungen müssen bezüglich der anderen Wände wiederum Bildladungen angebracht werden und so fort, so dass sich insgesamt die in Abb. 3.6 angedeutete unendlich ausgedehnte Anordnung von Bildladungen ergibt. Wir werden jedoch sehen, dass der Einfluss dieser Ladungen mit wachsendem Abstand vom Faradaykäfig schnell abnimmt, so dass es bei einer numerischen Umsetzung ausreicht, nur endlich viele Bildladungen zu berücksichtigen.

Die Berechnung des elektrischen Feldes und des Potentials einer einzelnen Punktladung lässt sich mit leichten Anpassungen aus dem in den Abschnitten 3.2 und 3.3 besprochenen Code übernehmen. Damit können wir uns gleich der Bestimmung der zu berücksichtigenden Punktladungen zuwenden. Diese Ladungen sind in Abb. 3.6 auf einem regelmäßigen Gitter angeordnet. Als Elementarzelle, die das gesamte Gitter durch Wiederholung in horizontaler und vertikaler Richtung aufbaut, können wir den orange umrahmten Bereich heranziehen. Hierin befinden sich in der zweidimensionalen Darstellung insgesamt vier Ladungen, deren Vorzeichen relativ zur rot dargestellten Ladung durch die Anzahl der Spiegelungen bestimmt ist. Die Ladungen links oben und rechts unten im orangen Rechteck entstehen durch eine einfache Spiegelung und tragen daher ein negatives Vorzeichen. Zur Konstruktion der Ladung links unten sind dagegen zwei Spiegelungen erforderlich und ihr Vorzeichen ist somit positiv. Nachdem wir diese vier Ladungen konstruiert haben, ergeben sich die weiteren, im grauen Bereich gelegenen Bildladungen durch Verschiebung der orangen Elementarzelle um ein ganzzahliges Vielfaches von $2l_x$ in x-Richtung und von $2l_y$ in y-Richtung.

Diese Überlegungen lassen sich leicht vom zweidimensionalen Fall auf den dreidimensionalen Fall übertragen. Neben den Spiegelungen in horizontaler und vertikaler Richtung müssen wir noch eine Spiegelung senkrecht zur Bildebene vornehmen. Der orange dargestellte Bereich umfasst dann einen Quader mit Seitenlängen $2l_x$, $2l_y$ und $2l_z$ und enthält insgesamt acht Ladungen.

Die Funktion `image_charges` bestimmt einen Ausschnitt aus der im Prinzip unendlich ausgedehnten dreidimensionalen Ladungsanordnung. Trotz des Funktionsnamens wird neben der Vielzahl von Bildladungen auch die reale Ladung berücksichtigt. Die Parameter `lx`, `ly` und `lz` geben die Größe des Faradaykäfigs an und das NumPy-Array `r0` bestimmt die Position der realen Ladung. Mit dem Parameter `n_max` wird die Zahl der Kopien der in Abb. 3.6 orange dargestellten Einheitszelle vorgegeben. Insgesamt werden so $8(2n_{\mathrm{max}} + 1)^3$ Ladungen berücksichtigt.

```
def image_charges(lx, ly, lz, r0, n_max):
    mirroring = np.array([[1, 1, 1],
                          [1, 1, -1],
                          [1, -1, 1],
                          [1, -1, -1],
                          [-1, 1, 1],
                          [-1, 1, -1],
                          [-1, -1, 1],
                          [-1, -1, -1]])
    r_image_charges = r0*mirroring
    q_image_charges = np.prod(mirroring, axis=1)
    n_idx = np.mgrid[-n_max:n_max+1,
                     -n_max:n_max+1,
                     -n_max:n_max+1]
    n_idx = np.moveaxis(n_idx, 0, 3).reshape(-1, 3)
    delta_image = 2*np.array([lx, ly, lz])*n_idx
    return r_image_charges, q_image_charges, delta_image
```

Zunächst werden die Positionen der acht Ladungen in der Einheitszelle bestimmt. Das Array `mirroring` enthält die acht möglichen Spiegelungskombinationen, die zu einem Vorzeichenwechsel der entsprechenden Koordinaten führt. Dabei nehmen wir an, dass der Koordinatenursprung im Zentrum der Einheitszelle liegt. Im ersten Eintrag erfolgt überhaupt keine Spiegelung, während der letzte Eintrag Spiegelungen an allen drei Ebenen entspricht. Multipliziert man dieses Array mit der Position `r0` der realen Ladung, erhält man die gesuchten acht Ladungspositionen.

Anschließend werden die zugehörigen Ladungsvorzeichen mit Hilfe der Vorschrift bestimmt, dass sich bei jeder Spiegelung das Vorzeichen ändert. Damit ergibt sich das jeweilige Ladungsvorzeichen als Produkt der Einträge in der betreffenden Zeile des Arrays `mirroring`. Statt das Ladungsvorzeichen explizit zu berechnen, könnte man das Array `q_image_charges` natürlich auch direkt angeben. Ändert man dann aber aus irgendeinem Grund die Einträge in `mirroring` und vergisst dabei, die Einträge in `q_image_charges` entsprechend anzupassen, wird das Programm fehlerhaft. Da der Zeitaufwand für die Berechnung der acht Ladungsvorzeichen sehr klein ist, entscheiden wir uns hier für die sicherere Variante.

Abschließend müssen wir noch die Verschiebungsvektoren für die Kopien der Elementarzelle bestimmen, die durch die Komponenten

$$\begin{aligned} \Delta_x &= 2n_x l_x \\ \Delta_y &= 2n_y l_y \\ \Delta_z &= 2n_z l_z \end{aligned} \tag{3.13}$$

gegeben sind. Dazu bauen wir uns zunächst mit Hilfe der NumPy-Funktion `mgrid` ein dreidimensionales Array der Indizes n_x, n_y und n_z auf. Die Verwendung der Slicing-Syntax in diesem Zusammenhang haben wir bereits in Abschn. 3.3 kennengelernt. Das Array `n_idx` ist zunächst vierdimensional, wobei die Achse 0 den drei Raumkomponenten entspricht. Um gleich mit den Längen l_x, l_y und l_z multiplizieren zu können, ist es sinnvoll, diese Achse an die letzte Stelle zu schieben, also zur Achse 3 zu machen. Die dreidimensionale Gitterstruktur in den neuen Achsen 0 bis 2 benötigen wir nicht und verwenden daher die `reshape`-Methode, um ein zweidimensionales Array zu erzeugen, das in jeder Zeile einen Verschiebungsvektor mit drei Komponenten enthält. Das erste Argument `-1` signalisiert, dass `reshape` die korrekte Anzahl der Verschiebungsvektoren selbst bestimmen soll. Die vorletzte Zeile des Funktionscodes implementiert (3.13), so dass wir nun alle benötigten Informationen über die Ladungsanordnung zur Verfügung haben.

Damit lassen sich nun mit Hilfe der Funktionen `e_field_point` und `v_field_point` die elektrische Feldstärke bzw. das Potential an einem vorgegebenen Ort `r` berechnen.

```
def e_field_point(r, r_image_charges, q_image_charges,
                  delta_image):
    e = 0
    for r0, q in zip(r_image_charges, q_image_charges):
        e = e + q*np.sum(e_point(r, r0+delta_image),
                         axis=0)
    return e
```

```
def v_field_point(r, r_image_charges, q_image_charges,
                  delta_image):
    v = 0
    for r0, q in zip(r_image_charges, q_image_charges):
        v = v + q*np.sum(v_point(r, r0+delta_image))
    return v
```

Diese beide Funktionen greifen auf die Funktionen `e_point` und `v_point` zurück, die wir wegen ihrer einfachen Form hier nicht gesondert besprechen. Bei Bedarf kann die Beschreibung der Funktion `e_field` in Abschn. 3.2 zu Rate gezogen werden. Wichtig ist, dass diese Funktionen die elektrische Feldstärke bzw. das Potential für ein ganzes Array von Ladungspositionen berechnen können. Dadurch können wir für jede Ladung in der Einheitszelle auch gleich die entsprechenden Kopien mit berücksichtigen. Die explizite Schleife läuft daher nur über die acht Ladungen in der Einheitszelle, wobei der Ort und das Vorzeichen der Ladungen mit `zip` zusammengeführt werden, wie wir das schon in Abschn. 2.1.4 kennengelernt hatten.

Um die Werte der elektrischen Feldstärke und des Potentials für die graphische Darstellung zu bestimmen, dienen die Funktionen `e_field` und `v_field`. Da diese Funktionen sehr ähnlich sind, sehen wir uns nur kurz die erste Funktion an.

```
def e_field(lx, ly, lz, r0, n_max, n_out):
    images_data = image_charges(lx, ly, lz, r0, n_max)
    efield = np.empty((3, n_out, n_out))
    yvals, xvals = np.mgrid[0:ly:n_out*1j, 0:lx:n_out*1j]
    for nx in range(n_out):
        for ny in range(n_out):
            efield[:, ny, nx] = e_field_point(
                np.array([xvals[ny, nx],
                          yvals[ny, nx],
                          0.5*lz]),
                *images_data)
    return xvals, yvals, efield[0], efield[1], efield[2]
```

Zunächst werden die benötigten Informationen über die Bildladungen durch einen Aufruf von `image_charges` beschafft. Die Berechnung der Werte für das gesamte Gitter organisieren wir mit einer konventionellen Doppelschleife für die beiden Gitterrichtungen. Alternativ könnte man hier die Möglichkeiten von NumPy-Arrays ausnutzen, was jedoch Anpassungen in den bereits besprochenen Funktionen erfordern und den Code weniger transparent machen würde. Unser Vorgehen erfordert, dass wir zunächst ein leeres Array `efield` erzeugen, in dem wir die einzelnen Ergebnisse dann abspeichern können. Wir verwenden hier `np.empty` statt `np.zeros`. Damit enthält das Array anfänglich zufällige Werte, die aber ohnehin überschrieben werden, so dass wir uns die Initialisierung des Arrays mit Nullen sparen können.

Einen Hinweis ist noch die Variable `images_data` wert, die ein Tupel mit den Arrays `r_image_charges`, `q_image_charges` und `delta_image` enthält. Diese könnten wir explizit entpacken und entsprechend explizit in den letzten Argumenten des Aufrufs von `e_field_point` aufführen. Einfacher und übersichtlicher ist es jedoch, wenn wir die dazu äquivalente Entpackung mit Hilfe des Sternchens in `*images_data` vornehmen.

Für die Berechnung und Darstellung der elektrischen Feldlinien könnten wir wie in Abschn. 3.3 beschrieben vorgehen. Hier verwenden wir alternativ die Funktion `pyplot.streamplot` aus der Matplotlib-Bibliothek, die aus den Werten eines Vektorfelds auf einem Gitter die zugehörigen Feldlinien berechnet. Wie in Abb. 3.7 zu sehen ist, versucht diese Funktion, die Dichte der Feldlinien einigermaßen konstant zu halten. Dadurch beginnt deren Darstellung an gewissen Punkten, obwohl die

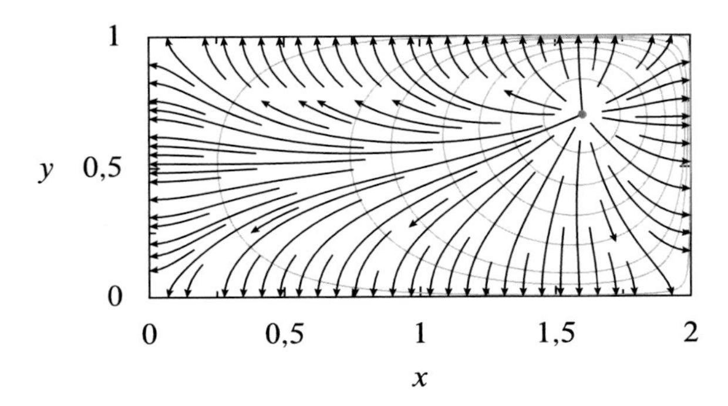

Abb. 3.7 Darstellung des elektrischen Felds einer Punktladung in einem Faradaykäfig, auf einem zweidimensionalen Schnitt mit $z = 0{,}5$. Der Faradaykäfig hat die Abmessungen $l_x = 2$, $l_y = l_z = 1$ und die Punktladung befindet sich bei $(1{,}6|0{,}7|0{,}5)$. In grau sind Äquipotentiallinien dargestellt

Feldlinien in Wirklichkeit den gesamten Weg von der Punktladung bis zur Berandung durchlaufen.

Während das Potential im Jupyter-Notebook farbig dargestellt ist, zeigt Abb. 3.7 eine alternative Darstellung mit Hilfe von Äquipotentiallinien. Hier wird besonders deutlich, dass die elektrische Feldstärke senkrecht auf den Äquipotentiallinien steht, zu denen auch die Berandung gehört. In der farbigen Darstellung wird deutlicher, wie schnell das Potential abfällt. Um diese Information mit Hilfe von Äquipotentiallinien darzustellen, müsste man diese einfärben oder beschriften. Je nachdem, welche Aussage in einer Abbildung betont werden soll, wird man auf die eine oder die andere Darstellungsform zurückgreifen.

3.5 Geerdete Schachtel mit Potentialverteilung auf Deckel

☞ `3-05-Geerdeter-Quader.ipynb`

Im vorigen Abschnitt haben wir einen Faradaykäfig betrachtet, in dem nur deswegen das elektrische Feld nicht verschwindet, weil im Innern eine von Null verschiedene Ladungsdichte vorgegeben war. Im konkret betrachteten Fall handelte es sich um eine Punktladung. Im Folgenden wollen wir das Innere des Quaders als vollkommen ladungsfrei annehmen. Um dennoch ein nichttriviales elektrisches Feld im Innern zu erhalten, soll eine Potentialverteilung $\Phi_\mathrm{D}(x, y)$ auf dem Deckel vorgegeben sein. Alle anderen Seiten des Quaders, die in Abb. 3.8 durchsichtig dargestellt sind, seien geerdet, so dass dort $\Phi = 0$ ist. Interessant ist vor allem, wie sich die Potential- und Feldverteilung innerhalb des Quaders als Funktion des Verhältnisses h/L von Quaderhöhe zu Seitenlänge der quadratischen Grundfläche verhält.

In Abwesenheit freier Ladungen und eines Mediums muss das elektrische Feld divergenzfrei sein. Daraus folgt, dass das Potential $\Phi(\boldsymbol{r})$ die Laplace-Gleichung

$$\left(\frac{\partial^2}{\partial x^2} + \frac{\partial^2}{\partial y^2} + \frac{\partial^2}{\partial z^2}\right)\Phi(x, y, z) = 0 \tag{3.14}$$

erfüllen muss, wie sich auch aus der Poisson-Gleichung (3.5) für $\varrho = 0$ ergibt. Wir müssen also eine partielle Differentialgleichung in drei Dimensionen lösen.

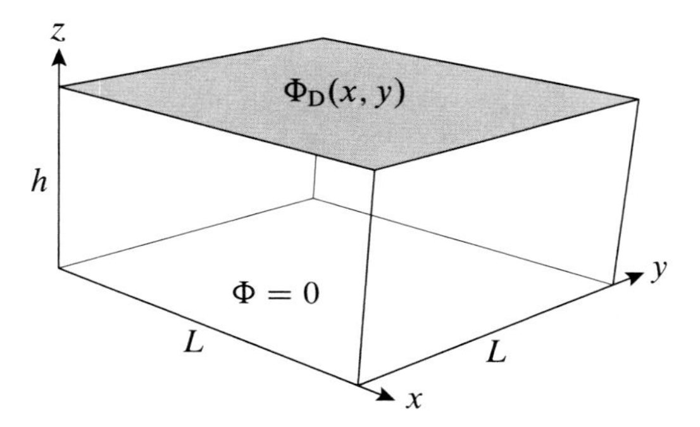

Abb. 3.8 Ein Quader mit quadratischer Grundfläche sei mit Ausnahme des Deckels geerdet. Die Potentialverteilung $\Phi_D(x, y)$ auf dem Deckel ist vorgegeben

Eine Möglichkeit hierfür besteht darin, die Ableitungen durch Differenzenquotienten zu nähern und die Lösung auf einem dreidimensionalen Gitter zu suchen. Auf diese Möglichkeit werden wir anhand eines effektiv zweidimensionalen Beispiels in Abschn. 3.6 eingehen. Hier haben wir es jedoch mit einer sehr einfachen Geometrie zu tun, die sich effizienter behandeln lässt. Dazu beschaffen wir uns einen geeigneten Satz von Basisfunktionen, nach denen wir die gesuchte Lösung entwickeln können.

Die Basisfunktionen erhalten wir mit Hilfe eines Separationsansatzes, in dem die Funktion $\Phi(x, y, z)$ faktorisiert wird. Wir schreiben also

$$\Phi(x, y, z) = \mathcal{X}(x)\mathcal{Y}(y)\mathcal{Z}(z) . \tag{3.15}$$

Einsetzen in die Laplace-Gleichung (3.14) und Division durch das Potential liefert

$$\frac{1}{\mathcal{X}} \frac{\partial^2 \mathcal{X}}{\partial x^2} + \frac{1}{\mathcal{Y}} \frac{\partial^2 \mathcal{Y}}{\partial y^2} + \frac{1}{\mathcal{Z}} \frac{\partial^2 \mathcal{Z}}{\partial z^2} = 0 . \tag{3.16}$$

Da der erste Term nur von x abhängt, der zweite Term nur von y und schließlich der dritte Term nur von z, muss jeder Term für sich konstant sein, so dass wir drei gewöhnliche Differentialgleichungen der gleichen Form erhalten. Speziell für die Funktion $\mathcal{X}$ erhalten wir

$$\frac{d^2 \mathcal{X}}{dx^2} + k_x^2 \mathcal{X} = 0 \tag{3.17}$$

mit der Lösung

$$\mathcal{X}(x) = A_x e^{ik_x x} + B_x e^{-ik_x x} . \tag{3.18}$$

Entsprechende Gleichungen und Lösungen ergeben sich für die Funktionen $\mathcal{Y}$ und $\mathcal{Z}$. Damit die Laplace-Gleichung erfüllt ist, müssen die Wellenzahlen k_x, k_y und k_z die Bedingung

$$k_x^2 + k_y^2 + k_z^2 = 0 \tag{3.19}$$

erfüllen. Abgesehen von dem Spezialfall, in dem alle Wellenzahlen verschwinden und der somit einem konstanten Potential entspricht, lässt sich diese Bedingung nur erfüllen, wenn mindestens eine der beiden Wellenzahlen rein imaginär ist. Dann beschreibt die Lösung der Form (3.18) keine oszillierende Lösung, sondern eine Superposition eines exponentiell abfallenden und eines exponentiell ansteigenden Anteils. Eine solche Superposition kann maximal eine Nullstelle besitzen.

Da die Funktionen $\mathcal{X}(x)$ und $\mathcal{Y}(y)$ aufgrund der Randbedingungen bei $x = 0$, $y = 0$, $x = L$ und $y = L$ jeweils zwei Nullstellen besitzen müssen, können wir nur $k_z = \mathrm{i}\kappa_z$ mit reellem κ_z wählen, während k_x und k_y reell sein müssen. Die gesuchte Funktionsbasis lautet somit

$$\Phi_{m,n}(x, y, z) = \sin\left(m\pi \frac{x}{L}\right) \sin\left(n\pi \frac{y}{L}\right) \sinh\left(\sqrt{m^2 + n^2}\pi \frac{z}{L}\right), \tag{3.20}$$

mit $m, n = 1, 2, \ldots$. Damit sind die Randbedingungen auf den geerdeten Platten bereits erfüllt. Um die Randbedingung auf dem Deckel bei $z = h$ zu erfüllen, entwickeln wir das Potential dort nach dem von x und y abhängigen Anteil unserer Basisfunktionen, indem wir

$$\Phi_\mathrm{D}(x, y) = \sum_{m,n=1}^{\infty} c_{m,n} \sin\left(m\pi \frac{x}{L}\right) \sin\left(n\pi \frac{y}{L}\right) \tag{3.21}$$

setzen. Bei Kenntnis der Entwicklungskoeffizienten $c_{m,n}$ können wir dann das Potential im Inneren des Quaders mit Hilfe der Zerlegung

$$\Phi(x, y, z) = \sum_{m,n=1}^{\infty} \frac{c_{m,n}}{\sinh\left(\sqrt{m^2 + n^2}\pi \frac{h}{L}\right)} \Phi_{m,n}(x, y, z) \tag{3.22}$$

bestimmen. Damit sind alle Randbedingungen erfüllt und die Basisfunktionen $\Phi_{m,n}(x, y, z)$ stellen sicher, dass das Potential die Laplace-Gleichung (3.16) löst.

Die Koeffizienten $c_{m,n}$ könnten nun ausgehend von (3.21) bei vorgegebenem Potential $\Phi_\mathrm{D}(x, y)$ auf dem Deckel mit Hilfe einer zweidimensionale diskreten Fouriertransformation bestimmt werden. Dieses Verfahren hatten wir in einer Dimension bereits im Abschn. 2.15 kennengelernt. Dabei spielt es keine Rolle, dass wir es damals mit einem zeitabhängigen Problem zu tun hatten, während unser aktuelles Problem ortsabhängig ist.

Etwas direkter als die diskrete Fouriertransformation ist die Verwendung der diskreten Sinustransformation, die von SciPy zur Verfügung gestellt wird. Da es verschiedene Typen der diskreten Sinustransformation gibt, sind allerdings vorweg ein paar Überlegungen erforderlich. Die relevanten Aspekte lassen sich bereits im eindimensionalen Fall demonstrieren, auf den wir uns zunächst beschränken wollen, und der in Abb. 3.9 illustriert ist.

Eigentlich ist für uns nur der Bereich zwischen $x = 0$ und $x = L$ von Interesse, in dem der Potentialverlauf durch die schwarzen Punkte gekennzeichnet ist. Da wir die Zerlegung (3.21) für die numerische Behandlung abschneiden müssen, erhalten wir den Potentialverlauf nur an diskreten Punkten. Allerdings können wir mit Hilfe der Sinus-Fourierreihe auch Punkte außerhalb dieses Bereichs berechnen, die durch die weiß gefüllten Punkte dargestellt sind.

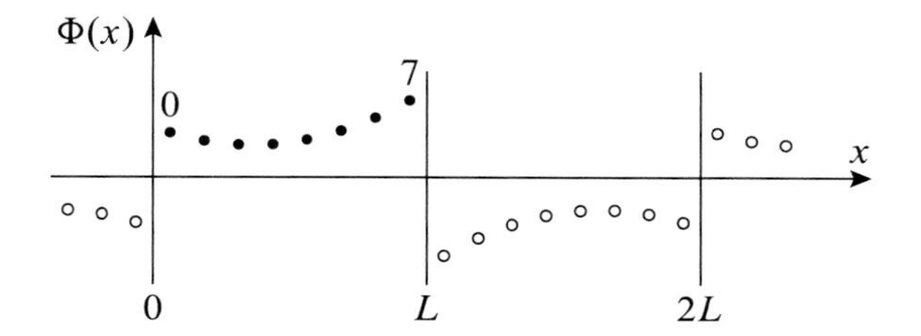

Abb. 3.9 Antisymmetrische Fortsetzung der im Intervall zwischen 0 und L an den $N = 8$ Gitterpunkten $x_n = (2n + 1)L/2N$ mit $n = 0, \ldots, 7$ vorgegebenen Funktionswerte

Aufgrund der Entwicklung nach Sinusfunktionen ist die dargestellte Funktion bei $x = 0$ antisymmetrisch. Eine symmetrische Fortsetzung an dieser Stelle würde eine Kosinustransformation erfordern. Bei $x = L$ gibt es dagegen die Möglichkeit, je nach Definition der Sinustransformation den Potentialverlauf wie in Abb. 3.9 gezeigt antisymmetrisch oder aber symmetrisch fortzusetzen.

Für die Wahl der Gitterpunkte im Intervall zwischen $x = 0$ und $x = L$ gibt es zwei Möglichkeiten. Für N Gitterpunkte könnten wir die Orte $x_n = nL/N$ mit $n = 0, 1, \ldots, N - 1$ wählen. Dann ist aufgrund der Entwicklung in Sinusfunktionen der Funktionswert bei x_0 immer gleich Null. Alternativ können wir wie in Abb. 3.9 gezeigt die Orte $x_n = (2n + 1)L/2N$ wählen, wobei wiederum n von 0 bis $N - 1$ läuft. Hier liegt der Nulldurchgang in der Mitte zwischen den zwei Gitterpunkten $n = -1$ und $n = 0$ sowie zwischen $n = N - 1$ und $n = N$ wie man aus Abb. 3.9 ersieht.

Wir wollen die diskrete Sinustransformation entsprechend der Abb. 3.9 wählen, also bei $x = L$ antisymmetrisch fortsetzen und das Gitter so wählen, dass bei $x = 0$ und $x = L$ kein Gitterpunkt liegt. Diese diskrete Sinustransformation bezeichnet man auch als Typ II und sie entspricht in SciPy der Standardeinstellung. Gemäß der SciPy-Dokumentation zur eindimensionalen diskreten Sinustransformation `dst` wird sie gemäß

$$y_k = 2 \sum_{n=0}^{N-1} x_n \sin\left(\frac{\pi}{N}(k+1)\left(n + \frac{1}{2}\right)\right) \tag{3.23}$$

berechnet. Die Werte x_n entsprechen auf zwei Dimensionen übertragen in unserer Anwendung dem Deckelpotential, während die Werte y_k als Fourierkoeffizienten $c_{m,n}$ in (3.21) zu interpretieren sind. Der Faktor 2 vor dem Summenzeichen hat insofern für uns keine Bedeutung, als wir die diskrete Sinustransformation in Verbindung mit ihrer Inversen ausführen werden und dieser Faktor somit letztlich herausfällt.

Bevor wir die gerade entwickelte Strategie in Form eines Programms umsetzen, sei noch angemerkt, dass sich das hier beschriebene Vorgehen auch auf das Problem einer Ladung in einem Fadaraykäfig, das in Abschn. 3.4 besprochen wurde, übertragen lässt. Ein wesentlicher Unterschied besteht darin, dass die Funktionsbasis dann auch Funktionen enthält, bei denen $k_x^2 + k_y^2 + k_z^2$ von Null verschieden ist. Mit Hilfe dieser Basis wird die Ladungsverteilung durch eine Sinustransformation dargestellt, so dass sich im Anschluss direkt die Potentialverteilung im Faradaykäfig und auch das zugehörige elektrische Feld berechnen lassen. Die oben angesprochene antisymmetrische Fortsetzung äußert sich dann durch die wechselnden Vorzeichen der in Abb. 3.6 dargestellten Bildladungen.

Wir besprechen nun die wesentlichen Teile des Notebooks. Zunächst stellen wir zwei Formen des Potentials auf dem Quaderdeckel zur Verfügung. Zum einen handelt es sich bei der Funktion `constant_potential` um ein konstantes Potential, das auf einem $n \times n$-Gitter definiert ist. Die Auflösung des Gitters ist gleich auch für die diskrete Sinustransformation von Bedeutung. Das konstante Potential lässt sich in ein Produkt aus einer Sinus-Fourierreihe in x-Richtung und einer Sinus-Fourierreihe in y-Richtung faktorisieren, deren Fourierkoeffizienten sich auch analytisch berechnen lassen.

```
def constant_potential(n):
    return np.ones((n, n), dtype=float)

def two_disk_potential(n):
    potential = np.zeros((n, n), dtype=float)
    xidx, yidx = np.ogrid[:n, :n]
    y0 = n/2
    r = n/8
    for x0 in (n/4, 3*n/4):
        disk = (xidx-x0)**2 + (yidx-y0)**2 <= r**2
        potential[disk] = 1
    return potential
```

Das zweite Potential auf dem Quaderdeckel ist durch die Funktion `two_disk_potential` definiert, bei dem der Deckel mit Ausnahme von zwei Kreisscheiben geerdet sei. Auf den in Abb. 3.10 grau dargestellten Kreisscheiben mit Radius $L/8$, deren Zentren bei $x = L/4$, $y = L/2$ und $x = 3L/4$, $y = L/2$ liegen, sei das Potential konstant auf eins gesetzt. Dieses Potential lässt sich nun nicht mehr in die beiden Koordinatenrichtungen faktorisieren, und die Fourierkoeffizienten lassen sich nur noch numerisch bestimmen. Zunächst müssen wir jedoch das NumPy-Array erzeugen, das das Potential auf dem $n \times n$-Gitter repräsentiert.

Dazu beginnen wir in der Funktion `two_disk_potential` mit einem Array der benötigten Größe, dessen Einträge zunächst auf null gesetzt werden. Jetzt müssen die Gitterpunkte bestimmt werden, die in den vorgegebenen Kreisen liegen. Dazu verwenden wir `ogrid` aus dem NumPy-Paket, das uns einen Spaltenvektor `xidx` und einen Zeilenvektor `yidx` zur Verfügung stellt. Diese Funktion entspricht weitgehend der Funktion `mgrid`, die uns bereits begegnet ist. Während letztere jedoch Werte auf dem gesamten Gitter zurückgibt, beschränkt sich `ogrid` auf die unbedingt erforderlichen Daten, also zwei Vektoren. Zusammen erlauben es die Vektoren `xidx` und `yidx` dennoch, die Indizes für alle Gitterpunkte unseres $n \times n$-Gitters zu erzeugen.

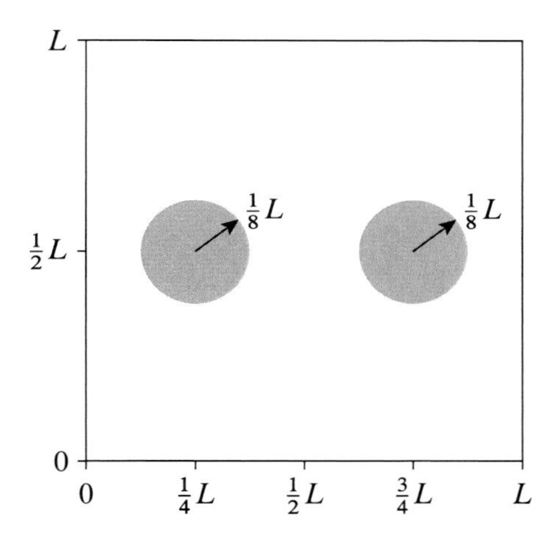

Abb. 3.10 Auf dem geerdeten Deckel liegen zwei Kreisscheiben auf dem gleichen nicht verschwindenden Potential

Der nächste interessante Code befindet sich in der drittletzten Zeile, die zum Verständnis ein genaueres Hinsehen erfordert. Wir haben es hier eigentlich mit einer gewöhnlichen, durch das Gleichheitszeichen angedeuteten Zuweisung zu tun, bei der der Ausdruck rechts des Gleichheitszeichens der Variable `disk` zugewiesen wird. Überraschend ist aber vielleicht auf den ersten Blick, dass auf der rechten Seite <=, also ein Vergleichsoperator steht. Letztlich bedeutet das aber nur, dass auf der rechten Seite ein boolescher Ausdruck ausgewertet wird, wobei Gitterpunkte innerhalb eines der beiden Kreise zum Ergebnis `True` führen. Andernfalls ist das Ergebnis `False`. Verwenden wir dieses boolesche Array in der vorletzten Zeile als Index, so sorgt es dafür, dass alle Gitterpunkte, für die sich `True` ergab, gleich eins gesetzt werden. Alle anderen Arrayelemente behalten ihren bisherigen Wert.

Natürlich könnte man im zweiten Beispiel die Positionen der Kreise oder deren Radien variabel anlegen. Auch ist es nicht erforderlich, das Potential auf einen konstanten Wert zu setzen. Hier gibt es viel Spielraum für eigene Experimente. In diesem Zusammenhang sei auf die Funktion `imshow` hingewiesen, die von `matplotlib.pyplot` zur Verfügung gestellt wird. Gibt man dieser Funktion ein zweidimensionales Array, so lässt sich die korrekte Belegung der Arrayelemente visuell zumindest grob überprüfen.

Nachdem wir nun die Randbedingung auf dem Quaderdeckel in Form eines NumPy-Arrays definiert haben, können wir die zu Beginn des Abschnitts entwickelte Strategie umsetzen. Die Variable `potential_cover` verweist dabei auf die Funktion zur Berechnung des Deckelpotentials, in unserem Fall also `constant_potential` oder `two_disk_potential`. Anschließend wird eine inverse diskrete Sinustransformation vom Typ II durchgeführt. Die Funktion `dstn` für die mehrdimensionale diskrete Sinustransformation sowie nachher auch die Funktion `idstn` für die inverse Transformation werden dabei dem `fft`-Modul des SciPy-Pakets entnommen. Da das Array `v` zweidimensional ist, wird eine zweidimensionale Sinustransformation durchgeführt und das Ergebnis `v_tilde` ist ebenfalls ein zweidimensionales Array.

```
def potential(potential_cover, h_over_l, nx, nz):
    v = potential_cover(nx)
    v_tilde = fft.dstn(v)
    coeffs = v_tilde[:, :, np.newaxis]
    xidx, yidx, zidx = np.ogrid[1:nx+1, 1:nx+1,
                                0:h_over_l:nz*1j]
    arg1 = np.sqrt(xidx**2 + yidx**2)*np.pi
    coeffs = (coeffs*np.exp(arg1*(zidx-h_over_l))
              * (1-np.exp(-2*arg1*zidx))
              / (1-np.exp(-2*arg1*h_over_l)))
    phi = fft.idstn(coeffs, axes=(0, 1))
    return phi[:, nx//2, :]
```

Um das Potential im gesamten Quader berechnen zu können, benötigen wir noch eine Diskretisierung in der z-Richtung und erweitern daher das Array `coeffs` um eine zusätzliche Dimension. Bei der Auswertung von (3.22) gehen die Indizes m und n für die Fourierkomponenten in x- und y-Richtung sowie ein weiterer Index für die diskreten z-Werte ein. Diese Indizes erzeugen wir wieder mit `ogrid`. Das Array `xidx` enthält die Werte für m, die von eins bis `nx` laufen. Entsprechendes gilt für das Array `yidx` und die Werte für n. Im Zusammenhang mit dem dritten Slice-Index, der sich auf das Array `zidx` bezieht, gilt hier wie schon früher bei `mgrid`, dass ein imaginärer Wert nicht als Schrittweite, sondern als Anzahl von Werten zu interpretieren ist. Das Array `zidx` enthält also `nz` Werte zwischen 0 und h/L.

Nun müssen die Koeffizienten in `coeffs` gemäß (3.20) und (3.22) noch mit einem Verhältnis zweier hyperbolischer Sinusfunktionen multipliziert werden. Bei der Berechnung dieses Verhältnisses muss man allerdings darauf achten, dass es nicht zu einem Überlauf des hyperbolischen Sinus bei großen Argumenten kommt. Daher haben wir die hyperbolische Funktion durch Exponentialfunktionen dargestellt und das Verhältnis geeignet erweitert. Abschließend führen wir die inverse Sinus-Fouriertransformation vom Typ II durch, und zwar bezüglich der Arrayachsen `0` und `1`, da diese Transformation ja nur die x- und y-Koordinaten betrifft. Obwohl wir das volle dreidimensionale Potential berechnet haben, geben wir für die zweidimensionale Darstellung nur einen Schnitt bei $y = L/2$ zurück. Prinzipiell hätten wir hier die Möglichkeit, uns auch andere Schnitte anzusehen. Wichtig ist jedoch eine scheinbare Kleinigkeit, nämlich die durch zwei Schrägstriche angedeutete Integerdivision. Diese ist hier erforderlich, da für Arrayindizes nur ganze Zahlen zugelassen sind.

Sehen wir uns nun ein paar exemplarische Ergebnisse an, wobei wir mit einem Quaderdeckel auf konstantem Potential ungleich Null beginnen. In der Abb. 3.11 sind zwei unterschiedliche Situationen mit $h = L$ (oben) und $h = L/5$ (unten) dargestellt. Der Verlauf der Äquipotentiallinien unterscheidet sich deutlich. Bei einem flachen Quader sind die Ränder verhältnismäßig weit weg, so dass der Potentialverlauf im Innern des Quaders im Wesentlichen dem in einem Plattenkondensator entspricht. Das Potential hängt also linear von der Höhe ab. Nähert man sich dem Rand bei $x = 0$ oder $x = L$ sehen wir natürlich deutliche Abweichungen, da die Seitenwände

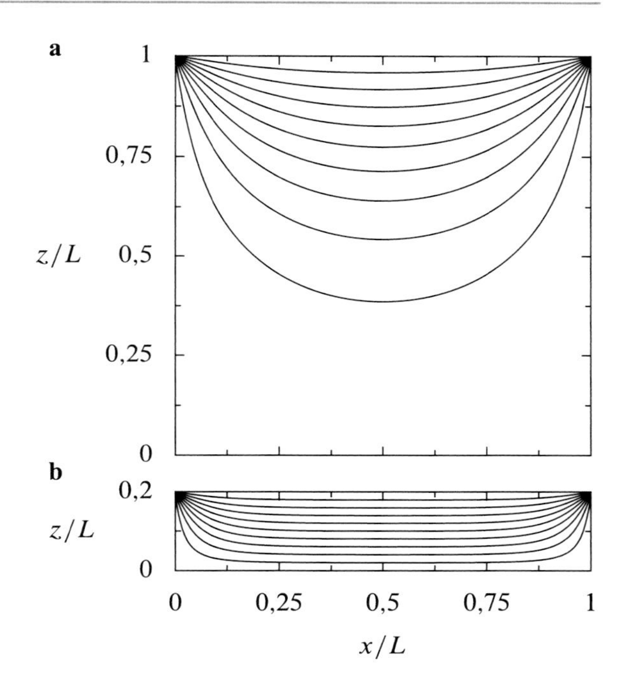

Abb. 3.11 Äquipotentiallinien für einen geerdeten Quader mit Höhe $h/L = 1$ (oben) und $h/L = 0{,}2$ (unten), dessen Deckel auf einem von Null verschiedenen, konstanten Potential Φ_0 liegt. Gezeigt ist ein Schnitt bei $y = L/2$. Die Äquipotentiallinien entsprechen von unten nach oben jeweils den äquidistanten Potentialwerten $0{,}1, 0{,}2, \ldots, 0{,}9$ in Einheiten von Φ_0

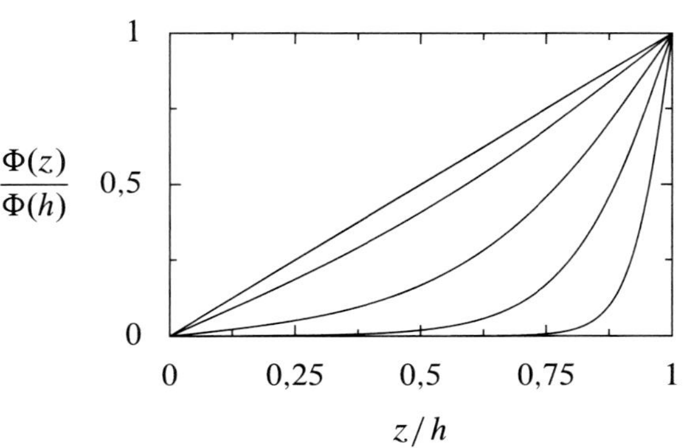

Abb. 3.12 Potentialverlauf entlang des Quaderzentrums bei $x = y = L/2$ für Quaderhöhen $h/L = 0{,}1, 0{,}2, 0{,}5, 1, 2,$ und 5 von oben nach unten

geerdet sind. Bei einer würfelförmigen Anordnung sind die Randeffekte dagegen nicht vernachlässigbar, wie in Abb. 3.11 oben zu sehen ist.

Um den Unterschied zwischen diesen beiden Szenarien noch etwas deutlicher zu veranschaulichen, ist in Abb. 3.12 der Potentialverlauf entlang der Linie $x = y = L/2$ für verschiedene Verhältnisse von Höhe h zu Kantenlänge L dargestellt. Dabei nimmt das Verhältnis h/L von der oberen zu unteren Kurve zu. Deutlich ist für $h/L = 0{,}1$ der lineare Potentialverlauf zu sehen, wie man ihn auch für einen Plattenkondensator erwartet. Mit zunehmender Höhe konzentriert sich der Potentialabfall zunehmend auf den oberen Teil des Quaders.

Als zweite Randbedingung auf dem Quaderdeckel betrachten wir die zuvor bereits beschriebenen zwei Kreisscheiben, die auf einem konstanten Potential ungleich null

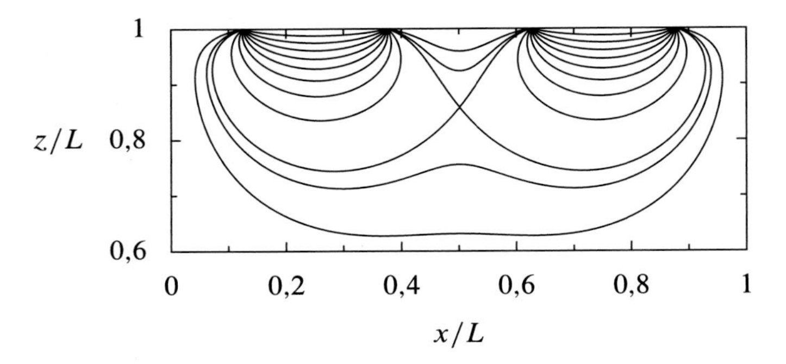

Abb. 3.13 Äquipotentiallinien für einen geerdeten Quader mit Höhe $h/L = 1$, auf dessen Deckel zwei isolierte kreisförmige Elektroden mit Radius $L/8$ and den Orten $x = L/4, y = L/2$ und $x = 3L/4, y = L/2$ angebracht sind, die auf dem Potential Φ_0 liegen. Gezeigt ist ein Schnitt bei $y = L/2$. Die Potentialwerte von unten nach oben sind gleich $0{,}05, 0{,}08, 0{,}0981, 0{,}2, 0{,}3, 0{,}4, 0{,}5, 0{,}6, 0{,}7, 0{,}8, 0{,}9$ in Einheiten von Φ_0

liegen. Die zugehörigen Äquipotentiallinien sind für den oberen Teil eines Würfels in Abb. 3.13 dargestellt. Während der Potentialverlauf in der Nähe der Kreisscheiben dem Potentialverlauf aus dem ersten Beispiel ähnelt, sind mit zunehmendem Abstand beide Kreisscheiben für den räumlichen Verlauf der Äquipotentiallinien relevant. Auf diese Weise entsteht zwischen den beiden Kreisscheiben ein Sattelpunkt des Potentials, der in Abb. 3.13 an der Kreuzung von Äquipotentiallinien zu erkennen ist.

3.6 Elektrostatisches Potential eines Kondensators

☞ `3-06-Kondensator.ipynb`

In den vorangegangenen Abschnitten haben wir Beispiele diskutiert, bei denen Symmetrien ausgenutzt werden konnten, um das elektrostatische Potential Φ und die elektrische Feldstärke $\boldsymbol{E}$ zu berechnen. Wie aber können wir vorgehen, wenn solche Symmetrien nicht vorhanden sind?

Zur Lösung beliebiger partieller Differentialgleichungen stehen zum einen die *Finite-Differenzen-Methode* und zum anderen die *Finite-Elemente-Methode* zur Verfügung, wobei die Lösung in beiden Fällen auf einem Gitter erfolgt. Bei der Finite-Differenzen-Methode werden die Ableitungen in der partiellen Differentialgleichung durch Differenzenquotienten approximiert, wie wir gleich noch genauer sehen werden. Bei der Finite-Elemente-Methode werden dagegen Ansatzfunktionen verwendet, um die Lösung zu beschreiben. Dadurch kann das Gitter sehr viel flexibler angepasst werden. Eine Besprechung dieser zweiten Methode würde allerdings den Rahmen dieses Buches sprengen, so dass wir uns hier auf die Finite-Differenzen-Methode beschränken werden.

Als Beispiel betrachten wir einen aus zwei parallelen Platten bestehenden Kondensator, der wie in Abb. 3.14 dargestellt den Plattenabstand d und die Breite w besitzt. Das Potential auf den beiden Platten sei Φ_0 bzw. $-\Phi_0$. Um das Problem

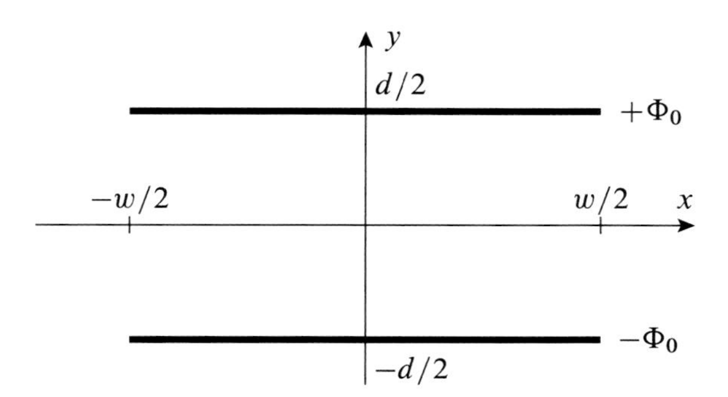

Abb. 3.14 Plattenkondensator der Dicke d und Breite w, der senkrecht zur Bildebene unendlich ausgedehnt ist. Die angelegte Spannung beträgt $2\Phi_0$

etwas zu vereinfachen, nehmen wir an, dass die Platten unendlich dünn sind und ihre Ausdehnung in z-Richtung, also senkrecht zur Bildebene in Abb. 3.14, so groß ist, dass wir diese als unendlich annehmen können. In diesem Fall hängt das Potential Φ nicht von z ab, so dass wir effektiv die zweidimensionale Laplace-Gleichung

$$\left(\frac{\partial^2}{\partial x^2} + \frac{\partial^2}{\partial x^2}\right) \Phi(x, y) = 0 \tag{3.24}$$

mit den durch die Plattenpotentiale bestimmten Randbedingungen lösen müssen. Zudem soll das Potential $\Phi(\boldsymbol{r})$ für $|\boldsymbol{r}| \to \infty$ gegen null gehen.

Mit der im Folgenden beschriebenen Methode ist es durchaus auch möglich, beispielsweise die beiden Platten gegeneinander zu verkippen oder ihre Ausdehnung in z-Richtung zu beschränken. Letzteres führt jedoch auf ein dreidimensionales Problem, das im Vergleich zu unserem zweidimensionalen Problem einen deutlich höheren Rechenaufwand impliziert.

Die Grundidee der Finite-Differenzen-Methode besteht darin, den von den unabhängigen Variablen aufgespannten Raum zu diskretisieren, also nur an endlich vielen Gitterpunkten zu betrachten. In unserem Fall reduzieren wir die x-y-Ebene auf ein zweidimensionales Raster äquidistanter Gitterpunkte, von dem in Abb. 3.15 ein Ausschnitt dargestellt ist. Der Einfachheit halber sollen die Abstände Δ in x- und y-Richtung gleich groß sein.

Das Problem besteht nun also in der Berechnung des Potentials Φ an den Gitterpunkten

$$\Phi_{n,m} = \Phi(x_n, y_m) = \Phi(x_{\min} + n\Delta, y_{\min} + m\Delta), \tag{3.25}$$

wobei $x_{\min}$ und $y_{\min}$ die Position des linken unteren Eckpunkts des Gitters angeben. Die ersten und zweiten partiellen Ableitungen ersetzen wir nun durch die entsprechenden Differenzenquotienten

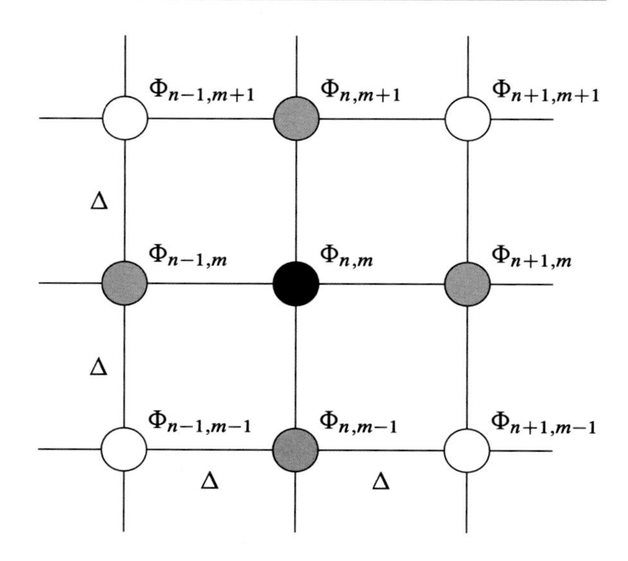

Abb. 3.15 Bei der Lösung der diskretisierten Laplace-Gleichung auf einem Quadratgitter mit Schrittweite Δ ist der Funktionswert an einem Gitterpunkt (schwarz) gemäß (3.28) gleich dem Mittelwert der Funktionswerte an den benachbarten vier, grau dargestellten Gitterpunkten

$$\begin{aligned}
\frac{\partial}{\partial x}\Phi_{n,m} &\approx \frac{\Phi_{n+1,m}-\Phi_{n-1,m}}{2\Delta}\\
\frac{\partial^2}{\partial x^2}\Phi_{n,m} &\approx \frac{\Phi_{n+1,m}-2\Phi_{n,m}+\Phi_{n-1,m}}{\Delta^2}\\
\frac{\partial}{\partial y}\Phi_{n,m} &\approx \frac{\Phi_{n,m+1}-\Phi_{n,m-1}}{2\Delta}\\
\frac{\partial^2}{\partial y^2}\Phi_{n,m} &\approx \frac{\Phi_{n,m+1}-2\Phi_{n,m}+\Phi_{n,m-1}}{\Delta^2}\,,
\end{aligned} \tag{3.26}$$

wobei wir in unserem Beispiel, das durch (3.24) definiert wird, nur die zweiten Ableitungen benötigen. Damit erhalten wir

$$\frac{\Phi_{n+1,m}-2\Phi_{n,m}+\Phi_{n-1,m}}{\Delta^2}+\frac{\Phi_{n,m+1}-2\Phi_{n,m}+\Phi_{n,m-1}}{\Delta^2}=0\,, \tag{3.27}$$

so dass das Potential an einem beliebigen Gitterpunkt

$$\Phi_{n,m}=\frac{1}{4}\left(\Phi_{n+1,m}+\Phi_{n-1,m}+\Phi_{n,m+1}+\Phi_{n,m-1}\right) \tag{3.28}$$

gleich dem Mittelwert des Potentials an den vier benachbarten, in Abb. 3.15 grau dargestellten Gitterpunkten ist. Für Punkte am Gitterrand werden die fehlenden Potentialwerte gleich null gesetzt.

Betrachtet man sämtliche Gitterpunkte, so bilden die Gleichungen (3.28) ein lineares Gleichungssystem

$$\hat{M}\boldsymbol{\Phi}=\boldsymbol{b}\,, \tag{3.29}$$

wobei der Vektor $\boldsymbol{\Phi}$ alle Werte $\Phi_{n,m}$ enthält, die nicht durch die Randbedingungen vorgegeben sind. Die durch Randbedingungen fixierten Werte sind im Vektor $\boldsymbol{b}$ auf der rechten Seite enthalten. Das lineare Gleichungssystem (3.29) lässt sich nun im Prinzip z. B. mit der Bibliotheksroutine `solve` aus dem NumPy-Modul `linalg` lösen.

Insbesondere bei großen Gittern mit sehr vielen Gitterpunkten ist es jedoch meist sinnvoller, die Lösung iterativ zu bestimmen. Dazu wählt man einen mehr oder weniger sinnvollen Ausgangszustand $\Phi^{(0)}$ und berechnet dann mittels (3.28) an jedem Gitterpunkt einen neuen – hoffentlich besseren – Näherungswert für das Potential.

Dabei gibt es in der konkreten Umsetzung mehrere Möglichkeiten. In der einfachsten Variante, der sogenannten *Jacobi-Methode*, verwendet man für die Berechnung von $\Phi^{(i)}_{n,m}$ im i-ten Iterationsschritt nur die Potentialwerte im vorangegangenen Iterationsschritt, also

$$\Phi^{(i)}_{n,m} = \frac{1}{4}\left(\Phi^{(i-1)}_{n+1,m} + \Phi^{(i-1)}_{n-1,m} + \Phi^{(i-1)}_{n,m+1} + \Phi^{(i-1)}_{n,m-1}\right) \tag{3.30}$$

In diesem Fall spielt die Reihenfolge der Aktualisierungsschritte keine Rolle, so dass eventuell vorhandene Symmetrien erhalten bleiben.

Eine Alternative stellt die *Gauß-Seidel-Methode* dar, bei der immer die aktuell vorliegenden Werte verwendet werden. Damit werden einige der Werte in (3.28) bereits aktualisiert sein, andere jedoch noch nicht. Das Ergebnis eines Aktualisierungslaufs hängt dann von der Reihenfolge der einzelnen Iterationsschritte ab. Allerdings konvergiert die Gauß-Seidel-Methode häufig schneller und erfordert auch nicht so viel Speicherplatz wie die Jacobi-Methode, bei der das Potential immer für zwei Iterationsschritte verfügbar sein muss.

Bevor wir uns an die Umsetzung der beiden Methoden in einem Programm machen, sollten wir noch ein paar Überlegungen zu den Längenskalen unseres Problems anstellen. Neben den geometrischen Dimensionen des Kondensators haben wir im Rahmen der Diskretisierung des Laplace-Operators die Gitterkonstante Δ eingeführt. Nachdem diese Längenskala in (3.28) und damit im zu lösenden Gleichungssystem (3.29) nicht auftritt, könnte man sie für irrelevant halten. Dies ist jedoch aus zwei Gründen nicht der Fall. Zum einen fällt Δ beim Übergang von (3.27) nach (3.28) nur deshalb heraus, weil in unserem Fall keine Inhomogenität vorliegt. Anders ist dies zum Beispiel in der Übungsaufgabe 3.4.

Viel wichtiger ist jedoch, dass Δ den Diskretisierungsfehler in (3.26) bestimmt. Die Gitterkonstante muss also hinreichend klein gewählt werden, um die räumliche Variation des Potentials oder der elektrischen Feldstärke gerade am Rand des Kondensators adäquat zu erfassen. Andererseits kann Δ nicht beliebig klein gewählt werden, um die Größe der Matrix $\hat{M}$ in Grenzen zu halten. Dabei muss auch bedacht werden, dass die Ausdehnung des gesamten Gitters groß genug gewählt werden muss, um den Einfluss der Berandung auf das Potential um den Kondensator klein zu halten.

Nachdem die Gitterkonstante Δ für die Qualität der numerischen Lösung entscheidend ist, verwenden wir sie als Längenskala, setzen also $\Delta = 1$. Wenn wir dann die Breite w und den Plattenabstand d des Kondensators als ganze Zahlen wählen, lassen sich die Plattenenden genau auf dem Diskretisierungsgitter positionieren.

Für das Potential $\Phi(\boldsymbol{r})$ bietet sich nur die Skalierung mit dem Betrag des Potentials Φ_0 auf den Kondensatorplatten an, also

$$\Phi'(\boldsymbol{r}) = \frac{\Phi(\boldsymbol{r})}{\Phi_0}\,, \tag{3.31}$$

womit das Potential in skalierten Einheiten auf den beiden Platten bei ± 1 liegt. Die Forderung, dass das Potential $\Phi(\boldsymbol{r})$ im Unendlichen gegen null geht, erfüllen wir näherungsweise, indem wir das Potential am Rand des Gitters, auf dem das Problem gelöst wird, auf null setzen.

Die Iterationsvorschrift (3.30) der Jacobi-Methode könnten wir nun im Rahmen einer doppelten Schleife über das gesamte Gitter auswerten. Effizienter ist es jedoch, die Schleifen zu vermeiden, und auf eine geeignete SciPy-Funktion zurückzugreifen. Dazu müssen wir uns zunächst klar machen, dass die rechte Seite von (3.30) als Faltung verstanden werden kann.

Die Faltung einer Funktion $f(x)$ einer kontinuierlichen Variable x mit einer zweiten Funktion $g(x)$ ist durch

$$(f * g)(x) = \int \mathrm{d}x'\, f(x')g(x - x') \tag{3.32}$$

definiert. Dieses Konzept lässt sich auf Matrizen übertragen, wo eine Faltung durch

$$\left(\hat{F} * \hat{G}\right)_{nm} = \sum_{n'm'} \hat{F}_{n'm'}\hat{G}_{n-n',m-m'} \tag{3.33}$$

definiert ist. In unserem Fall ist $\hat{F}$ das Potential $\Phi^{(i-1)}$ aus dem vorangegangenen Iterationsschritt und $\hat{F} * \hat{G}$ das Ergebnis $\Phi^{(i)}$ der Jacobi-Iteration. Wenn wir Abb. 3.15 betrachten, liefern die vier grau dargestellten Gitterpunkte die von null verschiedenen Matrixelemente von $\hat{G}$, also

$$\hat{G} = \begin{pmatrix} 0 & 1 & 0 \\ 1 & 0 & 1 \\ 0 & 1 & 0 \end{pmatrix}. \tag{3.34}$$

Dabei nehmen die Zeilen- und Spaltenindizes jeweils die Werte -1, 0 und 1 an, so dass sich der Nullpunkt in der Mitte dieser Matrix befindet.

Da wir die Iteration auf einem endlichen Gitter ausführen, müssen wir uns noch Gedanken über die Behandlung von Randpunkten machen, bei denen man den Bereich der Matrix quasi verlässt. Da das Potential Φ an den Rändern null sein soll, müssen solche fehlenden Matrixelemente durch null ersetzt werden.

Damit können wir nun die Implementation eines Iterationsschritts der Jacobi-Methode im Rahmen der Funktion `step_jacobi` diskutieren.

```
JAC_WEIGHTS = 0.25*np.array([[0, 1, 0],
                             [1, 0, 1],
                             [0, 1, 0]])

def step_jacobi(v, cap):
    v = ndimage.convolve(v, JAC_WEIGHTS, mode="constant",
                         cval=0)
    v[cap.y_plus, cap.x_left:cap.x_right+1] = 1
    v[cap.y_minus, cap.x_left:cap.x_right+1] = -1
    return v
```

Außerhalb der eigentlichen Funktion definieren wir zunächst die für die Faltung benötigte Matrix (3.34). Wie schon in Abschn. 2.13 erläutert, soll der vollständig groß geschriebene Variablenname darauf hinweisen, dass dieses Objekt nicht verändert werden soll.

Die Funktion `step_jacobi` selbst besteht aus zwei Teilen. Zunächst wird die Faltung der Matrix `v`, die die aktuellen Potentialwerte enthält, mit den gerade definierten Gewichten berechnet. Der Name der SciPy-Funktion `convolve` verweist dabei auf den englischen Begriff für die Faltung, nämlich *convolution*. Die NumPy-Bibliothek enthält zwar auch eine Faltungsfunktion, die jedoch nur in einer Dimension anwendbar ist, während SciPy eine Faltung für mehrdimensionale Probleme zur Verfügung stellt. Mit den angegebenen Werten für die Argumente `mode` und `cval` stellen wir sicher, dass das Potential am Gitterrand verschwindet.

Durch die Faltung werden allerdings die Potentiale auf den Kondensatorplatten verändert. Dieser Fehler wird im zweiten Teil der Funktion wieder korrigiert. Die Positionen der Kondensatorplatten werden dabei in der Variable `cap` übergeben, die ein sogenanntes *namedtuple* enthält. Dieser Datentyp stammt aus dem `collections`-Modul der Python-Standardbibliothek und erlaubt es im Vergleich zu einem normalen Tupel, auf die einzelnen Einträge über Attributnamen zuzugreifen. So gibt beispielsweise `cap.y_plus` den Gitterindex für die positive Kondensatorplatte an. Die betreffenden Werte werden in der hier nicht abgedruckten Funktion `plot_result` gesetzt, die im Notebook zu diesem Abschnitt zu finden ist. Ein weiteres Anwendungsbeispiel für ein *namedtuple* zusammen mit einer ausführlicheren Beschreibung ist in Abschn. 4.4.4 zu finden.

Die Faltung kann im Rahmen der Gauß-Seidel-Methode nicht verwendet werden, da dort sowohl aktualisierte Potentialwerte als auch Potentialwerte aus dem vorigen Iterationsschritt in die Berechnung eingehen. Deswegen ist auch darauf zu achten, dass die Potentiale auf den Kondensatorplatten unverändert bleiben. Im Gegensatz zur Jacobi-Methode findet sich in der Funktion `step_gauss_seidel` daher eine doppelte Schleife zur Aktualisierung aller Gitterpunkte. Leider wird die Laufzeit der Gauß-Seidel-Methode dadurch merklich negativ beeinflusst.

```
def step_gauss_seidel(v, cap):
    ny_max, nx_max = v.shape
    v_old = np.pad(v, 1)
    v_new = np.zeros((ny_max+1, nx_max+1))
    for ny in range(1, ny_max+1):
        for nx in range(1, nx_max+1):
            if is_on_capacitor(nx-1, ny-1, cap):
                v_new[ny, nx] = v_old[ny, nx]
            else:
                v_new[ny, nx] = (v_new[ny, nx-1]
                                 + v_new[ny-1, nx]
                                 + v_old[ny, nx+1]
                                 + v_old[ny+1, nx])/4
    return v_new[1:, 1:]
```

Da sowohl aktualisierte als auch ursprüngliche Potentialwerte benötigt werden, werden zunächst zwei Arrays `v_old` und `v_new` angelegt. Das Array `v_old` ergibt sich aus dem übergebenen Array `v` der Potentialwerte durch Hinzufügen eines mit Nullen gefüllten Randes der Breite eins. Damit vermeiden wir später den Zugriff auf nicht existierende Arrayelemente. Das Array `v_new` für die neuen Potentialwerte ist in beiden Richtungen um ein Element größer, um wiederum die benötigten Nullen am Rand zur Verfügung zu stellen.

Innerhalb der Doppelschleife wird zunächst überprüft, ob der zu aktualisierende Gitterpunkt auf einer Kondensatorplatte liegt. Hierzu wurde eine separate Funktion definiert.

```
def is_on_capacitor(nx, ny, cap):
    y_on_capacitor = ny in (cap.y_plus, cap.y_minus)
    x_on_capacitor = cap.x_left <= nx <= cap.x_right
    return y_on_capacitor and x_on_capacitor
```

Wie bereits in Abschn. 3.5 erläutert, steht hier in der zweiten und dritten Zeile rechts des Gleichheitszeichens jeweils ein boolescher Ausdruck. Beim Aufruf von `is_on_capacitor` werden die Gitterindizes um eins verschoben, da das Array `v_new` ja um ein Element in jeder Richtung größer ist als das Gitter der Potentialwerte. Liegt der betrachtete Gitterpunkt auf einer Kondensatorplatte, so wird in der Funktion `step_gauss_seidel` direkt der alte Potentialwert übernommen. Andernfalls erfolgt eine Aktualisierung, wobei darauf zu achten ist, dass die Wahl zwischen Elementen aus `v_old` und `v_new` konsistent mit der Reihenfolge ist, in der das Gitter abgearbeitet wird.

Um zu beurteilen, wie gut unsere Näherung die diskretisierte Laplace-Gleichung löst, berechnet die Funktion `residual` einen Näherungswert für das Integral

$$I = \int \mathrm{d}x\mathrm{d}y \left[\left(\frac{\partial^2}{\partial x^2} + \frac{\partial^2}{\partial y^2}\right) \Phi(x, y)\right]^2 , \tag{3.35}$$

wobei die partiellen Ableitungen durch die finiten Differenzen und das Integral durch eine Summe genähert werden.

```
RESIDUAL_WEIGHTS = np.array([[0, -1, 0],
                             [-1, 4, -1],
                             [0, -1, 0]])

def residual(v, cap):
    error = ndimage.convolve(v, RESIDUAL_WEIGHTS,
                             mode="constant", cval=0)**2
    for y in (cap.y_plus, cap.y_minus):
        error[y, cap.x_left:cap.x_right+1] = 0
    error_sum = np.sum(error)
    return error, error_sum
```

Wie bei der Jacobi-Methode können wir den Fehler mit Hilfe einer Faltung berechnen. Am Ende muss der Fehler auf den Kondensatorplatten, der zwischenzeitlich im Allgemeinen einen von null verschiedenen Wert erhalten hatte, wieder auf null gesetzt werden.

Damit haben wir alle benötigten Funktionen zur Verfügung, um eine Näherungslösung durch Iteration zu bestimmen. Dies wird in der Funktion `iterations` organisiert.

```
STEP = {"Jacobi": step_jacobi,
        "Gauß-Seidel": step_gauss_seidel
        }

def iterations(nx_max, ny_max, cap, n_iter_max, eps,
               algorithm):
    v = np.zeros((ny_max, nx_max))
    v[cap.y_plus, cap.x_left:cap.x_right+1] = 1
    v[cap.y_minus, cap.x_left:cap.x_right+1] = -1
    for n_iter in range(n_iter_max):
        v = STEP[algorithm](v, cap)
        if n_iter % 100 == 0:
            error, error_sum = residual(v, cap)
```

```
            print(n_iter, error_sum)
            if error_sum < eps:
                break
    return v, error
```

Als Ausgangszustand wählen wir $\Phi_{n,m} = 0$ an allen Gitterpunkten mit Ausnahme von denjenigen, die auf einer der beiden Kondensatorplatten liegen, wo das Potential ± 1 ist. Nach jeweils 100 Iterationsschritten berechnen wir den Restfehler mittels der Funktion `residual`, so dass wir einen Eindruck von der Konvergenz bekommen. Die Iterationsschleife kann entweder dadurch beendet werden, dass der vorgegebene Wert `eps` für das Integral (3.35) unterschritten oder die maximale Zahl von Iterationen `n_iter_max` erreicht wird. Ein zu kleiner Wert für `n_iter_max` kann dazu führen, dass die vorgegebene Fehlerschranke nicht erreicht wird.

Um eine Vorstellung von der Zahl der benötigten Iterationen zu erhalten, ist es hilfreich, sich noch einmal die Iterationsvorschrift (3.30) der Jacobi-Methode vor Augen zu führen. Da in jedem Iterationsschritt nur die Potentialwerte auf den direkt benachbarten Gitterpunkten beteiligt sind, kann der Bereich, in dem das Potential von null verschieden ist, in jedem Durchlauf nur um eine Gitterkonstante in jede Richtung anwachsen. Damit wir überhaupt den Rand unseres Gitters erreichen, benötigen wir mindestens so viele Iterationsschritte, wie Gitterpunkte zwischen dem Kondensator und dem Rand liegen. Diese Überlegung liefert eine untere Schranke für die Zahl der Iterationsschritte, wobei man realistischerweise wesentlich mehr Iterationsschritte benötigen wird.

Um neben dem Potential auch die elektrische Feldstärke darstellen zu können, wird in der hier nicht abgedruckten Funktion `plot_inner` der Gradient des Potentials mit Hilfe der NumPy-Funktion `gradient` berechnet. Die Darstellung erfolgt, wie schon in Abschn. 3.4 mit Hilfe der Funktion `streamplot` aus der matplotlib-Bibliothek. Erwähnenswert ist hier das Argument `density` mit dessen Hilfe die Dichte der Feldlinien bei Bedarf verändert werden kann. Dies kann abhängig von den Größenverhältnissen des Kondensators sinnvoll sein.

Abb. 3.16 stellt beispielhaft das Potential und das elektrische Feld für einen Plattenkondensator dar, dessen Breite w doppelt so groß ist wie der Plattenabstand d. In der Mitte des Kondensators verlaufen die grau dargestellten Äquipotentiallinien parallel, wie es für unendlich große Kondensatorplatten zu erwarten ist. Entsprechend verlaufen die schwarz dargestellten elektrischen Feldlinien parallel zueinander und senkrecht zu den Kondensatorplatten. Im Randbereich, also bei $|x| \approx w/2$, sind jedoch deutliche Abweichungen aufgrund der endlichen Breite des Plattenkondensators zu sehen, die bei der Berechnung der Kapazität eines endlich großen Plattenkondensators zu berücksichtigen sind.

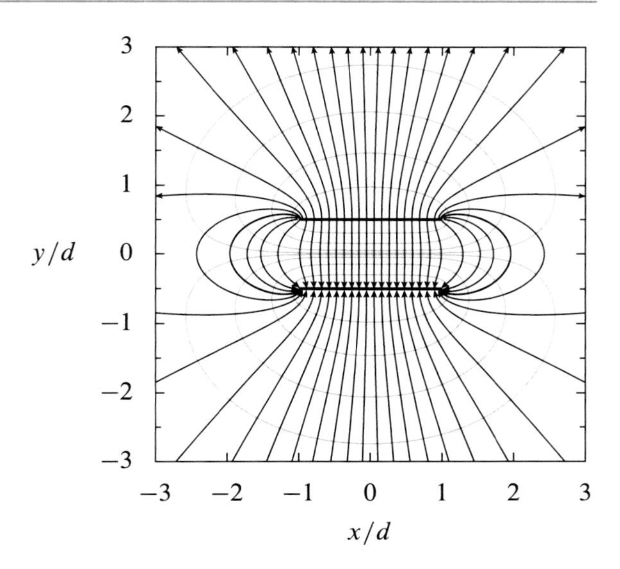

Abb. 3.16 Äquipotentiallinien (grau) zu den Potentialen ±0,02, ±0,1, ±0,3 und ±0,6 sowie elektrische Feldlinien (schwarz) eines Plattenkondensators der Dicke d und Breite $w = 2d$, der senkrecht zur Bildebene unendlich ausgedehnt ist. Die Ergebnisse wurden mit der Jacobi-Methode für ein 500×500-Gitter berechnet, wobei der Kondensator einen Bereich von 50×100 Gitterpunkten umfasst

3.7 Magnetfelder stationärer Ströme

☞ `3-07-Kreisströme.ipynb`

Nachdem wir anhand elektrostatischer Probleme verschiedene numerische Techniken demonstriert haben, wenden wir uns nun einem anderen, auch technisch bedeutsamen, Spezialfall der Elektrodynamik zu, nämlich der Magnetostatik. Für eine stationäre Stromdichte $\boldsymbol{j}(\boldsymbol{r})$ reduzieren sich die Maxwell'schen Gleichungen (3.1) auf

$$\begin{aligned} \operatorname{div} \boldsymbol{B} &= 0 \\ \operatorname{rot} \boldsymbol{H} &= \boldsymbol{j} \,. \end{aligned} \tag{3.36}$$

Ferner wollen wir uns auf den Fall beschränken, in dem ein Strom I durch einen als unendlich dünn angenommenen Draht fließt. Dann ist die Stromdichte durch

$$\boldsymbol{j}(\boldsymbol{r}) = I \int_{\mathcal{L}} \mathrm{d}\boldsymbol{r}' - \delta^{(3)}(\boldsymbol{r} - \boldsymbol{r}') \tag{3.37}$$

gegeben, wobei die Integration entlang der durch die Leiterschleife definierten Kontur $\mathcal{L}$ durchzuführen ist und $\delta^{(3)}$ eine dreidimensionale Deltafunktion bedeutet.

Die Gleichungen (3.36) lassen sich unter Verwendung der Stromdichte (3.37) sowie der Materialgleichung im Vakuum (3.2) für das Magnetfeld direkt lösen. Details kann man in den Lehrbüchern zur Elektrodynamik, z. B. in Ref. [2], nachlesen. Das Ergebnis ist das Biot-Savart-Gesetz

$$\boldsymbol{B}(\boldsymbol{r}) = \frac{\mu_0 I}{4\pi} \int_{\mathcal{L}} \frac{\mathrm{d}\boldsymbol{r}' \times (\boldsymbol{r} - \boldsymbol{r}')}{|\boldsymbol{r} - \boldsymbol{r}'|^3} \,, \tag{3.38}$$

mit dem die magnetische Induktion für beliebige Leiteranordnungen berechnet werden kann. Für spezielle Leitergeometrien wie gerade Leiterabschnitte oder einen kreisförmigen Draht kann das Integral (3.38) analytisch berechnet werden. In der Mehrzahl der Fälle müssen wir jedoch auf eine numerische Berechnung des Integrals zurückgreifen. Im ersten Teil des Notebooks zu diesem Abschnitt werden wir beide Möglichkeiten am Beispiel des Kreisstroms gegenüberstellen.

Wir betrachten konkret eine kreisförmige Leiterschleife mit Radius R, die in der x-y-Ebene liegt und im Ursprung zentriert ist. Um die Integration im Biot-Savart-Gesetz ausführen zu können, parametrisiert man die Kontur $\mathcal{L}$ durch den Winkel ϕ mit

$$\boldsymbol{r}'(\phi) = R \begin{pmatrix} \cos(\phi) \\ \sin(\phi) \\ 0 \end{pmatrix} \tag{3.39}$$

und erhält so die Integraldarstellung der magnetischen Induktion eines Kreisstroms

$$\boldsymbol{B}(\boldsymbol{r}) = \frac{\mu_0 I R}{4\pi} \int_{-\pi}^{\pi} \mathrm{d}\phi \, \frac{\boldsymbol{e}_\phi \times \left(\boldsymbol{r} - \boldsymbol{r}'(\phi)\right)}{|\boldsymbol{r} - \boldsymbol{r}'(\phi)|^3} \, . \tag{3.40}$$

Dabei ist

$$\boldsymbol{e}_\phi = \begin{pmatrix} -\sin(\phi) \\ \cos(\phi) \\ 0 \end{pmatrix} \tag{3.41}$$

der tangentiale Einheitsvektor eines zylindrischen Koordinatensystems.

Sowohl im Hinblick auf die numerische als auch die analytische Auswertung des Biot-Savart-Gesetzes für einen Kreisstrom ist es wieder sinnvoll, dimensionslose Variablen einzuführen. Als Längenskala wählen wir natürlicherweise den Kreisradius R. Das Integral in (3.40) hat die Dimension einer inversen Länge zum Quadrat. Damit ist es sinnvoll, die magnetische Induktion in Einheiten von $\mu_0 I/4\pi R$ zu nehmen.

Das Integral (3.40) lässt sich in der Tat analytisch berechnen und das Ergebnis lautet in Zylinderkoordinaten

$$B_\rho = \frac{2}{\sqrt{(\rho+1)^2+z^2}} \left(\frac{1+\rho^2+z^2}{(1-\rho)^2+z^2} E(k) - K(k) \right) \frac{z}{\rho} \tag{3.42}$$

$$B_z = \frac{2}{\sqrt{(\rho+1)^2+z^2}} \left(\frac{1-\rho^2-z^2}{(1-\rho)^2+z^2} E(k) + K(k) \right) , \tag{3.43}$$

wobei K und E die vollständigen elliptischen Integrale erster und zweiter Art mit den Integraldarstellungen

$$K(k) = \int_0^{\pi/2} \mathrm{d}t \, \frac{1}{\sqrt{1-k^2\sin^2(t)}} \tag{3.44}$$

$$E(k) = \int_0^{\pi/2} \mathrm{d}t \, \sqrt{1-k^2\sin^2(t)} \tag{3.45}$$

sind und

$$k^2 = \frac{4\rho}{(1+\rho)^2 + z^2} \tag{3.46}$$

ist. Damit haben wir die theoretischen Grundlagen für das Verständnis des ersten Teils des Jupyter-Notebooks dieses Abschnitts gelegt.

Zunächst sehen wir uns die numerische Auswertung des Integrals (3.40) an. Ähnlich wie bei der Lösung von Differentialgleichungen in Kap. 2, bei der wir die Ableitungen in einer Funktion zur Verfügung stellen mussten, benötigen wir hier eine Funktion, die den Integranden bereitstellt.

```
def dB(phi, r):
    r_prime = np.array([cos(phi), sin(phi), 0])
    e_phi = np.array([-sin(phi), cos(phi), 0])
    dB = np.cross(e_phi, r-r_prime) / LA.norm(r-r_prime)**3
    return dB
```

Hier nutzen wir zur Berechnung des Kreuzprodukts die von NumPy zur Verfügung gestellte Funktion `cross`.

Im nächsten Code-Block wird das Magnetfeld an einem Punkt `r` durch numerische Integration der eben besprochenen Funktion `dB` berechnet.

```
def b_numerical(r):
    dB_partial = partial(dB, r=r)
    b, err = integrate.quad_vec(dB_partial, -pi, pi)
    return b
```

Für die Integration von vektorwertigen Funktionen stellt uns das SciPy-Paket `integrate` die Funktion `quad_vec` zur Verfügung. Von der Lösung von Differentialgleichungen sind wir gewohnt, dass die Ableitungsfunktion neben der unabhängigen Variablen auch noch weitere Argumente akzeptieren kann. Die gleiche Möglichkeit bietet die SciPy-Funktion `quad` für eindimensionale Integrale. Für `quad_vec` ist dies allerdings nicht der Fall. Neben der Integrationsvariable `phi` benötigt unsere Funktion `dB` jedoch noch das Array `r`, also den Ort, an dem das Magnetfeld bestimmt werden soll. Dieses Problem lässt sich unter Verwendung von `partial` aus dem Modul `functools` der Python-Standardbibliothek lösen. In der Definition von `dB_partial` nimmt die Funktion `partial` unsere Funktion `dB` sowie den Wert von `r` und gibt eine Funktion zurück, die `dB` mit dem nun fixierten Wert von `r` aufruft. Damit benötigt die Funktion `dB_partial` nur noch die Integrationsvariable und kann so in der Integrationsroutine `quad_vec` verwendet werden.

Nach der Berechnung des Magnetfelds durch numerische Integration sehen wir uns nun die Implementierung der analytischen Lösung (3.42) und (3.43) für den

Kreisstrom an. Da wir später auch die Kombination aus zwei Kreisströmen betrachten wollen, ist es sinnvoll, die Funktion gleich etwas allgemeiner zu gestalten. Es soll möglich sein, sowohl den Ort des Kreismittelpunkts im Argument `r_0` festzulegen als auch die Ebene, in der der kreisförmige Leiter liegt. Letzteres erfolgt am besten mit Hilfe des Normalenvektors, dessen Orientierung mit der Stromrichtung über die Rechte-Hand-Regel zusammenhängen soll. Der Normalenvektor wird mit dem Argument `normal` übergeben.

```
def b_one_loop(r, r_0=None, normal=None):
    if r_0 is None:
        r_0 = np.array([0, 0, 0])
    if normal is None:
        normal = np.array([0, 0, 1])

    z = (r-r_0) @ normal
    rhovec = r - r_0 - z*normal
    rho = LA.norm(rhovec)
    prefactor = 2/sqrt((rho+1)**2+z**2)
    k_squared = 4*rho/((1+rho)**2+z**2)
    ellip_e = special.ellipe(k_squared)
    ellip_k = special.ellipk(k_squared)

    e_factor = (1+rho**2+z**2) / ((1-rho)**2+z**2)
    b_rho = prefactor*(e_factor*ellip_e - ellip_k) * z/rho

    e_factor = (1-rho**2-z**2) / ((1-rho)**2+z**2)
    b_z = prefactor*(e_factor*ellip_e + ellip_k)
    return b_z*normal + b_rho*rhovec/rho
```

Diese Funktion verwendet Defaultargumente, die zum Tragen kommen, wenn man keine Werte für die Argumente `r_0` und `normal` angibt. Wenn beispielsweise kein Wert für `r_0` übergeben wird, sorgt die Funktion dafür, dass diese Variable den Wert `None` erhält. Sollte dies der Fall sein, so wird der Variable `r_0` zu Beginn der Funktion der gewünschte Wert, hier der Nullvektor, zugewiesen. Man könnte auf die Idee kommen, die Defaultwerte für `r_0` und `normal` direkt statt `None` anzugeben. Obwohl dies prinzipiell möglich ist, sollte man vermeiden, veränderliche Objekte als Defaultwerte anzugeben, da dies zu unerwünschten Nebeneffekten führen kann. Zu den veränderlichen Objekten gehören neben den NumPy-Arrays auch Listen, nicht jedoch Tupel.

Da die Magnetfeldkomponenten (3.42) und (3.43) in Zylinderkoordinaten ausgedrückt sind, müssen wir aus dem Argument `r` die Koordinaten ρ und z sowie den Basisvektor in ρ-Richtung extrahieren. Dabei ist zu beachten, dass die z-Achse der Zylinderkoordinaten in Richtung des durch `normal` spezifizierten Normalenvektors zeigen soll. Die benötigten Größen erhält man am besten ausgehend von einer Projektion des Ortsvektors auf den Normalenvektor, ganz ähnlich zum Vorgehen bei der Reflexion im Billard in den Gleichungen (2.157) und (2.158).

Zur Auswertung der Ausdrücke (3.42) und (3.43) ist es sinnvoll, diese in kleinere Teile zu zerlegen, die zunächst berechnet werden. Dadurch wird nicht nur die Struktur des Codes deutlicher, sondern man vermeidet auch die mehrfache Berechnung identischer Ausdrücke und reduziert die Gefahr von Fehlern. Etwas Aufmerksamkeit erfordert das Argument der elliptischen Integrale, da hierfür verschiedene Konventionen in Gebrauch sind. In SciPy wird statt unserem Argument k das Argument $m = k^2$ verwendet, das somit bei den entsprechenden Aufrufen in Form der Variable `k_squared` eingesetzt wird. Nach der Auswertung der Magnetfeldkomponenten B_ρ und B_z wird der gesamte Vektor unter Verwendung des Normalenvektors und des zuvor bestimmten radialen Basisvektors zusammengesetzt und zurückgegeben.

Damit steht die magnetische Induktion im ursprünglichen kartesischen Koordinatensystem zur Verfügung und hat die gleiche Form wie das Ergebnis der numerischen Integration aus `b_numerical`. Auf diese Weise ist es leicht möglich, die beiden Berechnungsmethoden für die magnetische Induktion eines Kreisstroms gegeneinander auszutauschen und sich davon zu überzeugen, dass beide das gleiche Ergebnis liefern. Allerdings ist die numerische Berechnung merklich langsamer, weswegen wir in den weiteren Code-Zellen auf die analytische Lösung zurückgreifen. Dennoch ist es instruktiv, in der Funktion `plot_one_loop_result` das Argument `b_one_loop` testweise durch `b_numerical` zu ersetzen.

Die für die Berechnung und Darstellung der Feldlinien erforderlichen Code-Blöcke orientieren sich an der Berechnung der Feldlinien für das elektrische Feld in Abschn. 3.3, so dass wir uns hier auf die Darstellung der Ergebnisse beschränken. In Abb. 3.17 sind die Magnetfeldlinien auf der Basis der analytischen Lösung (3.42) und (3.43) dargestellt. Wir stellen fest, dass die Feldlinien offenbar geschlossen sind, wenn man davon absieht, dass sich die entlang der z-Achse verlaufende Feldlinie erst im Unendlichen schließt.

Darstellungen in Lehrbüchern können dazu verführen anzunehmen, dass die magnetischen Feldlinien wie im gerade diskutierten Fall immer geschlossen seien. Tatsächlich stellen geschlossene Feldlinien aber eher eine Ausnahme dar [3], und für die meisten Leitergeometrien werden sich die Feldlinien nicht schließen. In der Literatur finden sich hierfür zahlreiche Beispiele [4,5]. So sind die Feldlinien einer Spule im Regelfall nicht geschlossen.

Um unsere bisherigen Programmteile zum Kreisstrom wiederverwenden zu können, werden wir zur Illustration zwei senkrecht zueinander stehende Kreisströme

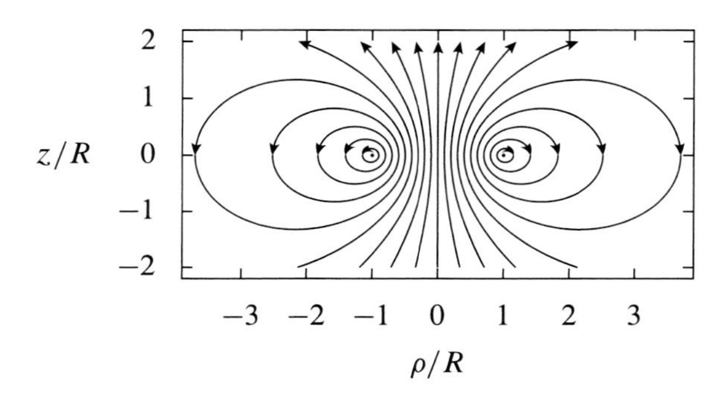

Abb. 3.17 Magnetfeld einer kreisförmigen Leiterschleife

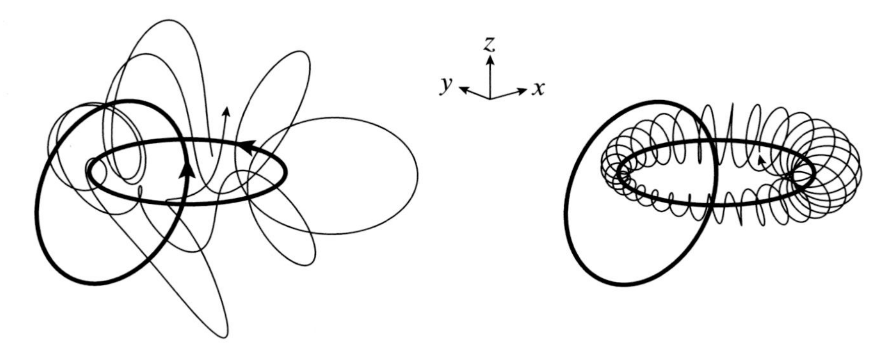

Abb. 3.18 Magnetische Feldlinien (dünne Linien) zweier senkrecht aufeinander stehender Kreisströme (dicke Linien). Im linken Bild ist die Stromrichtung durch Pfeile angedeutet. Links ist eine chaotische magnetische Feldlinie gezeigt, während die Feldlinie rechts geschlossen ist. Die Startpunkte der Feldlinien sind links $x = 0{,}5$, $y = 0{,}2$, $z = 0$ und rechts $x = 0{,}7411$, $y = 0{,}2$, $z = 0$

betrachten [4]. Die numerische Umsetzung dieses Problems bildet den zweiten Teil des Jupyter-Notebooks zu diesem Abschnitt. Die hier betrachtete Geometrie unterscheidet sich wesentlich von dem System zweier paralleler Kreisströme, das in Übungsaufgabe 3.5 untersucht werden soll.

Die geometrische Anordnung der beiden kreisförmigen Leiterschleifen lässt sich den dick dargestellten Linien in Abb. 3.18 entnehmen. Wie schon zuvor liegt eine Leiterschleife im Ursprung zentriert in der x-y-Ebene. Hinzu kommt eine zweite Leiterschleife mit gleichem Radius, die sich in der x-z-Ebene befindet und deren Mittelpunkt bei $\boldsymbol{r} = -\boldsymbol{e}_x$ liegt. Der Umlaufsinn der beiden Kreisströme ist im linken Teil der Abb. 3.18 durch die Pfeile angedeutet.

Die Linearität der Maxwell'schen Gleichungen, insbesondere der zweiten Gleichung in (3.36), erlaubt es uns, die magnetischen Felder der beiden Kreisströme zu addieren. Nun zahlt es sich aus, dass wir die Funktion `b_one_loop` für einen einzelnen Kreisstrom sehr allgemein implementiert hatten. Da die Stromrichtung über die Rechte-Hand-Regel die Orientierung des Normalenvektors bestimmt, zeigt der Normalenvektor des zweiten Kreisstroms in die negative y-Richtung. Berücksichtigen wir noch den verschobenen Ursprung, lässt sich das resultierende Magnetfeld leicht berechnen.

```
def b_two_loops(r):
    b_1 = b_one_loop(r)
    b_2 = b_one_loop(r,
                     r_0=np.array([-1, 0, 0]),
                     normal=np.array([0, -1, 0]))
    return b_1 + b_2
```

Bei komplexeren dreidimensionalen Darstellungen wie in der Abb. 3.18 links ist es nützlich, das Bild drehen zu können, um eine bessere räumliche Vorstellung zu erhalten. Dabei sollte es natürlich vermieden werden, die Daten immer wieder neu zu berechnen. Eine Möglichkeit stellt die Verwendung von `ipympl` dar, das die Nutzung interaktiver Eigenschaften von matplotlib in JupyterLab erlaubt [6]. Da dann jedoch über die in Abschn. 6.1 beschriebenen Installationsschritte hinaus noch weitere Software installiert werden muss, verzichten wir auf diese Variante. Stattdessen ist in der hier nicht abgedruckten Funktion `plot_two_loop_result` noch eine innere Funktion implementiert, die sich um die Darstellung als Funktion der über die Widgets einstellbaren Winkel θ und ϕ kümmert.

Abb. 3.18 zeigt zwei typische Arten von Feldlinien für die gewählte Geometrie zweier Kreisströme. Die links dargestellte Feldlinie schließt sich zumindest in dem dargestellten Ausschnitt nicht. Qualitativ erinnert sie an die Trajektorie einer chaotische Bewegung wie wir sie in Abschn. 2.10 kennengelernt haben. Bei speziell gewählten Anfangsbedingungen kann sich aber auch eine geschlossene Feldlinie ergeben. Das rechte Bild zeigt ein Beispiel hierfür, das an eine periodische Bahn erinnert, wie wir sie zum Beispiel bei Billards in Abschn. 2.13 diskutiert hatten. Diese Parallele zur klassischen Mechanik motiviert uns, eine Art Poincaré-Plot zu berechnen. Damit werden wir weitere Evidenz für die Existenz nicht geschlossener Feldlinien erhalten.

Während wir in der klassischen Mechanik Trajektorien im Phasenraum betrachtet hatten, leben die Feldlinien nun im dreidimensionalen Ortsraum. Dennoch stehen wir im Prinzip vor der gleichen Aufgabe der Reduktion auf eine zweidimensionale Darstellung. Dazu betrachten wir nun die Durchstoßpunkte einer Feldlinie durch eine Ebene und wählen konkret die Ebene $z = 0$. Die Durchstoßpunkte werden von der Funktion `poincare_points` für einen gegebenen Startpunkt berechnet.

```
def poincare_points(dt, b_field, r_0, n_out):
    points = np.zeros((2, n_out))
    t_start = 0
    t_end = dt
    events = (z_equal_zero_pos, z_equal_zero_neg)
    for cnt in range(n_out):
        found = False
        while not found:
            solution = integrate.solve_ivp(
                dr_dt, (t_start, t_end), r_0,
                args=(b_field, r_0, 0.),
                events=events[cnt % 2],
                dense_output=True, atol=1e-10, rtol=1e-10)
            if np.size(solution.t_events) > 0:
                points[:, cnt] = solution.y_events[0][0, :2]
                found = True
            t_start = solution.t[-1]
            t_end = t_start + dt
            r_0 = solution.y[:, -1]
        if 10*cnt % n_out == 0:
            print(cnt)
    return points
```

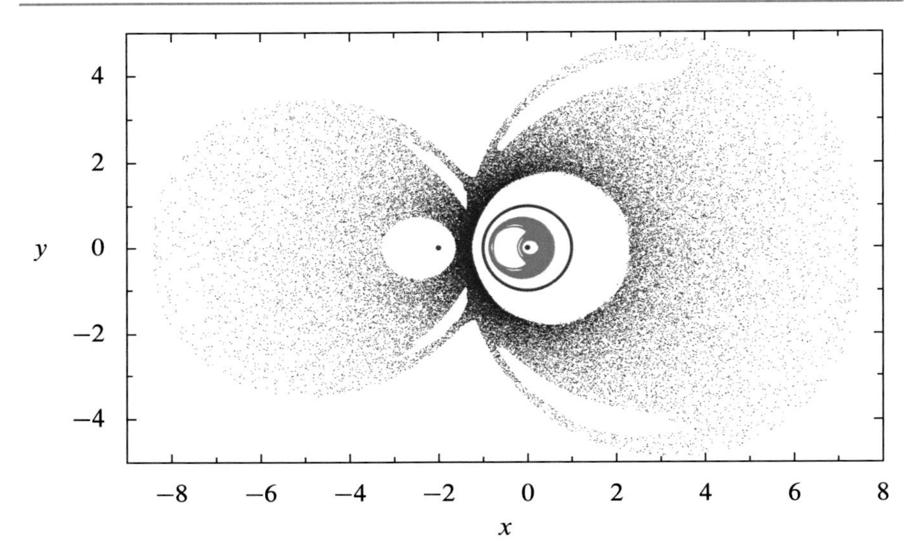

Abb. 3.19 Poincaré-Plot zu den magnetischen Feldlinien, die durch zwei orthogonale Kreisströme erzeugt werden. Die beiden Kreisströme sind rot eingezeichnet, die Durchstoßpunkte getrennt nach der Richtung, in der die Feldlinie die $z = 0$-Ebene passiert, in blau und grün. Der Startpunkt liegt in der y-z-Ebene bei $x = 0{,}6$

Im Gegensatz zum Poincaré-Schnitt in der klassischen Mechanik, bei dem wir nur eine Durchstoßrichtung betrachtet haben, wollen wir hier beide Durchstoßrichtungen zulassen. In der Funktion `poincare_points` wird daher bei der Integration zwischen den Abbruchbedingungen `z_equal_zero_pos` und `z_equal_zero_neg` alterniert, die den Durchgang durch die x-y-Ebene in positiver bzw. negativer z-Richtung detektieren.

Das Ergebnis für eine bei $x = 0{,}6$ in der y-z-Ebene startende Feldlinie ist in Abb. 3.19 gezeigt, wobei die Durchstoßpunkte in die beiden verschiedenen Richtungen blau bzw. grün dargestellt sind. Der rote Kreis und die beiden roten Punkte markieren die beiden zueinander senkrecht stehenden Leiterschleifen. Neben einem ausgedehnten chaotischen Bereich existieren auch reguläre Inseln, die in dieser Abbildung weiß dargestellt werden, da sie von der gewählten Feldlinie nicht durchlaufen werden. Der Poincaré-Plot unterstreicht die Existenz nicht geschlossener Feldlinien von der Art, wie sie in Abb. 3.18 links beispielhaft dargestellt ist. In den regulären Inseln gibt es aber auch Punkte, die geschlossenen Feldlinien wie in Abb. 3.18 rechts entsprechen.

3.8 Brechung von Licht

☞ `3-08-Lichtstrahlen.ipynb`

In diesem Abschnitt wollen wir uns anhand zweier Beispiele mit der Brechung von Licht befassen. Zunächst betrachten wir die Brechung an einer ebenen Grenzfläche zwischen zwei Medien mit verschiedenen Brechungsindizes. Dieses Problem lässt sich mit dem Snellius'schen Brechungsgesetz zwar sehr einfach lösen, bietet jedoch die Möglichkeit, an einem einfachen Beispiel die Lösung eines Optimierungsproblems zu demonstrieren. Dazu werden wir das Fermat'sche Prinzip heranziehen, gemäß dem die *optische Weglänge* zwischen zwei Punkten durch einen Lichtstrahl minimiert wird. Dieses Prinzip findet auch in Übungsaufgabe 3.6 im Zusammenhang mit der Reflexion eines Lichtstrahls Anwendung.

Anschließend wollen wir den Lichtweg in einem Medium berechnen, bei dem der Brechungsindex in vertikaler Richtung stetig vom Ort abhängt. Hier werden wir das Fermat'sche Prinzip auf zwei verschiedene Weisen anwenden. Zum einen kann man den Verlauf des Brechungsindex diskretisieren und somit ein höherdimensionales Optimierungsproblem formulieren. Zum anderen kann man sich an den Lagrangeformalismus der klassischen Mechanik erinnern und eine Differentialgleichung für den Weg des Lichtstrahls herleiten. Damit ist numerisch ein Randwertproblem zu lösen.

Während wir mit einem Randwertproblem bereits in Abschn. 2.6 zu tun hatten, sind wir Optimierungsaufgaben bisher noch nicht begegnet. Daher beginnen wir mit ein paar einführenden Bemerkungen zu dieser Aufgabenklasse. Bei einer Optimierungsaufgabe wird das Extremum einer Funktion $f(x_1, x_2, \ldots, x_n) = f(\boldsymbol{x})$, der sogenannten *Zielfunktion*, gesucht. In der Regel wird numerisch das Minimum gesucht. Sollte man das Maximum benötigen, so genügt es, das Vorzeichen der Zielfunktion ändern.

In vielen Fällen sind bei der Bestimmung des Minimums noch eine oder auch mehrere Randbedingungen zu beachten. Dabei kann die Lösung durch eine Forderung der Form $F(\boldsymbol{x}) = 0$ auf eine Hyperfläche eingeschränkt werden. Mit Ungleichungen der Form $F(\boldsymbol{x}) \leq 0$ und $F(\boldsymbol{x}) < 0$ muss die Lösung auf einer Seite der Hyperfläche liegen, wobei die Hyperfläche selbst im ersten Fall auch noch zugelassen ist. Sollte die andere Seite der Hyperfläche benötigt werden, so kann man dies wiederum durch geeignete Vorzeichenwahl erreichen.

Falls die Randbedingungen durch Gleichungen $F_i(\boldsymbol{x}) = 0$ gegeben sind, lässt sich das Optimierungsproblem mit Hilfe von Lagrangeparametern in ein System gekoppelter Gleichungen überführen, das man im günstigsten Fall analytisch lösen kann. Andernfalls muss man die Optimierungsaufgabe numerisch lösen, wofür eine ganze Reihe von Algorithmen zur Verfügung steht, die im Modul `optimize` des SciPy-Pakets zusammengefasst sind. All diesen Algorithmen ist gemeinsam, dass sie von einem Ausgangszustand $\boldsymbol{x}_0$ starten und diesen dann sukzessive optimieren. Außer der Zielfunktion $f(\boldsymbol{x})$ und eventuellen Randbedingungen müssen wir also diesen Ausgangszustand $\boldsymbol{x}_0$ festlegen.

Als einführendes Beispiel betrachten wir die Brechung eines Lichtstrahls an einer ebenen Grenzfläche zwischen Medien verschiedener Brechungsindizes, wie sie in Abb. 3.20 oben schematisch dargestellt ist. Da es hier nur auf das Verhältnis der Brechungsindizes ankommt, setzen wir den Brechungsindex im oberen Halbraum gleich eins, während der Brechungsindex n im unteren Halbraum ungleich eins sein soll. Um eine Brechung beschreiben zu können, müssen die beiden Endpunkte des Lichtwegs auf unterschiedlichen Seiten der Grenzfläche $y = 0$ liegen. Da sich der Lichtstrahl in den beiden Halbräumen jeweils entlang einer Gerade ausbreitet und

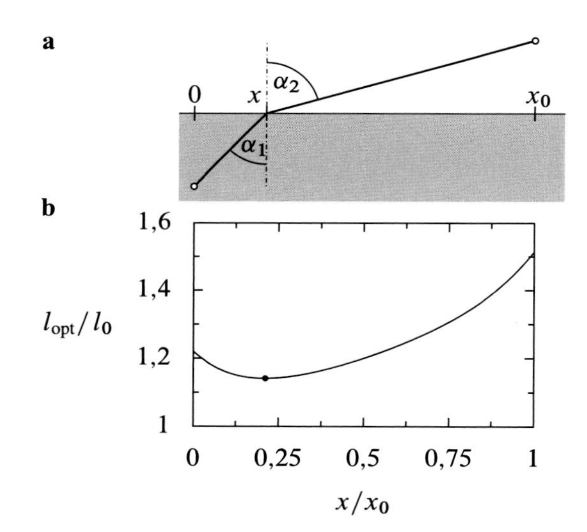

Abb. 3.20 Minimierung des optischen Wegs durch eine Grenzfläche zwischen dem unteren Halbraum mit Brechungsindex $n = 1{,}4$ und dem oberen Halbraum mit Brechungsindex eins. Das Verhältnis von horizontalem zu vertikalem Abstand der symmetrisch um die Grenzfläche liegenden Randpunkte beträgt 2,25. Im unteren Graphen ist die optische Weglänge l_{opt} bezogen auf die Länge l_0 des direkten Wegs zwischen den beiden Punkten in Abwesenheit des unteren Mediums dargestellt

das Problem in horizontaler Richtung translationsinvariant ist, bedeutet es keine Einschränkung, wenn wir den Anfangspunkt bei $(0|-1)$ und den Endpunkt bei $(x_0|1)$ festlegen.

Gesucht ist dann der Punkt x auf der Grenzfläche, der die optische Weglänge

$$l_{\mathrm{opt}}(x) = n\sqrt{x^2+1} + \sqrt{(x-x_0)^2+1} \tag{3.47}$$

minimiert. Die Beiträge aus den beiden Halbräumen ergeben sich dabei als Produkt des jeweiligen Brechungsindex mit dem geometrischen Abstand zwischen dem Randpunkt und dem Punkt auf der Grenzfläche. Dieses Optimierungsproblem lässt sich durch Ableiten von (3.47) nach x lösen, und man erhält unmittelbar das *Snellius'sche Brechungsgesetz*

$$n\sin(\alpha_1) = \sin(\alpha_2)\,, \tag{3.48}$$

wobei α_1 und α_2 die in Abb. 3.20 oben dargestellten Winkel des Lichtstrahls mit der Grenzflächennormale sind.

Die Zielfunktion (3.47) lässt sich leicht als Funktion implementieren.

```
def optical_path_length_1(x, n, x_0):
    return n*np.hypot(1, x) + np.hypot(1, x_0-x)
```

Wir verwenden hier die Funktion `hypot` aus dem NumPy-Paket, die aus den zwei Kathetenlängen eines rechtwinkligen Dreiecks die Länge der Hypotenuse berechnet. Diese Funktion kann als Argumente auch Arrays verarbeiten, wobei einander entsprechende Einträge gepaart werden. Alternativ könnten wir hier auch die gleichnamige Funktion aus dem `math`-Modul der Python-Standardbibliothek verwenden, die den Abstand eines Punktes vom Ursprung auch in mehr als zwei Dimensionen berechnet. Ferner könnten wir `linalg.norm` aus dem NumPy-Paket verwenden.

Im unteren Teil der Abb. 3.20 ist die Zielfunktion als Funktion des Durchstoßpunkts durch die Grenzfläche dargestellt, wobei l_0 den geometrischen Abstand zwischen den beiden Randpunkten angibt. Unser Ziel ist es nun, das durch den Punkt markierte Minimum der optischen Weglänge numerisch zu bestimmen. Dazu verwenden wir die Funktion `minimize` aus dem `optimize`-Paket von SciPy.

```
def shortest_path_1(n_points, n, x_0_max):
    x_values = np.zeros(n_points)
    x_0_values = np.linspace(0, x_0_max, n_points)
    for idx, x_0 in enumerate(x_0_values):
        x_init = np.array([x_0/2])
        opt_result = optimize.minimize(
            optical_path_length_1, x_init, args=(n, x_0))
        x_values[idx] = opt_result.x[0]
    alpha_1 = np.arctan(x_values)
    alpha_2 = np.arctan(x_0_values-x_values)
    return alpha_1, alpha_2
```

Die zentrale Funktion `minimize` benötigt hier drei Argumente. Das erste Argument verweist auf die Funktion zur Berechnung der optischen Weglänge, die wir gerade besprochen haben. Das zweite Argument gibt den Anfangszustand für die iterative Bestimmung des Minimums an. In unserem Fall, in dem nur eine Größe, nämlich x, variiert werden soll, handelt es sich um einen Skalar. Wir wählen hier den Wert $x_0/2$, der einem geradlinigen Strahl zwischen Anfangs- und Endpunkt entspricht. Da `minimize` ein NumPy-Array erwartet, müssen wir dieses bei jedem Schleifendurchlauf über die verschiedenen Werte von x_0 neu erzeugen. Das dritte Argument enthält ein Tupel mit Parametern, die die Funktion zur Bestimmung der optischen Weglänge benötigt, nämlich den Brechungsindex n und den Parameter x_0. Diesem Vorgehen sind wir bereits im Zusammenhang mit der Lösung von Differentialgleichungen begegnet.

Das Ergebnis der Optimierung ist ein sogenanntes `OptimizeResult`-Objekt, dessen verschiedene Bestandteile mit Hilfe von Attributen angesprochen werden können. Der uns interessierende Wert von x ist im Array `opt_result.x` enthalten. Mit Hilfe von `opt_result.fun` kann man sich das gefundene Minimum der Zielfunktion beschaffen. Darüber hinaus ist noch `opt_result.message` interessant, das uns Aufschluss über die Konvergenz und eventuelle Probleme geben kann.

Innerhalb der Schleife über Werte von x_0 im obigen Code wird jeweils der Wert von x, der die optische Weglänge minimiert, bestimmt und in einem zu Beginn definierten Array `x_values` abgespeichert. Um später leichter mit dem exakten Ergebnis vergleichen zu können, werden abschließend Arrays mit den zugehörigen Werten der Winkel α_1 und α_2 erzeugt.

Zum Vergleich berechnen wir noch den Zusammenhang zwischen Einfalls- und Ausfallswinkel über das Snellius'sche Brechungsgesetz (3.48). Durch Auflösen nach α_2 erhält man

$$\alpha_2 = \arcsin\big(n \sin(\alpha_1)\big) , \tag{3.49}$$

wobei der Winkel α_1 kleiner als der Grenzwinkel der Totalreflexion $\arcsin(1/n)$ sein muss. Um numerische Probleme zu vermeiden, reizen wir diesen Bereich im folgenden Codestück nicht vollständig aus.

```
def snellius_law(n):
    alpha_1 = np.linspace(0, np.arcsin(1/n)-1e-7, 200)
    alpha_2 = np.arcsin(n*np.sin(alpha_1))
    return alpha_1, alpha_2
```

Ein Vergleich zwischen dem durch Optimierung erhaltenen Resultat und dem analytischen Ergebnis ist in Abb. 3.21 gezeigt. Die durchgezogene Kurve stellt die Funktion (3.49) dar und die Punkte gehören zu den Ergebnissen, die wir durch Minimierung der optischen Weglänge erhalten. Für kleine Werte von α_1 und α_2 gilt näherungsweise $\sin\alpha = \alpha$, und wir erhalten einen linearen Verlauf mit der Steigung n. Bei Annäherung an den Grenzwinkel der Totalreflexion steigt die Steigung schnell an und divergiert schließlich. Die Tatsache, dass die Punkte genau auf der durchgezogenen Kurve liegen, zeigt, dass die numerische Optimierung in diesem Fall korrekt funktioniert.

Das gerade behandelte Optimierungsproblem hing nur von einer Variablen ab, dem Ort x, an dem die Brechung stattfindet. Wir wollen uns nun einem komplexeren Problem zuwenden, bei dem der Brechungsindex kontinuierlich gemäß einer vorgegebenen Funktion $n(y)$ variiert, sodass eine analytische Lösung im Allgemeinen nicht mehr möglich sein wird. Konkret können wir uns unter y die Höhe über dem Erdboden vorstellen, so dass $n(y)$ die Höhenabhängigkeit des Brechungsindex in der Atmosphäre beschreibt. Eine ähnliche Situation kann auch im Labor in

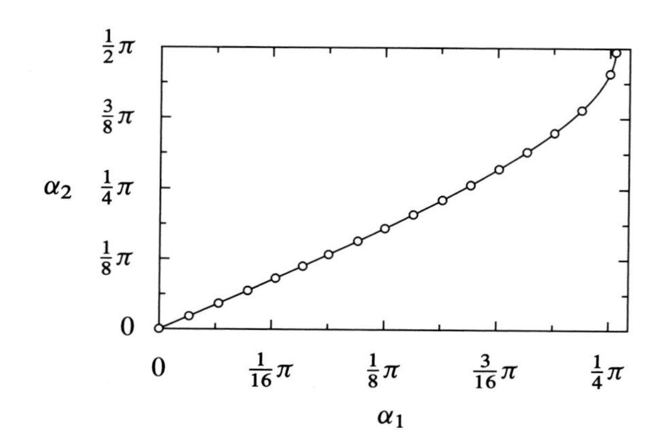

Abb. 3.21 Abhängigkeit des Ausfallswinkels α_2 vom Einfallswinkel α_1 beim Übergang von einem Medium mit Brechungsindex $n_1 = 1{,}4$ in ein Medium mit Brechungsindex $n_2 = 1$. Die durchgezogene Linie wurde durch Auflösen des Snellius'schen Brechungsgesetzes nach α_2 gewonnen, die Punkte durch Minimierung der optischen Weglänge

einer geschichteten Zuckerlösung realisiert werden. In der Atmosphäre führt der höhenabhängige Brechungsindex z. B. dazu, dass wir die Sonne noch sehen, wenn diese geometrisch betrachtet bereits untergegangen ist. Bei entsprechender Wetterlage kann es auch zu einer Fata Morgana kommen, also einer Luftspiegelung, bei der man Objekte am Himmel zu sehen glaubt, die sich in Wirklichkeit am Erdboden befinden.

Abhängig vom konkreten Anwendungsfall wird man eine geeignete Funktion $n(y)$ vorgeben. Wir wählen hier einen mit der Höhe exponentiell abfallenden Brechungsindex, der für große Höhen gegen eins gehen soll, also

$$n(y) = 1 + \big(n(0) - 1\big)\mathrm{e}^{-y} . \tag{3.50}$$

Dabei kann der Brechungsindex $n(0)$ am Erdboden gewählt werden. Auf einen weiteren Parameter, der die Längenskala für den exponentiellen Abfall festlegt, können wir verzichten, wenn wir alle Längen auf diese Längenskala beziehen.

Um die Funktion $n(y)$ bei Bedarf leicht anpassen zu können, beginnen wir den zweiten Teil des Notebooks zu diesem Abschnitt mit der Definition einer entsprechenden Funktion, wobei neben dem Brechungsindex auch gleich die Ableitung $n'(y)$ bestimmt wird, die wir später noch benötigen werden.

```
def n_np(y, n_0):
    n = 1 + (n_0-1)*np.exp(-y)
    nprime = 1 - n
    return n, nprime
```

Damit für die Höhenvariable `y` ein ganzes Array an Werten übergeben werden kann, ist es wichtig, dass hier die Exponentialfunktion aus dem NumPy-Paket gewählt wird. Die Ableitung wird mit Hilfe eines analytischen Ausdrucks berechnet, wobei wir selbst für die Korrektheit des Ausdrucks verantwortlich sind. Mit dem hier verwendeten Ausdruck für `nprime` vermeiden wir eine unnötige zweite Berechnung der Exponentialfunktion, müssen aber für Anpassungen im Hinterkopf behalten, dass er nur für einen Brechungsindex der Form (3.50) gültig ist.

Gemäß dem Fermat'schen Prinzip suchen wir wiederum den optisch kürzesten Weg bei gegebenem Anfangs- und Endpunkt. Zur Umsetzung in Form eines Optimierungsproblems diskretisieren wir den Weg des Lichtstrahls mit Hilfe von M Punkten $(x_m|y_m)$ zusätzlich zum Anfangspunkt $(x_0|y_0)$ und dem Endpunkt $(x_{M+1}|y_{M+1})$. Für die Berechnung der optischen Weglänge zwischen zwei aufeinanderfolgenden Punkten benötigen wir den Brechungsindex, den wir durch den Mittelwert der Brechungsindizes an den beiden Punkten

$$n_m = \frac{n(y_{m+1}) + n(y_m)}{2} \tag{3.51}$$

nähern. Als Verallgemeinerung von (3.47) erhalten wir somit die optische Weglänge für den gesamten Pfad als Summe der Einzelbeiträge aller Pfadelemente zu

$$l_{\text{opt}} = \sum_{m=0}^{M} n_m \sqrt{(x_{m+1} - x_m)^2 + (y_{m+1} - y_m)^2}\,, \tag{3.52}$$

die im Notebook mit Hilfe der Funktion `optical_path_length_2` berechnet wird.

```
def optical_path_length_2(x, n_0):
    xy = x.reshape(-1, 2)
    n, nprime = n_np(xy[:, 1], n_0)
    n_average = (n[1:] + n[:-1])/2
    pathlens = LA.norm(np.diff(xy, axis=0), axis=1)
    optical_length = np.sum(n_average * pathlens)
    return optical_length
```

Das Argument `n_0` wird als Parameter $n(0)$ im Brechungsindex hier lediglich an die Funktion `n_np` weitergereicht. Interessanter ist das Array `x`, das, wie wir noch sehen werden, die zu optimierenden Variablen $x_0, y_0, \ldots, x_{M+1}, y_{M+1}$ in einem eindimensionalen Array enthält. Für die Berechnung der optischen Weglänge ist aber ein zweidimensionales Array günstiger, das in der ersten Zeile des Funktionsblocks erzeugt wird. Die Achse 0 des Arrays `xy` entspricht den Indizes $m = 1, \ldots, M$, während in der Achse 1 die zugehörigen Komponenten x_m und y_m zu finden sind. In den beiden folgenden Zeilen werden die Brechungsindizes n_m gemäß (3.51) durch Mittelwertbildung berechnet. Dabei werden zwei Slices des gleichen Arrays `n` verwendet, bei denen das erste bzw. letzte Element fehlt. Auf diese Weise lassen sich benachbarte Einträge n_{m+1} und n_m elegant mitteln.

Anschließend werden die geometrischen Längen der Pfadelemente berechnet. Dabei werden zunächst die Differenzen der x- und y-Koordinaten benachbarter Punkt gebildet, um daraus dann mit Hilfe von `LA.norm` die jeweiligen Längen zu bestimmen. Das Ergebnis ist ein eindimensionales Array mit $M + 1$ Einträgen. Damit kann abschließend die Summation gemäß (3.52) durchgeführt werden, um die gesamte optische Länge zu erhalten.

Die Koordinaten x_0 und y_0 des Anfangspunkts sowie x_{M+1} und y_{M+1} des Endpunkts haben wir, wie gerade beschrieben, in das Array der zu optimierenden Variablen aufgenommen. In Wirklichkeit sind diese beiden Punkte jedoch fest vorgegeben. Dies können wir dadurch berücksichtigen, dass wir eine entsprechende Randbedingung formulieren.

```
def boundaryvalues(x, x_i, x_f):
    return LA.norm(x_i-x[:2]) + LA.norm(x_f-x[-2:])
```

Da die ersten beiden und die letzten beiden Elemente im Array x die Koordinaten der tatsächlichen Randpunkte enthalten, wird hier die Summe der Abstände zu den durch x_i und x_f gegebenen, gewünschten Randpunkten berechnet.

Die Optimierung der optischen Weglänge erfolgt prinzipiell wie schon bei der Brechung an einer Grenzfläche. Dennoch gibt es ein paar zusätzliche erwähnenswerte Aspekte.

```
def shortest_path_2(n_0, x_i, x_f, n_points, maxiter):
    x_init = np.linspace(x_i, x_f, n_points+2).ravel()
    x_bounds = {"type": "eq",
                "fun": boundaryvalues,
                "args": (x_i, x_f)
                }
    opt_result = optimize.minimize(
        optical_path_length_2, x_init, args=(n_0,),
        constraints=x_bounds,
        options={"maxiter": maxiter, "disp": True})
    return opt_result.x[::2], opt_result.x[1::2]
```

Als Anfangslösung wird hier wieder eine Gerade zwischen Anfangspunkt x_i und Endpunkt x_f gewählt, wobei ausgenutzt wird, dass die linspace-Funktion auch zwischen zwei Arrays interpolieren kann. Für die Verwendung im Rahmen der Optimierung muss das zunächst zweidimensionale Array mit Hilfe von ravel in ein eindimensionales Array umgewandelt werden.

Wie eingangs diskutiert, wird eine Randbedingung durch eine Funktion $f(\boldsymbol{x})$ festgelegt, die gleich, kleiner als oder kleiner gleich null sein soll. Entsprechend sind im Dictionary x_bounds der Typ, hier die Gleichheit, und die Funktion festgelegt. Hinzu kommen von dieser Funktion zusätzlich benötigte Argumente, in unserem Fall die Koordinaten der Randpunkte.

Im Aufruf der Optimierungsfunktion sind noch zwei Optionen definiert. Mit maxiter ist es möglich, die Zahl der Iterationen variabel zu beschränken. Außerdem sollen nach der Optimierung Informationen darüber ausgegeben werden, ob die Optimierung erfolgreich war oder keine Konvergenz erreicht werden konnte. Zusätzlich findet man hier Angaben über die Zahl der benötigten Iterationen und den gefundenen optimalen Wert der Zielfunktion. Man sollte insbesondere der Information zur Konvergenz Beachtung schenken, bevor man eine berechnete Lösung akzeptiert. Um die weitere Verarbeitung des Ergebnisses zu vereinfachen, wird die Lösung bei der Rückgabe noch in zwei Arrays zerlegt, die die x- und y-Koordinaten des berechneten Lichtwegs enthalten.

Ein beispielhaftes Ergebnis ist in Abb. 3.22 gezeigt. Hier ist eine geschichtete Zuckerlösung angenommen, bei der auf einem Abstand von 20 cm ein Übergang von einer 60 %-igen Zuckerlösung zu reinem Wasser erfolgt. Eine vergleichbare Situation liegt bei einer sogenannten oberen Fata Morgana vor, bei der der Brechungsindex der Luft mit zunehmender Höhe abnimmt. Ein Beobachter im Ursprung sieht dann

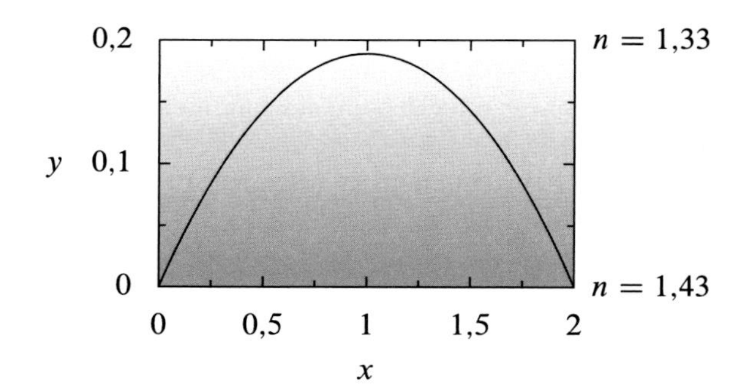

Abb. 3.22 Lichtstrahl durch ein Medium, dessen Brechungsindex mit wachsender Höhe abnimmt. Die gewählten Parameter entsprechen einem linearen Übergang von einer 60 %-igen Zuckerlösung zu reinem Wasser auf einer Distanz von 20 cm

ein Objekt, das sich in einiger Entfernung am Boden befindet, entlang der Sichtlinie, also der Tangente an den Lichtweg im Ursprung, über dem Boden schwebend.

Einen ganz anderen Zugang zu dem letzten Problem erhalten wir, wenn wir uns die Ähnlichkeit zwischen dem Fermat'schen Prinzip und dem Prinzip der extremalen Wirkung der klassischen Mechanik vor Augen führen. Genauso wie man in der Mechanik die Euler-Lagrange-Gleichung herleitet, kann man aus dem Fermat'schen Prinzip eine Differentialgleichung erhalten und diese als Randwertproblem numerisch lösen.

Die Länge eines kleinen Linienelements in der x-y-Ebene ist durch

$$\mathrm{d}s = \sqrt{\mathrm{d}x^2 + \mathrm{d}y^2} = \mathrm{d}x\sqrt{1 + \left(\frac{\mathrm{d}y}{\mathrm{d}x}\right)^2} \tag{3.53}$$

gegeben. Dabei parametrisiert x den Weg $y(x)$ des Lichtstrahls und spielt somit die gleiche Rolle wie die Zeit im Prinzip der extremalen Wirkung. Die optische Weglänge für einen Weg zwischen $x = 0$ und x_{end} kann dann durch

$$l_{\mathrm{opt}} = \int_0^{x_{\mathrm{end}}} \mathrm{d}x\, L(y, y') \tag{3.54}$$

mit

$$L(y, y') = n(y)\sqrt{1 + y'^2} \tag{3.55}$$

beschrieben werden, wobei der Strich die Ableitung nach x andeutet. Überträgt man die Euler-Lagrange-Gleichung (2.60) auf die vorliegende Situation, ergibt sich die Differentialgleichung

$$y'' = \frac{1 + (y')^2}{n(y)} \frac{\mathrm{d}n}{\mathrm{d}y} . \tag{3.56}$$

Wir suchen jetzt also eine Lösung dieser Differentialgleichung mit $y(0) = 0$ und $y(x_{\mathrm{end}}) = y_{\mathrm{end}}$. Hiermit liegt ein Randwertproblem vor, wie wir es im Abschn. 2.6 für die Bewegung im quartischen Potential kennengelernt haben. Unsere Differentialgleichung zweiter Ordnung definieren wir, wie in Abschn. 2.2 erklärt, durch eine Funktion, die die erste und zweite Ableitung von y nach x bereitstellt.

```
def dy_dx(x, y_vec, n_0):
    y, dydx = y_vec
    n, nprime = n_np(y, n_0)
    d2ydx2 = nprime * (1+dydx**2) / n
    return dydx, d2ydx2
```

Dabei greifen wir auf die schon weiter oben definierte Funktion `n_np` zurück, die den Brechungsindex und seine Ableitung als Funktion der Höhe y berechnet.

Die Randbedingungen legen wir in der Funktion `bc`, deren Name als Abkürzung für das englische *boundary conditions* steht, fest.

```
def bc(y_vec_a, y_vec_b, y_0):
    y_a, dydx_a = y_vec_a
    y_b, dydx_b = y_vec_b
    return y_a, y_b-y_0
```

Diese Funktion gibt ein Tupel der Abweichungen von den gewünschten Werten `0` und `y_0` für y an den Rändern zurück.

Zur Lösung des Randwertproblems verwenden wir `integrate.solve_bvp` aus dem SciPy-Paket.

```
def optical_path(x_0, y_0, n_points, n_0):
    x_init = np.linspace(0, x_0, n_points)
    y_init = np.linspace(0, y_0, n_points)
    dy_dx_init = np.full_like(x_init, y_0/x_0)
    dy_dx_without_n = partial(dy_dx, n_0=n_0)
    bc_without_y0 = partial(bc, y_0=y_0)
    solution = integrate.solve_bvp(
        dy_dx_without_n, bc_without_y0, x_init,
        [y_init, dy_dx_init])
    print(solution.message)
    return solution.x, solution.y[0]
```

Zunächst wird eine anfängliche Näherungslösung benötigt, für die wir wie zuvor eine Gerade zwischen Anfangs- und Endpunkt wählen. Die Ableitung der Lösung, die wir ebenfalls vorgeben müssen, ist somit konstant. Um aus der skalaren Größe `y_0/x_0` ein Array von der gleichen Form wie `x_init` zu erzeugen, wird die Funktion `full_like` verwendet.

Da die Funktionen `dy_dx` und `bc` jeweils noch einen zusätzlichen Parameter benötigen, nämlich `n_0` bzw. `y_0`, der von `integrate.solve_bvp` nicht übergeben wird, konstruieren wir wie in den Abschnitten 2.13 und 3.7 unter Verwendung von `partial` aus dem `functools`-Modul der Python-Standardbibliothek entsprechende Hilfsfunktionen. Nach der Lösung des Randwertproblems lassen wir uns noch eine von `integrate.solve_bvp` zur Verfügung gestellte Nachricht ausgeben, die darüber informiert, ob wir dem Resultat vertrauen können. Ist dies der Fall, so sollte das Ergebnis mit demjenigen übereinstimmen, das wir alternativ durch Lösung des diskretisierten Optimierungsproblems erhalten können.

Übungen

3.1 Elektrisches Potential einer homogen geladenen Kugelschale
Eine unendlich dünne Kugelschale mit Radius R sei homogen geladen, so dass die Ladungsdichte durch

$$\varrho(r, \phi, \theta) = \frac{Q}{4\pi R^2}\delta(r - R) \tag{3.57}$$

gegeben ist. Es soll das zugehörige elektrische Potential unter Verwendung von

$$\Phi(\boldsymbol{r}) = \frac{1}{4\pi\varepsilon_0}\int \mathrm{d}\boldsymbol{r}'\,\frac{\varrho(\boldsymbol{r}')}{|\boldsymbol{r} - \boldsymbol{r}'|} \tag{3.58}$$

ausgewertet werden. Eine erste Möglichkeit besteht darin, die Ortsvektoren $\boldsymbol{r}$ und $\boldsymbol{r}'$ in Kugelkoordinaten (r, θ, ϕ) bzw. (r', θ', ϕ') auszudrücken und das entstehende Doppelintegral über θ' und ϕ' numerisch zu lösen. Eine zweite Möglichkeit besteht darin, die z'-Achse so zu wählen, dass sie durch den Punkt $\boldsymbol{r}$ geht. Dann lässt sich das ϕ'-Integral analytisch sofort lösen und es bleibt eine numerische Integration über θ'. Implementieren Sie die beiden Varianten und vergleichen Sie den zugehörigen Rechenaufwand.

Auch das θ'-Integral lässt sich analytisch lösen, so dass man die numerische Lösung mit dem exakten Ergebnis vergleichen kann. Durch Ausführung des Integrals oder einfacher direkt durch Lösung der Poissongleichung mit Hilfe des Satzes von Gauß findet man, dass das Potential im Innern der Kugelschale konstant ist und außerhalb der Kugelschale mit dem elektrischen Potential einer Punktladung Q im Kugelmittelpunkt übereinstimmt.

3.2 Quadrupolfeld für $m \neq 0$
Im Abschn. 3.2 hatten wir das Quadrupolfeld näherungsweise mit Hilfe diskreter Ladungen entlang der z-Achse erhalten und die Abwesenheit einer vierzähligen Symmetrie festgestellt. Nun sollen das elektrische Feld und die Äquipotentiallinien für Ladungsverteilungen mit $m > 0$ aus Abb. 3.1 berechnet werden. Ergibt sich in diesem Fall eine vierzählige Symmetrie?

3.3 Punktladung in einem kugelförmigen Faradaykäfig
Interessanterweise lässt sich das elektrische Feld $\boldsymbol{E}$ und das elektrische Potential Φ einer Punktladung in einer geerdeten Kugelschale mit Hilfe nur einer Bildladung berechnen, während wir in Abschn. 3.4 für einen quaderförmigen Faradaykäfig

unendlich viele Bildladungen benötigten. Platziert man innerhalb einer Kugelschale vom Radius R eine Punktladung q im Abstand $r_0 < R$ vom Kugelmittelpunkt, so ist eine Bildladung $-(R/r_0)q$ im Abstand $R^2/r_0 > R$ zum Kugelmittelpunkt zu wählen, um das Potential auf der Kugelschale zum Verschwinden zu bringen. Dabei muss die Bildladung auf einer Linie mit der Ladung und dem Kugelmittelpunkt liegen. Schreiben Sie ein Programm, das für einstellbare Werte des dimensionslosen Abstands $0 < r_0/R < 1$ das elektrische Feld $\boldsymbol{E}$ und das Potential Φ berechnet und grafisch darstellt.

3.4 Elektrisches Feld einer Punktladung oder einer Ladungsverteilung im Faradaykäfig
Das in Abschn. 3.4 betrachtete Potential einer Ladung in einem Faradaykäfig kann man statt mit der Bildladungsmethode auch mit Hilfe der Finite-Differenzen-Methode behandeln. Allerdings ist es sinnvoll, sich wegen der langen Rechenzeit auf die zweidimensionale Version zu beschränken.

Wenn sich am Ort $\boldsymbol{r}_0$ eine Punktladung befindet, muss statt der in Abschn. 3.6 behandelten Laplacegleichung die entsprechende Poissongleichung

$$\Delta\Phi\left(\boldsymbol{r}\right) = -\delta\left(\boldsymbol{r} - \boldsymbol{r}_0\right) \tag{3.59}$$

gelöst werden, wobei die Variablen bereits geeignet skaliert wurden. Entsprechend muss die diskretisierte Laplacegleichung (3.27) durch

$$\frac{\Phi_{n+1,m} - 2\Phi_{n,m} + \Phi_{n-1,m}}{\Delta^2} + \frac{\Phi_{n,m+1} - 2\Phi_{n,m} + \Phi_{n,m-1}}{\Delta^2} = -\frac{1}{\Delta^2}\delta_{n,n_0}\delta_{m,m_0} \tag{3.60}$$

ersetzt werden. Hierbei geben n_0 und m_0 die Position der Ladung auf dem Gitter an.

Statt der Punktladung kann man auch eine ausgedehnte Ladungsverteilung $\rho\left(\boldsymbol{r}\right)$ betrachten. Interessant ist es ferner, die rechteckige Berandung durch eine andere geometrische Form zu ersetzen.

3.5 Helmholtz-Spule
Eine Helmholtz-Spule kann durch zwei parallele Kreisströme mit Radius R und Abstand d modelliert werden, die den gleichen Umlaufsinn besitzen und bei denen die Achse durch die beiden Kreismittelpunkte senkrecht auf den Kreisringen steht. Für diese Anordnung sollen die Magnetfeldlinien berechnet werden. Untersuchen Sie numerisch, wie die Homogenität des Magnetfelds im Zentrum der Spule mit dem Verhältnis R/d variiert. Eine auch für praktische Zwecke interessante Erweiterung stellt die Braunbek-Spule [7] dar, bei der die Homogenität des Magnetfelds durch ein zusätzliches Spulenpaar weiter verbessert wird. Des Weiteren ist es interessant, das Magnetfeld der Anti-Helmholtz-Spule zu untersuchen, bei der die beiden Kreisströme in zueinander entgegengesetzter Richtung fließen.

3.6 Reflexion eines Lichtstrahls
Mit dem Fermat'schen Prinzip kann nicht nur die Brechung, sondern auch die Reflexion von Licht beschrieben werden. Zum Einstieg betrachten wir zunächst die Reflexion an einem ebenen Spiegel. Legt man wie in Abschn. 3.8 den Anfangs- und Endpunkt des Lichtstrahls fest, kann man sich durch Variation des Reflexionspunkts davon überzeugen, dass Ein- und Ausfallswinkel für den Weg mit der kleinsten optischen Weglänge gleich sind.

Nun werde ein nach oben geöffneter Parabolspiegel betrachtet, der in einer zweidimensionalen Beschreibung durch die Parabel $y = ax^2$ mit $a > 0$ gegeben ist. In diesem Fall ist es interessant, den Startpunkt irgendwo oberhalb der Parabel und den Endpunkt in den Brennpunkt des Parabolspiegels bei $(0|1/4a)$ zu legen. Unabhängig vom Anfangspunkt sollten dann die berechneten einfallenden Lichtstrahlen parallel zur y-Achse verlaufen. Wie muss man das Optimierungsproblem formulieren, wenn man einen Weg zwischen zwei Punkten sucht, der mehr als einmal reflektiert wird?

Abschließend werde die Reflexion an einer Kugel untersucht, wobei Anfangs- und Endpunkt außerhalb der Kugel liegen sollen. Hier muss ein durch Minimierung der optischen Weglänge gefundener Lichtweg noch dahingehend überprüft werden, ob dieser überhaupt geometrisch zulässig ist oder eine der beiden Halbgeraden, aus denen sich der Lichtstrahl zusammensetzt, die Kugel schneidet. Wenn dies der Fall ist, gibt es keinen Lichtweg vom betrachteten Ausgangspunkt zum Endpunkt, bei dem eine Reflexion an der Kugel stattfindet. Auf diese Weise lässt sich der Bereich bestimmen, der von einer im Startpunkt befindlichen Lichtquelle durch Reflexion ausgeleuchtet wird.

Literatur

1. numpy.org/doc/stable/user/basics.broadcasting.html#basics-broadcasting
2. T. Fließbach, *Elektrodynamik*, 7. Aufl. (Springer, Berlin, 2022). https://doi.org/10.1007/978-3-662-64889-6
3. J. Slepian, Am. J. Phys. **19**, 87 (1951). https://doi.org/10.1119/1.1932718
4. M. Hosoda, T. Miyaguchi, K. Imagawa, K. Nakamura, Phys. Rev. E **80**, 067202 (2009). https://doi.org/10.1103/PhysRevE.80.067202
5. M. Lieberherr, Am. J. Phys. **78**, 1117 (2010). https://doi.org/10.1119/1.3471233
6. https://matplotlib.org/ipympl/
7. W. Braunbek, Z. Phys. **88**, 399 (1934). https://doi.org/10.1007/BF01343500

4 Statistische Physik

In einer typischen Situation der statistischen Physik steht ein System in Kontakt mit einem Wärmebad. Im Rahmen einer Idealisierung nimmt man an, dass das Wärmebad unendlich groß und durch eine feste Temperatur charakterisiert ist. Zwischen dem System und dem Wärmebad kann Energie ausgetauscht werden, so dass sich in den Eigenschaften des Systems thermische Fluktuationen bemerkbar machen, die mit zunehmender Temperatur ausgeprägter werden. Numerisch werden zur Modellierung der Fluktuationen Zufallszahlen eingesetzt, die ein ständiger Begleiter in diesem Kapitel sein werden.

Im einfachsten Fall werden wir Zufallszahlen verwenden, um eine zufällige Bewegung zu simulieren. Da sich einzelne Realisierungen voneinander unterscheiden, werden wir hier wie auch an anderen Stellen des Kapitels Ensembles von Realisierungen betrachten. Aus den Einzelergebnissen kann dann durch Mittelung relevante physikalische Information extrahiert werden.

Zufallszahlen spielen eine zentrale Rolle in Monte-Carlo-Verfahren, die beispielsweise für die Auswertung hochdimensionaler Integrale von Bedeutung sind. Ein analoges Problem tritt in der statistischen Physik auf, wo man Summen über hochdimensionale Räume ausführen muss, um die Zustandssumme oder davon abgeleitete Größen zu erhalten. Damit wird es unter anderem möglich, Phasenübergänge zu untersuchen, wie wir am Beispiel des Ising-Modells sehen werden.

Als letztes Beispiel für den Einsatz von Zufallszahlen werden wir die Simulation ungeordneter Systeme diskutieren. Durch die zufällige Anordnung von Verbindungen in einem Gitter entstehen zunächst kleine Cluster, die mit zunehmender Dichte der Verbindungen immer größer werden bis schließlich ein Cluster gegenüberliegende Ränder des Netzwerks verbindet. Dieses sogenannte Perkolationsproblem wird uns ein weiteres Beispiel für die numerische Untersuchung eines Phasenübergangs liefern.

H. Wiedemann und G.-L. Ingold, *Numerische Physik mit Python*,
https://doi.org/10.1007/978-3-662-69567-8_4

4.1 Zufallsbewegungen

4.1.1 Motivation und Überblick

Der Botaniker Robert Brown stellte 1827 durch Beobachtungen unter einem Mikroskop fest, dass Pollen in einem Wassertropfen eine Zitterbewegung vollführen. Dieses Phänomen, das ihm zu Ehren als Brown'sche Molekularbewegung bezeichnet wird, stellte sich als universell heraus. Es ist also nicht auf organisches Material beschränkt, sondern lässt sich auch für kleine anorganische Teilchen beobachten. Erst einige Jahrzehnte später wurde zunehmend klar, dass die Ursache für die Zitterbewegung in der Wechselwirkung mit den Wassermolekülen zu finden ist. Die Geschichte der Brown'schen Molekularbewegung kann man zum Beispiel in einem Artikel von Duplantier nachlesen [1].

Da die Brown'sche Molekularbewegung nicht nur auf Pollen beschränkt ist, wollen wir allgemeiner von der Bewegung eines schweren Teilchens sprechen, da seine Masse zwar klein, aber doch viel größer als die Masse der Wassermoleküle ist. Da die Wassermoleküle im Mikroskop optisch nicht aufgelöst werden können, erscheint die Bewegung des schweren Teilchens als zufällig. Der Versuch, seinen Ort als Funktion der Zeit vorherzusagen, wie wir dies für mechanische Systeme im Kap. 2 getan haben, ist also von Vornherein zum Scheitern verurteilt. Wir können aber die Wahrscheinlichkeit bestimmen, mit der sich das schwere Teilchen nach einer vorgegebenen Zeit t an einem bestimmten Ort x befindet.

Das Zittern des schweren Teilchens ist ein Beispiel für eine Zufallsbewegung, mit der wir uns in diesem Abschnitt beschäftigen werden. Dabei werden wir zunächst ein einfacheres Modell, den sogenannten *Random Walk,* behandeln, bei dem die Wassermoleküle nicht explizit in Erscheinung treten. Im Abschn. 4.2 werden die Stöße zwischen dem schweren Teilchen und den Wassermolekülen dann im Rahmen eines vereinfachten Modells berücksichtigt.

Zur mathematischen Beschreibung von Bewegungen mit einem stochastischen Element stehen uns verschiedene Zugänge zur Verfügung. Die erste Möglichkeit erweitert das Vorgehen bei klassischen mechanischen Problemen um eine Zufallskraft $\xi(t)$, so dass die Bewegungsgleichung für ein Teilchen der Masse m durch

$$m\frac{\mathrm{d}^2x}{\mathrm{d}t^2} = F + \xi(t) \tag{4.1}$$

gegeben ist, wobei wir uns hier der Einfachheit halber auf eine Raumdimension beschränken. Die Kraft F ist für den deterministischen Anteil der Bewegung verantwortlich und kann ihre Ursache zum Beispiel in einem von außen angelegten Feld haben. Im Weiteren werden wir F gleich null setzen.

Die Zufallskraft ist durch ihre statistischen Eigenschaften spezifiziert. Der Mittelwert $\langle\xi(t)\rangle$ soll verschwinden. Sollte dies nicht der Fall sein, so kann man den Mittelwert in der Kraft F absorbieren. Außerdem wird häufig angenommen, dass die Werte der Zufallskraft zu verschiedenen Zeiten nicht korreliert sind, also $\langle\xi(t)\xi(t')\rangle = 0$ für $t \neq t'$. Die Bewegungsgleichung (4.1) ist ein Beispiel für eine stochastische

Differentialgleichung. Allerdings muss man bei solchen Differentialgleichungen bedenken, dass die Lösung $x(t)$ überhaupt nicht differenzierbar sein muss. Für Details verweisen wir auf die Literatur, z. B. [2].

Wenn man sich nicht für die gesamte Wahrscheinlichkeitsverteilung interessiert, sondern nur für den Mittelwert oder allgemeiner für Momente des Ortes, so kann man in (4.1) den Mittelwert nehmen. Dabei vertauschen die Mittelwertbildung und die Zeitableitung miteinander, so dass wir zunächst die Bewegungsgleichung

$$m\frac{\mathrm{d}^2\langle x\rangle}{\mathrm{d}t^2} = \langle F\rangle \tag{4.2}$$

erhalten. Hierbei haben wir verwendet, dass der Mittelwert der Zufallskraft verschwindet. Wenn wir eine ortsabhängige Kraft $F(x)$ annehmen, stehen wir jedoch vor dem Problem, dass im Allgemeinen

$$\langle F(x)\rangle \neq F(\langle x\rangle) \tag{4.3}$$

ist, so dass außer für linear von x abhängige Kräfte keine geschlossene Differentialgleichung vorliegt. Ignoriert man für eine sehr schmale Verteilung diese Ungleichheit, so kann man die Differentialgleichung mit den in Kap. 2 besprochenen Methoden lösen. Unter Umständen kann es auch sinnvoll sein, die Kraft $F(x)$ in eine Taylorreihe zu entwickeln und eine Hierarchie von Differentialgleichungen für Momente von x herzuleiten. Diese Hierarchie muss man typischerweise jedoch abschneiden, so dass man auch hier wieder eine mehr oder weniger gute Näherung macht.

Der dritte und letzte Zugang, den wir an dieser Stelle ansprechen wollen, ist eine Bewegungsgleichung für die Wahrscheinlichkeitsverteilung $P(x)$, die sogenannte *Mastergleichung*. Auch diese Mastergleichung enthält keine stochastischen Elemente. Stattdessen treten hier Übergangswahrscheinlichkeiten zwischen den verschiedenen möglichen Zuständen, beispielsweise Orten auf einem Gitter, auf. Im nächsten Unterabschnitt werden wir am Ende kurz die Verwendung einer Mastergleichung am Beispiel des *Random Walks* illustrieren. Da die numerische Implementation in diesem speziellen Fall keine interessanten Aspekte enthalten würde, werden wir darauf verzichten, zumal sich leicht eine analytische Lösung finden lässt.

4.1.2 Random Walk auf einem eindimensionalen Gitter

Als Einstieg in die statistische Physik beginnen wir mit einem einfachen Modell für die Brown'sche Bewegung, dem sogenannten *Random Walk*, was soviel wie *Zufallsbewegung* oder *Zufallsweg* bedeutet.

Dazu betrachten wir ein Teilchen, das sich auf einem Gitter entlang einer Achse bewegen kann. Der Einfachheit halber nehmen wir zunächst an, dass diese Bewegung in diskreten Zeitschritten erfolgt: zum Zeitpunkt 1 bewegt sich das Teilchen um eine Einheit nach links oder rechts, desgleichen zu den Zeitpunkten 2, 3 und so weiter. Auf diese Weise haben wir im Hinblick auf die spätere numerische Behandlung sowohl die Zeit als auch den Ort diskretisiert. Der entscheidende Punkt ist nun, dass die Frage, in welche Richtung die Bewegung erfolgt, zufällig entschieden wird. Dabei sollen die Wahrscheinlichkeiten für einen Sprung nach links und für einen Sprung nach rechts gleich groß sein. Dies entspricht der Forderung aus dem vorigen Unterabschnitt, dass der Mittelwert der Zufallskraft verschwinden soll.

Bevor wir dieses Problem im nächsten Unterabschnitt numerisch angehen, wollen wir zunächst seinen physikalischen Hintergrund beleuchten und es anschließend analytisch lösen. Als Ursache der Brown'schen Molekularbewegung hatten wir Stöße der Wassermoleküle mit dem schweren Teilchen identifiziert. Bei einem solchen Stoß kommt es eigentlich zu einer Geschwindigkeitsänderung des schweren Teilchens und nicht zu einem räumlichen Sprung. Allerdings ist die Zahl der Stöße pro Zeiteinheit extrem hoch und die Kraftstöße erfolgen isotrop in alle Richtungen. De facto lässt diese schnelle zeitliche Änderung der Geschwindigkeit unter dem Mikroskop nicht beobachten. Stattdessen sieht man eine gemittelte räumliche Bewegung, deren Zickzack-Form wir hier in einer Dimension modellieren wollen.

Kommen wir nun zur analytischen Behandlung des Problems. Aufgrund des im Modell eingebauten Zufallscharakters lässt sich die Bahn des Teilchens nicht vorhersagen. Wir können nur hoffen, *Wahrscheinlichkeiten* oder daraus resultierende *Mittelwerte* berechnen zu können.

Beginnen wir mit dem Ortsmittelwert

$$\mu_1(n) = \langle x(n) \rangle \,, \tag{4.4}$$

wobei $n = 0, 1, 2, \ldots$ die Zeitschritte nummeriert. Die räumlichen Gitterpunkte können wir immer so wählen, dass sich das Teilchen anfänglich im Ursprung befand. Bei jedem Zeitschritt ändert sich der Ort um einen Wert Δx, so dass sich für den Ortsmittelwert die Iterationsvorschrift

$$\mu_1(n) = \mu_1(n-1) + \langle \Delta x(n) \rangle \tag{4.5}$$

ergibt. Da die Wahrscheinlichkeit für einen Sprung nach rechts ($\Delta x = +1$) genauso groß ist wie für einen Sprung nach links ($\Delta x = -1$), ist der Mittelwert $\langle \Delta x \rangle$ gleich null. Also verschwindet der Ortsmittelwert für alle Zeiten, so dass sich das Teilchen im Mittel nicht von der Stelle bewegt. Zur Beantwortung der Frage, wie weit sich das Teilchen nach n Schritten vom Ausgangspunkt entfernt hat, ist der Mittelwert $\langle x \rangle$ offenbar ungeeignet.

Zur Berechnung eines mittleren Abstandes müssen wir vielmehr die Varianz des Abstands vom Ausgangspunkt

$$\mu_2(n) = \langle x(n)^2 \rangle \tag{4.6}$$

berechnen, die wegen des verschwindenden Mittelwerts hier gleich dem zweiten Moment ist. Drücken wir den Ort $x(n)$ durch den Ort zum vorigen Zeitpunkt $x(n-1)$ und die Änderung $\Delta x(n)$ aus, ergibt sich

$$\begin{aligned} \mu_2(n) &= \langle \big(x(n-1) + \Delta x(n)\big)^2 \rangle \\ &= \langle x(n-1)^2 \rangle + \langle x(n-1) \Delta x(n) \rangle + \langle \Delta x(n)^2 \rangle \,. \end{aligned} \tag{4.7}$$

Der erste Ausdruck ist identisch mit $\mu_2(n-1)$. Da der Sprung $\Delta x(n)$ unabhängig von der Position $x(n-1)$ vor dem Sprung ist, lässt sich der zweite Mittelwert faktorisieren, und wir erhalten

$$\langle x(n-1)\Delta x(n)\rangle = \mu_1(n-1)\langle\Delta x(n)\rangle = 0\,. \tag{4.8}$$

Hier haben wir wieder verwendet, dass die Ortsänderung beim Sprung im Mittel verschwindet.

Der letzte Ausdruck in (4.7) ist durch den Mittelwert von eins gegeben, denn das Quadrat hängt nicht vom Vorzeichen von $\Delta x(n)$ ab. Somit folgt

$$\mu_2(n) = \mu_2(n-1) + 1\,, \tag{4.9}$$

und mit $\mu_2(0) = 0$ erhalten wir schließlich

$$\mu_2(n) = n\,. \tag{4.10}$$

Somit wächst der mittlere Abstand $d = \sqrt{\mu_2}$ nur mit der Wurzel der Zeit an, während der Abstand bei einer ballistischen Bewegung linear mit der Zeit zunimmt.

Nachdem wir uns zunächst auf zwei Mittelwerte beschränkt haben, wollen wir nun die Zeitentwicklung der vollen Wahrscheinlichkeitsverteilung $P(j,n)$ bestimmen, wobei j die Position auf dem räumlichen Gitter und n die Anzahl der erfolgten Zeitschritte angibt. Hierzu muss man eine sogenannte *Master-Gleichung* lösen, die hier die Form

$$P(j,n) = \frac{1}{2}\left[P(j-1,n-1) + P(j+1,n-1)\right] \tag{4.11}$$

annimmt. Diese Gleichung berücksichtigt, dass ein Teilchen nur dann an den Ort j gelangen kann, wenn es sich zum vorigen Zeitpunkt entweder am Ort $j-1$ oder am Ort $j+1$ befand. Jeder einzelne Term auf der rechten Seite besteht aus dem Produkt der Wahrscheinlichkeit, das Teilchen an einem der beiden Orte zu finden, und der Übergangswahrscheinlichkeit, von einem dieser Orte zum Endort j zu kommen. In unserem Modell beträgt die Übergangswahrscheinlichkeit in beiden Fällen $1/2$.

Bis auf den Faktor $1/2$ entspricht (4.11) gerade der Vorschrift, wie man aus einer Zeile des Pascal'schen Dreiecks die nächste Zeile erhält. Da die Elemente des Pascal'schen Dreiecks durch Binomialkoeffizienten gegeben sind, erhalten wir direkt die analytische Lösung

$$P(j,n) = \begin{cases} \dfrac{1}{2^n}\dbinom{n}{\frac{1}{2}(j+n)} & \text{für } j = -n, -n+2, \ldots, n-2, n \\ 0 & \text{sonst}\,. \end{cases} \tag{4.12}$$

Hieraus lassen sich die obigen Ergebnisse für $\mu_1(n)$ und $\mu_2(n)$ reproduzieren. Für eine große Zahl von Zeitschritten n geht diese Binomialverteilung in eine Gaußverteilung über.

4.1.3 Simulation des Random Walks

☞ 4-01-Zufallsbewegungen.ipynb

Obwohl es uns gelungen ist, das einfachste Random-Walk-Modell im vorigen Unterabschnitt analytisch zu lösen, wollen wir es auch mit Hilfe einer numerischen Simulation untersuchen. Physikalisch können wir so den Zusammenhang zwischen einzelnen Realisierungen eines Random Walks und der aus vielen Realisierungen resultierenden Wahrscheinlichkeitsverteilung illustrieren. Programmtechnisch handelt es sich hier um das erste Beispiel, in dem wir mit Zufallszahlen arbeiten, die im gesamten Kapitel eine zentrale Rolle spielen werden.

Zur Erzeugung von Zufallszahlen, die bei dem vorliegenden Problem darüber entscheiden, ob ein Sprung nach links oder rechts erfolgt, verwenden wir das `random`-Modul aus der NumPy-Bibliothek. Da die Zufallszahlen mit Hilfe eines Programms erzeugt wurden, handelt es sich nicht um echte Zufallszahlen, sondern um sogenannte Pseudozufallszahlen. Je nach Problemstellung muss man bei bei diesen auf versteckte Korrelationen achten, die unter Umständen das Ergebnis beeinflussen können. Andererseits kann man erwarten, dass Zufallszahlengeneratoren aus Programmbibliotheken bessere statistische Eigenschaften haben als einfache, selbst programmierte Generatoren.

Unser Ziel besteht nun darin, eine größere Zahl von Realisierungen von Random Walks zu berechnen. Aufgrund der zufälligen Sprungrichtung werden sich diese Realisierungen voneinander unterscheiden. Aus diesem *Ensemble* von Realisierungen können wir anschließend beispielsweise den Mittelwert des Ortes und seine Varianz bestimmen.

Bei der numerischen Umsetzung könnte man nun auf die Idee kommen, eine Schleife über die Realisierungen und für jede Realisierung eine Schleife über die Zeitschritte zu implementieren. Wie wir schon verschiedentlich gesehen haben, ist es jedoch günstiger, mit Arrays zu arbeiten und entsprechend ein Array mit Zufallszahlen der benötigten Größe zu erzeugen, wie es in der folgenden Funktion der Fall ist. Für große Ensembles und viele Zeitschritte sollte man jedoch den benötigten Speicherplatz bedenken.

```
def time_development_choice(n_steps, n_ensemble):
    rng = np.random.default_rng()
    steps = rng.choice((-1, 1), size=(n_steps, n_ensemble))
    trajectories = np.zeros((n_steps+1, n_ensemble))
    trajectories[1:, :] = np.cumsum(steps, axis=0)
    x_mean = np.mean(trajectories, axis=1)
    x_var = np.var(trajectories, axis=1)
    return trajectories[-1, :], x_mean, x_var
```

Zur Erzeugung von Zufallszahlen benötigt man in NumPy zunächst eine Instanz eines entsprechenden Generators, die man mit `default_rng` erhält. Hierbei steht `rng` für *random number generator.* Dieser Zufallszahlengenerator stellt eine ganze Reihe von Methoden zur Verfügung, die Zufallszahlen verschiedener Art liefern. Häufig benötigt man zum Beispiel gleichverteilte Zahlen aus einem Intervall zwischen null und eins. In unserem Fall sollen Werte zufällig aus einem Satz vorgegebener Zahlen gezogen werden, wofür wir die `choice`-Methode verwenden. Neben den möglichen Zahlen, hier ± 1, wird auch die Größe des Zufallszahlenarrays übergeben, wobei `n_steps` die Zahl der Zeitschritte und `n_ensemble` die Zahl der Realisierungen im Ensemble angibt.

Das Array `trajectories` soll in den Spalten alle Trajektorien enthalten. Dieses Array hat gegenüber dem Array `steps` eine zusätzliche Zeile, die den Anfangsort aller Trajektorien, also null, enthält. Die Trajektorien erhält man aus den Zufallszahlen durch eine kumulative Summe entlang der Zeitrichtung, also der Achse 0 des Arrays `steps`. Zur Berechnung von Mittelwert μ_1 und Varianz μ_2 existieren NumPy-Funktionen, wobei man nun zu jedem Zeitschritt über die Realisierungen mitteln muss, also über die Achse 1. Neben den Mittelwerten gibt die Funktion noch die Endpunkte aller Trajektorien zurück.

Bei der Berechnung der exakten Lösung (4.12) der Mastergleichung ist eine Fallunterscheidung vorzunehmen. Wie man hier eine Verzweigung vermeiden kann, zeigt das folgende Codestück, das die Funktion `special.binom` aus dem SciPy-Paket ausnutzt. Diese Funktion erlaubt Arrays als Argumente.

```
def solution_master(n_steps):
    p = np.zeros(2*n_steps+1)
    j = np.arange(-n_steps, n_steps+1, 2)
    p[::2] = special.binom(n_steps, (n_steps+j)//2
                          ) / 2**n_steps
    return p
```

Zunächst wird hier ein mit Nullen vorbelegtes Array `p` erzeugt, so dass nur noch die von null verschiedenen Werte korrigiert werden müssen. Das Array `j` erzeugt mit Hilfe einer Schrittweite 2 gerade die in (4.12) angegebenen Werte. Dann ist nur noch darauf zu achten, dass die von `special.binom` erzeugten Werte im Array `p` in Zweierabständen abgespeichert werden, was durch Slicing mit Angabe der Schrittweite gelingt.

Bevor wir die numerischen Ergebnisse mit den analytischen Resultaten aus Unterabschnitt 4.1.2 vergleichen, wollen wir noch zwei Punkte ansprechen. Ruft man die Funktion `time_development_choice` mehrfach hintereinander auf, so wird man feststellen, dass sich die Ergebnisse unterscheiden. Dies hängt damit zusammen, dass der Anfangszustand des Zufallszahlengenerators nicht fest vorgegeben ist. Möchte man zwar zufällige, aber reproduzierbare Ergebnisse erhalten, so kann man hierfür in `default_rng` das Argument `seed` verwenden, das man üblicherweise auf eine ganze Zahl setzt. Je nach Wahl dieser Zahl findet man unterschiedliche Ergebnisse, die nun aber reproduzierbar sind.

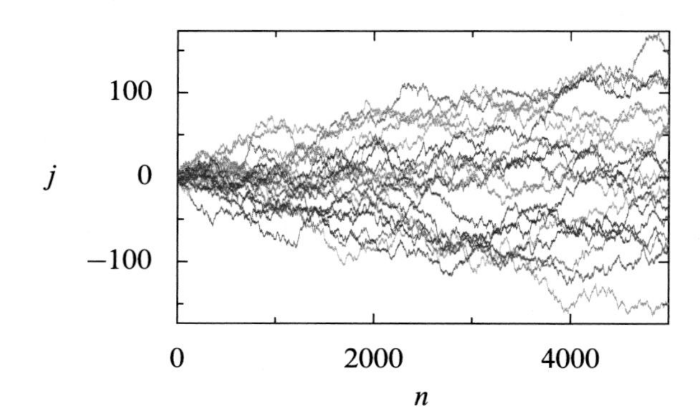

Abb. 4.1 Trajektorien von 20 Realisierungen eines Random Walks, wobei j den Gitterindex und n die Anzahl der Zeitschritte angibt

Als zweiten Punkt wollen wir die Trajektorien ansprechen, die in `time_development_choice` zwar berechnet, aber nicht zurückgegeben werden. Um eine Vorstellung von den Trajektorien zu bekommen, sind in Abb. 4.1 zwanzig Realisierungen des Random Walks dargestellt. Die im Folgenden diskutierten zeitabhängigen Erwartungswerte ergeben sich durch Mittelung über solche Trajektorien zu einem festen Wert der Anzahl n von Zeitschritten. Zudem kann man für ein festes n die unnormierte Wahrscheinlichkeitsverteilung erhalten, wenn man die Zahl der Trajektorien bestimmt, die einen bestimmten Gitterpunkt j erreicht haben.

Die Trajektorienverläufe in Abb. 4.1 enthalten viel Detailinformation ohne direkte Relevanz, so dass wir die Daten in geeigneter Weise reduzieren müssen. Dazu betrachten wir zunächst das erste und das zweite Moment des Ortes. Das Ergebnis für ein Ensemble von einer Million Realisierungen ist in Abb. 4.2 dargestellt. Das obere Bild zeigt den Mittelwert μ_1 als Funktion der Zeitschritte. In unserem diskretisierten Modell sind nur die durch Punkte dargestellten Daten relevant. Die dünne graue Linie dient lediglich dazu, das Auge zu führen.

Als Folge der endlichen Ensemblegröße fluktuiert der Mittelwert μ_1 um den erwarteten Wert null, wobei die Stärke der Fluktuationen schon sehr klein gegenüber der minimalen Schrittweite von eins ist. Mit zunehmender Ensemblegröße wird die Größe dieser Fluktuationen weiter abnehmen und im asymptotischen Limes den theoretischen Wert null erreichen. Die Abhängigkeit von der Ensemblegröße soll in der Übungsaufgabe 4.1 untersucht werden.

Im unteren Diagramm der Abb. 4.2 haben wir von der Varianz μ_2 den theoretischen Wert n abgezogen, um Abweichungen deutlich zu machen. Für eine unendliche Ensemblegröße würden wir wieder eine Nulllinie erwarten. Aufgrund der endlichen Ensemblegröße finden wir aber auch hier kleine Fluktuationen.

Da eine Gaußverteilung durch die ersten beiden Momente μ_1 und μ_2 charakterisiert ist, sind die gerade diskutierten Größen für sehr lange Zeiten ausreichend, denn die Binomialverteilung (4.12) geht dann in eine Gaußverteilung über. Im Allgemeinen kann die volle Wahrscheinlichkeitsverteilung zu einem gegebenen Zeitpunkt jedoch mehr Information enthalten, so dass wir sie zum Abschluss noch ansehen wollen.

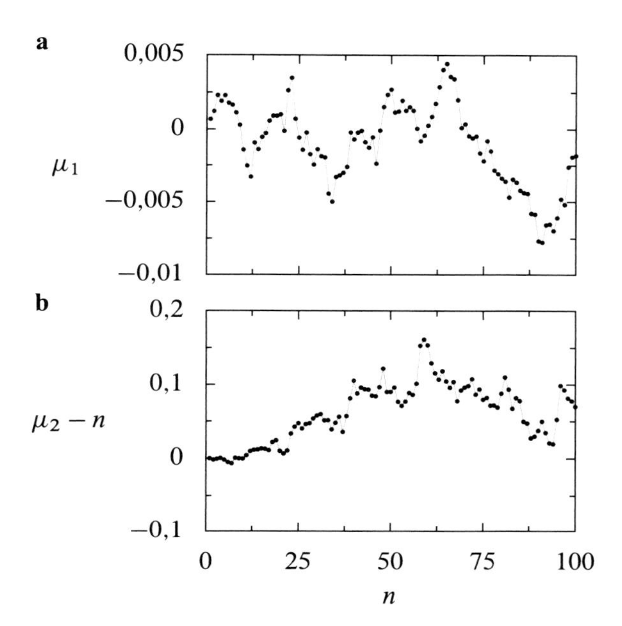

Abb. 4.2 Zeitentwicklung des Mittelwerts μ_1 und der Varianz μ_2 beim Random Walk mit konstanter Schrittweite 1 und einer Ensemblegröße von 10^6

Wir wollen die Verteilung in Form eines Histogramms darstellen und sehen uns dazu den relevanten Teil der Funktion `plot_result_choice_1`, die im Jupyter-Notebook definiert ist, an.

```
unique_values, counts = np.unique(p, return_counts=True)
fig, ax = plt.subplots()
ax.bar(unique_values, counts/n_ensemble_1, 1)
ax.xaxis.set_major_locator(
    ticker.MaxNLocator(integer=True))
```

Das Array `p` enthält die Gitterindizes, die die einzelnen Realisierungen nach dem letzten Zeitschritt erreicht haben. Mit Hilfe der NumPy-Funktion `unique` kann man sich durch Verwendung der Option `return_counts=True` die Werte und ihre Häufigkeiten bestimmen lassen. Das Histogramm erzeugt man als Balkendiagramm, auf Englisch *bar graph,* mit Hilfe der Funktion `bar` aus Matplotlib, wobei die Balkenbreite im letzten Argument auf eins gesetzt ist. Um die Wahrscheinlichkeiten zu erhalten, werden die Häufigkeiten im zweiten Argument durch die Ensemblegröße dividiert. Die letzten zwei Zeilen stellen sicher, dass die Achseneinteilung auf der Abszisse mit ganzen Zahlen erfolgt.

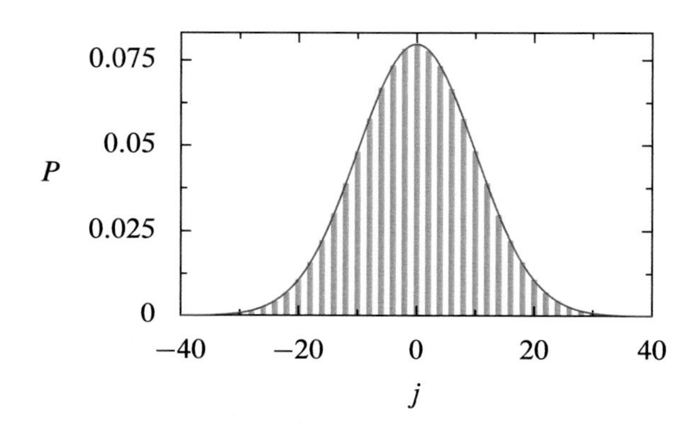

Abb. 4.3 Wahrscheinlichkeitsverteilung nach 100 Zeitschritten eines Random Walks mit Schrittweite ± 1 und einer Ensemblegröße von 10^6. Die rote Kurve stellt zum Vergleich die Normalverteilung (4.13) dar

In Abb. 4.3 ist die Wahrscheinlichkeitsverteilung $P(j)$ nach 100 Zeitschritten aufgetragen. Dazu bestimmt man die Zahl der Trajektorien, die zu diesem Zeitpunkt den Gitterindex j erreicht haben, und dividiert zur Normierung durch die Ensemblegröße. Da die Sprungweite immer ± 1 beträgt, sind im vorliegenden Fall nur die geraden Gitterplätze besetzt, wie es auch die Fallunterscheidung in (4.12) vorgibt. Die rote Kurve stellt die Normalverteilung

$$P(j, n) = \sqrt{\frac{2}{\pi n}} \exp\left(-2\frac{j^2}{n}\right) \tag{4.13}$$

dar. Schon nach $n = 100$ Zeitschritten passt diese Verteilung sehr gut zu den numerischen Resultaten.

4.1.4 Variationen des Random-Walk-Modells

☞ `4-01-Zufallsbewegungen.ipynb`

In den beiden vorigen Unterabschnitten haben wir ein sehr einfaches Modell für eine Zufallsbewegung besprochen, das zugleich auch sehr speziell ist. Je nach der Anzahl der erfolgten Zeitschritte kann sich das Teilchen nur an geraden oder nur an ungeraden Gitterplätzen befinden, wie an den Lücken im Histogramm der Abb. 4.3 zu erkennen ist.

Eine mögliche Erweiterung des Modells besteht darin, neben den beiden Sprüngen um ± 1 auch zu erlauben, dass das Teilchen an seinem Ort verweilt. Dies ist Gegenstand der Übungsaufgabe 4.2. Man kann sich aber auch Situationen vorstellen, in denen die Schrittweite nicht auf bestimmte ganze Zahlen beschränkt ist, sondern beliebige reelle Werte annehmen kann. Konkret wollen wir die Sprungweiten aus einer Normalverteilung ziehen. Dazu müssen wir gegenüber der Funktion `time_development_choice` lediglich die Methode `choice` des Zufallszahlengenerators durch die Methode `normal` ersetzen.

```
def time_development_normal(n_steps, n_ensemble):
    rng = np.random.default_rng(12345)
    steps = rng.normal(size=(n_steps, n_ensemble))
    trajectories = np.zeros((n_steps+1, n_ensemble))
    trajectories[1:, :] = np.cumsum(steps, axis=0)
    x_mean = np.mean(trajectories, axis=1)
    x_var = np.var(trajectories, axis=1)
    return trajectories[-1, :], x_mean, x_var
```

Dieses Codestück zeigt zudem beispielhaft, wie man durch Angabe eines Seeds, in diesem Fall `12345`, die Erzeugung der Zufallszahlen reproduzierbar machen kann.

Da die Endpunkte der einzelnen Realisierungen jetzt reelle Werte annehmen, können wir nicht mehr das Zählverfahren aus dem vorigen Unterabschnitt verwenden, sondern müssen eine Anzahl von Wertebereichen oder Klassen, die man auf Englisch als *bins* für Behälter bezeichnet, definieren, in die die reellen Zahlen eingefügt werden. Anschließend werden die Häufigkeiten für die einzelnen Klassen bestimmt und dargestellt. Wir geben hier nur die beiden relevanten Zeilen aus der Funktion `plot_result_normal` des Jupyter-Notebooks wieder.

```
    bins = np.arange(-x_max-1, x_max+1) + 0.5
    axd["P"].hist(p, bins=bins, label="Histogramm",
                  density=True)
```

In der ersten Zeile werden die Klassen festgelegt, wobei die Verschiebung dafür sorgt, dass diese wie in Abb. 4.3 an ganzen Zahlen zentriert sind. In der zweiten Zeile berechnet die Funktion `hist` aus Matplotlib die benötigten Histogramm-Daten und stellt diese dar. Die Option `density=True` führt dabei zu einer Darstellung als Wahrscheinlichkeitsdichte, sorgt also für die Division der Häufigkeiten durch die Ensemblegröße.

In Abb. 4.4 ist die Verteilung nach 100 Zeitschritten dargestellt. Um die Fluktuationen im Vergleich zur Abb. 4.3 deutlicher hervorzuheben, haben wir die Ensemblegröße mit 10^4 um einen Faktor 100 kleiner gewählt. Die rote Kurve stellt zum Vergleich die Normalverteilung

$$P(x,n) = \frac{1}{\sqrt{2\pi n}} \exp\left(-\frac{x^2}{2n}\right) \tag{4.14}$$

dar. Unterschiede von Faktoren 2 gegenüber der Verteilung (4.13) aus dem vorigen Unterabschnitt ergeben sich aus den eingangs erwähnten Lücken im dortigen Histogramm.

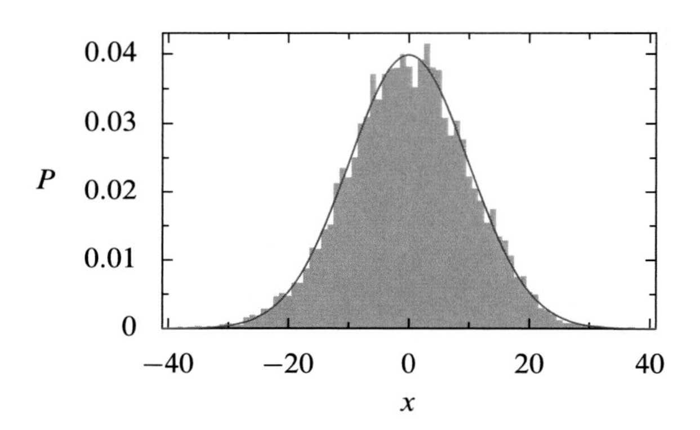

Abb. 4.4 Wahrscheinlichkeitsverteilung nach 100 Zeitschritten eines Random Walks mit normalverteilter Schrittweite und einer Ensemblegröße von 10^4. Die rote Kurve stellt zum Vergleich die Normalverteilung (4.14) dar

Dass sich nach vielen Zeitschritten asymptotisch die Normalverteilung (4.14) ergibt, ist eine Folge des zentralen Grenzwertsatzes und somit unabhängig von der gewählten Verteilung für die Schrittweite. Dies soll in der Übungsaufgabe 4.3 weiter untersucht werden.

4.2 Fluktuationen und Dissipation

☞ `4-02-Fluktuationen-Dissipation.ipynb`

Im letzten Abschnitt haben wir mit der Zufallsbewegung einen Aspekt der Brown'schen Bewegung modelliert und simuliert. Die Ursache der Zufallsbewegung, nämlich die Stöße der Flüssigkeitsmoleküle mit dem schweren Teilchen haben wir dabei jedoch außer Acht gelassen. Dies wollen wir nun beheben und werden dabei auch einen weiteren Aspekt der Wechselwirkung zwischen dem schweren Teilchen und seiner Umgebung kennenlernen.

Das Szenario, das wir betrachten wollen, ist in Abb. 4.5 skizziert. Das schwere Teilchen ist dort dunkelgrau dargestellt, während die leichten Teilchen durch hellgraue, kleine Kreise symbolisiert sind. Im Gegensatz zu der zweidimensionalen Darstellung werden alle Teilchen als punktförmig angenommen. Zudem wollen wir uns in der praktischen Umsetzung auf eine Raumdimension beschränken, wobei die leichten Teilchen nicht untereinander stoßen. Die einzelnen Stöße zwischen schwerem und leichten Teilchen seien voneinander unabhängig und die Geschwindigkeit der leichten Teilchen sei durch eine thermische Verteilung der Temperatur T gegeben.

Dieses Modell erlaubt es uns, zwei wesentliche Aspekte der Brown'schen Bewegung zu erfassen. Zum einen unterliegt die Bewegung des schweren Teilchens einer fluktuierenden Kraft, die dadurch entsteht, dass Kollisionen mit den leichten Teilchen zu zufälligen Zeitpunkten erfolgen und die Geschwindigkeit der leichten Teilchen einer thermischen Verteilung genügt. Zum anderen üben die leichten Teilchen eine Reibungskraft auf das schwere Teilchen aus. Da der Mittelwert der Geschwindigkeiten der leichten Teilchen verschwindet. wird das schwere Teilchen, wenn es sich nach rechts bewegt, im Mittel eine Kraft nach links erfahren und umgekehrt. Man

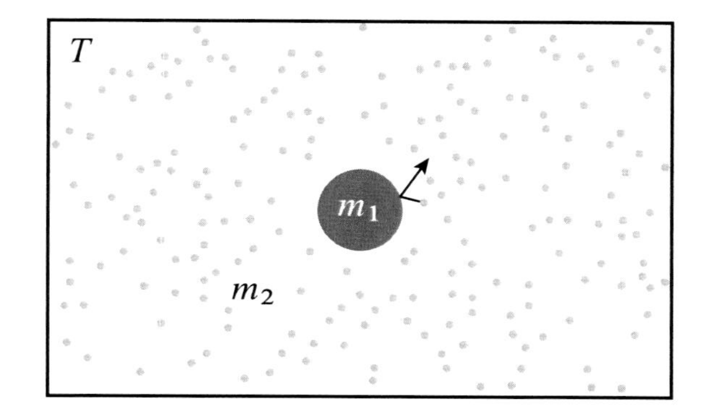

Abb. 4.5 Modell zur Brown'schen Bewegung, bei der sich ein schweres Teilchen der Masse m_1 (dunkelgrau) in einem aus leichten Teilchen der Masse m_2 (hellgrau) bestehenden Medium der Temperatur T bewegt, wobei schweres und leichte Teilchen elastische Stöße ausführen

spricht in diesem Zusammenhang auch von Dissipation, da das schwere Teilchen seine Energie im Laufe der Zeit auf die vielen leichten Teilchen verteilt.

Um den Ursprung dieser beiden Phänomene besser zu verstehen, betrachten wir einen elastischen Streuvorgang zwischen dem schweren Teilchen der Masse m_1 und einem leichten Teilchen der Masse m_2, die für alle diese Teilchen gleich groß sei. Die Geschwindigkeiten vor dem Stoß werden mit v_1 bzw. v_2 bezeichnet. Unter Verwendung der eindimensionalen Impulserhaltung sowie der Energieerhaltung ergibt sich für die Geschwindigkeit des schweren Teilchens nach dem Stoß

$$v_1' = \frac{m_1 v_1 + m_2(2v_2 - v_1)}{m_1 + m_2} . \tag{4.15}$$

Es ist nun instruktiv, die Änderung der Geschwindigkeit des schweren Teilchens zu betrachten. Aus (4.15) findet man

$$v_1' - v_1 = -\frac{2m_2}{m_1 + m_2} v_1 + \frac{2m_2}{m_1 + m_2} v_2 . \tag{4.16}$$

Wir ignorieren zunächst den zweiten Term auf der rechten Seite und erhalten somit eine Iterationsvorschrift, die nur von der Geschwindigkeit des schweren Teilchens abhängt. Im Sinne der Diskussion in Abschn. 2.1.2 können wir die linke Seite, wenn wir sie uns durch einen geeigneten Zeitschritt Δt dividiert vorstellen, als Beschleunigung interpretieren. Da das Vorzeichen des ersten Terms auf der rechten Seite negativ ist, haben wir es also mit einer in der Geschwindigkeit linearen Reibungskraft zu tun.

Der zweite Term auf der rechten Seite von (4.16) ist linear in der Geschwindigkeit eines stoßenden leichten Teilchens v_2. Diese Geschwindigkeit wird aus einer thermischen Verteilung gezogen, deren Mittelwert verschwindet. Es ist also $\langle v_2 \rangle = 0$. Damit führt dieser Term im Mittel nicht zu einer Kraft auf das schwere Teilchen, sondern lediglich zu Fluktuationen um eine mittlere Bewegung.

Zunächst schauen wir uns an, welcher Verteilung $p(\Delta t)$ die Abstände Δt zwischen zwei Stößen unterliegen. Um diese zu bestimmen, ist es hilfreich, die Wahrscheinlichkeit $P(\Delta t)$, dass in der Zeitspanne Δt kein Stoß erfolgt, zu betrachten.

Wegen der Unabhängigkeit der Stöße kann diese nur von Δt abhängen und es muss

$$P(\Delta t_1 + \Delta t_2) = P(\Delta t_1)P(\Delta t_2) \tag{4.17}$$

gelten. Diese Gleichung erinnert an das Multiplikationsgesetz der Exponentialfunktion

$$\mathrm{e}^{a+b} = \mathrm{e}^a \mathrm{e}^b \tag{4.18}$$

und in der Tat sind die Funktionen der Form

$$P(\Delta t) = \exp(-\lambda \Delta t) \tag{4.19}$$

die einzigen, die (4.17) für alle Δt_1 und Δt_2 erfüllen. In unserem Fall muss λ positiv sein, da die Wahrscheinlichkeit immer kleiner als eins ist. Man kann diese Wahrscheinlichkeit aber auch durch

$$P(\Delta t) = 1 - \int_0^{\Delta t} \mathrm{d}t'\, p(t') \tag{4.20}$$

ausdrücken, wobei $p(t')$ die von uns gesuchte Wahrscheinlichkeit ist, dass der Zeitabstand zum nächsten Stoß gleich t' ist. Daraus erhalten wir

$$p(t) = -\frac{\mathrm{d}}{\mathrm{d}t} P(t) = \lambda \exp(-\lambda t)\,. \tag{4.21}$$

Der Parameter λ lässt sich physikalisch als das Inverse der mittleren Zeit Δt_{coll} zwischen zwei Stößen interpretieren, denn es gilt

$$\Delta t_{\text{coll}} = \int_0^{\infty} \mathrm{d}t\, t p(t) = \frac{1}{\lambda}\,. \tag{4.22}$$

Die Korrektheit der Wahrscheinlichkeitsverteilung (4.21) lässt sich auch numerisch überprüfen, wie in der Übungsaufgabe 4.4 gezeigt wird.

Unser Modell ist nun durch zwei mikroskopische Parameter definiert, die Masse m_2 der leichten Teilchen und die Zeit Δt_{coll} zwischen zwei Stößen. Andererseits ist das Medium, in dem sich das schwere Teilchen bewegt, durch eine Temperatur T charakterisiert, so dass wir uns den Zusammenhang dieser drei Größen etwas genauer ansehen müssen. Gemäß dem Äquipartitionstheorem ist die mittlere kinetische Energie der leichten Teilchen bei gegebener Temperatur in einer Dimension durch

$$\frac{1}{2} m_2 \langle v_2^2 \rangle = \frac{1}{2} kT \tag{4.23}$$

bestimmt, wobei k die Boltzmann-Konstante ist. Wenn wir der Einfachheit halber annehmen, dass das schwere Teilchen vor der Kollision mit einem leichten Teilchen ruht, so ist seine Geschwindigkeitsänderung durch

$$\Delta v_1 = \frac{2m_2}{m_1 + m_2} v_2 \approx 2\frac{m_2}{m_1} v_2 \tag{4.24}$$

gegeben, so dass die Varianz der Geschwindigkeitsänderung des schweren Teilchens bei einem einzigen Stoß gleich

$$\langle \Delta v_1^2 \rangle = \frac{4m_2}{m_1^2} kT \tag{4.25}$$

ist.

Wie wir aus den Unterabschnitten 4.1.2 und 4.1.3 wissen, nimmt die Varianz mit der Zahl der Stöße linear zu. Dieses Ergebnis (4.10) hatten wir für die Zufallsbewegung im Ortsraum gefunden, aber es lässt sich unmittelbar auf eine Zufallsbewegung in der Geschwindigkeit übertragen, mit der wir es jetzt zu tun haben. Nach einer Zeit t sind im Mittel $t/\Delta t_{\mathrm{coll}}$ Stöße erfolgt, so dass das mit der Zeit lineare Anwachsen der Varianz der Geschwindigkeit des schweren Teilchens durch

$$\langle \Delta v_1^2 \rangle = \frac{4kT}{m_1^2} \frac{m_2}{\Delta t_{\mathrm{coll}}} t \tag{4.26}$$

beschrieben wird. Wenn die Temperatur und die Masse des schweren Teilchens festgehalten werden sollen, muss demnach darauf geachtet werden, dass bei einer Veränderung der mikroskopischen Parameter das Verhältnis $m_2/\Delta t_{\mathrm{coll}}$ konstant bleibt.

Da das in diesem Abschnitt betrachtete Problem unter anderem ein Modell für Dissipation oder Reibung darstellen soll, interessieren wir uns auch für die Beschleunigung $a_1(t)$, die das schwere Teilchen erfährt. In einer numerischen Simulation wird der Geschwindigkeitsverlauf jedoch immer stufenförmig, also nicht differenzierbar sein. Als formalen Ausweg könnte man den Grenzübergang $m_2, \Delta t_{\mathrm{coll}} \to 0$ betrachten, um eine glatte Funktion $v_1(t)$ zu erhalten. Anschließend kann man die Beschleunigung auf dem Differenzenquotienten durch einen weiteren Grenzübergang

$$a_1(t) = \lim_{\Delta t \to 0} \frac{v_1(t + \Delta t) - v_1(t)}{\Delta t} \tag{4.27}$$

erhalten. Numerisch können wir diesen Grenzübergang natürlich nicht realisieren. Wichtig an dieser Überlegung ist jedoch die Reihenfolge der Grenzübergänge, die impliziert, dass Δt_{coll} sehr viel kleiner als Δt sein muss. Bei der Berechnung der Beschleunigung müssen wir also einen Zeitraum heranziehen, in dem eine hinreichend große Zahl an Stößen zwischen den leichten und dem schweren Teilchen stattgefunden haben.

Nach diesen theoretischen Vorüberlegungen können wir uns nun der numerischen Umsetzung zuwenden. Der wesentliche Teil besteht in der Berechnung der Geschwindigkeit und der Beschleunigung des schweren Teilchens auf einem vergröberten Zeitgitter, wie wir es gerade diskutiert haben. Die folgende Funktion listet die wesentlichen Schritte auf.

```
def time_development(v_1_init, dt_coll, m2, v2_stdev,
                     n_coll, n_ensemble, dt):
    rng = np.random.default_rng(123456)
    t = kick_times(rng, dt_coll, n_coll, n_ensemble)
    v1 = velocity_of_heavy_particle(rng, v2_stdev, v_1_init,
                                    m2, n_coll, n_ensemble)
    v_time = velocity_time(t, v1, dt, n_ensemble)
    a_time = np.diff(v_time, axis=1) / dt
    return v_time, a_time
```

Zunächst wird der Zufallszahlengenerator initialisiert, wobei wir hier ein Seed setzen, um reproduzierbare Ergebnisse zu erhalten. Im nächsten Schritt werden mit Hilfe der Funktion `kick_times`, die wir gleich besprechen werden, die Zeiten bestimmt, zu denen Stöße zwischen den leichten Teilchen und dem schweren Teilchen stattfinden. Die Funktion `velocity_of_heavy_particle` bestimmt ausgehend von einer Anfangsgeschwindigkeit die Geschwindigkeiten nach den jeweiligen Stößen. In der Funktion `velocity_time` wird dann diese zeitabhängige Geschwindigkeit auf ein vergröbertes Zeitgitter übertragen, und abschließend werden die zugehörigen Beschleunigungen berechnet.

Gehen wir nun die drei benötigten Funktionen der Reihe nach durch.

```
def kick_times(rng, dt_coll, n_coll, n_ensemble):
    delta_t = rng.exponential(scale=dt_coll,
                              size=(n_ensemble, n_coll))
    t = np.cumsum(delta_t, axis=1)
    return t
```

Da die Stöße unabhängig voneinander sein sollen, werden die Zeitabstände zwischen aufeinanderfolgenden Stößen aus einer Exponentialverteilung gezogen. Dabei wird die Zeitskala durch die mittlere Zeit zwischen zwei Stößen `dt_coll` gegeben, und wir berechnen Zufallszahlen für ein Ensemble der Größe `n_ensemble` mit jeweils `n_coll` Stößen. Die Zeiten `t`, zu denen die Stöße stattfinden, ergeben sich als kumulative Summe der Zeitabstände.

```
def velocity_of_heavy_particle(rng, v2_stdev, v_1_init, m2,
                               n_coll, n_ensemble):
    v2 = rng.normal(scale=v2_stdev,
                    size=(n_ensemble, n_coll))
    v1 = np.zeros((n_ensemble, n_coll+1))
    v1[:, 0] = v_1_init
    prefactor1 = (1-m2)/(1+m2)
    prefactor2 = 2*m2/(1+m2)
```

```
    for nc in range(n_coll):
        v1[:, nc+1] = (prefactor1*v1[:, nc]
                       + prefactor2*v2[:, nc])
    return v1
```

Die Geschwindigkeiten der leichten Teilchen werden aus einer bei null zentrierten Normalverteilung gezogen, deren Skala durch $\langle v_2^2 \rangle$ gegeben ist. Für die Geschwindigkeit des schweren Teilchens benötigen wir ein Array, das neben den Geschwindigkeiten nach den `n_coll` Stößen auch noch die Anfangsgeschwindigkeit `v_1_init` enthalten soll. Die Geschwindigkeiten nach den Stößen berechnen sich nach (4.15), wobei wir uns daran erinnern, dass m_2 das Verhältnis der leichten zur schweren Masse angibt.

Nachdem wir die Geschwindigkeiten auf einem feinen Gitter zur Verfügung haben, müssen wir auf ein gröberes, äquidistantes Gitter umrechnen.

```
def velocity_time(t, v1, dt, n_ensemble):
    t_max = np.min(t[:, -1])
    t_vals = np.arange(0, t_max, dt)
    v_time = np.zeros((n_ensemble, t_vals.shape[0]))
    v_time[:, 0] = v1[:, 0]
    for ensemble in range(n_ensemble):
        time_idx = np.searchsorted(t[ensemble, :], t_vals)
        for nr, idx in enumerate(time_idx):
            v_time[ensemble, nr] = v1[ensemble, idx]
    return v_time
```

Da die Zeitabstände zwischen den Stößen zufällig gewählt sind, die Zahl der Stöße aber fest vorgegeben ist, wird jede Realisierung eine unterschiedliche Endzeit erreichen. Wir wollen nur Zeiten betrachten, für die uns die volle Zahl an Realisierungen zur Verfügung steht, so dass wir diese Zeit `t_max` als Minimum der Endzeiten über das gesamte Ensemble berechnen. Im Array `t_vals` definieren wir uns ein Zeitgitter der Schrittweite `dt`, das maximal bis zur Zeit `t_max` geht. Anschließend initialisieren wir ein Array `v_time` für die Geschwindigkeiten zu den durch `t_vals` gegebenen Zeiten und tragen gleich die Anfangsgeschwindigkeit `v_1_init` ein.

Die Umrechnung auf das vergröberte Gitter erfolgt in der Schleife über die Realisierungen unter Verwendung der NumPy-Funktion `searchsorted`. Diese Funktion bestimmt für das aufsteigend sortierte Array im ersten Argument, an welcher Stelle die Werte des zweiten Arguments einzufügen wären, um die Sortierung zu erhalten. Wenn wir unter diesem Index im Array `v1` nachsehen, erhalten wir gerade die Geschwindigkeit des schweren Teilchens nach dem letzten Stoß vor dem betreffenden Zeitpunkt, die wir in das Array `v_time` eintragen. Damit erhalten wir insgesamt den Geschwindigkeitsverlauf auf dem vergröberten Gitter und können daraus die

Beschleunigung sowie statistische Eigenschaften berechnen. Letzteres haben wir in eine eigene Funktion ausgelagert.

```
def statistics(v_time, a_time):
    v_time = np.delete(v_time, -1, 1)
    v_mean = np.mean(v_time, axis=0)
    v_var = np.var(v_time, axis=0)
    a_mean = np.mean(a_time, axis=0)
    va_cov = np.mean(v_time*a_time, axis=0) - v_mean*a_mean

    v_all = np.ndarray.flatten(v_time)
    a_all = np.ndarray.flatten(a_time)
    lr_result = stats.linregress(v_all, a_all)
    return v_mean, v_var, va_cov, v_all, a_all, lr_result
```

Da wir die Beschleunigung durch Berechnung des Differenzenquotienten aus den Geschwindigkeitswerten erhalten haben, fehlt uns bei der Beschleunigung ein Zeitwert. Um Probleme bei der Berechnung der Kovarianz zu vermeiden, entfernen wir daher zunächst den jeweils letzten Wert entlang der Achse 1. Die Beschleunigungs- und Geschwindigkeitswerte sind außerdem gegeneinander um eine halbe Schrittweite des Zeitgitters verschoben. Diesen Unterschied wollen wir im Weiteren vernachlässigen.

Die Berechnung der Mittelwerte und Varianzen erfolgt mit den NumPy-Funktionen `mean` und `var`, während wir die Kovarianz zwischen Geschwindigkeit und Beschleunigung gemäß

$$C(v, a) = \langle va \rangle - \langle v \rangle \langle a \rangle \tag{4.28}$$

berechnen. Alternativ könnte man mit Hilfe der Funktion `cov` die gesamte Kovarianzmatrix berechnen. Abschließend führen wir mit Hilfe der Funktion `linregress` aus dem SciPy-Modul `stats` noch eine lineare Regression zwischen Geschwindigkeits- und Beschleunigungsdaten durch. Dazu wandeln wir die zweidimensionalen Arrays `v_time` und `a_time` zunächst mit Hilfe der `flatten`-Methode in eindimensionale Arrays um. Die `linregress`-Funktion liefert ein Objekt mit mehreren Attributen zurück, zu denen unter anderem die Parameter einer Ausgleichsgeraden gehören. Hierauf werden wir bei der Diskussion der Ergebnisse zurückkommen.

Bevor wir zur Diskussion der Ergebnisse kommen, wollen wir noch einige Anmerkungen zu den Eingabeparametern machen. Um mit dimensionslosen Größen arbeiten zu können, nehmen wir Massen in Einheiten der Masse m_1 des schweren Teilchens. m_2 entspricht damit nun dem Verhältnis der Massen von leichten und schwerem Teilchen, das einen kleinen Wert annehmen sollte. Für die Geschwindigkeit bietet es sich dann an, $\sqrt{kT/m_1}$ als Skala zu wählen, so dass die Temperatur in der Numerik nicht mehr explizit auftaucht. Implizit ist sie jedoch bei der Wahl der Anfangsgeschwindigkeit für das schwere Teilchen relevant. Es bleibt noch die Wahl der Zeitskala. Gemäß der Diskussion in Zusammenhang mit (4.26) wollen wir das

Verhältnis $m_2/\Delta t_{\text{coll}}$ konstant halten. Es bietet sich also an, die Zeiteinheit so zu wählen, dass dieses Verhältnis gleich eins ist.

Neben dem Massenverhältnis und der Anfangsgeschwindigkeit des schweren Teilchens gibt es noch drei dimensionslose Parameter. Das Verhältnis $\Delta t/\Delta t_{\text{coll}}$ zwischen dem Abstand im vergröberten Zeitgitter und der mittleren Zeit zwischen zwei Stößen sollte deutlich größer als eins gewählt werden, aber nicht zu groß, um die zeitliche Dynamik auch in ihren Details noch sichtbar machen zu können. Die Ensemblegröße und die Zahl der Stöße je Realisierung sollten möglichst groß gewählt werden, wobei aber der Speicherbedarf sowie die erforderliche Rechenzeit nicht aus dem Auge verloren werden dürfen. Außerdem ist zu bedenken, dass die maximal erreichbare Zeit kleiner als das Produkt aus der Zahl der Stöße und der mittleren Zeit zwischen den Stößen sein wird, da sich unsere Implementation auf den Zeitraum beschränkt, für den für sämtliche Realisierungen Daten zur Verfügung stehen.

In Abb. 4.6 ist oben der zeitliche Verlauf für die mittlere Geschwindigkeit $\langle v \rangle$ und unten für die Varianz der Geschwindigkeit σ_v^2 dargestellt. Die Mittelung erfolgt für jeden Zeitpunkt über 1000 Realisierungen. In dieser und den beiden folgenden Abbildungen ist der mittlere Zeitabstand zwischen zwei Stößen $\Delta t_{\text{coll}} = 0{,}001$ und das Intervall des vergröberten Zeitgitters ist durch $\Delta t = 10\Delta t_{\text{coll}}$ gegeben.

Im oberen Teil der Abb. 4.6 ist für kurze Zeiten deutlich der dissipative Effekt des Mediums zu sehen. Das schwere Teilchen verliert im Lauf der Zeit seine Energie an das Medium. Für hinreichend lange Zeiten befindet sich das schwere Teilchen im thermischen Gleichgewicht mit dem Medium. Dann sind nur noch Fluktuationen der mittleren Geschwindigkeit zu sehen, die durch die Stöße mit den leichteren Teilchen des Mediums verursacht werden. Das Erreichen des Gleichgewichts lässt sich auch im unteren Diagramm an der Varianz der Geschwindigkeit ablesen. Überträgt man das Äquipartitionstheorem (4.23) auf das schwere Teilchen, ersetzt also m_2 durch m_1, so ergibt sich in unserer Skalierung und in Übereinstimmung mit der Abbildung gerade $\sigma_v^2 = 1$.

Die durch das Medium verursachte Reibung ist auch in Abb. 4.7 zu sehen, die die Kovarianz (4.28) zeigt. Die negativen Werte der Kovarianz bedeuten, dass positive Werte der Geschwindigkeit überwiegend mit negativen Werten der Beschleunigung auftreten und umgekehrt.

Aus einer etwas anderen Perspektive ist dieser Zusammenhang auch in Abb. 4.8 zu sehen, die die Beschleunigung gegenüber der zugehörigen Geschwindigkeit für 50 Realisierungen und das gesamte Zeitintervall in einem Streudiagramm zeigt. Die Reibung äußert sich hier in einer Verkippung der Punktwolke im Uhrzeigersinn. In der oben besprochenen Funktion `statistics` wird am Ende eine *lineare Regression* durchgeführt, die als Ergebnis eine Ausgleichsgerade der Form $a = kv + a_0$ liefert. Aus den in der Abb. 4.8 gezeigten Werten ergibt sich für den negativen Reibungskoeffizienten $k = -1{,}9487 \pm 0{,}088$. Der Fehler der Steigung ist wesentlich kleiner als die Steigung selbst, so dass sich die Reibung tatsächlich in statistisch signifikanter Weise aus der Punktwolke ergibt. Für den a-Achsenabschnitt ergibt sich dagegen $a_0 = 0{,}0357 \pm 0{,}089$. Dieses Resultat ist mit dem erwarteten Wert von null verträglich.

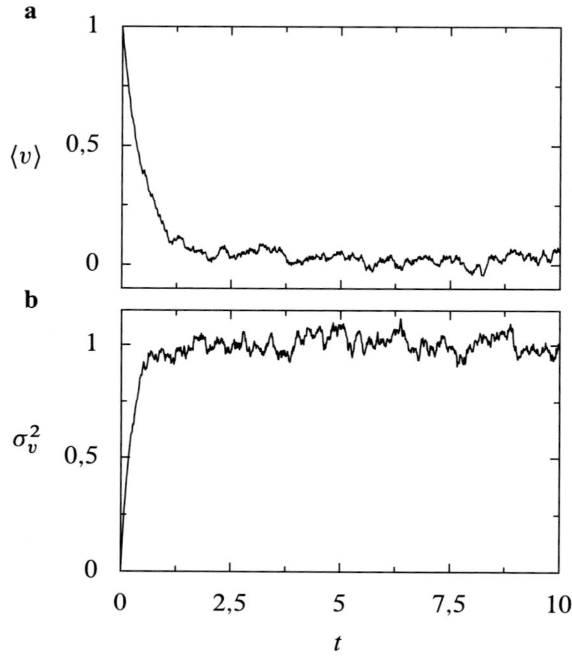

Abb. 4.6 Zeitliche Entwicklung der mittleren Geschwindigkeit $\langle v \rangle$ (oben) und der Varianz σ_v^2 der Geschwindigkeit (unten) für 1000 Realisierungen eines eindimensionalen Modells für die Brown'sche Bewegung. Die mittlere Zeit zwischen zwei Stößen ist $\Delta t_{\text{coll}} = 0{,}001$ und die Geschwindigkeit wird in Intervallen von $10\Delta t_{\text{coll}}$ betrachtet

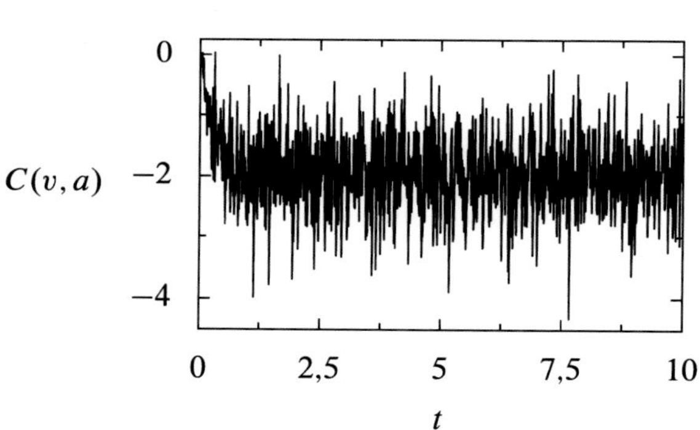

Abb. 4.7 Zeitliche Entwicklung der Kovarianz $C(v, a)$ zwischen Geschwindigkeit $v(t)$ und Beschleunigung $a(t + \Delta t/2)$ für ein eindimensionales Modell der Brown'schen Bewegung für die gleichen Parameter wie in Abb. 4.6

Die Funktion `linregress` liefert ferner noch den Pearson-Korrelationskoeffizienten, der betragsmäßig eins wird, wenn die Punkte auf einer Geraden liegen. Für unsere Daten ergibt sich der Wert $-0{,}098211$ in Übereinstimmung mit dem visuellen Eindruck einer recht breiten Punktwolke. Physikalisch gesehen ist die Wahrscheinlichkeit, dass das schwere Teilchen entgegengesetzt zu seiner Bewegungsrichtung gestoßen wird, nur wenig größer als für einen Stoß in Bewegungsrichtung. Dennoch führt dieser kleine Unterschied letztlich zu einer Reibungskraft. Die Signifikanz dieser Aussage wird durch die Wahrscheinlichkeit der Nullhypothese, die einen Zusammenhang zwischen Geschwindigkeit und Beschleunigung verneint, unterstrichen, da sich hier praktisch der Wert null ergibt.

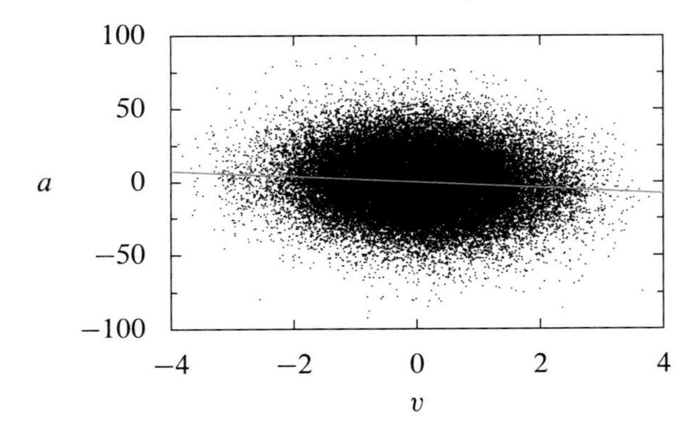

Abb. 4.8 Streudiagramm von Geschwindigkeit $v(t)$ und Beschleunigung $a(t + \Delta t/2)$ für 50 Realisierungen. Die weiteren Parameter entsprechen denjenigen aus Abb. 4.6. Die grüne Linie stellt das Resultat einer linearen Regression dar

Die angegebenen Ergebnisse der linearen Regression sind von den Eingabeparametern wie zum Beispiel der Ensemblegröße, aber auch der Initialisierung des Zufallszahlengenerators abhängig. Es können sich also ohne Weiteres leicht abweichende Zahlenwerte ergeben.

4.3 Monte-Carlo-Integration

☞ `4-03-MC-Integration.ipynb`

In vielen Problemstellungen der Gleichgewichtsthermodynamik besteht die Aufgabe darin, eine bestimmte Größe mit einer thermischen Wahrscheinlichkeit gewichtet über alle möglichen Konfigurationen zu mitteln. Konkret können wir zum Beispiel an den Erwartungswert der Energie in einem kanonischen Ensemble

$$\langle E \rangle = \sum_n E_n \mathrm{e}^{-E_n/kT} \tag{4.29}$$

denken. Der Index n nummeriert hier alle möglichen Konfigurationen durch. Die numerische Herausforderung besteht nun darin, dass die Zahl der möglichen Konfigurationen sehr groß sein kann. Betrachten wir zum Beispiel ein System, das aus N Spins besteht, die in eine von zwei Richtungen ausgerichtet sein können. Jeder einzelne Spin besitzt also nur zwei mögliche Zustände, aber die Größe des gesamten Zustandsraums beträgt 2^N, wächst also exponentiell mit der Zahl der Spins. Für 100 Spins gibt es bereits gut 10^{30} Zustände, wobei wir in zwei Dimensionen lediglich ein 10×10-Gitter von Spins beschreiben würden. Um die Summation in einer Zeit abzuschließen, die dem Alter des Universums entspricht, müsste unser Computer in der Lage sein, mehr als eine Billion Konfigurationen je Sekunde zu behandeln. Bei üblichen Taktraten im GHz-Bereich wären dazu einige Tausend Prozessoren erforderlich und eben entsprechend viel Zeit. Noch schwieriger wird die Situation, wenn jedes Teilchen nicht nur zwei, sondern unendlich viele Zustände annehmen kann, wie zum Beispiel in einem Bosegas.

Bei der numerischen Auswertung eines Ausdrucks wie (4.29) geht es also darum, den Aufwand zu reduzieren und dabei den in Kauf zu nehmenden Fehler möglichst klein zu halten. Das hierfür verwendete Verfahren der Monte-Carlo-Simulation ist nicht auf physikalische Fragestellungen beschränkt, so dass wir in diesem Abschnitt zunächst die grundsätzliche Idee besprechen und erst im Abschn. 4.4 auf eine physikalische Anwendung eingehen werden.

Für die folgende Diskussion ist es günstig, den diskreten Zustandsraum, den wir in (4.29) zugrunde gelegt haben und der in Abschn. 4.4 eine Rolle spielen wird, durch einen kontinuierlichen Zustandsraum zu ersetzen. Wir gehen also zur Aufgabe der Auswertung eines Integrals über, wobei besonders höherdimensionale Integrale von Interesse sein werden. Die Monte-Carlo-Integration, um die es uns hier gehen soll, basiert auf der Verwendung von Zufallszahlen, die aus einer geeigneten Verteilung gezogen werden. Damit unterscheidet sich diese Methode grundlegend von konventionellen Integrationsverfahren, auf die wir zunächst eingehen wollen, um die unterschiedliche Herangehensweise zu verdeutlichen und die Anwendungsszenarien zu illustrieren.

Üblicherweise teilt man bei der numerischen Integration den Integrationsbereich in hinreichend viele Teilintervalle auf und nähert die zu integrierende Funktion durch eine Funktion mit bekannter Stammfunktion. Im einfachsten Fall der Rechteckregel wird die Funktion in jedem Teilintervall durch den Wert am entsprechenden Intervallmittelpunkt approximiert. Die Simpsonregel basiert auf der Näherung durch ein quadratisches Polynom und die Gauß-Quadratur nutzt orthogonale Polynome, die je nach Aufgabenstellung unterschiedlich gewählt werden. Für eine etwas ausführlichere Darstellung verweisen wir zum Beispiel auf Ref. [3].

Ein Vorteil der genannten Verfahren besteht darin, dass sich eine analytische Oberschranke für den Fehler angeben lässt, der je nach Verfahren mit einer unterschiedlichen Potenz der Breite der Teilintervalle geht. Bei der Auswertung des Integrals wird diese Breite daher sukzessive verkleinert, bis eine vorgegebene Schranke unterschritten ist. Häufig ist der tatsächliche Fehler wesentlich kleiner als es die Abschätzung angibt. Für eindimensionale Integrale über einigermaßen gutmütige Funktionen sind diese Integrationsverfahren normalerweise sehr effizient. Man kommt also mit einer geringen Zahl von Teilintervallen aus und kann so die Anzahl der Auswertungen des Integranden begrenzen. Auf Schwierigkeiten muss man jedoch gefasst sein, wenn der Integrand Divergenzen aufweist oder sehr schnell oszilliert.

Als Beispiel betrachten wir zunächst das eindimensionale Integral

$$I = \int_{-\infty}^{+\infty} \frac{\mathrm{d}x}{\sqrt{2\pi}}\, x^2 \exp(-x^2/2)\,, \tag{4.30}$$

das als Mittelwert der Funktion $f(x) = x^2$ über standardnormalverteilte Zufallszahlen x interpretiert werden kann. Das Integral lässt sich analytisch mit dem Ergebnis

$$I = 1 \tag{4.31}$$

berechnen, so dass wir den echten Fehler des numerisch erhaltenen Resultats bestimmen können. Das unendliche Integrationsintervall erscheint für eine numerische Auswertung zunächst problematisch. Die SciPy-Routine `integrate.quad`, die wir zur Berechnung verwenden werden, behilft sich in diesem Fall dadurch, dass das Integral zunächst in die Bereiche von $-\infty$ bis 0 und von 0 bis $+\infty$ aufgespaltet und anschließend eine Transformation auf ein endliches Integrationsintervall durchgeführt wird. Für den positiven Integrationsbereich wird konkret die Transformation [4]

$$\int_0^\infty \mathrm{d}x f(x) = \int_0^1 \frac{\mathrm{d}t}{t^2} f\left(\frac{1-t}{t}\right) \tag{4.32}$$

verwendet, die sich leicht auch für den negativen Integrationsbereich anpassen lässt.

Der erste Teil des Notebooks zu diesem Abschnitt enthält die Implementierung der numerischen Auswertung von (4.30) unter Verwendung von `integrate.quad`, wobei der Integrand in der Funktion `integrand` berechnet wird und `integral_quad` dafür sorgt, alle Parameter der SciPy-Integrationsroutine bereitzustellen. Da der zugehörige Code keine besonderen Schwierigkeiten enthält, ist er hier nicht abgedruckt. Im Hinblick auf die Fehlerparameter `epsabs` und `epsrel` ist allerdings eine Erläuterung angebracht. Diese zwei Parameter definieren zunächst zwei unabhängige Abbruchbedingungen, wobei `epsabs` die Schranke für den absoluten Fehler und `epsrel` die Schranke für den relativen Fehler angibt. Für die Beendigung des Integrationsalgorithmus ist die schwächere der beiden Bedingungen relevant. Der Fehler muss also nur kleiner als das Maximum des absoluten Fehlers und des mit dem Wert des Integrals multiplizierten relativen Fehlers sein. Einen der beiden Parameter sehr klein zu wählen während der andere Parameter eher groß gewählt ist, führt also nicht unbedingt zu einem kleinen Fehler.

Uns geht es nun in erster Linie darum zu erfahren, wie oft der Integrand als Funktion der Fehlerparameter `epsabs` und `epsrel` ausgewertet wird. Da das Integral gleich eins ist, setzen wir den absoluten Fehler und den relativen Fehler auf den gleichen Wert. Die Zahl der Funktionsauswertungen nimmt bei einer Variation des absoluten Fehlers von 10^{-6} bis 10^{-10} von 210 moderat auf 450 zu, wobei der tatsächliche Fehler kaum 10^{-15} übersteigt, also weit unter der vorgegebenen Fehlerschranke liegt. Bei der Beurteilung des Fehlers ist zu bedenken, dass für 64-Bit-Gleitkommazahlen der Abstand zwischen der Zahl 1 und der nächsten darstellbaren Zahlen bereits etwa $2{,}22 \cdot 10^{-16}$ beträgt.

Die Situation ändert sich jedoch erheblich, wenn wir zu Funktionen mehrerer Variablen übergehen. Dazu erweitern wir das Integral (4.30) in einfacher Weise gemäß

$$\begin{aligned} I_d &= \int_{-\infty}^{+\infty} \frac{\mathrm{d}x_1}{\sqrt{2\pi}} \cdots \int_{-\infty}^{+\infty} \frac{\mathrm{d}x_d}{\sqrt{2\pi}} \left(x_1^2 + \ldots + x_d^2\right) \exp\left(-\frac{x_1^2 + \ldots + x_d^2}{2}\right) \\ &= d \end{aligned} \tag{4.33}$$

auf d Dimensionen, wobei das analytische Ergebnis wie angegeben lautet. Auch wenn sich das d-dimensionale Integral in der analytischen Rechnung auf eindimensionale Integrationen zurückführen lässt, handelt es sich aus numerischer Sicht trotzdem zunächst einmal um ein Integrationsproblem in d Dimensionen.

Um dieses Integral numerisch auszuwerten, muss `integrate.quad` aus unserem eindimensionalen Beispiel durch die SciPy-Funktion `integrate.nquad` ersetzt werden. Der betreffende Code befindet sich im zweiten Teil des Notebooks zu diesem Abschnitt.

```
def integrand_ndim(*x):
    r = LA.norm(x)
    return r**2 * np.exp(-r**2/2) / (2*np.pi)**(0.5*len(x))
```

Da die Dimension des Integrals für unsere Anwendung variabel sein soll, steht die Zahl der Argumente der Funktion nicht fest. Indem wir dem Argument `x` ein Sternchen voranstellen, werden alle Argumente in ein Tupel gepackt. Dieses Tupel wird dann im Folgenden bei Bedarf von NumPy in ein Array umgewandelt. Durch dieses Vorgehen erreichen wir, dass unser Code unabhängig von der Dimension des Integrals ist.

Die folgende Funktion dient im Wesentlichen dazu, den Aufruf von `integrate.nquad` der Übersichtlichkeit halber zu kapseln.

```
def integral_nquad_ndim(abserr, relerr, n_dim):
    ranges = [(-np.inf, np.inf)]*n_dim
    int_result, int_err, info_dict = integrate.nquad(
        integrand_ndim, ranges,
        opts=dict(epsabs=abserr, epsrel=relerr),
        full_output=True)
    return int_result, int_err, info_dict
```

Um die Integrationsgrenzen, die als zweites Argument von `integrate.nquad` benötigt werden, zu spezifizieren, erzeugen wir hier eine Liste `ranges` von Tupeln, die jeweils die Grenzen eines Integrals enthalten. Da die Grenzen immer gleich sind, können wir dies durch Multiplikation einer Liste, die nur ein Tupel enthält, mit der Zahl der Dimensionen erreichen. Den Effekt der Multiplikation einer Liste mit einem einzigen Element illustriert das folgende Beispiel, das statt einem Tupel der Übersichtlichkeit halber eine Zahl als Listenelement enthält.

```
>>> x = [4]
>>> x*2
[4, 4]
>>> x*3
[4, 4, 4]
```

Erwähnenswert ist schließlich noch, dass die vorgegebenen Fehlergrenzen bei `integrate.nquad` mit Hilfe eines Dictionaries zu übergeben sind.

So gering die notwendigen Änderungen am Programmcode letztlich sind, so drastisch sind die Änderungen bezüglich der Anzahl der Auswertungen des Integranden. Wenn wir für den absoluten und relativen Fehler jeweils 10^{-6} ansetzen, benötigen wir im eindimensionalen Fall 210 Funktionsauswertungen, also genau so viele wie bei der Integration mit `integrate.quad`. In zwei Dimensionen steigt diese Zahl auf 32580 und in drei Dimensionen auf 4338360. Damit vergrößert sich die Zahl der Funktionsauswertungen jedesmal um mehr als einen Faktor 100. Wer genügend Geduld aufbringt, kann auch noch den vierdimensionalen Fall ausprobieren, für den der Integrand an mehr als 500 Mio. Stützstellen ausgewertet werden muss. Es dürfte aber offensichtlich sein, dass man auf diese Weise dimensionsmäßig nicht sehr weit kommt. Wir stehen also vor einem ähnlichen Problem wie bei der Auswertung der Summe in (4.29) und müssen uns eine Alternative einfallen lassen.

Die Idee besteht darin, den Integrationsbereich mit Hilfe von Zufallszahlen abzudecken, die geeignet verteilt sind. Für das Integral (4.33) würde man die Zufallszahlen also aus einer mehrdimensionalen Normalverteilung ziehen. Da Zufallszahlen eine entscheidende Rolle bei diesem Integrationsverfahren spielen, hat sich für diese Methode der Name *Monte-Carlo-Integration* durchgesetzt. Obwohl diese Methode erst in höheren Dimensionen ihre Stärke ausspielen kann, beginnen wir unsere Diskussion wieder mit der Integration in einer Dimension.

Die einfachste Art einer Integration mit Hilfe von Zufallszahlen ist in Abb. 4.9 illustriert. Die grau dargestellte Fläche

$$I = \int_{x_{\min}}^{x_{\max}} \mathrm{d}x\, f(x) \tag{4.34}$$

soll numerisch bestimmt werden. Dazu werden Zufallspunkte, also Paare von Zufallszahlen, gezogen, die auf dem gezeigten Rechteck gleichverteilt sind. In horizontaler Richtung ist das Rechteck durch die Integrationsgrenzen $x_{\min}$ und $x_{\max}$ begrenzt und in vertikaler Richtung erstreckt es sich von null bis zu einem Wert b. Wichtig ist, dass

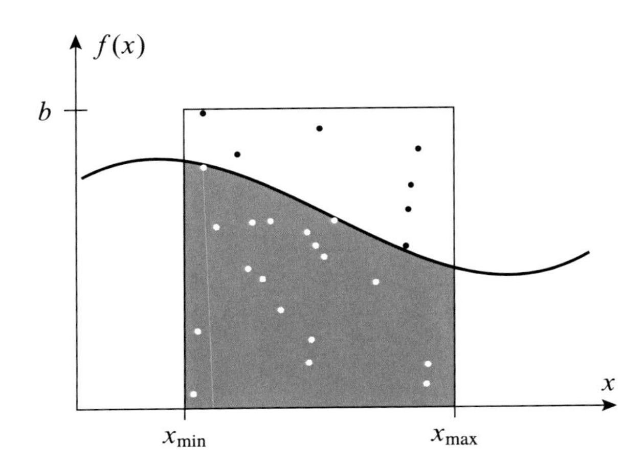

Abb. 4.9 Schema der Monte-Carlo-Integration. Aus der Zahl schwarzer und weißer Punkte, sowie aus der Fläche des eingezeichneten Rechtecks kann die grau dargestellte Fläche näherungsweise berechnet werden

b mindestens gleich dem Maximum der Funktion im Integrationsintervall ist. Wie noch deutlich werden wird, sollte b andererseits nicht unnötig groß gewählt werden.

Ein Teil der zufällig gewählten Punkte wird nun unterhalb des Funktionsgraphen liegen. Die Zahl dieser weiß dargestellten Punkte sei N_1. Einige Punkte, die in der Abbildung schwarz dargestellt sind, werden dagegen oberhalb des Funktionsgraphen liegen. Ihre Anzahl sei N_2. Dann lässt sich die gesuchte Fläche I näherungsweise aus der Rechteckfläche $A = b(x_{\mathrm{max}} - x_{\mathrm{min}})$ und dem Anteil der Zufallspunkte unterhalb des Funktionsgraphen bestimmen. Das Ergebnis der Monte-Carlo-Integration ist somit durch

$$I_{\mathrm{MC}} = \frac{N_1}{N_1 + N_2} A \tag{4.35}$$

gegeben.

Neben der schon genannten Bedingung an die obere Grenze b des Rechtecks muss auch noch sichergestellt sein, dass die Funktion $f(x)$ im Integrationsintervall größer gleich null ist. Sollte dies nicht der Fall sein, kann man die Funktion immer um einen geeigneten Wert a nach oben verschieben und dafür vom Integrationsergebnis die hinzugekommene Rechteckfläche $a(x_{\mathrm{max}} - x_{\mathrm{min}})$ wieder abziehen.

Ein klassisches Beispiel für die Monte-Carlo-Integration ist die Bestimmung von $\pi/4$ durch Berechnung der Fläche unter einem Viertelkreis, wie schematisch im linken Teil der Abb. 4.10 dargestellt. Der zugehörige Code ist nicht im Jupyter-Notebook zu diesem Abschnitt implementiert, sondern seine Entwicklung soll Gegenstand der Übungsaufgabe 4.5 sein.

Uns interessiert zunächst einmal, wie sich der relative Fehler des Ergebnisses I_{MC} der Monte-Carlo-Integration

$$\Delta = \frac{|\pi/4 - I_{\mathrm{MC}}|}{\pi/4} . \tag{4.36}$$

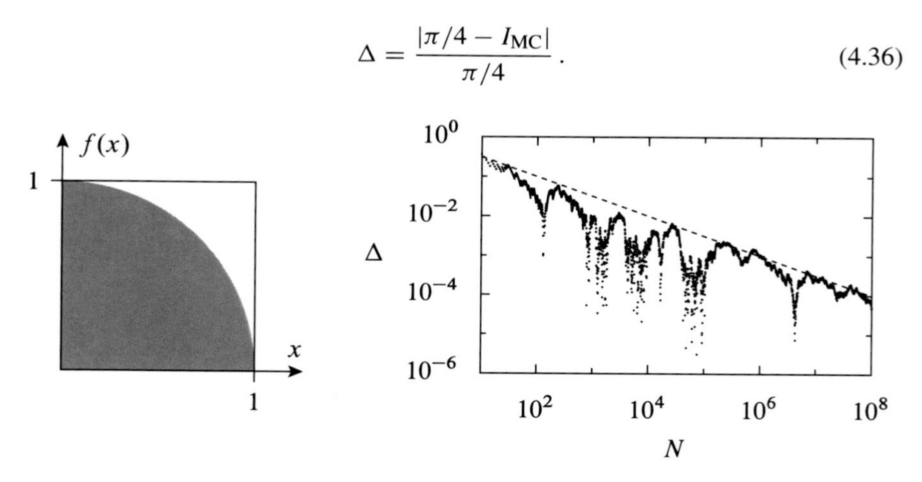

Abb. 4.10 Bestimmung von $\pi/4$ durch Monte-Carlo-Integration über einen Viertelkreis. Links ist schematisch der Integrationsbereich dargestellt und rechts ist der relative Fehler Δ als Funktion der Anzahl N der verwendeten Zufallspunkte aufgetragen. Zum Vergleich ist die Funktion $1/\sqrt{N}$ gestrichelt eingezeichnet

mit der Anzahl N der verwendeten Zufallspunkte entwickelt, wenn wir sukzessive Zufallspunkte hinzufügen. Die gestrichelte Linie stellt die Funktion $1/\sqrt{N}$ dar, die die Entwicklung des Fehlers offenbar gut beschreibt. Das bedeutet allerdings, dass ein Fehler von der Ordnung 10^{-6}, der unter Verwendung der SciPy-Bibliothek typischerweise nur wenige Hundert Funktionsauswertungen benötigt, etwa 10^{12} Zufallspunkte erfordert. Die Monte-Carlo-Integration konvergiert also sehr langsam und ist daher für eindimensionale Probleme kaum geeignet.

Unser Beispiel hält noch eine weitere Einsicht für uns bereit. In knapp 21,5 % der Fälle wird ein Zufallspunkt außerhalb der in Abb. 4.10 links gezeigten Kreisscheibe liegen und muss daher verworfen werden. Um eine Aussage für höhere Dimensionen treffen zu können, benötigen wir das Volumen einer d-dimensionalen Hyperkugel mit Radius 1, das durch

$$V_d = \frac{\pi^{d/2}}{\Gamma\left(\frac{d}{2}+1\right)} \tag{4.37}$$

gegeben ist, wobei $\Gamma(x)$ die Gammafunktion bedeutet. Durch Vergleich mit dem Volumen 2^d des umschreibenden Hyperwürfels findet man in vier Dimensionen, dass bereits fast 70 % der Zufallspunkte außerhalb des Integrationsbereiches liegen. In sechs Dimensionen sind es sogar schon fast 92 %. Mit anderen Worten wird der Anteil der Zufallspunkte im Integrationsbereich mit zunehmender Dimension rapide kleiner und die Integration immer ineffizienter.

Um einen Ausweg zu finden, kehren wir zunächst noch einmal zu unserem eindimensionalen Beispielintegral (4.30) zurück, für das wir bereits eine Interpretation im Sinne einer Mittelung der Funktion $f(x) = x^2$ über eine Normalverteilung gegeben hatten. Es bietet sich also an, Zufallszahlen aus einer Normalverteilung zu ziehen und diese zu quadrieren sowie anschließend zu mitteln. Der folgende Code aus dem dritten Teil des Jupyter-Notebooks zu diesem Abschnitt zeigt eine Umsetzung dieser Idee für das Integral (4.30).

```
def integral_mc(n_max):
    rng = np.random.default_rng(123456)
    random_numbers = rng.normal(size=n_max)
    int_result = np.ndarray.sum(random_numbers**2) / n_max
    return int_result
```

Nach der Initialisierung des Zufallszahlengenerators wird die benötigte Anzahl von normalverteilten Zufallszahlen erzeugt. Dies setzt voraus, dass diese Zahlen tatsächlich in den Arbeitsspeicher passen. Andernfalls müsste man eine Schleife vorsehen, in der jeweils nur ein Teil der Zufallszahlen erzeugt wird. Abschließend erfolgt die Mittelung der Quadrate der Zufallszahlen, die einen Näherungswert für das Integral liefert.

Ausgehend von der Diskussion der Monte-Carlo-Integration zur Bestimmung der Kreiszahl π muss man vermuten, dass der relative Fehler Δ als Funktion der

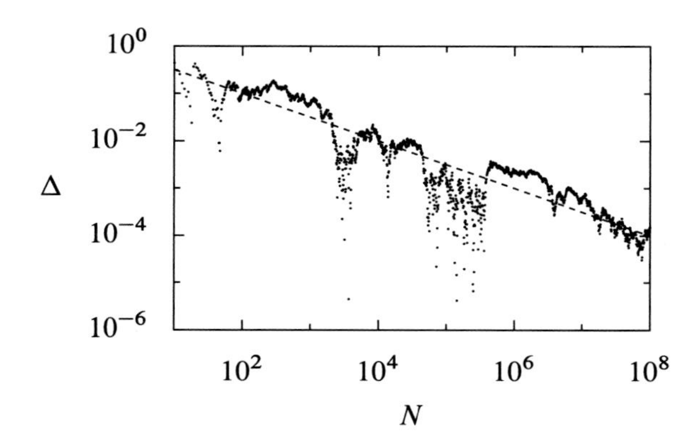

Abb. 4.11 Relativer Fehler Δ bei der Berechnung des Integrals (4.30) durch Mittelung von $f(x) = x^2$ über N normalverteilte Zufallszahlen. Die gestrichelte Linie stellt zum Vergleich einen Abfall mit $1/\sqrt{N}$ dar

Anzahl N der Zufallszahlen nur proportional zu $1/\sqrt{N}$ abfällt. Wie in Abb. 4.11 durch Vergleich mit der gestrichelten Linie, die das erwartete Verhalten angibt, zu sehen ist, bestätigt sich diese Erwartung. Für eindimensionale Integrale bietet auch diese Art der Integration keinen Vorteil.

Anders ist dies in höheren Dimensionen, wo die klassischen Integrationsverfahren lange Rechenzeiten erfordern. Um ein konkretes Beispiel betrachten zu können, ziehen wir nochmals das Integral (4.33) heran. Da dieses Integral eng mit dem eindimensionalen Integral (4.30) verwandt ist, halten sich die erforderlichen Anpassungen, die im letzten Teil des Jupyter-Notebooks zu finden sind, in Grenzen.

```
def integral_mc_ndim(n_dim, n_max):
    rng = np.random.default_rng(123456789)
    random_numbers = rng.normal(size=(n_max, n_dim))
    individual_averages = np.sum(
        random_numbers**2, axis=0) / n_max
    int_result = np.sum(individual_averages)
    return int_result
```

Bei der Initialisierung des Zufallszahlengenerators verwenden wir hier eine andere Zahl als im eindimensionalen Fall, um zu unterstreichen, dass eine beliebige Zahl gewählt werden kann. Da die mehrdimensionale Normalverteilung in (4.33) in ein Produkt von eindimensionalen Normalverteilungen zerfällt, erzeugen wir ein zweidimensionales Array von normalverteilten Zufallszahlen, dessen Achse 1 den Komponenten des d-dimensionalen Raumes entspricht. Anschließend führen wir für jede Komponente des Raumes durch Summation entlang der Achse 0 eine Mittelung der Quadrate der betreffenden Zufallszahlen durch. Abschließend werden die Beiträge der verschiedenen Integrationsrichtungen addiert. Abgesehen von der Ausnutzung der Faktorisierbarkeit der Wahrscheinlichkeitsverteilung haben wir nicht die zugegebenermaßen spezielle Struktur des Integrals ausgenutzt.

Interessant ist nun der relative Fehler Δ, der in Abb. 4.12 als Funktion der Dimension d des Integrals für 10^2 und 10^6 Zufallszahlen je Integrationsrichtung als graue

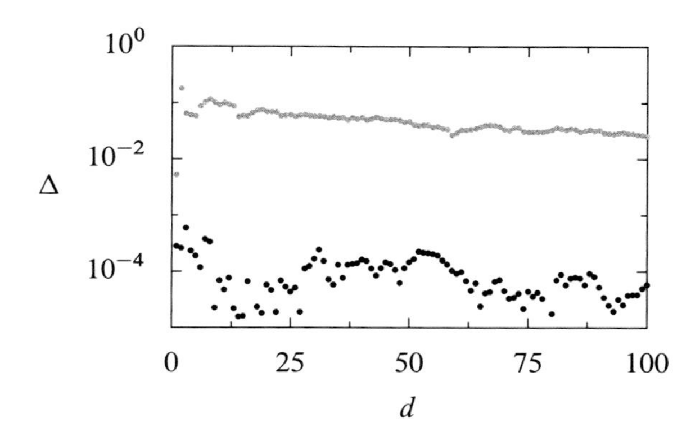

Abb. 4.12 Relativer Fehler Δ bei der Berechnung des mehrdimensionalen Integrals (4.33) als Funktion der Dimension d des Integrals für 10^2 (graue Punkte) und 10^6 (schwarze Punkte) Zufallszahlen je Integrationsrichtung

bzw. schwarze Punkte dargestellt ist. Da sich die Gesamtzahl der Zufallszahlen im Verlauf des Graphen um einen Faktor 100 ändert, ist eine Abnahme des relativen Fehlers mit zunehmender Dimension zu erwarten. Vergleichen wir graue und schwarze Punkte, die sich um einen Faktor 10^4 in der Zahl der Zufallszahlen unterscheiden, so finden wir einen Unterschied im relativen Fehler von etwa 10^2, ganz in Übereinstimmung mit dem Verhalten proportional zu $1/\sqrt{N}$, das wir schon mehrfach bei der Monte-Carlo-Integration beobachtet haben.

Um eine gute Genauigkeit zu erzielen, ist es also erforderlich, große Mengen an Zufallszahlen zu erzeugen. Andererseits zeigt Abb. 4.12 eindrucksvoll, dass die Monte-Carlo-Integration kein Problem mit höherdimensionalen Räumen hat, ganz im Gegensatz zu den klassischen Integrationsverfahren. Für den folgenden Abschnitt können wir daraus mitnehmen, dass auch bei der Berechnung von Ausdrücken wie (4.29) mit sehr vielen Konfigurationen ein Monte-Carlo-Verfahren eine gute Wahl sein kann.

4.4 Ferromagnetismus

4.4.1 Ising-Modell

Magnetische Phänomene sind der Menschheit schon seit mehreren Jahrtausenden bekannt. Dennoch erfordert das physikalische Verständnis von Magnetismus eine quantenmechanische Beschreibung. Dazu betrachten wir eine regelmäßige Anordnung atomarer Spins, die sowohl miteinander als auch mit einem äußeren Magnetfeld wechselwirken können. Wir wollen speziell den Fall ferromagnetischer Kopplung untersuchen, die eine Ausrichtung der Spins in die gleiche Richtung bevorzugt. Thermische Fluktuationen laufen einer perfekt gleichmäßigen Ausrichtung jedoch zuwider.

In einem Ferromagneten bilden sich selbst in Abwesenheit eines äußeren Magnetfelds Bereiche *(Domänen* oder auch *Weiss-Bezirke),* in denen die atomaren Spins alle in die selbe Richtung zeigen. Die Größe dieser Domänen wächst mit abnehmender Temperatur, und divergiert bei Annäherung an eine kritische Temperatur, die

Curie-Temperatur T_C. Dann erstreckt sich eine Domäne über das gesamte System, und zwar unabhängig von dessen Größe. Eine perfekte Ausrichtung der Spins in eine Richtung wird allerdings erst bei verschwindender Temperatur erreicht.

Unterhalb der Curie-Temperatur weist der Ferromagnet eine spontane Magnetisierung auf, deren Orientierung zufällig ist bzw. von der Vorgeschichte abhängt. Der Übergang vom Zustand oberhalb T_C, bei dem sich die zufällig orientierte Magnetisierung der Domänen insgesamt aufhebt, zu dem Zustand unterhalb T_C, bei dem sich eine dominante Domäne ausgebildet hat und die Gesamtmagnetisierung nicht verschwindet, ist ein Beispiel für einen *Phasenübergang*.

Um den Ferromagnetismus theoretisch zu beschreiben, untersuchte Ernst Ising auf Anregung seines Doktorvaters ein einfaches Modell, bei dem auf einem regelmäßigen Gitter angeordnete Spins nur zwei mögliche Zustände annehmen können, nämlich entweder parallel oder antiparallel zu einer vorgegebenen Richtung. Die Wechselwirkung der Spins, die eine parallele Ausrichtung bevorzugen soll, bleibt im Rahmen des Modells auf unmittelbar benachbarte Spins beschränkt. Für ein eindimensionales Gitter von Spins fand Ising, dass kein Phasenübergang auftritt [5]. Später konnte dann Rudolf Peierls [6] für das zweidimensionale Quadratgitter die Existenz eines Phasenübergangs zeigen.

Wenn wir die beiden Orientierungsmöglichkeiten jedes Einzelspins i mit $s_i = \pm 1$ und das äußere Magnetfeld mit H bezeichnen, ist die Gesamtenergie durch

$$E = -J \sum_{\langle ij \rangle} s_i s_j - \mu H \sum_i s_i \tag{4.38}$$

gegeben. Der erste Term beschreibt die Wechselwirkung von zwei Spins, wobei die spitzen Klammern andeuten, dass nur über nächste Nachbarn zu summieren ist. Um einen Ferromagneten zu beschreiben, muss die Kopplungsstärke J positiv sein. Auf diesen Fall werden wir uns im Folgenden konzentrieren. Ein negativer Wert würde dagegen zu einem Antiferromagneten führen. Der zweite Term beschreibt die Energie der Spins mit magnetischem Moment μ in einem eventuell vorhandenen äußeren Magnetfeld H, wobei angenommen wurde, dass das Magnetfeld die Quantisierungsrichtung für die Spins vorgibt. Die Magnetisierung des Gesamtsystems ergibt sich aus der Spinkonfiguration gemäß

$$M = \mu \sum_i s_i \, . \tag{4.39}$$

An dieser Stelle ist es angebracht, sich Gedanken über dimensionslose Einheiten zu machen. Eine natürliche Energieskala ist durch die Kopplungskonstante J gegeben, so dass wir Energien in Einheiten von J und Temperaturen in Einheiten von J/k rechnen. In einer solchen Skalierung setzen wir zudem $\beta = 1/T$. Die Magnetisierung wird natürlicherweise in Einheiten von μ und Magnetfelder in Einheiten von J/μ genommen.

Im Hinblick auf die Existenz eines Phasenübergangs interessieren uns insbesondere zwei thermodynamische Größen, nämlich die spezifische Wärme

$$C = \frac{\partial \langle E \rangle}{\partial T} \tag{4.40}$$

und die magnetische Suszeptibilität

$$\chi = \left. \frac{\partial \langle M \rangle}{\partial H} \right|_{H=0} \tag{4.41}$$

bei verschwindendem äußerem Feld. Die Definition der spezifischen Wärme (4.40) ist in dieser Form dimensionslos, wenn wir C in Einheiten der Boltzmannkonstante k rechnen. Die magnetische Suszeptibilität (4.41) ist in Einheiten von μ^2/J zu nehmen.

Um die darin vorkommenden Erwartungswerte der Energie $\langle E \rangle$ und der Magnetisierung $\langle M \rangle$ definieren zu können, führen wir zunächst die Zustandssumme

$$Z = \sum_n \mathrm{e}^{-\beta(E_n - H M_n)} \tag{4.42}$$

ein. Hierbei ist über alle Konfigurationen n zu summieren, die jeweils durch die Gesamtheit der Spineinstellungen $\{s_i^{(n)}\}$ charakterisiert sind. Die dimensionslose Energie der Konfiguration n ist durch

$$E_n = - \sum_{\langle i,j \rangle} s_i^{(n)} s_j^{(n)} \tag{4.43}$$

gegeben und die zugehörige dimensionslose Magnetisierung lautet

$$M_n = \sum_i s_i^{(n)} . \tag{4.44}$$

Damit sind die Gleichgewichtserwartungswerte durch

$$\langle E \rangle = \frac{1}{Z} \sum_n E_n \mathrm{e}^{-\beta(E_n - H M_n)} \tag{4.45}$$

und

$$\langle M \rangle = \frac{1}{Z} \sum_n M_n \mathrm{e}^{-\beta(E_n - H M_n)} \tag{4.46}$$

definiert.

Die in (4.40) und (4.41) auftretenden Ableitungen numerisch zu bestimmen kann durchaus Schwierigkeiten bereiten, insbesondere dann, wenn die Ausgangsgröße schon mit einem signifikanten numerischen Rauschen behaftet ist. Daher ist es interessant, dass sich die beiden genannten Größen direkt aus Gleichgewichtserwartungswerten berechnen lassen, wie wir jetzt zeigen werden.

Zur Berechnung der spezifischen Wärme (4.40) leiten wir die mittlere Energie (4.45) nach der Temperatur ab, wobei wir beachten müssen, dass die Zustandssumme über die Abhängigkeit von β ebenfalls von der Temperatur abhängt. Für die Rechnung ist es günstig, die Ableitung nach T mit

$$\frac{\mathrm{d}}{\mathrm{d}T} = -\frac{1}{T^2}\frac{\mathrm{d}}{\mathrm{d}\beta} \tag{4.47}$$

in eine Ableitung nach β umzuschreiben. Das Auswerten der Ableitung ergibt dann

$$C = \frac{1}{T^2}\left(\langle E^2\rangle - \langle E\rangle^2\right) . \tag{4.48}$$

Das zweite Moment der Energie ist dabei analog zu (4.45) definiert, nur dass vor dem Exponentialfaktor die Energie E_n durch ihr Quadrat ersetzt werden muss.

Die magnetische Suszeptibilität erhält man gemäß (4.41) durch Ableiten nach dem Magnetfeld H, wobei man beachten muss, dass die Zustandssumme ebenfalls von H abhängt. Hier führt die Rechnung auf

$$\chi = \frac{1}{T}\left(\langle M^2\rangle - \langle M\rangle^2\right) . \tag{4.49}$$

Wenn wir uns nun für die spezifische Wärme und die magnetischen Suszeptibilität im feldfreien Fall interessieren, dürfen wir bei der Berechnung der Mittelwerte in (4.48) und (4.49) den magnetfeldabhängigen Term in der Zustandssumme (4.42) ignorieren. Dies ist der Fall, obwohl in der Definition (4.41) der magnetischen Suszeptibilität nach dem Magnetfeld abzuleiten ist. Die magnetische Suszeptibilität im feldfreien Fall beschreibt allerdings auch nur die lineare Antwort auf schwache Felder. Sie ist beispielsweise nicht in der Lage, das Phänomen der Hysterese zu erfassen.

Aus den Ergebnissen (4.48) und (4.49) für die spezifische Wärme bzw. die magnetische Suszeptibilität folgt, dass wir im feldfreien Fall lediglich Ausdrücke der Form

$$\sum_n a_n \mathrm{e}^{-\beta E_n} \tag{4.50}$$

auswerten müssen, wobei a_n die Energie (4.43), die Magnetisierung (4.44) oder eines der zugehörigen Quadrate ist. Die Berechnung der Zustandssumme stellt einen Spezialfall mit $a_n = 1$ dar.

Da die Anzahl der möglichen Spinkonfigurationen mit zunehmender Systemgröße exponentiell ansteigt, stehen wir also praktisch vor dem gleichen Problem wie in Abschn. 4.3. Wir versuchen daher, das Verfahren der Monte-Carlo-Integration für hochdimensionale Integrale zu übertragen und einen Weg zu finden, zumindest einen Teil der Spinkonfigurationen gemäß der durch den Boltzmannfaktor gegebenen Wahrscheinlichkeit zu erzeugen, um die benötigten Mittelwerte näherungsweise ausrechnen zu können. Dazu werden wir in den folgenden Abschnitten 4.4.2 und 4.4.3 zunächst den Metropolis-Algorithmus und anschließend den Wolff-Algorithmus kennenlernen.

4.4.2 Metropolis-Algorithmus

Bevor wir den Metropolis-Algorithmus formulieren und seine Funktionsweise untersuchen, wollen wir uns zunächst kurz ansehen, wie viele Zustände es als Funktion der Energie beim eindimensionalen Ising-Modell gibt. Die in Abb. 4.13 gezeigte Verteilung für ein Ising-Modell mit 200 Spins kann analytisch berechnet werden, da die Energie nur von der Zahl der Wände zwischen Bereichen unterschiedlicher Spinrichtung abhängt. Es genügt also, die Kombinatorik der Wandpositionen auf der Spinkette zu untersuchen. Wir wollen dies jedoch nicht weiter verfolgen, sondern die wesentlichen Eigenschaften der Verteilung in Abb. 4.13 ansprechen.

Zunächst einmal stellen wir fest, dass der weit überwiegende Anteil der Zustände bei der Energie null oder zumindest in der Nähe davon zu finden ist. Mit zunehmender Systemgröße wird die Spitze sogar noch ausgeprägter, aber schon bei 200 Spins existieren bei Energie null deutlich mehr als 10^{59} Zustände. Andererseits gibt es bei der niedrigsten Energie $E = -N$ nur zwei Zustände, nämlich diejenigen, bei denen alle Spins entweder in positiver oder negativer Richtung ausgerichtet sind. Bei der Berechnung thermischer Erwartungswerte von der Form (4.50) ist es also essentiell, dass wir die Summe nicht einfach durch eine gewisse Zahl beliebiger Spinkonfigurationen approximieren, da sonst der Bereich um Energie null deutlich überrepräsentiert wäre. Vielmehr ist es entscheidend, das Boltzmanngewicht in (4.50) zu reproduzieren, das Zustände bei niedrigen Energien bevorzugt, also die linke Seite der Verteilung in Abb. 4.13.

Am einfachsten lässt sich dies mit Hilfe des *Metropolis-Algorithmus* [7] realisieren. Hierbei wählt man zunächst einen beliebigen Ausgangszustand. Falls der Zustand gleichverteilt aus der Gesamtheit aller Zustände gezogen wird, wird seine Energie sehr wahrscheinlich in der Nähe von null liegen, wie wir bei der Diskussion der Abb. 4.13 gesehen haben. Anschließend erzeugt man eine Folge von Zuständen, eine sogenannte *Markow-Kette,* so dass die Energieverteilung dieser Zustände der Boltzmannverteilung gehorcht. Dazu wird

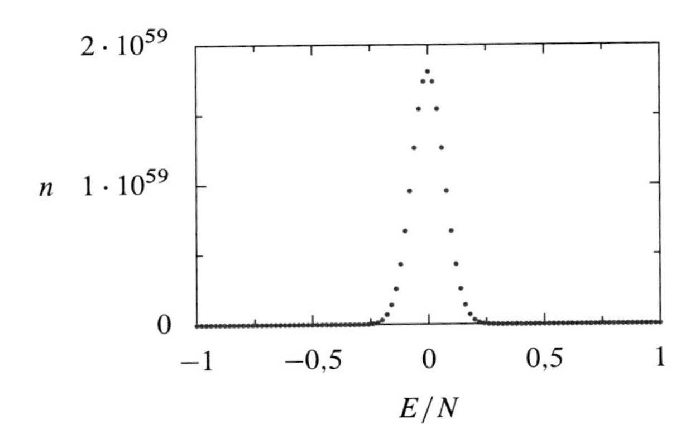

Abb. 4.13 Anzahl n der Zustände als Funktion der Energie E/N pro Spin für ein eindimensionales Ising-Modell mit 200 Spins

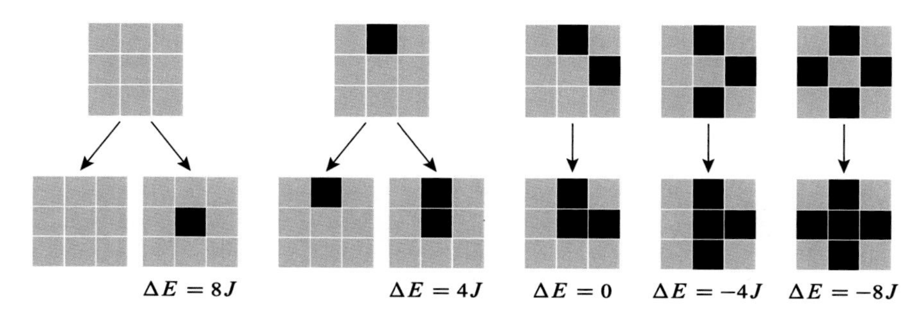

Abb. 4.14 Für ein ferromagnetisches Ising-Modell auf einem zweidimensionalen Quadratgitter gibt es für den Spin in der Mitte fünf wesentlich verschiedene Konfigurationen der Nachbarspins. In den ersten beiden Fällen findet das durch einen Wechsel von hellgrau zu schwarz angedeutete Umklappen des Spins nur mit einer gewissen Wahrscheinlichkeit statt, die durch die angegebene Energiedifferenz bestimmt ist. In den letzten drei Fällen ist die Energiedifferenz nicht positiv, so dass der mittlere Spin im Rahmen des Metropolis-Algorithmus immer umgeklappt wird

1. ein Spin zufällig ausgewählt,
2. die Energiedifferenz ΔE zwischen dem bisherigen Zustand und dem Zustand berechnet, der durch Umklappen des ausgewählten Spins entstehen würde,
3. eine gleichverteilte Zufallszahl zwischen 0 und 1 erzeugt
4. und schließlich der in Schritt 1 ausgewählte Spin umgeklappt, wenn diese Zufallszahl kleiner als $\exp(-\Delta E/T)$ ist. Andernfalls bleibt der Spin unverändert. Diese Bedingung ist automatisch erfüllt, wenn ΔE negativ ist, d. h. wenn der neue Zustand energetisch günstiger als der bisherige Zustand ist.

Dieser Ablauf wird dann hinreichend oft wiederholt. Näheres über die Zahl der erforderlichen Durchläufe werden wir bei der Diskussion der numerischen Ergebnisse besprechen.

In Abb. 4.14 sind für ein ferromagnetisches Ising-Modell auf einem zweidimensionalen Quadratgitter die fünf verschiedenen Szenarien für das Umklappen des Spins in der Mitte illustriert. Die mit dem Umklappen verknüpfte Energieänderung hängt von den Spineinstellungen der vier benachbarten Spins ab. In den linken beiden Fällen ist die Energieänderung positiv, und ein Umklappen kann gemäß Schritt 4 nur mit der dort angegebenen temperaturabhängigen Wahrscheinlichkeit auftreten. In den drei Fällen rechts ist die Energieänderung nicht positiv, so dass es immer zu einem Umklappen des Spins kommt.

Um zu zeigen, dass mit diesem Algorithmus tatsächlich die gewünschte Wahrscheinlichkeitsverteilung erzeugt wird, betrachten wir die Gesamtheit der 2^N möglichen Spinzustände und die Wahrscheinlichkeiten für Übergänge zwischen ihnen. Übergänge sind nur zwischen Zuständen i und j möglich, die sich maximal um einen umgeklappten Spin unterscheiden. Die Wahrscheinlichkeit, dass dieser Spin im Schritt 1 des Metropolis-Algorithmus ausgewählt wurde, beträgt $1/N$. Damit ergibt sich für die Übergangswahrscheinlichkeit zwischen zwei Zuständen i und j, die sich nur in der Ausrichtung eines einzigen Spins unterscheiden

$$\Gamma_{i\to j} = \frac{1}{N}\begin{cases} 1 & \text{für } E_i > E_j \\ \exp\left(-\frac{E_j - E_i}{T}\right) & \text{für } E_i \leq E_j\,. \end{cases} \tag{4.51}$$

Ist der Endzustand j energetisch günstiger als der Anfangszustand i, so findet der Übergang demnach auf jeden Fall statt. Ist der Endzustand dagegen energetisch ungünstiger, so findet der Übergang von Zustand i nach Zustand j gemäß Schritt 4 des Metropolis-Algorithmus nur mit der Wahrscheinlichkeit $\exp(-\Delta E/T)$ mit $\Delta E = E_j - E_i$ statt. Die Wahrscheinlichkeit, dass der Zustand i erhalten bleibt, ergibt sich aus der Bedingung, dass auf jeden Fall ein Endzustand erreicht werden muss, zu

$$\Gamma_{i\to i} = 1 - \sum_{j\neq i}\Gamma_{i\to j}\,. \tag{4.52}$$

Damit haben wir sämtliche Übergangswahrscheinlichkeiten und könnten damit eine Mastergleichung formulieren, wie wir sie aus Abschn. 4.1.2 kennen. Für unsere Zwecke genügt es aber, uns davon zu überzeugen, dass die stationäre Verteilung durch eine Boltzmannverteilung gegeben ist.

Die stationäre Lösung ist dadurch gegeben, dass sich für jeden Zustand i die Zuflüsse aus anderen Zuständen j die Waage halten mit Abflüssen vom Zustand i in alle anderen Zustände j. Die Gleichgewichtsverteilung $p(i)$ ist also durch

$$\sum_j p(i)\Gamma_{i\to j} = \sum_j p(j)\Gamma_{j\to i} \tag{4.53}$$

bestimmt. Für die Übergangswahrscheinlichkeiten (4.51) gilt sogar die schärfere Bedingung

$$p(i)\Gamma_{i\to j} = p(j)\Gamma_{j\to i}\,, \tag{4.54}$$

bei der die Übergänge zwischen allen Zustandspaaren i und j ausgeglichen sind. Man spricht in diesem Fall von einem *detaillierten Gleichgewicht.* Um die physikalische Bedeutung des detaillierten Gleichgewichts zu verstehen, betrachtet man das Verhältnis der stationären Besetzungswahrscheinlichkeiten, das sich aus (4.54) zu

$$\frac{p(i)}{p(j)} = \frac{\Gamma_{j\to i}}{\Gamma_{i\to j}} \tag{4.55}$$

ergibt. Damit die im Vergleich zu (4.53) schärfere Bedingung (4.54) tatsächlich gilt, muss gewährleistet sein, dass

$$\frac{p(i)}{p(j)} = \frac{p(i)}{p(k)}\frac{p(k)}{p(j)} \tag{4.56}$$

gilt. Unter Verwendung von (4.55) ergibt sich daraus die Forderung

$$\Gamma_{i \to k} \Gamma_{k \to j} \Gamma_{j \to i} = \Gamma_{i \to j} \Gamma_{j \to k} \Gamma_{k \to i} \,. \tag{4.57}$$

Bei einem geschlossenen Weg über drei oder auch mehr Zustände muss das Produkt der Übergangswahrscheinlichkeiten demnach unabhängig von der Umlaufrichtung sein. Dies ist für die Übergangswahrscheinlichkeiten (4.51) der Fall und somit ist die stationäre Lösung gemäß (4.51) und (4.55) tatsächlich wie gewünscht durch die Boltzmannverteilung gegeben.

Da der Metropolis-Algorithmus dafür sorgt, dass im Laufe der Zeit alle Spins aktualisiert werden, kann man seine Ergodizität zeigen. Das bedeutet, dass auch die Abfolge von Zuständen der Markow-Kette, die durch den Algorithmus erzeugt wird, der Boltzmannverteilung genügt.

Um eine intuitive Vorstellung für die Änderung der Spins entlang der Markow-Kette zu gewinnen, ist es sinnvoll, die beiden Grenzfälle sehr hoher und sehr niedriger Temperatur zu betrachten. Für $T \to \infty$ geht die Grenze $\exp(-\Delta E/T)$ im Schritt 4 des Metropolis-Algorithmus gegen eins. In diesem Fall wird der ausgewählte Spin also immer umgeklappt und Domänen werden sich daher allenfalls zufällig bilden können. Für $T \to 0$ dagegen geht die selbe Grenze gegen null. Dann wird der Spin nur umgeklappt, wenn der dadurch erzeugte Zustand energetisch günstiger ist. Wenn wir uns nochmals die in Abb. 4.14 dargestellten Übergänge vor Augen führen, sehen wir, dass sich damit alle Spins im Laufe der Zeit in die gleiche Richtung ausrichten.

Dies hat jedoch zur Konsequenz, dass bei tiefen Temperaturen das Umklappen eines Spins nur sehr selten vorkommen kann und einmal gebildete Domänen äußerst stabil sind. Es erfordert dann unzählige Iterationsschritte, um eine bestimmte Domänenstruktur durch eine andere, ähnlich wahrscheinliche Struktur zu ersetzen. Erst jedoch, wenn die Markow-Kette der erzeugten Zustände die relevanten Zustände hinreichend gut repräsentiert, liefern die daraus gewonnenen Mittelwerte eine gute Näherung für die exakten Werte. Für tiefe Temperaturen konvergieren die mit Hilfe des Metropolis-Algorithmus berechneten physikalischen Größen also nur sehr langsam, wie wir am Beispiel des eindimensionalen Ising-Modells in Abschn. 4.4.5 genauer sehen werden. Dieses Problem wird durch den Wolff-Algorithmus behoben, der im nächsten Abschnitt beschrieben wird und bei dem sich die Aktualisierung der Spinkonfiguration nicht auf einzelne Spins beschränkt.

4.4.3 Wolff-Algorithmus

Im Gegensatz zum Metropolis-Algorithmus, der in einem Schritt höchstens einen einzelnen Spin umdreht, invertiert der *Wolff-Algorithmus* [8] in einem Einzelschritt einen ganzen Cluster benachbarter Spins. Der Algorithmus selbst lässt sich in mehrere Teilschritte unterteilen:

1. Es wird einer der Spins zufällig ausgewählt. Dieser Spin bildet den Ausgangscluster, der also nur aus einem Spin besteht.

2. Alle nächsten Nachbarn des ausgewählten Spins werden einer To-do-Liste hinzugefügt, sofern sie die gleiche Ausrichtung wie der erste Spin besitzen.
3. Aus der To-do-Liste wird ein Spin entnommen und mit der Wahrscheinlichkeit

$$p = 1 - e^{-2\beta} \tag{4.58}$$

dem Cluster hinzugefügt. Dazu wird wie beim Metropolis-Algorithmus eine Zufallszahl zwischen null und eins gezogen. Ist diese Zahl kleiner als p, so wird der Spin dem Cluster hinzugefügt, ansonsten nicht.
4. Für jeden in Schritt 3 neu hinzugekommenen Spin werden wieder alle Nachbarspins, deren Orientierung mit der des Ausgangsspins übereinstimmt und die noch nicht zum Cluster gehören, der To-do-Liste hinzugefügt.
5. So lange die To-do-Liste nicht leer ist, wird mit Schritt 3 fortgefahren. Ansonsten ist die Bestimmung des Clusters abgeschlossen.
6. Abschließend werden alle Spins des so gefundenen Clusters invertiert.

Wir verzichten darauf, die Korrektheit dieses Algorithmus zu zeigen und betrachten stattdessen die beiden Grenzfälle $T \to \infty$ und $T \to 0$. Bei sehr hohen Temperaturen geht die inverse Temperatur β gegen null, womit die Wahrscheinlichkeit (4.58) verschwindet. Da dem Ausgangscluster somit keine Spins hinzugefügt werden, wird jeweils nur der im Schritt 1 gewählte Ausgangsspin umgeklappt.

Im Grenzfall verschwindender Temperatur geht β gegen unendlich und die Wahrscheinlichkeit (4.58) geht gegen 1. Damit werden die in den Schritten 2 und 4 gefundenen Nachbarspins mit gleicher Ausrichtung immer zum Cluster hinzugefügt. Der Prozess kommt erst zum Stillstand, wenn der Cluster die gesamte Domäne umfasst, da es dann keine Nachbarspins mit gleicher Ausrichtung mehr gibt. Durch das Umklappen der gesamten Domäne wird diese Teil der umgebenden Domänen mit ursprünglich entgegengesetzter Orientierung, und es entsteht eine größere Domäne. Die Domänen wachsen also, bis es am Ende nur noch eine einzige Domäne gibt, die alle betrachteten Spins umfasst.

Im Gegensatz zum Metropolis-Algorithmus wird beim Wolff-Algorithmus in jedem Schritt mindestens ein Spin umgeklappt und bei tiefen Temperaturen, bei denen sich große Domänen bilden, ist dies sogar für sehr viele Spins der Fall. Das unterschiedliche Verhalten für höhere und niedrigere Temperaturen ist in Abb. 4.15 illustriert. Links ist der Ausgangszustand auf einem 11×11-Gitter dargestellt, wobei schwarze und hellgraue Kästchen unterschiedliche Spineinstellungen bedeuten. In der anschließenden oberen Zeile wird ein Wolff-Iterationsschritt für eine höhere Temperatur mit $T = 4$ durchgeführt, während die Temperatur in der unteren Zeile mit $T = 2$ deutlich niedriger ist.

Der Wolff-Schritt beginnt bei dem blau markierten Spin, dessen Einstellung auf jeden Fall geändert wird. Grün dargestellt sind Spins, die in den Cluster aufgenommen werden, dessen Spineinstellung ebenfalls geändert werden soll. Orange sind benachbarte Gitterplätze des Clusters gezeigt, deren Spin vom Ausgangsspin verschieden ist und damit nicht Bestandteil des Clusters werden können. Rot schließlich sind Gitterplätze dargestellt, bei denen ein Umklappen des Spins aufgrund der vorgegebenen Wahrscheinlichkeit (4.58) und der erhaltenen Zufallszahl ausgeschlossen

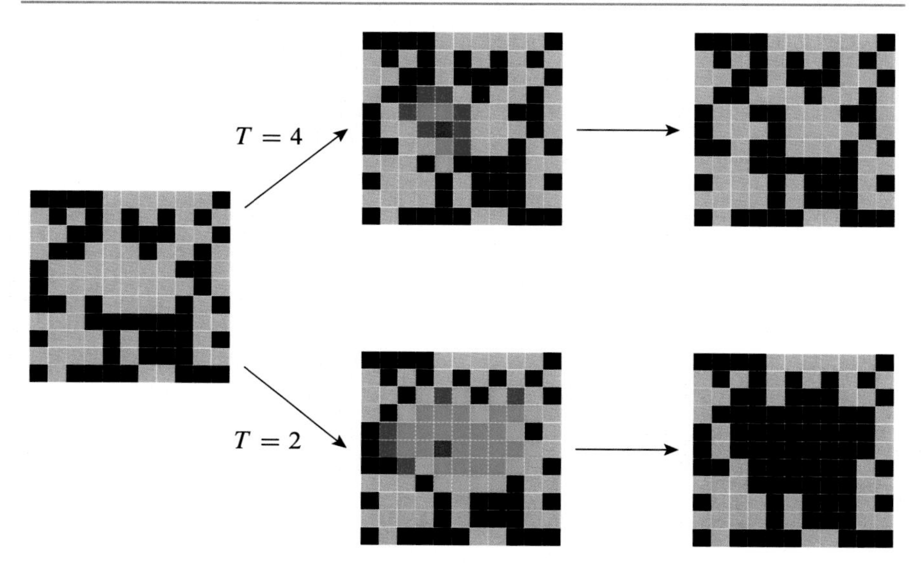

Abb. 4.15 Wolff-Schritt für zwei Temperaturen $T = 2$ (unten) und 4 (oben). Der Ausgangszustand ist links dargestellt, während die Endzustände rechts dargestellt sind. Schwarze und hellgraue Kästchen bedeuten entgegengesetzte Spineinstellungen. Die farbige Darstellung in der mittleren Abbildung bezieht sich auf die Behandlung des betreffenden Gitterplatzes bei der Wolff-Iteration und ist im Text genauer erklärt

wurde. Diese Situation kommt bei hohen Temperaturen relativ häufig vor, so dass die Größe des Clusters deutlich kleiner ist als bei der tieferen Temperatur. Der Spinzustand des Gitters nach dem Wolff-Iterationsschritt ist jeweils ganz rechts gezeigt.

In unserem Beispiel umfasst der Cluster, dessen Spins umgeklappt werden, bei der höheren Temperatur lediglich vier Spins. Bei der tieferen Temperatur enthält der Cluster immerhin 22 Spins, ist also erheblich größer. Daraus wird nochmals deutlich, wie die Bildung größerer Cluster gleicher Spinausrichtung bei tieferen Temperaturen mit dem Wolff-Algorithmus effizienter durchgeführt werden kann als mit dem Metropolis-Algorithmus. Dies gilt selbst, wenn man bedenkt, dass die Durchführung eines Wolff-Iterationsschritts aufwändiger ist als die eines Metropolis-Iterationsschritts.

4.4.4 Numerische Implementation

☞ `4-04-Ising-Modell.ipynb`

Nachdem wir in den vorigen Abschnitten die benötigten theoretischen Grundlagen besprochen haben, können wir nun die beiden vorgestellten Algorithmen implementieren. Dabei werden wir darauf achten, dass der Code nicht spezifisch für eindimensionale Gitter ist, sondern sich auch auf mehrdimensionale quadratische Gitter anwenden lässt. Die Ergebnisse werden wir dann jedoch separat für eine Dimension im nächsten Abschnitt und für zwei Dimensionen im übernächsten Abschnitt diskutieren.

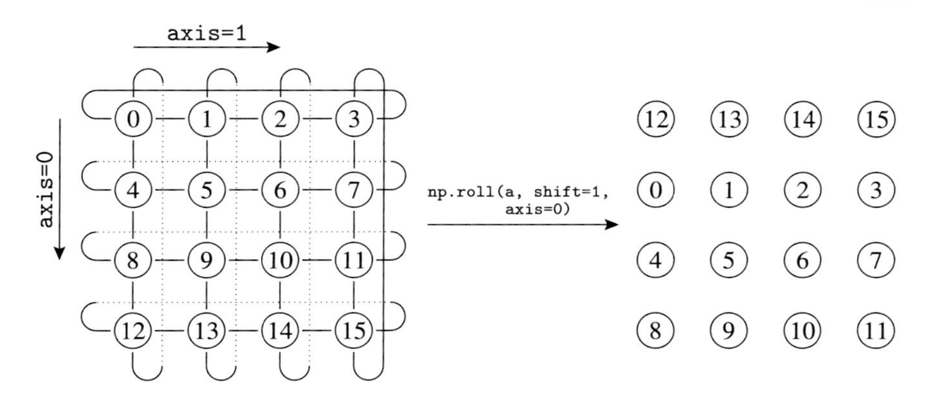

Abb. 4.16 Nummerierung eines zweidimensionalen Gitters und Bestimmung von nächsten Nachbarn durch Anwendung von `np.roll` auf das Indexarray a

Sowohl bei der Berechnung der Energie als auch bei der Konstruktion der Cluster beim Wolff-Algorithmus müssen wir für einen gegebenen Gitterplatz wissen, welche Gitterplätze nächste Nachbarn sind. Wir wollen uns daher zunächst mit der Bestimmung der nächsten Nachbarn beschäftigen. Da der eindimensionale Fall für unsere Zwecke zu speziell ist, sehen wir uns zunächst die Nachbarschaftsverhältnisse im zweidimensionalen Quadratgitter an. In Abb. 4.16 ist links beispielhaft ein 4×4-Gitter dargestellt, dessen Gitterplätze von links oben nach rechts unten durchnummeriert sind. Im Innern des Gitters hat jeder Gitterplatz vier nächste Nachbarn. Am Rand ist das weniger offensichtlich und in der Tat hat man hier eine Wahl. Man kann das Gitter dort enden lassen. Dann hätte der Gitterplatz 3 in unserem Beispiel nur zwei nächste Nachbarn, nämlich die Gitterplätze 2 und 7. Alternativ kann man periodische Randbedingungen verwenden. Dabei wird, wie in Abb. 4.16 links angedeutet, das Gitter am rechten Ende mit der linken Seite fortgesetzt und entsprechend das obere mit dem unteren Ende verbunden. Auf diese Weise vermeidet man gerade bei kleinen Gittern unerwünschte Randeffekte. Daher werden wir periodische Randbedingungen verwenden, die zudem den Vorteil haben, dass alle Gitterpunkte die gleiche Anzahl nächster Nachbarn besitzen.

Es stellt sich nun die Frage, wie man die Indizes der nächsten Nachbarn bestimmen kann. Eine Möglichkeit besteht darin, den Index in zwei Indizes zu zerlegen, die die Zeile und die Spalte angeben. Gitterplatz 9 wäre dann in Zeile 2 und Spalte 1, wenn die Zählung, wie in Python üblich, bei null beginnt. Diese Zerlegung lässt sich mit Hilfe der Python-Funktion `divmod`, die eine Ganzzahldivision und eine Moduloperation ausführt, bewerkstelligen. Leichter auf höhere Dimensionen verallgemeinern lässt sich die Bestimmung der nächsten Nachbarn jedoch, wenn wir die `roll`-Funktion von NumPy verwenden.

Dazu werden wir uns gleich ein Index-Array erstellen, das wir in die Form eines zweidimensionalen quadratischen Arrays bringen. `roll` verschiebt dann die Einträge entlang der im Argument `axis` angegebenen Achse um eine Anzahl von Einträgen, die durch `shift` spezifiziert ist. Wenn wir die Operation entlang der Achse 0, also der vertikalen Achse, ausführen und um `shift=1` verschieben, erhalten wir die rechts in

Abb. 4.16 dargestellten Einträge. Da, wo zuvor beispielsweise der Index 3 stand, steht jetzt der Index 15, der unter Berücksichtigung der periodischen Randbedingungen dem oberen Nachbarn entspricht. Die jeweils unteren Nachbarn erhalten wir mit `shift=-1`. Für die linken und rechten Nachbarn rotieren wir in Richtung der Achse 1. Entsprechend können wir auch bei höherdimensionalen Gittern, insbesondere aber auch beim eindimensionalen Gitter vorgehen.

Nach diesen Vorüberlegungen können wir uns die Funktion `neighbours` ansehen. Als Argumente erhält sie die Zahl der Gitterplätze entlang einer Kante in `size`, wobei wir annehmen, dass diese Zahl in allen Richtungen gleich ist, sowie die Dimension des Gitters in `dimension`. Das Ergebnis soll ein Array sein, das zu jedem Gitterplatz in einer entsprechenden Anzahl von Spalten die Indizes der nächsten Nachbarn enthält.

```
def neighbours(size, dimension):
    neighbour = np.empty((size**dimension, 2*dimension),
                         dtype=int)
    index_shape = (size,)*dimension
    index = np.arange(size**dimension).reshape(index_shape)
    column = 0
    for axis in range(dimension):
        for shift in (-1, 1):
            neighbour[:, column] = np.roll(index, shift,
                                           axis=axis
                                           ).flatten()
            column = column + 1
    return neighbour
```

Zunächst erzeugen wir ein leeres Array `neighbour`, das in der Achse 0 eine Ausdehnung hat, die der Zahl `size**dimension` der Gitterplätze entspricht, und in der Achse 1 Platz für `2*dimension` Indizes der nächsten Nachbarn lässt. Im Fall eines zweidimensionalen Gitters hätten wir also vier Spalten. Da die Indizes ganze Zahlen sind, wählen wir den `dtype` entsprechend.

Um ein zunächst eindimensionales Array von Indizes in die Form des für das Rotieren benötigten mehrdimensionalen Arrays bringen zu können, konstruieren wir uns ein Tupel `index_shape` mit einer durch die gewünschte Dimension bestimmten Anzahl von Einträgen. Das hier verwendete Vorgehen mit Hilfe einer Multiplikation hatten wir bereits in Abschn. 4.3 bei der Konstruktion der Integrationsgrenzen eines mehrdimensionalen Integrals kennengelernt, wobei es keinen wesentlichen Unterschied macht, dass wir dort eine Liste konstruiert haben und jetzt ein Tupel benötigen.

Nun können wir das Index-Array `index` in die gewünschte Form bringen und in alle Richtungen um ± 1 verschieben. Dabei läuft ein Zähler `column` mit, um die Indizes der nächsten Nachbarn der richtigen Spalte zuzuweisen. Da wir hierfür ein eindimensionales Array benötigen, müssen wir das rotierte, im Allgemeinen mehrdimensionale Array mit Hilfe der `flatten`-Methode entsprechend umwandeln.

Der erste Schritt für die Erzeugung von Spinkonfigurationen, gleichgültig ob mit Hilfe des Metropolis- oder des Wolff-Algorithmus, besteht in der Festlegung eines Anfangszustands. Wir wählen dazu für jeden Spin zufällig eine der beiden Orientierungen -1 oder $+1$ aus.

```
rng = np.random.default_rng(123456)

def initial_state(n_spins, neighbour):
    state = rng.choice((-1, 1), size=n_spins)
    magnetization = np.sum(state)
    sum_nbr_spins = np.sum(state[neighbour], axis=1)
    energy = -np.sum(state*sum_nbr_spins)/2
    return state, energy, magnetization
```

Zur späteren Berechnung der spezifischen Wärme und der magnetischen Suszeptibilität benötigen wir die Energie E und die Magnetisierung M der jeweiligen Spinkonfigurationen. Selbst wenn wir zur Mittelwertbildung eventuell nur einen Teil dieser Konfigurationen heranziehen werden, ist es sinnvoll, Energie und Magnetisierung schon für den Ausgangszustand zu bestimmen. Dann genügt es, im weiteren Verlauf lediglich Änderungen von Energie und Magnetisierung zu berechnen, um die entsprechenden Werte aktualisieren zu können.

Die Magnetisierung ergibt sich einfach als Summe über alle Spinorientierungen, die im Array `state` vorliegen. Den Ausdruck (4.38) für die Energie, den wir hier ohne Magnetfeld, also für $H = 0$, verwenden, können wir auswerten, indem wir zunächst für alle Spins die Summe `sum_nbr_spins` über die Orientierungen der nächsten Nachbarn bilden. Anschließend müssen wir dann mit der Orientierung des jeweiligen zentralen Spins multiplizieren und über alle Spins summieren. Da dabei jedes Spinpaar doppelt berücksichtigt wird, muss das Ergebnis noch durch zwei geteilt werden.

Nach diesen Vorarbeiten können wir uns den Implementationen des Metropolis- und des Wolff-Algorithmus zuwenden, die im Notebook durch zwei Generatorfunktionen `metropolis_generator` und `wolff_generator` realisiert sind. Die Funktionsweise von Generatorfunktionen oder auch kurz Generatoren ist im Anhang 6.2.9 genauer erläutert. Kurz gesagt handelt es sich um Funktionen, die nicht wie üblich nach der Abarbeitung des Codes verlassen werden, sondern mit Hilfe der `yield`-Anweisung ein Ergebnis zurückgeben können und an dieser Stelle auf das Signal zur weiteren Durchführung des Codes warten. Dadurch bleiben die lokalen Variablen wie zum Beispiel die übergebenen Parameter oder das Array mit den Indizes der nächsten Nachbarn erhalten.

Beginnen wir mit der Generatorfunktion zum Metropolis-Algorithmus.

```
def metropolis_generator(size, dimension, beta, full=False):
    n_spins = size**dimension
    neighbour = neighbours(size, dimension)
    state, energy, magnetization = initial_state(n_spins,
                                                 neighbour)
    while True:
        if full:
            yield state, energy, magnetization
        else:
            yield energy, magnetization
        n_spin = rng.choice(n_spins)
        sum_nbr_spins = np.sum(state[neighbour[n_spin, :]])
        delta_e = 2*state[n_spin]*sum_nbr_spins
        if (delta_e < 0
                or rng.uniform() < exp(-beta*delta_e)):
            state[n_spin] = -state[n_spin]
            energy = energy + delta_e
            magnetization = magnetization + 2*state[n_spin]
```

Neben der Zahl der Spins `size`, die in jeder Richtung gleich sein soll, und der Dimension `dimension` des Gitters sowie der inversen Temperatur `beta` haben wir noch einen optionalen Parameter `full` vorgesehen, der, sofern beim Aufruf nicht anders spezifiziert, den Wert `False` besitzt. Mit diesem Parameter lässt sich vorgeben, ob das eventuell recht große Array mit der aktuellen Spinkonfiguration zurückgegeben werden soll oder nicht. Falls wir nur an der Energie und der Magnetisierung interessiert sind, können wir das Argument `full` einfach auf seinem Defaultwert belassen, indem wir es beim Aufruf nicht angeben.

Nach der Berechnung der Gesamtzahl der Spins sowie der Bestimmung der nächsten Nachbarn erzeugen wir den Ausgangszustand des Spingitters durch Aufruf der Funktion `initial_state`, die auch die zugehörige Energie und Magnetisierung bestimmt. Direkt danach beginnt eine Endlosschleife, die beim ersten Durchlauf mittels der `yield`-Anweisung je nach Wert des Parameters `full` den Anfangszustand und auf jeden Fall die Werte der Energie und der Magnetisierung zurückgibt. An dieser Stelle wartet die Generatorfunktion auf eine Aufforderung, um mit dem folgenden Code einen Metropolis-Schritt auszuführen.

Dazu wird zunächst mit Hilfe von `rng.choice` ein zufälliger Spinindex zwischen `0` und `n_spins-1` erzeugt. Um entscheiden zu können, ob der ausgewählte Spin umgeklappt werden soll oder nicht, wird anschließend der damit verbundene Energieunterschied `delta_e` berechnet. Ist diese Energiedifferenz negativ, so wird der Spin in jedem Fall umgeklappt. Andernfalls entscheidet die Zufallszahl `rng.uniform()` darüber, ob der Spin umgeklappt wird oder nicht.

Den ersten Teil der Bedingung hätte man im Prinzip weglassen können, da die zweite Bedingungen für eine negative Energieänderung auf jeden Fall erfüllt ist. Dennoch ist es sinnvoll, die Abfrage, ob `delta_e` negativ ist, vorzuschalten. Ist das Ergebnis wahr, so wird Python den Rest der Oder-Verknüpfung nicht mehr ausführen, da sich am Resultat nichts mehr ändern wird. Dadurch spart man zum einen die

Rechenzeit für die Bestimmung einer Zufallszahl und die Auswertung der Exponentialfunktion. Zum anderen kann es vor allem bei tiefen Temperaturen bei negativen Werten von `delta_e` zu einem Überlaufen der Exponentialfunktion kommen, das somit vermieden wird.

Nachdem Zustand, Energie und Magnetisierung aktualisiert wurden, wird die Endlosschleife an ihrem Beginn mit der bereits besprochenen Rückgabe der Ergebnisse fortgesetzt. Dort erfolgt ein Wiedereinstieg, wenn die nächsten Werte von der Generatorfunktion angefordert werden.

Für den Wolff-Algorithmus muss im Wesentlichen der Codeteil nach den `yield`-Anweisungen angepasst werden, der nun zwar etwas komplexer wird, letztlich aber nur die sechs in Abschn. 4.4.3 beschriebenen Schritte umsetzt.

```
def wolff_generator(size, dimension, beta, full=False):
    n_spins = size**dimension
    neighbour = neighbours(size, dimension)
    p_limit = 1-exp(-2*beta)
    state, energy, magnetization = initial_state(n_spins,
                                                  neighbour)
    while True:
        if full:
            yield state, energy, magnetization
        else:
            yield energy, magnetization
        n_start = rng.choice(n_spins)
        to_do = {n_start}
        cluster = {n_start}
        state[n_start] = -state[n_start]
        while to_do:
            n_spin = to_do.pop()
            for nbr in neighbour[n_spin, :]:
                if (state[nbr] != state[n_spin]
                        and np.random.uniform() < p_limit):
                    to_do.add(nbr)
                    cluster.add(nbr)
                    state[nbr] = -state[nbr]
        delta_m = 2*state[n_start]*len(cluster)
        magnetization = magnetization + delta_m
        delta_e = 0
        for n_spin in cluster:
            sum_nbr_spins = 0
            for n_nbr_spin in neighbour[n_spin, :]:
                if n_nbr_spin not in cluster:
                    sum_nbr_spins += state[n_nbr_spin]
            delta_e = delta_e - 2*state[n_spin]*sum_nbr_spins
        energy = energy + delta_e
```

Zuerst wählen wir zufällig den Spin aus, der den Ausgangspunkt für den umzuklappenden Cluster darstellt. Der zugehörige Index wird in zwei Sets gespeichert, da

Sets im Vergleich zu Listen beim Hinzufügen und Entfernen von Elementen effizienter sind. Das Set `to_do` umfasst die To-do-Liste mit allen Spins, deren Nachbarn daraufhin überprüft werden müssen, ob sie dem Cluster hinzugefügt werden sollen oder nicht. Im Set `cluster` werden alle Indizes der Spins gesammelt, die zum Cluster gehören werden. Anschließend klappen wir gleich noch den Ausgangsspin um. Dadurch lässt sich im weiteren Verlauf des Clusteraufbaus auch ohne Betrachtung des Sets `cluster` leicht sicherstellen, dass dieser Spin nicht noch einmal behandelt wird.

In der darauffolgenden `while`-Schleife wird die To-do-Liste abgearbeitet, wobei ausgenutzt wird, dass nur ein leeres Set dem Wahrheitswert `False` entspricht. Mit Hilfe der `pop`-Methode wird ein Spinindex aus dem `to_do`-Set ausgewählt und von dort entfernt. Anschließend werden die nächsten Nachbarn des ausgewählten Spins untersucht und dem Cluster hinzugefügt, sofern zwei Bedingungen erfüllt sind. Zum einen muss der hinzuzufügende Spin eine andere Orientierung als der bereits umgeklappte Anfangsspin haben und zum anderen muss eine zufällig zwischen null und eins gewählte Zahl kleiner als der temperaturabhängige Wert `p_limit` sein. Die erste Bedingung schließt sowohl Spins aus, die zu Beginn des Wolff-Schritts die falsche Orientierung hatten, als auch solche, die zuvor dem Cluster hinzugefügt wurden und deswegen bereits umgeklappt wurden. Wenn die beiden Bedingungen erfüllt sind, wird der Spin sowohl dem Cluster als auch der To-do-Liste hinzugefügt und anschließend umgeklappt. Bei einem Durchlauf der `while`-Schleife kann der Umfang der To-do-Liste also sowohl abnehmen als auch zunehmen oder gleich bleiben.

Nachdem die To-do-Liste vollständig abgearbeitet wurde, müssen noch die neuen Werte für die Energie und die Magnetisierung bestimmt werden. Die Änderung der Magnetisierung ergibt sich aus der Anzahl der umgeklappten Spins, also der Größe des Clusters, und dem Wert der Spins nach dem Umklappen. Bei der Berechnung der Energieänderung muss man alle Spinpaare betrachten, bei denen ein Spin innerhalb und einer außerhalb des Clusters liegt. Nur in diesen Fällen ändert sich die Energie durch das Umklappen des Clusters.

Bei der Untersuchung des Ising-Modells wird es sinnvoll sein, die Zahl von Iterationsschritten zwischen zwei Datenpunkten äquidistant auf einer logarithmischen Skala zu wählen. Ausgehend von logarithmisch äquidistanten ganzen Zahlen zwischen den vorgegebenen Grenzen kann man auch hier wieder eine Generatorfunktion definieren, die im Folgenden abgedruckt ist und die Zahl der erforderlichen Iterationen bis zum nächsten Datenpunkt auf Anforderung zurückgibt.

```
def logarithmic_niters(log_n_steps_min, log_n_steps_max,
                       n_values):
    n_done = 0
    for n in np.logspace(log_n_steps_min, log_n_steps_max,
                         n_values, dtype=int):
        if n_done < n:
            yield n-n_done
            n_done = n
```

Im Jupyter-Notebook zum Ising-Modell kann mit Hilfe eines Widgets zwischen dem Metropolis- und dem Wolff-Algorithmus gewählt werden. Die Zuordnung zu den entsprechenden Generatorfunktionen erfolgt dabei über ein Dictionary.

```
algorithms = {"Metropolis": metropolis_generator,
              "Wolff": wolff_generator}
```

Die Anwendung ist im folgenden Code in der zweiten Zeile des Codeblocks der Funktion `thermo_values_development` zu sehen. Diese Funktion verwendet die `next`-Funktion, um die Ausführung der Generatorfunktion bis zum nächsten `yield` zu veranlassen. Eine Alternative hierzu ist in der hier nicht abgedruckten Funktion `state_evolution` zu sehen. Beide Vorgehensweisen sind auch im Abschn. 6.2.9 anhand einfacher Beispiele illustriert.

```
thermo_values_keys = ("n_steps", "energy", "magnetization",
                      "e_sum", "e2_sum", "m_sum", "m2_sum")
ThermoValues = namedtuple("ThermoValues",
                          thermo_values_keys)

def thermo_values_development(size, dimension, beta,
                              algorithm, n_init, n_iters,
                              absmagn):
    state = algorithms[algorithm](size, dimension, beta)
    for n in range(n_init):
        next(state)
    thermo_values = defaultdict(list)
    n_steps = 0
    e_sum = 0
    e2_sum = 0
    m_sum = 0
    m2_sum = 0
    for n_todo in n_iters:
        for n in range(n_todo):
            energy, magnetization = next(state)
            e_sum = e_sum + energy
            e2_sum = e2_sum + energy**2
            if absmagn:
                magnetization = abs(magnetization)
            m_sum = m_sum + magnetization
            m2_sum = m2_sum + magnetization**2
        n_steps = n_steps + n_todo
        for k in thermo_values_keys:
            value = locals()[k]
            if k in ("e_sum", "e2_sum", "m_sum", "m2_sum"):
```

```
                value = value / n_steps
            thermo_values[k].append(value)
    for k in thermo_values_keys:
        thermo_values[k] = np.array(thermo_values[k])
    return ThermoValues(**thermo_values)
```

Dieser Code enthält noch einige weitere erwähnenswerte Aspekte, die damit zusammenhängen, dass die Funktion `thermo_values_development` sieben Werte in strukturierter Weise zurückgeben soll. Dazu wird hier ein *namedtuple* aus dem `collections`-Modul der Python-Standardbibliothek verwendet, das wir bereits im Abschn. 3.6 kurz erwähnt hatten. In den ersten vier Zeilen des obigen Codes definieren wir dazu das *namedtuple* `ThermoValues`, das die in `thermo_values_keys` aufgeführten Attribute besitzen soll. Um das *namedtuple* am Ende befüllen zu können, sammeln wir die Ergebnisse zunächst in einem Dictionary, dessen Schlüssel den Attributnamen entsprechen und denen Listen zugeordnet sind. Die Anweisung `defaultdict(list)` sorgt dafür, dass ein neuer Eintrag im Dictionary zunächst automatisch eine leere Liste als Wert besitzt. `defaultdict` ist ebenfalls im `collections`-Modul der Python-Standardbibliothek zu finden. Um den Wert zu einem Attributnamen, der uns ja nur als Zeichenkette vorliegt, zu erhalten, verwenden wir das Dictionary `locals()`, das die gesuchten Werte enthält. Für die Berechnung von Mittelwerten müssen wir noch vier der sieben Werte durch die bisher durchgeführte Zahl von Iterationsschritten dividieren. Da wir die Ergebnisse für die weitere Verwendung in Form von NumPy-Arrays benötigen, führen wir am Ende noch eine entsprechende Umwandlung durch. In der letzten Zeile wird das Dictionary `thermo_values` schließlich durch Angabe der beiden Sterne entpackt, um die Attribute des *namedtuple* `ThermoValues` zu befüllen und es als Ergebnis der Funktion zu übergeben.

4.4.5 Ergebnisse zum eindimensionalen Ising-Modell

☞ `4-04-Ising-Modell.ipynb`

Im Jupyter-Notebook zum Ising-Modell werden der ein- und der zweidimensionale Fall so weit wie möglich parallel behandelt. Da sich die beiden Fälle aber wesentlich dadurch unterscheiden, dass in zwei Dimensionen ein Phasenübergang auftritt, werden wir die Ergebnisse separat diskutieren und beginnen zunächst mit dem eindimensionalen Ising-Modell.

Der eindimensionale Fall bietet den Vorteil, dass sich eine Folge von Spinkonfigurationen noch leicht graphisch darstellen lässt. Wir nutzen daher zunächst diese Möglichkeit, um zu untersuchen, wie die Entwicklung der Spinkonfiguration von der Temperatur und dem verwendeten Algorithmus abhängt.

In Abb. 4.17 ist die Entwicklung einer aus 100 Spins bestehenden Ising-Spinkette für den Metropolis-Algorithmus dargestellt. Die Zahl n der Iterationsschritte ist horizontal aufgetragen, so dass jeder vertikale Schnitt einer der 1000 dargestellten Spinkonfigurationen entspricht. Die beiden möglichen Spinorientierungen sind durch

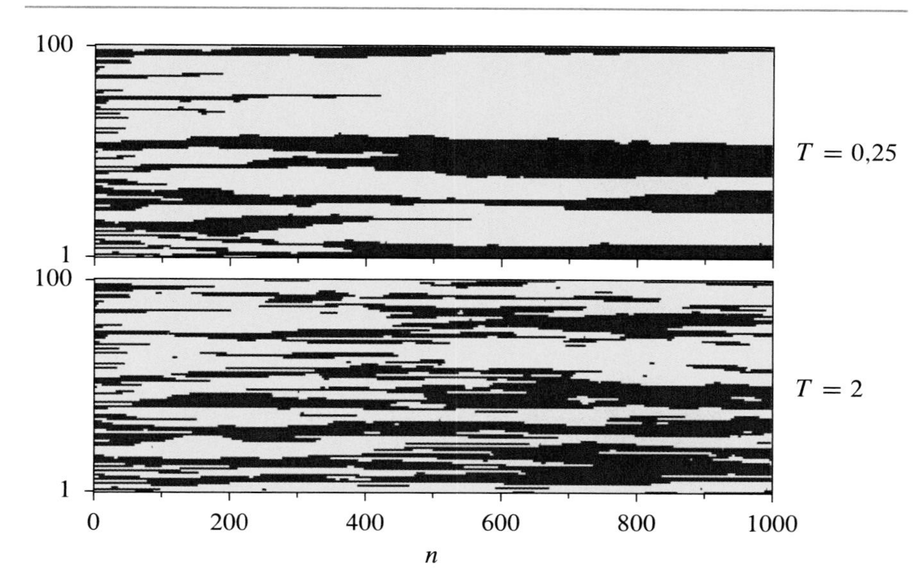

Abb. 4.17 Entwicklung eines Anfangszustands mit zufälliger Orientierung aller 100 Spins in einer Ising-Spinkette mit periodischen Randbedingungen mittels des Metropolis-Algorithmus über 1000 Schritte für die Temperaturen $T = 0,25$ (oben) und 2 (unten)

zwei verschiedene Farben kenntlich gemacht. Die Entwicklung der Spinkonfiguration bei der oben dargestellten tieferen Temperatur $T = 0,25$ unterscheidet sich deutlich von derjenigen bei der höheren Temperatur $T = 2$, die unten gezeigt ist.

Für den Anfangszustand wurde die Orientierung aller 100 Spins zufällig gewählt, so dass insbesondere die Ausrichtung eines Spins unabhängig von der Ausrichtung seiner beiden benachbarten Spins ist. Entsprechend häufig wechselt die Spinorientierung entlang der Kette. Kleinere Bereiche, die die gleiche Farbe und damit die gleiche Ausrichtung der Spins besitzen, sind also dem Zufall geschuldet. Zur besseren Vergleichbarkeit der beiden verschiedenen Temperaturen wurde in beiden Fällen der gleiche Anfangszustand verwendet.

Im oberen Bild sehen wir, dass sich bei niedrigen Temperaturen nach und nach große Bereiche bilden, in denen die Spins gleich ausgerichtet sind. Diese Bereiche sind über die betrachteten 1000 Iterationsschritte auch recht stabil. Bei genauem Hinsehen erkennen wir sogar, dass es viele Iterationsschritte gibt, für die sich der Zustand gar nicht ändert. Dies hängt damit zusammen, dass bei niedrigen Temperaturen das Umklappen eines Spins innerhalb einer Domäne unwahrscheinlich ist, da es mit einer Energiezunahme einhergeht. Umklappprozesse werden also vorwiegend an Domänengrenzen auftreten, wo sie keine Energieänderung zur Folge haben. Allerdings wird bei einer zufälligen Auswahl eines Spins und bei relativ großen Domänen eine Domänenwand recht selten getroffen. Somit ändern Domänen ihre Größe nur langsam und das Verschmelzen von Domänen ist ein seltener Vorgang.

Anders ist die Situation bei hohen Temperaturen, die auch ein Umklappen von Spins erlauben, wenn die Energie dabei anwächst. Entsprechend ist die Bildung von

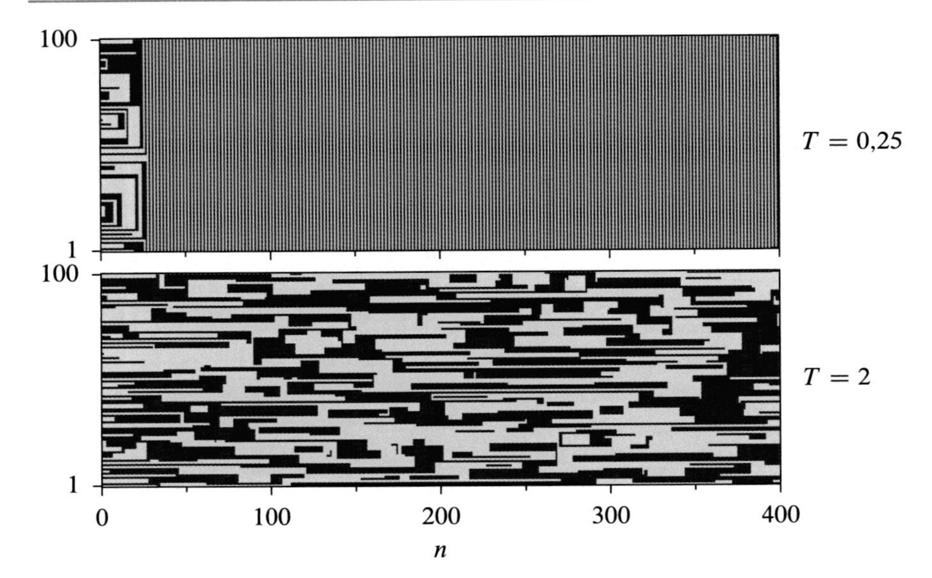

Abb. 4.18 Entwicklung eines Anfangszustands mit zufälliger Orientierung aller 100 Spins in einem Ferromagneten mit periodischen Randbedingungen mittels des Wolff-Algorithmus über 400 Schritte für die Temperaturen $T = 0,25$ (oben) und 2 (unten)

Domänen im unteren Bild der Abb. 4.17 nur schwach ausgeprägt. Zudem kann man dort feststellen, dass es auch innerhalb einer Domäne zum Umklappen von Spins kommt.

Die beiden in Abb. 4.17 gezeigten Szenarien entsprechen zumindest qualitativ unserer Vorstellung, wie sich Spins als Funktion der Zeit unter dem Einfluss thermischer Fluktuationen gegenseitig ausrichten. Dieser Eindruck sollte aber nicht dazu verführen, die Zahl der Iterationsschritte als Zeit zu interpretieren. Deutlich wird dies, wenn man sich für den gleichen zufälligen Anfangszustand die Entwicklung der Spinkonfiguration unter dem Wolff-Algorithmus ansieht, die in Abb. 4.18 dargestellt ist. Bei tiefen Temperaturen bilden sich hier sehr schnell große Domänen und schon nach etwa 20 Iterationen existiert nur noch eine Domäne, die sich über die gesamten 100 Spins erstreckt. Danach werden in jedem Schritt alle Spins invertiert, so dass es zu dem auf den ersten Blick seltsam anmutenden Streifenmuster kommt. Bei hohen Temperaturen bilden sich in den ersten etwa 20 Schritten ebenfalls Domänen, die anschließend aber nicht weiter wachsen, sondern in etwa ihre Größe behalten.

Die in den Abb. 4.17 und 4.18 dargestellten Spinkonfigurationen enthalten viel mehr Information als wir letztlich zur Bestimmung physikalisch messbarer Größen wie der spezifischen Wärme oder der magnetischen Suszeptibilität benötigen. Für die Berechnung der spezifischen Wärme genügt es beispielsweise, für jeden Iterationsschritt die Energie zu kennen.

Zu Beginn des Abschnitts 4.4.2 hatten wir gesehen, dass ein zufällig gewählter Anfangszustand mit hoher Wahrscheinlichkeit eine Energie von etwa null haben

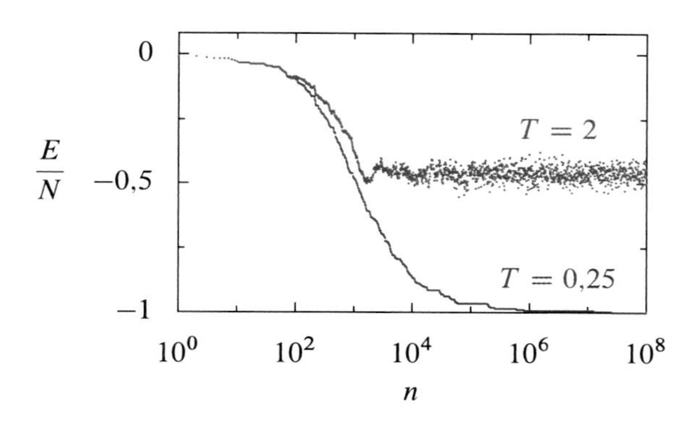

Abb. 4.19 Entwicklung der Energie E pro Spin für eine Folge von Metropolis-Schritten als Funktion der Zahl n der Iterationsschritte für ein eindimensionales System mit $N = 1000$ Spins und Temperaturen T=0,25 (blau) und $T = 2$ (rot)

wird. Andererseits ist bei endlichen Temperaturen eine mehr oder weniger stark negative Energie zu erwarten. Bei Temperatur null erreicht die Energie pro Spin E/N für ein eindimensionales System den minimal möglichen Wert von -1. Es stellt sich also zunächst die Frage, nach wie vielen Iterationsschritten die Energie ihren temperaturabhängigen asymptotischen Wert erreicht und dann nur noch um diesen fluktuiert.

Abb. 4.19 zeigt die Energie je Spin als Funktion der Metropolis-Iterationsschritte für eine Spinkette mit 1000 Spins bei den beiden bereits zuvor betrachteten Temperaturen 0,25 und 2. Angesichts der großen Anzahl von 10^8 Iterationsschritten und der Tatsache, das sich die Energie schon innerhalb der ersten 1000 Iterationsschritte wesentlich ändert, ist die Abszisse logarithmisch aufgetragen.

Wir betrachten zunächst die Entwicklung der Energie je Spin für die höhere Temperatur $T = 2$, die durch die roten Punkte dargestellt ist. Wie für unseren zufälligen Anfangszustand erwartet, liegt die Energie zunächst in der Nähe von null und nimmt dann sukzessive ab. Erst nach 10^3 bis 10^4 Iterationsschritten erreicht die Energie einen stabilen Wert, um den sie nur noch fluktuiert. Es dauert also recht lange, bis der Anfangswert der Energie gewissermaßen vergessen wurde.

Bei der tieferen Temperatur $T = 0{,}25$, die durch die blauen Punkte dargestellt ist, dauert es noch länger bis der asymptotische Wert der Energie, der nun nahe am theoretischen Minimum $E/N = -1$ liegt, erreicht wird. Je nach Genauigkeitsanforderungen sind dazu 10^5 bis 10^6 Iterationsschritte erforderlich. Hier macht sich der bereits eingangs diskutierte Umstand bemerkbar, dass die Entwicklung der Spinkonfigurationen beim Metropolis-Algorithmus mit abnehmender Temperatur zunehmend langsamer verläuft. Der Vergleich der beiden Temperaturen zeigt zudem, dass die Energie bei tiefen Temperaturen kaum fluktuiert, während die Fluktuationen bei der höheren Temperatur deutlich ausgeprägter sind.

Um die langsame Konvergenz des Metropolis-Algorithmus bei tieferen Temperaturen zu vermeiden, hatten wir in Abschn. 4.4.3 den Wolff-Algorithmus eingeführt, bei dem in einem Iterationsschritt ein ganzes Spincluster umgeklappt wird. Wie sich das auf die Entwicklung der Energie pro Spin auswirkt, ist in Abb. 4.20 zu sehen, die für die gleichen Parameter berechnet wurde wie Abb. 4.19. Es gibt jedoch einen wesentlichen Unterschied zwischen den beiden Abbildungen, denn die Zahl der für

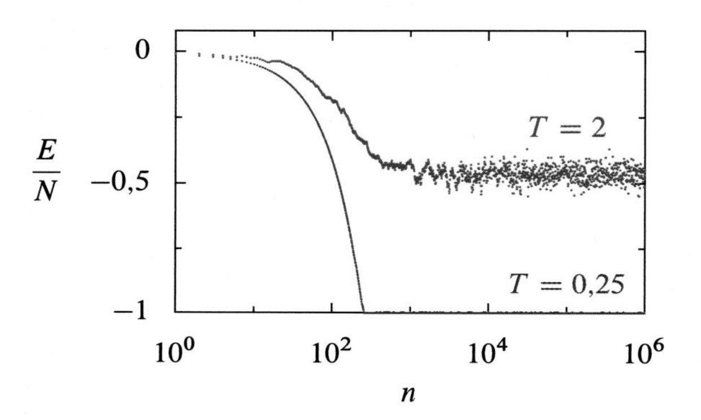

Abb. 4.20 Entwicklung der Energie E pro Spin für eine Folge von Wolff-Schritten als Funktion der Zahl n der Iterationsschritte für ein eindimensionales System mit $N = 1000$ Spins und Temperaturen T=0,25 (blau) und $T = 2$ (rot)

den Wolff-Algorithmus gezeigten Iterationsschritte ist um einen Faktor 100 kleiner als für den Metropolis-Algorithmus.

Bei der höheren Temperatur $T = 2$ erreicht die Energie ihr asymptotisches Niveau nach etwa 10^3 Iterationsschritten, also etwas früher als beim Metropolis-Algorithmus. Dramatischer ist der Unterschied bei der tieferen Temperatur $T = 0{,}25$. Schon bei einer kleinen Zahl von Iterationsschritten wird deutlich, dass die Energie bei tiefen Temperaturen im Vergleich zu höheren Temperaturen erheblich schneller absinkt als dies beim Metropolis-Algorithmus der Fall war. Während die Konvergenz beim Metropolis-Algorithmus mit abnehmender Temperatur immer schlechter wurde, ist dies für den Wolff-Algorithmus gerade umgekehrt. In unserem Beispiel ist die Konvergenz in Iterationsschritten gerechnet beim Wolff-Algorithmus um gut drei Größenordnungen schneller als beim Metropolis-Algorithmus. Selbst wenn man berücksichtigt, dass ein Wolff-Iterationsschritt mehr Zeit erfordert, ergibt sich somit insgesamt eine erhebliche Beschleunigung.

Nachdem wir nun das Verhalten der Energie der mit Hilfe des Metropolis- und des Wolff-Algorithmus erzeugten Spinkonfigurationen kennen, können wir uns der Berechnung der spezifischen Wärme zuwenden. Hierzu benötigen wir nach (4.48) die Mittelwerte der Energie sowie des Quadrats der Energie. Für einen Phasenübergang zweiter Ordnung weist die spezifische Wärme C im thermodynamischen Limes, also im Grenzfall unendlich großer Systeme, eine Divergenz an der kritischen Temperatur auf. Um von den numerisch behandelbaren endlich großen Systemen auf den thermodynamischen Limes schließen zu können, gehen wir von extensiven zu intensiven Größen über, betrachten also die spezifische Wärme je Spin C/N.

Wir beginnen damit uns anzusehen, wie sich die spezifische Wärme mit zunehmender Anzahl an Iterationsschritten entwickelt und verwenden zunächst den Metropolis-Algorithmus. In Abb. 4.21 sind Ergebnisse für ein Ising-Modell mit 1000 Spins und eine tiefe Temperatur $T = 0{,}25$ in blau und eine höhere Temperatur $T = 2$ in rot gezeigt.

Die gestrichelt dargestellten Kurven ergeben sich als Mittelwerte der spezifischen Wärme je Spin über die ersten n Iterationsschritte. Zunächst nimmt die spezifische Wärme zu, und zwar in Anbetracht der logarithmischen Ordinate ganz erheblich. Dabei werden Werte erreicht, die deutlich über dem asymptotischen Endwert liegen. Da wir mit einem zufälligen Anfangszustand beginnen, weichen die Energien der

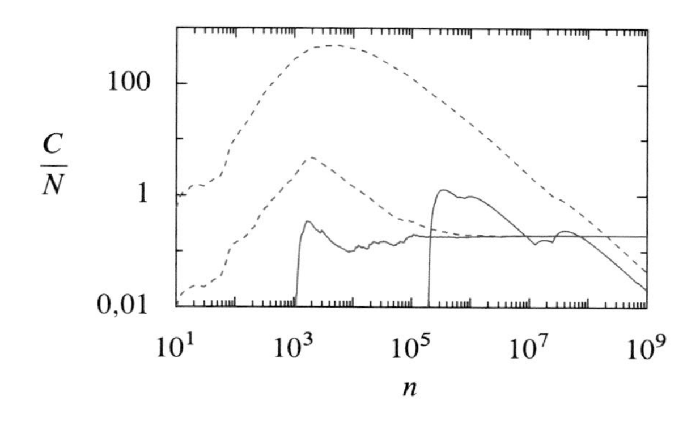

Abb. 4.21 Entwicklung der spezifischen Wärme für ein eindimensionales Ising-Modell mit 1000 Spins und periodischen Randbedingungen als Funktion der Zahl der Metropolis-Iterationsschritte für $T=0{,}25$ (blau) und $T = 2$ (rot). Bei den durchgezogenen Linien beginnt die Mittelung bei $n = 10^5$ bzw. 10^3, während sich die Mittelung bei den gestrichelten Linien über alle Werte erstreckt

ersten Zustände stark vom thermodynamischen Mittelwert ab, und diese Zustände sind insbesondere für tiefe Temperaturen deutlich überrepräsentiert. Dieser Effekt wird mit zunehmender Zahl der Iterationsschritte schwächer und die spezifische Wärme nimmt wieder ab. Für die höhere Temperatur wird ab etwa $n = 10^6$ ein Plateau erreicht, während für die tiefere Temperatur hierfür selbst 10^9 Iterationen nicht ausreichen.

Der Einfluss der anfänglich erzeugten Zustände lässt sich abschwächen, wenn man bei der Mittelung die ersten n_{init} Iterationsschritte unberücksichtigt lässt. Auf diese Weise ergeben sich die beiden durchgezogenen Kurven, bei denen bei der hohen Temperatur $n_{\text{init}} = 10^3$ und bei der tiefen Temperatur $n_{\text{init}} = 10^5$ gesetzt wurde. Durch diesen Trick erreichen wir bei der hohen Temperatur eine schnellere Konvergenz. Bei der tieferen Temperatur liegen die Werte ebenfalls günstiger, aber es wird wiederum keine Konvergenz innerhalb der ersten 10^9 Iterationsschritte erreicht. Insbesondere bei tiefen Temperaturen ist eine zuverlässige Bestimmung der spezifischen Wärme mit Hilfe des Metropolis-Algorithmus nur mit hohem Aufwand möglich.

Die entsprechenden Ergebnisse für den Wolff-Algorithmus sind in Abb. 4.22 gezeigt. Bei der in rot dargestellten, höheren Temperatur werden etwa 10^5 Iterationsschritte benötigt, um einen stabilen Wert für die spezifische Wärme zu erhalten, wenn zur Mittelung sämtliche Zustände herangezogen werden. Lässt man dagegen die ersten 10^3 Spinkonfigurationen unberücksichtigt, sind wesentlich weniger Wolff-Schritte erforderlich. Bei der in blau dargestellten, tieferen Temperatur konvergiert die spezifische Wärme selbst bei 10^7 Iterationsschritten noch nicht, wenn die Mittelung mit der ersten Spinkonfiguration beginnt. Lässt man jedoch die ersten 10^3 Zustände unberücksichtigt, so konvergiert die spezifische Wärme schon nach etwa $2 \cdot 10^3$ Iterationen.

Nachdem wir nun die eher praktischen Aspekte der Monte-Carlo-Simulation des Ising-Modells besprochen haben, können wir uns dem eigentlichen Ziel zuwenden, nämlich der Temperaturabhängigkeit der spezifischen Wärme. Dabei beschränken wir uns auf den Wolff-Algorithmus, der mit wesentlich weniger Iterationsschritten auskommt, wie wir gesehen haben.

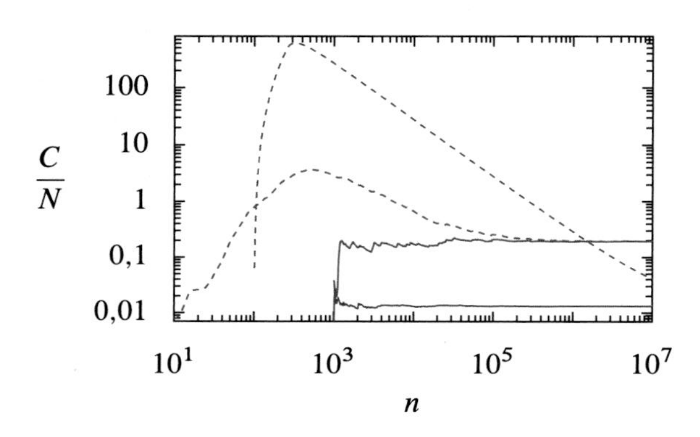

Abb. 4.22 Entwicklung der spezifischen Wärme für ein eindimensionales Ising-Modell mit 1000 Spins und periodischen Randbedingungen als Funktion der Zahl der Wolff-Iterationsschritte für T=0,25 (blau) und $T = 2$ (rot). Bei den durchgezogenen Linien beginnt die Mittelung bei $n = 10^3$, während sich die Mittelung bei den gestrichelten Linien über alle Werte erstreckt

In Abb. 4.23 oben ist die spezifische Wärme je Spin für ein Ising-Modell mit 100 Spins dargestellt, wobei die ersten 2000 von insgesamt 10^5 Iterationsschritten nicht in die Mittelung eingingen. Die spezifische Wärme geht für $T \to 0$ exponentiell gegen null, da das Umklappen eines Spins eine Mindestenergie erfordert, die durch die Kopplungskonstante J bestimmt ist. Für hohe Temperaturen muss die spezifische Wärme gegen null gehen, da die mittlere Energie je Spin nach oben beschränkt ist. Dazwischen zeigt die spezifische Wärme ein ausgeprägtes Maximum. Die graue Kurve stellt die spezifische Wärme je Spin im thermodynamischen Limes dar, die durch den Ausdruck

$$\frac{C}{N} = \left(\frac{\beta}{\cosh(\beta)}\right)^2 \tag{4.59}$$

als Funktion der dimensionslosen inversen Temperatur β gegeben ist. Insgesamt ist die Übereinstimmung mit den numerischen Daten sehr gut. Wir stellen fest, dass die spezifische Wärme im thermodynamischen Limes endlich bleibt, und es somit im eindimensionalen Ising-Modell nicht zu einem Phasenübergang kommt. Im nächsten Abschnitt werden wir sehen, dass sich das zweidimensionale Ising-Modell anders verhält und sich schon aus den numerischen Daten für relativ kleine Systeme die Signatur eines Phasenübergangs andeutet.

Wenden wir uns nun der Temperaturabhängigkeit der magnetischen Suszeptibilität χ zu, die im unteren Bild von Abb. 4.23 dargestellt ist. Da die magnetische Suszeptibilität über mehrere Größenordnungen variiert, haben wir in dieser Abbildung eine logarithmische Skala gewählt. Im thermodynamischen Limes ist auch hier ein analytischer Ausdruck bekannt, der durch

$$\frac{\chi}{N} = \beta \exp(2\beta) \tag{4.60}$$

gegeben ist und der wiederum als graue Kurve dargestellt ist.

Für ein endlich großes System ist es auch interessant, sich zu überlegen, welchen maximalen Wert die magnetische Suszeptibilität überhaupt annehmen kann. Die maximalen Werte für die Magnetisierung erhält man für parallele Ausrichtung

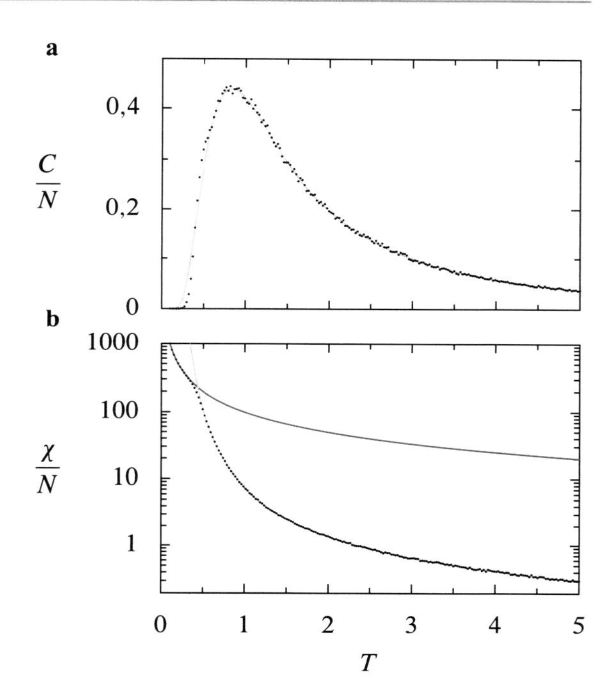

Abb. 4.23 Spezifische Wärme (oben) und magnetische Suszeptibilität (unten) je Spin für das eindimensionale Ising-Modell mit 100 Spins und periodischen Randbedingungen als Funktion der dimensionslosen Temperatur T. Die grauen Kurven repräsentieren die analytischen Ergebnisse (4.59) und (4.60) im thermodynamischen Limes. Die rote Kurve stellt den Maximalwert (4.61) der magnetischen Suszeptibilität für die gegebene Anzahl von Spins dar

aller Spins zu $\pm N$. Damit ergibt sich die maximale Varianz der Magnetisierung zu N^2. Mit (4.49) findet man dann als theoretischen Maximalwert für die magnetische Suszeptibilität je Spin

$$\frac{\chi_{\mathrm{max,th}}}{N} = N\beta \,. \tag{4.61}$$

Dieser Maximalwert von χ/N ist also eine Funktion von T, die in der Abb. 4.23 durch die rote Kurve dargestellt ist.

Die numerischen Daten in Abb. 4.23 zeigen, dass die magnetische Suszeptibilität bei höheren Temperaturen durch das Resultat (4.60) für den thermodynamischen Limes gegeben ist. Da dieser Ausdruck mit abnehmender Temperatur schneller als mit $1/T$ anwächst, muss ein Übergang zu dem gerade hergeleiteten Ausdruck (4.61) erfolgen, wie durch die Numerik bestätigt wird. Die Temperatur, an der dieser Übergang erfolgt, lässt sich durch Vergleich der Ergebnisse (4.60) und (4.61) abschätzen. Der Einfluss der endlichen Systemgröße macht sich demnach für Temperaturen mit $kT \lesssim 2J/\ln(N)$ bemerkbar. Im Fall der Abb. 4.23 entspricht dies einer dimensionslosen Temperatur $T \approx 0{,}43$. Bei dieser Temperatur stellt man auch bei der spezifischen Wärme kleine Abweichungen vom thermodynamischen Limes fest, die somit ebenfalls dem Einfluss der endlichen Systemgröße zugeschrieben werden können. Im thermodynamischen Limes, also im Grenzfall eines unendlich großen Systems verschwindet der Temperaturbereich, in dem (4.61) gilt und (4.60) beschreibt die magnetische Suszeptibilität über den gesamten Temperaturbereich.

4.4.6 Ergebnisse zum zweidimensionalen Ising-Modell

☞ `4-04-Ising-Modell.ipynb`

Nachdem wir das eindimensionale Ising-Modell ausführlich diskutiert haben, dieses aber keinen Phasenübergang gezeigt hat, wenden wir uns nun dem zweidimensionalen Ising-Modell zu. Bereits beim eindimensionalen Ising-Modell kann man feststellen, dass die Rechenzeit je nach Systemgröße relativ groß werden kann, und dies gilt umso mehr für den zweidimensionalen Fall. Daher sei an dieser Stelle auf die Abschn. 6.3 und 6.4 hingewiesen, wo der bereits in Abschn. 4.4.4 besprochene Code für das Ising-Modell um die Möglichkeiten der Datenspeicherung in Dateien und die parallele Berechnung der Temperaturabhängigkeit von spezifischer Wärme und magnetischer Suszeptibilität erweitert wird.

In zwei Dimensionen ist eine Darstellung der Entwicklung der Spinkonfigurationen wie in den Abb. 4.17 und 4.18 für den eindimensionalen Fall nicht möglich. Um dennoch einen Eindruck von typischen Konfigurationen zu gewinnen, sind in Abb. 4.24 die Zustände nach 1000 Iterationen mit dem Wolff-Algorithmus dargestellt, wobei der Ausgangszustand aus 100×100 zufällig orientierten Spins besteht. Die Zahl der Iterationsschritte ist so hoch gewählt, dass der Ausgangszustand keine Rolle mehr spielt und die Abbildungen eine für die jeweilige Temperatur typische Struktur zeigen. Bei der Temperatur $T = 2$, die, wie wir noch sehen werden, unterhalb der kritischen Temperatur liegt, ergibt sich eine große, zusammenhängende Domäne, in die Inseln mit Spins umgekehrter Orientierung eingebettet sind. Ein solcher Zustand besitzt eine nicht verschwindende Magnetisierung M, deren Vorzeichen in Abwesenheit eines äußeren Magnetfelds jedoch zufällig ist. Auch bei der höheren Temperatur $T = 4$ sehen wir größere Domänen, von denen aber keine das gesamte Bild dominiert. Hier heben sich die Magnetisierungen der Domänen

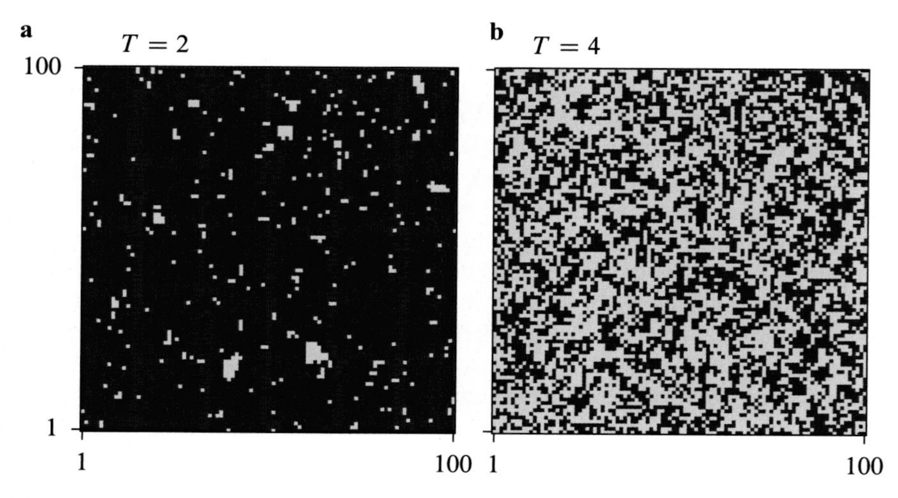

Abb. 4.24 Zustände beim zweidimensionalen Ising-Modell mit anfänglich zufällig orientierten Spins auf einem 100×100-Gitter nach 1000 Schritten des Wolff-Algorithmus für $T = 2$ (links) und $T = 4$ (rechts)

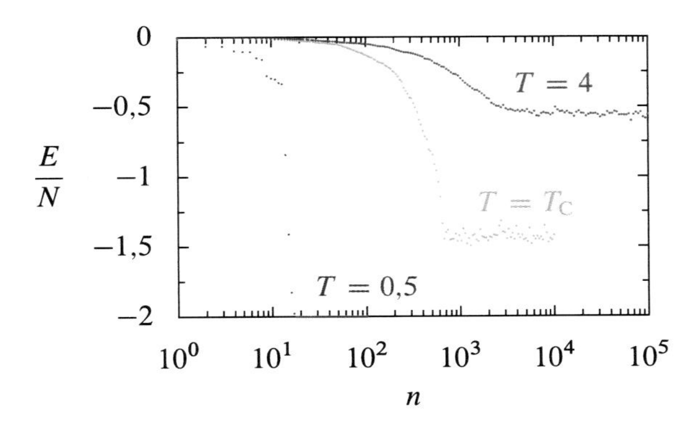

Abb. 4.25 Energie je Spin als Funktion der Wolff-Iterationsschritte n für ein 100×100-Gitter und die Temperaturen $T = 0{,}5$ (blau), $T = T_C$ (gelb) sowie $T = 4$ (rot)

mit den beiden möglichen Spinorientierungen gegenseitig praktisch auf, so dass die Magnetisierung insgesamt nahe null ist.

Als nächstes verschaffen wir uns eine Vorstellung davon, wie viele Iterationsschritte des Wolff-Algorithmus erforderlich sind, damit die Energie für das zweidimensionale Ising-Modell konvergiert. In Abb. 4.25 ist der Verlauf der Energie als Funktion der Zahl Iterationsschritte für ein 100×100-Gitter dargestellt. Der theoretische Minimalwert der Energie je Spin beträgt bei einem zweidimensionalen, quadratischen Gitter -2. Wir sehen, dass dieser Minimalwert für die niedrige Temperatur $T = 0{,}5$ schon nach etwa 20 Iterationsschritten erreicht wird und dann stabil bleibt. Bei der höheren Temperatur $T = 4$ ist zum einen der Wert der Energie größer und zum anderen dauert es mit etwa 5000 Iterationsschritten wesentlich länger bis sich ein stabiler Wert einstellt. Im Vorgriff darauf, dass das zweidimensionale Ising-Modell einen Phasenübergang bei einer kritischen Temperatur, der sogenannten Curie-Temperatur

$$T_C = \frac{2}{\ln(1+\sqrt{2})} \approx 2{,}269\,, \tag{4.62}$$

aufweist, ist der zugehörige Verlauf der Energie in gelb eingezeichnet. Die in diesem Fall vergleichsweise stark fluktuierenden Energiewerte deuten schon auf eine deutlich erhöhte spezifische Wärme bei dieser Temperatur hin.

Von der Existenz eines Phasenübergangs wollen wir uns nun anhand der Temperaturabhängigkeit der spezifischen Wärme und der magnetischen Suszeptibilität überzeugen. Wenden wir uns zunächst der in Abb. 4.26 oben gezeigten spezifischen Wärme je Spin zu. Der Vergleich der Ergebnisse für ein 10×10-Gitter und ein 25×25-Gitter, die in schwarz bzw. rot dargestellt sind, deutet darauf hin, dass die Spitze mit zunehmender Gittergröße immer ausgeprägter wird und im thermodynamischen Limes eine Singularität bei der durch die gestrichelte Linie angedeuteten kritischen Temperatur ergeben wird. Für einen echten Beweis eines Phasenübergangs genügen diese Ergebnisse allerdings noch nicht. Um aus Ergebnissen für endliche Systemgrößen auf ein singuläres Verhalten im thermodynamischen Limes zu schließen, kann man das sogenannte *finite-size scaling* verwenden, dessen Beschreibung hier jedoch zu weit führen würde. Wir verweisen stattdessen auf die Literatur [9].

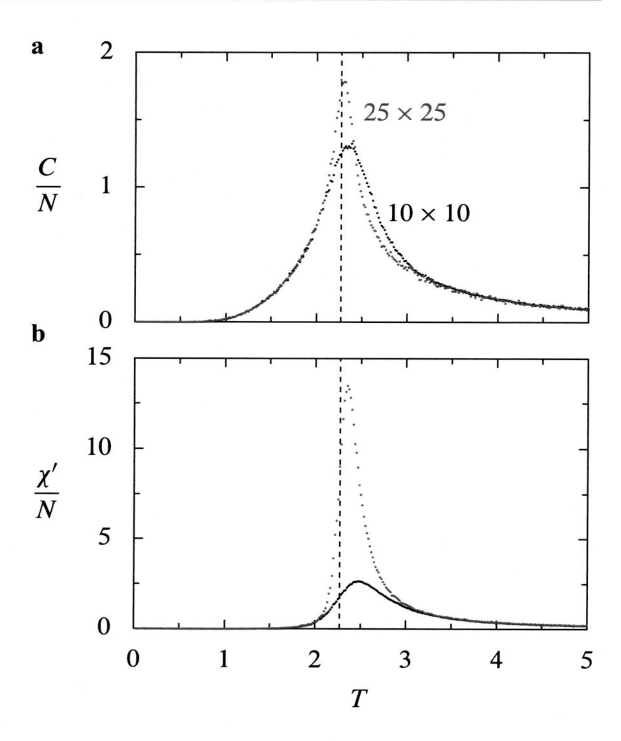

Abb. 4.26 Spezifische Wärme (oben) und magnetische Suszeptibilität (unten) je Spin für das zweidimensionale Ising-Modell auf einem 10×10-Gitter (schwarz) und einem 25×25-Gitter (rot) mit periodischen Randbedingungen als Funktion der Temperatur T. Die kritische Temperatur T_C ist durch die gestrichelten Linien markiert

Wenn wir die magnetische Suszeptibilität χ gemäß (4.49) berechnen, werden wir feststellen, dass sie für kleine Temperaturen nicht gegen null geht. Dies widerspricht der Erwartung, da bei $T = 0$ alle Spins in die gleiche Richtung zeigen und die Magnetisierung betragsmäßig ihren Maximalwert annimmt. Dann kann eine Änderung des äußeren Magnetfelds die Magnetisierung nicht verändern, und die magnetische Suszeptibilität muss gemäß (4.41) verschwinden.

In einer Monte-Carlo-Simulation kann die Konfiguration ihre Ausrichtung für endliche Systemgrößen ändern, so dass die Magnetisierung im Mittel verschwindet, wenn wir über hinreichend viele Iterationen mitteln. Damit verschwindet die Varianz der Magnetisierung nicht und die magnetische Suszeptibilität würde bei verschwindender Temperatur divergieren.

Ein Phasenübergang tritt jedoch nur für unendlich große Systemen auf. Dort kommt es zu einer spontanen Symmetriebrechnung, so dass alle Spins in eine zwar zufällige, aber feste Richtung zeigen. Damit verschwindet die Varianz der Magnetisierung und entsprechend gemäß (4.49) auch die magnetische Suszeptibilität.

Um mit Systemen endlicher Größe ein Verhalten im thermodynamischen Limes beschreiben zu können, ist es sinnvoll, den Ausdruck (4.49) für die magnetische Suszeptibilität dahingehend zu modifizieren, dass man den Betrag der Magnetisierung verwendet. Man definiert also eine neue Größe [9]

$$\chi' = \frac{1}{T}\left(\langle M^2\rangle - \langle |M|\rangle^2\right) , \tag{4.63}$$

wobei entscheidend ist, dass diese mit zunehmender Systemgröße gegen das gleiche singuläre Verhalten geht, das für unendlich große Systeme gefunden wird. Im Jupyter-Notebook zum Ising-Modell besitzt die Funktion `thermo_values_development` ein Argument `absmagn`, das erlaubt, zwischen der Berechnung von χ und χ' zu wählen.

Die modifizierte magnetische Suszeptibilität (4.63) ist in Abb. 4.26 unten für ein 10×10-Gitter in schwarz und ein 25×25-Gitter in rot dargestellt. Wie erwartet verschwindet χ' bei tiefen Temperaturen. Bei hohen Temperaturen zeigen χ und χ' den gleichen temperaturabhängigen Verlauf, aber mit unterschiedlicher Amplitude. Es ist deutlich zu sehen, dass sich mit zunehmender Systemgröße bei der durch die gestrichelten Linie angedeuteten kritischen Temperatur ein singuläres Verhalten aufbaut, das im thermodynamischen Limes in der Nähe der kritischen Temperatur durch

$$\chi \sim \frac{1}{(T - T_C)^\gamma} \tag{4.64}$$

gegeben ist. Der kritische Exponent γ ergibt sich in zwei Dimensionen analytisch zu $7/4$ und lässt sich numerisch durch das bereits angesprochene *finite-size scaling* erhalten.

4.5 Perkolation

☞ `4-05-Perkolation.ipynb`

Poröse Materialien, wie zum Beispiel Sandstein, besitzen Hohlräume, die miteinander verbunden sein können. Diese Verbindungen ermöglichen es Flüssigkeiten oder Gasen, von einem Hohlraum in einen benachbarten zu gelangen. Sind genügend Verbindungen vorhanden, kann die Flüssigkeit oder das Gas das poröse Material durchdringen. In der Perkolationstheorie [10] wird unter anderem die Frage gestellt, wie viele Verbindungen vorhanden sein müssen, damit das poröse Material insgesamt durchlässig wird. Diese Fragestellung besitzt vielfältige Anwendungen, nicht nur für das Sickern von Wasser durch Gesteinsschichten oder die Förderung von Erdöl und Erdgas, sondern auch für die Ausbreitung von Viren oder den Vorgang der Gelierung, um nur einige Beispiele zu nennen. Im Folgenden werden wir einfache Modelle für die Perkolation betrachten.

Bei der *Knotenperkolation* konzentriert man sich auf die Hohlräume, die wir der Einfachheit halber auf ein regelmäßiges Gitter legen. Ein Zustand besteht also aus einem Gitter, bei dem jeder Gitterplatz entweder besetzt oder nicht besetzt ist. Im Gegensatz dazu steht die *Kantenperkolation,* bei der nicht die Gitterplätze, sondern die Verbindungen zwischen diesen besetzt oder nicht besetzt sind. In beiden Fällen fasst man zusammenhängende Gitterplätze bzw. Kanten zu Clustern zusammen, so wie es in Abb. 4.27 für die Knotenperkolation und in Abb. 4.28 für die Kantenperkolation dargestellt ist. Die Frage, ob das Medium durchlässig ist, reduziert sich hier darauf, ob es einen sogenannten *perkolierenden* Cluster gibt, d. h. einen Cluster, der gegenüberliegende Ränder des Gitters miteinander verbindet. Dies ist in den

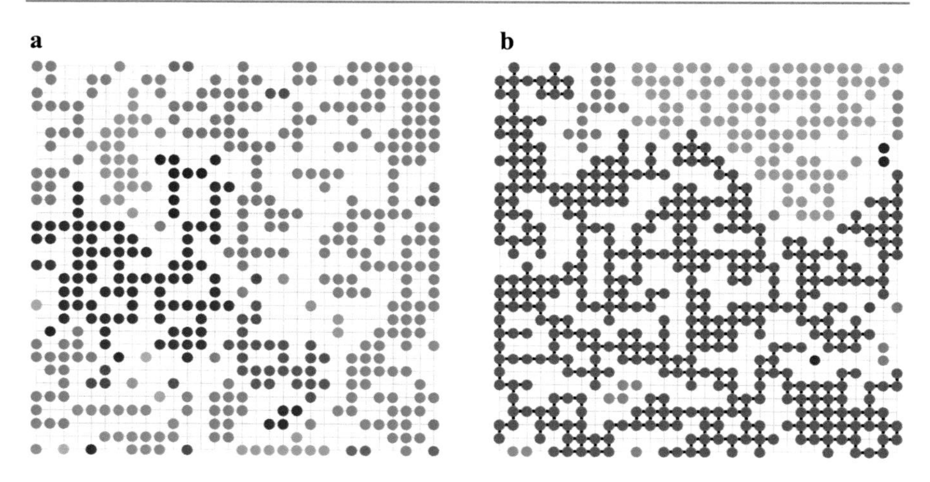

Abb. 4.27 Zwei Beispiele zur Knotenperkolation, wobei die einzelnen Cluster unterschiedlich eingefärbt sind. Im linken Bild erstreckt sich kein Cluster zwischen gegenüberliegenden Rändern. Im rechten Bild existiert dagegen ein perkolierender Cluster, der durch dicker dargestellte Verbindungslinien hervorgehoben ist

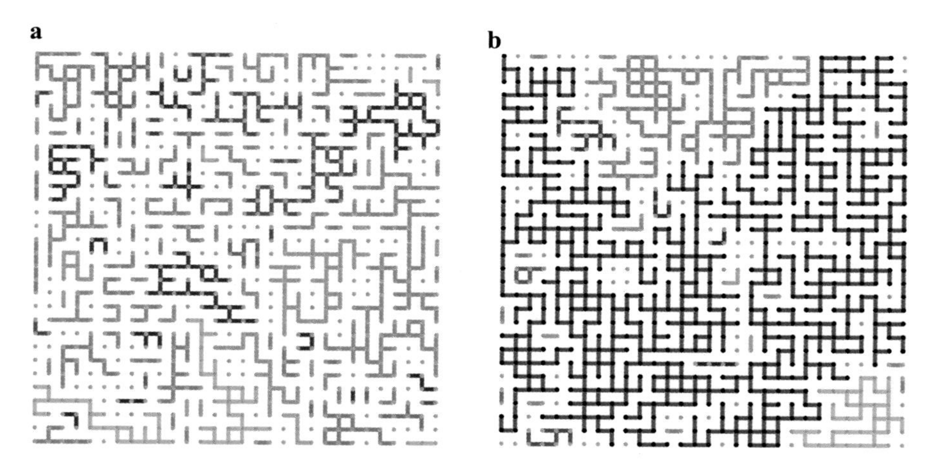

Abb. 4.28 Zwei Beispiele zur Kantenperkolation, wobei die einzelnen Cluster unterschiedlich eingefärbt sind. Im linken Bild erstreckt sich kein Cluster zwischen gegenüberliegenden Rändern. Im rechten Bild existiert dagegen ein perkolierender Cluster, der durch schwarz dargestellte Knoten hervorgehoben ist

Abbildungen 4.27 und 4.28 jeweils im rechten Bild der Fall, während es im linken Bild keinen solchen Cluster gibt.

Für sehr große Gitter stellt sich heraus, dass für das Auftreten eines perkolierenden Clusters eine kritische Schwelle p_{krit} für die Besetzungswahrscheinlichkeit p eines Knotens oder einer Kante überschritten werden muss. Man findet hier wieder die Signaturen eines Phasenübergangs. Die Rolle der Temperatur als Kontrollparameter bei den thermodynamischen Phasenübergängen wird jetzt jedoch durch die Besetzungswahrscheinlichkeit p übernommen.

Wir beginnen unsere Diskussion mit der Knotenperkolation und kommen später auch noch auf die Kantenperkolation zu sprechen. Um einen Zustand zu erzeugen, wird bei der Knotenperkolation jeder Gitterplatz mit einer vorgegebenen Wahrscheinlichkeit p besetzt. Anschließend lassen sich verschiedene Größen untersuchen wie die Zahl der Cluster oder deren mittlere Größe. Wir wollen uns auf die Frage beschränken, ob ein perkolierender Cluster existiert oder nicht. Realisiert man ein Ensemble von Zuständen mit einer festen Besetzungswahrscheinlichkeit p, so lässt sich eine Wahrscheinlichkeit Π bestimmen, einen perkolierenden Cluster zu finden. Konkret werden wir die Perkolation auf einem zweidimensionalen quadratischen Gitter betrachten. Es ist aber auch interessant, andere Gitter wie ein Dreiecksgitter oder ein dreidimensionales kubisches Gitter zu untersuchen, da die Perkolationsschwelle p_{krit} sowohl von der Dimension als auch der Form des Gitters abhängt. In der Übungsaufgabe 4.6 sollen nichtquadratische zweidimensionale Gitter untersucht werden.

Die Erzeugung eines Zustands mittels Zufallszahlen sollte uns inzwischen keine Schwierigkeiten mehr bereiten. Eine größere Herausforderung stellt dagegen die Aufgabe dar zu entscheiden, ob ein Zustand einen perkolierenden Cluster enthält oder nicht. Dazu müssen wir die besetzten Gitterplätze zu Clustern zusammenfassen, was nicht so einfach ist, wie es auf den ersten Blick erscheint. Wir verwenden zur Einteilung in Cluster einen Algorithmus, den Hoshen und Kopelman beschrieben haben[11] und den wir anhand der Abb. 4.29 erläutern wollen.

Die bunten Kreise markieren belegte Gitterplätze, wobei für jeden Cluster eine andere Farbe vorgesehen ist. Wir laufen nun das Gitter ab und beginnen dazu links oben. Der erste Gitterplatz ist nicht besetzt, so dass wir hier nichts tun müssen. Wir gehen daher Schritt für Schritt nach rechts, bis wir auf den ersten besetzten Platz treffen, was in unserem Beispiel bereits beim nächsten Platz der Fall ist. Da wir bisher noch keine Cluster definiert haben, bildet dieser besetzte Platz den Ausgangspunkt für unseren ersten Cluster, dem wir die Nummer 1 geben. Anschließend gehen wir wieder einen Schritt nach rechts, wo sich ebenfalls ein besetzter Platz befindet. Da dieser sich direkt neben dem bereits gefundenen Cluster mit der Nummer 1 befindet, wird dieser Platz dem selben Cluster zugewiesen.

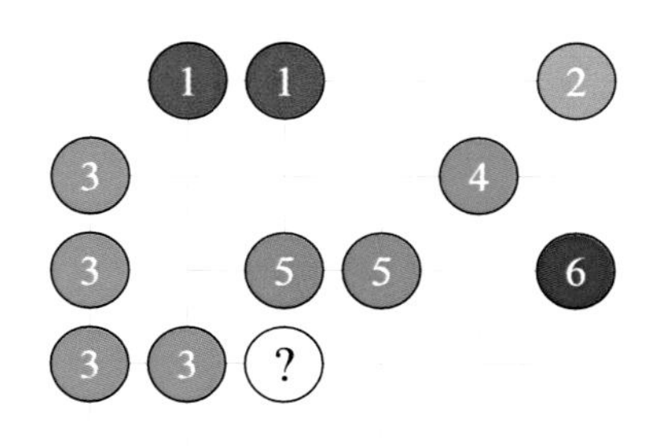

Abb. 4.29 Schematische Darstellung des Hoshen-Kopelman-Algorithmus. Wir beginnen links oben mit der Zuweisung von Clusternummern und gehen dann zeilenweise vor. An der Stelle mit dem Fragezeichen kommt es zu einem Konflikt, der behoben werden muss

Die nächsten beiden Plätze sind unbesetzt, den nächsten besetzten Platz finden wir am Ende der ersten Zeile. Da dieser nicht zu dem bisher gefundenen Cluster benachbart ist, bildet er den Startpunkt eines neuen Clusters mit der Nummer 2. Anschließend gehen wir in der zweiten Zeile genauso vor, in der wir Startpunkte für die Cluster 3 und 4 finden, da keiner der besetzten Plätze zu einem bereits existierenden Cluster benachbart ist. In der dritten Zeile kann man in der gleichen Weise fortfahren.

Interessant wird es dagegen in der vierten Zeile. Zunächst finden wir zwei besetzte Gitterpunkte, die beide mit dem Cluster 3 verbunden sind, so dass sie diesem Cluster zugeordnet werden. An der dritten Position, die ebenfalls besetzt ist, stellen wir fest, dass zwei Nachbarn existieren, die jedoch zu unterschiedlichen Clustern gehören. Der linke Nachbar gehört zu Cluster 3, während der obere Nachbar Teil des Clusters 5 ist. Wir erkennen erst jetzt, dass diese beiden Cluster mit unterschiedlichen Nummern durch den mit einem Fragezeichen markierten Platz in Wirklichkeit zu einem größeren Cluster verknüpft werden.

Eigentlich müssten wir jetzt rückwärts gehen und alle Clusternummern 5 durch eine 3 oder umgekehrt ersetzen, was bei großen Gittern aber zu einem immensen Mehraufwand führen würde. Viel geschickter ist es, diese Unstimmigkeit zu ignorieren und ein Array anzulegen, dem zu entnehmen ist, dass die Clusternummern 3 und 5 zum selben Cluster gehören. Wir legen fest, dass die kleinere von beiden die Referenznummer ist, also sozusagen der richtige oder gute Clusterindex. Die größere Nummer stellt lediglich ein Synonym für den guten Clusterindex dar, also gewissermaßen einen schlechten Clusterindex. In dem erwähnten Array steht dann für jede Clusternummer der zugehörige gute Index. In unserem Beispiel bekommt der Platz mit dem Fragezeichen den guten Clusterindex 3, und in dem Array bekommen die beiden Elemente mit den Nummern 3 und 5 beide den guten Clusterindex 3 zugewiesen. Auf diese Weise müssen wir das Gitter nur einmal durchgehen und haben am Ende zwei Arrays vorliegen:

- Das erste Array, das wir später in unserem Programm `cluster_numbers` nennen werden, weist jedem Gitterplatz eine Clusternummer zu, die aber auch schlechte Clusterindizes enthalten kann.
- Das zweite Array `indices` weist jedem Clusterindex, ganz gleich ob gut oder schlecht, den zugehörigen guten Clusterindex zu.

Allerdings ist damit die Clusterzuordnung immer noch nicht in jedem Fall korrekt. Wenn wir später feststellen würden, dass auch der Cluster 1 mit dem inzwischen verbundenen Cluster 3/5 verknüpft ist, würde das Array `indices` immer noch angeben, dass der gute Clusterindex zu 5 der Index 3 ist. Diese Zuweisung hat ja gar nicht mitbekommen, dass der Clusterindex 3 später von einem guten Clusterindex zu einem schlechten degradiert wurde. Diesen Fehler können wir allerdings nachträglich leicht beheben, indem wir das zweite Array einmal von Beginn an durchgehen, und jeweils `indices[n]` durch `indices[indices[n]]` ersetzen. Wenn auch die Clusternummern 1 und 3 zum selben Cluster gehören würden, würde in diesem Schritt die 3, die ursprünglich in `indices[5]` steht, durch eine 1 ersetzt werden. Für diese

Korrektur genügt ein einziger Durchlauf, da die jeweils kleineren Indizes schon zuvor bei Bedarf behandelt wurden.

Im Jupyter-Notebook zu diesem Abschnitt werden die Knoten- und die Kantenperkolation parallel zueinander behandelt, so dass man leicht zwischen den beiden Varianten wechseln kann. Zunächst muss ein Zustand erzeugt werden, der von der Zahl `n_total` von Knoten bzw. Kanten und der Besetzungswahrscheinlichkeit p abhängt.

```
rng = np.random.default_rng()

def generate_state(n_total, p):
    random_numbers = rng.uniform(size=n_total)
    state = (random_numbers < p)
    return state
```

Den Zufallszahlengenerator initialisieren wir außerhalb der Funktion. Damit ist er global verfügbar, so dass wir ihn auch an anderer Stelle direkt verwenden können. In der Funktion wird zunächst die benötigte Zahl an Zufallszahlen erzeugt, die im Intervall zwischen null und eins gleichverteilt sein sollen. Ein Knoten bzw. eine Kante wird dann besetzt, wenn die Zufallszahl kleiner als die vorgegebene Besetzungswahrscheinlichkeit ist. Die vorletzte Zeile weist den entsprechenden logischen Ausdruck auf der rechten Seite dem Array `state` zu, wobei ein Wert von `True` bedeutet, dass der Knoten bzw. die Kante besetzt ist, während dies für den Wert `False` nicht der Fall ist. Die Klammerung der rechten Seite ist streng genommen nicht erforderlich, macht den Code jedoch etwas leichter lesbar.

Die Form des Gitters ist durch die Nachbarschaftsbeziehungen zwischen den Knoten bzw. Kanten definiert. Wir betrachten beispielhaft ein quadratisches Gitter von Kanten, das ein klein wenig komplizierter ist als das entsprechende Gitter von Knoten. Der Grund wird in Abb. 4.30 deutlich. Zum einen kann eine Kante bis zu sechs benachbarte Kanten besitzen und zum anderen müssen wir zwischen horizontalen und vertikalen Kanten unterscheiden.

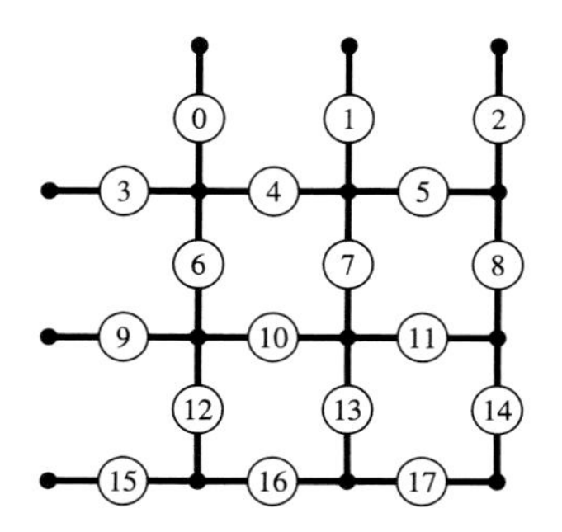

Abb. 4.30 Nummerierung der Kanten am Beispiel eines 3×3-Gitters

Die folgende Generatorfunktion gibt für eine Kante `n` in einem Gitter der Kantenlänge `n_edge` nacheinander die nächsten Nachbarn zurück, die eine kleinere Kantennummer besitzen. Dies genügt uns, da wir im Rahmen des Hoshen-Kopelman-Algorithmus das Gitter mit zunehmendem Index abarbeiten werden.

```
def neighbours_bonds(n, n_edge):
    n1, n2 = divmod(n, n_edge)
    if n1 % 2:
        if n2 > 0:
            yield n-n_edge-1
            yield n-1
        yield n-n_edge
    else:
        if n1 > 0:
            yield n-2*n_edge
            yield n-n_edge
            if n2 < n_edge-1:
                yield n-n_edge+1
```

Zunächst wird die Position der Kante durch eine Zeile `n1` und eine Spalte `n2` bestimmt. Anschließend muss nach horizontalen und vertikalen Kanten unterschieden werden, die anhand eines ungeraden bzw. geraden Werts von `n1` identifiziert werden können. Eine Kante kann maximal drei Vorgängerkanten haben. Für die Kante 10 handelt es sich dabei in Abb. 4.30 um die Kanten 6, 7 und 9. Kanten an den Rändern können weniger Nachbarn besitzen.

Für einen gegebenen Gitterzustand `state` und ein durch die Generatorfunktion `neighbours_fct` für die nächsten Nachbarn definiertes Gitter werden nun mit Hilfe des Hoshen-Kopelman-Algorithmus die vorhandenen Cluster bestimmt.

```
def get_clusters(state, n_edge, neighbours_fct):
    n_total = state.size
    cluster_numbers = np.zeros(n_total, dtype=int)
    indices = np.zeros(n_total, dtype=int)
    next_index = 1

    for n in range(n_total):
        if state[n]:
            neighbour_clusters = set()
            affected_cluster_numbers = set()
            for nbr in neighbours_fct(n, n_edge):
                if cluster_numbers[nbr] > 0:
                    neighbour_clusters.add(
                        cluster_numbers[nbr])
            if len(neighbour_clusters) == 0:
                cluster_numbers[n] = next_index
```

```
                indices[next_index] = next_index
                next_index = next_index+1
            else:
                good_index = next_index
                for nbr_cluster in neighbour_clusters:
                    idx = nbr_cluster
                    affected_cluster_numbers.add(idx)
                    while indices[idx] != idx:
                        idx = indices[idx]
                        affected_cluster_numbers.add(idx)
                    good_index = min(good_index, idx)
                cluster_numbers[n] = good_index
            for index in affected_cluster_numbers:
                indices[index] = good_index

    for n in range(next_index):
        indices[n] = indices[indices[n]]
    return cluster_numbers, indices
```

Die Bedeutung der beiden Arrays `cluster_numbers` und `indices` hatten wir schon bei der Beschreibung des Algorithmus erwähnt. Um den Wert 0 für unbesetzte Gitterplätze verwenden zu können, beginnen wir die Zählung der Cluster mit 1 und setzen den Wert `next_index` entsprechend. Nun gehen wir das gesamte Gitter in Richtung zunehmender Indizes durch und behandeln die besetzten Gitterplätze. Dazu werden zunächst im Set `neighbour_clusters` die Indizes der besetzten nächsten Nachbarn gesammelt. Sollte es keine solchen Nachbarn geben, so wird der Cluster im Array `cluster_numbers` mit dem aktuellen Wert für den nächsten Index versehen. Das Array `indices` verweist bei dem entsprechenden Clusterindex zunächst auf genau diesen Index. Der Eintrag wird im weiteren Verlauf eventuell noch verändert. Anschließend wird der Wert von `next_index` für den nächsten Cluster inkrementiert.

Sollte es besetzte Nachbarplätze geben, so müssen diese nacheinander betrachtet werden. Zunächst speichern wir in `good_index` einen Wert, der sicher größer ist als die Clusterindizes der Nachbarn. Im Set `affected_cluster_numbers` werden alle Clusterindizes aufgesammelt, deren guter Index später eventuell noch aktualisiert werden muss. Dabei handelt es sich zunächst um die Indizes der besetzten Nachbarn. Da diese Indizes über das Array `indices` auf andere gute Indizes verweisen können, müssen diese guten Indizes ebenfalls in das Set aufgenommen werden. Ist der so erhaltene kleinste Index kleiner als der aktuelle gute Index, so wird er zum neuen guten Index und alle betroffenen Clusterindizes werden entsprechend aktualisiert. Da es sein kann, dass zunächst weiter voneinander entfernte Cluster erst später vereinigt wurden, müssen abschließend noch einmal alle guten Indizes aktualisiert werden, wie es am Ende der Diskussion des Hoshen-Kopelman-Algorithmus beschrieben wurde.

Nachdem nun alle Cluster identifiziert sind, muss festgestellt werden, ob es einen perkolierenden Cluster gibt, der gegenüberliegende Seiten des Gitters miteinander verbindet. Wir werden uns darauf beschränken zu untersuchen, ob der obere Rand des Gitters durch ein Cluster mit dem unteren Rand verbunden ist. Für große Gitter spielt es für die Position der Perkolationsschwelle p_{krit} keine Rolle, ob man zusätzlich noch untersucht, ob der linke und der rechte Rand durch einen Cluster verbunden sind.

```
def isconnected(state, n_edge, cluster_numbers, indices):
    lower_clusters = indices[cluster_numbers[-n_edge:]]
    upper_clusters = indices[cluster_numbers[:n_edge]]
    common_indices = np.intersect1d(upper_clusters,
                                    lower_clusters)
    connected = np.count_nonzero(common_indices)
    return min(1, connected)
```

Zunächst beschaffen wir uns die Indizes der Cluster, die den oberen und unteren Rand berühren. Dabei handelt es sich um die ersten bzw. letzten `n_edge` Einträge im Array `cluster_numbers`, die wir mit Hilfe des Arrays `indices` noch in gute Indizes umwandeln müssen. Anschließend wird die NumPy-Funktion `intersect1d` verwendet, um die Schnittmenge dieser beiden Mengen zu bilden. Da der Index 0 einen unbesetzten Gitterplatz angibt, interessiert uns, ob die Schnittmenge Indizes ungleich null enthält. Ist dies der Fall, d. h. gibt `count_nonzero` eine Zahl größer null zurück, liegt ein perkolierender Cluster vor. Da wir mit diesem Verfahren prinzipiell mehr als einen perkolierenden Cluster finden könnten, sorgen wir bei der Rückgabe dafür, dass Werte größer als 1 auf eine 1 abgebildet werden.

Sieht man sich das Array `indices` an, so wird man typischerweise feststellen, dass die guten Indizes aufgrund von Umbenennungen bei der Durchführung des Hoshen-Kopelman-Algorithmus Lücken aufweisen. Dies ist für eine graphische Darstellung des Gitterzustands ähnlich wie in den Abb. 4.27 und 4.28 unpraktisch. Die folgende Funktion komprimiert den Wertebereich, so dass keine Lücken mehr auftreten.

```
def compress(x):
    new_x = []
    idx_trans = {0: 0}
    idx = 1
    for elem in x:
        try:
            new_x.append(idx_trans[elem])
        except KeyError:
            idx_trans[elem] = idx
            new_x.append(idx)
            idx = idx + 1
    return new_x
```

Diese Funktion wandelt eine Liste oder auch ein Array x mit ganzzahligen Einträgen in eine neue Liste new_x um und übersetzt die Einträge mit Hilfe des Dictionaries idx_trans so, dass Lücken beseitigt werden. Der erste Eintrag im Dictionary sorgt dafür, dass der Wert 0 immer erhalten bleibt. Dann werden alle Einträge von x durchgegangen. Sollte der Eintrag schon als Schlüssel im Dictionary vorhanden sein, wird der zugehörige Wert an die neue Liste angehängt. Ansonsten gibt es eine KeyError-Ausnahme. In diesem Fall wird dem Dictionary ein neuer Eintrag hinzugefügt, der aktuell verfügbare Index an die Liste new_x angehängt und der Index inkrementiert.

Die Bereitstellung der Farbinformation für Knoten und Kanten erfolgt mit Hilfe der Funktionen colorize_sites und colorize_bonds. Wir wollen hier beispielhaft die erste der beiden Funktionen genauer betrachten.

```
def colorize_sites(state, cluster_numbers, indices):
    n_total = state.size
    indices = compress(indices)
    largest_idx = max(indices)
    color_idx = np.arange(largest_idx)/largest_idx
    rng.shuffle(color_idx)
    state_for_plot = -np.ones(n_total)
    for n in range(n_total):
        if state[n]:
            cluster_num = indices[cluster_numbers[n]]
            state_for_plot[n] = color_idx[cluster_num-1]
    return np.ma.masked_equal(state_for_plot, -1)
```

Nachdem mit Hilfe der Funktion compress eventuelle Lücken in den Clusterindizes beseitigt wurden, werden im Array color_idx äquidistante Farbindizes abgespeichert, die später mit Hilfe einer Farbpalette in entsprechende Farbinformation umgewandelt wird. Dabei werden wir die Farbpalette hsv verwenden, deren beiden Enden bei den Werten 0 und 1 der gleichen Farbe entsprechen. Damit benachbarte Cluster möglichst farblich unterschieden werden können, mischen wir die Farbindizes mit Hilfe der NumPy-Funktion shuffle. Das Array wird alleine durch den Aufruf der Funktion modifiziert, so dass an dieser Stelle keine Zuweisung erforderlich ist. Interessant ist noch die Verwendung eines maskierten Arrays am Ende des Codes. Hier werden alle Einträge maskiert, die einen Farbindex -1 enthalten, bei denen also der betreffende Gitterplatz nicht besetzt ist. Dies führt dazu, dass bei Verwendung der matplotlib-Funktion imshow in der Funktion plot_sites die unbesetzten Knoten in der graphischen Darstellung weiß bleiben. Dies wird durch Setzen dieser Farbe mittels cmap.set_bad erreicht.

Die Funktion colorize_bonds weicht insofern ab, als sie die Informationen über die Lage der Kanten sowie die zugehörige Farbinformation einzeln als Generatorfunktion zurückgibt. Die Übersetzung in die jeweilige Farbe erfolgt mit Hilfe der Farbpalette, die in der Variablen cmap abgespeichert ist. Erwähnenswert ist noch die

Funktion isqrt aus dem math-Modul der Python-Standardbibliothek, die sicherstellt, dass sich beim Ziehen der Wurzel eine ganze Zahl ergibt.

In der Funktion get_state_cluster, die die Zustands- und Clusterinformation bereitstellt, möchten wir auf eine Besonderheit hinweisen.

```
def get_state_cluster(n_edge, p, n_total, neighbours_fct):
    state = generate_state(n_total, p)
    cluster_numbers, indices = get_clusters(state, n_edge,
                                            neighbours_fct)
    connected = isconnected(state, n_edge,
                            cluster_numbers, indices)
    print(f"{'einen' if connected else 'keinen'} "
          "perkolierenden Cluster gefunden")
    return state, cluster_numbers, indices
```

Im f-String in der drittletzten Zeile wird eine einzeilige Version einer if-else-Konstruktion verwendet, die wir ansonsten nicht verwenden. In diesem Fall muss die Bedingung, die hier durch die Boole'sche Variable connected gegeben ist, in der Mitte stehen und nicht wie gewohnt zu Beginn des if-else-Blocks.

Der Code zur Berechnung der Perkolationswahrscheinlichkeiten bietet keine weiteren Besonderheiten, so dass er hier nicht abgedruckt ist. Wir können uns vielmehr direkt den Ergebnissen zuwenden und beginnen mit der Knotenperkolation. In Abb. 4.31 ist die Perkolationswahrscheinlichkeit Π als Funktion von p für Quadratgitter der Größe 10×10 in blau und 50×50 in rot dargestellt. Dabei wurde für jeden einzelnen Punkt ein Ensemble von 2000 Realisierungen betrachtet.

Für sehr kleine Werte von p geht die Perkolationswahrscheinlichkeit Π erwartungsgemäß gegen null, da eine Mindestzahl von besetzten Knoten erforderlich ist, um überhaupt einen perkolierenden Cluster erhalten zu können. Geht die Besetzungswahrscheinlichkeit gegen eins, so muss auch die Perkolationswahrscheinlichkeit gegen eins gehen, da entsprechend eine Mindestzahl von unbesetzten Knoten benötigt wird, um einen perkolierenden Cluster zu verhindern. Im Grenzfall

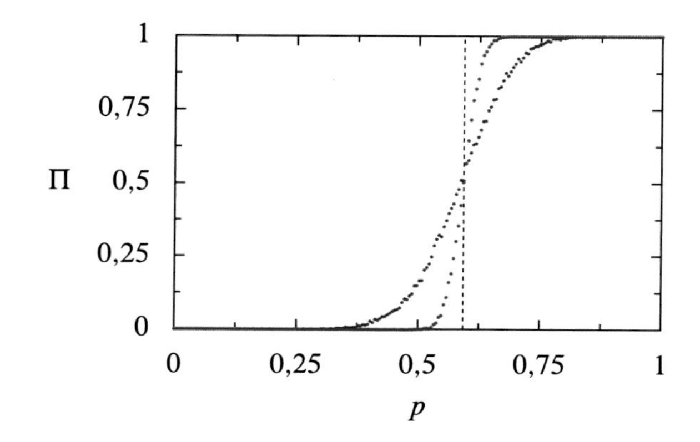

Abb. 4.31 Perkolationswahrscheinlichkeit Π als Funktion der Besetzungswahrscheinlichkeit p für die Knotenperkolation auf Quadratgittern der Größe 10×10 (blau) und 50×50 (rot). Für jeden Datenpunkt wurde ein Ensemble von 2000 Realisierungen betrachtet. Die gestrichelte Linie deutet die Perkolationsschwelle bei $p_{\text{krit}} \approx 0{,}5927$ an

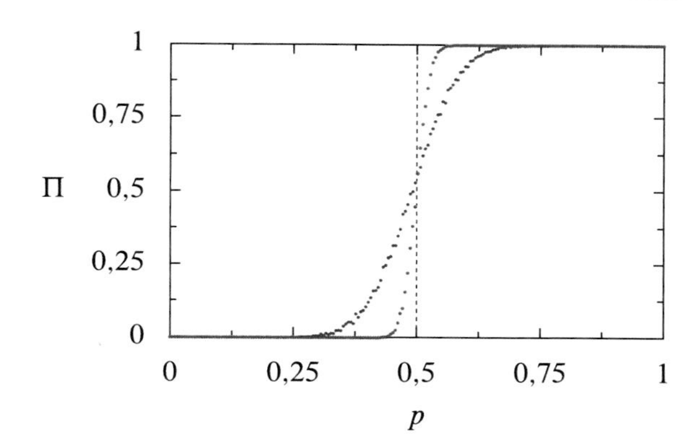

Abb. 4.32 Perkolationswahrscheinlichkeit Π als Funktion der Besetzungswahrscheinlichkeit p für die Kantenperkolation auf Quadratgittern der Größe 10×10 (blau) und 50×50 (rot). Für jeden Datenpunkt wurde ein Ensemble von 2000 Realisierungen betrachtet. Die gestrichelte Linie deutet die Perkolationsschwelle bei $p_{\text{krit}} = 0{,}5$ an

unendlich großer Gitter würden wir eine Perkolationswahrscheinlichkeit erhalten, die unterhalb eines kritischen Wertes p_{krit} null und oberhalb dieses Wertes eins ist. Für die Knotenperkolation auf dem Quadratgitter ist die Perkolationsschwelle durch $p_{\text{krit}} \approx 0.5927$ gegeben und in Abb. 4.31 durch die gestrichelte Linie angedeutet. Die Entwicklung der gezeigten Perkolationswahrscheinlichkeiten mit zunehmender Gittergröße ist konsistent mit einem Phasenübergang an dieser Stelle.

Die entsprechenden Ergebnisse für die Kantenperkolation sind in Abb. 4.32 für die gleichen Gitter- und Ensemblegrößen wie für die Knotenperkolation dargestellt. Es stellt sich heraus, dass hier die Perkolationsschwelle niedriger liegt, nämlich bei $p_{\text{krit}} = 0{,}5$. Dieser Wert ist wiederum mit den gezeigten numerischen Ergebnissen konsistent.

Übungen

4.1 Einfluss der Ensemblegröße beim Random Walk

In der Diskussion zu Abb. 4.2 hatten wir gesagt, dass die Fluktuationen geringer werden, wenn man die Ensemblegröße erhöht. Diese Aussage lässt sich überprüfen, indem man für eine vorgegebene Anzahl von Schritten n den in (4.4) definierten Ortsmittelwert μ_1 als Funktion der Ensemblegröße N betrachtet. Um die Fluktuationen beurteilen zu können, ist es sinnvoll, ein hinreichend großes Ensemble von Ensembles fester Größe zu betrachten und die Varianz $\langle\mu_1^2\rangle - \langle\mu_1\rangle^2$ als Funktion von N zu untersuchen. Die Abhängigkeit der Varianz von μ_1 von der Ensemblegröße N lässt sich gut aus einer doppelt-logarithmischen Auftragung entnehmen.

4.2 Random Walk mit Verweilen

Der in Abschn. 4.1.2 und 4.1.3 untersuchte Random Walk hat die Eigenschaft, dass das Teilchen nach einer geraden Anzahl von Schritten wie in Abb. 4.3 illustriert nur an geraden Orten zu finden ist. Diese Eigenschaft lässt sich vermeiden, indem man dem Teilchen zusätzlich zur Bewegung nach links und rechts die Möglichkeit gibt, an einem Ort zu verweilen. Konkret soll ein Random Walk mit

$$\begin{aligned} p_= &= p \\ p_+ = p_- &= \frac{1}{2}(1-p) \end{aligned} \tag{4.65}$$

untersucht werden. Dabei sind p_+ bzw. p_- die Wahrscheinlichkeiten für einen Sprung nach rechts bzw. links und $p_=$ ist die Wahrscheinlichkeit, dass das Teilchen an seinem Ort bleibt. Für $p = 0$ geht dieses erweiterte Modell in das im Abschn. 4.1.2 besprochene Modell ohne Verweilen über. Im gegenteiligen Extremfall $p = 1$ bewegt sich das Teilchen gar nicht.

4.3 Zentraler Grenzwertsatz beim Random Walk
Im Abschn. 4.1.4 haben wir normalverteilte Schrittweiten für die Einzelschritte verwendet und erhielten für die Wahrscheinlichkeitsverteilung in Abb. 4.4 ebenfalls zumindest näherungsweise eine Normalverteilung. Wir hatten dabei auch angemerkt, dass dies eine Konsequenz des zentralen Grenzwertsatzes ist. Diese Aussage soll überprüft werden, indem die normalverteilten Schrittweiten beispielsweise durch gleichverteilte Schrittweiten ersetzt werden.

4.4 Wahrscheinlichkeitsverteilung der Zeitabstände zwischen Stößen
Bei der Diskussion der Simulation einer Brown'schen Bewegung in Abschn. 4.2 haben wir gezeigt, dass die Zeitabstände zwischen zwei unabhängig voneinander stattfindenden Stößen exponentiell gemäß

$$p(\Delta t) = \lambda \exp(-\lambda \Delta t) \tag{4.66}$$

verteilt sind. Um dieses Ergebnis numerisch zu überprüfen, erzeugt man gleichverteilte Zufallszahlen im Intervall zwischen 0 und 1, die die Zeiten angeben sollen, zu denen die Stöße stattfinden. Hieraus sind nun die Abstände zwischen aufeinanderfolgenden Stößen zu bestimmen und in einem Histogramm aufzutragen. Verwendet man für die Häufigkeiten eine logarithmische Skala, so ergibt die theoretische Erwartung (4.66) eine Gerade und zusammen mit dem Histogramm eine Darstellung wie in Abb. 4.33. Abweichungen sind vor allem auf der rechten Seite in diesem Diagramm zu sehen, wo zum einen die betreffenden Abstände nur sehr selten vorkommen und wo sich zum anderen die Diskretheit der Häufigkeiten äußert.

4.5 Bestimmung der Kreiszahl mit Hilfe von Zufallszahlen
Wie in Abschn. 4.3 diskutiert, lässt sich die Kreiszahl π näherungsweise mit Hilfe einer Monte-Carlo-Integration bestimmen. Implementieren Sie einen entsprechenden Code und verifizieren die Aussage in Abb. 4.10 zum Konvergenzverhalten als Funktion der Anzahl N der verwendeten Zufallspunkte.

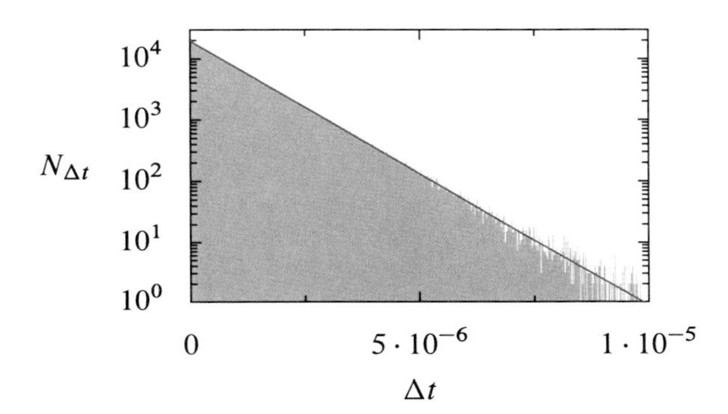

Abb. 4.33 Histogramm der Verteilung der Abstände zwischen benachbarten Zufallszahlen für ein Ensemble von 10^6 im Intervall von 0 bis 1 gleichverteilten Werten. Die rote Kurve entspricht der theoretischen Erwartung (4.66)

4.6 Knotenperkolation auf Dreieck- und Sechseck-Gitter

Sowohl Kanten- als auch Knotenperkolation können nicht nur auf einem quadratischen Gitter untersucht werden, sondern beispielsweise auch auf einem Dreiecksgitter. In diesem Fall liegen die Knoten auf den Eckpunkten gleichseitiger Dreiecke, so dass jeder Knoten sechs Nachbarn besitzt. Überzeugen Sie sich zunächst davon, dass die Knotenperkolation auf diesem Gitter auf die Kantenperkolation auf dem Quadrat-Gitter abgebildet werden kann. Dann ist klar, dass die Perkolationsschwelle ebenfalls bei 0,5 liegt, so dass keine zusätzliche numerische Untersuchung notwendig ist.

Anders ist die Situation beim Sechseck-Gitter, das nicht auf eines der beiden von uns behandelten Perkolationsprobleme abgebildet werden kann. Schreiben Sie ein Programm zur Behandlung der Knotenperkolation auf einem Sechseck-Gitter und zeigen Sie, dass die Perkolationsschwelle bei $p_{\mathrm{krit}} \approx 0{,}696$ liegt.

Literatur

1. B. Duplantier. Brownian Motion, „Diverse and Undulating“. https://arxiv.org/abs/0705.1951
2. B. Øksendal, *Stochastic Differential Equations*, 6th edn. (Springer, Berlin, 2003). https://doi.org/10.1007/978-3-642-14394-6
3. M. Knorrenschild, *Numerische Mathematik*, 5. Aufl. (Fachbuchverlag, Leipzig, 2013). https://doi.org/10.3139/9783446433892.001
4. R. Piessens, E. de Doncker-Kapenga, C.W. Überhuber, D.K. Kahaner, *QUADPACK* (Springer, Berlin, 1983). https://doi.org/10.1007/978-3-642-61786-7
5. E. Ising, Z. Phys. **31**, 253 (1925). https://doi.org/10.1007/BF02980577
6. R. Peierls, Proc. Cambridge Phil. Soc. **32**, 477 (1936). https://doi.org/10.1017/S0305004100019174
7. N. Metroplis, A.W. Rosenbluth, M.N. Rosenbluth, A.H. Teller, E. Teller, J. Chem. Phys. **21**, 1087 (1953). https://doi.org/10.1063/1.1699114
8. U. Wolff, Phys. Rev. Lett. **62**, 361 (1989). https://doi.org/10.1103/PhysRevLett.62.361
9. D.P. Landau, K. Binder, *A Guide to Monte Carlo Simulations in Statistical Physics* (Cambridge University Press, Cambridge, 2021). https://doi.org/10.1017/CBO9781139696463
10. D. Stauffer, A. Aharony, *Perkolationstheorie* (VCH, Weinheim, 1995)
11. J. Hoshen, R. Kopelman, Phys. Rev. B **14**, 3438 (1976). https://doi.org/10.1103/PhysRevB.14.3438

5 Quantenmechanik

Die zeitabhängige Schrödingergleichung, die die Zeitentwicklung der Wellenfunktion in der Quantenmechanik bestimmt, rückt das Problem der Lösung von partiellen Differentialgleichungen wieder in den Fokus. Bereits in der Elektrodynamik hatten wir an einem Beispiel gesehen, wie hierzu geeignete Eigenfunktionssysteme herangezogen werden können. In der Quantenmechanik spielen die stationären Zustände, die sich als Eigenzustände aus der zeitunabhängigen Schrödingergleichung ergeben, eine zentrale Rolle. Von wenigen Ausnahmen abgesehen, muss die Lösung des Eigenwertproblems numerisch erfolgen.

Wir werden daher zunächst die numerische Lösung der zeitunabhängigen Schrödingergleichung in einer Dimension für verschiedene Potentiale untersuchen und dabei den Ortsraum diskretisieren. Damit reduziert sich das Problem auf die Bestimmung von Eigenvektoren einer endlichdimensionalen Matrix, das mit numerischen Methoden zur linearen Algebra gelöst werden kann. Auf diese Weise erhält man einen mehr oder weniger großen Teil der energetisch niedrigsten stationären Zustände. Wie man hierbei ausnutzen kann, dass die Hamiltonmatrix nur dünn besetzt ist, wird am Ende des Kapitels bei der Lösung eines Mehrelektronensystems gezeigt. Interessiert man sich lediglich für den Grundzustand oder vielleicht noch den ersten angeregten Zustand, so lassen sich alternativ auch Optimierungsverfahren einsetzen, wie wir an einem Beispiel zeigen werden.

Zur Behandlung zeitabhängiger Probleme in der Quantenmechanik kann man zum einen von den stationären Zuständen ausgehen. Als Alternative werden wir die Split-Operator-Technik vorstellen, die den Zeitentwicklungsoperator für sehr kurze Zeitintervalle in einen kinetischen Anteil und einen Potentialanteil zerlegt. Da hierbei ein ständiger Wechsel zwischen Orts- und Impulsraum stattfinden muss, wird die Methode der schnellen Fouriertransformation eine wesentliche Rolle spielen.

Selbst wenn man mit einer lokalisierten Wellenfunktion beginnt, muss man davon ausgehen, dass diese früher oder später die Berandung des betrachten Ortsbereichs

H. Wiedemann und G.-L. Ingold, *Numerische Physik mit Python*,
https://doi.org/10.1007/978-3-662-69567-8_5

erreicht. Zur Vermeidung von Artefakten wird es sich als günstig erweisen, dem physikalischen Potential ein sogenanntes optisches Potential hinzuzufügen, das die Wellenfunktion am Rand wegdämpft. Auf diese Weise lässt sich das Zerfließen eines Wellenpakets oder sein Tunneln auch über etwas längere Zeiträume untersuchen.

5.1 Gebundene Eigenzustände des endlichen Potentialtopfs

☞ 5-01-Potentialtopf.ipynb

Das einfachste Problem der Quantenmechanik, das gebundene Zustände besitzt, die sich durch elementare Funktionen darstellen lassen, ist der Potentialtopf. Nachdem der unendlich tiefe Potentialtopf vollständig analytisch lösbar ist, wollen wir uns hier dem endlichen Potentialtopf zuwenden, dessen Potential in Abb. 5.1 dargestellt und durch

$$V(x) = \begin{cases} -V_0 & \text{für } |x| < x_0 \\ 0 & \text{sonst} \end{cases} \tag{5.1}$$

mit $V_0 > 0$ gegeben ist.

Wir suchen nun Lösungen der zeitunabhängigen Schrödingergleichung, die in Ortsdarstellung

$$\left(-\frac{\hbar^2}{2m}\frac{\partial^2}{\partial x^2} + V(x)\right)\psi_n(x) = E_n\psi_n(x) \tag{5.2}$$

lautet. Mathematisch handelt es sich hierbei um ein Eigenwertproblem, wobei die Eigenfunktionen den Wellenfunktionen $\psi_n(x)$ entsprechen, während die zugehörigen Eigenwerte durch die Energien E_n gegeben sind. Da wir nur an gebundenen Zuständen interessiert sind, müssen die Eigenenergien für das Potential (5.1) der Bedingung $-V_0 < E_n < 0$ genügen.

Wie üblich gehen wir gleich zu dimensionslosen Größen über. Eine natürliche Wahl besteht darin, Längen in Einheiten von x_0 zu messen. Verwendet man dementsprechend $\hbar^2/2mx_0^2$ als Energieskala, wird der Potentialtopf durch einen einzigen dimensionslosen Parameter

$$\alpha^2 = \frac{2mx_0^2 V_0}{\hbar^2} \tag{5.3}$$

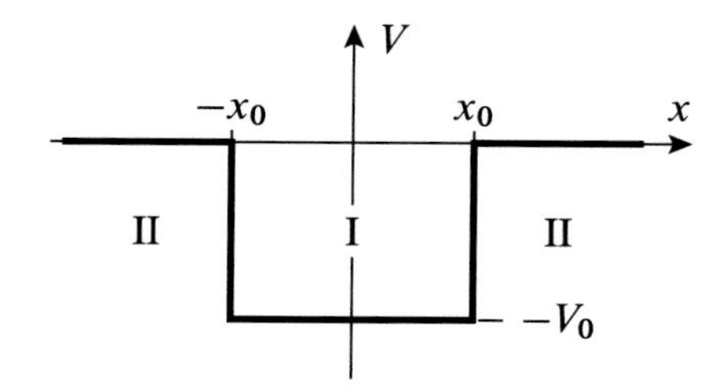

Abb. 5.1 Potential des endlichen Potentialtopfs, wobei der Innenbereich mit I bezeichnet ist, während II die beiden Außenbereiche kennzeichnet

charakterisiert. Die zu lösende zeitunabhängige Schrödingergleichung lautet dann

$$-\frac{d^2}{dx^2}\psi(x) + \alpha^2 v(x)\psi(x) = E\psi(x)\,, \tag{5.4}$$

wobei wir wie bisher schon die dimensionslosen Größen nicht speziell kennzeichnen. Die Funktion $v(x)$ beschreibt einen „Einheitstopf", der sich ergibt, wenn in (5.1) die Potentialparameter V_0 und x_0 gleich eins gesetzt werden.

Mit Hilfe der Spiegelsymmetrie des Potentials bezüglich $x = 0$ kann man zeigen, dass die Eigenfunktionen entweder symmetrisch oder antisymmetrisch sind. Die symmetrischen Eigenfunktionen sind von der Form

$$\psi_{\mathrm{I}}(x) = A\cos(kx) \tag{5.5}$$

$$\psi_{\mathrm{II}}(x) = B\exp(-\kappa|x|) + C\exp(\kappa|x|)\,, \tag{5.6}$$

wobei die Indizes I und II wie in Abb. 5.1 auf den Innenbereich des Potentialtopfs bzw. den Außenbereich verweisen. Die Wellenzahlen in Einheiten von $1/x_0$ lauten

$$k = \sqrt{\alpha^2 + E} \tag{5.7}$$

und

$$\kappa = \sqrt{-E}\,. \tag{5.8}$$

Da wir uns für das Spektrum der gebundenen Zustände interessieren, deren Energien nach der Skalierung im Bereich $-\alpha^2 < E < 0$ liegen, sind die Argumente der beiden Wurzeln immer reell. Die antisymmetrischen Eigenfunktion lassen sich als

$$\psi_{\mathrm{I}}(x) = A\sin(kx) \tag{5.9}$$

$$\psi_{\mathrm{II}}(x) = \mathrm{sign}(x)[B\exp(-\kappa|x|) + C\exp(\kappa|x|)] \tag{5.10}$$

schreiben, wobei $\mathrm{sign}(x)$ das Vorzeichen von x angibt.

Normalerweise würde man aufgrund der zu fordernden Normierbarkeit den Koeffizienten C in (5.6) und (5.10) sofort gleich null setzen. Es ist aber durchaus instruktiv, dies zunächst nicht zu tun, sondern stattdessen zu versuchen, ausgehend von $x = 0$ eine Wellenfunktion zu konstruieren. Um die Stetigkeit der Wellenfunktion und ihrer Ableitung bei $x = x_0$ gewährleisten zu können, benötigen wir im Bereich II sowohl die exponentiell abfallende als auch die exponentiell ansteigende Lösung.

Da die Normierung für die folgende Diskussion irrelevant ist, setzen wir $A = 1$. Dann ergibt sich aus den Anschlussbedingungen bei $x = 1$ in dimensionslosen Einheiten für symmetrische Zustände

$$B = \frac{e^{\kappa}}{2}\left(\cos(k) + \frac{k}{\kappa}\sin(k)\right) \tag{5.11}$$

$$C = \frac{e^{-\kappa}}{2}\left(\cos(k) - \frac{k}{\kappa}\sin(k)\right) \tag{5.12}$$

und für antisymmetrische Zustände

$$B = \frac{e^{\kappa}}{2}\left(\sin(k) - \frac{k}{\kappa}\cos(k)\right) \tag{5.13}$$

$$C = \frac{e^{-\kappa}}{2}\left(\sin(k) + \frac{k}{\kappa}\cos(k)\right). \tag{5.14}$$

Wir können nun ausgehend von $x = 0$ für beliebige Energien mit $-\alpha^2 < E < 0$ Lösungen der Schrödingergleichung (5.4) konstruieren.

Für $\alpha = 5{,}5$ sind in Abb. 5.2 die Eigenzustände sowie jeweils zwei energetisch tiefer und höher liegende Zustände gezeigt. Der grau hinterlegte Bereich markiert dabei den Potentialtopf. Schon kleine Abweichungen von der Eigenenergie führen dazu, dass die Lösungen mit zunehmendem Abstand vom Potentialtopf entweder nach oben oder unten exponentiell abweichen. Dabei reagiert der Grundzustand besonders sensitiv auf Veränderungen der Energie, was man daran erkennt, dass die Energiedifferenz zwischen energetisch benachbarten Zuständen nur 10^{-9} beträgt. Für den niedrigsten antisymmetrischen Eigenzustand sind in Abb. 5.2 Energieabstände von 10^{-8} gewählt. Bei den beiden energetisch höchsten Zuständen führen Energieänderungen um 10^{-6} bzw. 10^{-3} zu den dargestellten Lösungen der Schrödingergleichung. Dieses Beispiel zeigt, wie die Anforderung, dass Eigenzustände im Unendlichen gegen null gehen müssen, die diskreten Eigenenergien bestimmt.

Im ersten Teil des Notebooks zu diesem Abschnitt wird diese graphische Darstellung erzeugt, wobei die Energie über einen Schieberegler eingestellt werden kann. Die extreme Empfindlichkeit gegenüber geringfügigen Änderungen der Energie macht sich hier dadurch bemerkbar, dass es mit dem Schieberegler praktisch unmöglich ist, die Energie so einzustellen, dass man eine normierbare Wellenfunktion erhält. Die Lage der Eigenenergien kann man dennoch identifizieren, wenn man

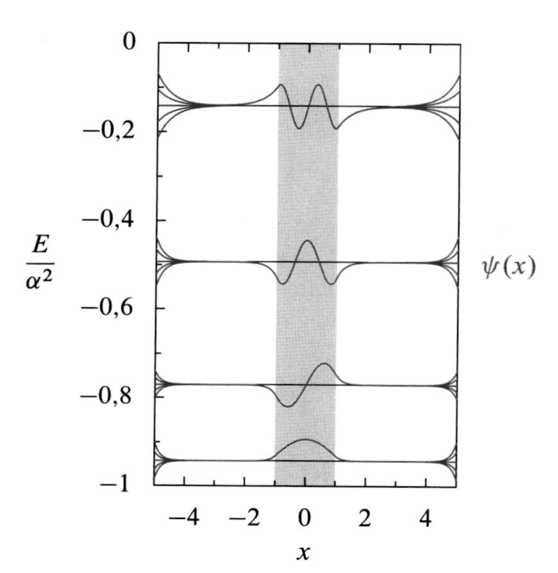

Abb. 5.2 Von $x = 0$ aus konstruierte Lösungen für einen Potentialtopf mit $\alpha = 5{,}5$. Der Topfbereich ist grau hinterlegt. Für die drei Eigenzustände sind jeweils fünf Lösungen dargestellt, wobei die Energieabstände zwischen benachbarten Zuständen im Grundzustand 10^{-9} und in den folgenden drei Zuständen 10^{-8}, 10^{-6} und 10^{-3} betragen

auf den Vorzeichenwechsel im Verhalten bei größeren Abständen vom Potentialtopf achtet.

Die Bestimmung der Eigenfunktionen und Eigenenergien auf diesem Weg ist eine Variante der *Shooting-Methode*. Ein sehr anschauliches Beispiel aus der Mechanik ist die Bestimmung des Abwurfwinkels beim schiefen Wurf aus Abschn. 2.3, um ein vorgegebenes Ziel zu treffen. In unserem Fall ersetzen $\psi(x_0)$ und $\psi'(x_0)$ den Abwurfwinkel und das zu erreichende Ziel ist die Normierbarkeit der Wellenfunktion. Diese Methode ist besonders dann effektiv, wenn das Anfangswertproblem effizient gelöst werden kann. Im speziellen Beispiel des Potentialtopfs ist dies der Fall, da wir die Lösung analytisch konstruieren können. Für andere Potentiale kann man den Umstand ausnutzen, dass in der Schrödingergleichung (5.2) keine erste Ableitung nach dem Ort vorkommt. Dann kann die Differentialgleichung mit dem sogenannten *Numerov-Verfahren* [1] gelöst werden, bei dem der Fehler mit der sechsten Potenz der Schrittweite geht.

Beim Potentialtopf kann man die Forderung, dass die Wellenfunktion im Unendlichen verschwindet, natürlich einfach dadurch berücksichtigen, dass man in (5.6) und (5.10) den Koeffizienten C gleich null setzt und daraus eine Bedingung für die Energieeigenwerte herleitet. Für die symmetrischen Eigenzustände findet man auf diese Weise

$$k\tan(k) = \sqrt{\alpha^2 - k^2} \tag{5.15}$$

und für antisymmetrische Eigenzustände

$$-k\cot(k) = \sqrt{\alpha^2 - k^2}\,, \tag{5.16}$$

wobei wir (5.7) und (5.8) verwendet haben, um κ durch k auszudrücken.

Da die Nullstellen und die Pole auf der linke Seite von (5.15) und (5.16) nur durch den Tangens und Kotangens bestimmt sind und die rechte Seite immer positiv ist, können wir die Intervalle angeben, in denen jeweils genau eine Lösung liegen muss. Beispielhaft ist in Abb. 5.3 die Situation für einen Potentialtopf mit $\alpha = 5{,}5$ dargestellt. Die Werte für k für symmetrische Eigenzustände liegen dabei in den Intervallen, in denen der Tangens positiv ist, also zwischen 0 und $\pi/2$ sowie zwischen π und $3\pi/2$. Die entsprechenden Intervalle für die antisymmetrischen Eigenzustände liegen dort, wo der Kotangens negativ ist, also zwischen $\pi/2$ und π sowie zwischen $3\pi/2$ und α. Der letzte Wert ergibt sich daraus, dass $0 < k < \alpha$ sein muss.

Wenn wir die Eigenwertbedingungen (5.15) und (5.16) in die Form $f(k) = 0$ bringen, können wir die Eigenwerte mit Hilfe einer Nullstellensuche bestimmen. Hierzu dient die Funktion `brentq` aus dem SciPy-Unterpaket `optimize`. Diese Funktion verlangt, dass ein Intervall vorgegeben wird, in dem die Nullstelle zu suchen ist. Außerdem müssen die Werte von $f(k)$ an den Rändern ein entgegengesetztes Vorzeichen besitzen. Dies können wir nach unserer obigen Diskussion garantieren.

Die Berechnung der in Abb. 5.3 durch rote Kreise markierten Schnittpunkte, die die Lösungen der Eigenwertbedingung markieren, kann mit den folgenden beiden Funktionen erfolgen.

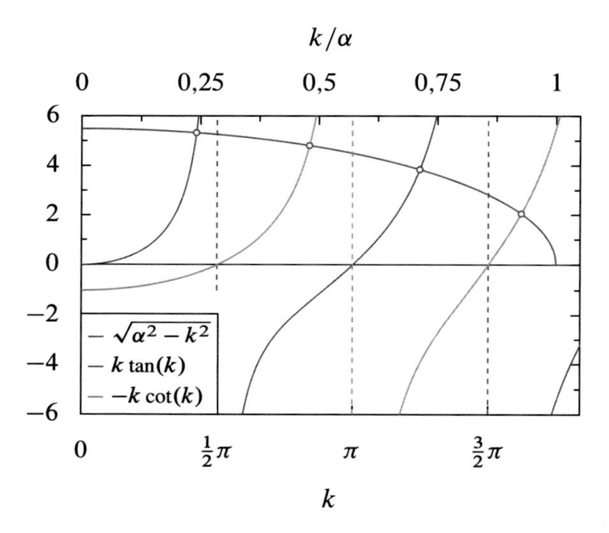

Abb. 5.3 Lösung der Eigenwertbedingungen (5.15) und (5.16) für einen Potentialtopf mit $\alpha = 5{,}5$

```
def eigenvalue_condition(k, symm, alpha):
    return sqrt(alpha**2-k**2) - symm*k*tan(k)**symm
```

Die Eigenwertbedingung deckt gleichzeitig den symmetrischen Fall (5.15) und den antisymmetrischen Fall (5.16), wenn wir die Variable `symm` gleich 1 bzw. -1 setzen.

```
def get_eigenenergies(alpha):
    a = 0
    b = min(alpha, pi/2)
    symm = 1
    eps = 1e-12
    while alpha > a:
        k = optimize.brentq(eigenvalue_condition,
                            a+eps, b-eps, (symm, alpha,))
        yield k**2-alpha**2
        a, b = b, min(alpha, b+pi/2)
        symm = -symm
```

Die Nullstellensuche ist in Form einer Generatorfunktion implementiert, der wir schon in den Abschn. 2.13 und 4.4.5 begegnet sind. Die k-Intervalle der Länge $\pi/2$ werden sukzessive nach Nullstellen durchsucht, wobei die Intervallgrenzen leicht verschoben werden, um Probleme durch Divergenzen des Tangens oder Kotangens zu vermeiden. Der Funktion `optimize.brentq` werden neben der Funktion, deren Nullstelle zu bestimmen ist, und den Intervallgrenzen noch zwei Parameter mitgegeben, die für die Auswertung der Eigenwertbedingung benötigt werden. Dieses

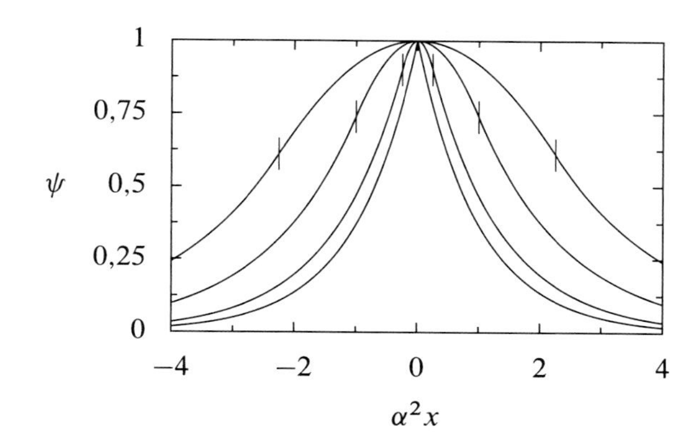

Abb. 5.4 Unnormierte Grundzustandswellenfunktionen für Potentialtöpfe mit $\alpha = 0{,}01, 0{,}5, 1$ und $1{,}5$ von innen nach außen. Für die letzten drei Fälle sind die Wände der Potentialtöpfe durch die dünnen senkrechten Striche markiert

Vorgehen kennen wir bereits von anderen Funktionen aus dem SciPy-Paket. Schließlich wird noch berücksichtigt, dass die Symmetrie der gesuchten Lösung in benachbarten Intervallen verschieden ist, so dass der Wert von `symm` sein Vorzeichen wechseln muss.

Sehen wir uns abschließend noch an, wie sich die Grundzustandswellenfunktion beim Übergang vom endlichen Potentialtopf zum Deltapotential ändert. Dabei lässt man die Breite $2x_0$ des Topfes gegen null und die Tiefe V_0 in einer solchen Weise gegen unendlich gehen, dass das Produkt $\eta = 2x_0 V_0$ konstant gehalten wird. In diesem Grenzübergang geht das Potential $V(x)$ in das Deltapotential $\eta\delta(x)$ über. Zu beachten ist noch, dass dann auch der in (5.3) definierte Potentialparameter α^2 gegen null geht.

Leider ist unsere bisherige Skalierung, bei der wir Orte in Einheiten von x_0 betrachten, für diesen Grenzübergang ungeeignet. Besser ist es, wenn wir statt x die Größe $\alpha^2 x$ betrachten, also den Ort in Einheiten der Länge $\hbar^2/2mx_0V_0$. Diese Länge bleibt beim Übergang zum Deltapotential konstant. Die nicht normierten Grundzustandswellenfunktionen sind für einige Werte von α in Abb. 5.4 dargestellt, wobei die dünnen senkrechten Striche die Positionen der jeweiligen Potentialwände für die äußeren drei Wellenfunktionen angeben. Für die am langsamsten abfallende Wellenfunktion, die $\alpha = 1{,}5$ entspricht, sieht man deutlich den Übergang von der Kosinusform innerhalb des Potentialtopfs zum exponentiell abfallenden Verhalten außerhalb. Die Krümmung der Wellenfunktion bei $x = 0$ nimmt mit abnehmenden Werten von $\alpha = 1$ und $0{,}5$, also zunehmender Tiefe des Topfes zu. Für den Fall der innersten Wellenfunktion mit $\alpha = 0{,}01$ bildet sich schon nahezu die Spitze mit einem Sprung in der ersten Ableitung der Wellenfunktion aus, die man aus der analytischen Rechnung erwartet. Bei genauerem Hinsehen würde man allerdings noch ein kleines Segment der Wellenfunktion mit großer Krümmung sehen. Ein echte Spitze bildet sich erst im Grenzfall $\alpha \to 0$ aus.

5.2 Harmonischer Oszillator

☞ `5-02-Harmonischer-Oszillator.ipynb`

In den folgenden drei Abschnitten werden wir uns ansehen, wie sich die zeitunabhängige Schrödingergleichung als Eigenwertproblem lösen lässt, wenn man den Hamiltonoperator im Ortsraum diskretisiert. Das erste Beispiel bildet der quantenmechanische harmonische Oszillator, der analytisch lösbar ist und sich somit gut dafür eignet, die Zuverlässigkeit der numerischen Lösung einzuschätzen. Im zweiten Teil dieses Abschnitts werden wir außerdem die niedrigsten Energieeigenzustände des harmonischen Oszillators mit Hilfe einer Energieminimierung bestimmen.

Für ein Teilchen der Masse m in einem harmonischen Potential lautet der Hamiltonoperator in Ortsdarstellung

$$\hat{H} = -\frac{\hbar^2}{2m}\frac{\mathrm{d}^2}{\mathrm{d}x^2} + \frac{1}{2}m\omega^2 x^2\,, \tag{5.17}$$

der sich durch Einführung der skalierten Variablen

$$x' = \sqrt{\frac{m\omega}{\hbar}}x \tag{5.18}$$

$$\hat{H}' = \frac{1}{\hbar\omega}\hat{H} \tag{5.19}$$

in die dimensionslose Form

$$\hat{H} = -\frac{1}{2}\frac{\mathrm{d}^2}{\mathrm{d}x^2} + \frac{1}{2}x^2 \tag{5.20}$$

bringen lässt. Der besseren Übersichtlichkeit wegen haben wir wie immer die Striche bei x und $\hat{H}$ in der skalierten Form wieder weggelassen. Die Energie wird gemäß (5.19) nun in Einheiten von $\hbar\omega$ gerechnet. Die exakten Eigenzustände von (5.20) sind durch die Wellenfunktionen

$$\psi_n(x) = \frac{1}{\pi^{1/4}\sqrt{2^n n!}}\exp\left(-\frac{x^2}{2}\right)H_n(x) \tag{5.21}$$

und die Eigenenergien

$$E_n = n + \frac{1}{2} \tag{5.22}$$

mit $n = 0, 1, 2, \ldots$ gegeben. $H_n(x)$ sind die Hermite-Polynome, die sich durch

$$H_n(x) = (-1)^n \mathrm{e}^{x^2}\frac{\mathrm{d}^n}{\mathrm{d}x^n}\mathrm{e}^{-x^2} \tag{5.23}$$

darstellen lassen.

Um den Hamiltonoperator näherungsweise durch eine endlichdimensionale Matrix darstellen zu können, wählen wir im Ortsraum $2n_{\mathrm{max}}+1$ Stützstellen in einem konstanten Abstand. Die Stützstellen liegen also an den Orten $x_n = n\Delta x$, wobei n eine ganze Zahl zwischen $-n_{\mathrm{max}}$ und n_{max} ist. Wenn Δx hinreichend klein gewählt ist, dürfen wir die zweite Ableitung näherungsweise durch den Differenzenquotienten

$$\frac{\mathrm{d}^2\psi_n}{\mathrm{d}x^2} \approx \frac{\psi_{n-1} - 2\psi_n + \psi_{n+1}}{(\Delta x)^2} \tag{5.24}$$

mit $\psi_n = \psi(x_n)$ ersetzen. Damit ergibt sich für den kinetischen Anteil des Hamiltonoperators (5.20) eine Tridiagonalmatrix, deren Diagonal- und ersten Nebendiagonalelemente durch $1/(\Delta x)^2$ bzw. $-1/(2(\Delta x)^2)$ gegeben sind. Der Potentialterm multipliziert lediglich die Wellenfunktion mit dem Potential $V(x)$ und führt somit zu einer Diagonalmatrix mit den Einträgen $V(x_n)$. Insgesamt wird der Hamiltonoperator also durch eine Matrix der Form

$$\frac{1}{(\Delta x)^2}\begin{pmatrix} \ddots & \ddots & \ddots & & & \\ & -\frac{1}{2} & 1 & -\frac{1}{2} & & \\ & & -\frac{1}{2} & 1 & -\frac{1}{2} & \\ & & & -\frac{1}{2} & 1 & -\frac{1}{2} \\ & & & & \ddots & \ddots & \ddots \end{pmatrix} + \begin{pmatrix} \ddots & & & & \\ & V(x_{-1}) & & & \\ & & V(x_0) & & \\ & & & V(x_1) & \\ & & & & \ddots \end{pmatrix} \tag{5.25}$$

genähert, wobei nur von null verschiedene Matrixelemente angegeben sind.

Für die numerische Behandlung muss diese im Prinzip unendlichdimensionale Matrix natürlich abgeschnitten werden. Um eine zuverlässige Lösung zu erhalten, soll dabei der Ortsbereich, in dem die Eigenzustände signifikant von null verschieden sind, möglichst gut abgedeckt werden. Gleichzeitig muss die Schrittweite Δx hinreichend klein sein, so dass sich die Wellenfunktion von einem zum nächsten Stützpunkt nur wenig ändert und somit die Näherung (5.24) gültig ist. Wie wir im Abschn. 5.5 sehen werden, kann man diese zweite Forderung auch dahingehend interpretieren, dass der Impulsbereich, der in der fouriertransformierten Wellenfunktion signifikant beiträgt, möglichst gut berücksichtigt werden muss.

Die Erzeugung der Matrix (5.25) lässt sich mit Hilfe von Funktionen aus dem NumPy-Paket relativ einfach implementieren.

```
def hamilton_operator(n_max, x_max):
    ndim = 2*n_max+1
    x, dx = np.linspace(-x_max, x_max, ndim, retstep=True)
    h = (np.eye(ndim)
         - 0.5*(np.eye(ndim, k=1) + np.eye(ndim, k=-1)))
    h = h/dx**2 + np.diag(potential(x))
    return h
```

Die Dimension der Matrix wird mehrfach benötigt und daher zunächst aus dem Argument `n_max` berechnet. Anschließend erzeugen wir mit der Funktion `linspace` ein Array `x`, das die Orte der Stützstellen enthält. Die Option `retstep=True` bewirkt, dass zusätzlich die Schrittweite `dx` zurückgegeben wird.

In den nächsten beiden Zeilen wird die erste Matrix aus (5.25) erzeugt. Dabei liefert die Funktion `eye` eine Matrix, die auf der Diagonalen oder, falls `k` auf einen Wert ungleich null gesetzt wird, einer Nebendiagonalen, den Wert eins enthält, während alle anderen Matrixelemente gleich null sind. In der folgenden Zeile wird diese Matrix noch durch $(\Delta x)^2$ geteilt. Die Funktion `diag` wandelt das eindimensionale Array `potential(x)` in eine Diagonalmatrix um, wobei die Funktion `potential` zur Berechnung des Potentials separat zur Verfügung gestellt wird. Somit lassen sich leicht Änderungen am Potential vornehmen.

Die Funktion zur Berechnung der Eigenwerte und Eigenzustände ist sehr einfach, da die wesentliche Arbeit von der Funktion `eigh`, einer der Routinen von NumPy zur linearen Algebra, übernommen wird.

```
def eigenproblem(n_max, x_max):
    h = hamilton_operator(n_max, x_max)
    evals, evecs = LA.eigh(h)
    return evals, evecs
```

Die Funktion `eigh` setzt voraus, dass eine hermitesche Matrix vorliegt. Andernfalls muss man auf die Funktion `eig` zurückgreifen, wie wir das bei den gekoppelten Federn in Abschn. 2.7 getan haben. Da die Eigenwerte einer hermiteschen Matrix reell sind, können sie der Größe nach geordnet werden. In der Tat sorgt `eigh` dafür, dass die Größe der Eigenwerte mit zunehmendem Index zunimmt. Somit entspricht `evals[0]` der Grundzustandsenergie, `evals[1]` der Energie des ersten angeregten Zustands und so weiter. Das zweidimensionale Array `evecs` enthält die Eigenvektoren als Spalten. Die Grundzustandswellenfunktion ist somit in `evecs[:, 0]` enthalten.

Im ersten Teil des Jupyter-Notebooks zu diesem Kapitel werden die Eigenwerte und Eigenfunktionen ähnlich wie in Abb. 5.5 dargestellt. Dabei geben die Eigenenergien jeweils die Nulllinie für die Auftragung der zugehörigen Wellenfunktion vor. Für die dargestellten, energetisch niedrigsten Eigenzustände passen die Eigenenergien sehr gut zu den analytischen Werten (5.22). Die Wellenfunktionen haben die erwartete Form mit einem oszillatorischen Verhalten im klassisch erlaubten Bereich und einem abfallenden Verhalten außerhalb dieses Bereichs. Die Zahl der Knoten nimmt gemäß der Knotenregel von einem Zustand zum nächsthöheren Zustand um eins zu. In der Übungsaufgabe 5.1 wird gezeigt, wie eine quantitativere Kontrolle der Ergebnisse vorgenommen werden kann. Ein anderes eindimensionales Beispiel, für das Eigenenergien und Eigenzustände bekannt sind, ist das Pöschl-Teller-Potential, das in der Übungsaufgabe 5.2 untersucht werden soll.

Für möglichst genaue Ergebnisse muss man hinreichend große Matrizen verwenden, die mit einem erheblichen Aufwand bei der Lösung des Eigenwertproblems einhergehen können. Insbesondere wenn man sich nur für energetisch niedrige Zustände

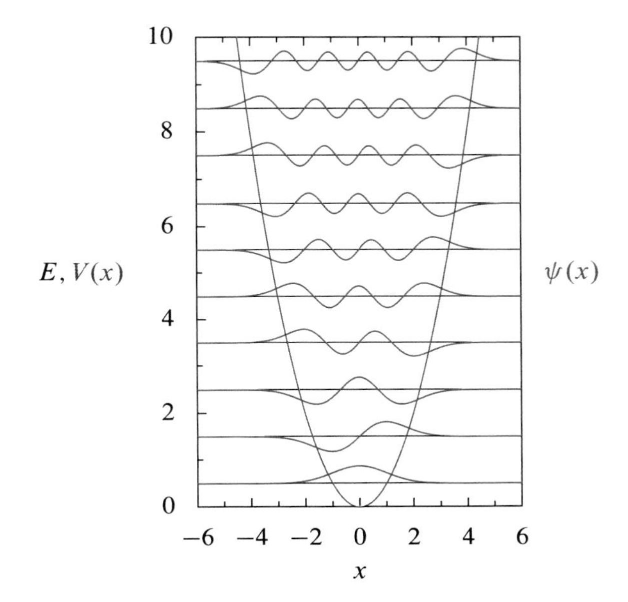

Abb. 5.5 Die zehn energetisch niedrigsten Eigenzustände des harmonischen Oszillators sind in rot auf Nulllinien dargestellt, die die zugehörige Energie angeben. Das harmonische Potential ist in blau dargestellt

interessiert, lohnt es sich auszunutzen, dass die Matrix (5.25) nur schwach besetzt ist. Tatsächlich nimmt die Anzahl der von null verschiedenen Matrixelemente nur linear mit der Dimension zu und nicht quadratisch. Wie man diesen Umstand ausnutzt, werden wir am Beispiel des Helium-Atoms in Abschn. 5.8 zeigen. Am harmonischen Oszillator wollen wir einen anderen numerischen Zugang zu den energetisch niedrigsten Eigenzuständen, insbesondere dem Grundzustand, demonstrieren.

Ein gebundener Grundzustand ist dadurch charakterisiert, dass es sich bei ihm um den normierbaren Zustand mit dem niedrigsten Energieerwartungswert handelt. Es liegt also nahe, den Grundzustand durch ein Optimierungsverfahren zu bestimmen, wie wir das für den Weg von Lichtstrahlen in Abschn. 3.8 getan haben.

Wenn wir bei der Optimierung eine gerade bzw. ungerade Anfangsfunktion wählen, werden bei der Minimierung auch nur Funktionen mit der gleichen Symmetrie in Betracht gezogen. Durch eine geeignete Wahl können wir also auch den ersten angeregten Zustand erhalten. Höhere Eigenzustände erreichen wir durch die zusätzliche Forderung, dass die zu suchende Funktion orthogonal auf bereits gefundenen Eigenzuständen zu niedrigerer Energie sein muss. Für den zweiten angeregten Zustand muss also

$$\int_{-\infty}^{+\infty} \mathrm{d}x\, \psi_2^*(x)\psi_0(x) = 0 \tag{5.26}$$

gelten, wobei der Stern die komplexe Konjugation andeutet, die für reelle Funktionen jedoch keine Rolle spielt. Die Forderung nach der Orthogonalität mit dem ersten angeregten Zustand dürfen wir hier aus Symmetriegründen außer Acht lassen.

Die Berechnung des Grundzustands und der ersten beiden angeregten Zustände durch Minimierung des Energieerwartungswertes wird im zweiten Teil des Programms ausgehend von einer symmetrischen Wellenfunktion

$$\psi_{\text{symm}} = \frac{1}{2\cosh(x/2)} \tag{5.27}$$

und einer antisymmetrischen Wellenfunktion

$$\psi_{\text{antisymm}} = \frac{\sqrt{3}}{2\pi}\frac{x}{\cosh(x/2)} \tag{5.28}$$

durchgeführt. Beide Wellenfunktionen sind normiert. Sie unterscheiden sich jedoch von den exakten Lösungen, insbesondere auch im Verhalten für große Werte von x.

Da der Energieerwartungswert

$$\langle E\rangle = \int_{-\infty}^{+\infty} \mathrm{d}x\,\psi^*(x)\hat{H}\psi(x) \tag{5.29}$$

minimiert werden soll, müssen wir zu seiner Berechnung eine Funktion zur Verfügung stellen.

```
def energy(psi, hamilton_operator, dx):
    return psi @ hamilton_operator @ psi * dx
```

Neben dem Hamiltonoperator, der wie zuvor durch eine endlichdimensionale Matrix repräsentiert wird, benötigen wir noch die Schrittweite Δx, da die Integration auf einem diskreten Gitter ausgeführt wird. Das Zeichen `@` bedeutet hier eine Vektor-Matrix-Multiplikation, während * eine normale Multiplikation mit einer Zahl impliziert.

Um die Normierung und die Orthogonalität zu einem vorgegebenen Zustand als Randbedingungen formulieren zu können, definieren wir auch hierfür entsprechende Funktionen.

```
def norm_of_psi(psi, dx):
    return LA.norm(psi)**2 * dx - 1

def scalarproduct(psi, phi, dx):
    return psi @ phi * dx
```

In der zweiten Funktion haben wir angenommen, dass die beiden Wellenfunktionen reell sind, wie es hier tatsächlich der Fall ist.

Damit lassen sich nun die beiden Randbedingungen in Form von Dictionaries spezifizieren, die später der Minimierungsfunktion übergeben werden.

```
def normalization(dx):
    return {"type": "eq",
            "fun": norm_of_psi,
            "args": (dx,)}

def orthogonality(wavefunction, dx):
    return {"type": "eq",
            "fun": scalarproduct,
            "args": (wavefunction, dx)}
```

In beiden Fällen ist die Randbedingung durch eine Gleichung gegeben, und unter dem Schlüsselwort `"args"` sind die Parameter genannt, die neben der zu optimierenden Wellenfunktion an die jeweiligen Funktionen übergeben werden sollen.

Die Optimierung erfolgt dann wie in Abschn. 3.8 unter Verwendung der SciPy-Funktion `optimize.minimize`.

```
def minimize_energy(initial_state, hamilton_operator, dx,
                    constraints):
    opt_result = optimize.minimize(
        energy, initial_state, args=(hamilton_operator, dx),
        constraints=constraints)
    psi = opt_result.x
    e = opt_result.fun
    return psi, e
```

Das Argument `constraints` erhält hier im einfachsten Fall, also bei der Berechnung der beiden energetisch niedrigsten Eigenzustände, das von der Funktion `normalization` erzeugte Dictionary. Für den zweiten angeregten Zustand muss eine Liste von Dictionaries übergeben werden, die sowohl die Normierung als auch die Orthogonalität auf den Grundzustand beschreiben. Neben der optimierten Wellenfunktion interessiert uns hier auch noch die zugehörige Energie, die als Attribut `fun` im Ergebnis `opt_result` enthalten ist.

Wählt man die Stützstellen hinreichend dicht und stellt sicher, dass sie einen hinreichend weiten Ortsbereich abdecken, lassen sich ausgehend von den Anfangszuständen (5.27) und (5.28) in sehr guter Näherung die niedrigsten drei Eigenzustände aus Abb. 5.5 erhalten.

5.3 Atommodell

☞ `5-03-Atommodell.ipynb`

Wenden wir uns nun einem Potential zu, das sich im Gegensatz zum harmonischen Oszillator nicht mehr analytisch behandeln lässt. Konkret sei das Potential durch

$$V(x) = -\frac{V_0}{\sqrt{1 + (x/a)^2}} \tag{5.30}$$

gegeben. Für große Abstände vom Ursprung divergiert das Potential im Gegensatz zum harmonischen Oszillator nicht, sondern es geht invers mit dem Abstand gegen null. Der Ansatz (5.30) lässt sich als Potential eines Elektrons im Coulombfeld eines positiv geladenen Atomkerns interpretieren. Dabei haben wir das übliche dreidimensionale Problem auf ein effektiv eindimensionales Problem reduziert. Im Potential (5.30) ist die Divergenz des Coulombpotentials beseitigt, man spricht daher von einem regularisierten Coulombpotential. Dieses berücksichtigt zum Beispiel, dass das Elektron dem Kern in drei Dimensionen ausweichen kann.

Für Abstände vom Ursprung, die viel kleiner als die Längenskala a sind, können wir das Potential (5.30) harmonisch nähern. Durch Entwicklung bis zur zweiten Ordnung erhalten wir

$$V(x) = -V_0 + \frac{V_0}{2}\left(\frac{x}{a}\right)^2 + O(x^4), \tag{5.31}$$

wobei $O(x^4)$ für Terme steht, die mindestens mit x^4 ansteigen. Das durch (5.30) beschriebene Atommodell unterscheidet sich jedoch von einem harmonischen Oszillator qualitativ schon dadurch, dass es nicht nur ein gebundenes Spektrum besitzt. Wie beim üblichen dreidimensionalen Wasserstoffproblem gibt es auch hier Streuzustände mit positiver Energie. Allerdings müssen wir bedenken, dass wir in unserer numerischen Behandlung nur ein endlich großes räumliches Intervall betrachten. Die Zustände bei positiver Energie können wir zwar als Streuzustände bezüglich des Potentials (5.30) betrachten, aber letztlich handelt es sich im Hinblick auf die de facto bei $\pm x_{\text{max}}$ vorliegenden unendlich hohen Potentialwände um gebundene Zustände.

Bevor wir die numerische Behandlung angehen, wollen wir das Problem durch geeignete Skalierung so weit wie möglich von irrelevanten Parametern befreien. Im vorigen Abschnitt hatte sich gezeigt, dass sowohl die Masse als auch die Frequenz des harmonischen Oszillators durch geeignete Skalierung von Ort und Energie beseitigt werden können. In unserem Atommodell ist jedoch das Verhältnis von der Potentialstärke V_0 und der Energieskala $\hbar^2/ma^2$, die mit einer Längenskala a für ein Teilchen der Masse m assoziiert ist, noch frei wählbar. Wir führen daher einen dimensionslosen Parameter

$$\alpha = \left(\frac{mV_0a^2}{\hbar^2}\right)^{1/4} \tag{5.32}$$

ein.

Um die Parametrisierung eindeutig festzulegen, verlangen wir, dass die harmonische Näherung (5.31) dem skalierten harmonischen Oszillator aus dem vorigen Abschnitt entspricht. Dies ermöglicht es, die Unterschiede der energetisch niedrig liegenden Eigenzustände in den beiden Potentialen deutlich zu machen. Wir führen daher dimensionslose Größen

$$x' = \alpha \frac{x}{a} \tag{5.33}$$

und

$$\hat{H}' = \frac{\alpha^2}{V_0} \hat{H} \tag{5.34}$$

ein. Wenn wir, wie auch an anderer Stelle in diesem Buch, darauf verzichten, die dimensionslosen Größen durch einen Strich zu kennzeichnen, ergibt sich der dimensionslose Hamiltonoperator

$$\hat{H} = -\frac{1}{2}\frac{\mathrm{d}^2}{\mathrm{d}x^2} - \frac{\alpha^3}{\sqrt{\alpha^2 + x^2}} = -\frac{1}{2}\frac{\mathrm{d}^2}{\mathrm{d}x^2} - \alpha^2 + \frac{1}{2}x^2 + O(x^4)\,. \tag{5.35}$$

Wie die Entwicklung auf der rechten Seite zeigt, ergibt sich zwar eine von α abhängige Energieverschiebung, aber das harmonische Potential ist unabhängig von diesem Parameter.

Die erforderlichen Änderungen am Jupyter-Notebook des vorigen Abschnitts sind dadurch, dass wir eine spezielle Funktion zur Berechnung des Potentials eingeführt hatten, denkbar einfach. Wir müssen in der Funktion `potential` lediglich das Potential des harmonischen Oszillators durch den Potentialterm in (5.35) ersetzen.

```
def potential(x, alpha):
    return -alpha**3/np.sqrt(alpha**2+x**2)
```

Da das Argument `x` ein NumPy-Array enthalten kann, müssen wir darauf achten, die Wurzelfunktion aus der NumPy-Bibliothek zu verwenden.

In Abb. 5.6 sind die niedrigsten sechs Eigenzustände sowie der 50. Eigenzustand für $\alpha = 2$ dargestellt. Die ersten sechs Eigenzustände sind alle gebunden, was wir daran erkennen, dass deren Eigenenergien negativ sind und deren Wellenfunktionen mit wachsendem Abstand zum Ursprung schnell abnehmen. Außerdem ähneln sie in der Form den Eigenzuständen des harmonischen Oszillators. Gegenüber dem harmonischen Oszillator sind die Eigenenergien mehr oder weniger stark nach unten verschoben, wobei die Grundzustandsenergie noch sehr gut mit dem Wert $-3{,}5$ übereinstimmt, der sich aus der rechten Seite von (5.35) für $\alpha = 2$ ergibt.

Der 50. Eigenzustand ist ein Beispiel für einen ungebundenen Zustand. Bei großem Abstand vom Ursprung sehen wir einen sinusförmigen Verlauf, dessen Wellenlänge einem Impuls zugeordnet werden kann. In der Umgebung des Ursprungs nimmt die Wellenlänge aufgrund des negativen Potentials ab.

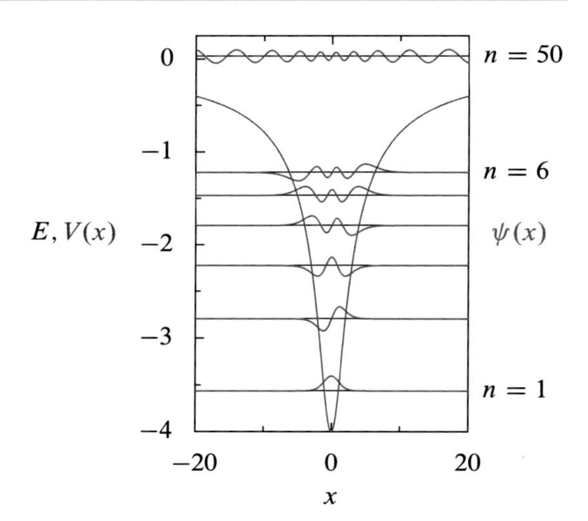

Abb. 5.6 Ausgewählte Eigenzustände des Potentials (5.30) für $\alpha = 2$. Die verwendete Matrix hat die Dimension 2000 und deckt den Bereich $-100 \leq x \leq 100$ ab. Die rot dargestellten Zustände für $n = 1, \ldots, 6$ sind gebunden, während der Zustand für $n = 50$ eine positive Energie besitzt und ungebunden ist. Der letztere Zustand ist im Vergleich zu den gebundenen Zuständen vierfach überhöht dargestellt

5.4 Molekülmodell

☞ `5-04-Molekülmodell.ipynb`

Im dritten und letzten Abschnitt, der sich mit der Lösung der zeitunabhängigen Schrödingergleichung beschäftigen soll, erweitern wir unser Atommodell noch zu einem einfachen Molekülmodell, indem wir zwei Potentiale der Form (5.30), die räumlich gegeneinander verschoben sind, addieren. Mit den im vorigen Abschnitt eingeführten dimensionslosen Größen lautet das Potential

$$V(x) = -\frac{\alpha^3}{\sqrt{\alpha^2 + (x + \Delta/2)^2}} - \frac{\alpha^3}{\sqrt{\alpha^2 + (x - \Delta/2)^2}} . \tag{5.36}$$

Der Abstand Δ der beiden Atome ist dabei wie in der Skalierung (5.33) in Einheiten von a/α zu nehmen. Um die Eigenfunktionen und Eigenenergien dieses Molekülmodells zu berechnen, muss im Programmcode im Vergleich zum Atommodell lediglich die Funktion `potential` geeignet angepasst werden.

Zunächst wählen wir die Parameter so, dass die atomaren Potentialmulden gut voneinander separiert sind. Dies ist zum Beispiel in Abb. 5.7 der Fall, wo $\alpha = 2$ und $\Delta = 8$ gewählt wurde. In dieser Situation sind die beiden niedrigsten Eigenzustände energetisch fast entartet und die zugehörigen beiden Eigenfunktionen lassen sich in sehr guter Näherung durch die Superpositionen

$$\psi_{\pm}(x) = \frac{1}{\sqrt{2}}\big(\psi_0(x + \Delta) \pm \psi_0(x - \Delta)\big) \tag{5.37}$$

der atomaren Eigenfunktionen $\psi_0(x)$ ausdrücken. Je stärker die beiden atomaren Zustände überlappen, desto größer wird die energetische Aufspaltung. Dies sieht

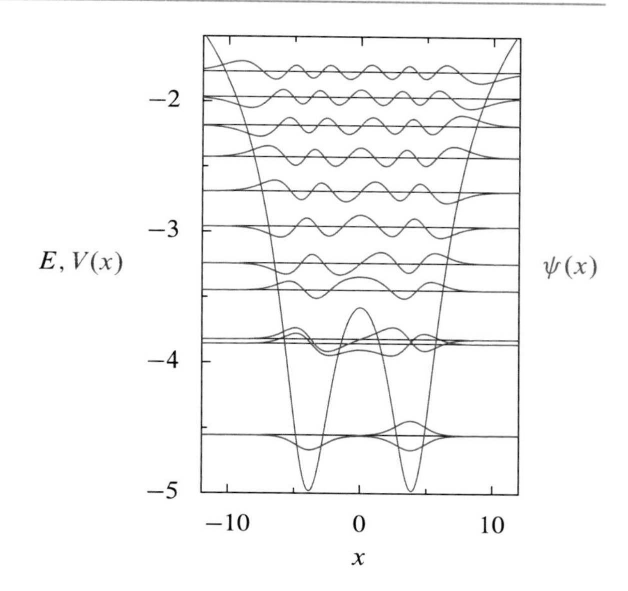

Abb. 5.7 Die zwölf niedrigsten gebundenen Eigenzustände eines eindimensionalen Molekülmodells mit dem Potential (5.36) und den Parametern $\alpha = 2$, $\Delta = 8$

man am zweiten Eigenzustand in Abb. 5.7, dessen Wellenfunktionen aber immer noch gut durch die Superposition zweiter atomarer Wellenfunktionen beschrieben werden können. Für die Zustände oberhalb der Potentialbarriere zwischen den beiden atomaren Potentialtöpfen weichen die Eigenzustände zunehmend deutlich von einer einfachen Überlagerung atomarer Zustände ab.

Wenn wir den Abstand zwischen den beiden Potentialminima verringern oder alternativ deren Breite vergrößern, erhalten wir ein Bild, wie es in Abb. 5.8 dargestellt ist. Hier wurde bei unverändertem Potentialparameter $\alpha = 2$ der Abstand auf $\Delta = 5$ reduziert. Im Vergleich zu den energetisch höheren Eigenzuständen ist der Abstand der Energieeigenwerte der niedrigsten beiden Eigenzustände deutlich kleiner, aber gleichzeitig ist die nahezu perfekte energetische Entartung, die man bei größeren Abständen Δ wie in Abb. 5.7 findet, schon sehr deutlich aufgehoben. Im Grenzfall $\Delta \to 0$ erhält man das aus Abb. 5.6 bekannte Spektrum, nur dass die Energien wegen der beiden zusammenfallenden Potentialterme mit einem Faktor zwei zu multiplizieren sind.

Um die Abhängigkeit von Δ genauer zu untersuchen, erweitern wir das Jupyter-Notebook um einen Code-Block, der die Energien der `n_states` niedrigsten Eigenzustände als Funktion von Δ berechnet.

```
def lowest_energies_over_delta(n_max, x_max, alpha,
                               delta_values, n_states):
    energies = np.zeros((len(delta_values), n_states))
    for n_delta, delta in enumerate(delta_values):
        h = hamilton_operator(n_max, x_max, alpha, delta)
        evals = LA.eigvalsh(h)
        energies[n_delta, :] = evals[0:n_states]
    return energies
```

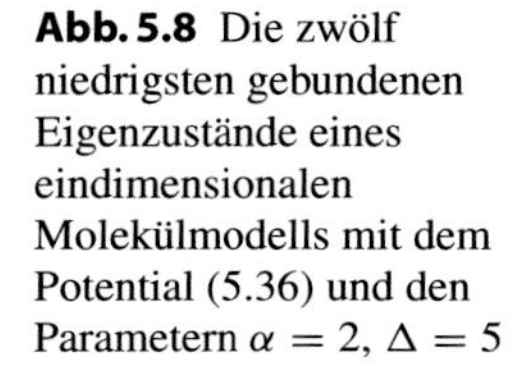

Abb. 5.8 Die zwölf niedrigsten gebundenen Eigenzustände eines eindimensionalen Molekülmodells mit dem Potential (5.36) und den Parametern $\alpha = 2$, $\Delta = 5$

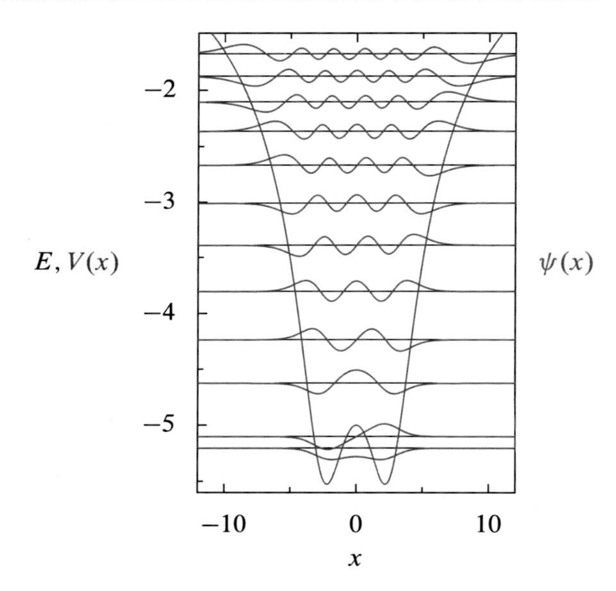

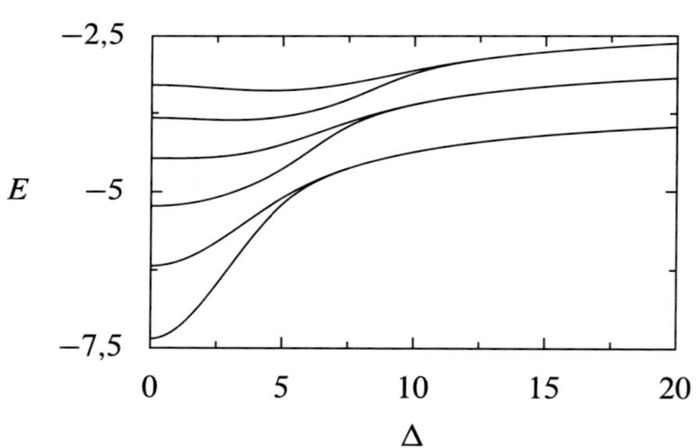

Abb. 5.9 Niedrigste Eigenenergien eines eindimensionalen Molekülmodells mit Potential (5.36) und $\alpha = 2$ als Funktion des Abstands Δ

Da wir uns hier nur für die Eigenenergien interessieren, ist es nicht notwendig, auch die zugehörigen Wellenfunktion zu berechnen, die uns die Funktion `eigh` automatisch mitliefert. Stattdessen verwenden wir die Funktion `eigvalsh`, die sich auf die Berechnung der Eigenwerte einer hermiteschen Matrix beschränkt.

Für $\alpha = 2$ ist das Ergebnis in Abb. 5.9 dargestellt. Man sieht, wie mit abnehmendem Abstand Δ die bei großen Δ vorliegende energetische Entartung von Zustandspaaren aufgehoben wird. Dabei setzt die Aufhebung der Entartung bei energetisch höher liegenden Zuständen bereits bei größeren Abständen ein als bei den energetisch niedrigeren Zuständen. Letztere werden stärker durch die Potentialbarriere bei $x = 0$ beeinflusst.

5.5 Freies Teilchen

☞ `5-05-Freies-Teilchen.ipynb`

Nachdem wir uns in den vorangegangenen Abschnitten der Bestimmung stationärer Zustände gewidmet haben, wollen wir uns jetzt mit der zeitlichen Dynamik von Zuständen beschäftigen, die durch die zeitabhängige Schrödingergleichung

$$\mathrm{i}\hbar\frac{\partial}{\partial t}\Psi(x,t) = \hat{H}\Psi(x,t) \tag{5.38}$$

bestimmt ist. Zur besseren Unterscheidung von den bisher diskutierten, rein ortsabhängigen Wellenfunktionen verwenden wir zur Bezeichnung zeitabhängiger Wellenfunktionen einen griechischen Großbuchstaben, hier also $\Psi(x,t)$. Da der kinetische Anteil des Hamiltonoperators in der Ortsdarstellung eine zweite Ortsableitung enthält, stehen wir, wie schon in der Elektrodynamik in Kap. 3, vor der Aufgabe, eine partielle Differentialgleichung zu lösen.

Eine Möglichkeit zur Lösung der zeitabhängigen Schrödingergleichung (5.38) besteht in der Entwicklung nach den Eigenfunktionen $\psi_n(x)$ des Hamiltonoperators zu den Eigenenergien E_n. Dann ergibt sich die Zeitentwicklung einer Wellenfunktion zu

$$\Psi(x,t) = \sum_n c_n\psi_n(x)\exp\left(-\frac{\mathrm{i}}{\hbar}E_n t\right), \tag{5.39}$$

wobei sich die Entwicklungskoeffizienten c_n aus der anfänglichen Wellenfunktion $\Psi(x,0)$ bestimmen lassen. Sollte ein kontinuierliches Eigenwertspektrum vorliegen, so ist statt der Summation in (5.39) entsprechend ein Integral auszuführen.

Bei einem diskreten Eigenwertspektrum können wir Eigenfunktionen und Eigenenergien wie in den vorigen Abschnitten numerisch bestimmen. Dabei muss man allerdings daran denken, die Eigenbasis unter Beachtung der Entwicklungskoeffizienten c_n in (5.39) hinreichend groß zu wählen. Als konkretes Beispiel für dieses Vorgehen werden wir in Abschn. 5.6 die Reflexion eines fallenden Wellenpakets besprechen. Die Lösungsstrategie entspricht dabei derjenigen, die wir in Abschn. 3.5 bei der Behandlung einer geerdeten Schachtel mit einem auf dem Deckel vorgegebenen Potential verwendet hatten.

Eine andere Technik, die sogenannte Split-Operator-Methode, werden wir im Folgenden am Beispiel des freien Teilchens diskutieren. Damit legen wir zugleich die Grundlagen für die numerische Untersuchung des Tunnelns eines Wellenpakets durch eine Potentialbarriere in Abschn. 5.7.1. Obwohl sich das freie Teilchen analytisch lösen lässt, hält seine numerische Behandlung interessante Aspekte bereit.

Bei der Berechnung der Eigenzustände in den vorangegangenen Abschnitten hatten wir den Ortsraum nicht nur diskretisiert, sondern auch in seiner Ausdehnung eingeschränkt. Beim harmonischen Oszillator ließ sich dies durch den Potentialverlauf und die räumlich lokalisierten Eigenzustände gut rechtfertigen. Für das freie Teilchen hat die Begrenzung des Ortsraums zunächst zur Folge, dass das eigentlich kontinuierliche Energieeigenwertspektrum diskret wird. Außerdem stellt sich die Frage, wie die beiden Ränder zu behandeln sind.

Auf den ersten Blick gibt es zwei Möglichkeiten. Wir könnten an den Rändern unendlich hohe Potentialwände vorsehen, wie wir es de facto im Atommodell in Abschn. 5.3 getan haben. Dort hatten wir bereits angemerkt, dass selbst die eigentlich ungebundenen Zustände durch diese Potentialwände gebunden sind. Das Problem mit dieser Wahl besteht darin, dass ein Wellenpaket entweder durch seine Translationsbewegung oder durch sein Zerfließen über kurz oder lang die Potentialwand erreichen wird. Dann kommt es zu einer Reflexion und einer Überlagerung gegenläufiger Wellen und damit zu einer qualitativen Abweichung vom Verhalten eines freien Teilchens.

Als Alternative könnte man periodische Randbedingungen verwenden, also de facto ein Teilchen auf einem Ring betrachten. Auch hier wird das Wellenpaket nach einer gewissen Zeit so stark zerflossen sein, dass sich die beiden Enden des Wellenpakets treffen und wiederum miteinander interferieren. Will man solche Artefakte vermeiden, muss man entweder das Ortsintervall hinreichend groß machen, so dass innerhalb des interessierenden Zeitintervalls kein wesentlicher Teil des Wellenpakets die Ränder erreicht. Eine andere Möglichkeit besteht darin, das Wellenpaket an den Rändern zu absorbieren, um Reflexionen zu vermeiden. Da damit eine Abnahme der Norm der Wellenfunktion verbunden ist, lohnt es sich, sich vor Augen zu führen, warum die Norm normalerweise überhaupt erhalten ist.

Wir beschränken uns der Einfachheit halber auf eine Dimension und betrachten ein Teilchen der Masse m in einem zunächst allgemeinen Potential $V(x)$, so dass der Hamiltonoperator in Ortsdarstellung

$$\hat{H} = -\frac{\hbar^2}{2m}\frac{\partial^2}{\partial x^2} + V(x) \tag{5.40}$$

lautet. Die zeitliche Änderung der Norm der Wellenfunktion ergibt sich dann zu

$$\begin{aligned}
&\frac{\mathrm{d}}{\mathrm{d}t}\int_{-\infty}^{+\infty} \mathrm{d}x\, \Psi^*(x,t)\Psi(x,t) \\
&\quad = \int_{-\infty}^{+\infty} \mathrm{d}x \left[\Psi^*(x,t)\frac{\partial \Psi(x,t)}{\partial t} + \frac{\partial \Psi^*(x,t)}{\partial t}\Psi(x,t)\right] \\
&\quad = \mathrm{i}\int_{-\infty}^{+\infty} \mathrm{d}x \left[\frac{1}{2}\left(\Psi^*(x,t)\frac{\partial^2 \Psi(x,t)}{\partial x^2} - \frac{\partial^2 \Psi^*(x,t)}{\partial x^2}\Psi(x,t)\right)\right. \\
&\qquad \left. - \Big(V(x) - V^*(x)\Big)\Psi^*(x,t)\Psi(x,t)\right],
\end{aligned} \tag{5.41}$$

wobei wir im zweiten Schritt die Schrödingergleichung (5.38) mit dem Hamiltonoperator (5.40) verwendet haben.

Durch partielle Integration erkennt man, dass sich die beiden Terme in der dritten Zeile von (5.41) gegenseitig aufheben, so dass sich für die zeitliche Änderung der Norm schließlich

$$\frac{\mathrm{d}}{\mathrm{d}t}\int_{-\infty}^{+\infty} \mathrm{d}x\, \Psi^*(x,t)\Psi(x,t) = 2\int_{-\infty}^{+\infty} \mathrm{d}x\, \mathrm{Im}\big(V(x)\big)\Psi^*(x,t)\Psi(x,t) \tag{5.42}$$

ergibt. Für reelle Potentiale ist die Norm der Wellenfunktion erwartungsgemäß eine Erhaltungsgröße. Gleichzeitig zeigt das Resultat (5.42), dass man absorbierende Randbedingungen erhalten kann, indem man an den Rändern einen Potentialbeitrag mit negativem Imaginärteil hinzufügt. Da solche Potentiale zuerst zur Beschreibung der Streuung und Absorption von Licht verwendet wurden, werden sie auch als *optische* Potentiale bezeichnet. In der numerischen Implementierung werden wir für das optische Potential zwei abgeschnittene Gaußfunktionen mit Höhe V_{opt} und Breite σ_{opt} verwenden, die bei $\pm x_{\max}$ lokalisiert sind. Für das freien Teilchen, bei dem der Realteil des Potentials verschwindet, ist das Potential dann durch

$$V(x) = -\mathrm{i}V_{\text{opt}}\left[\exp\left(-\frac{(x+x_{\max})^2}{2\sigma_{\text{opt}}^2}\right) + \exp\left(-\frac{(x-x_{\max})^2}{2\sigma_{\text{opt}}^2}\right)\right] \tag{5.43}$$

gegeben.

Wenden wir uns nun konkret dem freien Teilchen in einer Dimension zu. Um die Idee der Split-Operator-Methode zu verstehen, ist es sinnvoll, sich noch einmal das Vorgehen bei der analytischen Lösung der zeitabhängigen Schrödingergleichung

$$\mathrm{i}\hbar\frac{\partial}{\partial t}\Psi(x,t) = -\frac{\hbar^2}{2m}\frac{\partial^2}{\partial x^2}\Psi(x,t) \tag{5.44}$$

des freien Teilchens anzusehen. Inzwischen sind wir es gewohnt, zunächst geeignete dimensionslose Variablen einzuführen. Da dies nicht nur die numerische, sondern auch die analytischen Behandlung vereinfacht, ist es sinnvoll, schon jetzt die Differentialgleichung dimensionslos zu formulieren. Dabei stellt man fest, dass das freie Teilchen überhaupt keine ausgezeichnete Längenskala besitzt. Dies äußert sich konkret daran, dass wir zwei Größen dimensionslos machen können, nämlich den Ort x und die Zeit t, aber nur eine Bestimmungsgleichung haben, nämlich die Forderung, dass $\hbar/m = 1$ sein soll. Damit sind wir völlig frei, beispielsweise eine Längenskala einzuführen. Für den Moment geben wir eine beliebig festgelegte Längenskala l vor, die später durch die charakteristische Breite eines lokalisierten Anfangszustands gegeben sein wird. Damit erhalten wir einen dimensionslosen Ort

$$x' = \frac{x}{l} \tag{5.45}$$

sowie eine dimensionslose Zeit

$$t' = \frac{\hbar}{ml^2}t\,, \tag{5.46}$$

wobei wir auch hier zur Vereinfachung der Notation die Striche gleich wieder weglassen werden. Die zeitabhängige Schrödingergleichung lautet in dimensionsloser Form somit

$$\mathrm{i}\frac{\partial}{\partial t}\Psi(x,t) = -\frac{1}{2}\frac{\partial^2}{\partial x^2}\Psi(x,t)\,. \tag{5.47}$$

Wie eingangs schon erwähnt, besteht eine Möglichkeit, eine partielle Differentialgleichung wie (5.47) zu lösen, darin, Eigenzustände des Hamiltonoperators als Basis zu wählen. Für das freie Teilchen sind die Eigenzustände ebene Wellen

$$\psi_k(x) = \frac{1}{\sqrt{2\pi}} e^{ikx} \tag{5.48}$$

mit der Eigenenergie

$$E_k = \frac{k^2}{2}. \tag{5.49}$$

Entsprechend der zuvor eingeführten Skalierung wird hier die Wellenzahl k in Einheiten von $1/l$ und die Energie in Einheiten von $\hbar^2/ml^2$ genommen. Der Energieeigenzustand $\psi_k(x)$ ist zugleich ein Eigenzustand des Impulsoperators zum Eigenwert k, wobei der Impuls in Einheiten von $\hbar/l$ zu nehmen ist.

Die Entwicklungskoeffizienten einer Wellenfunktion $\Psi(x, t)$ in Ortsdarstellung in der Basis (5.48) sind durch

$$\begin{aligned} \tilde{\Psi}(k, t) &= \int_{-\infty}^{+\infty} \mathrm{d}x\, \psi_k^*(x) \Psi(x, t) \\ &= \frac{1}{\sqrt{2\pi}} \int_{-\infty}^{+\infty} \mathrm{d}x\, e^{-ikx} \Psi(x, t) \end{aligned} \tag{5.50}$$

gegeben. Aus der Wellenfunktion $\tilde{\Psi}(k, t)$ im Impulsraum erhält man mit

$$\begin{aligned} \Psi(x, t) &= \int_{-\infty}^{+\infty} \mathrm{d}k\, \psi_k(x) \tilde{\Psi}(k, t) \\ &= \frac{1}{\sqrt{2\pi}} \int_{-\infty}^{+\infty} \mathrm{d}k\, e^{ikx} \tilde{\Psi}(k, t) \end{aligned} \tag{5.51}$$

wieder die ursprüngliche Wellenfunktion. Da wir nach Energieeigenfunktionen entwickeln, können wir die Zeitentwicklung eines Anfangszustands $\Psi(x, 0)$ mit Hilfe der gemäß (5.50) zugehörigen Funktion $\tilde{\Psi}(k, 0)$ unter Verwendung der Eigenenergie (5.49) nach

$$\begin{aligned} \Psi(x, t) &= \int_{-\infty}^{+\infty} \mathrm{d}k\, \psi_k(x) \exp(-iE_k t)\, \tilde{\Psi}(k, 0) \\ &= \frac{1}{\sqrt{2\pi}} \int_{-\infty}^{+\infty} \mathrm{d}k\, \exp\left(ikx - \frac{i}{2}k^2 t\right) \tilde{\Psi}(k, 0) \end{aligned} \tag{5.52}$$

berechnen. Hierbei handelt es sich um eine Version von (5.39) für ein kontinuierliches Energieeigenspektrum, so dass die Wellenfunktion $\tilde{\Psi}(k, 0)$ den Entwicklungskoeffizienten c_n entspricht.

Ausgehend von einem Anfangszustand $\Psi(x, 0)$ in Ortsdarstellung ist es also sinnvoll, zunächst in die Impulsdarstellung zu wechseln, dort die Zeitentwicklung durchzuführen und anschließend wieder in die Ortsdarstellung zurückzukehren, um den Zustand $\Psi(x, t)$ im weiteren zeitlichen Verlauf zu erhalten. Numerisch müssen wir dazu im Wesentlichen zwei Fouriertransformationen durchführen. Hierzu stellt das Modul `fft` aus der SciPy-Bibliothek die Funktionen `fft` und `ifft` zur Verfügung. Die Funktion `fft` haben wir bereits beim Van-der-Pol-Oszillator in Abschn. 2.15 kennengelernt, wo wir die Fouriertransformation verwendeten, um die zeitabhängige Auslenkung $x(t)$ im Frequenzraum darzustellen.

Bei der Darstellung des Anfangszustands im Impulsraum mit Hilfe von (5.50) für $t = 0$ müssen wir bei einer numerischen Behandlung den Ortsbereich einschränken und zugleich diskretisieren. Wir wählen dazu die Stützpunkte

$$x_m = m\Delta x \quad \text{mit } m = -n_{\text{max}}, -n_{\text{max}} + 1, \ldots, n_{\text{max}} - 1 \tag{5.53}$$

mit $\Delta x = x_{\text{max}}/n_{\text{max}}$. Aufgrund der Fourierdarstellung wird die Wellenfunktion außerhalb des Intervalls von $-x_{\text{max}}$ bis x_{max} periodisch fortgesetzt. Im Hinblick auf die anfängliche Diskussion der Randbedingungen bedeutet dies, dass wir eigentlich ein Teilchen auf einem Ring betrachten. Da die beiden Randpunkte $-x_{\text{max}}$ und x_{max} miteinander zu identifizieren sind, kommt der Index $m = n_{\text{max}}$ in (5.53) nicht vor, da er schon durch den Index $m = -n_{\text{max}}$ abgedeckt ist.

Genauso wie der Ortsraum diskretisiert und in seiner Ausdehnung eingeschränkt ist, gilt dies auch für den Impulsraum. Die Schrittweite Δk können wir aus (2.172) entnehmen, wobei T nun durch $2x_{\text{max}}$ zu ersetzen ist. Wir erhalten somit $\Delta k = \pi/x_{\text{max}}$ und die Periode im Impulsraum beträgt $2n_{\text{max}}\Delta k = 2\pi/\Delta x$. Im Hinblick auf den zeitabhängigen Phasenfaktor in (5.52), der mit k^2 geht, ist es wichtig, das Impulsraumintervall richtig wählen, nämlich beispielsweise nicht von 0 bis $2\pi/\Delta x$, sondern von $-\pi/\Delta x$ bis $\pi/\Delta x$. Bei dieser Wahl nehmen die Impulse die betragsmäßig kleinsten Werte an. Zugleich wird dem Umstand Rechnung getragen, dass auf einem Ring sowohl links- als auch rechtslaufende Wellen vorkommen können. Führt man die Fouriertransformation mit Hilfe der Funktion `fft.fft` aus der SciPy-Bibliothek aus, so erhält man die Werte der Impulswellenfunktion für das gerade gewählte Intervall, wenn man die Indizes des Arrays von `-n_max` bis `n_max-1` laufen lässt.

Eingangs hatten wir schon darauf hingewiesen, dass es bei der Behandlung eines freien Teilchens zu Artefakten kommen kann, wenn man periodische Randbedingungen wählt und die Breite des Wellenpakets von der Größe der Periodenlänge $2x_{\text{max}}$ wird. Dies lässt sich anhand der Zeitentwicklung eines Gauß'schen Wellenpakets

$$\Psi(x, t = 0) = \frac{1}{(2\pi)^{1/4}} \exp\left(-\frac{x^2}{4} + \mathrm{i}k_0 x\right) \tag{5.54}$$

zeigen, wobei wir durch die Wahl des Impulses $k_0 = 0$ dafür sorgen, dass sich das Wellenpaket nicht bewegt. Im Rahmen der Skalierung (5.45) wurde hier die Längenskala l gleich der Breite des Wellenpakets gewählt.

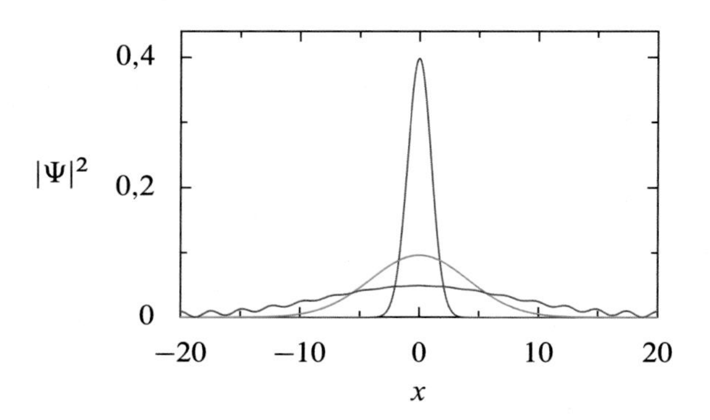

Abb. 5.10 Ortsaufenthaltswahrscheinlichkeit eines Gauß'schen Wellenpakets zu den Zeitpunkten $t = 0$ (blau), $t = 8$ (grün) und $t = 16$ (rot) mit $x_{\text{max}} = 20$

Die Zeitentwicklung des Gauß'schen Wellenpakets lässt sich mit Hilfe von (5.50) für $t = 0$ und (5.52) analytisch berechnen. Dabei bleibt die Gaußform erhalten, aber die Breite σ des Wellenpakets nimmt gemäß

$$\sigma = \sqrt{1 + \frac{t^2}{4}} \tag{5.55}$$

zu. Dies ist in Abb. 5.10 zu sehen, wo die blaue Kurve den Anfangszustand zeigt. Die grüne Kurve stellt das verbreiterte Wellenpaket zu einem späteren Zeitpunkt dar, wobei die Aufenthaltswahrscheinlichkeit am Rand noch vernachlässigbar klein ist. Dies ändert sich mit weiter zunehmender Zeit. An der roten Kurve ist deutlich zu sehen, wie die beiden Enden des Wellenpakets miteinander interferieren. Hierbei handelt es sich um ein Artefakt der periodischen Randbedingungen, die durch die Fouriertransformation auf einem endlichen Intervall impliziert werden. Wir wissen jedoch bereits, wie wir diesem Problem begegnen können, nämlich indem wir ein optisches Potential an den Rändern hinzufügen.

Leider handeln wir uns damit ein neues Problem ein, da das zuvor skizzierte Lösungsverfahren für das freie Teilchen mit Hilfe einer Fouriertransformation davon abhängt, dass kein ortsabhängiges Potential vorliegt. Das ändert sich mit der Einführung eines optischen Potentials. Wir müssen uns also Gedanken darüber machen, wie man die Zeitentwicklung eines Zustands in Anwesenheit eines ortsabhängigen Potentials $V(x)$ numerisch berechnen kann, wobei es gleichgültig ist, ob es sich um ein gewöhnliches reelles Potential, ein optisches Potential oder eine Kombination der beiden handelt.

Die analytische Lösung für das freie Teilchen mit Hilfe von (5.52) ist möglich, weil der Hamiltonoperator des freien Teilchens im Impulsraum diagonal ist. Bei Hinzunahme eines Potentials ist der Hamiltonoperator und damit auch der Zeitentwicklungsoperator jedoch weder im Impuls- noch im Ortsraum diagonal. Da der kinetische und der potentielle Anteil des Hamiltonoperators nicht miteinander vertauschen, lässt sich der Zeitentwicklungsoperator auch nicht in zwei Faktoren zerlegen, die jeweils für sich genommen im Impuls- oder Ortsraum diagonal sind.

Die *Split-Operator-Methode* nutzt nun aus, dass die Faktorisierung des Zeitentwicklungsoperators dennoch in guter Näherung möglich ist, sofern das Zeitintervall

Δt nur hinreichend klein gewählt ist. Unter Verwendung der Baker-Campbell-Hausdorff-Formel kann man zeigen, dass die Zerlegung des Zeitentwicklungsoperators

$$\exp\left(-\mathrm{i}\left(\frac{\hat{k}^2}{2}+V(x)\right)\Delta t\right) = \exp\left(-\frac{\mathrm{i}}{2}V(x)\Delta t\right)\exp\left(-\frac{\mathrm{i}}{4}\hat{k}^2\Delta t\right)\exp\left(\frac{\mathrm{i}}{2}V(x)\Delta t\right)+O\big((\Delta t)^3\big) \tag{5.56}$$

korrekt ist, wenn man kubische Terme in Δt vernachlässigen kann. Für die numerische Umsetzung bedeutet dies, dass bereits eine Zeitentwicklung über ein kurzes Zeitintervall eine Fouriertransformation sowie eine Rücktransformation erfordert. Dabei findet zunächst die Multiplikation mit dem dritten Faktor in (5.56) im Ortsraum statt. Nach der Transformation in den Impulsraum kann der zweite Faktor wie in (5.52) multipliziert werden. Nach der Rücktransformation in den Ortsraum multipliziert man das Ergebnis abschließend mit dem ersten Faktor. Diese Prozedur muss nun hinreichend oft wiederholt werden, um die Zeitentwicklung über einen längeren Zeitraum zu erhalten.

Obwohl es die Split-Operator-Methode erfordert, Fouriertransformationen sehr oft auszuführen, ist die Methode dank des FFT-Algorithmus sehr effizient. Dies hängt damit zusammen, dass die Rechenzeit für eine Fouriertransformation und damit für den Wechsel zwischen Orts- und Impulsdarstellung nur wie $N\ln(N)$ mit der Zahl N der Gitterpunkte skaliert.

Kommen wir nun zur Implementation der Ideen dieses Abschnitts im zugehörigen Jupyter-Notebook. Zunächst wird das optische Potential mit Hilfe einer Funktion gemäß (5.43) berechnet.

```
def v_optical(x, v_opt, sigma_opt, x_max):
    v = -1j*v_opt*(np.exp(-(x+x_max)**2/(2*sigma_opt**2))
                   + np.exp(-(x-x_max)**2/(2*sigma_opt**2)))
    return v
```

Da mit der Variable `x` ein ganzes Array von Orten übergeben wird, muss hier wieder darauf geachtet werden, die Exponentialfunktion aus der NumPy-Bibliothek zu verwenden.

Außerdem benötigen wir zwei Funktionen, die den Wechsel vom Orts- in den Impulsraum und zurück vornehmen. Da diese beiden Funktionen lediglich die Fast-Fourier-Transformation `fft` bzw. deren Inverse `ifft` aufrufen, gehen wir hier nicht näher darauf ein. In der Standardeinstellung wird im Gegensatz zu (5.50) und (5.51) die Normierung übrigens nicht symmetrisch gewählt. Dies könnte man zwar durch geeignetes Setzen der Option `norm` korrigieren, aber da wir keine Erwartungswerte im Impulsraum berechnen, spielt dieser Aspekt für uns keine Rolle.

Bei der Berechnung des Anfangszustands (5.54) könnten wir die analytisch bekannte Normierung verwenden. In der folgenden Funktion bestimmen wir den Normierungsfaktor stattdessen explizit anhand der berechneten diskreten Werte der Wellenfunktion.

```
def initial_state(x, dx, k_0):
    psi_position = np.exp(-0.25*x**2 + 1j*k_0*x)
    norm = np.sum(np.absolute(psi_position)**2) * dx
    return psi_position / sqrt(norm)
```

Die Zeitentwicklung über ein kleines Zeitintervall `dt` wird mit Hilfe der Funktion `time_step` vorgenommen, die direkt die rechte Seite von (5.56) umsetzt.

```
def time_step(psi_position, dt, v, k):
    psi_position = psi_position * np.exp(-1j*v*dt/2)
    psi_momentum = position_to_momentum(psi_position)
    psi_momentum = psi_momentum * np.exp(-1j*k**2/2*dt)
    psi_position = momentum_to_position(psi_momentum)
    psi_position = psi_position * np.exp(-1j*v*dt/2)
    return psi_position
```

Die bis hierher angesprochenen Funktionen werden in der Funktion `time_development` zusammengeführt, um die Zeitentwicklung des anfänglichen Wellenpakets im optischen Potential zu berechnen.

```
def time_development(t_values, dt, x_values, dx, x_max,
                     k_0, v_opt, sigma_opt):
    n_x_points = x_values.shape[0]
    n_t_points = t_values.shape[0]
    v = v_optical(x_values, v_opt, sigma_opt, x_max)
    psi_position = initial_state(x_values, dx, k_0)
    psi_squared_of_t = np.zeros((n_t_points, n_x_points))
    psi_squared_of_t[0, :] = np.abs(psi_position)**2
    k = fft.fftfreq(n_x_points, dx) * 2*pi
    for n in range(n_t_points-1):
        psi_position = time_step(psi_position, dt, v, k)
        psi_squared_of_t[n+1, :] = np.abs(psi_position)**2
    return psi_squared_of_t
```

Die Positionen, an denen die Zeitentwicklung des Wellenpakets berechnet werden soll, werden hier mit dem Array `x_values` übergeben. Alternativ könnten wir dieses Array bei Bedarf aus der Intervalllänge und der Anzahl der Punkte erzeugen, wobei sich jedoch potentiell Inkonsistenzen einschleichen könnten, da das Array an mehreren Stellen im Code erzeugt werden müsste. Die Zahl `n_x_points` der Positionen beschaffen wir uns dann hier aus der Länge des Arrays. Streng genommen könnten wir auch die Schrittweite `dx` und den maximalen Ort `xmax` mit Hilfe des Arrays `x_values` bestimmen. Wir verzichten hier allerdings darauf, weil wir dann auch überprüfen sollten, ob die Arraydaten tatsächlich äquidistant sind. Stattdessen übergeben wir `dx` und `x_max` explizit. Ähnlich verfahren wir mit den Zeitwerten, die später bei der Berechnung der Breite des Wellenpakets eine Rolle spielen werden.

Nach der Berechnung des optischen Potentials und des Anfangszustands wird ein Array `psi_squared_of_t` angelegt, um dort die Zeitentwicklung der Wahrscheinlichkeitsdichte speichern zu können. Die beiden Arrayindizes beziehen sich auf die Zeit und den Ort. Die Wahrscheinlichkeitsdichte des Anfangszustands ist somit in `psi_squared_of_t[0,:]` abzuspeichern. Für die Berechnung der Zeitentwicklung in der Schleife benötigen wir noch ein Array der Wellenzahlen, die in der Fouriertransformation auftreten. Hierfür stellt SciPy die Hilfsfunktion `fftfreq` zur Verfügung, die sicherstellt, dass der Bereich der Wellenzahlen entsprechend unserer weiter oben angestellten Überlegungen korrekt gewählt ist.

Ausnahmsweise wollen wir hier auch auf die Codezelle eingehen, die für die Darstellung der Ergebnisse für die Zeitentwicklung des Wellenpakets zuständig ist. Bevor wir genauer erklären, wie eine Animation in einem Jupyter-Notebook realisiert werden kann, wollen wir aber noch kurz auf einen Aspekt bei der Erzeugung des Arrays `x_values` hinweisen. Wie weiter oben diskutiert, sind die beiden Enden des Ortsintervalls bei `-x_max` und `x_max` miteinander zu identifizieren, so dass der rechte Randwert nicht in `x_values` vorkommen soll. Dies lässt sich leicht dadurch erreichen, dass die Option `endpoint` auf den Wert `False` gesetzt wird.

```
params_widget = widgets.Dropdown(
    options=[
        ("Kein optisches Potential", (0, 1)),
        ("Gut gewähltes optisches Potential", (20, 5)),
        ("Zu schwaches optisches Potential", (2, 2)),
        ("Zu steiles optisches Potential", (100000, 0.1))
    ],
    description="optisches Potential",
    style={"description_width": "initial"})

interact_start = interact_manual.options(
    manual_name="Start Berechnung")

@interact_start(params=params_widget)
def make_animation(params):
    t_end = 2
    n_time = 200
    n_max = 4096
    x_max = 15
    k_0 = 15
```

```
    v_opt, sigma_opt = params
    x_values, dx = np.linspace(-x_max, x_max, 2*n_max,
                               retstep=True, endpoint=False)
    t_values, dt = np.linspace(0, t_end, n_time+1,
                               retstep=True)
    psi_squared = time_development(
        t_values, dt, x_values, dx, x_max, k_0, v_opt,
        sigma_opt)

    def init():
        line.set_data(x_values, psi_squared[0, :])
        return line,

    def animate(i):
        line.set_data(x_values, psi_squared[i, :])
        return line,

    clear_output()
    fig, ax = plt.subplots()
    line, = ax.plot([], [])
    ax.set_xlim((-x_max, x_max))
    y_max = np.max(psi_squared)
    ax.set_ylim((0, y_max))
    ax.set_xlabel("$x$")
    ax.set_ylabel(r"$|\Psi(x,t)|^2$")
    anim = animation.FuncAnimation(fig, animate,
                                   init_func=init,
                                   frames=n_time,
                                   interval=10,
                                   blit=True, repeat=False)
    plt.close()
    display(HTML(anim.to_jshtml()))
```

Um nun die Zeitentwicklung des Wellenpakets als Animation darstellen zu können, verwenden wir `FuncAnimation` aus dem Modul `animation` der matplotlib-Bibliothek. Damit ist es möglich, durch Bereitstellung einer Funktion `animate` eine Animation zu erstellen. In unserem Fall berechnen wir zunächst alle benötigten Daten, also die Wahrscheinlichkeitsverteilung $|\Psi(x, t)|^2$ zu allen gewünschten Zeitpunkten t, und stellen diese im Array `psi_squared` bereit. Zur Darstellung der Wahrscheinlichkeitsverteilung wird nur eine Linie benötigt, die zunächst als Variable `line` ohne jegliche Daten erzeugt wird, wie man an den leeren Listen in den Argumenten von `ax.plot` sieht. Das Komma hinter dem Variablennamen `line` dient dazu, das erste Element aus der von `ax.plot` zurückgegebenen Liste zu extrahieren.

Um zu Beginn kein leeres Bild anzuzeigen, setzt die Funktion `init` die Daten von `line` mit Hilfe von `set_data` auf die Werte der anfänglichen Wahrscheinlichkeitsverteilung. Die Aufgabe von `animate` ist es dann, die Daten der Linie entsprechend der vorgegebenen Bildnummer `i` zu aktualisieren. Daher ist `animate` neben dem Abbildungsobjekt `fig` das zentrale Argument von `FuncAnimation`. Das Komma hinter `line` am Ende der Funktion führt dazu, dass `line`, wie von `FuncAnimation` erwartet, in ein Tupel gepackt wird.

Mit Hilfe von weiteren Argumenten setzen wir die Anzahl `frames` der zu erzeugenden Bilder und das Zeitintervall `interval` zwischen zwei aufeinanderfolgenden Bildern in Millisekunden. Bei 200 Bildern ergibt sich also ein Film von zwei Sekunden Dauer. Indem wir das Argument `blit` auf `True` setzen, sorgen wir dafür, dass nur Teile des Bildes neu gezeichnet werden, die sich tatsächlich geändert haben. Mit dem Argument `repeat` kann festgelegt werden, ob die Animation in einer Endlosschleife oder nur einmal gezeigt werden soll. In der letzten Zeile des Codes erzeugt die `to_jshtml`-Methode aus dem Animationsobjekt `anim` eine HTML-Darstellung, die die Anzeige im Jupyter-Notebook zusammen mit einigen Kontrollknöpfen ermöglicht.

Bei den beiden Parametern für das optische Potential V_{opt} und σ_{opt} haben wir einige interessante Wertekombinationen vorgesehen, die mittels eines Dropdown-Menüs ausgewählt werden können. Alle anderen Parameter sind in der Funktion `make_animation` auf einen festen Wert gesetzt. Sie können jedoch bei Bedarf entsprechend dem Vorgehen in den anderen Jupyter-Notebooks durch Regler einstellbar gemacht werden.

Momentaufnahmen der Wahrscheinlichkeitsdichte $|\Psi(x,t)|^2$ sind in Abb. 5.11 von oben nach unten zu den Zeitpunkten $t = 0, 1, 2, 3$ und 4 dargestellt. In der linken Spalte sind die Parameter des optischen Potentials zu $V_{\text{opt}} = 20$ und $\sigma_{\text{opt}} = 5$ gewählt. Das anfänglich bei $x = 0$ lokalisierte Gauß'sche Wellenpaket bewegt sich entsprechend der Wahl von $k_0 = 15$ mit zunehmender Zeit nach rechts. Bei $t = 1$ ist das Wellenpaket etwas breiter geworden und sein Maximum hat leicht abgenommen. Dieses Zerfließen wird durch (5.55) beschrieben. Bei $t = 2$ macht sich der Einfluss des optischen Potentials deutlich bemerkbar, denn die Gesamtwahrscheinlichkeit hat sichtbar abgenommen. In den nächsten beiden Abbildungen zu $t = 3$ und 4 ist von dem Wellenpaket nichts mehr zu sehen. Die Parameter waren also so gewählt, dass das optische Potential seine Aufgabe erfüllt hat und das Wellenpaket vollständig absorbiert wurde.

In der nächsten Spalte sehen wir die Zeitentwicklung für $V_{\text{opt}} = \sigma_{\text{opt}} = 2$. In diesem Fall ist das optische Potential zu schwach, denn das Wellenpaket wird zwar kleiner aber ein Teil erreicht den rechten Rand und taucht bei $t = 3$ auf der anderen Seite wieder auf.

In der dritten Spalte wurde das optische Potential mit $V_{\text{opt}} = 10^5$ und $\sigma = 0.1$ sehr steil gewählt. Trotz des extrem großen Wertes von V_{opt} wird das Wellenpaket allerdings nicht vollständig absorbiert. Vielmehr wird ein Teil am optischen Potential reflektiert und wandert anschließend von rechts nach links.

Zum Abschluss wollen wir noch auf das bereits mehrfach angesprochene Zerfließen des freien Wellenpakets eingehen und überprüfen, inwieweit die numerische Zeitentwicklung das analytische Ergebnis (5.55) der zeitabhängigen Breite reproduziert. Um die Breite eines Wellenpakets zu berechnen, verwenden wir den Ausdruck

$$\sigma = \sqrt{\langle x^2 \rangle - \langle x \rangle^2}\,, \tag{5.57}$$

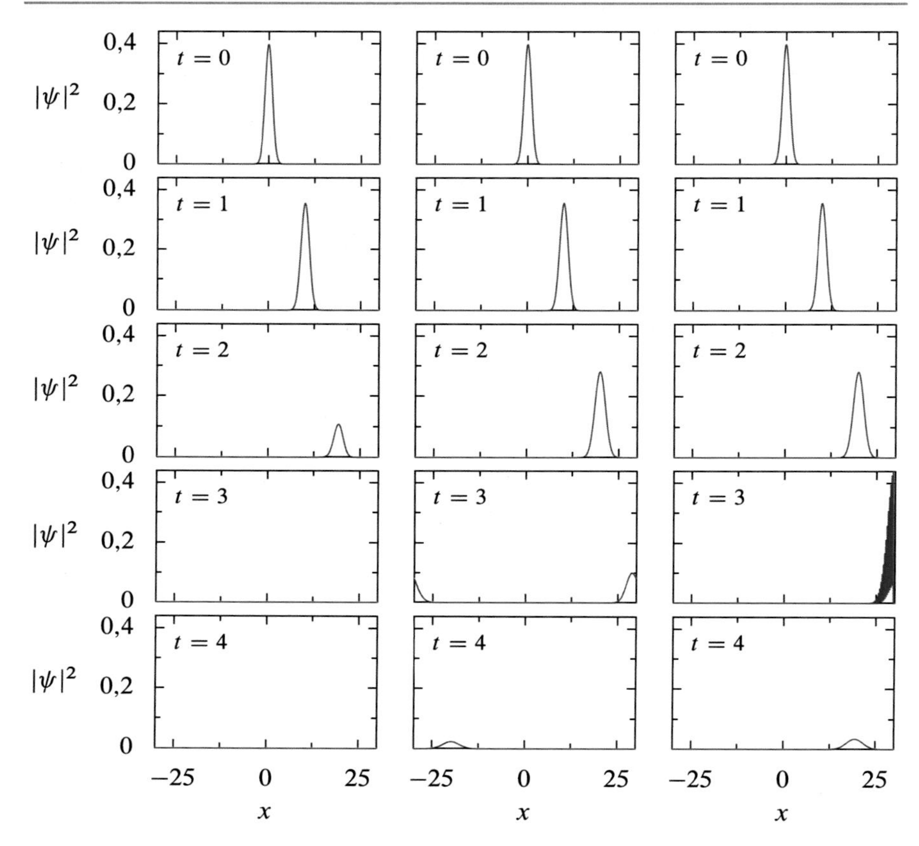

Abb. 5.11 Zeitentwicklung eines Gauß'schen Wellenpakets. Von oben nach unten sind Momentaufnahmen der Wahrscheinlichkeitsdichte $|\Psi(x, t)|^2$ zu den Zeitpunkten $t = 0$ bis $t = 4$ zu sehen. In der linken Spalte wurde das optische Potential so gewählt, dass die Wellenfunktion an den Intervallrändern praktisch vollständig absorbiert wird. Bei einem zu schwachen optischen Potential (mittlere Spalte) tauchen Teile der Wellenfunktion beim Erreichen des rechten Randes auf der linken Seite wieder auf. Bei einem zu steilen optischen Potential (rechte Spalte) werden Teile der Wellenfunktion am Rand reflektiert

wobei bei der Mittelwertbildung die Wahrscheinlichkeitsdichte des Wellenpakets zu verwenden ist.

Die folgende Funktion erledigt diese Aufgabe sogar für mehrere Wahrscheinlichkeitsdichten auf einmal, so dass wir direkt die Zeitabhängigkeit der Breite erhalten.

```
def sigma(psi_squared_of_t, x, dx):
    x_mean = np.sum(psi_squared_of_t*x, axis=1) * dx
    x2_mean = np.sum(psi_squared_of_t*x**2, axis=1) * dx
    sigma_of_t = np.sqrt(x2_mean-x_mean**2)
    return sigma_of_t
```

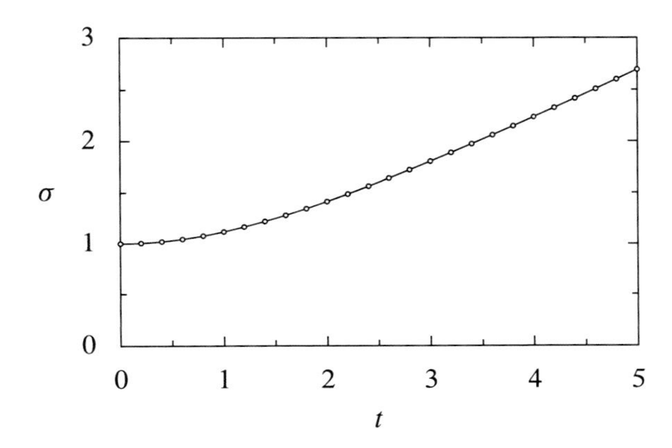

Abb. 5.12 Breite eines Gauß'schen Wellenpakets als Funktion der Zeit in Abwesenheit eines optischen Potentials. Die Punkte wurden numerisch durch Fouriertransformation mit $N = 8192$ und $x_{\max} = 30$ bestimmt. Die durchgezogene Kurve stellt zum Vergleich das theoretische Resultat dar

Wir müssen uns nur daran erinnern, dass der erste Index des Arrays `psi_squared_of_t` der Zeit entspricht, während der zweite Index den Ort angibt. Entsprechend ist bei der Mittelwertbildung über die Achse 1 zu summieren.

Der Vergleich zwischen den durch Punkte repräsentierten numerischen Ergebnissen und dem als durchgezogene Linie dargestellten analytischen Resultat in Abb. 5.12 zeigt eine sehr gute Übereinstimmung. Wir haben hier auf ein optisches Potential verzichtet und müssen daher sicherstellen, dass das Wellenpaket in dem betrachteten Zeitintervall nicht den Rand des Ortsbereichs erreicht. Dazu haben wir insbesondere durch die Wahl von $k_0 = 0$ dafür gesorgt, dass sich das Wellenpaket nicht bewegt, sondern nur zerfließt. Dennoch wird man für hinreichend lange Zeiten Abweichungen vom analytischen Ergebnis erwarten. Hier ergeben sich Möglichkeiten zum eigenen Experimentieren durch Variation der der Länge des Zeitintervalls und des optischen Potentials.

5.6 Reflexion eines fallenden Wellenpakets

☞ `5-06-Fallendes-Teilchen.ipynb`

Ein Standardproblem in der klassischen Mechanik ist die Bewegung im homogenen Schwerefeld der Erde. Als ein Beispiel hatten wir in Abschn. 2.3 den schiefen Wurf mit Luftwiderstand betrachtet. In Quantenmechanikvorlesungen wird die Bewegung im homogenen Schwerefeld dagegen so gut wie nicht besprochen, was auch damit zusammenhängen mag, dass die Eigenfunktionen, nämlich die Airy-Funktionen, nicht unbedingt zum Standardrepertoire gehören.

In Anbetracht der Möglichkeiten, die uns numerische Bibliotheken, insbesondere SciPy, bieten, gibt es jedoch keinen Grund, das homogene Schwerefeld außen vor zu lassen. Konkret wollen wir den Fall eines Gauß'schen Wellenpakets im homogenen Schwerefeld mit Reflexion an einem Boden behandeln. Wenn wir die Höhe über dem Boden mit z bezeichnen, ist das Potential durch

$$V(z) = \begin{cases} mgz & \text{für } z > 0 \\ \infty & \text{sonst} \end{cases} \tag{5.58}$$

gegeben. Die unendlich hohe Potentialwand bietet den technischen Vorteil, dass die Eigenfunktionen im Potential (5.58) problemlos normiert werden können.

Wenn wir zunächst den Boden bei $z = 0$ außer Acht lassen, den wir später durch geeignete Randbedingungen berücksichtigen werden, lautet die zeitabhängige Schrödingergleichung

$$\mathrm{i}\hbar \frac{\partial}{\partial t} \Psi(z,t) = -\frac{\hbar^2}{2m} \frac{\partial^2}{\partial z^2} \Psi(z,t) + mgz\Psi(z,t)\,. \tag{5.59}$$

Wie üblich ist es sinnvoll, diese Differentialgleichung in dimensionsloser Form zu schreiben. Da sich die geeigneten Längen- und Zeitskalen hier nicht unmittelbar ablesen lassen, empfiehlt sich ein systematisches Vorgehen, wie wir es in Abschn. 2.1.1 beschrieben hatten. Damit ergibt sich eine dimensionslose Höhe

$$z' = \left(\frac{2m^2 g}{\hbar^2}\right)^{1/3} z \tag{5.60}$$

sowie eine dimensionslose Zeit

$$t' = \left(\frac{mg^2}{2\hbar}\right)^{1/3} t\,. \tag{5.61}$$

Da wir für die Beschreibung der Dynamik des Wellenpakets auch die Eigenenergien benötigen, definieren wir ausgehend von der gerade eingeführten dimensionslosen Zeit auch noch eine dimensionslose Energie zu

$$E' = \left(\frac{2}{\hbar^2 g^2 m}\right)^{1/3} E\,. \tag{5.62}$$

Nach der Skalierung lassen wir die Striche wie sonst auch der Einfachheit halber weg. Damit lautet die zeitabhängige Schrödingergleichung für das homogene Schwerefeld

$$\mathrm{i}\frac{\partial}{\partial t} \Psi(z,t) = -\frac{\partial^2}{\partial z^2} \Psi(z,t) + z\Psi(z,t)\,. \tag{5.63}$$

Man kann nun entweder diese partielle Differentialgleichung direkt numerisch lösen oder aber zunächst eine Zerlegung des anfänglichen Gauß'schen Wellenpakets nach Eigenfunktionen vornehmen. Wir wählen den zweiten Weg und müssen daher die zeitunabhängige Schrödingergleichung

$$\frac{\mathrm{d}^2}{\mathrm{d}z^2} \psi(z) = (z - E)\psi(z) \tag{5.64}$$

lösen. Dabei müssen die Eigenfunktionen wegen der unendlich hohen Potentialwand in (5.58) die Randbedingung $\psi(0) = 0$ erfüllen.

Lassen wir zunächst die Randbedingung außer Acht und betrachten wir die räumliche Struktur der Eigenfunktionen. Zu einer vorgegebenen Energie E existieren zwei linear unabhängige Lösungen, die so gewählt werden können, dass eine von ihnen im klassisch verbotenen Bereich für $z \to \infty$ gegen null geht, während die andere Funktion divergiert. Es handelt sich dabei um die sogenannten Airy-Funktionen $\mathrm{Ai}(z)$ bzw. $\mathrm{Bi}(z)$, die von George Airy unter anderem im Zusammenhang mit der Diskussion des Regenbogens eingeführt wurden. Für unsere Zwecke müssen wir die Funktion $\mathrm{Ai}(z)$ wählen, die der Differentialgleichung

$$\frac{\mathrm{d}^2}{\mathrm{d}z^2}\mathrm{Ai}(z) = z\mathrm{Ai}(z) \tag{5.65}$$

genügt. Die gesuchte Lösung von (5.64) ist somit durch $\mathrm{Ai}(z - E)$ gegeben. Diese Lösung oszilliert im klassisch erlaubten Bereich, also für $z < E$. In Anbetracht der Randbedingung bei $z = 0$ sind dabei nur solche Lösungen zugelassen, bei denen $\mathrm{Ai}(-E) = 0$.

Glücklicherweise stellt SciPy in seinem `special`-Paket Funktionen zur Berechnung der Airy-Funktionen sowie ihrer Nullstellen zur Verfügung. Es ist also leicht, sich einen Überblick über die Eigenfunktionen und das Energiespektrum im linearen Potential mit reflektierender Wand zu beschaffen. In Abb. 5.13 sind die zwölf niedrigsten Eigenfunktionen in rot dargestellt. In blau sehen wir das Potential $V(x)$, so dass der Bereich innerhalb des dadurch gebildeten Dreiecks den klassisch erlaubten Bereich darstellt, in dem wir den oszillatorischen Verlauf der Airy-Funktion erkennen können. Außerhalb des klassisch erlaubten Bereichs klingen die Eigenfunktionen exponentiell ab.

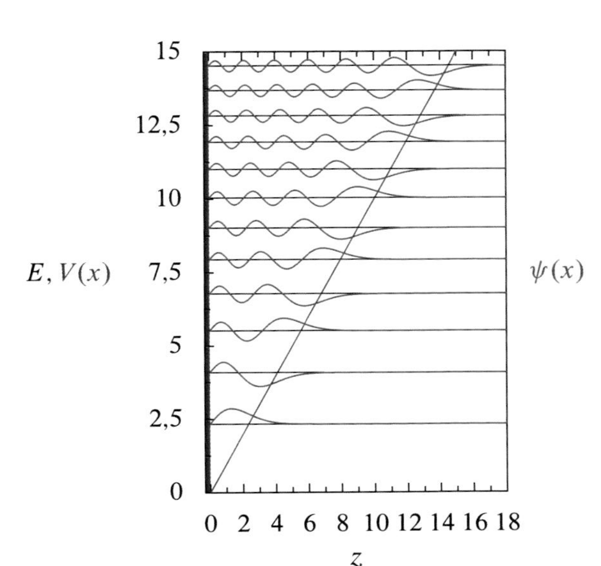

Abb. 5.13 Die zwölf energetisch niedrigsten Eigenfunktionen des linearen Potentials mit einer unendlich hohen Potentialwand am Ursprung

Quantenzustände über einem Spiegel im Gravitationsfeld der Erde wurden für Neutronen experimentell untersucht [2]. Es ist daher interessant, die dimensionslose Grundzustandsenergie $E = 2{,}338$ mit Hilfe von (5.62) und der Neutronenmasse in einen einheitenbehafteten Wert umzurechnen, wobei sich $1{,}41 \cdot 10^{-12}$ eV ergibt. Dieser sehr kleine Wert wird etwas anschaulicher, wenn man die Grundzustandsenergie als klassische Energie im Schwerefeld der Erde interpretiert und die zugehörige Höhe bestimmt. Diese ergibt sich zu $13{,}7\,\mu$m.

Für die Zerlegung des Gauß'schen Wellenpakets nach Eigenfunktionen wird es erforderlich sein, die normierten Wellenfunktionen zu kennen, also in der Lösung

$$\psi_n(z) = \mathcal{N}\mathrm{Ai}(z - E_n) \tag{5.66}$$

den Faktor $\mathcal{N}$ zu bestimmen. Um das dabei erforderliche Integral zu lösen, überzeugt man sich zunächst durch Ausführung der Differentiation auf der rechten Seite und Verwendung von (5.65) von der Gültigkeit der Beziehung

$$\mathrm{Ai}^2(z) = \frac{\mathrm{d}}{\mathrm{d}z}\left(z\mathrm{Ai}^2(z) - \mathrm{Ai}'^2(z)\right) . \tag{5.67}$$

Mit dieser Beziehung sowie $\mathrm{Ai}(-E_n) = 0$ und der Tatsache, dass sowohl $z\mathrm{Ai}^2(z)$ als auch $\mathrm{Ai}'(z)$ im Grenzfall $z \to \infty$ gegen null gehen, folgt

$$\int_0^\infty \mathrm{d}z\,\mathrm{Ai}^2(z - E_n) = \int_{-E_n}^\infty \mathrm{d}z\mathrm{Ai}^2(z) = \mathrm{Ai}'^2(-E_n)\,. \tag{5.68}$$

Somit lauten unsere normierten Eigenfunktionen

$$\psi_n(z) = \frac{1}{\mathrm{Ai}'(-E_n)}\mathrm{Ai}(z - E_n)\,, \tag{5.69}$$

wobei $-E_n$ eine Nullstelle der Airy-Funktion ist.

Wir wollen nun die Zeitentwicklung eines Gauß'schen Wellenpakets

$$\Psi(z, 0) = \frac{1}{(2\pi\sigma_0^2)^{1/4}} \exp\left(-\frac{(z - z_0)^2}{4\sigma_0^2}\right) \tag{5.70}$$

im Potential (5.58) untersuchen, wobei z_0 den anfänglichen Ortserwartungswert und σ_0 die anfängliche Breite des Wellenpakets angibt. Dazu zerlegen wir diesen Anfangszustand in der Basis der Eigenzustände (5.69) und können damit die Zeitentwicklung des Zustands gemäß

$$\Psi(z, t) = \sum_{n=0}^{\infty} c_n \psi_n(z) \mathrm{e}^{-\mathrm{i}E_n t} \tag{5.71}$$

berechnen, wobei die Entwicklungskoeffizienten durch

$$c_n = \int_0^\infty \mathrm{d}z\, \psi_n^*(z)\Psi(z,0) \tag{5.72}$$

gegeben sind. Da die Eigenzustände reell sind, hat die durch das Sternchen angedeutete komplexe Konjugation keine Auswirkung.

Unter der Voraussetzung $\sigma_0 \ll z_0$, also wenn das Wellenpaket (5.70) bei $t = 0$ an der Wand in sehr guter Näherung verschwindet, ist eine analytische Berechnung der Entwicklungskoeffizienten möglich. Da der Integrand in (5.72) dann für $z < 0$ vernachlässigbar klein ist, kann das Integrationsintervall auf die gesamte reelle Achse ausgedehnt werden. Um das sich so ergebende Integral auszuwerten, verwendet man die Integraldarstellung der Airy-Funktion

$$\mathrm{Ai}(z) = \frac{1}{2\pi}\int_{-\infty}^{+\infty} \mathrm{d}u\, \exp\left[\mathrm{i}\left(\frac{u^3}{3} + zu\right)\right]. \tag{5.73}$$

Nach Einsetzen in (5.72) kann man zunächst die Integration über z ausführen und erhält dann ein Integral, das sich wiederum als Airy-Funktion interpretieren lässt. Für die Entwicklungskoeffizienten ergibt sich schließlich

$$c_n = (8\sigma_0^2\pi)^{1/4}\frac{\mathrm{Ai}(\sigma_0^4 + z_0 - E_n)}{\mathrm{Ai}'(-E_n)} \exp\left[\frac{2}{3}\sigma_0^6 + \sigma_0^2(z_0 - E_n)\right], \tag{5.74}$$

sofern $\sigma_0 \ll z_0$ erfüllt ist.

Im Jupyter-Notebook zu diesem Abschnitt erfolgt die Berechnung der Entwicklungskoeffizienten c_n nicht mit Hilfe des analytischen Ergebnisses (5.74), sondern durch numerische Auswertung des Integrals in (5.72). Das analytische Ergebnis kann in diesem Zusammenhang dazu verwendet werden, die Qualität der Integration zu überprüfen und abzuschätzen, ob hinreichend viele Eigenzustände betrachtet werden.

Die numerische Ausführung des Integrals erfolgt mit der uns bereits bekannten SciPy-Funktion `quad`, wofür wir eine Funktion `eigenstate` zur Berechnung der Eigenzustände gemäß (5.69) und eine Funktion `integrand` zur Berechnung des Integranden zur Verfügung stellen, die hier nicht genauer besprochen werden müssen.

Die wesentlichen Zutaten zur Berechnung der Zeitentwicklung (5.71) des Anfangszustands (5.70) werden von der folgenden Funktion geliefert, die die Eigenenergien E_n, die Eigenzustände $\psi_n(z)$ und die Entwicklungskoeffizienten c_n des Gauß'schen Wellenpakets berechnet.

```
def energy_and_coeff(n_states, z0_gauss, sigma_gauss,
                     z_values):
    a, _, _, aip = special.ai_zeros(n_states)
    eigenenergies = -a
```

```
    eigenstates = eigenstate(z_values, -a[:, np.newaxis],
                             aip[:, np.newaxis])
    coeffs = np.empty(n_states)
    for n, (energy, deriv) in enumerate(zip(-a, aip)):
        coeffs[n], error = integrate.quad(
            integrand, 0, np.inf,
            args=(n, z0_gauss, sigma_gauss, energy, deriv))
    return eigenenergies, eigenstates, coeffs
```

Die Funktion `special.ai_zeros` in der dritten Zeile liefert vier Arrays mit Informationen zu den ersten `n_states` Nullstellen der Airy-Funktion. Für uns relevant sind das erste Array, das die Nullstellen und damit die negativen Energieeigenwerte enthält, sowie das vierte Array, das die Ableitung der Airy-Funktion an der jeweiligen Nullstelle enthält. Das zweite und dritte Array benötigen wir nicht. Diese enthalten die Nullstellen der Ableitung der Airy-Funktion sowie die zugehörigen Werte der Airy-Funktion an diesen Stellen.

Anschließend erzeugen wir ein zweidimensionales Array `eigenstates`, das in den Zeilen die ersten `n_states` Eigenzustände gemäß (5.69) an den Orten enthält, die im Array `z_values` übergeben wurden. Dazu muss den Arrays `a` und `aip` jeweils eine Achse der Länge 1 hinzugefügt werden. In der Schleife werden schließlich die Entwicklungskoeffizienten c_n durch Integration gemäß (5.72) bestimmt, wobei die obere Grenze mit Hilfe von `np.inf` auf unendlich gesetzt wird. Es kann lohnend sein, die so bestimmten Entwicklungskoeffizienten mit dem analytischen Ergebnis (5.74) zu vergleichen.

Mit Hilfe der von `energy_and_coeff` zur Verfügung gestellten Eigenenergien, Eigenzustände und Entwicklungskoeffizienten des Anfangszustands lässt sich nun die zeitliche Entwicklung der Wahrscheinlichkeitsdichte berechnen.

```
def time_development(n_states, z0_gauss, sigma_gauss,
                     t_values, z_values):
    eigenenergies, eigenstates, coeffs = energy_and_coeff(
        n_states, z0_gauss, sigma_gauss, z_values)
    phase_of_time = np.exp(-1j*np.outer(t_values,
                                         eigenenergies))
    psi_of_time = coeffs * phase_of_time @ eigenstates
    psi_squared_of_time = abs(psi_of_time)**2
    return psi_squared_of_time
```

Das zweidimensionale Array `phase_of_time` enthält die Phasenfaktoren für gegebene Zeitwerte und Eigenenergien. Die NumPy-Funktion `outer` berechnet dabei das äußere oder dyadische Produkt zweier Vektoren $\boldsymbol{a}$ und $\boldsymbol{b}$, das eine Matrix mit den Elementen

$$M_{ij} = a_i b_j \tag{5.75}$$

ergibt. Damit gehören die Zeilen in `phase_of_time` zu festen Zeitwerten, während die Spalten den Eigenenergien entsprechen.

Die Berechnung der zeitabhängigen Wellenfunktion `psi_of_time` erfolgt nun gemäß (5.71). Bei der Multiplikation des eindimensionalen Arrays `coeffs` und des zweidimensionalen Arrays `phase_of_time` sorgt das in Abschn. 6.2.7 erläuterte Broadcasting dafür, dass das Produkt $c_n \exp(-\mathrm{i}E_n t)$ berechnet wird. Das anschließende Matrixprodukt mit dem zweidimensionalen Array `eigenstates` führt die Summe über den Index n in (5.71) aus. Schließlich wird die zeitabhängige Wahrscheinlichkeitsdichte durch Bildung des Betragsquadrats bestimmt.

Im Jupyter-Notebook zu diesem Abschnitt demonstrieren wir zwei Möglichkeiten, die zeitliche Entwicklung der Wahrscheinlichkeitsdichte darzustellen. Da $|\Psi(z,t)|^2$ sowohl vom Ort als auch von der Zeit abhängt, könnten wir eine dreidimensionale Darstellung verwenden. Häufig ist es jedoch übersichtlicher, sich auf zwei Dimensionen zu beschränken und die darzustellende Funktion mit Hilfe einer Farbe zu codieren, wie wir es in Abb. 5.14 getan haben. Der querliegende Farbbalken im oberen Teil der Abbildung gibt dabei die Übersetzung eines Werts der Wahrscheinlichkeitsdichte in eine Farbe an. Je heller ein Bildpunkt ist, desto größer ist die Wahrscheinlichkeitsdichte.

In matplotlib kann man aus einer Vielzahl von Farbpaletten auswählen [3]. Allerdings sollte man sich darüber im Klaren sein, dass die Wahl der Farbpalette die Interpretation der Daten beeinflussen kann, wie zum Beispiel in Ref. [4] diskutiert wird. Bei der Verwendung eines Regenbogenverlaufs sollte man daran denken, dass die Abbildung im Schwarz-Weiß-Druck häufig schwer zu interpretieren sein wird,

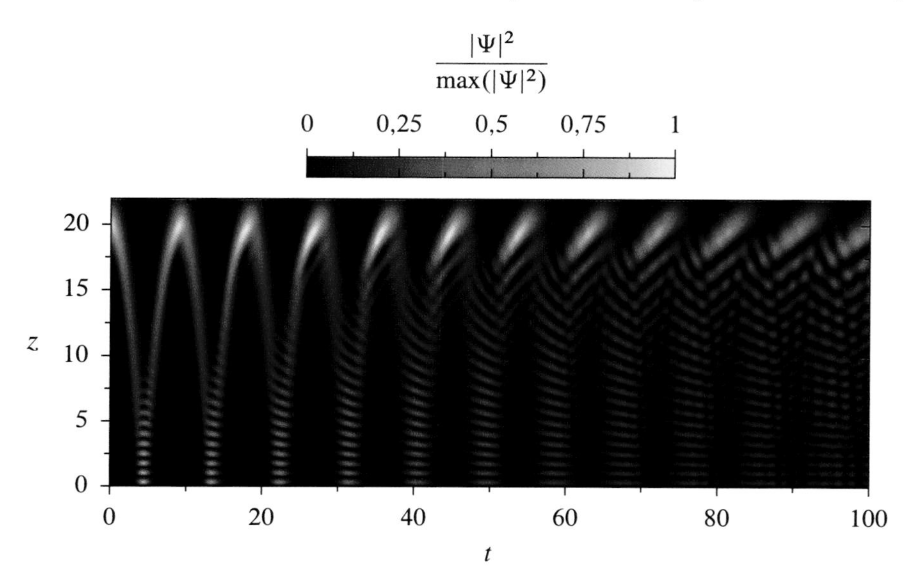

Abb. 5.14 Zeitentwicklung der Ortsaufenthaltswahrscheinlichkeit eines im Schwerefeld fallenden Gauß'schen Wellenpakets mit $z_0 = 20$ und $\sigma_0 = 1$. Die Daten sind auf das Maximum der Ortsaufenthaltswahrscheinlichkeit für alle Orte und Zeiten skaliert

da der Zusammenhang zwischen numerischem Wert und Helligkeit verloren geht. Auch die Problematik der Rot-Grün-Blindheit sollte bedacht werden.

Kehren wir nun aber zum physikalischen Inhalt der Abb. 5.14 zurück. Deutlich sind die parabelförmige Fallbewegung eines anfänglich bei $z_0 = 20$ lokalisierten Wellenpakets der Breite $\sigma_0 = 1$ sowie die Reflexionen am Boden bei $z = 0$ zu sehen. Bereits bei der ersten Reflexion kommt es zu Interferenzen zwischen noch fallenden Teilen des Wellenpakets und Teilen, die schon reflektiert wurden. Im Laufe der Zeit wird die Bewegung des Wellenpakets immer stärker durch Quanteninterferenzen geprägt.

Diese Art der Darstellung hat den Vorteil, dass sie einen Gesamtüberblick gibt und auf Papier gedruckt werden kann. Im Jupyter-Notebook verfügen wir zusätzlich über die Möglichkeit, einen Zeitablauf als Film darzustellen, wie wir dies bereits im Abschn. 5.5 für das freie Teilchen getan haben. Die Umsetzung im Programm erfolgt hier ganz analog, so dass wir auf eine weitere Diskussion des Programmcodes an dieser Stelle verzichten können.

Eine quantitativere Analyse erlaubt die Darstellung der Zeitabhängigkeit des Ortserwartungswerts $\langle z\rangle$ und der Standardabweichung $\sigma = (\langle z^2\rangle - \langle z\rangle^2)^{1/2}$, die in Abb. 5.15 oben bzw. unten gezeigt ist und im letzten Teil des Jupyter-Notebooks erzeugt wird. Der Code bietet keine Besonderheiten, so dass wir hier nicht weiter auf ihn eingehen wollen.

Für kurze Zeiten, während denen das Wellenpaket noch nicht wesentlich von der Wand bei $z = 0$ beeinflusst ist, folgt der Ortserwartungswert in Abb. 5.15 oben

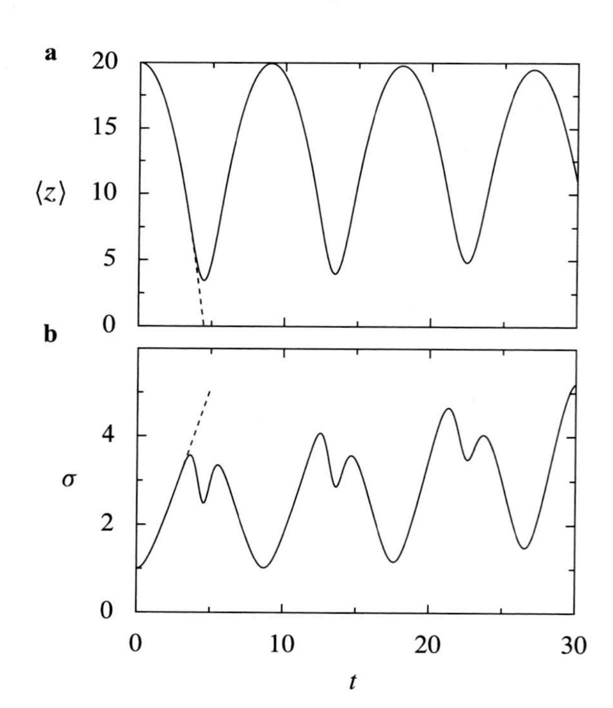

Abb. 5.15 Zeitentwicklung des Ortserwartungswerts (oben) und der Standardabweichung von z (unten) eines im Schwerefeld fallenden Gauß'schen Wellenpakets mit $z_0 = 20$ und $\sigma_0 = 1$. Die gestrichelte Kurve oben stellt das Weg-Zeit-Gesetz dar, das sich aus der klassischen Mechanik für den freien Fall ergibt. Für die Standardabweichung gibt die gestrichelte Kurve die Verbreiterung des freien Wellenpakets an

dem Weg-Zeit-Gesetz für den freien Fall der klassischen Mechanik, das durch die gestrichelte Kurve dargestellt ist. In unseren dimensionslosen Einheiten wird der freie Fall durch

$$\langle z\rangle(t) = z_0 - t^2 \tag{5.76}$$

beschrieben. Dieses klassische Verhalten des Ortserwartungswerts ist eine Folge des Ehrenfest'schen Theorems. Im weiteren Zeitverlauf stellt man fest, dass der minimale Ortserwartungswert während der Reflexion deutlich von null verschieden ist. Zudem wird für längere Zeiten nicht mehr der anfängliche Ortserwartungswert erreicht.

Im unteren Teil der Abb. 5.15 findet man für kurze Zeiten in hinreichendem Abstand von der Wand bei $z = 0$ einen Anstieg der Standardabweichung, die dem Zerfließen des freien Wellenpakets gemäß

$$\sigma = \sigma_0\sqrt{1 + \frac{t^2}{\sigma_0^4}} \tag{5.77}$$

in unseren dimensionslosen Einheiten entspricht. Abweichungen hiervon werden bemerkbar, wenn die erste Reflexion erreicht wird.

5.7 Tunneleffekt

Der Tunneleffekt ist eines der prominentesten Phänomene der Quantenphysik. Während ein klassisches Teilchen durch hinreichend hohe Potentialbarrieren in seiner räumlichen Bewegung eingeschränkt werden kann, ist es einem Quantenteilchen möglich, die Barriere mit einer gewissen Wahrscheinlichkeit zu durchdringen. Dies ist auch dann der Fall, wenn die Energie des Teilchens kleiner als die Höhe der Potentialbarriere ist.

In den folgenden Abschnitten werden wir drei verschiedene Szenarien betrachten. Wir beginnen in Abschn. 5.7.1 mit einer Rechteckbarriere. Für den stationären Fall einer von einer Seite einlaufenden ebenen Welle lassen sich die Transmissions- und die Reflexionsamplitude analytisch berechnen. Anders verhält es sich, wenn wir ein Gauß'sches Wellenpaket auf die Barriere laufen lassen. Diesen Fall werden wir numerisch behandeln. Für hinreichend große Zeiten wird sich je ein Teil des Wellenpakets nach links und rechts von der Barriere wegbewegen.

In Abschn. 5.7.2 werden wir ein Doppeltopfpotential betrachten, wobei der Anfangszustand in einer der beiden Mulden lokalisiert sein wird. Die zeitliche Dynamik besteht dann in einer kohärenten Oszillation zwischen linker und rechter Mulde.

Im abschließenden Abschn. 5.7.3 soll es um den Zerfall eines metastabilen Zustands in einem kubischen Potential gehen. Im Gegensatz zum Doppeltopfpotential kehrt hier der Anteil, der die Barriere durchtunnelt hat, nicht mehr in den Bereich zurück, in dem der Anfangszustand lokalisiert war. Ähnlich wie beim radioaktiven Zerfall nimmt die Wahrscheinlichkeit, das Teilchen im Ausgangszustand zu finden, immer weiter ab.

5.7.1 Tunneleffekt an einer Rechteckbarriere

☞ `5-07-Tunneleffekt.ipynb`

Das Tunneln durch eine Rechteckbarriere stellt ein Standardproblem der Quantenmechanik dar, da sich die Transmissions- und Reflexionsamplituden analytisch berechnen lassen, wenn man einen konstanten Strom einfallender Teilchen mit einer vorgegebenen Energie betrachtet. Diese ideale Energieauflösung setzt jedoch etwas unrealistischerweise voraus, dass schon immer Teilchen auf die Barriere gefallen sind und dies auch in aller Zukunft der Fall sein wird. Dieses Szenario kann man als Spezialfall eines Gauß'schen Wellenpakets mit unendlicher Breite auffassen.

Realistischer wäre es, dem Gauß'schen Wellenpaket eine endliche Breite zu geben. Dies ist jedoch nur durch Überlagerung von ebenen Wellen verschiedener Energien möglich. Bei der Verwendung eines Gauß'schen Wellenpakets muss man sich also immer darüber im Klaren sein, dass auch Energieanteile enthalten sind, die über der Barriere liegen, und für die es somit auch klassisch möglich ist, die Barriere zu überqueren. Wie stark diese Anteile beitragen, lässt sich über die Breite des Wellenpakets kontrollieren.

Im Folgenden werden wir zunächst den Spezialfall einer vorgegebenen Energie betrachten und uns dann der numerischen Untersuchung der Bewegung eines Wellenpakets an einer Tunnelbarriere zuwenden. Konkret sei die Rechteckbarriere durch das Potential

$$V(x) = \begin{cases} V_0 & \text{für } |x| < a \\ 0 & \text{sonst} \end{cases} \tag{5.78}$$

gegeben und besitzt somit eine Breite von $2a$.

Da wir nicht nur den stationären Fall betrachten werden, beginnen wir mit der zeitabhängigen Schrödingergleichung

$$\mathrm{i}\hbar\frac{\partial}{\partial t}\Psi(x,t) = -\frac{\hbar^2}{2m}\frac{\partial^2}{\partial x^2}\Psi(x,t) + V(x)\Psi(x,t)\,. \tag{5.79}$$

Durch Einführung der skalierten Orts- und Zeitvariablen

$$\begin{aligned} x' &= \frac{\sqrt{mV_0}}{\hbar}x \\ t' &= \frac{V_0}{\hbar}t \end{aligned} \tag{5.80}$$

können wir (5.79) in die dimensionslose Form

$$\mathrm{i}\frac{\partial}{\partial t'}\Psi(x',t') = -\frac{1}{2}\frac{\partial^2}{\partial x'^2}\Psi(x',t') + V'(x')\Psi(x',t') \tag{5.81}$$

bringen, wobei das skalierte Potential durch

$$V'(x') = \begin{cases} 1 \text{ für } |x'| < a' \\ 0 \text{ sonst} \end{cases} \tag{5.82}$$

und die skalierte Potentialbreite durch

$$a' = \frac{\sqrt{mV_0}}{\hbar} a \tag{5.83}$$

gegeben sind. Im Weiteren werden wir nur noch diese skalierten Variablen verwenden und lassen daher die Striche wie schon an anderer Stelle in diesem Buch weg.

Den stationären Fall eines konstanten Teilchenflusses löst man mit Hilfe eines Produktansatzes, wobei die drei Bereiche unterschieden werden müssen, in denen das Potential jeweils konstant ist. Damit ergibt sich der Ansatz

$$\Psi(x,t) = \mathrm{e}^{-\mathrm{i}Et} \begin{cases} \mathrm{e}^{\mathrm{i}kx} + B_{\mathrm{I}}\mathrm{e}^{-\mathrm{i}kx} & \text{für } x \leq -a \\ A_{\mathrm{II}}\mathrm{e}^{\kappa x} + B_{\mathrm{II}}\mathrm{e}^{-\kappa x} & \text{für } -a < x \leq a \\ A_{\mathrm{III}}\mathrm{e}^{\mathrm{i}kx} & \text{für } a < x \end{cases} \tag{5.84}$$

mit

$$\begin{aligned} k &= \sqrt{2E} \\ \kappa &= \sqrt{2\,(1-E)}\,. \end{aligned} \tag{5.85}$$

Der erste Term im Bereich links der Barriere beschreibt eine einlaufende Welle mit Impuls $p = k$. Der zweite Term beschreibt die reflektierte Welle, womit sich die Reflexionswahrscheinlichkeit zu

$$R = |B_{\mathrm{I}}|^2 \tag{5.86}$$

ergibt. Ganz analog beschreibt der einzige Term in der dritten Zeile die transmittierte Welle und die Transmissionswahrscheinlichkeit ist

$$T = |A_{\mathrm{III}}|^2\,. \tag{5.87}$$

Fordert man die Stetigkeit und stetige Differenzierbarkeit der Wellenfunktion (5.84) and den Stellen $\pm a$, so findet man für die Transmissions- und Reflexionswahrscheinlichkeit

$$\begin{aligned} T = |A_{\mathrm{III}}|^2 &= \frac{4k^2\kappa^2}{4k^2\kappa^2 + \left(k^2+\kappa^2\right)^2 \sinh^2(\kappa a)} \\ R = |B_{\mathrm{I}}|^2 &= \frac{\left(k^2+\kappa^2\right)^2 \sinh^2(\kappa a)}{4k^2\kappa^2 + \left(k^2+\kappa^2\right)^2 \sinh^2(\kappa a)}\,. \end{aligned} \tag{5.88}$$

Dabei ist zu beachten, dass k und κ nicht unabhängig voneinander sind, sondern gemäß (5.85) über $\kappa^2 + k^2 = 2$ zusammenhängen.

In Abb. 5.16 ist die Transmissionswahrscheinlichkeit T als Funktion der Energie E für verschiedene Werte der halben Barrierenbreite a dargestellt. Die Transmissionswahrscheinlichkeit nimmt bis zum Erreichen der Barrierenhöhe, also $E = 1$, monoton mit der Energie zu. Zudem nimmt die Transmissionswahrscheinlichkeit

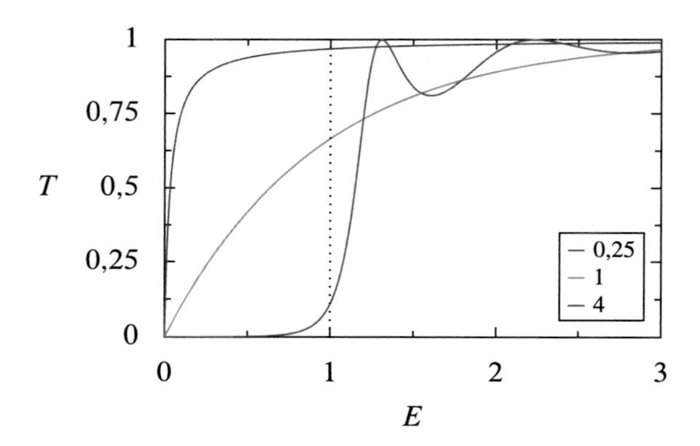

Abb. 5.16 Transmissionswahrscheinlichkeit T als Funktion der Energie E für halbe Barrierenbreiten $a = 0,25$ (blau), 1 (grün) und 4 (rot). Bei der gepunkteten Linie entspricht die Energie der Barrierenhöhe

unterhalb der Barrierenhöhe für feste Energie mit abnehmender Barrierenbreite zu. Dünne Barrieren können also leichter durchtunnelt werden. Oberhalb der Barriere weist die Tunnelwahrscheinlichkeit Oszillationen auf, die mit zunehmender Barrierenbreite in zunehmend kleineren Energieabständen perfekte Transmission erreichen. Diese Oszillationen sind umso ausgeprägter, je breiter oder höher die Barriere ist, und können als Konsequenz von Resonanzen im Barrierenbereich verstanden werden.

Obwohl die Ausdrücke (5.88) für T und R analytisch hergeleitet werden können, kann man sich fragen, ob man diese auch numerisch aus der zeitunabhängigen Schrödingergleichung erhalten kann. Ähnlich wie in Abschn. 5.1 könnte man Anfangsbedingungen in einem der Außenbereiche vorgeben und die Lösung dann bis in den anderen Außenbereich integrieren. Diese Strategie ist nicht nur für die Rechteckbarriere anwendbar, sondern lässt sich auch auf andere räumlich lokalisierte Barrieren anwenden, wie in Übungsaufgabe 5.3 thematisiert wird.

Dabei sind jedoch zwei Schwierigkeiten zu bewältigen, auf die wir kurz eingehen wollen. Die Lösung (5.84) im Bereich links der Barriere besteht aus der einlaufenden und der reflektierten Welle, wobei wir deren Verhältnis nicht kennen. Aus diesem Grund ist es sinnvoll, den Anfangspunkt für die Lösung der Differentialgleichung auf die rechte Seite der Barriere zu legen, wo nur eine auslaufende Welle vorliegt. Dabei spielt es keine Rolle, dass wir deren Amplitude nicht kennen, da nur Amplitudenverhältnisse relevant sind.

Das zweite Problem besteht darin, dass die gewonnene Lösung im Bereich links der Barriere aus der einlaufenden und der reflektierten Welle besteht und wir die jeweiligen Amplituden bestimmen müssen. Dazu betrachtet man die Wellenfunktion $\psi(x)$ an zwei Stellen x_1 und x_2 in diesem Bereich. Die Gleichungen

$$\begin{aligned} \psi(x_1) &= A_\mathrm{I}\exp(\mathrm{i}kx_1) + B_\mathrm{I}\exp(-\mathrm{i}kx_1) \\ \psi(x_2) &= A_\mathrm{I}\exp(\mathrm{i}kx_2) + B_\mathrm{I}\exp(-\mathrm{i}kx_2) \end{aligned} \tag{5.89}$$

bilden bei bekannten $\psi(x_1)$ und $\psi(x_2)$ ein lineares Gleichungssystem für A_I und B_I. Numerisch besonders günstig ist es, wenn x_1 und x_2 den Abstand $\pi/2k$ voneinander haben. Wendet man diese Methode auf ein nicht streng lokalisiertes Barrierenpotential, zum Beispiel ein gaußförmiges Potential, an, so muss man darauf achten, dass sowohl der oben erwähnte Startpunkt auf der rechten Seite der Barriere als auch die Punkte x_1 und x_2 hinreichend weit vom Barrierenzentrum entfernt gewählt werden, so dass das Potential dort in guter Näherung vernachlässigt werden kann.

In der Übungsaufgabe 5.4 soll das Transmissions- und Reflexionsverhalten an einer Folge gleichartiger Rechteckbarrieren untersucht werden, wo das gerade skizzierte Vorgehen ebenfalls angewendet werden kann. Allerdings kann man hier auch den Umstand ausnutzen, dass die allgemeine Lösung in Bereichen konstanten Potentials bekannt ist, so dass die numerische Integration auch vermieden werden kann.

Nach dieser Diskussion des stationären Falls wenden wir uns nun der Dynamik eines Gauß'schen Wellenpakets an einer Rechteckbarriere zu. Die numerische Behandlung ist Gegenstand des ersten Teils des Notebooks zum Tunneleffekt. Große Teile des dort zu findenden Codes sind so geschrieben, dass sie auch für die beiden folgenden Abschnitte verwendet werden können. Da der Code mit dem bis hierhin erworbenen Wissen gut verständlich sein sollte, werden wir nur auf wenige Besonderheiten eingehen.

Spezifisch für die Rechteckbarriere ist die Funktion `rectangular_barrier`, in der das Barrierenpotential definiert wird.

```
def rectangular_barrier(x, a, v_opt, sigma_opt, x_max):
    v_barrier = np.where(np.abs(x) < a, 1, 0)
    v = v_barrier + v_optical(x, v_opt, x_max, sigma_opt)
    return v
```

Hier wird die Fallunterscheidung aus (5.78) unter Verwendung der NumPy-Funktion `where` auf das gesamte Array der Orte `x` angewandt. Dies ist nicht nur deutlich effizienter, sondern auch wesentlich lesbarer als die Fallunterscheidung in einer Schleife über die Arrayelemente in `x` auszuwerten. Zum eigentlichen Barrierenpotential wird noch ein optisches Potential addiert, das von der Funktion `v_optical` geliefert wird und sicherstellt, dass das Wellenpaket an den Rändern nicht in unerwünschter Weise reflektiert wird.

Das anfängliche Gauß'sche Wellenpaket wird mit Hilfe der Funktion `gaussian_wavepacket` erzeugt, die neben den gewünschten Orten in `x` auch das Zentrum `x_0` des Wellenpakets, seine Breite `sigma_0` und den Impuls `k_0` als Argumente erwartet. Auch den Abstand `dx` der Orte in `x` übergeben wir explizit, obwohl man diese Information im Prinzip auch aus `x` extrahieren könnte. In den widgetbasierten Einstellmöglichkeiten beschränken wir uns auf `k_0`, während die anderen Parameter auf sinnvolle feste Werte gesetzt sind. Es spricht aber natürlich nichts dagegen, bei Bedarf einige dieser Parameter per Widget einstellbar zu machen. Ein interessanter Parameter könnte zum Beispiel die Breite σ_0 des Wellenpakets sein, die bestimmt, welche energetische Breite das Wellenpaket besitzt.

Die Dynamik des Wellenpakets unter dem Einfluss der Rechteckbarriere wird im Notebook zunächst in Form der Wahrscheinlichkeitsdichte $|\Psi(x,t)|^2$ als Animation

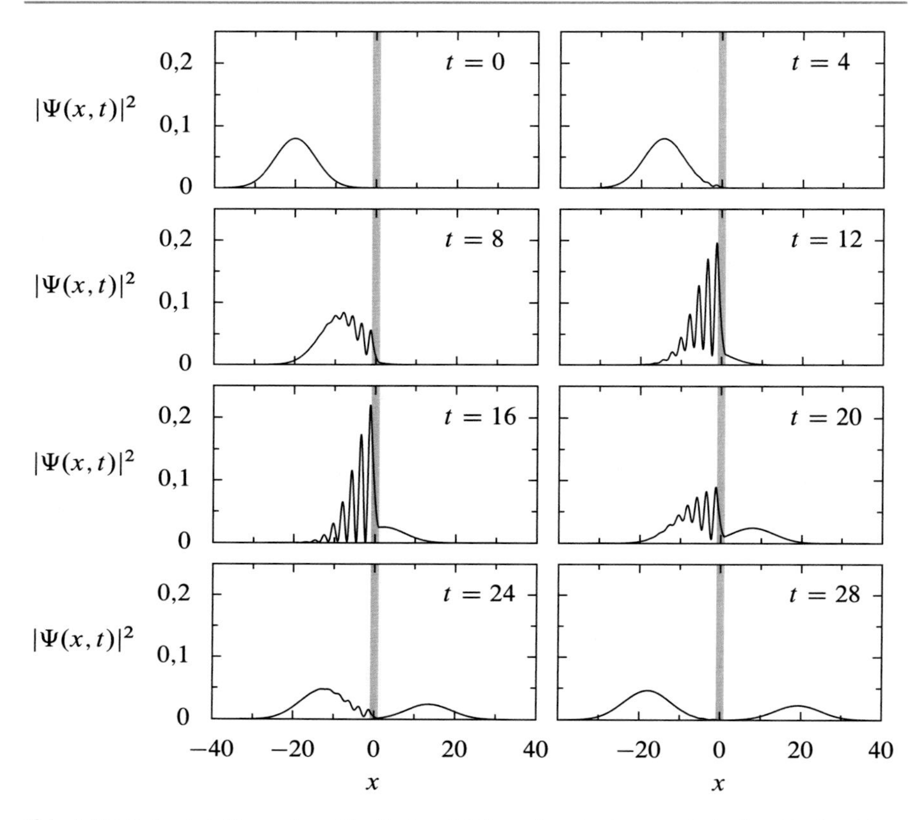

Abb. 5.17 Zeitentwicklung eines Gauß'schen Wellenpakets in Anwesenheit einer Rechteckbarriere der Höhe V_0 und Breite $2\hbar/(mV_0)^{1/2}$. Der mittlere Impuls des Wellenpakets entspricht einer kinetischen Energie $E_{\text{kin}} = 0{,}98 V_0$ und seine anfängliche Breite beträgt $\sigma_0 = 5\hbar/(mV_0)^{1/2}$

dargestellt. Abb. 5.17 gibt diese Zeitentwicklung in Form von Momentaufnahmen zu äquidistanten Zeitpunkten zwischen $t = 0$ und $t = 28$ wieder. Bei $t = 0$ sehen wir das anfängliche Gauß'sche Wellenpaket, das an der Barriere nur eine vernachlässigbar kleine Aufenthaltswahrscheinlichkeit besitzt. Dies ändert sich schon bei $t = 4$, wo man bei genauem Hinsehen am rechten Rand des Wellenpakets kleine Oszillationen bemerkt. Diese entstehen durch die Interferenz zwischen dem nach rechts laufenden Wellenpaket und den bereits reflektierten Ausläufern des Wellenpakets. Diese Oszillationen verstärken sich in dem Maße wie das Zentrum des Wellenpakets die Barriere erreicht. Ab etwa $t = 20$ wird die Aufspaltung in zwei Wellenpakete deutlich, nämlich einen reflektierten Anteil, der nach links läuft, und einen transmittierten Anteil, der sich nach rechts bewegt. Durch diese Aufspaltung nehmen die Interferenzen mit der Zeit immer weiter ab und sind im letzten Bild bei $t = 28$ praktisch nicht mehr zu erkennen.

Alternativ kann man sich die Anteile der Wellenfunktion in den drei Teilbereichen des Potentials als Funktion der Zeit ansehen. Dazu berechnet man die Normen p_{I}, p_{II} und p_{III} der Wellenfunktion links der Barriere, unter der Barriere sowie rechts der

Barriere. Eine Möglichkeit, diese Werte zu berechnen, besteht darin, sich zunächst die Indexbereiche zu überlegen, die zu den einzelnen Bereichen gehören. Allerdings besteht hier immer die Gefahr von Fehlern und der Code ist auch nicht sehr transparent. Eine Alternative zeigt das folgende Codestück.

```
def norms_rectangular_barrier(psi_squared_of_time, n_time,
                              x_values, dx, a):
    norms = []
    for region in (x_values <= -a,
                   np.abs(x_values) < a,
                   a <= x_values):
        norms.append(np.sum(psi_squared_of_time[:, region],
                            axis=1
                            )*dx)
    norms.append(sum(norms))
    return norms
```

Hier werden die einzelnen Bereiche durch Wahrheitswertarrays dargestellt. Betrachten wir als Beispiel den Bereich links der Barriere. Unter Verwendung des Arrays `x_values`, das die verwendeten Orte enthält, erzeugt die Bedingung `x_values <= -a` ein Array der gleichen Größe wie `x_values`, das die Wahrheitswerte `True` und `False` abhängig davon enthält, ob die jeweiligen Orte links des Punktes $-a$ liegen oder nicht. Diese Wahrheitswerte in der Variablen `region` werden dann bei der Berechnung der Norm verwendet, um festzulegen, welche Arrayeinträge bei der Summation zu verwenden sind.

Ein Beispiel für den zeitlichen Verlauf der Aufenthaltswahrscheinlichkeiten ist in Abb. 5.18 dargestellt. Anfänglich befindet sich das Wellenpaket im Bereich I, so dass die Aufenthaltswahrscheinlichkeit dort praktisch gleich eins ist, während sie in den anderen beiden Bereichen nahezu verschwindet. Wenn das Wellenpaket die Barriere erreicht, dringt es in den Bereich II ein, was sich daran zeigt, dass die Aufenthaltswahrscheinlichkeit im Bereich II ansteigt und entsprechend im Bereich I abnimmt. Dieser Übergang findet etwa dann statt, wenn ein klassisches Teilchen mit Impuls $p = k_0$ die Barriere erreichen würde. Für ein bei $x_0 = -40$ startendes Wellenpaket mit einem Impuls $p = 1{,}4$ ist dies bei einer halben Barrierenbreite $a = 1$ etwa bei $t = 27{,}9$ der Fall. Im weiteren Verlauf verlässt der Teil des Wellenpakets, der in die Barriere eingedrungen ist, diese wieder, was zu einem Abfall von p_{II} und zu einem Anstieg von p_{I} und p_{III} führt. Nachdem sich der reflektierte und der transmittierte Teil des Wellenpakets getrennt haben, sind die Aufenthaltswahrscheinlichkeiten konstant, bis sich die beiden Wellenpakete dem Rand des betrachteten Ortsbereichs nähern, wo sie vom optischen Potential absorbiert werden. Durch diesen Vorgang fällt zum ersten Mal auch die Gesamtnorm, die man als Summe der Einzelnormen erhalten kann und die in der Abbildung schwarz dargestellt ist.

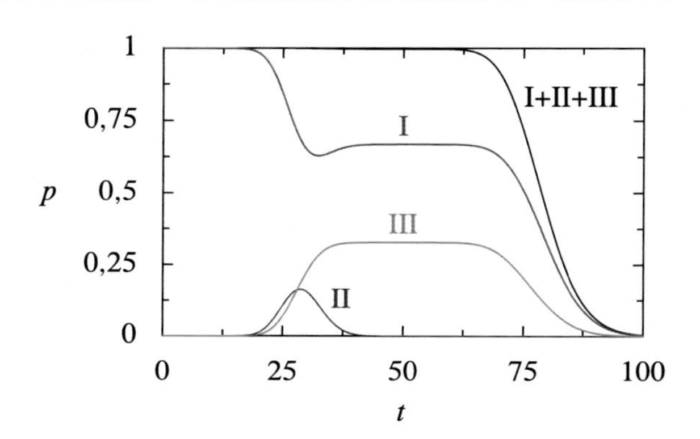

Abb. 5.18 Zeitentwicklung der Aufenthaltswahrscheinlichkeit p in den Bereichen I (rot), II (blau) und III (grün) beim Tunneln durch eine Rechteckbarriere mit den gleichen Parametern wie in Abb. 5.17. Die schwarze Kurve zeigt den Zeitverlauf der Gesamtnorm

5.7.2 Tunneln im Doppeltopfpotential

☞ `5-07-Tunneleffekt.ipynb`

In diesem Abschnitt wollen wir uns mit den Auswirkungen des Tunneleffekts bei einem Potential beschäftigen, das zwei energetisch entartete Minima und damit zwei stabile Gleichgewichtslagen besitzt. Dafür wählen wir ein symmetrisches quartisches Potential der Form

$$V(x) = -ax^2 + bx^4 . \tag{5.90}$$

Dieses Potential besitzt für positive Werte von a und b zwei Minima bei $x_0 = \pm\sqrt{a/2b}$.

Zunächst ist es wieder sinnvoll, zu dimensionslosen Variablen überzugehen. In diesem Fall fordern wir, dass das skalierte Potential in der Umgebung der beiden Minima dem skalierten harmonischen Oszillator (5.20) entspricht und erhalten so die Skalierung

$$\begin{aligned} x' &= \sqrt[4]{\frac{4am}{\hbar^2}}\, x \\ t' &= 2\sqrt{\frac{a}{m}}\, t . \end{aligned} \tag{5.91}$$

Wie immer werden im Weiteren die Striche bei den skalierten Größen weggelassen. Die skalierte zeitabhängige Schrödingergleichung lautet dann

$$\mathrm{i}\frac{\partial}{\partial t}\Psi(x,t) = \left(-\frac{1}{2}\frac{\partial^2}{\partial x^2} - \frac{1}{4}x^2 + \alpha^2 x^4\right)\Psi(x,t) , \tag{5.92}$$

wobei das Potential durch den dimensionslosen Parameter

$$\alpha^2 = \frac{\hbar b}{8\sqrt{ma^3}} \tag{5.93}$$

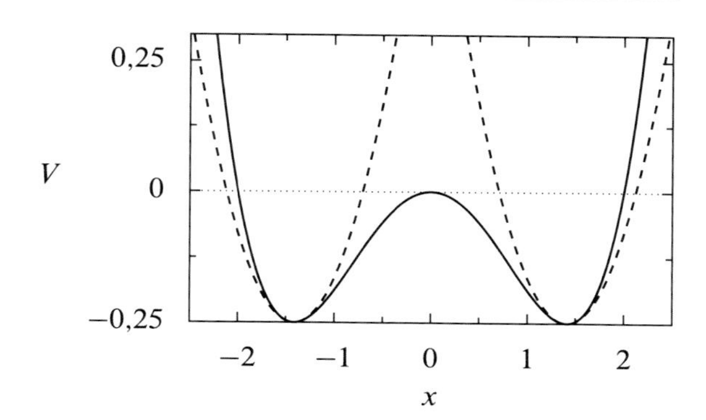

Abb. 5.19 Skaliertes quartisches Potential mit $\alpha = 1/4$. Die harmonischen Näherungen um die Potentialminima sind gestrichelt dargestellt

charakterisiert ist. Das skalierte Potential

$$V(x) = -\frac{1}{4}x^2 + \alpha^2 x^4 \tag{5.94}$$

ist in Abb. 5.19 für $\alpha = 1/4$ gezeigt. Die gestrichelten Kurven stellen die harmonische Näherung

$$V_\mathrm{h}(x) = \frac{1}{2}(x - x_0)^2 - \frac{1}{64\alpha^2} \tag{5.95}$$

um die Potentialminima bei $x_0 = \pm 1/2\sqrt{2}\alpha$ dar.

Um eine Vorstellung davon zu erhalten, wie sich ein anfänglich in der linken Mulde lokalisierter Zustand zeitlich entwickelt, lohnt sich ein Blick zurück in Abschn. 5.4, in dem wir ebenfalls ein Doppelmuldenpotential, wenn auch von etwas anderer Form, betrachtet haben. Eine entsprechende Analyse für das quartische Potential (5.94) soll in der Übungsaufgabe 5.5 durchgeführt werden. Vergleichen wir die Eigenzustände für hohe und niedrige Potentialbarriere, die in Abb. 5.7 bzw. Abb. 5.8 dargestellt sind, so sehen wir, dass eine hohe Potentialbarriere eine einfache Modellierung unter Berücksichtigung von lediglich den beiden Zuständen niedrigster Energie zulässt. In Analogie zu den Zuständen (5.37) schreiben wir die Wellenfunktionen des Grundzustands $\psi_1(x)$ und des ersten angeregten Zustands $\psi_2(x)$ in der Form

$$\begin{aligned} \psi_1(x) &= \frac{1}{\sqrt{2}}\left(\chi_0(x + x_0) + \chi_0(x - x_0)\right) \\ \psi_2(x) &= \frac{1}{\sqrt{2}}\left(\chi_0(x + x_0) - \chi_0(x - x_0)\right) , \end{aligned} \tag{5.96}$$

wobei χ_0 die Grundzustandswellenfunktion des harmonischen Oszillators sei. Für eine hinreichend hohe Barriere dürfen wir den Überlapp zwischen $\chi_0(x + x_0)$ und $\chi_0(x - x_0)$ vernachlässigen.

Der Anfangszustand in der linken Potentialmulde lässt sich nun in der Form

$$\Psi(x, t = 0) = \chi_0(x + x_0) = \frac{1}{\sqrt{2}}\left(\psi_1(x) + \psi_2(x)\right) \tag{5.97}$$

ausdrücken. Bezeichnen wir die Energien von ψ_1 und ψ_2 mit E_1 und E_2, so ergibt sich der Zustand zu einem beliebigen Zeitpunkt zu

$$\begin{aligned}\Psi(x,t) &= \frac{1}{\sqrt{2}}\left[\psi_1(x)\exp\left(-\frac{\mathrm{i}}{\hbar}E_1 t\right) + \psi_2(x)\exp\left(-\frac{\mathrm{i}}{\hbar}E_2 t\right)\right] \\ &= \exp\left(-\frac{\mathrm{i}}{\hbar}\bar{E}t\right)\left[\chi_0(x+x_0)\cos\left(\frac{\Delta E t}{2\hbar}\right) + \mathrm{i}\chi_0(x-x_0)\sin\left(\frac{\Delta E t}{2\hbar}\right)\right]\end{aligned} \tag{5.98}$$

mit der mittleren Energie des niedrigsten Dubletts

$$\bar{E} = \frac{1}{2}(E_1 + E_2) \tag{5.99}$$

und der Energieaufspaltung

$$\Delta E = E_2 - E_1\,, \tag{5.100}$$

die umso kleiner ist, je höher die Potentialbarriere und umso kleiner α^2 ist. Aus (5.98) können wir nun direkt die Zeitabhängigkeit der Aufenthaltswahrscheinlichkeit p_1 in der linken Hälfte des Potentials erhalten und finden

$$p_1 = \cos^2\left(\frac{\Delta E t}{2\hbar}\right). \tag{5.101}$$

Entsprechend ergibt sich für die Aufenthaltswahrscheinlichkeit p_2 in der rechten Hälfte

$$p_2 = \sin^2\left(\frac{\Delta E t}{2\hbar}\right). \tag{5.102}$$

Wir erwarten also ein oszillatorisches Verhalten der beiden Aufenthaltswahrscheinlichkeiten, deren Periode von der Höhe der Potentialbarriere abhängt. Je höher die Barriere, desto länger wird die Periode sein.

Mit Hilfe einer numerischen Untersuchung können wir nun die Dynamik von p_1 und p_2 für einen weiten Bereich von Barrierenhöhen berechnen und überprüfen, wie gut die gerade gemachte Zwei-Niveau-Näherung ist und inwieweit höher angeregte Zustände eine Rolle spielen.

Als Ausgangszustand wählen wir den Grundzustand des harmonischen Potentials (5.95) am linken Potentialminimum, der sich gemäß (5.21) als Gauß'sches Wellenpaket ausdrücken lässt. Für diesen Zustand stellt der in Abb. 5.19 dargestellte Potentialberg zwischen den beiden Minima die Potentialbarriere dar, durch die das Teilchen tunneln muss, um auf die andere Seite ins rechte Potentialminimum zu gelangen. Die Größen, die uns hier interessieren, sind die Aufenthaltswahrscheinlichkeiten in der linken sowie der rechten Hälfte des Ortsraums. Da das Potential für $x \to \pm\infty$ gegen unendlich geht, erwarten wir, dass das Teilchen den Rand des betrachteten Ortsintervalls nicht erreicht, wenn dieses groß genug gewählt ist. Dennoch schadet es nicht, auch in diesem Fall ein optisches Potential am Rand vorzusehen. Ob dieses

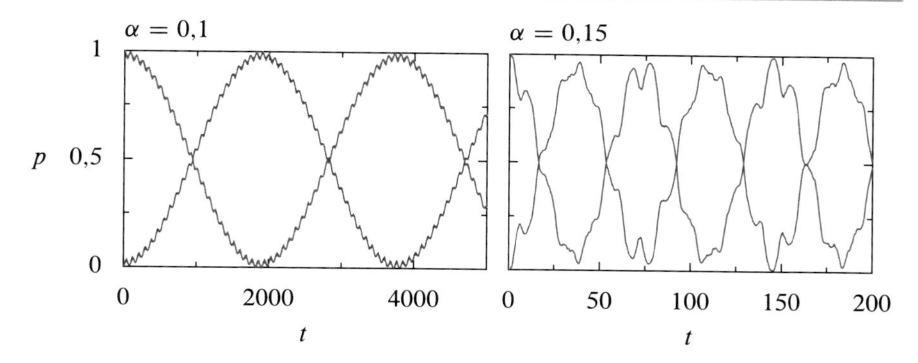

Abb. 5.20 Zeitentwicklung der Aufenthaltswahrscheinlichkeit in den Bereichen $x < 0$ (rot) und $x > 0$ (blau). Links ist der Fall einer breiteren und höheren Barriere mit $\alpha = 0{,}1$ dargestellt, während die Barriere in der rechten Abbildung mit $\alpha = 0{,}15$ schmäler und niedriger ist

eine Rolle spielt, lässt sich mit Hilfe der Norm der Wellenfunktion kontrollieren, die für die betrachteten Zeiten idealerweise gleich eins bleiben sollte.

Die zugehörige Implementation ist im zweiten Teil des Notebooks zum Tunneleffekt zu finden und enthält im Vergleich zum Tunneln durch die Rechteckbarriere keine wesentlich neuen Ideen. Wir können daher direkt zur Diskussion der Ergebnisse übergehen. In Abb. 5.20 sind exemplarisch die Resultate für zwei verschiedene Potentialparameter $\alpha = 0{,}1$ (links) und $0{,}15$ (rechts) gezeigt

Betrachten wir zunächst den Fall der höheren Potentialbarriere, also $\alpha = 0{,}1$ im linken Bild, für den die zuvor angestellten Überlegungen anwendbar sein sollten. Tatsächlich finden wir in guter Näherung einen sinusförmigen Verlauf, wie in (5.101) und (5.102) vorhergesagt. Dieser ist jedoch von höherfrequenten Oszillationen mit kleinerer Amplitude überlagert, was darauf hindeutet, dass hier höher angeregte Zustände eine, wenn auch kleine, Rolle spielen. Im rechten Bild, bei dem die Potentialbarriere etwas weniger als halb so hoch ist wie im linken Bild, ist zwar immer noch die Oszillation zwischen der linken und der rechten Potentialhälfte zu erkennen. Dennoch sind die Abweichungen von einem sinusförmigen Zeitverlauf unübersehbar, so dass höher angeregte Zustände hier definitiv nicht mehr vernachlässigt werden können. Wichtig ist auch die unterschiedliche Zeitskala in den beiden Fällen, die darauf hindeutet, wie sensitiv die Energieaufspaltung der niedrigsten beiden Zustände von der Potentialhöhe abhängt. Diese Abhängigkeit muss bei der Wahl des Zeitintervalls in der numerischen Rechnung beachtet werden.

5.7.3 Metastabilität durch Tunneln

☞ `5-07-Tunneleffekt.ipynb`

Im letzten Unterabschnitt zum Quantentunneln betrachten wir ein Potential, das zwar ein Minimum besitzt, aber auf der anderen Seite der Potentialbarriere abfällt und gegen $-\infty$ strebt. Im Gegensatz zum Doppelmuldenpotential des vorigen Abschnitts ist es dann nicht mehr möglich, dass das getunnelte Teilchen in das Potentialminimum zurückkehrt. Ein Zustand mit einer Energie, die unter der Potentialbarriere liegt, wäre in der klassischen Physik stabil, kann aber im Rahmen einer quantenmechanischen Beschreibung zerfallen und wird dann als metastabil bezeichnet. Ein Beispiel hierfür ist der radioaktive Zerfall.

Konkret betrachten wir ein kubisches Potential der Form

$$V(x) = ax^2 - bx^3 \,. \tag{5.103}$$

Dieses Potential besitzt für positive Werte von a und b ein Minimum bei $x = 0$ und ein Maximum bei $x = 2a/3b$. Die zugehörige zeitabhängige Schrödingergleichung lautet

$$\mathrm{i}\hbar \frac{\partial}{\partial t} \Psi(x,t) = \left(-\frac{\hbar^2}{2m} \frac{\partial^2}{\partial x^2} + ax^2 - bx^3 \right) \Psi(x,t) \tag{5.104}$$

Auch in diesem Fall wollen wir durch die Skalierung erreichen, dass sich das Potential in der Nähe des Minimums wie $x^2/2$ verhält, was wir hier durch

$$\begin{aligned} x' &= \sqrt[4]{\frac{2am}{\hbar^2}}\, x \\ t' &= \sqrt{\frac{2a}{m}}\, t \,. \end{aligned} \tag{5.105}$$

erreichen. Die skalierte Schrödingergleichung ist dann durch

$$\mathrm{i} \frac{\partial}{\partial t} \Psi(x,t) = \left(-\frac{1}{2} \frac{\partial^2}{\partial x^2} + \frac{1}{2} x^2 - \alpha x^3 \right) \Psi(x,t) \tag{5.106}$$

mit

$$\alpha = \frac{b}{2a} \sqrt[4]{\frac{\hbar^2}{2am}} \tag{5.107}$$

gegeben.

Das skalierte kubische Potential ist in Abb. 5.21 dargestellt, wobei die schwarze und die graue Kurve den Werten $\alpha = 0{,}2$ bzw. $0{,}4$ entsprechen. Mit zunehmendem Parameter α nehmen sowohl die Höhe als auch die Breite der Potentialbarriere ab. Umgekehrt nähert sich das Potential für abnehmende Werte von α der als gestrichelte Kurve eingezeichneten harmonischen Näherung um das Potentialminimum bei $x = 0$ an.

Das Ziel besteht zunächst darin, ausgehend von einem Anfangszustand, der durch den Grundzustand des genäherten harmonischen Potentials um $x = 0$ gegeben ist, die Abnahme der Aufenthaltswahrscheinlichkeit p im Bereich links der Barriere als Funktion der Zeit zu berechnen. In skalierten Größen ist der uns interessierende Bereich durch $x < 1/3\alpha$ gegeben. Die zugehörige numerische Implementation befindet sich im letzten Teil des Notebooks zum Tunneleffekt. Die Verwendung

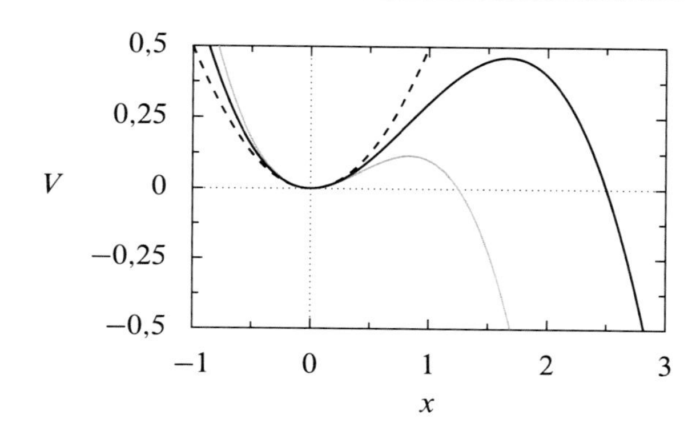

Abb. 5.21 Skaliertes kubisches Potential mit $\alpha = 0{,}2$ (schwarz) und 0,4 (grau). Die gestrichelte Kurve stellt die harmonische Näherung um das Potentialminimum dar, die dem Fall $\alpha = 0$ entspricht

eines optischen Potentials ist hier vor allem im Hinblick auf den rechten Rand wichtig, da sonst eine Reflexion des transmittierten Anteils zurück in die Potentialmulde auftreten könnte.

In Abb. 5.22 ist die zeitliche Abnahme der Aufenthaltswahrscheinlichkeit p in der Potentialmulde für ein kubisches Potential mit $\alpha = 0{,}2$ dargestellt. Sieht man von anfänglichen Abweichungen ab, so erfolgt der Zerfall in Anbetracht der linear-logarithmischen Auftragung zumindest in guter Näherung exponentiell gemäß

$$p(t) = \exp(-\lambda t)\,. \tag{5.108}$$

Die Zerfallskonstante λ lässt sich aus dem linearen Bereich der in Abb. 5.22 dargestellten Funktion als negative Steigung bestimmen. Das Zerfallsgesetz (5.108) stellt eine Lösung der Differentialgleichung

$$\dot{p} = -\lambda p \tag{5.109}$$

dar, die impliziert, dass die Zerfallswahrscheinlichkeit proportional zur Aufenthaltswahrscheinlichkeit in der Potentialmulde ist. Der Anteil, der die Barriere bereits durchtunnelt hat, spielt für den weiteren Zerfallsprozess demnach keine Rolle. Die Abweichungen vom exponentiellen Zerfallsgesetz, die in Abb. 5.22 für kurze Zeiten zu beobachten sind, können auf die Dynamik des Anfangszustands in der Potentialmulde zurückgeführt werden.

Aus der numerisch ermittelten Zeitabhängigkeit von p lässt sich die Zerfallskonstante λ bestimmen. Diese Aufgabe wird in unserer Implementierung zusammen mit der Berechnung der Aufenthaltswahrscheinlichkeit p in der Potentialmulde erledigt.

```
def norm_and_decay_rate(psi_squared_of_time, t_values,
                        x_values, dx, alpha):
    well_region = x_values < 1/(3*alpha)
    norm_of_t = np.sum(psi_squared_of_time[:, well_region],
                       axis=1) * dx
    log_norm_values = np.log(norm_of_t)
```

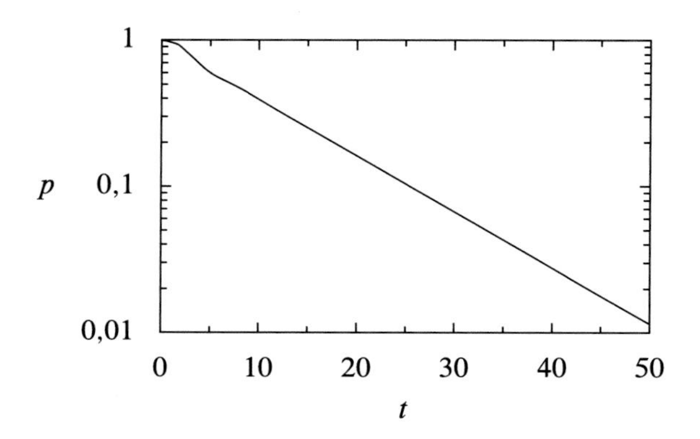

Abb. 5.22 Aufenthaltswahrscheinlichkeit p des Wellenpakets im Bereich links des Potentialmaximums als Funktion der Zeit für ein kubisches Potential mit $\alpha = 0{,}2$

```
    lr_result = stats.linregress(t_values, log_norm_values)
    decay_rate = -lr_result.slope
    return norm_of_t, decay_rate
```

Dabei verwenden wir die SciPy-Funktion `linregress`, die wir bereits im Abschn. 4.2 kennengelernt haben. Hierbei ist allerdings zu beachten, dass wir nur in einer linear-logarithmischen Auftragung eine Gerade erhalten. Dementsprechend ist bei der linearen Regression der Logarithmus der Norm zu verwenden.

5.8 Helium-Atom

☞ `5-08-Helium.ipynb`

Systeme von mehr als zwei wechselwirkenden Teilchen sind typischerweise nicht analytisch behandelbar, sondern erfordern die Anwendung numerischer Methoden. Daher wollen wir uns zum Abschluss dieses Kapitels einem möglichst einfachen Mehrelektronensystem zuwenden, dem Helium-Atom. Dieses besteht aus einem Atomkern mit Kernladungszahl $Z = 2$ sowie zwei Elektronen, also insgesamt drei miteinander wechselwirkenden Ladungen. Unser Ziel wird es in erster Linie sein, die Grundzustandsenergie dieses Systems zumindest in guter Näherung zu bestimmen.

Die Bewegung eines Mehrteilchensystems lässt sich immer in die Bewegung des Schwerpunkts sowie die Bewegung der einzelnen Teilchen relativ zum Schwerpunkt zerlegen. Die Schwerpunktsbewegung entspricht der Dynamik eines freien Teilchens und interessiert uns hier nicht weiter. Da der Heliumkern über 7000-mal schwerer ist als ein Elektron, dürfen wir den Schwerpunkt in guter Näherung in das Zentrum des Atomkerns legen und vernachlässigen, dass die Elektronenmasse eigentlich durch eine reduzierte Masse zu ersetzen ist.

Der Hamiltonoperator besteht dann aus drei Anteilen

$$\hat{H} = \hat{H}_1 + \hat{H}_2 + \hat{H}_{\mathrm{WW}} \,. \tag{5.110}$$

Die ersten beiden Terme

$$\hat{H}_i = -\frac{\hbar^2}{2m}\Delta_i - \frac{Ze^2}{4\pi\epsilon_0}\frac{1}{|\boldsymbol{r}_i|} \qquad i = 1, 2 \tag{5.111}$$

beschreiben jeweils eines der beiden mit den Indizes 1 und 2 durchnummerierten Elektronen mit Masse m und Ladung $-e$ im Feld des Atomkerns. Der Vektor $\boldsymbol{r}_i$ bezeichnet den Ort des Elektrons i relativ zum Atomkern und der Index des Laplace-Operators gibt an, bezüglich welcher Teilchenkoordinaten abzuleiten ist.

Würde der Hamiltonoperator (5.110) nur aus den beiden ersten Termen bestehen, so wäre die exakte Lösung durch das Produkt zweier wasserstoffartiger Eigenzustände

$$\psi_{n_1,\ell_1,m_1,n_2,\ell_2,m_2}(\boldsymbol{r}_1, \boldsymbol{r}_2) = \psi_{n_1,\ell_1,m_1}(\boldsymbol{r}_1)\psi_{n_2,\ell_2,m_2}(\boldsymbol{r}_2) \tag{5.112}$$

gegeben. Allerdings muss noch die abstoßende Wechselwirkung zwischen den beiden Elektronen berücksichtigt werden, die durch

$$\hat{H}_{\mathrm{WW}} = \frac{e^2}{4\pi\epsilon_0}\frac{1}{|\boldsymbol{r}_1 - \boldsymbol{r}_2|} \tag{5.113}$$

beschrieben wird. Dieser Term hat zur Folge, dass das Heliumatom nicht analytisch gelöst werden kann und eine Lösung der Form (5.112) nur eine schlechte Näherung darstellt, wie wir noch sehen werden.

Wenden wir uns nun spezifisch dem Grundzustand des Helium-Atoms zu und vernachlässigen dabei zunächst die Elektron-Elektron-Wechselwirkung (5.113). Dann sind die beiden Wellenfunktionen in (5.112) durch die wasserstoffartige Grundzustandswellenfunktion mit den Quantenzahlen $n = 1$, $\ell = 0$, $m = 0$ gegeben. Da die Lösung jedoch nicht antisymmetrisch unter Vertauschung der beiden Elektronen ist, verletzt sie das Pauli-Prinzip. Allerdings haben wir bis jetzt den Elektronenspin außer Acht gelassen. Da der Hamiltonoperator nicht von den Elektronenspins abhängt, dürfen wir die Ortswellenfunktion mit einem antisymmetrischen Spinzustand multiplizieren. Wenn die Spin-Wellenfunktionen für die beiden Spineinstellungen des i-ten Elektrons mit $\chi_\uparrow^{(i)}$ und $\chi_\downarrow^{(i)}$ bezeichnet werden, lautet die Grundzustandswellenfunktion in Abwesenheit der Elektron-Elektron-Wechselwirkung

$$\psi_0(\boldsymbol{r}_1, \boldsymbol{r}_2) = \psi_{1,0,0}(\boldsymbol{r}_1)\psi_{1,0,0}(\boldsymbol{r}_2)\frac{1}{\sqrt{2}}\left(\chi_\uparrow^{(1)}\chi_\downarrow^{(2)} - \chi_\downarrow^{(1)}\chi_\uparrow^{(2)}\right). \tag{5.114}$$

Aufgrund der entgegengesetzten Spins liegt hier ein sogenannter Singulettzustand vor.

Die Einelektronengrundzustandswellenfunktion in (5.114) mit den Quantenzahlen $n = 1$, $\ell = 0$, $m = 0$ lautet

$$\psi_{1,0,0}(r, \theta, \phi) = \sqrt{\frac{1}{\pi}\left(\frac{Z}{a_0}\right)^3} e^{-Zr/a_0} \tag{5.115}$$

und hängt nur vom Abstand des Elektrons vom Kern ab. Die Längenskala in dieser Lösung ist durch den Bohr-Radius

$$a_0 = \frac{4\pi\epsilon_0\hbar^2}{me^2} \tag{5.116}$$

gegeben und die zugehörige Grundzustandsenergie beträgt

$$E_0 = -\frac{Z^2}{2}E_{\mathrm{H}} \tag{5.117}$$

mit der Hartree-Energie

$$E_{\mathrm{H}} = \frac{\hbar^2}{ma_0^2}\,. \tag{5.118}$$

Für das Heliumatom ohne Elektron-Elektron-Wechselwirkung ist die Grundzustandsenergie wegen der Kernladungszahl $Z = 2$ also betragsmäßig viermal so groß wie beim Wasserstoffatom und würde je Elektron etwa $-54{,}4\,\mathrm{eV}$ betragen. Für beide Elektronen zusammen erhalten wir somit eine Grundzustandsenergie von $-108{,}8\,\mathrm{eV}$. Tatsächlich findet man jedoch einen Wert von $-79{,}005\,\mathrm{eV}$. Diese Diskrepanz macht deutlich, dass die abstoßende Wechselwirkung zwischen den beiden Elektronen nicht vernachlässigt werden darf. Im Folgenden werden wir ein adäquates Näherungsverfahren zur Berechnung der Grundzustandsenergie formulieren und dieses numerisch umsetzen.

Um den Hamiltonoperator (5.110) dimensionslos zu machen, verwenden wir sogenannte atomare Einheiten. Dabei werden Längen in Einheiten des Bohr-Radius a_0 und Energien in Einheiten der Hartree-Energie E_{H} gerechnet. Mit dieser Skalierung ergibt sich der dimensionslose Hamiltonoperator

$$\hat{H} = -\frac{1}{2}\Delta_1 - \frac{1}{2}\Delta_2 - \frac{2}{|\boldsymbol{r}_1|} - \frac{2}{|\boldsymbol{r}_2|} - \frac{1}{|\boldsymbol{r}_1 - \boldsymbol{r}_2|}\,. \tag{5.119}$$

Hier haben wir die Kernladungszahl $Z = 2$ für Helium explizit eingesetzt, da wir diesen Fall im Weiteren numerisch untersuchen wollen.

Um die Elektron-Elektron-Wechselwirkung wenigstens näherungsweise zu berücksichtigen, verwenden wir die *Hartree-Näherung*, deren physikalische Grundidee einfach zu verstehen ist. Wir greifen eines der beiden Elektronen heraus und bestimmen aus dessen Wellenfunktion die zugehörige Ladungsverteilung. Dabei greifen wir zu Beginn auf die Wellenfunktion (5.115) zurück. Dann lösen wir die zeitunabhängige Schrödingergleichung für das andere Elektron im elektrischen Feld des Atomkerns und des ersten Elektrons. Hierbei ergibt sich eine neue Wellenfunktion und damit eine neue Ladungsverteilung für das Elektron, so dass dieses Verfahren iterativ bis zur Konvergenz weitergeführt werden muss. Am Ende ergibt sich eine Wellenfunktion, die die Wellenfunktion $\psi_{1,0,0}$ in (5.114) ersetzt. Das Hartree-Verfahren ist also auf Produktwellenfunktionen beschränkt und kann daher die Elektron-Elektron-Wechselwirkung nur näherungsweise berücksichtigen.

Hat man es anders als bei unserem Singulettzustand mit Elektronen zu tun, deren Spinquantenzahlen gleich sind, so muss noch die sogenannte Austauschwechselwirkung berücksichtigt werden. Dies wird durch die *Hartree-Fock-Näherung* geleistet. In unserem Fall unterscheiden sich die Spinquantenzahlen, so dass die Hartree-Näherung ausreicht.

Zur Vorbereitung der numerischen Umsetzung beschaffen wir uns zunächst die relevanten Formeln für das Hartree-Verfahren. Die Gesamtwellenfunktion lässt sich in jedem Iterationsschritt als Produkt zweier Einelektronenwellenfunktionen schreiben, die im Grundzustand gleich sind, so dass

$$\psi(\boldsymbol{r}_1, \boldsymbol{r}_2) = \psi_0(\boldsymbol{r}_1)\psi_0(\boldsymbol{r}_2)\,. \tag{5.120}$$

Die in (5.114) angegebene antisymmetrische Spinwellenfunktion muss man sich im Prinzip noch hinzudenken. Sie ist im Weiteren aber nicht von Bedeutung und wir lassen sie daher weg.

Ausgehend von der Wellenfunktion (5.115) ist die Einelektronenwellenfunktion $\psi_0(\boldsymbol{r})$ in jedem Schritt des Iterationsverfahrens radialsymmetrisch, da die Ladungsverteilung des anderen Elektrons immer radialsymmetrisch bleibt. Unter Verwendung dieser Eigenschaft ergibt sich die Einelektronenwellenfunktion $\psi_0(r)$ als energetisch niedrigste Lösung der Ein-Elektronen-Schrödingergleichung

$$\left[-\frac{1}{2}\frac{1}{r^2}\frac{\partial}{\partial r}\left(r^2\frac{\partial}{\partial r}\right) - \frac{2}{r} + V_{\mathrm{H}}(r)\right]\psi_0(r) = \epsilon\psi_0(r)\,. \tag{5.121}$$

Die hier vorkommende Energie ϵ darf nicht mit der Grundzustandsenergie E des Gesamtsystems verwechselt werden. Wie die Energien E und ϵ zusammenhängen, müssen wir nachher noch klären.

Wichtig für das Verständnis von (5.121) ist, dass das Hartree-Potential $V_{\mathrm{H}}(r)$, das den Einfluss der Ladungsverteilung des anderen Elektrons repräsentiert, selbst von $\psi_0(r)$ abhängt. Wir haben es also mit einer in $\psi_0(r)$ nichtlinearen Gleichung zu tun, die, wie schon weiter oben angedeutet, iterativ gelöst wird. Zur Bestimmung des Hartree-Potentials wird also die Einelektronenwellenfunktion aus dem vorigen Iterationsschritt verwendet.

In atomaren Einheiten wird die Ladungsdichte auf die Elementarladung bezogen, so dass $\rho = -|\psi_0(r)|^2$. Da dann das elektrische Feld $\boldsymbol{E}$ in Einheiten von E_{H}/ea_0 zu rechnen ist, nimmt das Gauß'sche Gesetz, also die erste Gleichung in (3.1), die Form

$$\mathrm{div}\boldsymbol{E} = 4\pi\varrho \tag{5.122}$$

an. Für kugelsymmetrische Probleme löst man diese Gleichung am einfachsten mit Hilfe des Satzes von Gauß. Hierbei benötigt man die in einer Kugel vom Radius r eingeschlossene Ladung, die in unserem Fall durch

$$q(r) = -4\pi\int_0^r \mathrm{d}r' r'^2 \psi_0(r')^2 \tag{5.123}$$

gegeben ist. Integriert man das resultierende elektrische Feld in radialer Richtung auf, so ergibt sich das Hartree-Potential zu

$$V_{\mathrm{H}}(r) = -\int_r^\infty \mathrm{d}r' \frac{q(r')}{r'^2}\,, \tag{5.124}$$

wobei wir den Potentialnullpunkt ins Unendliche gelegt haben.

Nun bleibt noch die Frage zu klären, wie sich aus dem Eigenwert ϵ in (5.121) die Energie E des Grundzustands der beiden Elektronen im Heliumatom ergibt. In der Ein-Elektronen-Schrödingergleichung wird sowohl die kinetische Energie als auch die potentielle Energie im Feld des Atomkerns für eines der beiden Elektron berücksichtigt. Hinzu kommt noch die volle Elektron-Elektron-Wechselwirkung. Verdoppelt man die Einelektronenenergie ϵ, so wird die Wechselwirkung zwischen den Elektronen doppelt berücksichtigt. Um dies zu korrigieren, muss man also den Erwartungswert des Hartree-Potentials abziehen und erhält für die Grundzustandsenergie

$$E = 2\epsilon - 4\pi \int_0^\infty r^2 \mathrm{d}r\, V_{\mathrm{H}}(r)\psi_0^2(r)\,. \tag{5.125}$$

Für die numerische Rechnung ist es praktisch, statt der Wellenfunktion $\psi_0(r)$ die skalierte Funktion

$$f(r) = \sqrt{4\pi r^2}\,\psi(r) \tag{5.126}$$

zu verwenden. Dadurch vereinfacht sich die Schrödingergleichung (5.121) zu

$$\left(-\frac{1}{2}\frac{\mathrm{d}^2}{\mathrm{d}r^2} - \frac{2}{r} + V_{\mathrm{H}}(r)\right) f(r) = \epsilon f(r)\,. \tag{5.127}$$

Die Ladung innerhalb einer Kugel mit Radius r berechnet sich dann gemäß

$$q(r) = -\int_0^r \mathrm{d}r' f^2(r') \tag{5.128}$$

und die Grundzustandsenergie (5.125) lautet

$$E = 2\epsilon - \int_0^\infty \mathrm{d}r\, V_{\mathrm{H}}(r) f^2(r)\,. \tag{5.129}$$

Zusammen mit (5.124) bilden diese drei Gleichungen die Grundlage für den Code im Jupyter-Notebook zu diesem Abschnitt.

Im Prinzip gehen wir bei der Lösung der Schrödingergleichung (5.127) genauso vor wie in den Abschn. 5.2 bis 5.4. Dort hatten wir eine diskretisierte Version des Hamiltonoperators hergeleitet und das zugehörige Eigenwertproblem numerisch gelöst. Dabei kam eine Funktion aus dem `linalg`-Modul von NumPy zum Einsatz. Insbesondere wenn man nur kleinere Teile des Eigenwertspektrums berechnen möchte, gibt es jedoch in unserem Fall eine alternative und effizientere Möglichkeit.

Werfen wir einen Blick auf die Hamiltonmatrix (5.25) des harmonischen Oszillators, so stellen wir fest, dass lediglich die Hauptdiagonale sowie die beiden Nebendiagonalen von null verschiedene Einträge aufweisen. Das gleiche ist der Fall für die diskretisierte Version des Hamiltonoperators in der Ein-Elektronen-Schrödingergleichung (5.127). Diese Matrizen sind insofern besonders, als die Zahl der von null verschiedenen Matrixelemente nur linear mit der Matrixgröße skaliert und nicht quadratisch, wie dies bei einer allgemeinen Matrix der Fall ist. Man spricht hier von dünnbesetzten Matrizen oder auf Englisch von *sparse matrices*. In einem geeigneten Format abgespeichert, benötigen solche Matrizen deutlich weniger Speicherplatz. Zudem lässt sich die Multiplikation einer dünnbesetzten Matrix mit einem Vektor wesentlich schneller durchführen als dies für eine vollbesetzte Matrix der Fall ist. Daher stellt die SciPy-Bibliothek im `sparse`-Modul eine Reihe von auf diesen Matrixtyp zugeschnittenen Funktionen zur Verfügung, auf die wir hier zurückgreifen werden.

Bevor wir die Hamiltonmatrix erstellen können, müssen wir zunächst das Hartree-Potential bestimmen.

```
def h_potential(r, dr, f):
    q = -np.cumsum(f*f) * dr
    hartree_potential = np.cumsum(q/r**2) * dr
    correction = -hartree_potential[-1] + 1/r[-1]
    hartree_potential = hartree_potential + correction
    return hartree_potential, 2+q
```

In der ersten Zeile wird das Integral (5.128) für die Ladungsverteilung $q(r)$ mit Hilfe einer kumulativen Summe ausgewertet, wobei das Array `f` die skalierte Wellenfunktion (5.126) enthält und `dr` die Schrittweite des Ortsgitters im Array `r` angibt. Aus der Ladung wird dann in gleicher Weise das durch (5.124) definierte Hartree-Potential berechnet. Im Gegensatz zum Integral (5.124), das die Randbedingung durch die obere Integrationsgrenze berücksichtigt, müssen wir allerdings die Summation am Ursprung beginnen und somit noch sicherstellen, dass die Randbedingung erfüllt wird. Da wir die numerische Rechnung auf einen maximalen Abstand $r_{\max}$ vom Ursprung beschränken müssen, ist die Ladung eines Elektrons in einer Kugel mit diesem Radius enthalten. Außerhalb dieser Kugel fällt das Potential invers proportional zum Abstand ab, so dass das Potential bei $r_{\max}$ den Wert $1/r_{\max}$ annehmen muss. Die Variable `correction` enthält somit die notwendige Potentialverschiebung.

Da wir bereits die Ladungsverteilung $q(r)$ berechnet haben, übergeben wir am Ende neben dem Hartree-Potential auch die effektive Ladung

$$q_{\text{eff}}(r) = 2 + q(r)\,, \tag{5.130}$$

die eines der beiden Elektronen im Abstand r vom Atomkern wahrnimmt. Diese effektive Ladung setzt sich aus der Ladung des Kerns, hier also 2, und der abschirmenden Ladung $q(r)$ des anderen Elektrons zusammen.

Nun können wir uns der Verwendung der Funktionen aus dem `sparse`-Modul von SciPy bei der Konstruktion des diskretisierten Hamiltonoperators zuwenden.

```
def hamilton_operator(r, dr, f):
    n_max = r.shape[0]
    h_kin = (sparse.eye(n_max)
             - 0.5*(sparse.eye(n_max, k=1)
                    + sparse.eye(n_max, k=-1))
             )/dr**2
    hartree_potential, q_eff = h_potential(r, dr, f)
    h = h_kin + sparse.diags(-2/r + hartree_potential)
    return h
```

Der Vergleich mit dem entsprechenden Codestück in Abschn. 5.2 zeigt, dass die Verwendung dieses Moduls in unserem Fall sehr einfach ist und wir lediglich `np.eye` durch `sparse.eye` und `np.diag` durch `sparse.diags` ersetzen müssen. Allerdings muss man im letzteren Fall auf den kleinen Namensunterschied achten, der in einer etwas unterschiedlichen Funktionalität der beiden Funktionen begründet ist.

Eine weitere Ersetzung muss bei der Lösung des Eigenwertproblems vorgenommen werden.

```
def get_groundstate(r, dr, f):
    h = hamilton_operator(r, dr, f)
    ew, ev = sparse.linalg.eigsh(h, k=1, sigma=-2)
    return ew[0], ev[:, 0]/sqrt(dr)
```

Aus der NumPy-Funktion `linalg.eigh` wird die SciPy-Funktion `sparse.linalg.eigsh`, wobei sich auch hier der Funktionsname geringfügig unterscheidet. Wichtiger ist, dass die Funktion lediglich einen Teil der Eigenwerte und Eigenvektoren bestimmt. Da uns ausschließlich der Grundzustand interessiert, setzen wir den Parameter `k` sogar nur auf eins. Um den richtigen Eigenwert zu erwischen, geben wir noch mit Hilfe des Parameters `sigma` vor, dass dieser in der Nähe von -2 liegen soll. Dieser Wert entspricht dem Fall ohne Hartree-Potential und bildet somit eine untere Schranke für das Energiespektrum.

Die Berechnung der Grundzustandsenergie in der Funktion `energy` setzt lediglich die Gl. (5.129) um, so dass wir uns gleich der Durchführung der Hartree-Iteration zuwenden können.

```
def hartree_iterations(r, dr, n_iter_max, delta):
    f = np.zeros_like(r)
    epsilon_old = 0
    for n_iter in range(n_iter_max):
        epsilon, f = get_groundstate(r, dr, f)
        if abs((epsilon-epsilon_old)/epsilon) < delta:
            break
        epsilon_old = epsilon
    e = energy(r, dr, f, epsilon)
    return e, f, n_iter+1
```

Im Prinzip könnten wir die anfängliche, skalierte Wellenfunktion $f(r)$ aus der wasserstoffähnlichen Grundzustandswellenfunktion (5.115) bestimmen. Der Einfachheit halber beginnen wir jedoch mit $f(r) = 0$, so dass anfänglich kein Hartree-Potential vorliegt. Im ersten Iterationsschritt wird also der wasserstoffähnliche Grundzustand berechnet. Anschließend werden in jedem Iterationsschritt so lange der neue Grundzustand und die zugehörige Einelektronenenergie ϵ berechnet, bis die relative Änderung von ϵ kleiner als eine in `delta` vorgegebene Schranke geworden ist. Eine solche Iteration könnte man im Prinzip mit Hilfe einer `while`-Schleife implementieren, wobei aber die Gefahr einer Endlosschleife besteht, wenn keine Konvergenz erreicht wird. Stattdessen verwenden wir eine `for`-Schleife, die spätestens nach `n_iter_max` Iterationsschritten abbricht. Wird das Konvergenzkriterium schon früher erfüllt, sorgt die `break`-Anweisung dafür, dass die Schleife verlassen wird.

Als wichtigstes Ergebnis liefert unser Programm die Grundzustandsenergie des Heliumatoms in der Hartree-Näherung. Um einfacher mit den Literaturwerten vergleichen zu können, geben wir das Ergebnis in Elektronenvolt an. Für die Umrechnung greifen wir dabei auf das `constants`-Modul von SciPy zurück, das eine Vielzahl physikalischer Konstanten zur Verfügung stellt. Bei Verwendung von 10000 Stützstellen auf einem radialen Abstandsintervall zwischen 0 und 30 erhalten wir bei einem Abbruchparameter $\delta = 10^{-6}$ den Wert 77,870 eV, was dem experimentell ermittelten Wert von 79,005 eV schon sehr nahe kommt.

Darüber hinaus ist es interessant, den Verlauf der Einelektronenwellenfunktion $\psi_0(r)$ oder ihrer skalierten Variante $f(r)$ sowie das Hartree-Potential $V_H(r)$ und die effektive Ladung q_{eff} zu betrachten. Wir greifen hier zwei Größen heraus, die in Abb. 5.23 dargestellt sind. Unten in Abb. 5.23 ist die radiale Einelektronenwellenfunktion $\psi_0(r)$ gezeigt. Durch den Vergleich mit der gestrichelten Kurve, die die Grundzustandswellenfunktion des einfach ionisierten Heliumatoms darstellt, sieht man, wie sich die Aufenthaltswahrscheinlichkeit durch die Elektron-Elektron-Wechselwirkung nach außen verschiebt. Aus der Grundzustandswellenfunktion ergibt sich gemäß (5.123) und (5.130) die oben in Abb. 5.23 gezeigte effektive Ladung. Diese nimmt für $r \to 0$ den Wert der Kernladung $Z = 2$ an, während sie für $r \to \infty$ gegen eins geht. Die Differenz spiegelt die abschirmende Wirkung

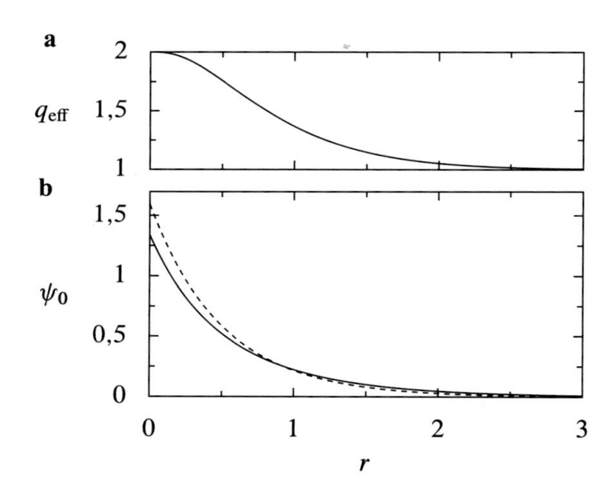

Abb. 5.23 Radiale Einelektronenwellenfunktion $\psi_0(r)$ des Heliumgrundzustands in Hartree-Fock-Näherung als Funktion des Abstands r vom Kern (unten). Zum Vergleich ist gestrichelt die entsprechende Wellenfunktion des einfach ionisierten Heliums gezeigt. Oben ist die effektive Ladung $q_{\text{eff}}(r)$ als Funktion des Abstands vom Kern dargestellt

des anderen Elektrons wieder, die umso größer wird, je weiter man sich vom Atomkern entfernt.

Übungen

5.1 Genauigkeit der numerisch bestimmten Eigenzustände beim harmonischen Oszillator

Im Abschn. 5.2 wurden Eigenzustände und Eigenenergien des harmonischen Oszillators näherungsweise durch Lösung eines endlichdimensionalen Eigenwertproblems bestimmt. Dabei haben wir nur die niedrigsten Eigenzustände betrachtet und deren Form auch nur qualitativ überprüft. Nun soll die Genauigkeit aller berechneten Eigenzustände durch Vergleich mit der exakten Lösung (5.21) erfolgen. Hierzu definiert man die Güte der numerischen Lösung ϕ_n im Vergleich zur exakten Lösung ψ_n mit Hilfe von

$$F = \left| \int_{-\infty}^{+\infty} \mathrm{d}x\, \phi_n^*(x)\psi_n(x) \right|^2 , \tag{5.131}$$

wobei F für das englische Wort *fidelity* steht und Werte zwischen null und eins annehmen kann. Je näher F an eins liegt, umso besser stimmen numerische und exakte Lösung überein. Zur Berechnung der in (5.21) vorkommenden Hermite-Polynome kann man auf `scipy.special` zurückgreifen.

Es soll untersucht werden, wie sich F für eine feste Quantenzahl n mit der Dimension der verwendeten Matrix verändert und wie F bei fester Matrixgröße von n abhängt. Wie wirkt sich bei fester Matrixgröße eine Veränderung der Schrittweite Δx aus?

5.2 Eigenzustände und Eigenenergien des Pöschl-Teller-Potentials

Bei der Untersuchung der Eigenenergien von anharmonischen Oszillatoren haben Pöschl und Teller [5] eine Klasse von Potentialen betrachtet, zu denen als Spezialfall das Potential

$$V(x) = -\frac{\hbar^2\alpha^2}{2m}\frac{\lambda(\lambda+1)}{\cosh^2(\alpha x)} \tag{5.132}$$

mit $\lambda > 0$ gehört. Modifizieren Sie das Programm zum harmonischen Oszillator so, dass die gebundenen Zustände und die dazugehörigen Eigenenergien des Potentials (5.132) berechnet werden. Da sowohl die Eigenzustände als auch die Eigenenergien analytisch bekannt sind, lässt sich die Qualität der numerischen Ergebnisse überprüfen. Die negativen Eigenenergien sind durch

$$E_n = -\frac{\hbar^2\alpha^2}{2m}(\lambda - n)^2 \tag{5.133}$$

gegeben, wobei n eine nicht negative ganze Zahl mit $n < \lambda$ ist. Die Eigenzustände lassen sich durch Legendre-Funktionen als

$$\psi_n(x) = P_\lambda^{\lambda-n}(\tanh(\alpha x)) \tag{5.134}$$

ausdrücken. Für positive ganze Werte von λ lässt sich die Wellenfunktion mit Hilfe einer Funktion aus dem `scipy.special`-Modul berechnen.

5.3 Tunneln durch beliebige Potentialbarrieren

Im Abschn. 5.7.1 zur Rechteckbarriere haben wir einige Hinweise gegeben, wie man die Transmissionswahrscheinlichkeit T durch Lösung der zeitunabhängigen Schrödingergleichung als Anfangswertproblem bestimmen und diese Berechnung auf im Prinzip beliebig geformte lokalisierte Potentialbarrieren ausweiten kann. Um mit den analytischen Ergebnissen (5.88) vergleichen zu können, ist es sinnvoll, zunächst die Rechteckbarriere zu betrachten. Weitere Barrierenformen könnten zum Beispiel eine Dreiecksbarriere oder eine gaußförmige Barriere sein.

5.4 Tunneln durch mehrere Rechteckbarrieren

Mit derselben Vorgehensweise wie in der vorigen Übungsaufgabe lässt sich auch das Tunneln durch eine Folge von Rechteckbarrieren untersuchen. In diesem Fall kommt zu dem Parameter a, der die halbe Breite einer skalierten Barriere angibt, noch ein Parameter Δ, der den Abstand zwischen den Barrieren festlegt. Δ muss größer als $2a$ sein, damit sich die Barrieren nicht überlappen. Zur Überprüfung des Programms können Sie das Verhalten für $\Delta \to 2a$ betrachten, bei dem die n betrachteten Rechteckbarrieren zu einer verschmelzen, deren Breite $2na$ beträgt. Versuchen Sie auch, die bekannten Lösungen in Bereichen konstanten Potentials zu nutzen, um die numerische Integration zu vermeiden.

5.5 Eigenzustände und Eigenenergien des Doppeltopfpotentials
Bestimmen Sie die Eigenenergien und Eigenzustände des Grundzustands und des ersten angeregten Zustands des Doppeltopfpotentials (5.94) durch Diskretisierung des Hamilton-Operators. Wie verändert sich die Energieaufspaltung mit abnehmendem α, also mit zunehmender Höhe der Potentialbarriere? Für die Eigenzustände ist es interessant, geeignete Linearkombinationen mit dem Grundzustand eines einzelnen Potentialtopfs zu vergleichen. Die Ergebnisse dieser Übungsaufgabe illustrieren die Diskussion, die zu (5.98) führt. Da der Fokus dieser Aufgabe auf den beiden energetisch niedrigsten Eigenzuständen liegt, lohnt es sich, die Verwendung von Methoden aus dem SciPy-Modul `sparse` in Betracht zu ziehen.

Literatur

1. R.H. Landau, M.J. Páez, C.C. Bordeianu, *Computational Physics* (Wiley-VCH, Weinheim, 2015), 3rd ed., chap. 9.2.1
2. V.V. Nesvizhevsky, H.G. Börner, A.K. Petukhov, H. Abele, S. Baeßler, F.J. Rueß, T. Stöferle, A. Westphal, A.M. Gagarski, G.A. Petrov, A.V. Strelkov, Nature **415**, 297 (2002). https://doi.org/10.1038/415297a
3. matplotlib.org/stable/tutorials/colors/colormaps.html
4. F. Crameri, G.E. Shephard, P.J. Heron, Nat. Comm. **11**, 5444 (2020). https://doi.org/10.1038/s41467-020-19160-7
5. G. Pöschl, E. Teller, Z. Phys. **83**, 143 (1933). https://doi.org/10.1007/BF01331132

Praktische Aspekte von Python 6

Im Rahmen dieses Buches kann es nicht darum gehen, eine einigermaßen vollständige Einführung in die Programmiersprache Python zu geben. Hierzu gibt es zahlreiche Bücher sowie Internet-Ressourcen, auf die am Ende von Abschn. 1.1 eingegangen wurde.

In diesem Kapitel beginnen wir mit Installationshinweisen, um die im Rahmen dieses Buches besprochenen Notebooks ausführen zu können. Für die weiteren Abschnitte haben wir einige spezielle Themen ausgewählt, die erfahrungsgemäß entweder Probleme bereiten oder zu denen Hintergrundinformationen im Zusammenhang mit diesem Buch nützlich sein können. Bei der Illustration von konkreten Beispielen wird es häufig ausreichen, die Reaktion des Python-Interpreters auf eine einzeilige oder eine sehr kurze Eingabe zu betrachten. Die dabei vorkommenden Prompts >>> sowie ... wurden bereits im Abschn. 1.1 angesprochen.

6.1 Installation einer Python-Umgebung für wissenschaftliche Anwendungen

6.1.1 Vorüberlegungen

Es gibt verschiedene Möglichkeiten, die im Rahmen dieses Buches benötigte Software auf einem Computer zur Verfügung zu stellen. Welchen Weg man sinnvollerweise wählt, hängt davon ab, welche Software bereits installiert ist, wie gut die eigenen Computerkenntnisse sind und welche Randbedingungen, insbesondere hinsichtlich des verfügbaren Plattenplatzes existieren.

Wir werden uns im Weiteren auf Linux- und Windows-Betriebssysteme konzentrieren, da sich diese beiden Betriebssystem in ihrer Benutzung am stärksten voneinander unterscheiden. Die benötigte Software steht aber auch für macOS zur

H. Wiedemann und G.-L. Ingold, *Numerische Physik mit Python*,
https://doi.org/10.1007/978-3-662-69567-8_6

Verfügung. Um alle Anwendungsfälle möglichst gut abzudecken, werden wir Verweise zu Installationshinweisen geben, wobei aber leider nicht ausgeschlossen werden kann, dass sich Internetadressen im Laufe der Zeit ändern.

Vor dem Beginn der Installation empfiehlt es sich, zunächst die folgenden Überlegungen zu den verschiedenen Installationsmöglichkeiten durchzulesen, um eine adäquate Wahl zu treffen. Auch die Hinweise darauf, wie man das Vorhandensein der benötigten Software überprüfen kann, sollte man zunächst lesen, um sich unnötige Arbeit zu ersparen.

Insbesondere unter Linuxsystemen wird bereits eine Python-Grundinstallation vorhanden sein, wobei allerdings für uns zentrale Pakete wie NumPy und SciPy vermutlich fehlen werden. Eine Option besteht darin, die benötigten Pakete hinzu zu installieren. Erfahrungsgemäß ist es jedoch günstiger, eine separate Python-Installation vorzusehen und die systemseitige Installation in ihrem Zustand zu belassen. Dies kann dazu beitragen, Probleme zu vermeiden.

Eine beliebte Methode, die benötigte Software zu installieren, besteht in der Verwendung einer geeigneten Python-Distribution, die zusätzlich zu einer Standard-Python-Umgebung vor allem eine bestimmte Auswahl von Python-Paketen enthält. Für wissenschaftliche Anwendungen wird üblicherweise die Anaconda-Distribution herangezogen, die sich sehr leicht installieren lässt und daher insbesondere für wenig erfahrene Nutzer geeignet ist, aber genauso für erfahrenere Nutzer, die keinen großen Installationsaufwand treiben möchten. Die Anaconda-Distribution ist kostenlos verfügbar [1]. Eine ausführliche Dokumentation einschließlich Installationshinweisen findet man unter Ref. [2], wobei wir die wichtigsten Aspekte in den Abschn. 6.1.3 und 6.1.4 besprechen werden.

Der Vorteil und zugleich Nachteil der Anaconda-Distribution ist ihr Umfang. Während man eher selten in die Verlegenheit kommen wird, weitere Pakete nachinstallieren zu müssen, muss man bereit sein, fünf bis zehn Gigabytes an Plattenplatz zu investieren. Will man dies vermeiden oder einfach nur die wirklich benötigte Software installieren, bietet sich die Installation einer virtuellen Umgebung an. Wie dies geht, wird in Abschn. 6.1.5 skizziert.

6.1.2 Überprüfung auf bereits installierte Software

Wie schon erwähnt, wird man unter Linux normalerweise eine systemseitige Python-Installation vorfinden. Das Vorhandensein eines Python-Interpreters lässt sich leicht mit Hilfe des Kommandos `which` überprüfen.

```
$ which python3
/usr/bin/python3
```

Dem Verzeichnis /usr/bin kann man entnehmen, dass es sich um den System-Python-Interpreter handelt. Hat man bereits eine Anaconda-Distribution installiert, so könnte das Ergebnis folgendermaßen aussehen.

```
$ which python
/home/User/anaconda3/bin/python3
```

In diesem Fall handelt es sich um eine Installation im Verzeichnis des Nutzers. Eine Anaconda-Distribution, die für das Gesamtsystem zur Verfügung gestellt wird, liegt typischerweise im Verzeichnis /opt. Der Python-Interpreter in der Anaconda-Distribution kann sowohl mit dem Namen python3 also auch einfach mit python angesprochen werden.

Die Python-Version lässt sich mit Hilfe der Option -V leicht identifizieren.

```
$ python -V
Python 3.12.4
```

Im nächsten Schritt ist es sinnvoll, zu überprüfen, ob die benötigten Pakete NumPy, SciPy, matplotlib, ipywidgets und pandas vorhanden sind. Das Vorgehen wird am NumPy-Paket illustriert und lässt sich direkt auf die anderen Pakete übertragen. Man geht dazu in den Python-Interpreter und versucht, das betreffende Paket zu importieren.

```
$ python
Python 3.12.4 (main, Jun 17 2024, 10:23:07) [GCC 12.3.0]
    ↪on linux
Type "help", "copyright", "credits" or "license" for more
    ↪information.
>>> import numpy
>>> numpy.__version__
'2.0.0'
```

Hier lässt sich das in der Anaconda-Distribution vorhandene NumPy-Paket problemlos importieren. Nach dem Import kann man sich zudem bei Bedarf die Versionsnummer anzeigen lassen. Verwendet man die systemseitige Python-Installation und hat dort das NumPy-Paket nicht installiert, so schlägt der Import fehl.

```
$ python3
Python 3.12.4 (main, Jun 17 2024, 10:23:07) [GCC 12.3.0]
    ↪on linux
Type "help", "copyright", "credits" or "license" for more
    ↪information.
>>> import numpy
Traceback (most recent call last):
  File "<stdin>", line 1, in <module>
ModuleNotFoundError: No module named 'numpy'
```

Schließlich sollte man noch sicherstellen, dass das webbasierte Notebookinterface Jupyter installiert ist.

```
$ which jupyter
/home/User/anaconda3/bin/jupyter
$ jupyter -h
...
...
Available subcommands: bundlerextension console dejavu events
    ↪execute fileid kernel kernelspec lab labextension labhub
    ↪migrate nbclassic nbconvert nbextension notebook
    ↪qtconsole run server serverextension troubleshoot trust
```

Das Symbol ↪ fügen wir immer ein um anzudeuten, dass aus Platzgründen ein zusätzlicher Zeilenumbruch vorgenommen wurde. Die Punkte deuten an, dass hier ein Teil der Ausgabe des Hilfetextes weggelassen wurde, da für uns nur die Information an dessen Ende wichtig ist. Hier sollte zumindest `notebook` aufgelistet sein, möglichst auch `lab`, damit wir JupyterLab benutzen können, um mit den Jupyter Notebooks arbeiten zu können. Im Prinzip würde dazu bereits `jupyter notebook` ausreichen.

6.1.3 Anaconda-Distribution unter Linux

Um die Anaconda-Distribution zu installieren, muss man zunächst eine Datei von `anaconda.org` herunterladen, die dann auf dem Rechner ausgepackt wird. Auf der genannten Seite wird im Normalfall bereits die richtige Datei zum Herunterladen angeboten. In den allermeisten Fällen wird auf dem Zielrechner ein x86-kompatibler Prozessor mit 64-Bit-Adressraum vorhanden sein. Man sollte daher sicherstellen, dass man einen „64-Bit (x86) Installer“ herunterlädt. Sollte man über einen anderen Prozessortyp oder ein anderes Betriebssystem verfügen, so muss eine entsprechend angepasste Auswahl getroffen werden.

Nach dem vollständigen Herunterladen ist es sinnvoll zu überprüfen, dass alles korrekt ablief. Dazu bestimmt man den SHA256-Hashwert, der, wie der Name schon andeutet, 256 Bit lang ist und somit mehr als 10^{77} Werte annehmen kann. Die Wahrscheinlichkeit, dass zwei verschiedene Dateien den gleichen SHA256-Hashwert besitzen, ist verschwindend gering. Um die Unversehrtheit der übertragenen Datei zu überprüfen, genügt es also, den SHA256-Hashwert zu bestimmen und mit dem zu erwartenden Wert zu vergleichen.

```
$ sha256sum Anaconda3-2023.09-0-Linux-x86_64.sh
6c8a4abb36fbb711dc055b7049a23bbfd61d356de9468b41c5140f8a
    ↪11abd851  Anaconda3-2023.09-0-Linux-x86_64.sh
```

Leider müssen wir hier aus Platzgründen einen Umbruch innerhalb des Hashwerts vornehmen, den man auf der Konsole so nicht sehen würde. Die Hashwerte sämtlicher Installer-Dateien kann man über `docs.anaconda.org/anaconda/install/hashes/` finden. Man muss nur die richtige Auswahl treffen, in unserem Fall „64-bit Linux, Py3“. In der folgenden, recht langen Liste muss man dann noch einmal darauf achten, den passenden Dateinamen auszuwählen, um dann den zu erwartenden SHA256-Hashwert zum Vergleich angezeigt zu bekommen.

Nun kann man den Installer auspacken, wobei sich der genaue Name je nach Version von dem hier angegebenen Namen unterscheiden kann. Plant man statt der Installation im eigenen Verzeichnisbereich eine systemweite Installation, so benötigt man Administratorrechte und stellt dem folgenden Befehl ein `sudo` voran.

```
$ bash Anaconda3-2023.09-0-Linux-x86_64.sh

Welcome to Anaconda3 2023.09-0

In order to continue the installation process, please review
    ↪the license agreement.
Please, press ENTER to continue
>>>
```

Durch mehrfaches Drücken der Eingabe- oder Leertaste geht man durch die Lizenzvereinbarung, um am Ende `yes` einzugeben, sofern man dem Text zustimmt. Anschließend wird ein Verzeichnis vorgeschlagen, in dem die Anaconda-Distribution installiert wird. Man kann die Auswahl übernehmen oder ein alternatives Verzeichnis angeben. Im Notfall kann man den Installationsprozess hier auch mit STRG-C, also durch gleichzeitiges Drücken der STRG-Taste und der C-Taste, abbrechen. Man hat dann immer noch die Möglichkeit, die Installation erneut zu starten.

Hat man das Verzeichnis ausgewählt, so wird die Distribution an dem entsprechenden Ort ausgepackt. Dieser Prozess nimmt ein wenig Zeit in Anspruch. Am

Ende wird noch gefragt, ob die Conda-Umgebung der gerade installierten Distribution standardmäßig aktiv sein soll. Möchte man nicht mit einer anderen Umgebung, zum Beispiel der systemseitig installierten Python-Umgebung, arbeiten, so ist das eine sinnvolle Wahl, die bei Bedarf auch wieder rückgängig gemacht werden kann. Am Ende werden hierzu Hinweise geben. Bei einer Installation im Benutzerverzeichnis wird normalerweise die Datei `.bashrc` modifiziert, wobei der zusätzliche Code folgendermaßen markiert ist:

```
# >>> conda initialize >>>
# !! Contents within this block are managed by 'conda init' !!
...
# <<< conda initialize <<<
```

Die Punkte stehen hier für einige wenige Codezeilen. Sofern man der automatischen Aktivierung der neuen Conda-Umgebung zugestimmt hat, sollte jetzt in einer neu geöffneten Konsole der Python-Interpreter aus der gerade installierten Distribution verwendet werden. Wie man dies überprüft, wurde im Abschn. 6.1.2 beschrieben. Möchte man in der aktuellen Konsole auf die systemseitige Python-Installation zugreifen, kann man die Conda-Umgebung mit `conda deactivate` deaktivieren und mit `conda activate` wieder aktivieren.

```
$ which python3
/home/User/anaconda3/bin/python3
(base) $ conda deactivate
$ which python3
/usr/bin/python3
$ conda activate
(base) $ which python3
/home/User/anaconda3/bin/python3
```

Es ist zu sehen, dass am Anfang und Ende der Python-Interpreter aus der Anaconda-Distribution verwendet wird, während in der Mitte der systemseitige Interpreter aufgerufen würde.

6.1.4 Anaconda-Distribution unter Windows

Auch für eine Installation unter Windows müssen wir zunächst die Entscheidung treffen, ob wir die komplette Anaconda-Distribution oder lieber eine maßgeschneiderte virtuelle Umgebung installieren wollen. Hinweise für diese Entscheidung gibt Abschn. 6.1.1. In diesem Abschnitt stellen wir die Installation der gesamten Anaconda-Distribution, die derzeit knapp 6 GB benötigt, vor. Als erstes müssen wir uns von der Anaconda-Homepage `anaconda.org` das für unseren Computer richtige Installationsprogramm herunterladen. Im Regelfall wird der Rechner über einen x86-kompatiblen Prozessor mit 64-Bit-Adressraum verfügen, dann ist der „64-Bit Graphical Installer“ die geeignete Wahl.

Anschließend können wir mittels des SHA256-Hashwerts kontrollieren, ob der Download korrekt funktioniert hat. Dazu bestimmen wir den Hashwert der übertragenen Datei in der Powershell mittels des Kommandos

```
PS> Get-Filehash Anaconda3-2023.09-0-Windows-x86_64.exe

Algorithm       Hash ...
---------       ----
SHA256          810DA8BFF79C10A708B7AF9E8F21E6BB47467261A31
    ↪741240F27BD807F155CB9 ...
```

Die Punkte deuten weggelassene Informationen über den Dateipfad an. Leider müssen wir hier aus Platzgründen einen Umbruch innerhalb des Hashwerts vornehmen, den man in der Powershell so nicht sehen würde. Die Hashwerte sämtlicher Installations-Dateien kann man über `docs.anaconda.com/anaconda/install/hashes/` finden. Zunächst wählen wir in unserem Fall „64-bit Windows, Py3“ und dann in der folgenden, ziemlich langen Liste noch einmal den passenden Dateinamen unserer Installationsdatei aus, wonach uns der zu erwartende SHA256-Hashwert angezeigt wird.

Wenn wir nun das heruntergeladene Installationsprogramm starten, müssen wir zunächst den Lizenzbedingungen zustimmen und uns danach entscheiden, ob das Programm nur für uns oder für alle Nutzer dieses Computers verfügbar sein soll, wobei wir im zweiten Fall Administratorrechte benötigen (Abb. 6.1).

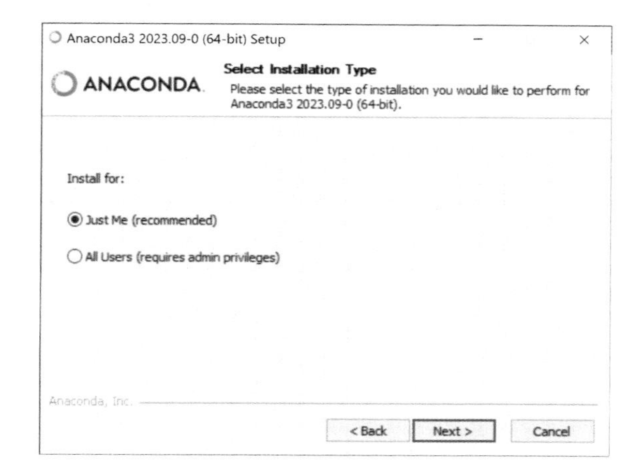

Abb. 6.1 Installation von Anaconda unter Windows: Festlegung, ob das Programm nur für den aktuellen Nutzer oder für alle verfügbar sein soll

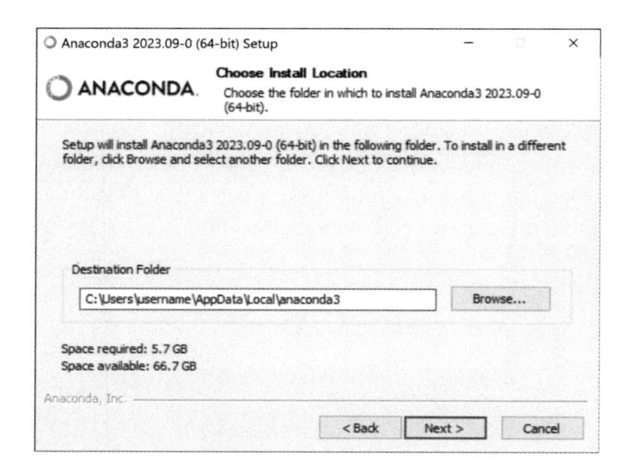

Abb. 6.2 Installation von Anaconda unter Windows: Festlegung des Installationsverzeichnisses

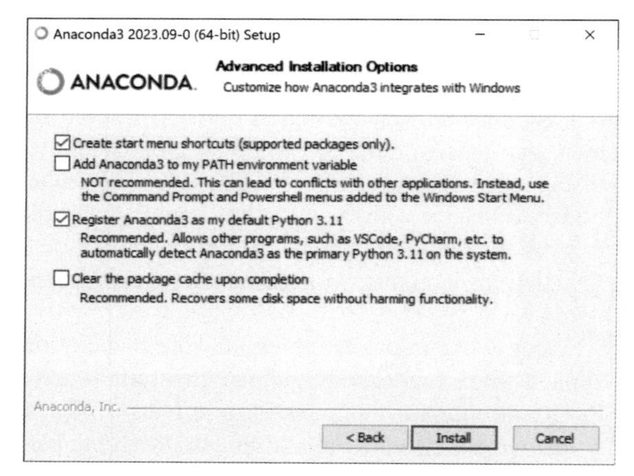

Abb. 6.3 Installation von Anaconda unter Windows: Entscheidung über einige fortgeschrittenere Installationsoptionen

Im nächsten Schritt (Abb. 6.2) müssen wir den Installationsort festlegen und können in der letzten Abfrage vor der eigentlichen Installation (Abb. 6.3) noch über ein paar Optionen entscheiden. Es bietet sich an, den Voreinstellungen zu folgen, so dass, sofern möglich, entsprechende Einträge im Startmenü angelegt werden und der zu installierende Python-Interpreter bevorzugt auch von anderen Programmen im System verwendet wird. Um etwas Speicherplatz frei zu machen, kann es außerdem sinnvoll sei, den Paketcache am Ende löschen zu lassen. Nach der Installation erhalten wir noch die Möglichkeit, direkt zu zwei Online-Ressourcen zu Anaconda weitergeleitet zu werden (Abb. 6.4).

Nach erfolgreicher Installation finden wir im Startmenü einen Ordner Anaconda3, unter dem wir u. a. Jupyter Notebook direkt aufrufen oder den Anaconda Navigator öffnen können, mit dem sich wiederum verschiedene Teilpakete der Anaconda-Distribution starten lassen. Wir kommen jedoch mit einem Prompt aus, wobei die beiden angebotenen *Anaconda Powershell Prompt* und *Anaconda Prompt* für uns keine relevanten Unterschiede haben. Der Anaconda Powershell Prompt, der wie der

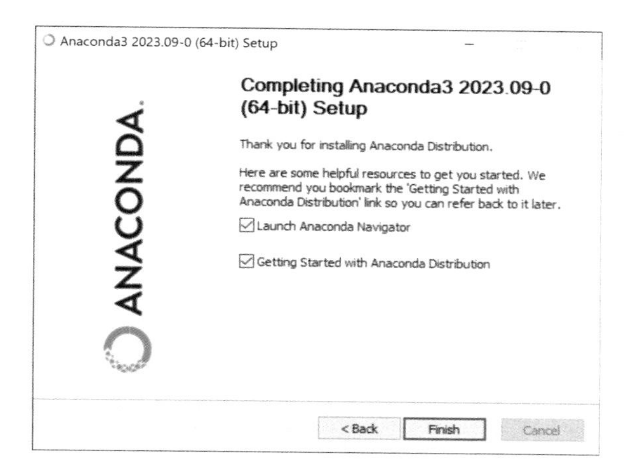

Abb. 6.4 Installation von Anaconda unter Windows: Weiterleitung zum Online-Tutorial und zu einer Einführung mit ersten Schritten mit Anaconda

Name schon andeutet, in einer Powershell `powershell.exe` läuft, hat einige Zusatzfunktionen und verfügt über eine Syntax-Einfärbung von Kommandos und Ausgaben. Anaconda Prompt hingegen basiert auf dem einfacheren Windows Prompt `cmd.exe`.

6.1.5 Maßgeschneiderte Umgebung mit Miniforge3

Falls die Installation der Anaconda-Distribution zu viel Platz erfordert oder man sich einfach nur auf die tatsächlich benötigten Pakete beschränken möchte, kann man eine virtuelle Umgebung nach eigenen Vorgaben installieren. Dies ist auf verschiedene Weise möglich, wobei wir hier die Verwendung von Miniforge3 und `mamba` illustrieren. Alternativ kann auch der Paketmanager `conda` verwendet werden, der praktisch in gleicher Weise benutzt wird, jedoch im Allgemeinen langsamer ist. Für die Pakete, die im Rahmen dieses Buches tatsächlich benötigt werden, kommt man aktuell mit weniger als 3 GB aus.

Zunächst muss man den Miniforge3-Installer herunterladen [3] und wählt dabei, sofern nicht anders gewünscht, die Variante „Miniforge3“ für das benötigte Betriebssystem aus. Bei der Ausführung des Installers unter Windows kann es vorkommen, dass sich zunächst ein Fenster mit einem Warnhinweis öffnet, in dem darauf hingewiesen wird, dass das Programm dem System nicht bekannt ist und daher ein Sicherheitsrisiko darstellt. Wenn Sie auf „Weitere Informationen“ klicken, erhalten Sie die Möglichkeit, das Programm trotzdem zu installieren.

Da die weiteren Schritte bei der Ausführung des Installers im Wesentlichen denen bei der Installation der Anaconda-Distribution entsprechen, gehen wir hier nicht auf die Details ein, sondern verweisen auf die Beschreibung in Abschn. 6.1.3 bzw. 6.1.4. Hat man Miniforge3 installiert und unter Linux die neue Umgebung aktiviert bzw. unter Windows den Miniforge Prompt gestartet, so sollte der Python-Interpreter von dort verwendet werden. Das lässt sich wie in Abschn. 6.1.2 beschrieben überprüfen.

Man hat nun entweder die Möglichkeit, der Basisumgebung zusätzliche Pakete hinzuzufügen oder aber eine separate virtuelle Umgebung zu installieren. Letzteres hat den Vorteil, dass man mehrere solche Umgebungen parallel installieren kann, wenn man zum Beispiel verschiedene Paketversionen ausprobieren möchte. Wir wollen den zweiten Weg gehen und eine Umgebung `myenv` erzeugen, wobei man je nach Bedarf natürlich auch einen anderen Namen wählen kann. Die Erzeugung einer Umgebung, die Installation von Paketen und das Aktivieren sowie Deaktivieren einer Umgebung werden mit Hilfe des Paketmanagers `mamba` bewerkstelligt [4].

Zunächst erzeugen wir eine neue Umgebung unter dem Namen `myenv`.

```
$ mamba create -n myenv
...
$ mamba env list
# conda environments:
#
base                  *  /home/User/miniforge3
myenv                    /home/User/miniforge3/envs/myenv
```

Die drei Punkte stehen hier für die ausgegebenen Informationen bei der Erzeugung der neuen Umgebung. Die Liste der vorhandenen Umgebungen zeigt, dass neben der Basisumgebung nun auch die Umgebung `myenv` existiert.

Vor der Installation von Paketen muss die gewünschte Umgebung aktiviert werden.

```
$ mamba activate myenv
```

Bei Bedarf kann die aktuelle Umgebung mit `mamba deactivate` deaktiviert werden, was man im Hinblick auf die folgenden Installation jetzt aber nicht tun sollte.

Zur Installation von Paketen stehen prinzipiell verschiedene Kanäle zur Verfügung. Für unsere Zwecke ist der Kanal conda-forge gut geeignet, da er die erforderlichen Pakete bereitstellt und die verfügbaren Versionen aktuell sind. Als Beispiel beginnen wir mit der Installation des NumPy-Pakets.

```
$ mamba install -c conda-forge numpy
```

Neben dem NumPy-Paket selbst werden auch benötigte Abhängigkeiten installiert. Für die Zwecke dieses Buches sollte man außerdem noch die Pakete `scipy`, `matplotlib`, `ipywidgets`, `pandas` und `jupyterlab` installieren.

Eine gute Alternative zur Einzelinstallation der Pakete besteht darin, die zu installierenden Pakete in einer Datei im sogenannten YAML-Format festzulegen. In unserem Fall könnte die Datei, die wir `environment.yml` nennen wollen, folgendermaßen aussehen, wobei die linke Variante die jeweils aktuellsten, miteinander verträglichen Pakete anfordert, während die rechte Variante ganz bestimmte Paketversionen verlangt.

```
name: myenv                 |   name: myenv
channels:                   |   channels:
  - conda-forge             |     - conda-forge
dependencies:               |   dependencies:
  - python                  |     - python==3.12.4
  - numpy                   |     - numpy==2.0.0
  - scipy                   |     - scipy==1.14.0
  - matplotlib              |     - matplotlib==3.9.1
  - jupyterlab              |     - jupyterlab==4.2.3
  - ipywidgets              |     - ipywidgets==8.1.3
  - pandas                  |     - pandas==2.2.2
```

Man erkennt die Festlegung des Namens der Umgebung und des zu verwendenden Kanals sowie die Liste der zu installierenden Pakete. Die Versionsangaben auf der rechten Seite entsprechen den Paketversionen, die beim Verfassen dieses Buches zuletzt verwendet wurden. Nun kann man eine dieser beiden Dateien verwenden, um die Umgebung `myenv` direkt zu erzeugen.

```
$ mamba env create -f environment.yml
```

Für weitere Details zu mamba sei nochmals auf die Dokumentation verwiesen. [4]

6.2 Ausgewählte Python-Themen

6.2.1 Interpretation von Fehlermeldungen

Selten gelingt es, ein etwas komplexeres Programm auf Anhieb fehlerfrei zu schreiben. Bei der Arbeit mit Notebooks kann schon der Umstand zu Fehlern führen, dass man vergessen hat, eine der Codezellen auszuführen. Und wenn man an Notebooks Änderungen vornimmt, sei es absichtlich oder versehentlich, muss man ebenfalls mit Fehlern rechnen. Gerade für unerfahrene Python-Programmiererinnen und

-Programmierer können die Fehlermeldungen des Python-Interpreters sehr unübersichtlich wirken oder im schlimmsten Falle gar Panikreaktionen zur Folge haben. Die erste Regel lautet hier *DON'T PANIC* – Ruhe bewahren. Selbst wenn man sich über wiederholte Fehlermeldungen ärgert und ihre Ursache nicht versteht, gilt die zweite Regel: Python hat (praktisch) immer Recht. Da es immer unser Ziel sein muss, ein fehlerfreies Programm zu schreiben, müssen wir sogar froh sein, wenn uns Python auf Fehler hinweist. Viel schwieriger wird es, wenn das Programm fehlerbehaftet ist, aber ohne Fehlermeldung durchläuft.

In diesem Abschnitt wird es nicht möglich sein, eine immer funktionierende Strategie zur Fehleridentifizierung zu beschreiben. Der erste Schritt besteht jedoch darin, den Aufbau des von Python produzierten sogenannten *Tracebacks* zu verstehen, um einen geeigneten Startpunkt für die Fehlersuche identifizieren zu können. Hierzu betrachten wir ein konkretes Code-Beispiel, das in einer Datei `example.py` vorliege.

```python
# example.py
import numpy as np
import matplotlib.pyplot as plt

def plot(x, y1, y2):
    plt.plot(x, y1)
    plt.plot(x, y2)

def f(func1, func2, xmin, xmax, npts):
    x, dx = np.linspace(xmin, xmax, npts, retstep=True)
    y1 = func2(x)
    y2 = np.diff(func1(x))/dx
    plot(x, y1, y2)

f(np.sin, np.cos, 0, 4, 100)
```

Dieses Programm soll die Ableitung des Sinus mit Hilfe eines Differenzenquotienten auswerten und mit der analytisch bekannten Ableitung, also dem Kosinus, vergleichen. In der Funktion `f` werden entsprechende Arrays erzeugt, um die Daten anschließend in der Funktion `plot` graphisch darzustellen.

Führt man das Programm aus, so erhält man den folgenden Traceback, der angesichts der Kürze des fehlerhaften Programmcodes überraschend komplex erscheinen mag, selbst wenn man sich die mit dem Symbol $\hookrightarrow$ markierten, aus Platzgründen eingeführten Zeilenumbrüche wegdenkt.

```
Traceback (most recent call last):
  File "/home/User/example.py", line 15, in <module>
    f(np.sin, np.cos, 0, 4, 100)
  File "/home/User/example.py", line 13, in f
    plot(x, y1, y2)
  File "/home/User/example.py", line 7, in plot
    plt.plot(x, y2)
  File "/home/User/anaconda3/lib/python3.11/site-packages/
      ↪matplotlib/pyplot.py", line 2812, in plot
    return gca().plot(
           ^^^^^^^^^^^
  File "/home/User/anaconda3/lib/python3.11/site-packages/
      ↪matplotlib/axes/_axes.py", line 1688, in plot
    lines = [*self._get_lines(*args, data=data, **kwargs)]
            ^^^^^^^^^^^^^^^^^^^^^^^^^^^^^^^^^^^^^^^^^^^^^^
  File "/home/User/anaconda3/lib/python3.11/site-packages/
      ↪matplotlib/axes/_base.py", line 311, in __call__
    yield from self._plot_args(
               ^^^^^^^^^^^^^^^^
  File "/home/User/anaconda3/lib/python3.11/site-packages/
      ↪matplotlib/axes/_base.py", line 504, in _plot_args
    raise ValueError(f"x and y must have same first
        ↪dimension, but "
ValueError: x and y must have same first dimension, but have
    ↪shapes (100,) and (99,)
```

Wie geht man also angesichts einer solchen Fehlermeldung vor? Zunächst einmal sollte man einen Blick auf das Ende der Ausgabe werfen, da dort die Fehlerbeschreibung steht. Wir haben es mit einem `ValueError` zu tun, der dadurch entsteht, dass zwei Objekte `x` und `y`, vermutlich NumPy-Arrays, von ihrer Größe her nicht zusammenpassen. Leider kommt in unserem Programm überhaupt keine Variable `y` vor.

Wenn die Fehlermeldung am Ende nicht schon ausreicht, um die Fehlerursache zu identifizieren, muss man sich auf der Suche nach weiteren Hinweisen mit der restlichen Ausgabe beschäftigen. Hierzu ist es nützlich zu wissen, dass der Traceback von oben nach unten gelesen zunehmend in tiefere Schichten des Codes eintaucht.

Zu Beginn des Tracebacks wird darauf hingewiesen, dass der Fehler beim Aufruf der Funktion `f` in der letzten Zeile des Programm aufgetreten ist. Diese Information hilft uns jedoch noch nicht viel, und wir müssen uns im Traceback weiter vorarbeiten. Die Funktion `f` ruft eine von uns definierte Funktion `plot` auf, die wiederum die drei in der Funktion `f` erzeugten NumPy-Arrays `x`, `y1` und `y2` durch zwei Aufrufe von `plt.plot` graphisch darstellen möchte. Damit sind wir, was unseren eigenen Code anbetrifft, an der Quelle der Probleme. Während der erste Aufruf von `plt.plot` noch korrekt ausgeführt wird, schlägt der zweite Aufruf fehl. Dies erkennen wir insbesondere an der Zeilenangabe im Traceback, aber auch an den angegebenen Funktionsargumenten.

Danach fährt der Traceback mit den Funktionen aus der matplotlib-Bibliothek fort, die bei dem Versuch der graphischen Darstellung zum Einsatz kommen. Dies ist für uns an dieser Stelle wenig hilfreich, weil wir uns nicht mit den Interna von matplotlib auseinandersetzen wollen. Wir ahnen aber schon, dass die Objekte `x` und `y` nur in matplotlib so heißen und damit eigentlich unsere beiden NumPy-Arrays `x` und `y2` gemeint sind. In der Tat haben diese beiden eindimensionalen Arrays unterschiedliche Längen, nämlich `100` bzw. `99` und können somit nicht gegeneinander aufgetragen werden. Bei der Programmierung haben wir „übersehen", dass das von `np.diff` erzeugte Array der Differenzen ein Element weniger besitzt als das ursprüngliche Array `x`.

Aus dieser Diskussion ergibt sich demnach die folgende Strategie zur Analyse eines Python-Tracebacks. Zunächst sieht man sich die Fehlerbeschreibung ganz am Ende an, die oft schon ausreicht, um die Ursache des Problems zu verstehen. Sollte dies nicht der Fall sein, geht man von unten durch den Traceback bis zu der Stelle, an der zum ersten Mal auf eigenen Code verwiesen wird. In unserem Beispiel handelt es sich dabei um den zweiten Aufruf von `plt.plot`. Zusammen mit der Fehlermeldung ist dann schon relativ klar, wo das Problem liegt. Andernfalls beginnt hier die Detektivarbeit.

Dabei sollte man bedenken, dass insbesondere bei Syntax-Fehlern die Stelle, an der Python den Fehler entdeckt, nicht unbedingt die Stelle sein muss, an der tatsächlich eine Korrektur erforderlich ist. Allerdings ist die Qualität der Fehlermeldungen in den Python-Versionen 3.10 und höher sukzessive verbessert worden, so dass dieses Problem vor allem bei älteren Versionen auftritt [5].

Abschließend sei noch darauf hingewiesen, dass sich der Umfang der Fehlermeldungen bei der Arbeit mit Jupyter-Notebooks mit Hilfe des magischen Befehls `%xmode` einstellen lässt. Mögliche Einstellungen sind `Plain`, `Context`, `Verbose` und `Minimal`. Gibt man in einer Codezelle beispielsweise

```
%xmode Minimal
```

ein, so wird bis auf Weiteres nur ein Minimum an Fehlerinformation ausgegeben.

6.2.2 Bezeichner

Variablen, Funktionen und andere Objekte müssen in einem Python-Skript mit einem Namen bezeichnet werden. Dabei stellen sich zwei Fragen. Zunächst muss man wissen, welche Vorgaben Python für solche Bezeichner macht. Und dann muss man sich überlegen, welche Kriterien man bei der Auswahl der Bezeichner anlegen will.

Zunächst einmal ist es wichtig, dass Python zwischen Groß- und Kleinschreibung unterscheidet. Die drei Bezeichner `var`, `Var` und `VAR` sind also für Python nicht das Gleiche. Ein Bezeichner kann grundsätzlich Buchstaben, Ziffern oder Unterstriche enthalten, wobei aber das erste Zeichen keine Ziffer sein darf.

Was ist in diesem Zusammenhang aber genau unter Buchstaben zu verstehen? Natürlich zählen hierzu zunächst einmal die Buchstaben `a–z` und `A–Z`. Es gehören jedoch auch Umlaute wie `ä` oder andere diakritische Zeichen wie `é` dazu. Aber damit nicht genug. Auch zum Beispiel griechische, kyrillische oder chinesische Zeichen sind erlaubt. Daher wird der folgende Code von Python problemlos ausgeführt.

```
>>> π = 3.14159
>>> Radius = 2
>>> Kreisfläche = π*Radius**2
>>> Kreisfläche
12.56636
```

Selbst Zeichen wie das in der Quantentheorie verwendete $\hbar$ sind in Bezeichnern erlaubt. Technisch gesprochen kommt es darauf an, in welche Kategorie ein Zeichen im Unicode-Standard eingeordnet ist. Zu den weit über hunderttausend Zeichen, die im Unicode-Standard enthalten sind, gehören zum Beispiel auch Emoticons. Diese fallen aber in die Kategorie der sonstigen Symbole und sind daher in Bezeichnern nicht zulässig. Dennoch ist die Vielfalt erlaubter Zeichen im Prinzip sehr groß.

Aber nicht alles, was erlaubt ist, ist notwendigerweise sinnvoll. Dies betrifft zum Beispiel die Verwendung von Umlauten im deutschsprachigen Umfeld. Was für uns leicht lesbar ist, kann für andere eine erhebliche Hürde darstellen. Dies wird deutlich, wenn man sich vorstellt, dass es in Python erlaubt ist, alle Variablen mit Hilfe chinesischer Schriftzeichen darzustellen. Obwohl sich die Funktionalität des Programms durch genaues Hinsehen erschließen lässt, wird dies möglicherweise ein extrem aufwändiges Unterfangen.

Daher haben wir uns entschlossen, im Code englischsprachige Bezeichner mit Buchstaben aus den Bereichen `a–z` und `A–Z` zu verwenden. Diese Entscheidung erleichtert es auch, der Konvention zu folgen, die Bezeichner von Variablen und Funktionsnamen mit Kleinbuchstaben beginnen zu lassen. Solche Konventionen interessieren zwar den Python-Interpreter nicht, aber sie zu befolgen trägt häufig zur Lesbarkeit für andere bei.

Die Länge von Bezeichnern ist in Python nicht beschränkt. Daher ist es nicht notwendig und in den meisten Fällen auch nicht sinnvoll, sich auf Bezeichner mit ganz wenigen Buchstaben zu beschränken oder obskure Abkürzungen zu wählen, an deren Bedeutung man sich schon nach kürzerer Zeit selbst nicht mehr erinnert. Es ist sinnvoll, „sprechende“ Bezeichner zu verwenden, die etwas über die Bedeutung des bezeichneten Objekts aussagen. Damit dokumentiert sich der Code schon selbst. Bei der Suche nach geeigneten Bezeichnern wird man gelegentlich zwei oder gar mehr Worte verwenden. Dann eignet sich der Unterstrich sehr gut zur Trennung, um eine gute Lesbarkeit zu garantieren.

Abschließend darf nicht unerwähnt bleiben, dass in Python eine kleine Anzahl von reservierten Schlüsselworten wie **for**, **else** oder True definiert ist, die nicht als Bezeichner verwendet werden dürfen. Meistens wird man hiermit keine Probleme bekommen, mit einer Ausnahme: **lambda**. Dieses Schlüsselwort ist für die Verwendung in sogenannten Lambda-Funktionen reserviert und steht damit zum Beispiel für die Bezeichnung einer Wellenlänge nicht zur Verfügung.

6.2.3 Import von Modulen

In den meisten hier besprochenen Pythonskripten wird auf Funktionalität aus Modulen zurückgegriffen, die entweder in der Python-Standardbibliothek vorhanden sind oder von externen Programmbibliotheken wie NumPy zur Verfügung gestellt werden. Um auf die darin existierenden Definitionen beispielsweise von Funktionen zugreifen zu können, muss zunächst die entsprechende Information durch einen Import verfügbar gemacht werden. Dies ist auf verschiedene Arten möglich, über deren Vor- und Nachteile man sich im Klaren sein sollte.

Eines der für uns interessantesten Module aus der Python-Standardbibliothek ist das math-Modul, das unter anderem mathematische Funktionen zur Verfügung stellt. Der Versuch, eine mathematische Funktion wie die Quadratwurzel direkt zu verwenden, schlägt fehlt

```
>>> sqrt(2)
Traceback (most recent call last):
  File "<stdin>", line 1, in <module>
NameError: name 'sqrt' is not defined
```

Obwohl der Funktionsname sqrt korrekt ist, wird die Funktion nicht gefunden.

Eine Möglichkeit, dieses Problem zu beheben, besteht darin, den Namensraum des math-Moduls zu importieren. Bei der Verwendung muss man dann den Namen des Moduls mit angeben.

```
>>> import math
>>> math.sqrt(2)
1.4142135623730951
```

Eine weitere Möglichkeit besteht darin, die sqrt-Funktion explizit zu importieren. Dann muss der Modulname nicht mehr vorangestellt werden.

```
>>> from math import sqrt
>>> sqrt(2)
1.4142135623730951
```

Möchte man mehrere Funktionen oder Variablen aus einem Modul importieren, so kann man diese nacheinander angeben.

```
>>> from math import cos, sin, pi
>>> cos(pi/6), sin(pi/6)
(0.8660254037844387, 0.49999999999999994)
```

Es lässt sich allerdings auch der gesamte Namensraum auf einmal importieren. Wir können dann beispielsweise auf die Funktion zur Bestimmung des größten gemeinsamen Teilers zugreifen, ohne diese explizit in der **`import`**-Anweisung genannt zu haben.

```
>>> from math import *
>>> gcd(16, 24)
8
```

Was auf den ersten Blick sehr bequem aussieht, sollte man jedoch in den allermeisten Fällen vermeiden. Der Grund hierfür wird deutlich, wenn wir außerdem noch Funktionen aus dem NumPy-Paket importieren. Dort gibt es Funktionen, die auf ganze Arrays wirken können, Hierzu gehört auch die Quadratwurzelfunktion, die in NumPy ebenfalls den Namen `sqrt` trägt.

```
>>> import numpy
>>> x_values = numpy.arange(5)
>>> numpy.sqrt(x_values)
array([0.        , 1.        , 1.41421356, 1.73205081, 2.
])
```

Wir erkennen nun schon, dass es von Vorteil sein kann, im Code zu sehen, woher die verwendete Funktion stammt. Dies wird deutlich, wenn wir sowohl das `math`-Modul als auch das `NumPy`-Paket verwenden.

```
>>> import math
>>> import numpy
>>> x = 2
>>> x_values = numpy.arange(5)
>>> math.sqrt(x)
1.4142135623730951
>>> numpy.sqrt(x_values)
array([0.        , 1.        , 1.41421356, 1.73205081, 2.
])
```

Wenn wir dagegen die `sqrt`-Funktion nacheinander aus dem NumPy-Paket und dann aus dem `math`-Modul importieren, passiert Folgendes:

```
>>> from numpy import arange, sqrt
>>> from math import sqrt
>>> x_values = arange(5)
>>> sqrt(x_values)
Traceback (most recent call last):
  File "<stdin>", line 1, in <module>
TypeError: only size-1 arrays can be converted to Python
    ↪scalars
```

Beim zweiten Import der `sqrt`-Funktion wird der betreffende Import in der ersten Zeile überschrieben. `sqrt` wird in diesem Fall also aus dem `math`-Modul genommen. Diese Funktion kann allerdings nicht mit Arrays umgehen, sondern nur mit einzelnen Argumenten oder Arrays mit nur einem Element, woraus der angezeigte Fehler resultiert.

In den allermeisten Fällen ist es also sinnvoll, nur den Namensraum zu importieren, oder die zu importierenden Objekte explizit aufzuführen. Obwohl `numpy` nur aus fünf Zeichen besteht, ist es lästig, diese fünf Zeichen im Code immer tippen zu müssen. Es ist daher üblich, beim Import des NumPy-Pakets eine Abkürzung zu definieren.

```
>>> import numpy as np
>>> x_values = np.arange(5)
>>> np.sqrt(x_values)
array([0.        , 1.        , 1.41421356, 1.73205081, 2.
])
```

Diese Art, das NumPy-Paket zu importieren, wird allgemein verwendet. Wir folgen dieser Konvention, da sie die Lesbarkeit für andere erheblich erleichtert.

Beim SciPy-Paket, das wir an verschiedenen Stellen einsetzen werden, ist das Paket in Module unterteilt, wie zum Beispiel `scipy.integrate` für die numerische Integration oder `scipy.special` für spezielle Funktionen. Um das Beispiel einfach zu halten, wählen wir das Modul `scipy.constants`. Dann würde man das Modul aus dem Paket importieren und später auf das Modul Bezug nehmen.

```
>>> from scipy import constants
>>> constants.physical_constants['standard atmosphere']
(101325.0, 'Pa', 0.0)
```

Auf diese Weise erhalten wir hier den Druck der Standardatmosphäre.

6.2.4 Gleitkommazahlen

Wir sind es gewohnt, dass reelle Zahlen auf einem kontinuierlichen und unendlich ausgedehnten Zahlenstrahl leben. Beim numerischen Arbeiten ist jedoch Vorsicht geboten, da zur Darstellung einer Zahl nur ein begrenzter Speicherplatz zur Verfügung gestellt wird und somit nicht jede reelle Zahl darstellbar ist. So ist zum einen der Zahlenbereich begrenzt und zum anderen liegen die darstellbaren Zahlen nicht dicht auf dem Zahlenstrahl.

Im Prinzip hängt die Darstellung von Gleitkommazahlen und der Umgang mit ihnen von der verwendeten Hardware ab. Mit sehr hoher Wahrscheinlichkeit kann man aber davon ausgehen, dass der IEEE754-2019–Standard [6] verwendet wird und Gleitkommazahlen mit Hilfe von 64 Bits, also 64 Nullen und Einsen im Binärsystem, dargestellt werden. Wir werden hier nicht die Details des IEEE754-Standards diskutieren, sondern uns auf einige Aspekte beschränken, die für das numerische Arbeiten besonders wichtig sind. Dabei werden sich alle Aussagen auf 64-Bit-Gleitkommazahlen nach diesem Standard beziehen.

Zunächst wollen wir uns ansehen, wie die Umgebung der Eins aussieht. Was ist die nächste Zahl nach der Eins, die dargestellt werden kann? Da 52 binäre Nachkommastellen verwendet werden, ist die nächste Zahl um $2^{-52} \approx 2{,}22 \cdot 10^{-16}$ größer. Wenn Ihr Rechner dem IEEE754-Standard folgt, sollten Sie diesen Wert in Python folgendermaßen reproduzieren können:

```
>>> import sys
>>> sys.float_info.epsilon
2.220446049250313e-16
```

Damit erklärt sich auch das folgende, auf den ersten Blick merkwürdige, Verhalten von Python

```
>>> 1.0000000000000003
1.0000000000000002
```

Die eingegebene Zahl wird hier auf die nächstnähere Zahl gerundet.

Bei 2^{53} beträgt der Abstand auf dem Zahlenstrahl schon 2. Dies wird deutlich, wenn man die Zahlen 2^{53}, $2^{53}+1$ und $2^{53}+2$ in Gleitkommazahlen umwandelt und sich die letzte Ziffer vor dem Dezimalpunkt in der rechten Spalte ansieht:

```
>>> for n in range(3):
...     print(2**53+n, float(2**53+n))
...
9007199254740992 9007199254740992.0
9007199254740993 9007199254740992.0
9007199254740994 9007199254740994.0
```

Im Zusammenhang mit diesen unvermeidbaren Rundungsfehlern ist auch noch zu bedenken, dass die Binärdarstellung einer Dezimalzahl mit endlich vielen Stellen durchaus unendlich viele Stellen besitzen kann. Dann kommt es durch das Abschneiden zu Fehlern. Ein einfaches Beispiel ist die Dezimalzahl $0,1_{10}$, die im Binärsystem eine periodisch Zahl ist, nämlich $0,0\overline{0011}_2$. Es ist empfehlenswert, diese Darstellung selbst zu überprüfen. Dies lässt sich mit Hilfe der Summenformel für eine geometrische Reihe leicht bewerkstelligen.

Das Abschneiden der Binärdarstellung kann dann zu unerwarteten Ergebnissen führen, zum Beispiel

```
>>> 0.1 + 0.1 + 0.1 - 0.3
5.551115123125783e-17
```

Da sich solche Rundungsfehler in der Finanzwelt am Ende zu größeren Summen addieren können, empfiehlt es sich dort, entweder mit ganzen Zahlen zu rechnen oder das `decimal`-Modul zu verwenden, das es erlaubt, mit Dezimalzahlen exakt zu rechnen. Für numerische Rechnungen in der Physik ist dies jedoch kaum nötig, da die verwendeten Algorithmen im Allgemeinen auch nicht exakt sind. Wichtiger ist es, ein Gefühl für die Größe von Rundungsfehlern zu haben, um die Relevanz eines Ergebnisses wie in unserem gerade besprochenen Beispiel einschätzen zu können.

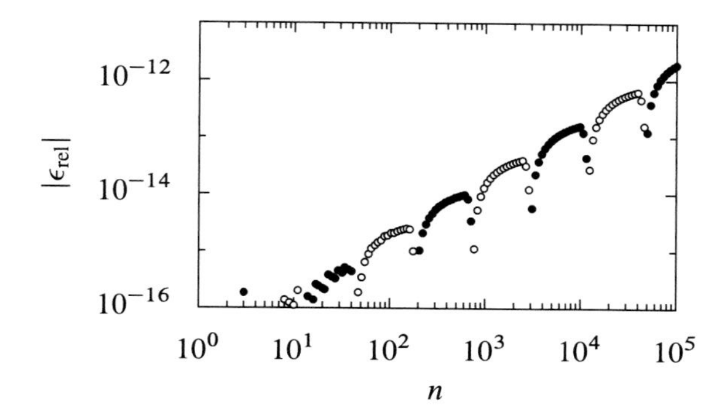

Abb. 6.5 Relativer Fehler $\epsilon_{\rm rel}$ beim sukzessiven Summieren von 0,1 als Funktion der Anzahl n der addierten Gleitkommazahlen. Für die schwarzen Kreise ist die berechnete Summe größer als der exakte Wert, für die weiß gefüllten Kreise ist sie kleiner

Dazu sehen wir uns in Abb. 6.5 die Entwicklung von Rundungsfehlern an, wenn wir n-mal 0,1 addieren. In der doppelt-logarithmischen Darstellung können wir nur den Betrag des relativen Fehlers $\epsilon_{\rm rel}$, also der Differenz zwischen der berechneten Summe und dem exakten Ergebnis dividiert durch das exakte Ergebnis, auftragen. Positive und negative Werte von $\epsilon_{\rm rel}$ sind durch schwarz bzw. weiß gefüllte Kreise angedeutet. Abb. 6.5 macht deutlich, wie der relative Rundungsfehler mit der Zahl der Operationen ansteigt. Abhängig davon, welche Operationen ausgeführt werden, kann der Verlauf in der Praxis natürlich auch von diesem Beispiel abweichen.

Die größte darstellbare Gleitkommazahl ist durch $2^{1023} \times (1 + (1 - 2^{-52})) \approx 1{,}798 \cdot 10^{308}$ gegeben. In Python kann man diesen Wert mit

```
>>> import sys
>>> sys.float_info.max
1.7976931348623157e+308
```

erhalten, wenn die Hardware den IEEE754-Standard erfüllt. Wenn wir diese Zahl mit der kleinsten Zahl größer eins multiplizieren, erhalten wir bereits einen Überlauf

```
>>> sys.float_info.max * (1 + sys.float_info.epsilon)
inf
```

Die kleinste darstellbare Gleitkommazahl größer Null ist schließlich durch $2^{-1074} \approx 5 \cdot 10^{-324}$ gegeben. Diese Zahl besitzt nur noch eine signifikante Stelle und ist kleiner als die durch `sys.float_info.min` gegebene Zahl, die die kleinste Zahl mit der vollen Anzahl signifikanter Stellen darstellt.

Nach dieser Diskussion von Gleitkommazahlen stellt sich die Frage, ob es auch bei ganzen Zahlen Einschränkungen gibt. In diesem Fall haben wir es nicht mit einem kontinuierlichen Zahlenstrahl zu tun, und es ist gewährleistet, dass der Abstand zwischen aufeinanderfolgenden ganzen Zahlen immer gleich eins ist. Interessanterweise beschränkt Python den Speicherbereich je ganzer Zahl nicht, so dass ganze Zahlen zumindest im Prinzip beliebig groß werden können. Dies eröffnet interessante Möglichkeiten, mit höherer Genauigkeit zu rechnen als dies Gleitkommazahlen ermöglichen würden. Unter Python steht hierfür eine Bibliothek namens `mpmath` [7] zur Verfügung. Wenn wir unser obiges Beispiel für das Auftreten von Rundungsfehlern auf 45 Stellen genau ausführen, so erhalten wir natürlich immer noch einen Rundungsfehler, der aber nun entsprechend kleiner ist:

```
>>> from mpmath import mp, mpf
>>> mp.dps = 45
>>> mpf('0.1') + mpf('0.1') + mpf('0.1') - mpf('0.3')
mpf('4.37905770101505334663665494778098791025081856836e-47')
```

Wichtig ist, dass auch die ganzen Zahlen in NumPy-Arrays einen festen Speicherumfang zugewiesen bekommen und daher, im Gegensatz zu den normalen Integers in Python, nur einen endlichen Zahlenumfang besitzen. Wenn man dies nicht berücksichtigt, kann ein Überlauf passieren, der dann fehlerhafte Resultate zur Folge haben kann. Der Versuch, Zahlen zwischen 125 und 131 mit Hilfe ganzer Zahlen der Länge 8 Bit zu erzeugen, veranschaulicht das Problem.

```
>>> import numpy as np
>>> np.arange(125, 132, dtype=np.int8)
array([ 125,  126,  127, -128, -127, -126, -125], dtype=int8)
```

Um dieses merkwürdige Verhalten zu verstehen, muss man wissen, dass vorzeichenbehaftete ganze Zahlen im Computer im sogenannten *Zweierkomplement* dargestellt werden. Bei einer Wortlänge n wird dem führenden Bit dabei der Wert -2^{n-1} zugeordnet. Damit kann am führenden Bit das Vorzeichen der betreffenden Zahl abgelesen werden. In unserem Beispiel wird eine Darstellung mit 8 Bits verwendet, so dass das führende Bit den Wert -128 besitzt. Die maximal darstellbare positive Zahl ist gleich $2^7 - 1$, also 127. Danach erfolgt ein Überlauf und die Zahlenreihe wird mit -128 fortgesetzt.

6.2.5 range-Sequenz

Die `range`-Sequenz erzeugt eine Folge ganzer Zahlen, wobei Startwert, Endwert und Schrittweite mit Hilfe von drei Argumenten festgelegt werden können. Ihr Haupteinsatzbereich ist die Erzeugung eines Zählindex in Schleifen. Im einfachsten Fall mit nur einem Argument `stop` werden `stop` ganze Zahlen erzeugt, die mit `0` beginnen und mit stop-1 enden. Anders als man vielleicht erwarten würde, wird die durch das stop-Argument gegebene Zahl nicht mehr von range zurückgegeben.

```
>>> for n in range(4):
...     print(n)
...
0
1
2
3
```

Dabei wird nicht vorab die gesamte Liste erzeugt, sondern der nächste Wert bei Bedarf bestimmt. Hier besteht eine Verwandtschaft mit den Generatorfunktionen, die wir in Abschn. 6.2.9 diskutieren werden. Dieses Vorgehen ist besonders dann sinnvoll, wenn die Anzahl der zu erzeugenden Zahlen sehr groß ist.

Im vorhergehenden Beispiel verlangt die **for**-Schleife bei jedem Durchlauf einen neuen Wert. Möchte man alle Werte auf einmal haben, muss man eine Umwandlung in eine Liste vornehmen.

```
>>> list(range(4))
[0, 1, 2, 3]
```

Bei zwei Argumenten wird das erste Argument als start-Wert interpretiert. Der Wert des Arguments stop bestimmt weiterhin den letzten Wert stop-1.

```
>>> list(range(5, 10))
[5, 6, 7, 8, 9]
```

Schließlich kann man noch eine Schrittweite angeben, die auch negativ sein kann.

```
>>> list(range(5, 11, 2))
[5, 7, 9]
>>> list(range(11, 5, -1))
[11, 10, 9, 8, 7, 6]
```

Manchmal wird range als Funktion bezeichnet, was streng genommen nicht korrekt ist. Dass es sich vielmehr um eine bestimmte Art von Sequenz handelt, kann man beispielsweise daran sehen, dass man überprüfen kann, ob ein bestimmtes Element in der Sequenz enthalten ist.

```
>>> r = range(10)
>>> 6 in r
True
>>> 12 in r
False
```

6.2.6 Listen

In der Physik hat man es sehr häufig mit Vektoren oder Matrizen zu tun, in denen in numerischen Anwendungen eine gewisse Anzahl von Zahlen in geordneter Weise eingetragen sind. Um mehrere Objekte zusammenzufassen, stellt Python unter anderem Listen und Tupel zur Verfügung, die sich vor allem darin unterscheiden, dass Listen veränderbar sind, während dies für Tupel nicht der Fall ist. Auf diesen Unterschied werden wir im Zusammenhang mit Dictionaries im Abschn. 6.2.8 zurückkommen.

Listen können in Python verschiedene Objekte nebeneinander enthalten, also zum Beispiel Zahlen, Zeichenketten oder zum Beispiel wiederum Listen. Sie sind also viel flexibler als wir dies für die Darstellung von Vektoren oder Matrizen benötigen. Diese Flexibilität hat aber ihren Preis, denn mit Listen lässt es sich nicht so effizient arbeiten wie mit Anordnungen von Zahlen, die jeweils gleich viel Speicherplatz benötigen und die nacheinander im Speicher angeordnet sind. Auch typische Operationen wie eine Matrixmultiplikation sind mit Listen nur umständlich zu realisieren. Daher spielen für die numerische Physik die von NumPy zur Verfügung gestellten Arrays eine bedeutendere Rolle, da sie normalerweise homogene Daten enthalten und damit sehr effizient umgehen können. Dennoch wollen wir uns zunächst mit Listen beschäftigen und dabei ein besonderes Augenmerk auf die Adressierung von einzelnen oder mehreren Elementen richten. Wesentliche Aspekte dieser Adressierung gelten auch für NumPy-Arrays.

Zunächst muss man sich im Zusammenhang mit der Adressierung die Frage stellen, welchen Index das erste Element einer Liste trägt. In Fortran ist dies der Index `1`, während es beispielsweise in C der Index `0` ist. Python folgt der zweiten Variante und beginnt die Zählung mit `0`. Diese Wahl lässt sich dadurch motivieren, dass das erste Listenelement den Abstand null vom Beginn des belegten Speicherplatzes hat.

```
>>> v = [7, -2, 3, 5, 4, -1, 0, 9]
>>> v[0]
7
```

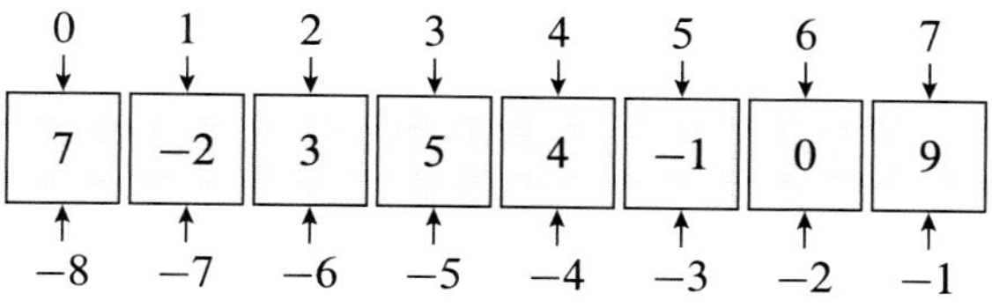

Abb. 6.6 In Python ist die Indizierung von Listenelementen aufsteigend vom Anfang der Liste her (oben) oder absteigend vom Ende der Liste her (unten) möglich

0	1	2	3	4	5	6	7
↓	↓	↓	↓	↓	↓	↓	↓
7	−2	3	5	4	−1	0	9
↑	↑	↑	↑	↑	↑	↑	↑
−8	−7	−6	−5	−4	−3	−2	−1

Indizes, die über die Länge der Liste hinausgehen, führen zu einem `IndexError`.

```
>>> v[8]
Traceback (most recent call last):
  File "<stdin>", line 1, in <module>
IndexError: list index out of range
```

Negative Indizes sind jedoch in einem gewissen Rahmen erlaubt. Sie dienen dazu, die Liste von hinten her zu indizieren. Somit kann man sehr leicht mit dem Index `-1` das letzte Element einer Liste adressieren, ohne ihre Länge kennen zu müssen.

```
>>> v[-1]
9
```

Jedes Element einer Liste lässt sich also auf zwei Weisen adressieren, wie dies in Abb. 6.6 für unser Beispiel dargestellt ist.

Wenn man einen Ausschnitt einer Liste adressiert, so ist das Ergebnis auf den ersten Blick möglicherweise überraschend. Sehen wir uns das folgende Beispiel an.

```
>>> v[0:6]
[7, -2, 3, 5, 4, -1]
```

Das Element mit dem Index `6` wird offenbar nicht mehr berücksichtigt. Hier ist es hilfreich sich vorzustellen, dass Python die Liste gewissermaßen in Scheiben schneidet wie einen Brotlaib. Man spricht in Python auch von *Slicing*. Dann ergibt sich die in Abb. 6.7 dargestellte Situation. Die beim Slicing angegebenen Argumente beziehen sich in dieser Interpretation also nicht auf Indizes von Array-Elementen, sondern auf gedachte Trennlinien zwischen diesen Elementen, wobei die Trennlinie mit der Nummer null vor dem ersten Array-Element liegt. Das scheinbare Fehlen eines Elements erinnert uns an das entsprechende Verhalten der `range`-Sequenz in Abschn. 6.2.5.

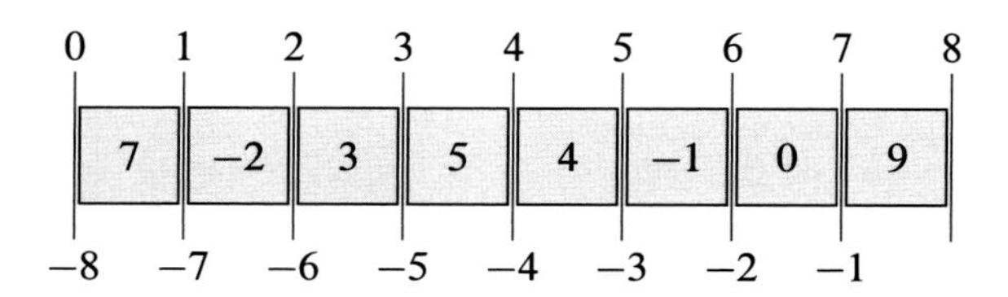

Abb. 6.7 Zum Verständnis der Indizierung von Listensegmenten ist es hilfreich, in Schnitten zu denken

Fehlende Indizes werden durch den ersten oder letzten Index ergänzt.

```
>>> v[:6]
[7, -2, 3, 5, 4, -1]
>>> v[6:]
[0, 9]
>>> v[:]
[7, -2, 3, 5, 4, -1, 0, 9]
```

An den ersten beiden Beispielen sieht man, wie man direkt aneinanderschließende Unterlisten erhalten kann, ohne den Index weiterzählen zu müssen.

Wie bei der `range`-Sequenz in Abschn. 6.2.5 kann man neben dem Startindex und dem Endindex auch noch eine Schrittweite angeben, also zum Beispiel jedes zweite Element auswählen oder auch rückwärts durch die Liste gehen.

```
>>> v[::2]
[7, 3, 4, 0]
>>> v[2::3]
[3, -1]
>>> v[::-1]
[9, 0, -1, 4, 5, 3, -2, 7]
```

Während bei NumPy-Arrays, wie wir im nächsten Abschnitt noch erläutern werden, die Größe des Arrays von vornherein festgelegt werden sollte, ist es bei Listen durchaus üblich, diese sukzessive aufzubauen. So kann man zum Beispiel von einer leeren Liste starten und an diese in einer Schleife mit Hilfe der `append`-Methode Elemente anhängen.

```
>>> mylist = []
>>> for n in range(4):
...     mylist.append(n**2)
...
>>> mylist
[0, 1, 4, 9]
```

Manchmal verwendet man alternativ hierzu eine sogenannte *list comprehension*.

```
>>> mylist = [n**2 for n in range(4)]
>>> mylist
[0, 1, 4, 9]
```

Man sollte sich jedoch davor hüten, komplexe Schleifen unbedingt in die Form einer list comprehension bringen zu wollen. Möchte man eine Liste an eine andere Liste anhängen, so verwendet man `extend` statt `append`.

```
>>> mylist1 = [1, 2, 3]
>>> mylist2 = [4, 5, 6]
>>> mylist1.extend(mylist2)
>>> mylist1
[1, 2, 3, 4, 5, 6]
```

Bei Verwendung der `append`-Methode würde die Liste `mylist2` dagegen als viertes Element Bestandteil der Liste `mylist1` werden.

6.2.7 NumPy-Arrays

Die vom NumPy-Paket zur Verfügung gestellten Arrays vom Datentyp `ndarray` spielen in vielen der in diesem Buch diskutierten Problemstellungen eine zentrale Rolle. Daher werden wir im Folgenden einige wichtige Aspekte besprechen ohne jedoch Vollständigkeit anzustreben. Eine komplette Dokumentation findet sich auf der Webseite des NumPy-Projekts [8].

Wie wir bereits im Abschn. 6.2.6 angedeutet haben, besitzen Arrays eine homogene Struktur, in der Daten des gleichen Datentyps direkt aufeinanderfolgend im Speicher abgelegt sind. Dadurch lässt sich ein sehr effizienter Zugriff auf die Daten bewerkstelligen. Sofern der Datentyp nicht explizit oder durch die zur Konstruktion des Arrays vorgegebenen Daten festgelegt ist, wird der Datentyp `float64` gewählt, der genau den in Abschn. 6.2.4 besprochenen Gleitkommazahlen entspricht, die 8 Bytes oder 64 Bits an Speicherplatz beanspruchen. Entsprechend gelten auch die dort diskutierten Einschränkungen des Zahlenraums.

Zu beachten ist, dass Arrays aus Integers ebenfalls einen festgelegten Speicherplatz belegen und damit, im Gegensatz zu Python-Integers, nicht betragsmäßig beliebig groß werden können. Die Konsequenzen hatten wir uns anhand eines NumPy-Beispiels bereits am Ende von Abschn. 6.2.4 vor Augen geführt.

Nachdem wir, wie in Abschn. 6.2.3 beschrieben, das `NumPy`-Paket importiert haben, können wir im Folgenden auf der Basis einer Liste von Python-Integers ein Array erzeugen. Der verwendete Datentyp für ein einzelnes Element lässt sich mit Hilfe des dtype-Attributs abfragen.

```
>>> x = np.array([1, 2, 3, 4])
>>> x.dtype
dtype('int64')
```

Wie bei Gleitkommazahlen werden auch hier standardmäßig für jeden Integer 8 Bytes reserviert, womit sich die ganzen Zahlen von -2^{63} bis $2^{63}-1$ darstellen lassen. Die Konsequenzen des Versuchs, diesen Zahlenbereich zu überschreiten, sollten uns jetzt eigentlich nicht mehr überraschen.

```
>>> x = np.array([-2**63, 2**63-1], dtype=np.int64)
>>> x
array([-9223372036854775808,  9223372036854775807])
>>> x = x+1
>>> x
array([-9223372036854775807, -9223372036854775808])
```

Die Erhöhung des maximal möglichen Integereintrags im zweiten Element des Arrays x um eins führt effektiv zum betragsmäßig größten negativen Integer, der sich mit 8 Bytes darstellen lässt. In einer numerischen Rechnung könnte ein solches Überlaufen fatale Auswirkungen haben.

Wie am Ende des Abschn. 6.2.6 beschrieben, ist es bei Python-Listen nicht unüblich, die Länge der Liste durch Anhängen von Elementen zu verändern. Bei Arrays ist dies zwar im Prinzip auch möglich, sollte jedoch, wenn irgend möglich, vermieden werden. Da die Arraydaten in einem zusammenhängenden Speicherbereich liegen müssen, ist ein Anhängen von weiteren Elementen im Allgemeinen nur durch ein Umkopieren sämtlicher Daten des Arrays möglich, was immer eine gewisse Zeit benötigt und vor allem bei größeren Arrays erhebliche negative Auswirkungen auf die Programmlaufzeit haben kann. Daher wird die Zahl der Elemente eines Arrays schon bei seiner Erzeugung festgelegt, entweder durch die Zahl der Listenelemente, die als Argument verwendet werden, oder durch den Parameter shape. Wir können zum Beispiel ein Array mit zehn Nulleinträgen folgendermaßen erzeugen.

```
>>> x = np.zeros(shape=(10,))
>>> x
array([0., 0., 0., 0., 0., 0., 0., 0., 0., 0.])
>>> x.shape
(10,)
```

Wir haben das Argument shape hier um der Klarheit willen explizit benannt, obwohl dies nicht zwingend nötig gewesen wäre, da es sich um das erste Argument der zeros-Funktion handelt. Ähnlich wie weiter oben beim Attribute dtype kann man die Form eines existierenden Arrays mit dem Attribut shape bestimmen.

Im vorigen Beispiel haben wir ein eindimensionales Array erzeugt, und es wäre möglich gewesen, statt des Tupels einfach einen Integer als Wert für das shape-Argument anzugeben. Allerdings möchten wir auch mehrdimensionale Arrays verwenden können. Hierzu wird die Ausdehnung des Arrays in den verschiedenen Dimensionen anhand der entsprechenden Tupelkomponenten angeben.

```
>>> np.ones(shape=(2, 4))
array([[1., 1., 1., 1.],
       [1., 1., 1., 1.]])
```

Hier haben wir es mit einem 2×4-Array zu tun. Die senkrechte Achse ist die Achse 0, deren Ausdehnung also durch das erste Element des shape-Tupels gegeben ist. Die waagerechte Achse ist entsprechend die Achse 1. Die Reihenfolge kann man sich leicht merken, wenn man an die Indizierung einer zweidimensionalen Matrix denkt, deren erster Index die Zeile angibt, während der zweite Index die Spalte angibt.

Arrays sind in NumPy nicht auf zwei Dimensionen beschränkt, sondern können abhängig vom vorhandenen Speicherplatz im Prinzip beliebig dimensional sein. Wir wollen dies an einem weiteren Beispiel demonstrieren, bei dem noch eine weitere Eigenschaft von NumPy-Arrays deutlich wird.

```
>>> x1 = np.arange(12)
>>> x1
array([ 0,  1,  2,  3,  4,  5,  6,  7,  8,  9, 10, 11])
>>> x2 = x1.reshape((3, 4))
>>> x2
array([[ 0,  1,  2,  3],
       [ 4,  5,  6,  7],
       [ 8,  9, 10, 11]])
>>> x3 = x1.reshape((2, 3, 2))
>>> x3
array([[[ 0,  1],
        [ 2,  3],
        [ 4,  5]],

       [[ 6,  7],
        [ 8,  9],
        [10, 11]]])
```

Die reshape-Methode erlaubt es, die linear im Speicher angeordneten Daten in unterschiedlicher Weise zu interpretieren. Damit alle Elemente korrekt berücksichtigt werden können, muss das Produkt der Ausdehnung in den verschiedenen Dimensionen genau der Anzahl der vorhandenen Elemente entsprechen, wie das hier der Fall ist. Wie wir sehen, handelt es sich bei x3 um ein dreidimensionales Array.

Das Wichtige hier ist, dass es sich in den drei Fällen, also den Arrays x1, x2 und x3, lediglich um unterschiedliche Interpretationen der in einem bestimmten Speicherbereich vorhandenen Daten handelt. Man spricht in diesem Zusammenhang auch von einem *View*, also einer Ansicht der gespeicherten Daten. Wir haben schon darauf hingewiesen, dass das Kopieren von Daten zeitaufwändig sein kann, und genau dieser Vorgang wird hier vermieden. Das bedeutet allerdings auch, dass sich eine Änderung eines Elements in x1 entsprechend in den anderen Arrays bemerkbar macht.

```
>>> x1[0] = -1
>>> x1
array([-1,  1,  2,  3,  4,  5,  6,  7,  8,  9, 10, 11])
>>> x2
array([[-1,  1,  2,  3],
       [ 4,  5,  6,  7],
       [ 8,  9, 10, 11]])
>>> x3
array([[[-1,  1],
        [ 2,  3],
        [ 4,  5]],

       [[ 6,  7],
        [ 8,  9],
        [10, 11]]])
```

Bei der Diskussion von Listen im Abschn. 6.2.6 hatten wir bereits das sogenannte *Slicing* kennen gelernt. Dieses lässt sich in gleicher Weise auf Arrays anwenden, wobei jetzt aber für jede Dimension eine entsprechende Angabe gemacht werden muss. Nehmen wir als Beispiel das gerade erzeugte zweidimensionale Array x2, und schneiden wir das obere rechte Quadrat aus.

```
>>> x2[:2, 2:]
array([[2, 3],
       [6, 7]])
```

Für den ersten Index gibt :2 an, dass die Zeilen 0 und 1 ausgewählt werden sollen, während der zweite Index 2: die Spalten ab Spalte 2 bis zum Ende auswählt. Wir können aber auch zum Beispiel jedes zweite Element entlang der Achse 1 auswählen.

```
>>> x2[:, ::2]
array([[-1,  2],
       [ 4,  6],
       [ 8, 10]])
```

Alle hierbei entstehenden Arrays sind wiederum nur *Views* und sind somit sehr unaufwändig, da lediglich die Abbildung von Indizes auf Speicherplätze neu zu definieren ist.

Abschließend wollen wir auf ein weiteres wichtiges Konzept im Zusammenhang mit NumPy-Arrays zu sprechen kommen, das sogenannte *Broadcasting*. Bei der Diskussion des Überlaufens von Integer-Arrays hatten wir die Zahl 1 zu einem Array addiert ohne uns Gedanken zu machen, warum das überhaupt möglich ist. Um die Hintergründe und damit auch die damit verbundenen Möglichkeiten etwas besser zu verstehen, beginnen wir zunächst mit dem einfachsten Fall, in dem zwei Arrays mit gleicher Dimension und gleicher Länge entlang der jeweiligen Achsen durch eine mathematische Operation miteinander verknüpft werden.

```
>>> x1 = np.arange(6).reshape((2, 3))
>>> x1
array([[0, 1, 2],
       [3, 4, 5]])
>>> x2 = np.arange(3, 9).reshape((2, 3))
>>> x2
array([[3, 4, 5],
       [6, 7, 8]])
>>> x1 * x2
array([[ 0,  4, 10],
       [18, 28, 40]])
```

Bei dieser Multiplikation werden die Elemente mit jeweils gleichen Indizes in den beiden Arrays miteinander multipliziert. Es sei an dieser Stelle betont, dass das normale Multiplikationszeichen keine Matrixmultiplikation bedeutet, für die die `dot`-Funktion oder das @-Symbol bzw. die `matmul`-Funktion verwendet werden. Allerdings ist zu beachten, dass sich die beiden Varianten für mehr als zwei Dimensionen unterschiedlich verhalten.

Sehen wir uns jetzt ein komplizierteres Beispiel an, in dem wir eine Funktion $f(x, y)$ auf einem zweidimensionalen Gitter auswerten wollen. Dazu erzeugen wir zunächst zwei kleine Arrays `x` und `y`, deren Einträge in der Abb. 6.8 schematisch in den schwarz hinterlegten Feldern dargestellt sind. Das Array `x`, das im folgenden Code erzeugt wird, ist eindimensional und seine einzige Achse, die Achse 0, ist horizontal dargestellt. Das Array `y` dagegen ist zweidimensional, wie man an den zwei Einträgen im `shape`-Attribute sehen kann. Dementsprechend gibt es zwei Achsen 0 und 1 mit den Ausdehnungen 3 bzw. 1. Warum die Achse 0 einmal horizontal und

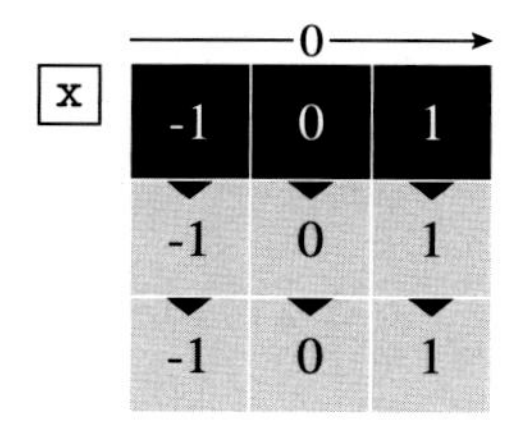

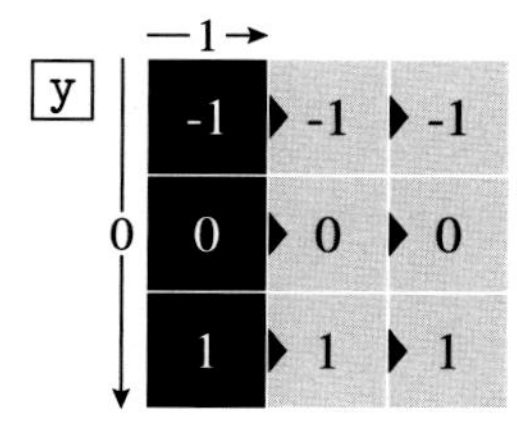

Abb. 6.8 Ein eindimensionales Array `x` und ein zweidimensionales Array `y` werden per *Broadcasting* so erweitert, dass eine Operation auf zwei 3 × 3-Arrays wirken kann

einmal vertikal dargestellt ist, wird gleich noch klarer werden. Die im folgenden Code dargestellte Berechnung der dritten Potenz der Summe der beiden Arrays liefert ein zweidimensionales Array mit 3 × 3 Einträgen. Wie kommt dieses Ergebnis zustande?

```
>>> x = np.array([-1, 0, 1])
>>> y = x.reshape((3, 1))
>>> x.shape, y.shape
((3,), (3, 1))
>>> (x + y)**3
array([[-8, -1,  0],
       [-1,  0,  1],
       [ 0,  1,  8]])
```

Hier kommt eine Vorgehensweise namens *Broadcasting* zum Einsatz, deren Regeln wir an diesem Beispiel erläutern wollen. Die Form der beteiligten Arrays wird von hinten her abgeglichen. In unserem konkreten Fall betrachten wir zunächst die Achse 0 des Arrays `x` und die Achse 1 des Arrays `y`. Damit erklärt sich die in Abb. 6.8 verwendete Ausrichtung der Achsen. Achsen, die im Rahmen des *Broadcasting* am Ende von ihrer Ausdehnung her zusammenpassen müssen, erstrecken sich in der gleichen Richtung.

Broadcasting funktioniert nun in genau zwei Fällen. Entweder sind die Ausdehnungen entlang der beiden Achsen gleich, wie es beispielsweise bei dem vorigen Beispiel zur Array-Multiplikation der Fall war. Dann lassen sich die entsprechenden Elemente direkt einander zuordnen. Wenn die Ausdehnungen verschieden sind, muss eine davon gleich eins sein. Dies ist in unserem Beispiel der Fall. Während `x` drei Elemente in horizontaler Richtung breit ist, besitzt `y` nur eine Ausdehnung von einem Element. Nun wird im Rahmen des *Broadcasting* das betreffende Element entlang der Achse wiederholt, um eine gleiche Ausdehnung herzustellen. Damit ist es wieder möglich, die jeweiligen Elemente direkt zuzuordnen. In Abb. 6.8 ist diese Erweiterung durch die nach rechts zeigenden Pfeile angedeutet.

Bei der Verknüpfung des eindimensionalen Arrays `x` und des zweidimensionalen Arrays `y` bleibt noch das Problem, dass zur Achse 0 des Arrays `y` keine entsprechende Achse des Arrays `x` existiert. Hier wird implizit eine Achse der Ausdehnung eins hinzugefügt. Indem die Ausdehnung im Rahmen des *Broadcasting* wieder auf die benötigte Ausdehnung gebracht wird, wie durch die nach unten ausgerichteten Pfeile in der Darstellung des Arrays `x` angedeutet ist, haben wir nun effektiv zwei Arrays gleicher Größe. Nun lässt sich beispielsweise, wie im obigen Code, die Summe der beiden Arrays berechnen.

Damit dürfte jetzt auch einigermaßen klar sein, was passiert, wenn man ein Array mit einer Zahl multipliziert. *Broadcasting* sorgt dafür, dass die Zahl als Partner zu jedem Element des Arrays erscheint, wie das folgende Beispiel zeigt.

```
>>> 10 * np.ones(5)
array([10., 10., 10., 10., 10.])
```

6.2.8 Dictionaries und Sets

Auch wenn die in den vorigen Abschnitten besprochenen Listen und NumPy-Arrays für die numerische Arbeit zentral sind, gibt es weitere zusammengesetzte Datentypen in Python, nämlich *Dictionaries* und *Sets*, die gelegentlich nützlich sein können. Da beide Datentypen in den Jupyter-Notebooks zu diesem Buch Verwendung finden, sollen sie erläutert werden, ohne jedoch zu sehr ins Detail zu gehen.

Wie der Name schon suggeriert, verhalten sich Dictionaries wie Wörterbücher, in denen unter einem Stichwort ein, eventuell längerer, Eintrag zu finden ist. Entsprechend bestehen Dictionaries aus einer Ansammlung von Schlüssel-Wert-Paaren. Als Schlüssel (*key*) sind nur unveränderliche Objekte zugelassen, also zum Beispiel Zahlen, Zeichenketten oder Tupel. Listen sind dagegen veränderlich und damit als Schlüssel nicht erlaubt. Als Werte (*value*) sind dagegen beliebige Objekte zugelassen, also auch Listen, Funktionen oder Dictionaries.

Sehen wir ein konkretes Beispiel an, indem wir ein Dictionary mit vorläufig zwei Einträgen erzeugen.

```
>>> atomic_numbers = {"hydrogen": 1,
...                   "helium": 2}
>>> atomic_numbers["helium"]
2
```

Wichtig ist hier, dass bei der Konstruktion von Dictionaries geschweifte Klammern verwendet werden, während bei Listen eckige Klammern erforderlich sind. Will man dagegen einen Wert aus dem Dictionary auslesen, so gibt man den gewünschten Schlüssel in eckigen Klammern an. Der Schlüssel spielt hier eine analoge Rolle zum Index bei einer Liste.

Das Dictionary lässt sich leicht um weitere Einträge erweitern.

```
>>> atomic_numbers["lithium"] = 3
>>> atomic_numbers
{'hydrogen': 1, 'helium': 2, 'lithium': 3}
```

In den Notebooks aktualisieren wir gelegentlich ein Dictionary mit Hilfe eines weiteren Dictionaries.

```
>>> noble_gases = {"helium": 2, "neon": 10, "argon": 18,
...                "krypton": 36, "xenon": 54, "radon": 86}
>>> atomic_numbers.update(noble_gases)
>>> atomic_numbers
{'hydrogen': 1, 'helium': 2, 'lithium': 3, 'neon': 10,
↪'argon': 18, 'krypton': 36, 'xenon': 54, 'radon': 86}
```

Dabei ist es unproblematisch, dass das Dictionary `noble_gases` nochmals den Schlüssel `"helium"` enthielt. Bei einem abweichenden Wert wäre jedoch der entsprechende Eintrag in `atomic_numbers` überschrieben worden.

Beim Vergleich von Listen und NumPy-Arrays hatten wir betont, dass der Zugriff auf ein bestimmtes Element eines NumPy-Arrays aufgrund der homogenen Datenstruktur sehr viel schneller erfolgt als in einer Liste. Auch bei Dictionaries ist der Zugriff auf einzelne Einträge sehr effizient möglich. Man kann dies gut mit dem Blättern in einem Wörterbuch vergleichen, in dem man aufgrund der alphabetischen Ordnung sehr schnell den gewünschten Eintrag finden kann.

Wenn der Wert eines Eintrags veränderlich ist, zum Beispiel eine Liste, so kann man den Wert verändern ohne ihn insgesamt neu einzutragen. Das Vorgehen sei wiederum an einem Beispiel illustriert.

```
>>> sequences = {"primes": [2, 3, 5, 7]}
>>> sequences["primes"].append(11)
>>> sequences
{'primes': [2, 3, 5, 7, 11]}
```

In den Notebooks zu diesem Buch werden Dictionaries vor allem verwendet, um möglichst einfach Widget-Definitionen an den `interact`-Dekorator zu übergeben. Dies gelingt dadurch, dass man Dictionaries verwenden kann, um Funktionsargumente per Namen zu übergeben. Sehen wir uns hierzu wieder ein einfaches Beispiel an.

```
>>> def f(x, y):
...     print(x, y)
...
>>> kwargs = {"x": 2, "y": 5}
>>> f(**kwargs)
2 5
>>> f(x=2, y=5)
2 5
```

Indem man dem Dictionary, das hier den gebräuchlichen Namen `kwargs` für *keyword arguments* trägt, zwei Sternchen voranstellt, ist der erste Aufruf der Funktion `f` äquivalent zum zweiten Aufruf, wie wir hier an der identischen Ausgabe erkennen.

Abschließend erwähnen wir noch einen weiteren Datentyp, nämlich *Sets*, die man sich als Dictionary ohne Werte vorstellen kann. So wie die Schlüssel eines Dictionaries eindeutig sein müssen, können Einträge in einem Set nicht mehrfach vorkommen. Deswegen entsprechen Sets mathematisch einer Menge, woraus sich auch deren Name herleitet. Dies wird im Vergleich mit einer Liste deutlich.

```
>>> mylist = [1, 2, 3]
>>> mylist.append(2)
>>> mylist
[1, 2, 3, 2]
>>> myset = set((1, 2, 3))
>>> myset.add(2)
>>> myset
{1, 2, 3}
```

Wir verwenden Sets für Indexlisten bei der Implementation des Wolff-Algorithmus zur Behandlung des Ising-Modells in Abschn. 4.4, wo wir Wiederholungen in der Indexliste vermeiden wollen. Dort extrahieren wir mit Hilfe der `pop`-Methode auch Elemente aus dem Set. Das extrahierte Element ist anschließend nicht mehr im Set vorhanden, wie das folgende Beispiel zeigt.

```
>>> myset.pop()
1
>>> myset
{2, 3}
```

Hierbei ist zu beachten, dass Sets keine garantierte Ordnung besitzen. Welcher Eintrag als nächster von der `pop`-Methode extrahiert wird, ist also nicht unmittelbar klar.

Da Sets Mengen darstellen, sollte es nicht überraschen, dass man mit ihnen beispielsweise auch Vereinigungs- oder Schnittmengen bestimmen kann. Mit Sets, aber auch mit Dictionaries, bieten sich interessante Anwendungsmöglichkeiten, die wir in diesem Buch jedoch nicht benötigen und daher auch nicht besprechen wollen. Es kann aber durchaus lohnend sein, sich näher mit diesen Datentypen zu beschäftigen.

6.2.9 Generatorfunktionen

Bevor wir uns mit Generatorfunktionen beschäftigen, sollten wir uns zunächst noch einmal die Funktionsweise von normalen Funktionen in Erinnerung rufen. Die meisten Funktionen, die wir in diesem Buch besprechen, nehmen ein oder mehrere Argumente entgegen und führen diverse Operationen aus, um anschließend ein Ergebnis zurückzugeben. Letzteres erfolgt im Rahmen einer `return`-Anweisung, mit deren Ausführung die Funktion beendet wird. Dabei werden alle Variableninhalte, die nur lokal in der Funktion definiert waren, verworfen. Dies passiert auch, wenn keine explizite `return`-Anweisung vorliegt. Dann wird nach der Abarbeitung des Funktionscodes das Ergebnis `None` zurückgegeben. Das ändert aber nichts daran, dass lokale Variable der Funktion nicht mehr verfügbar sind.

Werden Zwischenergebnisse beim nächsten Funktionslauf wieder benötigt, besteht eine Möglichkeit darin, diese Ergebnisse am Ende des Funktionslaufs an den aufrufenden Programmteil zu übergeben und dann beim nächsten Funktionslauf wieder als Argument einzuspeisen. Generatorfunktionen sind in diesem Fall eine gute Alternative. Sie erlauben es, den Zustand der Funktion bei der Rückgabe des Ergebnisses gewissermaßen einzufrieren und an dieser Stelle später fortzufahren.

Ein kleines Beispiel soll die Funktionsweise illustrieren. Hierbei wollen wir die Fibonacci-Zahlen berechnen, die durch die Iterationsvorschrift

$$F_n = F_{n-1} + F_{n-2} \tag{6.1}$$

mit den Anfangsbedingungen $F_0 = 0$, $F_1 = 1$ definiert sind. Die folgende Generatorfunktion setzt diese Vorschrift um und berechnet die Fibonacci-Zahlen bis F_n.

```
def fibonacci1(n):
    a, b = 0, 1
    yield a
    yield b
    for _ in range(n-1):
        a, b = b, a+b
        yield b
```

Rufen wir die Funktion mit

```
for f_n in fibonacci1(8):
    print(f_n)
```

auf, so erhalten wir die Fibonacci-Zahlen 0, 1, 1, 2, 3, 5, 8, 13 und 21.

Der offensichtliche Unterschied zu gewöhnlichen Funktionen besteht darin, dass statt **return**-Anweisungen hier `yield`-Anweisungen verwendet werden. In der dritten Zeile wird beim Programmlauf der Wert der Variable `a`, also 0, zurückgegeben. Die Abarbeitung der Funktion hält hier zunächst an, wobei die Werte von `a` und `b` erhalten bleiben. So kann dann in der vierten Zeile der Wert von `b` zurückgegeben werden. Anschließend wird eine Schleife so oft durchlaufen, bis als letzter Wert F_n mit dem als Argument übergebenen Index `n` zurückgegeben wird. Durch die **for**-Schleife des zweiten Codestücks wird immer wieder ein neuer Wert von `fibonacci1` angefordert, bis die Generatorfunktion meldet, dass der Generator erschöpft ist, also keine weiteren Rückgabewerte folgen werden.

Ein Nachteil unserer Lösung besteht darin, dass wir im Vorhinein wissen müssen, wie viele Fibonacci-Zahlen wir erzeugen wollen. Was aber, wenn wir zum Beispiel alle Fibonacci-Zahlen kleiner als 1000 bestimmen möchten? Dann ist es sinnvoll, in der Generatorfunktion eine Endlosschleife zu implementieren.

```
def fibonacci2():
    a, b = 0, 1
    yield a
    yield b
    while True:
        a, b = b, a+b
        yield b
```

Da die Bedingung der **while**-Schleife immer erfüllt ist, wird die Schleife zumindest aufgrund dieser Bedingung nie beendet. Man muss also darauf achten, die Ausführung auf eine andere Weise abzubrechen.

Um die größte Fibonacci-Zahl zu bestimmen, die kleiner als 1000 ist, kann man nun den folgenden Code verwenden.

```
fibonacci_generator = fibonacci2()
n = next(fibonacci_generator)
while n < 1000:
    n_old = n
    n = next(fibonacci_generator)
print(n_old)
```

Das Ergebnis lautet 987.

Auch die zweite Generatorfunktion kann man so verwenden, dass eine vorgegebene Anzahl von Ergebnissen erzeugt wird.

```
for n, f_n in zip(range(9), fibonacci2()):
    print(n, f_n)
```

Hier wird ausgenutzt, dass `zip`, das wie ein Reißverschluss die Rückgaben von `range` und `fibonacci2` zusammenführt, endet, sobald eine der beiden Quellen erschöpft ist. In diesem Fall ist `range(9)` der begrenzende Faktor, so dass am Ende die letzte Rückgabe wieder $F_8 = 21$ ist.

Ein Beispiel für die Anwendung von Generatorfunktionen liefert das Notebook zum Ising-Modell in Abschn. 4.4. Dort werden sukzessive Iterationen sowohl mit dem Metropolis- als auch mit dem Wolff-Algorithmus durchgeführt, wobei der Zustand des Spinsystems nur bei Bedarf zurückgegeben wird. Ist dies nicht erforderlich, so wird dieser Zustand nur in der Generatorfunktion vorgehalten und verwendet. Die Funktion, die thermodynamische Eigenschaften des Ising-Modells berechnet, benötigt den expliziten Zustand des Spinsystems nicht und wird durch die Verwendung einer Generatorfunktion auch nicht damit belastet. Insbesondere kann es bei der Behandlung der thermodynamischen Eigenschaften nicht zu einer versehentlichen Änderung des Spinzustands kommen. Die Kapselung mit Hilfe der Generatorfunktion ist somit unter anderem ein Weg, möglichen Fehlern vorzubeugen.

6.2.10 Dekoratoren

Dekoratoren sind ein fortgeschrittenes Konzept, und es wird eher selten vorkommen, dass man einen Dekorator selbst programmiert. Häufiger wendet man Dekoratoren, die ein Programmpaket zur Verfügung stellt, mehr oder weniger nach Rezept an. In unserem Fall ist es das `ipywidgets`-Paket, das den `interact`-Dekorator zur Verfügung stellt, den wir regelmäßig benutzen. Auch wenn man sich einfach an vorgegebene Rezepte halten kann, ist es dennoch nützlich, zumindest eine gewisse Vorstellung davon zu haben, was ein Dekorator macht.

Ein typischer Anwendungsfall des `interact`-Dekorators in den Notebooks zu diesem Buch hat die Form

```
@interact(...)
def plot_result(...):
    ...
```

wobei die Punkte hier für nicht weiter spezifizierte Argumente oder Programmcode stehen sollen. Das `@`-Zeichen gibt an, dass `interact` als Dekorator eingesetzt wird, der die folgende Funktion, also hier `plot_result` dekoriert. Das bedeutet, dass `interact` die Funktion `plot_result` als Argument entgegennimmt und eine neue Funktion zurückgibt.

Ein Dekorator ist also eine Funktion, die eine andere Funktion als Argument akzeptiert und als Rückgabewert typischerweise eine neue Funktion erzeugt. Diese neue Funktion kann gegenüber der ursprünglichen Funktion eine erweiterte Funktionalität besitzen. Ein Beispiel ist der `lru_cache`-Dekorator aus dem `functools`-Modul der Python-Standardbibliothek. Dieser Dekorator sorgt dafür, dass bei der Ausführung der dekorierten Funktion die Argumente zusammen mit dem Ergebnis in einem Cache zwischengespeichert werden, um dann bei folgenden Funktionsaufrufen mit dem gleichen Argument direkt das Ergebnis liefern zu können. Dabei ist es überhaupt nicht nötig, die Funktion selbst zu verändern, sondern sie muss nur dekoriert werden, also eine Zeile vorangestellt werden.

Dekoratoren sind aber noch viel flexibler. Sie können im Prinzip auch eine Funktion zurückgeben, die mit der ursprünglichen Funktion nicht mehr viel oder überhaupt nichts zu tun hat. Beispielsweise könnte ein Dekorator dafür sorgen, dass eine Funktion gar nicht ausgeführt wird, sondern nur eine Information ausgegeben wird, dass die ursprüngliche Funktion mit gewissen Argumenten aufgerufen wurde.

Abschließend illustrieren wir in Abb. 6.9 mit Hilfe des `interact`-Dekorators noch einmal die grundsätzliche Idee von Dekoratoren. Dabei lassen wir uns von einem Beispiel im *docstring* von `interact` inspirieren. In der zweiten Code-Zelle ist die typische Anwendung von `interact` als Dekorator gezeigt, wobei in diesem einfachen Fall das Widget impliziter definiert wird als das in unseren Notebooks der Fall ist. Die

```
[1]: from ipywidgets import interact

[2]: @interact
     def square(num=2):
         print(f"{num} squared is {num*num}")

            num  ----------O----------  2

     2 squared is 4

[3]: def square(num):
         print(f"{num} squared is {num*num}")
     interact(square, num=2)

            num  ----------O----------  2

     2 squared is 4

[3]: <function __main__.square(num)>
```

Abb. 6.9 `interact` aus dem `ipywidgets`-Paket. In der zweiten Code-Zelle wird die Verwendung als Dekorator gezeigt. Äquivalent dazu ist der Code in der dritten Code-Zelle, bei der `interact` die Funktion `square` als Argument nimmt und eine neue Funktion zurückgibt

dritte Code-Zelle zeigt ein alternatives Vorgehen, das deutlich macht, dass `interact` als erstes Argument eine Funktion, hier `square` entgegennimmt und dann eine neue Funktion zurückgibt. Dies erkennt man an der Ausgabe in der letzten Zeile der Abb. 6.9.

6.3 Datenspeicherung in Dateien

6.3.1 Schreiben in Dateien

☞ `6-03-Schreiben-Lesen.ipynb`

In den Jupyter-Notebooks zu diesem Buch werden erzeugte Daten anschließend immer gleich graphisch dargestellt. In Situationen, in denen die Erzeugung der Daten nur wenig Zeit benötigt, ist dies auch ein sinnvolles Vorgehen. Andererseits haben wir am Beispiel des Ising-Modells in Abschn. 4.4 gesehen, dass die Erzeugung der Daten gelegentlich auch sehr lange dauern kann, insbesondere wenn man sich für große Systeme interessiert. Wenn man in einem solchen Fall die graphische Darstellung im gleichen Programm vornimmt, kann man in die unangenehme Situation kommen, nach längerer Zeit der Datenberechnung feststellen zu müssen, dass die Erzeugung der Graphik fehlerhaft war und die mühsam erhaltenen Daten verloren sind.

In einem Jupyter-Notebook kann man dieses Problem im Prinzip dadurch vermeiden, dass man die Daten zunächst einer Variable zuweist und dann die graphische Darstellung veranlasst. Besser ist es aber in vielen Fällen, die Daten in einer Datei zu speichern, von wo sie zur weiteren Verarbeitung immer wieder ausgelesen werden können. Natürlich muss man in diesem Zusammenhang auch daran denken, eine Sicherungskopie wichtiger Dateien anzulegen, da Daten auch durch Hardwarefehler verloren gehen können.

Für die Zwecke dieses Abschnitts werden wir das Jupyter-Notebook zum Ising-Modell als Grundlage nehmen und erweitern es in einem ersten Schritt um die Möglichkeit, die Daten in einer Datei abzuspeichern. Da wir bereits im Abschn. 4.4.4 die Code-Teile zum Ising-Modell besprochen haben, können wir uns jetzt auf die Code-Teile konzentrieren, die sich mit dem Schreiben der Daten beschäftigen. Dabei kann man verschieden vorgehen, und es kann gute Gründe geben, andere Strategien zu wählen. Dies kann zum Beispiel die Benennung der Datei betreffen, die Speicherung der Parameter des Datensatzes oder gar das verwendete Format. Für umfangreiche Datenmengen wird zum Beispiel gerne das hierarchische Datenformat HDF5 verwendet. Unabhängig von der verwendeten Strategie sollte unser Beispiel aber das grundsätzliche Vorgehen illustrieren und auch einige Aspekte ansprechen, über die man sich Gedanken machen kann.

Als erstes kann man sich zum Beispiel überlegen, wo und unter welchem Dateinamen die Daten gespeichert werden sollen. Der Ort kann im einfachsten Fall das Verzeichnis sein, in dem auch das Programm liegt. Häufig ist es aber sinnvoll, ein separates Verzeichnis für die Daten zu verwenden. Wir werden ein Unterverzeichnis des aktuellen Verzeichnisses verwenden. Da dies unter Umständen unerwünscht sein kann, wird das Notebook hierfür um Erlaubnis bitten. Eine solche Abfrage kann man sich in der eigenen Umgebung, wo man sich selbst die Erlaubnis geben würde, natürlich sparen.

Der verwendete Dateinamen wird typischerweise aus einem Basisteil bestehen, der die Art der Daten oder das erzeugende Programm angibt, sowie einer Erweiterung, die entweder die verwendeten Parameter oder eine laufende Nummer enthält. Wir entscheiden uns hier für den zweiten Weg, da gerade bei einer größeren Anzahl von Parametern der Dateiname sonst recht lang und unübersichtlich wird. Ein Nachteil besteht darin, dass man am Dateinamen die verwendeten Parameter nicht sofort erkennt und den Zusammenhang zwischen laufender Nummer und den Parameterwerten irgendwo speichern muss. Wir werden die Parameter direkt in die Datei schreiben.

Nach diesen strategischen Überlegungen können wir erste Schritte zur programmtechnischen Umsetzung unternehmen. Zunächst einmal legen wir den Ort, an dem die Dateien erzeugt werden sollen, sowie den Basisnamen fest.

```
NB_BASENAME = "Ising-Modell-IO"
DATADIR = Path.cwd() / "data"
```

Hierfür verwenden wir zwei Variablen `DATADIR` und `NB_BASENAME`. Da bei solchen global les- und schreibbaren Variablen immer die Gefahr besteht, dass sie zwischendurch, eventuell auch unabsichtlich, modifiziert werden, ist es üblich, die Variablennamen in Großbuchstaben zu schreiben. Dies schützt zwar nicht vor einer Änderung, soll aber als Warnhinweis verstanden werden, dass es sich hier um einen festen Parameterwert handelt. In Abschn. 2.7 hatten wir uns in einem ähnlich gelagerten Fall dafür entschieden, die Parameter lieber über eine Hilfsfunktion zur Verfügung zu stellen. Dies war alleine schon deswegen sinnvoll, weil noch zwischen zwei verschiedenen Parametersätzen ausgewählt werden sollte. Bei der Konstruktion der Variable `DATADIR` wird zunächst mit `Path.cwd()` ein Pfadobjekt erzeugt, das auf das aktuelle Verzeichnis, also die *current working directory*, zeigt. Dabei verwenden wir das `pathlib`-Modul aus der Python-Standardbibliothek, das zu Beginn importiert wurde. Das Anhängen des Unterverzeichnisnamens mit Hilfe des Divisionsoperators stellt für Pfadobjekte sicher, dass die Besonderheiten des jeweiligen Betriebssystems berücksichtigt werden. So verwendet Linux als Trennzeichen den Schrägstrich, während Windows den umgedrehten Schrägstrich verwendet.

Als nächstes definieren wir uns zwei kleine Hilfsfunktionen. Die Funktion `next_filename` gibt uns den nächsten Dateinamen entsprechend unseres Zählverfahrens mit laufenden Nummern. Dazu beschaffen wir uns zunächst mit Hilfe der Funktion `search_files` eine Liste der bereits existierenden Dateinamen. Diese Liste wird uns später beim Einlesen von Daten auch wieder von Nutzen sein.

```
def search_files(dir, basename, extension, nr_of_digits=4):
    filenamepattern = "".join([basename, "_",
                               "[0-9]"*nr_of_digits, ".",
                               extension])
    return sorted(dir.glob(filenamepattern))

def next_filename(dir, basename, extension, nr_of_digits=4):
    existing_files = search_files(dir, basename, extension,
                                  nr_of_digits)
    if len(existing_files):
        latest_file = existing_files[-1]
        max_nr = int(latest_file.stem[-nr_of_digits:])
    else:
        max_nr = -1
    nextfilename = "".join([basename, "_",
                            f"{max_nr+1:0{nr_of_digits}}",
                            ".", extension])
    return dir / nextfilename
```

In der Funktion `search_files` wird zunächst aus fünf Bestandteilen ein Suchmuster zusammengebaut. Dazu verwendet man die `join`-Methode, die als Argument eine Liste von Zeichenketten bekommt. Diese werden aneinandergefügt, wobei die Zeichenkette ganz zu Anfang, hier also die leere Zeichenkette `""`, jeweils dazwischen eingefügt wird. Um die Arbeitsweise der `join`-Methode besser zu verstehen, ist es empfehlenswert, im Python-Interpreter ein wenig damit zu experimentieren.

Die Bestandteile, aus denen das Suchmuster zusammengebaut wird, enthalten den Basisnamen der Datei, einen Unterstrich, die laufende Nummer, einen Punkt und eine Dateierweiterung, die den Dateityp angibt. Dabei wird nicht auf die oben definierten Variablen zurückgegriffen, sondern diese werden als Argumente übergeben. Etwas Aufmerksamkeit verdient noch die Konstruktion der laufenden Nummer. Zunächst einmal ist es sinnvoll, eine fixe Länge für die laufende Nummer festzulegen und bei Bedarf vorne mit Nullen aufzufüllen. Dies erleichtert eine sortierte Darstellung. Wir werden vier Ziffern verwenden, sofern über die Variable `nr_of_digits` keine andere Vorgabe gemacht wird. Für das Suchmuster benötigen wir dann eine entsprechende Wiederholung des Musters `[0-9]`, das eine Ziffer zwischen 0 und 9 verlangt. Um eine bestimmte Anzahl an Wiederholungen dieses Musters zu erhalten, verwendet man den Multiplikationsoperator. Wir haben nun also ein Suchmuster vorliegen, das die Form

```
Ising-Modell-IO_[0-9][0-9][0-9][0-9][0-9].csv
```

haben könnte. Nun genügt es, dieses Suchmuster an die `glob`-Methode des Pfadobjekts unseres Datenverzeichnisses zu übergeben, um eine Liste der vorhandenen Dateien zu erhalten, die wir abschließend noch alphabetisch sortieren.

Sehen wir uns im nächsten Schritt die Funktion `next_filename` an, die den nächstmöglichen Dateinamen bestimmt. Zunächst einmal werden die bereits existierenden Dateinamen mit Hilfe der gerade besprochenen Funktion `search_files` beschafft. Anschließend muss die größte bisher vergebene laufende Nummer bestimmt werden. Sofern die Liste der Dateinamen nicht leer ist, befindet sich der benötigte Dateinamen am Ende der Liste, so dass wir mit dem Index `-1` auf diesen zugreifen können. Mit `stem` entfernen wir die Dateierweiterung einschließlich des Trennpunktes. Die letzten `nr_of_digits` Zeichen sollten dann die benötigte laufende Nummer angeben. Wir müssen nur daran denken, diese zunächst in eine ganze Zahl umzuwandeln, damit wir den Zähler gleich um eins erhöhen können.

Der nächstmögliche Dateinamen wird nun wieder mit der `join`-Methode zusammengebaut. Dabei bedarf das dritte Listenelement einer gewissen Erläuterung. Python verfügt über eine Reihe verschiedener Möglichkeiten, Zeichenketten unter Verwendung von Variablenwerten zu konstruieren. Die modernste und hier bevorzugte Methode sind die sogenannten f-Strings, die durch ein vorangestelltes `f` gekennzeichnet werden. Diese Form der Zeichenketten erlaubt es, bei ihrer Konstruktion nicht nur feste Zeichen zu verwenden, sondern auch den Wert von Variablen. Zur Markierung muss der entsprechende Ausdruck in geschweiften Klammern eingeschlossen werden.

In unserem Beispiel weist der Inhalt der geschweiften Klammern schon eine gewisse Komplexität auf. Wir betrachten zunächst den Teil vor dem Doppelpunkt, also `max_nr+1`. Hier wird ausgenutzt, dass f-Strings in den geschweiften Klammern nicht nur Variablennamen zulassen, sondern auch auszuwertende Ausdrücke. In unserem Fall ist es ja erforderlich, die bisher maximal vorhandene laufende Nummer noch zu inkrementieren. An dieser Stelle ist im Hinblick auf die Konstruktion der laufenden Nummer noch zu erwähnen, dass eventuell durch Löschung von Dateien entstandene Lücken nicht mehr gefüllt werden, da es durchaus sinnvoll sein kann, die chronologische Folge der Dateien in der laufenden Nummer deutlich zu machen.

Nach dem Doppelpunkt im f-String folgt die Formatierungsinformation. Wir müssen ja sicherstellen, dass bei Bedarf führende Nullen eingefügt werden. Die erforderliche Formatierungsangabe besteht aus einer Null und einer Zahl, die die Gesamtbreite des Feldes angibt. Um flexibel bleiben zu können, verwenden wir hier den Wert der Variable `nr_of_digits`, und entsprechend müssen wir auch hier wieder geschweifte Klammern verwenden.

Bevor das Schreiben der Daten implementiert werden kann, ist zunächst zu überlegen, welches Dateiformat verwendet werden soll. Eine Möglichkeit, die wir hier wählen, ist das CSV-Format, wobei CSV für *comma separated values* steht. Dieses Format hat den Vorteil, dass es von Tabellenkalkulationsprogrammen unterstützt wird, so dass die Daten auch ohne Python-Skripte leicht in strukturierter Weise angesehen werden können. Zudem wird das Schreiben und Lesen von CSV-Dateien vom `csv`-Modul der Python-Standardbibliothek unterstützt. Ist man gezwungen, die Größe der Datei möglichst klein zu halten, wird man eher an binäre Formate denken, die wir hier jedoch nicht besprechen werden.

Außerdem müssen wir uns entscheiden, wie die verwendeten Parameterwerte in der Datei abgelegt werden sollen. Zunächst einmal werden wir alle Zeilen, die keine eigentlichen Daten, sondern sogenannte Metadaten enthalten, mit dem Kommentarzeichen # beginnen. Dies erleichtert später das Einlesen. Für jeden Parameter sehen wir eine Zeile vor, die insbesondere den Namen und den Wert des Parameters enthält. Nach einer auskommentierten Leerzeile geben wir noch den Inhalt der folgenden Spalten an, um auch später die Daten noch leicht interpretieren zu können.

Sehen wir uns also die konkrete Implementation an.

```
def write_c_chi_of_temp(size, dimension, temperature_range,
                        n_T, log_n_steps_init, log_n_steps,
                        absmagn, filename):
    n_steps_init = 10**log_n_steps_init
    n_steps = 10**log_n_steps
    with open(filename, "w", encoding="utf-8", newline=""
              ) as csvfile:
        csvwriter = csv.writer(csvfile)
        for k in ("dimension", "size", "n_steps_init",
                  "n_steps", "absmagn"):
            csvwriter.writerow((f"# {k} = {locals()[k]}",))
        csvwriter.writerow("#")
        if absmagn:
            csvwriter.writerow(("# T", "C/N", "χ/N"))
        else:
            csvwriter.writerow(("# T", "C/N", "χ'/N"))
        beta_values = 1/np.linspace(*temperature_range, n_T)
        for beta in beta_values:
            result = thermo_values(
                size, dimension, beta, n_steps_init,
                n_steps, absmagn)
            csvwriter.writerow(result)
```

Für das Schreiben der Daten verwenden wir einen `with`-Kontext, der unter anderem den Vorteil bietet, dass beim Auftreten von Problemen die Datei abschließend ordentlich geschlossen wird. Auf diese Weise lässt sich ein Verlust einer teilweise geschriebenen Datei vermeiden. Die Zieldatei öffnen wir zum Schreiben, wie der zweite Parameter andeutet, und sie wird geöffnet bleiben, bis der `with`-Kontext verlassen wird. Benötigt die Berechnung einzelner Daten eine sehr große Zeit, kann man auch darüber nachdenken, die Datei zwischenzeitlich zu schließen und immer wieder zum anhängenden Schreiben zu öffnen.

Um für alle möglichen Betriebssysteme gerüstet zu sein, geben wir in der `open`-Anweisung noch zwei weitere Argumente an, die nicht in jedem Fall erforderlich sind. Da wir für die magnetische Suszeptibilität ein griechisches Zeichen verwenden wollen, ist es sinnvoll, die Zeichencodierung zu spezifizieren. Um mit unterschiedlichen Zeilenendekennungen umgehen zu können, empfiehlt es sich zudem, das Argument `newline` auf einen leeren String zu setzen.

Die erste Zeile innerhalb des `with`-Kontext sorgt dafür, dass das Schreiben in die soeben geöffnete Datei mit Hilfe des `csv`-Moduls erfolgt. Dieses erlaubt ein zeilenweises Schreiben der Daten, wobei als Argument ein Tupel oder eine Liste mit einem Eintrag je Spalte erwartet wird. Daher müssen wir in der Schleife über die auszugebenden Parameter wie `dimension` usw. sicherstellen, dass das Argument von `writerow` nicht einfach eine Zeichenkette ist, sondern ein Tupel. Das Schreiben der Daten ganz am Ende ist insofern unproblematisch, als die Funktion `thermo_values` ohnehin ein Tupel zurückgibt. Zum Schreiben der Parameter ist noch anzumerken, dass wir uns hier den Wert der Parameter mit Hilfe des Dictionaries `locals()` besorgen.

Als Ergebnis erhalten wir eine Datei, die in den ersten Zeilen beispielsweise wie folgt aussehen könnte.

```
# dimension = 1
# size = 100
# n_steps_init = 10000
# n_steps = 100000
#
# T,C,χ
0.05,0.0,2000.0
0.1510204081632653,0.0,662.1621621621621
```

Die ersten vier Zeilen enthalten die Parameterwerte und die sechste Zeile gibt den Spalteninhalt an. Danach folgen die Daten im CSV-Format, wobei die Werte der drei Spalten jeweils durch ein Komma getrennt sind.

6.3.2 Lesen von Dateien

☞ `6-03-Schreiben-Lesen.ipynb`

Nachdem wir im vorigen Abschnitt Daten erfolgreich in eine Datei geschrieben haben, betrachten wir nun den umgekehrten Schritt. Dazu verschaffen wir uns zunächst einen Überblick über die Parametersätze, die in den existierenden Dateien verwendet wurden. Mit dieser Information können wir die gewünschte Datei auswählen und anschließend die Daten einlesen, um sie dann weiterzuverarbeiten.

Als erstes wollen wir im Notebook einen tabellarischen Überblick über die vorhandenen Dateien und ihre Parametersätze anzeigen. Dies geht ziemlich bequem, wenn man mit Hilfe der pandas-Bibliothek ein *data frame* erzeugt, also eine Datentabelle, wie man sie auch von Tabellenkalkulationsprogrammen her kennt. In der folgenden Code-Zelle wird zunächst mit Hilfe der Funktion `search_files`, die wir im vorigen Abschnitt genauer besprochen haben, eine Liste der vorhandenen Dateien beschafft. Anschließend wird mit der Funktion `parameter_dataframe` eine Tabelle aufgebaut, wobei vorgegeben wird, welche Spalten hinzugefügt werden sollen. Die resultierende Tabelle kann dann mit Hilfe von pandas leicht in HTML-Code umgewandelt werden, der wiederum direkt im Jupyter-Notebook angezeigt werden kann.

```
existing_files = search_files(DATADIR, NB_BASENAME, "csv")
column_names = ["dimension", "size", "n_steps_init",
                "n_steps", "absmagn"]
df = parameter_dataframe(existing_files[::-1], column_names)
HTML(df.to_html(index=False))
```

Die Funktion `parameter_dataframe`, die wir gleich noch besprechen werden, greift auf die Funktion `get_parameters` zurück, die die in einer Datei hinterlegten Parameterwerte liefert.

```
def get_parameters(filename):
    parameter_info = dict()
    with open(filename) as file:
        for line in file:
            if line.strip() == "#":
                break
            else:
                param_line = line.lstrip("# ").rstrip()
                k, v = param_line.split(" = ")
                parameter_info[k] = v
    return parameter_info

def parameter_dataframe(filenames, keys, nr_of_digits=4):
    data_dict = defaultdict(list)
    for filename in filenames:
        file_index = filename.stem[-nr_of_digits:]
        data_dict["Dateinummer"].append(file_index)
        parameter_dict = get_parameters(filename)
        for k in keys:
            data_dict[k].append(parameter_dict[k])
    return pd.DataFrame(data_dict)

def get_data():
    try:
        filename = fileselector.value
    except NameError:
        raise ValueError("bitte wählen Sie eine Datei aus")
    parameter_dict = get_parameters(filename)
    size = int(parameter_dict["size"])
    dimension = int(parameter_dict["dimension"])
    absmagn = parameter_dict["absmagn"]
    data = np.loadtxt(fileselector.value, delimiter=",")
    return data, size, dimension, absmagn
```

Die Funktion `get_parameters` erhält als Argument einen Dateinamen und gibt die Parameternamen und -werte in einem Dictionary zurück. Dazu wird aus der Datei zeilenweise gelesen, bis die lediglich aus einem Kommentarzeichen bestehende Zeile gefunden wird, die den Parameterblock von der Zeile mit den Spaltenüberschriften trennt. In jeder Parameterzeile wird vorne das Kommentarzeichen und das Leerzeichen entfernt. Hinten werden Leerzeichen sowie Zeichen, die das Zeilenende markieren, entfernt. Der Rest der Zeile wird in zwei Teile aufgespalten, den Parameternamen sowie den zugehörigen Wert, die anschließend im Dictionary `parameter_info` abgelegt werden. Es ist wichtig, im Hinterkopf zu behalten, dass der Parameterwert an dieser Stelle noch als Zeichenkette vorliegt. Dies stört uns hier nicht weiter, weil wir den Wert ohnehin anzeigen wollen. Will man mit den Parameterwerten rechnen, muss man allerdings zunächst eine Umwandlung in einen Zahlentyp vornehmen.

Der Aufbau eines *data frame* in der Funktion `parameter_dataframe` geht nun relativ einfach, wenn man weiß, dass hierzu ein Dictionary benötigt wird, das als Schlüssel die Spaltenüberschrift und als Wert eine Liste mit den Spalteneinträgen enthält. In diesem Zusammenhang ist es günstig, ein sogenanntes `defaultdict` zu verwenden. Erzeugt man einen Eintrag mit einem neuen Schlüssel, so wird für diese Art von Dictionary direkt eine Vorbelegung des zugehörigen Werts vorgenommen. In unserem Fall handelt es sich um eine leere Liste, an die wir direkt Einträge anhängen können.

In der ersten Spalte legen wir nun die Dateinummern ab und füllen die folgenden Spalten mit den Informationen auf, die zu den Spaltennamen gehören, die wir in der Liste `column_names` definiert hatten. Abschließend überlassen wir es pandas, daraus ein *data frame* für die Anzeige zu konstruieren.

Mit diesen Informationen versehen, können wir nun die gewünschte Datei aussuchen, deren Daten wir einlesen wollen. Hierzu verwenden wir ein Auswahl-Widget, das seine Einstellung in `fileselector.value` zur Verfügung stellt. In der Funktion `get_data` werden dann nochmals die Parameter eingelesen, da wir für die weitere Verarbeitung die Information über die Dimension des Ising-Modells und seine Größe benötigen. Da wir mit diesen Größen später rechnen wollen, wandeln wir die Zeichenketten hier in Integers um.

Das Einlesen der eigentlichen Daten überlassen wir der `loadtxt`-Funktion aus NumPy, die mit zahlreichen Argumenten konfigurierbar ist. Bei Bedarf empfiehlt sich ein Blick in die Online-Dokumentation [9]. Standardmäßig ignoriert `loadtxt` alle Zeilen, die mit dem Kommentarzeichen # beginnen, so dass nur die eigentlichen Daten eingelesen werden. Außerdem legen wir explizit fest, dass das Trennzeichen zwischen den Spalten das Komma sein soll. Um den Rest kümmert sich `loadtxt` und gibt die Daten in Form eines NumPy-Arrays zurück. Die ausgelesenen Informationen können wir dann in der gewohnten Weise verwenden.

6.4 Parallelisierung

☞ `6-04-Parallelisierung.ipynb`

Moderne Prozessoren verfügen über mehrere Kerne, die unabhängig voneinander Berechnungen vornehmen können. Unsere Jupyter-Notebooks benutzen in ihrer bisherigen Form jedoch nur einen Kern, sofern nicht speziell kompilierte Programmbibliotheken genutzt werden, wie dies beim Modul zur linearen Algebra der NumPy-Bibliothek der Fall sein kann. Bei Programmen, die lange Rechenzeiten erfordern, stellt sich dann die Frage, ob wir diese beschleunigen können, indem wir die Aufgabe auf mehrere Kerne verteilen. Da diese Kerne dann gleichzeitig bzw. parallel rechnen, spricht man von *Parallelisierung* des Programms. Zur Illustration betrachten wir wie im Abschn. 6.3 das Programm zum Ising-Modell. Durch die Definition verschiedener Funktionen haben wir das Gesamtproblem bereits in mehrere Teilaufgaben untergliedert, und es stellt sich die Frage, bei welchen dieser Teilaufgaben eine Parallelisierung sinnvoll ist.

Wir beginnen am Anfang des ursprünglichen Jupyter-Notebooks `4-04-Ising-Modell`. Die Funktion `neighbours` ist gut parallelisierbar, denn jeder Prozessorkern könnte z.B. die Nachbarn zu einem Teil des gesamten Gitters ermitteln. Wir müssten hierzu nur die Funktion etwas anders realisieren. Allerdings wird diese Funktion nur einmal ausgeführt, so dass die Zeitersparnis, die wir hier erreichen können, vernachlässigbar ist. Das Gleiche gilt in etwas abgeschwächter Form für die Funktion `initial_state`.

Für die Generatorfunktion `wolff_generator` ist die Situation eine völlig andere, da sie sehr oft aufgerufen wird. Das gleiche gilt auch für die Generatorfunktion `metropolis_generator`, die wir hier aber nicht weiter betrachten werden. Allerdings können wir die Durchführung der Wolff-Iterationsschritte nicht ohne Weiteres auf mehrere Kerne verteilen, da jeder Schritt vom Ergebnis des vorangegangenen Schritts abhängt. Wenn wir also die Aufgabe so aufteilen, dass z.B. ein Prozessorkern die erste Hälfte der Iterationsschritte und der andere Kern die zweite Hälfte durchführt, ist immer nur ein Kern tatsächlich beschäftigt, während der andere seine Aufgabe bereits erledigt hat oder auf das Ergebnis des anderen wartet. Auch eine Aufteilung eines einzelnen Iterationsschritts auf mehrere Kerne ist nicht so einfach möglich. Wir kommen also zunächst zu dem Schluss, dass im Hinblick auf die ersten beiden Teile des ursprünglichen Jupyter-Notebooks, in denen die Energie und die Magnetisierung bzw. die spezifische Wärme und die magnetische Suszeptibilität als Funktion der Zahl der absolvierten Iterationsschritte dargestellt werden, eine Parallelisierung nicht sinnvoll ist.

Im letzten Teil des Jupyter-Notebooks zum Ising-Modell werden dagegen die spezifische Wärme und die magnetische Suszeptibilität als Funktion der Temperatur berechnet und dargestellt. Diese Berechnung, die sehr zeitaufwändig ist, kann gut parallelisiert werden: Jeder Prozessorkern berechnet die spezifische Wärme und die magnetische Suszeptibilität für einen Teil der benötigten Temperaturen und ist dabei nicht auf die Ergebnisse der anderen Kerne angewiesen. Hier kommt es also weder zu lästigen Wartezeiten noch zu einem zusätzlichen Aufwand durch den Austausch der Ergebnisse zwischen den Kernen.

Im Jupyter-Notebook zu diesem Abschnitt beschränken wir uns daher auf diesen Programmteil und nehmen die für die Parallelisierung notwendigen Änderungen vor. Um sowohl das Notebook als auch die Diskussion einfach zu gestalten, nehmen wir als Ausgangspunkt die ursprüngliche Variante des Jupyter-Notebooks in Abschn. 4.4, d.h. wir verzichten auf die Möglichkeit, die Ergebnisse in eine Datei zu schreiben, wie wir es in Abschn. 6.3.1 getan haben. Parallelisierung und Schreiben in eine Datei schließen sich jedoch keineswegs aus und werden gerade bei Programmen mit langer Laufzeit sinnvoll gemeinsam eingesetzt.

Um in einem Python-Skript Aufgaben auf mehrere Pythonprozesse verteilen zu können, greift man auf das `concurrent.futures`-Modul aus der Python-Standardbibliothek zurück. Entsprechend muss im Import-Block die Zeile

```
import concurrent.futures
```

vorkommen. Im Jupyter-Notebook zu diesem Abschnitt werden außerdem die Module `os` und `time` importiert. Das `os`-Modul stellt eine Funktion `cpu_count` zur Verfügung, mit der sich die Zahl der vorhandenen Prozessorkerne ermitteln lässt. Die Zahl der verwendeten parallelen Prozesse, die in der Variable `max_workers` gespeichert wird, sollte die Zahl der verfügbaren Kerne nicht überschreiten, da sich sonst die Prozesse gegenseitig blockieren. Das `time`-Modul werden wir verwenden, um auf sehr einfache Weise eine Information über die benötigte Rechenzeit zu erhalten, damit wir die Wirksamkeit der Parallelisierung direkt überprüfen können.

Im Jupyter-Notebook `4-04-Ising-Modell` wurden die temperaturabhängigen Daten direkt in der Funktion `plot_c_chi_of_temp` aufbereitet. In der parallelisierten Variante gliedern wir die Berechnung der Daten zur besseren Strukturierung in eine Funktion `thermo_values_of_T` aus. Für die Parallelisierung relevant ist die zweite Hälfte des Codes nach den **`print`**-Befehlen.

```
def thermo_values_of_T(size, dimension, n_steps_init,
                       n_steps, temperature_range, n_T,
                       absmagn, max_workers):
    beta_values = 1 / np.linspace(*temperature_range, n_T)
    temperature_values = []
    spec_heat_values = []
    magn_susc_values = []
    if absmagn:
        print("  T       C/N       χ'/N")
    else:
        print("  T       C/N       χ/N")
    parameters = [(size, dimension, n_steps_init, n_steps,
                   absmagn, beta) for beta in beta_values]
    with concurrent.futures.ProcessPoolExecutor(
            max_workers=max_workers) as e:
```

```
        for temperature, spec_heat, magn_susc in e.map(
                thermo_values, parameters):
            print(f"{temperature:6.4f} {spec_heat:7.4f} "
                  f"{magn_susc:8.2f}")
            temperature_values.append(temperature)
            spec_heat_values.append(spec_heat)
            magn_susc_values.append(magn_susc)
    return (temperature_values, spec_heat_values,
            magn_susc_values)
```

Zunächst wird in der Variable `parameters` eine Liste der zu bearbeitenden Parametersätze angelegt. Der einzige Parameter, der sich in dieser Liste ändert, ist die inverse Temperatur `beta`. Zum Aufbau der Liste wird eine *list comprehension* verwendet, auf deren Funktionsweise wir kurz am Ende des Abschn. 6.2.6 eingehen. Alternativ könnte man auch eine **for**-Schleife verwenden.

Im `with`-Kontext wird zunächst die Infrastruktur definiert, die für das Verteilen der Aufgaben auf die verschiedenen Prozessorkerne erforderlich ist. Wir verwenden hier einen `ProcessPoolExecutor`, der eine durch `max_workers` bestimmte Anzahl von Python-Prozessen bereitstellt, die einzelne Parametersätze bearbeiten. Neben dem `ProcessPoolExecutor` gibt es im Modul `concurrent.futures` auch noch den `ThreadPoolExecutor`, der für unser laufzeitbegrenztes Problem nicht hilfreich ist, sondern zum Einsatz kommt, wenn die Laufzeit durch Latenzen bei der Ein- und Ausgabe bestimmt ist.

Die eigentliche Rechenarbeit erfolgt in der anschließenden **for**-Schleife. Der Executor `e` verfügt über eine `map`-Methode, die die im ersten Argument angegebene Funktion mit den Parametersätzen aus `parameters` ausführt, wobei `max_workers` parallele Python-Prozesse bedient werden. Die Rückgabewerte `temperature`, `spec_heat` und `magn_susc` werden dann für die weitere Verwendung in Listen zusammengefasst. Bei diesem Vorgehen haben wir der Funktion `thermo_values` die Temperatur in Form der inversen Temperatur `beta` übergeben und lassen uns im Ergebnis die Temperatur zurückgeben. Dies ermöglicht es uns, die Zugehörigkeit der Ergebnisse zu den jeweiligen Parametersätze zu markieren.

Um eine Abschätzung für die Laufzeit zu erhalten, betten wir in der Funktion `plot_result` die Berechnung der temperaturabhängigen Werte in den Code

```
start_time = time.time()
...
end_time = time.time()
print(f"Rechenzeit: {end_time-start_time:6.1f} s")
```

ein, wobei die Punkte den Aufruf von `thermo_values_of_T` andeuten. Die Funktion `time.time()` gibt die seit einem Referenzdatum vergangene Anzahl von Sekunden an. In Unix-Betriebssystemen wird der 1. Januar 1970 um 0 Uhr als Startpunkt verwendet. Durch Differenzbildung der Werte am Ende der Berechnung und am Start erhält man eine Aussage über die benötigte Zeit. Man sollte allerdings bedenken, dass es sich hier nur um eine ungenaue Zeitmessung handelt, da zum Beispiel weitere auf dem Rechner laufende Prozesse die Rechenzeit verlängern können. Dennoch sollte man sich schon mit dieser einfachen Methode davon überzeugen können, dass die Verwendung von mehr als einem Prozessorkern die Rechenzeit reduziert.

In unserem Beispiel hatten wir es mit einem Problem zu tun, das trivial parallelisierbar ist. Damit ist gemeint, dass die einzelnen Aufgaben unabhängig voneinander bearbeitet werden können, ohne dass Kommunikation zwischen den einzelnen Prozessen erforderlich ist. Für diesen Problemtyp ist eine Parallelisierung in Python wie gezeigt ohne allzu großen Aufwand möglich. Sollte dagegen eine Kommunikation zwischen den verschiedenen Prozessen erforderlich sein, zum Beispiel wenn man für das Kondensatorproblem von Abschn. 3.6 das Gitter auf mehrere Prozesse verteilt, wird eine parallelisierte Umsetzung aufwändiger. Hier muss man darauf achten, dass die Kommunikation in geordneter Weise, insbesondere in der richtigen Reihenfolge erfolgt. Eine Diskussion der hierbei benötigten Techniken würde jedoch den Rahmen dieses Buches sprengen.

Literatur

1. docs.anaconda.org/free/
2. docs.anaconda.org/anaconda/
3. conda-forge.org/miniforge
4. mamba.readthedocs.io/en/latest
5. Einige Beispiele sind unter docs.python.org/3/whatsnew/3.10.html#syntaxerrors beschrieben.
6. IEEE Computer Society, *IEEE Standard for Floating-Point Arithmetic* (2019). ieeexplore.ieee.org/document/8766229
7. mpmath.org
8. numpy.org
9. numpy.org/doc/stable/reference/generated/numpy.loadtxt.html

Funktionen- und Methodenverzeichnis

Die genannten Nummern beziehen sich auf die Nummerierung der Jupyter-Notebooks.

H. Wiedemann und G.-L. Ingold, *Numerische Physik mit Python*,
https://doi.org/10.1007/978-3-662-69567-8

numpy.linalg

Stichwortverzeichnis

H. Wiedemann und G.-L. Ingold, *Numerische Physik mit Python*,
https://doi.org/10.1007/978-3-662-69567-8